工科基础化学系列教材

有机化学

（第2版）

主　编　宋兆成　李秋荣
副主编　杨　蕾　陈兴娟　梁　敏
主　审　强亮生

U0363194

哈尔滨工业大学出版社

内容提要

本书是为适应新世纪高等工科院校学生基础化学文化素质教育的需要编写的有机化学教材,全书共十二章,主要内容包括:结构与性质,反应历程和立体化学,光谱分析在有机化学中的应用,烃,卤代烃,醇、酚、醚,醛、酮、醌,羧酸及其衍生物,有机含氮化合物,杂环化合物,天然大分子。本书可作为高等工科院校化学、化工、材料、生物、环境等各类专业的教材,亦可供广大自学考试者和相关工程技术人员参考。

工科基础化学系列教材编审委员会
(委员以姓氏笔画为序)

主任　强亮生

委员　邓启刚　　王　锐　　付宏刚　　刘振琦

　　　宋兆成　　邵光杰　　李秋荣　　陈振宁

　　　周保学　　孟令辉　　胡立江　　顾大明

　　　郭亚军　　徐崇泉　　韩喜江　　黎　刚

图书在版编目(CIP)数据

有机化学/宋兆成,李秋荣主编. —2 版. —哈尔滨:哈尔滨
工业大学出版社,2003.2(2015.9 重印)
ISBN 978-5603-1790-8

Ⅰ.有… Ⅱ.宋… Ⅲ.有机化学-高等学校-教
材 Ⅳ.062

中国版本图书馆 CIP 数据核字(2002)第 062577 号

责任编辑　黄菊英
封面设计　卞秉利
出版发行　哈尔滨工业大学出版社
社　　址　哈尔滨市南岗区复华四道街 10 号　邮编 150006
传　　真　0451-6414749
网　　址　http://hitpress.hit.edu.cn
印　　刷　黑龙江省地质测绘印制中心印刷厂
开　　本　787mm×1 092mm 1/16　印张 23.5　字数 567 千字
版　　次　2003 年 2 月第 1 版　2006 年 1 月第 2 版
　　　　　2015 年 9 月第 5 次印刷
书　　号　ISBN 978-5603-1790-8
定　　价　36.00 元

序　言

　　"九五"期间,教育部组织全国几百所高等院校的教师对几乎所有基础学科"课程体系和教学内容的改革"进行了立项研究,规模之大,范围之广,实属空前。空前的投入,赢得了空前的产出,"九五"期间我国的高等教育取得了一系列重要的改革成果。工科基础化学也不例外,在课程体系、教学内容、教学方法等诸多方面都取得了较大的进展和可喜的改革成果。如何将这些改革成果及时地推广到实际教学中去,是国家教育部领导十分关心的问题,也是每个教指委委员"十五"期间工作的一大重点,本人作为教育部工科基础化学教指委委员,自然义不容辞。

　　2002年元旦期间,哈尔滨工业大学出版社张秀华副社长、黄菊英编审和燕山大学环境与化学工程系邵光杰副主任建议本人根据教育部工科基础化学教改的精神,融入"九五"期间的教改成果,并结合哈尔滨工业大学、哈尔滨工程大学、哈尔滨理工大学、燕山大学、大庆石油学院、齐齐哈尔大学等校基础化学教改的实际,编写一套工科基础化学系列教材。此建议与本人的考虑不谋而合,欣然接受。本人一向认为:教材既是教学的重要依据,亦是教学的主要媒体,课程改革的方向、原则、思路和成果首先应该体现于教材。基于此种指导思想,并考虑教材编写的必要性和可行性,初步拟定编写有机化学、无机及分析化学、仪器分析、物理化学、结构化学、基础化学实验、工科大学化学实验、工科大学化学专题等工科基础化学教材。

　　本系列教材的编写思想是:遵照课程大纲和目标要求,考虑历史沿革,反映改革成果,突出时代特色,以优化整合的课程体系和教学内容为"骨架",以基础理论、基本概念、基本原理和基本操作为"血肉",以实际应用和学科前沿为"脉络",将科学性、适用性、先进性、新颖性融为一体。内容以必需和够用为度,表述注意深入浅出、简明扼要、突出重点,既便于教学,又便于自学。

　　为使教材的编写能够统一思想、统一要求、统一风格,并减少不必要的重复,成立了系列教材编审委员会,主要由参编各校的院系领导、有丰富教学经验的老教师和各册主编参加。

　　需要指出的是:

　　(1)教学改革是一项长期而艰巨的任务,不可能一蹴而就。教材改革与教学改革相伴而生,自然也需要长期的工作,不断完善,很难无可挑剔。本系列教材一定会有诸多不足,恳请同行体谅。

(2)编写教材需要博采众长,自然要参考较多的同类教材和其他相关文献资料,希望得到各参考文献作者的支持和理解。

(3)虽然本系列教材各册的编写大纲均由编审委员会讨论决定,但书稿的具体内容是责成各册主编把关的,读者若有询问之处,可与各册主编或各章节的作者联系,文责自负。

欢迎广大师生多提宝贵意见。

强亮生

2003 年 1 月 28 日于哈尔滨

第2版前言

有机化学作为工科基础化学系列丛书之一,自2003年2月出版以来受到了工科院校化学化工类专业广大师生的欢迎,收到了较好的使用效果。同时在使用过程中也发现了一些问题,另外,出版社通过发行渠道惩求一些读者和使用单位的意见,建议我们尽快修订再版。

本次修订再版主要做了以下工作:

(1)依据教育部工科基础化学教学指导委员会2005年重新制订的有机化学教学基本要求精神,对书中的基本内容作了调整、删除和增补。

(2)结合国家最新标准规范对全部的单位符号和用法进行了统一和修正。

(3)对本书第1版中的文字和内容方面的错误进行了纠正。

这里需要指出的是,虽是修订版,但由于作者水平所限,疏漏和不足仍可能存在,敬请广大师生和社会读者批评指正。

作　者

2006年1月

前　　言

　　有机化学是高等工科院校化学、化工、材料、生物、环境等各类专业的必修基础课,在大学生科学文化素质教育中起着极其重要的作用。进入 21 世纪,有机化学有了新的发展,加之学科之间的相互渗透,自然有机化学的教学内容和教学目的亦应有相应的变化,为了适应新世纪教学的需要,我们几位在教学一线的教师受工科基础化学系列教材编审委员会的委托,新编了这本有机化学。

　　新编有机化学是根据《高等工业学校有机化学教学大纲》编写的,在编写过程中结合了我国多数高等工科院校(尤其是参编各校)的教学实际,并融入了作者多年的教学体会和经验。主要有以下做法和特点:

　　(1) 以官能团为体系,采取基本理论、基本原理和化合物各论分编的做法。

　　(2) 在内容安排上,重点阐述有机化合物的结构、性质及相互关系,并对基本理论、反应历程和立体化学的知识作了必要的介绍。

　　(3) 在内容的选择上,既注重基本概念、基本理论、基本原理等基础知识,亦适当兼顾了基础知识的实际应用和有机化学的新发展。

　　(4) 为避免结构理论过于分散,体现其系统性,将有机化合物的结构与性质单列为一章,以便了解有机化学各部分间的内在联系。

　　(5) 为保证有机化学内容的完整性,引入了红外、核磁等近代物理分析方法,并单列成章,以便集中学习、掌握。

　　(6) 为调动学生的学习兴趣,并便于了解各章的重点、难点和复习总结,引入了与化学、化工、材料、环境和生命科学密切相关的实例,并在各章前增加了内容提要和学习要求,还精选了有较强针对性的习题,以保证学习效果。

　　本书由哈尔滨工业大学宋兆成和燕山大学李秋荣主编,哈尔滨工业大学杨蕾、哈尔滨工程大学陈兴娟、齐齐哈尔大学梁敏任副主编,其中宋兆成编写第一、二、三章,李秋荣编写第六、八、九章,杨蕾编写第四、十、十一、十二章,陈兴娟编写第五章,梁敏编写第七章。参加编写的还有哈尔滨市饲料科学研究所高大威、大庆石油学院黎刚等同志。全书由哈尔滨工业大学宋兆成统编定稿,强亮生教授主审。

　　本书可作为高等工科院校化学、化工、材料、生物、环境等各类专业的教材,亦可供广大自学考试者和相关工程技术人员参考。

　　虽然编者力求体系完整、内容全面、理论正确、概念准确、联系实际、结合前沿、文字通顺、简明扼要、便于教学,但限于水平,不妥之处在所难免,恳请广大师生和社会读者提出宝贵意见。

作　者

2003 年 1 月

目　录

第一章　绪　　论

1.1　有机化学的发展概况

有机化学是一门重要的基础化学,它和人类生活有着极为密切的关系。人类在长期的生产实践中,很早就会利用自然界中的动植物来制取生活上所需要的生产资料和消费材料。在漫长的历史中,人类逐渐对有机物有了一个比较正确、全面的认识,并将其完善为一门重要的科学。

有机物最初是指由动植物有机体内取得的物质,例如,糖、染料、酒、醋等。这些有机物都是不纯的,故在提纯过程中,又建立了处理有机物的系统方法。18世纪末从动植物中取得一系列较纯的有机物质。如先后分离出了酒石酸、草酸、乳酸、吗啡等。

虽然人们已获得不少纯的有机物质,但是关于它的内部组成及结构问题,却长期没有得到解决。拉瓦锡(A.Lavoisier)对许多有机物进行了分析,发现植物物质的成分几乎都是由碳、氢、氧三种元素组成的,而动物物质除含这三种元素外,通常含有氮、磷、硫等。这样虽对有机物的认识更加深了一步,但对有机体内如何形成有机物尚缺乏认识,曾有人提出了“生命力”学说,认为有机物只有神秘的“生命力”在生物体内才能制造,绝不可能在实验中用化学方法从无机物制得。1828年德国化学家库勒(F.wohler)冲破了“生命力”学说的束缚,在实验室里将无机物氰酸铵溶液蒸发,得到了有机物尿素

$$NH_4CNO \xrightarrow{\triangle} (NH_2)_2CO$$
氰酸铵　　　　　尿素

继库勒工作后,其他学者先后又合成了醋酸、油脂等,证明了在有机物与无机物之间没有不可逾越的鸿沟,人工合成有机物是完全可能的。有机化学进入了合成时代。

1965年我国成功地在世界上首次用化学方法实现了具有生命活性的蛋白质——牛胰岛素的全合成,为人工合成蛋白质迈出了极为重要的一步。相继又人工合成了叶绿素、维生素 B_{12}、前列腺素等重要的生物活性物质。这标志着有机化学进入了一个新的时期。

组成有机化合物的元素,以碳和氢为主,从结构上看,可把碳氢化合物看做是有机化合物的母体,其他有机化合物可以看成这个母体中的氢原子被其他原子或原子团所取代而衍生得到的化合物。因此,有机化合物就是碳氢化合物及其衍生物。研究有机化合物的组成、结构、性质、合成及转变规律的科学即为有机化学。

1.2　有机化合物的特点和特性

碳原子处于周期表中第二周期,恰在电负性极大的卤素和电负性极小的碱金属之间,这个特殊位置就决定了碳化合物所具有一些特殊性质。碳原子最外层的电子构型为 $2s^2 2p^2$,既不容易得电子,也不易失电子,它和其他原子一般是以共价键相结合。因此,有机化合物

具有如下特点：

一、组成简单

有机化合物主要由碳元素和氢元素以及氧、氮、硫、磷等少数元素组成，组成相对比较简单。组成有机化合物的元素虽少，但有机化合物的数目众多。

二、分子结构复杂

有机化合物在结构上与无机物相比要复杂得多。无机物分子往往是由几个原子构成，而多数有机化合物分子是由几十、几百甚至更多个原子构成。

三、容易燃烧

一般的有机化合物都容易燃烧。若分子中只含碳、氢、氧等非金属元素，最终的产物是二氧化碳和水，而大多数无机物都不能燃烧，我们常利用这一点来区别有机物和无机物。

四、熔点低

有机化合物一般是分子晶体，晶体中晶格节点上的分子是靠微弱的范德华力来连接的，晶格容易破坏。因此有机化合物熔点较低。多数纯有机化合物都有一定的熔点，因此在鉴别有机化合物时，熔点是一个非常重要的物理常数。

五、难溶于水

水是一种极性较强的液体，所以它对极性很强的物质是一个理想的溶剂。有机化合物一般极性较弱或没有极性，所以很多有机化合物都不易溶解于水。溶解是一个复杂的过程，在这里暂不详细讨论，现在只提及一个常用的原则——"相似相溶"，即结构相似的分子可以相溶。

六、反应速率慢，常伴有副反应

无机物的离子反应非常迅速，例如，硝酸银与氯化钠相遇，即刻形成氯化银沉淀。有机化合物的反应一般是分子之间的反应，共价键不像离子键那样容易离解，因此反应速率较慢。一般需要加热，加催化剂或用光照等手段，以加快反应速率。由于有机化合物的分子结构复杂，反应时并不限定在某一部位发生反应，因此，常常伴有副反应，以致产量较低。反应条件不同，产物也往往不同，所以有机化学反应一般需要严格控制反应条件。

1.3　有机化合物的分类

有机化合物按组成不同，可分为烃和烃的衍生物。

按碳原子相互结合方式不同，一般把有机化合物分为开链化合物（脂肪族化合物）和环化合物。开链化合物分子中碳原子与碳原子相连接，成为碳开链。例如

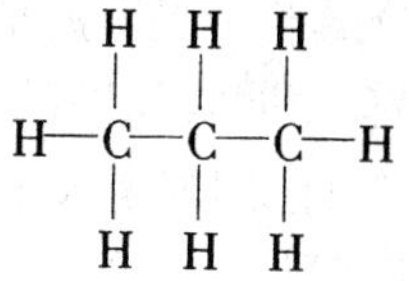

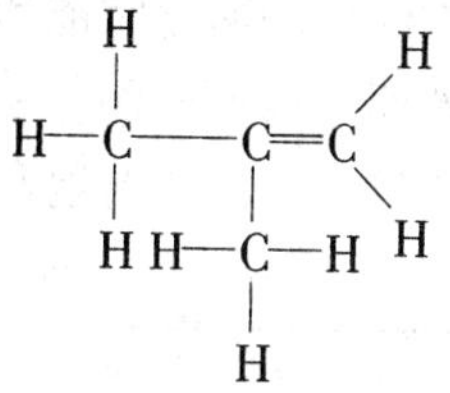

含有环状结构的化合物称为环化合物。按环状结构中是否含有除碳原子以外的其他原子又分为两大类。

一、碳环化合物

分子中只有碳原子相互链接而成的环状结构的化合物。根据碳环的特点,又可分为两类。

1. 脂环化合物

脂环化合物可以看做是由开链化合物以首尾两端的碳原子相连接闭合成环的化合物,其性质与脂肪族化合物相似,故称为脂环化合物。例如

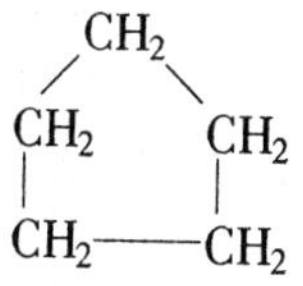

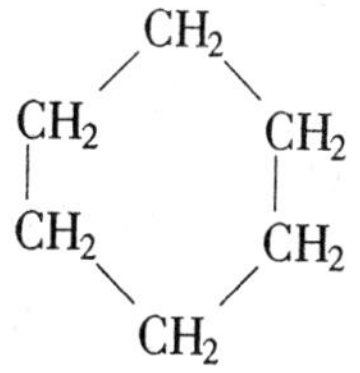

2. 芳香族化合物

芳香族化合物一般具有由碳原子组成的特殊的苯环结构,并显示出某些特殊性质。例如

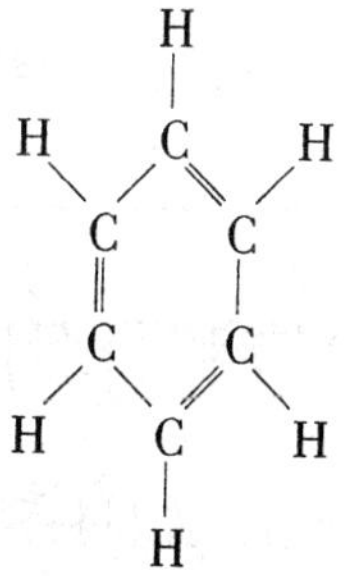

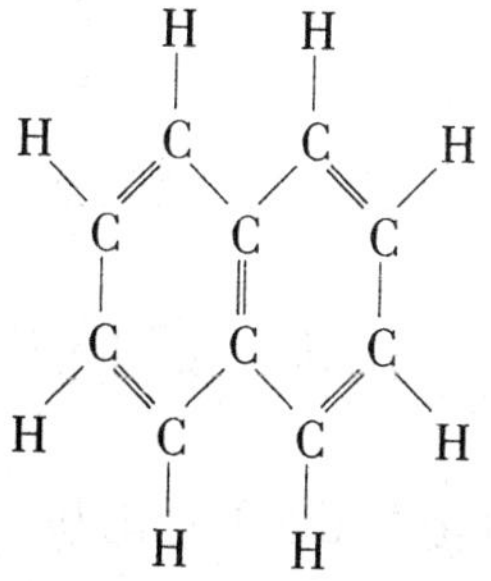

二、杂环化合物

杂环化合物具有由碳原子和其他原子(如氧、硫、氮等)共同组成的环状结构。例如

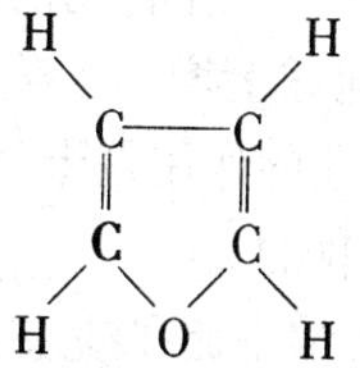

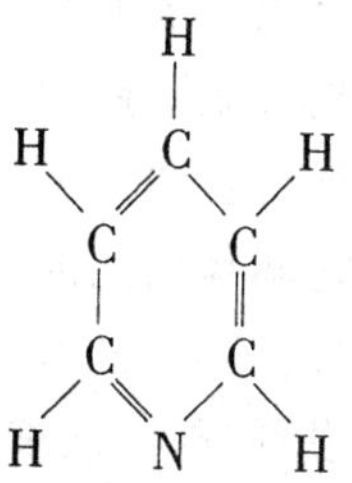

　　每一类内又可按结构和所含官能团的不同而分成若干类。所谓官能团,是分子中比较活泼而易发生反应的原子或原子团。一般来说,含有相同官能团的化合物在化学性质上是基本相同的。几类比较重要的化合物和它们所含的官能团列于表 1.1 中。

表 1.1　主要的官能团

类　　别	官能团名称	官能团结构	化　合　物
烯烃	碳 – 碳双键	$C{=}C$	$CH_2{=}CH_2$ 乙烯
炔烃	碳 – 碳叁键	$-C{\equiv}C-$	$CH{\equiv}CH$ 乙炔
卤代烃	卤素	$-X$	C_2H_5-Br 溴乙烷
醇	醇羟基	$-OH$	C_2H_5-OH 乙醇
酚	酚羟基	$-OH$	C_6H_5-OH 苯酚
醚(或氧化物)	醚键(或氧基)	$-O-$	$C_2H_5-O-C_2H_5$ 乙醚
醛	醛基	$-C{=}O$ 上接 H	$CH_3-C{=}O$ 上接 H 乙醛
酮	酮基	$C{=}O$	$CH_3-C(=O)-CH_3$ 丙酮
羧酸	羧基	$-C({=}O)OH$	$CH_3-C({=}O)OH$ 乙酸
胺	氨基	$-NH_2$	CH_3-NH_2 甲胺
腈	氰基	$-CN$	CH_3-CN 乙腈
硝基化合物	硝基	$-NO_2$	CH_3-NO_2 硝基甲烷
磺酸	磺基(磺酸基)	$-SO_3H$	$C_6H_5-SO_3H$ 苯磺酸

1.4　有机化学的地位和作用

　　有机化学是有机化学工业的理论基础,亦为相关学科(如材料科学、生命科学、环境科学等)的发展提供了理论、技术和材料。有机化学的成就和有机化学工业的发展,对于创造日益增加的物质财富,推动国民经济和科学技术的发展,起着十分重要的作用。

　　有机化学这门基础科学又是有机化学工业的基石。早期,随着冶金工业的发展,煤焦油化学对有机化学产生了巨大的推动作用,使研究芳香族化合物的理论和实验提高到相当的水平。随之而来的是有机合成染料的大发展,给地球上增加了美妙的色彩。金属有机化学特别是过渡金属有机化学对石油化工和聚合物工业的作用是十分巨大而关键的。香料工业和制药工业与有机化学之间是相互推动和相互依赖的。

　　有机化学中的很多理论和方法在发展生命科学中起了重要作用。DNA 双螺旋结构模型是生物学上划时代的发现,这一发展基于对 DNA 分子内各种化学键的本质,特别是对氢键的充分了解的结果。有机化学的构象理论则是蛋白质、核酸的空间模型、功能及活性部位研究的重要根据。

有机化学与环境科学更是密切相关。近百年来有机化学工业已显示了无与伦比的威力,制造出多种多样的自然界没有的新物质,数目大约 50 万,但是其中很多是毒性很强的物质,它们可使江河湖海和空气都受到严重的污染。因此能不能把这些有害的分子变成有用的分子? 能不能从某些废物中回收有用的原料? 能不能从废水中除去消耗水中溶解氧的有机化合物及有毒物质? 如此等等,这些都是有机化学面临的重要课题。毫无疑问,有机化学在化学学科的发展和其他相关学科的发展过程中起着巨大的作用。

第二章　结构与性质

内容摘要　本章主要介绍有机化合物的结构,结构与物理和化学性质的关系,有机分子中官能团的相互作用——电子理论。

学习要求

(1)掌握各类有机化合物的结构。

(2)熟悉有机化合物物理性质的变化规律。

(3)掌握有机化合物中官能团与其化学性质的关系。

(4)能够运用电子理论说明有机化合物的性质。

有机化合物数目众多,反应复杂,这是由有机化合物结构特征所决定的。只有掌握有机化合物的结构与性质的关系,才能揭示有机化合物分子中各原子间键合的本质和有机分子转化的规律,并设计、合成具有特定性质的有机分子。

2.1　有机化合物的结构

有机化合物结构特点之一是,有机化合物分子中各原子主要以共价键键合形成。共价键按成键电子运动区域,可分为定域键和离域键。

一、只含定域键的有机化合物

定域键是指成键电子运动在两个成键原子之间所成的键。定域键是形成有机化合物基本的化学键。

1. 烷烃的结构

(1)烷烃的结构。从碳原子在基态下的电子构型($1s^2 2s^2 2p_x^1 2p_y^1$)来看,1s 和 2s 轨道都已被电子填满,只有两个 2p 轨道中各有一个电子占据,所以碳原子应该是二价,但事实证明,碳在绝大多数有机化合物中都是四价。在甲烷分子中,碳与四个氢原子结合成键时,必定有一个 2s 电子获得一定能量,被激发跃迁到 2p 空轨道上,才形成 $1s^2 2s^1 2p_x^1 2p_y^1 2p_z^1$ 的电子构型,有四个各占一个轨道的未成对的电子,如图 2.1 所示。激发所需的能量可以从成键时所释放出的能量得到补偿。但这样的四个未成对电子的轨道形状和方向是不完全相同的(图 2.2),其中一个是 s 轨道,三个是 p 轨道。无疑,若按这样的四个轨道形成四个共价键,也将是不等同的,但事实上,在甲烷分子中四个价键是完全等同的,键角都是 109.5°。因此,鲍林(L. Pauling)提出了原子轨道杂化理论来加以解释,认为原子在化合过程中,为了使形成的化学键强度更大,更有利于体系能量的降低,一个 s 轨道和三个 p 轨道就重新组合成四个新的轨道,这种 s 轨道与 p 轨道的组合就叫做"杂化"。杂化后的新轨道就叫做杂化轨道。也就是说,一个 s 轨道和三个 p 轨道经过杂化后,形成四个完全等同的 sp^3 杂化轨道(每一个轨道相当于 1/4s 成分与 3/4p 成分),如图 2.2 和图 2.3 所示。

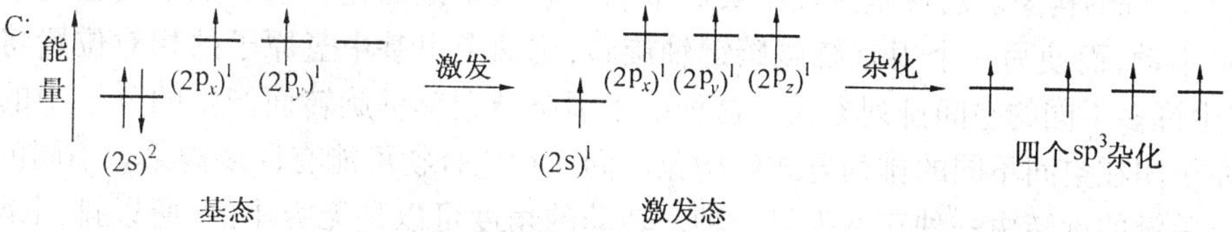

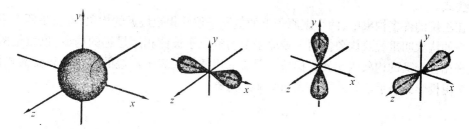

图 2.1　碳原子的电子激发并形成 sp³ 杂化轨道

图 2.2　s 轨道与 p 轨道的形状与空间取向

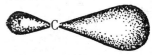

　　从图 2.4 中可以看出,甲烷分子中的四个氢原子的四个 s 轨道与碳原子的四个 sp³ 杂化轨道,沿着它们的键轴方向重叠而形成四个 C—H σ 键,成键原子可以绕轴相对旋转而不影响电子云的重叠,也就是说,这种键的电子云分布具有圆柱形的轴对称。键轴在两个原子核的连线上。这样的共价键叫做 σ 键。σ 键的特性是重叠程度较大,键比较牢固,相对旋转时不会遭到破坏。

图 2.3　sp³ 杂化轨道

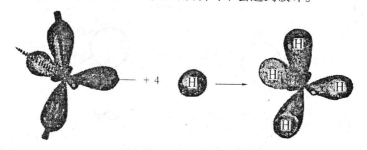

图 2.4　碳的 sp³ 杂化轨道与氢的 1s 轨道重叠示意图

乙烷分子中的两个碳原子各以 sp³ 杂化轨道重叠而形成 σ 键,如图 2.5 所示。

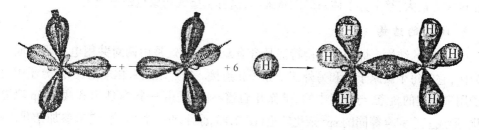

图 2.5　乙烷分子中原子轨道重叠示意图

　　(2)乙烷的构象。乙烷是烷烃中最简单的含碳碳单键的化合物。如果使乙烷中一个甲基固定不动,而使另一个甲基绕碳碳键轴旋转,则两个甲基中氢原子的相对位置将不断改变,产生许多不同的空间排列方式。这种由于围绕碳碳单键旋转而产生的分子中的各个原子或原子团在空间不同的排列方式叫构象。同一种化合物可能有许多构象。不同的构象可以通过单键的旋转由一种转变为另一种。转动的角度可以是无穷小的,所以排列是无穷多的。乙烷分子的构象是无穷多的。但最有典型意义的只有两种构象,一种是交叉式,另一种是重叠式。

　　在乙烷的许多构象中,两个碳原子上的氢原子彼此相距最近的构象,也就是两个甲基相互重叠的构象叫重叠式构象。两个碳原子上的氢原子彼此相距最远的构象,也就是两个甲基正好相互交叉的构象叫交叉式构象。图2.6用透视式表示乙烷的重叠式和交叉式构象。图2.7用投影式表示乙烷的重叠式和交叉式构象。

重叠式　　　　　　　　　　　　　交叉式

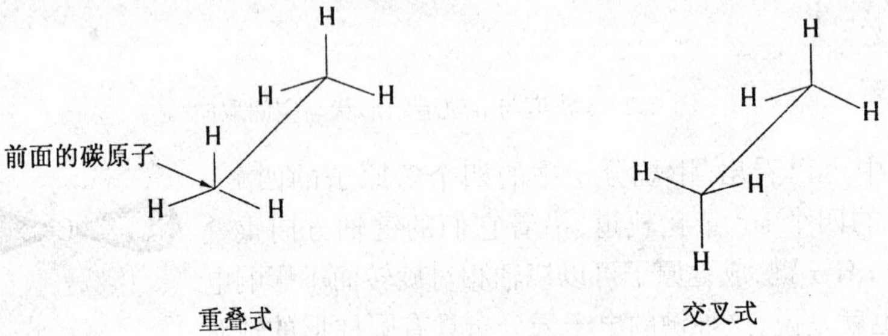

图2.6　乙烷分子的构象(透视式)

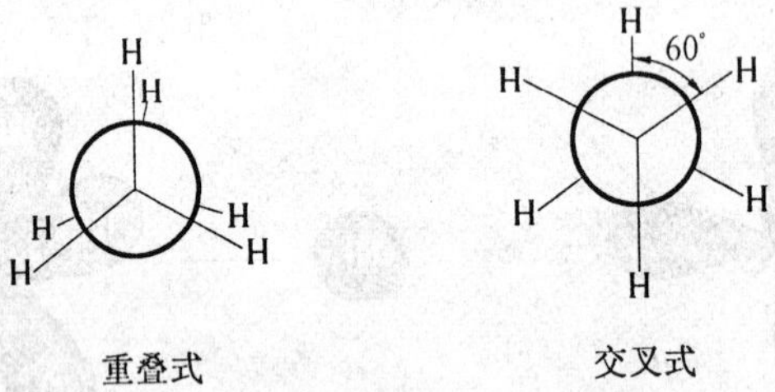

重叠式　　　　　　　　交叉式

图2.7　乙烷分子的构象(投影式)

　　在交叉式构象中,由于两个碳原子上的氢原子相距最远,相互排斥的力最小,整个分子体系的能量最低,这种构象稳定。在重叠式构象中,由于两个碳原子上的氢原子相距最近,相互排斥力最大,整个分子体系的能量最高,这种重叠式构象也最不稳定。

2. 烯烃的结构

　　(1)烯烃的结构。烯烃的结构特征是含有双键。双键是由两对共用电子所构成。以乙烯为例,它的每个碳原子只和另外三个原子相连接。按照轨道杂化理论,乙烯分子中每个碳原子用来成键的轨道,与烷烃中的 sp^3 杂化轨道不同,是由一个 2s 轨道和两个 2p 轨道进行杂化,形成三个完全等同的 sp^2 杂化轨道(图2.8),余下的一个 $2p_z$ 轨道未参加杂化。sp^2 杂化轨道的形状与 sp^3 杂化轨道相似,但在核外的空间取向不同,三个 sp^2 杂化轨道的对称轴同处在一个平面上,彼此之间构成的三个夹角互成 120°(图2.9)。每个碳原子所余下的一

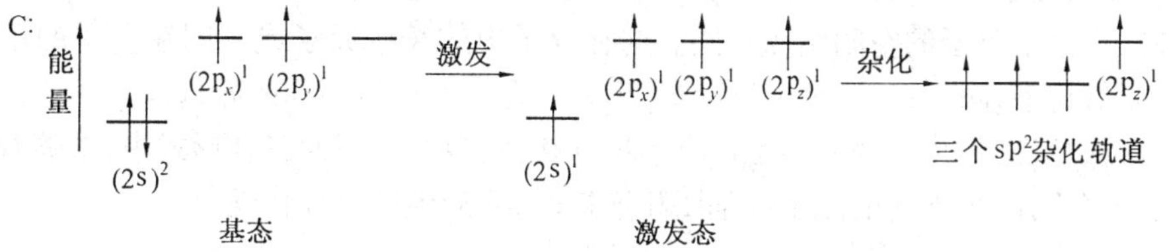

C:

能量

$(2p_x)^1$ $(2p_y)^1$ — 激发 → $(2p_x)^1$ $(2p_y)^1$ $(2p_z)^1$ 杂化 → $(2p_z)^1$

三个 sp^2 杂化轨道

$(2s)^2$ $(2s)^1$

基态 激发态

图2.8 sp^2 杂化

个 p 轨道保持原来的形状。它们的对称轴都垂直于碳碳的 $sp^2 - sp^2$ 杂化轨道所形成的 σ 键和其他四个 $sp^2 - s$ σ 键所在的平面。两个碳原子的 p 轨道互相平行,从侧面相互重叠而形成了另一种键,这种键称为 π 键。π 键垂直于五个 σ 键所在的平面(图2.9、2.10)。含有 C—C π 键的化合物易发生氧化和聚合反应。

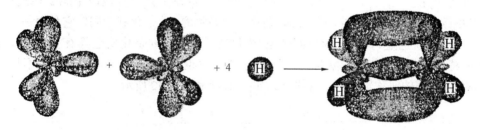

图2.9 乙烯分子中原子轨道重叠示意图

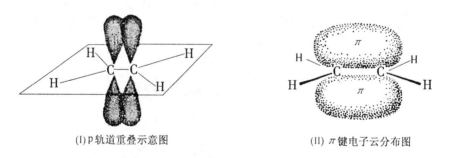

(I)p轨道重叠示意图 (II)π键电子云分布图

图2.10 乙烯分子中 π 键的形成示意图

(2)烯烃的顺反异构现象。上面已经讨论过,双键两端碳原子所连接的四个原子都是处在同一平面上,碳碳双键不能自由旋转。因此,当双键的两个碳原子上各连有两个不同的原子或基团时,就可能发生两种不同的空间排列方式,形成两个不同的化合物。例如,2 - 丁烯有下列两种空间不同排列的异构体

CH_3 CH_3 CH_3 H

C=C   C=C

H H   H CH_3

顺 - 2 - 丁烯(沸点 3.5℃)   反 - 2 - 丁烯(沸点 0.9℃)

Ⅰ   Ⅱ

在Ⅰ中,两个甲基(或两个氢原子)处于双键的同一侧,这种结构叫做顺式。在Ⅱ中,两个甲基(或两个氢原子)处于双键的两侧,这种结构叫做反式。顺反异构是立体异构中的一种。(所谓立体异构,就是由于分子中的原子或基团在空间的排列方式不同而引起的异构现象)

顺反异构体的分子式和结构式都相同,原子或基团相互连接的顺序也相同,只是空间的排列方式不同,也就是分子的空间结构不同。这种分子中的某些原子或基团在空间的不同排列的结构,叫做构型,顺－2－丁烯和反－2－丁烯就是两种构型不同的异构体。

　　含有碳碳双键的化合物并不是都有顺反异构体,只有在下面三种形式中,碳碳双键的两个碳原子上各与两个不同的原子或基团相连接时,才产生顺反异构现象。

$$
\underset{b}{\overset{a}{C}}=\underset{b}{\overset{a}{C}} \qquad \underset{b}{\overset{a}{C}}=\underset{d}{\overset{a}{C}} \qquad \underset{b}{\overset{a}{C}}=\underset{e}{\overset{d}{C}}
$$

(a、b、d、e 代表四个不同的原子或基团)

3. 炔烃的结构

　　在乙炔分子中,形成 —C≡C— 叁键的每一个碳原子只与其他两个原子相连接。因此,其中碳原子的杂化,与烷烃中的 sp^3 杂化和烯烃中的 sp^2 杂化都不同。它是由一个 2s 轨道和一个 2p 轨道进行杂化,形成两个 sp 杂化轨道,每个 sp 杂化轨道具有相当于 1/2s 和 1/2p 的特性成分。它们的形状与 sp^3 及 sp^2 杂化轨道也相似,但在空间的分布却不相同,两个 sp 杂化轨道的对称轴在一条直线上。如图 2.11 和图 2.12 所示。

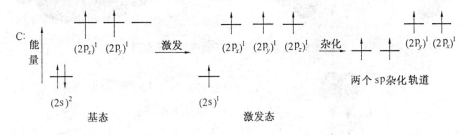

图 2.11　sp 杂化

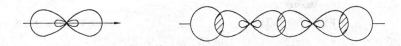

图 2.12　两个 sp 杂化轨道分布图和乙炔分子中 σ 键示意图

　　当两个 sp 杂化碳原子各以一个 sp 杂化轨道相互重叠时,便形成 C—C σ 键;另一个 sp 杂化轨道各与氢原子的 s 轨道相互重叠,形成 C—H σ 键。这两个碳原子分别剩下的两个 p 轨道上各保留一个电子,当这两个碳原子含有单电子的 p 轨道以侧面－侧面相互平行肩并肩重叠时,形成两个相互垂直的 π 键,并且垂直于 C—C σ 键轴,这样乙炔分子中的两个碳原子和两个氢原子所构成的三个 σ 键,其对称轴都同在一条直线上,键角为 180°,C≡C 键长为 0.120 nm,C—H 键长为 0.106 nm。两个 π 键的电子云对称地分布在两个碳原子的碳碳 σ 键周围,形成一个圆筒形。从图 2.13 和图 2.14 可以看出,由于炔烃叁键的 π 电子云呈筒状对称分布,而且三个 σ 键都在同一对称轴的直线上,因此炔烃没有顺反异构现象。

4. 环烷烃的结构

　　(1)环烷烃的结构与稳定性。对于小环,如环丙烷,三个碳原子连接成环,同在一个平面上,形成一个正三角形。由于每个碳原子与四个原子相连接,与烷烃相似,每个碳原子各以

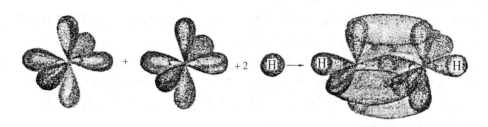

图 2.13　乙炔分子中原子轨道重叠示意图

两个 sp^3 杂化轨道分别与两个相邻碳原子的 sp^3 杂化轨道相互交盖成两个 C—C 单键,同时各以两个 sp^3 杂化轨道分别与两个氢原子的 1s 轨道相互交盖而成两个 C—H 单键。计算结果表明,H—C—H 键角是 114°,C—C—C 键角是 105.5°,因此相邻两个碳原子的两个 sp^3 杂化轨道在形成 C—C σ 键时,它们的对称轴不在一条直线上,如图 2.15 所示。

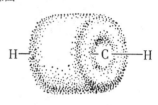

图 2.14　乙炔分子中两个 π 键的电子云

在这种情况下,杂化轨道的交盖程度没有一般 σ 键大,因而分子有一种趋向于能量最小交盖最大的力量,因此键容易断裂,这是造成环丙烷分子不稳定的根本原因。环丙烷的不稳定性还可从其离解能数字看出。将环丙烷与许多烷烃作一对比,环丙烷的 C—C 键进行均裂时,其离解能 $\Delta H = 230$ kJ/mol,而许多烷烃的离解能接近 343 kJ/mol。由此不难看出,环丙烷的 C—C 键比烷烃的 C—C 键不稳定,容易断裂。

目前认为在构成环丙烷分子中的 C—C 键和 C—H 键时,碳原子价电子的杂化轨道并不完全相同,碳原子以较多的 s 成分去构成 C—H 键,而以较小的 s 成分去构成 C—C 键。因此,C—H 键比甲烷分子中的 C—H 键短。而 C—C 键也不同于烷烃中的 C—C σ 键,这种特殊类型的键叫"弯曲键"。弯曲键与正常的 σ 键相比,轨道交盖的程度较小。因此比一般的 σ 键弱,并且具有较高的能量。这就是环丙烷的张力较大,容易破坏的一个重要因素。这种由于键角偏离正常键角而引起的张力叫做角张力。

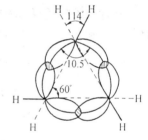

图 2.15　环丙烷中 C—C 键原子轨道重叠情况

除角张力外,环丙烷的张力比较大的另一个因素是扭转张力。在烷烃结构中已经讨论过,重叠式构象比交叉式构象能量高,不够稳定。环丙烷的三个碳原子在同一个平面上,相邻两个碳上的 C—H 键都是重叠式的,因此也具有较高的能量。这种由于构象是重叠式而引起的张力,叫扭转张力。

由于形成了弯曲键,不仅重叠程度较少,而且使电子云分布在连接两个碳原子的直线的外侧,提供了被亲电试剂进攻的位置,从而使其具有一定的烯烃性质。

环丁烷是由四个碳原子组成的环,四个碳原子不是在一个平面上,而是三个碳原子分布在同一平面上,另一个碳原子处于这个平面之外,形成一个折叠式结构,因张力与环丙烷相仿,故亦不稳定。

在五元环和六元环中,由于键角与正常的 sp^3 键角相近或相同,张力较小或没有张力,因而比较稳定。

(2)环己烷的构象。含有六碳环的化合物在自然界中比较普遍。我们简要介绍环己烷的构象,对于理解天然有机物质的结构是必要的。

环己烷分子中的六个碳原子不在同一个平面上,它的 C—C—C 夹角保持 109.5°,没有张力,整个碳环以椅式和船式两种不同排列方式存在。这两种形式就是环己烷的两种构象,如图 2.16 所示。椅式构象比船式构象稳定得多,在常温下几乎全为椅式构象。但它们又可通过键角的扭转,互相转变。

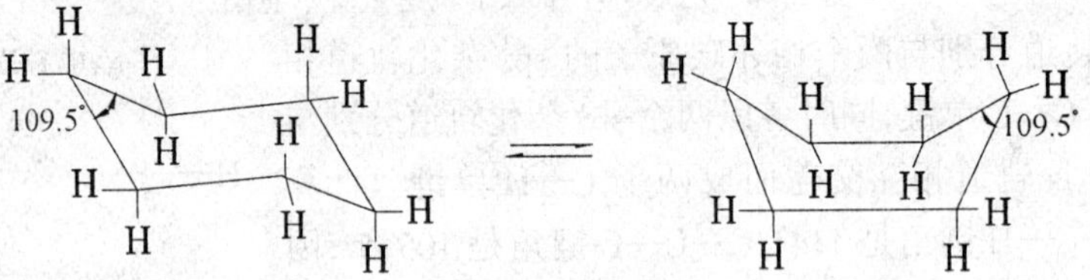

椅式构象　　　　　　　　　　　　　　　船式构象

图 2.16　环己烷的椅式构象和船式构象相互转变

从环己烷的透视式和投影式可以清楚看出,椅式构象比船式构象稳定。在椅式构象中任何两个相邻碳原子的碳氢键和碳碳键皆处于邻位交叉式。如图 2.17 所示。

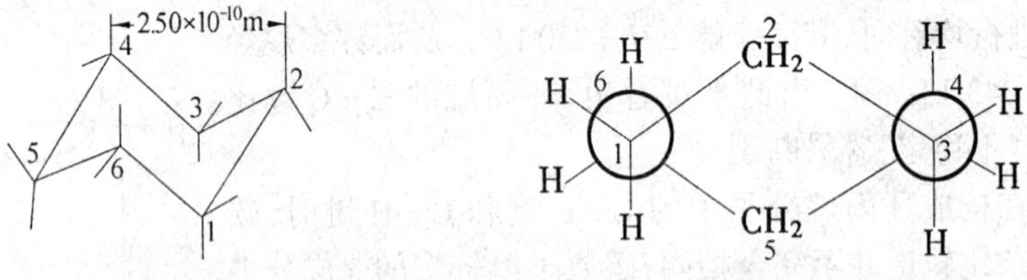

透视式　　　　　　　　　　　　　　　投影式

图 2.17　环己烷椅式构象

在环己烷椅式构象中,六个碳原子在空间分布于两个平面上(图 2.18),C_1、C_3、C_5 在一个平面,C_2、C_4、C_6 在另一个平面。十二个碳氢键分别处于两种形态,有六个碳氢键与分子的对称轴平行,这类键称为竖键或直立键,以符号 a(axial 的第一字母)表示,亦叫 a 键。其中有三个 a 键的方向朝下,还有三个 a 键的方向朝上。另外有六个碳氢键与对称轴接近于 109.5°的夹角,这种键称为横键或平伏键,以符号 e(eguatorial 的第一字母)表示,亦叫做 e 键。在环己烷分子中,同一碳原子上的两个碳氢键,一个是 a 键,另一个是 e 键。以 e 键与环相连的氢称为 e - 氢原子。以 a 键相连的氢称为 a - 氢原子,具体见图 2.19。

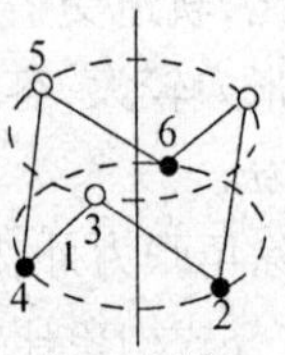

中心对称轴

图 2.18

在室温下,环己烷的一种椅式构象可以很快地转变为另一种椅式构象,使原来的 a 键变成了 e 键,原来的 e 键变成了 a 键,这两种椅式构象相互转变,达成平衡,见图 2.20。

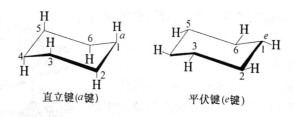

直立键(a键)　　　　平伏键(e键)

图2.19 环己烷椅式构象中的直立键与平伏键

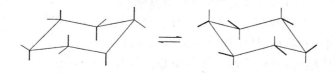

图2.20 两种椅式构象的转变

5.醇的结构

醇分子中所含的羟基(—OH)是醇的官能团。醇也可以看做是烃分子中的氢原子被羟基取代后的生成物。

氧原子的电子构型是 $1s^22s^22p_x^22p_y^12p_z^1$。水分子中的氧原子是以 sp^3 杂化轨道与氢原子的 s 轨道结合成键的。同样,在醇分子中,O—H 键也是氧原子以一个 sp^3 杂化轨道与氢原子的 1s 轨道相互重叠结合而成的 σ 键,C—O 键是碳原子的一个 sp^3 杂化轨道与氧原子的一个 sp^3 杂化轨道相互重叠结合而成的 σ 键。此外,氧原子还有两对未共用电子,分别占据另外两个 sp^3 杂化轨道。如图2.21所示。

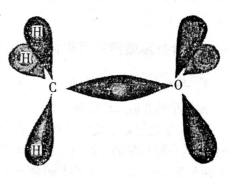

图2.21 甲醇分子中原子轨道重叠示意图

6.醛酮的结构

醛和酮分子中的羰基是碳与氧以双键相结合的。它和乙烯分子中的双键类似,是由一个 σ 键和一个 π 键所组成。根据物理方法测定,羰基中的碳原子可解释为处在 sp^2 杂化状态,羰基中的氧原子可解释为未经杂化。碳原子用三个 sp^2 杂化轨道形成三个 σ 键,其中一个 sp^2 杂化轨道是与氧原子的一个未成对电子的 2p 轨道,按轴向重叠形成 σ 键;另两个 sp^2 杂化轨道是和其他两个原子形成两个 σ 键,这三个 σ 键分布在同一平面上,键角约为120°(基团不同,键角稍有出入)。碳原子所余下的一个未参与杂化的 2p 轨道与氧原子的另一个 2p 轨道相互平行,重叠形成 π 键(图2.22)。氧上的两对未共用电子,分别占据2s轨道和一个2p轨道。最简单的羰基化合物——甲醛的结构如图2.23所示。

碳氧双键虽然也是由一个 σ 键和一个键 π 组成的,但由于氧的电负性(3.5)大于碳的电负性(2.6),羰基是个极性基团,且由于 π 电子云易于极化,因此电子云偏向氧的一边,使氧

原子带部分负电荷,而碳原子带部分正电荷,偶极矩为
2.3 ~ 2.8D。如图 2.24 所示。

7. 脂肪胺的结构

胺可以看做是氨分子中的氢原子被烃基取代后的
生成物(即氨的烃基衍生物),也可看做是烃分子中的
氢原子被氨基(—NH₂)取代后的生成物。氨分子中的
氮原子用三个 sp³ 杂化轨道与三个氢的 s 轨道重叠,形
成三个 sp³ - s 的 σ 键,成棱锥形。氮上尚有一对未共

图 2.23　甲醛分子中原子轨道重叠示意图

用电子占据另一个 sp³ 轨道,处于棱锥体顶端,空间排
布近似碳的四面体结构,氮处于四面体的中心。如图
2.25所示。

氨分子中的氮原子为不等性 sp³ 杂化状态。脂肪
胺分子中的氮原子也是这样,各 σ 键之间的夹角接近
于 109°。如三甲胺 [(CH₃)₃N] 中,C—N—C 键角为
108°。最简单的胺——甲胺(CH₃NH₂)分子的立体形状如图 2.26 所
示。

图 2.24　氧的电负性 > 碳的电负性,电子云偏向氧的一边

二、含有离域键的有机化合物

1. 共轭二烯烃的结构

最简单的共轭二烯烃是 1,3 - 丁二烯(CH₂=CH—CH=CH₂)。

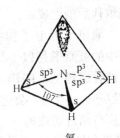

图 2.25　氨四面体结构

1,3 - 丁二烯每个碳原子都是 sp² 杂化碳原子,都是用三个 sp²
杂化轨道分别与氢的 s 轨道或相邻碳原子的 sp² 杂化轨道构成 σ
键,共九个 σ 键,每个碳原子上还余下一个价电子,处于 p 轨道,当
四个 sp² 杂化碳原子都处于同一平面时,则所有 σ 键的
对称轴都共平面,每个碳原子上未参加杂化的 p 轨道,
其对称轴均垂直于 σ 键所在的平面,这四个 p 轨道由
于对称轴互相平行,因而相邻的两个 p 轨道都可以进
行侧面重叠,如图 2.27 所示。

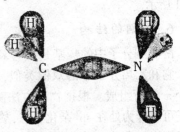

图 2.26　甲胺分子原子轨道重叠

从图中可以看出,1,3 - 丁二烯分子中的四个 p 轨
道,除了 C₁ 与 C₂、C₃ 与 C₄ 之间存在着侧面重叠外,C₂
与 C₃ 之间也有一定程度的重叠。由此可见,1,3 - 丁二
烯分子中 π 电子云的分布不像乙烯中那样只局限(或称
"定域")在形成双键的两个碳原子之间,而是扩展(或称
"离域")到四个碳原子周围,形成一个整体。这种现象叫
做电子离域或键的离域,这样形成的键叫做离域 π 键或大
π 键。大 π 键的形成不仅使单、双键的键长平均化,而且
使分子的内能降低,进而导致体系稳定,这种体系叫做共
轭体系。在共轭体系中,由于原子间的相互影响,使整个

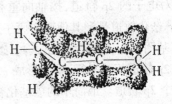

图 2.27　1,3 - 丁二烯大 π 键的构成

分子中电子云的分布趋于平均化的现象,称为共轭效应。由于 π 电子离域,体现的共轭效应又叫做 π – π 共轭效应,由此可见,1,3 – 丁二烯分子中单键缩短,双键增长,即键的平均化是由于共轭效应所致。

共轭效应的特点是,共平面性,键长趋于平均化,折射率较高。从氢化热(有机化合物催化加氢时放出的热量)的数据可以看出,共轭二烯烃体系的内能较低,分子稳定。如 1,3 – 丁二烯的氢化热为 239 kJ/mol 和丁烯两倍氢化热 252 kJ/mol 二者比较,低了 13 kJ/mol;1,4 – 戊二烯的氢化热为 254 kJ/mol,而 1,3 – 戊二烯的氢化热只有 226 kJ/mol,两者相差 28 kJ/mol,以上两例中的差值,称为离域能或共轭能。离域能越大,表示这个共轭体系越稳定。

从分子轨道理论也可以导出同样的结果。分子轨道的近似处理主要着眼于四个 p 轨道,通过四个原子轨道的线性组合形成四个分子轨道,其中有两个成键轨道和两个反键轨道,分别以 ψ_1、ψ_2、ψ_3 和 ψ_4 来表示,如图 2.28 所示。

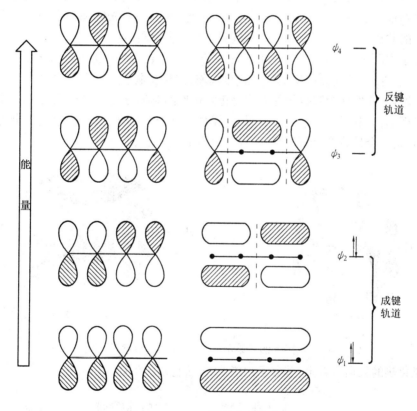

图 2.28　1,3 – 丁烯的分子轨道

从图中可以看出,ψ_1 轨道在垂直于碳碳 σ 键键轴方向没有节面,而 ψ_2、ψ_3 和 ψ_4 轨道分别有一个、两个、三个节面。在节面上电子云密度为零,节面数目越多,则轨道能量越高。ψ_1 在 C_1 与 C_2、C_2 与 C_3、C_3 与 C_4 之间都成键,没有节面,能量最低,是成键轨道。ψ_2 有一个节面,只是在 C_1 与 C_2、C_3 与 C_4 之间成键,能量稍高,也是成键轨道。然而 ψ_3、ψ_4 则节面较多,能量较高,都为反键轨道。基态时,1,3 – 丁二烯分子中的四个 π 电子分布于能量较低的 ψ_1 和 ψ_2 成键轨道,反键轨道 ψ_3 和 ψ_4 是空着的。π 电子只有吸收能量被激发的情况下,才能跃迁而进入反键轨道。分子轨道 ψ_1 和 ψ_2 的叠加,不但使 C_1 与 C_2、C_3 与 C_4 之间的电子

云密度增大,而且也部分地增大了 C_2 与 C_3 之间的电子云密度,使之与一般碳碳 σ 键不同,而具有了部分双键性质。

2. 芳烃的结构

从物理方法研究证明苯分子中的六个碳原子都在一个平面上,六个碳原子组成一个正六边形,C—C 键完全相等,约为 0.139 nm,由此可知,苯分子中既无典型的碳碳单键,也无典型的碳碳双键。

杂化轨道理论认为,苯分子中的所有碳原子都进行了 sp^2 杂化,每个碳原子都以三个 sp^2 杂化轨道分别与碳和氢形成三个 σ 键,键角均为 120°。每个碳原子各剩余一个 p 轨道彼此从侧面"肩并肩"同等程度地侧面重叠,形成一个整体,在这个整体里有六个电子,形成一个包括六个原子、六个电子的共轭键 π_6^6,如图 2.29。形成共轭 π 键的六个电子并不是分成三对分别定域在相邻的两个碳原子之间,而是离域扩展到共轭 π 键(包括这六个碳原子)之上。这样在苯分子中连接六个碳原子的是六个等同的 C—C σ 键和一个包括六个碳原子在内的闭合的共轭 π 键,因此苯分子中的碳碳键是完全等同的。

苯分子中形成闭合的 π 键,称为大 π 键或离域 π 键。大 π 键电子云分布于六碳环平面的上下两侧。由于共轭效应使 π 电子高度离域,键长及电子云完全平均化。

综上所述,我们认为苯分子的结构是正六边形的对称分子,六个碳原子和六个氢原子都在一个平面上,π 电子云分布在环平面上下两侧,电子云完全平均化,形成一个封闭的共轭体系,并且是一个最典型、最稳定的闭合共轭体系。

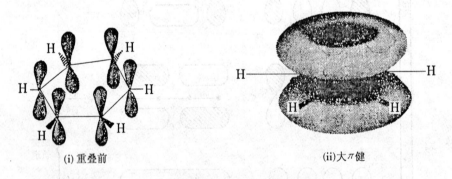

(i) 重叠前　　　　　　　　　　　(ii)大π键

图 2.29　苯分子中 p 轨道重叠示意图

从氢化热的数据可看出,苯分子内能低,分子稳定。例如

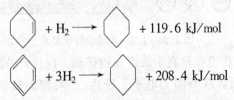

从上式可以看出,如果苯分子中含有三个双键,它的氢化热应为环己烯的 3 倍,即 $3 \times 119.6 = 358.8$ kJ/mol,而实际上,苯的氢化热比计算值小 $358.8 - 208.4 = 150.4$ kJ/mol,也就是苯的离域能(即共轭能为 150.4 kJ/mol)较大。离域能愈大,体系愈稳定。如上所述,苯是一个稳定的分子。在通常情况下,苯不易发生加成、氧化和聚合反应,在一定条件下易发生亲电取代反应。

萘的结构与苯相似,分子中所有的原子都处在同一平面上,所有碳原子上的 p 轨道都相互平行,互相重叠形成一个环状闭合的共轭体系。碳碳之间既没有普通的单键,也没有普通的双键,由于各相邻的 p 轨道的重叠程度不同,不像苯分子那样电子云密度完全平均化,所以碳碳键的键长并不完全相等。根据 X - 衍射法测定,萘分子中各键的键长如下所示。

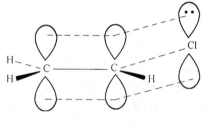

萘 1、4、5、8(称为 α 位)碳原子上的电子云密度较高,2、3、6、7(称为 β 位)碳原子上的电子云密度较低;9、10 碳原子上电子云密度最低。萘的化学性质与苯相似,但比苯容易发生取代、加成和氧化反应。

3. 卤代烯烃和卤代芳烃的结构

卤代烯烃和卤代芳烃按 π 键与卤原子的位置不同可以分为三类。

(1)乙烯式卤代烃。氯乙烯($CH_2 = CH - Cl$)和氯苯(◯—Cl)都属于此类。在氯乙烯和氯苯分子中,氯原子的未共用电子对所处的 p 轨道与 π 轨道(由两个平行的 p 轨道交盖形成的)相互交盖,形成共轭体系,称为 p-π 共轭体系,结果必然产生电子离域 π_3^4。如图 2.30、2.31 所示。

电子离域使键部分平均化,C—Cl 键缩短,偶极矩

图 2.30　氯乙烯分子中的 p-π 共轭体系

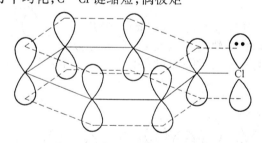

图 2.31　氯苯分子中的 p-π 共轭体系

减小。因分子中 C—Cl 键交盖程度增大,电子云密度较氯代烷烃分子中的 C—Cl 键有所增加,C—Cl 键更加牢固了。因此,此类卤代烃分子中的卤原子不活泼,不易发生亲核取代反应。

(2)烯丙式卤代烃。烯丙基氯($CH_2 = CH - CH_2 - Cl$)和苄基氯(◯—$CH_2 - Cl$)属于此类。烯丙基氯和苄基氯相应的正碳离子是 $CH_2 = CH - CH_2^+$ 和 ◯—CH_2^+ ,它们可以形成一种缺电子的 p-π 共轭体系。由于 π 轨道与相邻碳上缺电子的空 p 轨道交盖,形成 p-π 共轭体系(图 2.32 和图 2.33),π 电子发生离域,正电荷不集中在一个碳原子上,正电荷得到分散,体系能量降低,所以正碳离子是较稳定的。由于烯丙式卤代烃容易生成正碳离子和卤原子,因此,表现出卤原子的活泼性,很容易发生亲核取代反应。

(3)隔离式卤代烃。隔离式卤代烃分子中 C—Cl 与卤代烷分子中 C—Cl 结构相似,因此

化学性质相似。

4. 苯酚和苯胺的结构

苯酚和苯胺都可以看做是苯分子中的氢被—OH 和—NH_2 取代后的生成物，而且都形成 $p-\pi$ 共轭体系。但由于分子中氧原子和氮原子周围电子云及电负性不同，因此它们的化学性质不同。

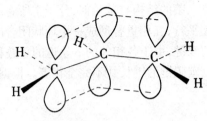

图 2.32　烯丙基正碳离子的 $p-\pi$ 共轭体系

(1)苯酚。苯酚分子中氧原子进行 sp^2 杂化。氧原子的 p 轨道(有一对电子)与苯环 π 轨道相互交盖，

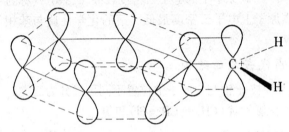

图 2.33　苄基正碳离子的 $p-\pi$ 共轭体系

形成 $p-\pi$ 共轭体系，电子发生离域。如图 2.34 所示。

电子离域化的结果，氧原子上的电子云密度降低，减弱了 O—H 键，有利于氢原子离解成为质子而呈酸性；苯环 π 电子云密度增加，苯酚较苯容易发生亲电取代反应。

(2)苯胺。苯胺分子中氮原子近似 sp^2 杂化，未共用电子对所处的轨道与苯环 π 轨道相互交盖，形成近似 $p-\pi$ 共轭体系，电子发生离域，如图 2.35 所示。

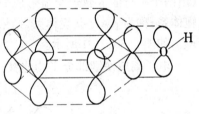

图 2.34　苯酚分子中的 $p-\pi$ 共轭体系

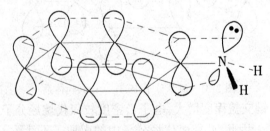

图 2.35　苯胺分子中的 $p-\pi$ 共轭体系

电子离域化的结果，氮原子上的电子云密度降低，碱性比氨弱；苯环 π 电子云密度增加，苯胺比苯容易发生亲电取代反应。

5. 杂环化合物的结构

(1)五元杂环化合物的结构。呋喃、噻吩、吡咯既是重要的杂环化合物，也是构成相应衍生物的母体。

通过物理方法证明，组成杂环的各原子都排布在同一个平面上，故可认为组成杂环碳原子和杂原子均进行 sp^2 杂化。杂原子未成对电子所处的 sp^2 杂化轨道分别与碳原子 sp^2 杂轨道形成两个 sp^2-sp^2 σ 键，杂原子的 p 轨道与环上碳原子的 p 轨道相互平行，相互交盖，形成

一个闭合的共轭体系。这个共轭体系是由五个原子上的六个 p 电子组成的(π_5^6)。p 电子数与苯分子中 p 电子数相同。如图 2.36~2.39 所示。

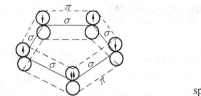

图 2.36　五元环共轭体系

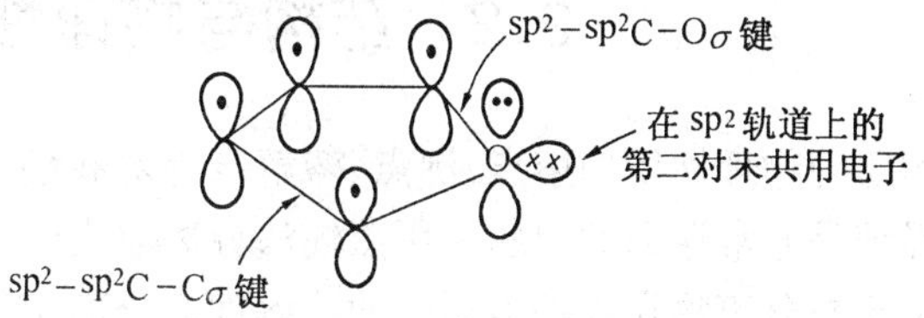

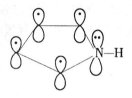

图 2.37　呋喃共轭体系

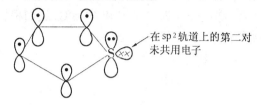

图 2.38　噻吩共轭体系

图 2.39　吡咯共轭体系

（2）吡啶的结构。吡啶的结构与苯相似,可看做是苯环中的一个"—CH＝"被一个"—N＝"置换而成。C—C 和 C—N 之间都是以 sp^2 杂化轨道相互重叠形成六个 σ 键,键角为 120°。环上五个碳原子一个氮原子各以一个 p 电子所在的相互平行的 p 轨道重叠,并垂直于六个原子组成的闭合共轭体系的环平面。氮原子上还有一对未共用电子占据一个 sp^2 杂化轨道,它与环共平面,不能参与环的共轭体系。如图 2.40 所示。

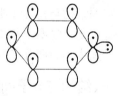

图 2.40　吡啶共轭体系

6. 羧酸的结构

羧酸的官能团是羧基($-\overset{\overset{\text{O}}{\|}}{\text{C}}-\text{OH}$),羧基是由羰基和羟基直接相连而成。羧基的性质并不是这两个基团性质的简单加和,而是由于二基团的相互影响而具有自己的特性。因为受到羰基的影响,所以羧基中羟基氧原子上的未共用电子对发生了离域,如图 2.41 所示。

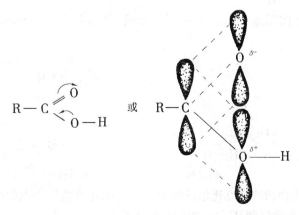

图 2.41　羧酸共轭体系

电子离域的结果使得 O—H 键减弱,增加了它离解成负离子和质子的趋势,从而构成了羧酸的酸性。

2.2　结构与物理性质的关系

　　物质的物理性质如熔点、沸点、溶解度等对我们十分重要。在实际工作中,新物质的分离和提纯是通常遇到的问题。用蒸馏法分离取决于各物质的沸点,用重结晶法和萃取法分离取决于被分离物在各种溶剂中的溶解度。分离工作的成功与否,往往取决于根据结构对物理性质所做出的正确估计。另一方面一种新的化合物的物理性质对阐明它的结构是有价值的线索。例如,有两个二氯乙烯的顺、反异构体,沸点分别为 47.7℃ 和 60.5℃,我们根据分子极性与沸点的关系就很容易确定哪个是顺式结构,哪个是反式结构。

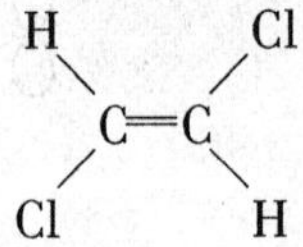

反式 偶极抵消 47.7℃ 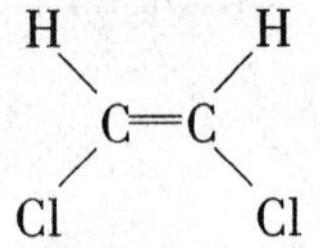　　　　　　　顺式 偶极增强 60.5℃

因此掌握结构与物理性质的关系是十分必要的。

　　有机化合物属于非离子型化合物,其物理性质主要取决于分子间作用力和分子的极性。而分子间作用力和分子的极性又取决于分子的结构。

一、结构与分子间作用力

1. 氢键

　　氢键是一种很重要的"键"。从能量上看,它是介于范德华力和共价键之间的键,但它更接近于范德华引力。形成的氢键常用 A—H···B 表示。

　　一般来讲,只有 A 和 B 是 O、N 或 F 时才能形成氢键。例如醇、羧酸等。

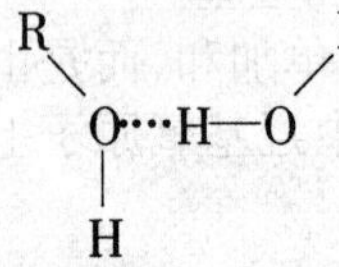

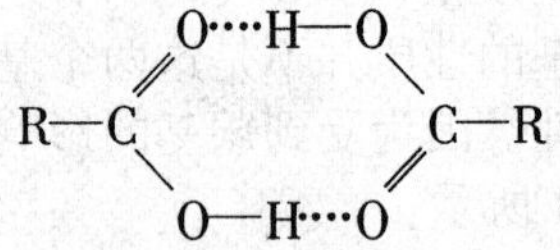

　　氢键可以在分子间形成,也可以在分子内形成。在能够形成六元环的情况下,分子内氢键容易形成,例如

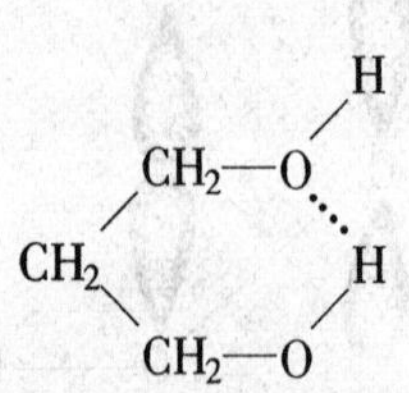

丙二醇 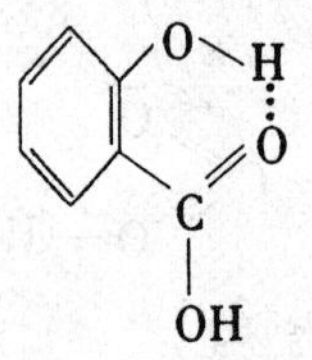　　　　　　　　水杨酸

形成分子内氢键的化合物的沸点比形成分子间氢键的化合物的沸点低得多。例如,对硝基苯苯酚(279℃)的沸点比邻硝基苯酚(216℃)的沸点高。

2. 取向力

取向力是存在于极性分子间的一种作用力。极性分子间，一个分子的偶极正端与另一个分子的偶极负端间相互吸引作用，例如

$$\overset{\delta^+}{C}H_3\!-\!\overset{\delta^-}{C}l$$

$$\underset{\delta^-}{C}l\!-\!\underset{\delta^+}{C}H_3$$

取向力只存在于极性分子之间。分子极性越大，取向力也就越大。

3. 色散力

非极性分子的偶极虽然为零，但在运动中可以产生瞬时偶极矩，瞬时偶极之间的相互作用力称色散。这种作用力没有饱和性和方向性，既在非极性分子间存在，也在极性分子中间也存在，还在非极性分子与极性分子间存在，可以说对大多数分子来讲，这种作用力是主要的。色散力与相对分子质量和分子接触面积的大小有关。

还有一种存在于极性分子和非极性分子之间的作用力是由诱导偶极产生的，叫诱导力。取向力、色散力、诱导力统称为范德华力。范德华力小于氢键。

二、分子间作用力与物理性质的关系

1. 沸点

分子间作用力越大，沸点越高。

(1)能够形成氢键分子的沸点比较高。在常见的有机化合物中，羧酸、醇、胺和酰胺的沸点比较高，这是由它们形成氢键的缘故。一般来讲，分子间形成氢键越多，其沸点就越高，例如，正丙醇与乙二醇二者的相对分子质量相近，但正丙醇沸点为 97℃，乙二醇为 197℃。

(2)极性分子的沸点比非极性分子的沸点高。例如，硝基乙烷(相对分子质量 75)的沸点为 115℃，比相应的 2 - 甲基丁烷(相对分子质量 74)的沸点 28℃要高 87℃之多。这是硝基乙烷分子中既存在取向力、又存在色散力的缘故。

(3)非极性分子的沸点比较低，因为非极性分子中只存在色散力。色散力的大小取决于分子量和分子接触面积的大小。例如

$CH_3(CH_2)_4CH_3$　　　　　$CH_3(CH_2)_3CH_3$　　　　$CH_3\!-\!\underset{\underset{CH_3}{|}}{\overset{\overset{CH_3}{|}}{C}}\!-\!CH_3$

己烷 68.7℃　　　　　　　　戊烷 36.1℃　　　　　　　新戊烷 10℃

2. 熔点

熔化和汽化不同，熔化是从有规则排列的晶体转变为一种无规则的状态，分子间的作用力没有消除。

熔点不仅与分子间作用力有关，还与分子在晶格中排列的情况有关，一般来讲，分子的对称性高，排列比较整齐，熔点较高。例如，新戊烷的熔点为 - 17℃，而异戊烷 $CH_3CHCH_2CH_3$ 的熔点为 - 160℃，这是因为前者分子对称性高，结构比较紧密，故熔点较后（下接 $\underset{|}{CH_3}$ 结构示意）

者高。

(1)与沸点的情况相似,分子间形成氢的化合物,其熔点较高。例如

熔点 82°　　　　　　　　　　熔点 – 20°

(2)与沸点的情况相似,极性分子的熔点比非极性分子的熔点高。例如

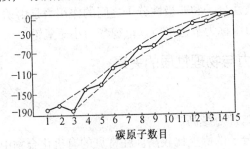

环己酮熔点 – 16℃　　　　甲叉环己烷熔点 – 107℃

(3)与沸点的情况相似,一般熔点也随相对分子质量增大而增大。如图2.42所示。

图 2.42　正烷烃的熔点

(4)分子的对称性对熔点影响更为重要,从图2.42中亦可以看出。

总的说来,链烷烃随着相对分子质量的增大,熔点上升;含偶数碳链烷烃的熔点比前后相邻的两个奇数碳链烷烃的熔点高,这是因为偶数碳链烷烃对称性较高。但是从甲烷到丙烷,熔点反而下降。甲烷熔点偏高是由于它有一个对称的结构。丙烷有一个弯曲的骨架,排列比乙烷还困难。虽然相对分子质量增大,但熔点仍然下降。从丁烷以后,链烷烃基本都具有曲折的结构,所以熔点随着相对分子质量的增大而升高。

3.溶解度

有机化合物在各种溶剂中的溶解度是一个极为重要的性质,大多数有机反应都是在溶剂中进行,而且溶剂对有机反应常常是有影响的。

(1)溶解同分子间作用力的关系。当溶质溶解于溶剂中时,溶质分子和溶剂分子间的作用力大于原来溶质分子间的作用力。前者作用力越大,溶解度也就越大。当我们研究某一化合物的结构对溶解度的影响时,我们必须考虑两个方面的因素——溶质和溶剂。

(2)溶剂。溶剂可以分为质子溶剂、极性非质子溶剂和非极性溶剂三种。水、醇、酸等分子内有活泼氢的,为质子溶剂。丙酮、乙腈等分子内有极性基团而没有活泼氢的,为极性非离子溶剂。以上两种均属极性溶剂。烃类、苯类、醚类和卤代烃类等均为非极性溶剂。

(3)"相似相溶"原则。对有机化合物有一个经验规律,叫"相似相溶",就是极性大的分子与极性大的分子相溶,极性弱的分子与极性弱的分子相溶。

2.3　结构与化学性质的关系

　　有机化合物的物理性质主要取决于分子间作用力及分子的极性。有机化合物的化学性质主要取决于有机化合物的成键情况,其实质是取决于分子中电子云的分布。按形成共价键的原子轨道交盖方式,共价键可分为 σ 键和 π 键;按电子云分布情况,共价键又分为极性键和非极性键。共价键的类型与反应形式有对应关系。

一、σ 键与反应

1.非极性或弱极性 σ 键

　　含有该 σ 键的有机化合物主要发生自由基取代反应。例如

$$CH_4 + 2Cl \cdot \longrightarrow CH_3Cl + HCl$$

2.极性 σ 键

　　(1)含有极性 σ 键的有机化合物可发生亲电取代反应和亲核取代反应。例如

$$CH_3Cl + CN^- \longrightarrow CH_3CN + Cl^- \quad 亲核取代$$
$$C_6H_6 + NO_2^+ \longrightarrow C_6H_5NO_2 + H^+ \quad 亲电取代$$

　　(2)含有极性 σ 键的有机化合物可以发生消除反应。例如

$$X\!-\!\underset{\underset{R}{|}}{C}H\!-\!CH_3 \xrightarrow{\ OH^-\ } R\!-\!CH\!=\!CH_2 + HX$$

　　(3)含有极性 σ 键的有机化合物可以发生氧化反应。例如

$$CH_3CH_2\!-\!OH + K_2Cr_2O_7 \xrightarrow{H_2SO_4} CH_3\overset{\overset{O}{\|}}{C}\!-\!OH$$

二、π 键与反应

1.非极性 π 键

　　(1)含非极性 π 键的有机化合物可发生亲电加成和自由基加成反应。例如

$$R\!-\!CH\!=\!CH_2 + H^+ \longrightarrow R\!-\!\overset{+}{C}H\!-\!CH_3 \qquad 亲电加成$$

$$R\!-\!CH\!=\!CH_2 + Br\cdot \longrightarrow R\!-\!\overset{\cdot}{C}H\!-\!CH_2Br \qquad 自由基加成$$

　　(2)含非极性 π 键的有机化合物可以发生氧化反应和还原反应。例如

$$R\!-\!CH\!=\!CH_2 + KMnO_4 \xrightarrow{H^+} RCOOH + CO_2 \qquad 氧化反应$$

$$R\!-\!CH\!=\!CH_2 + H_2 \xrightarrow{Ni} RCH_2\!-\!CH_3 \qquad 还原反应$$

　　(3)含非极性 π 键的有机化合物可以发生聚合反应。例如

$$n\,CH_2\!=\!CH_2 \xrightarrow{聚合} \left[\!\!\begin{array}{c} CH_2\!-\!CH_2 \end{array}\!\!\right]_n$$

2. 极性 π 键

(1)含极性 π 键的有机化合物主要发生亲核加成反应。例如

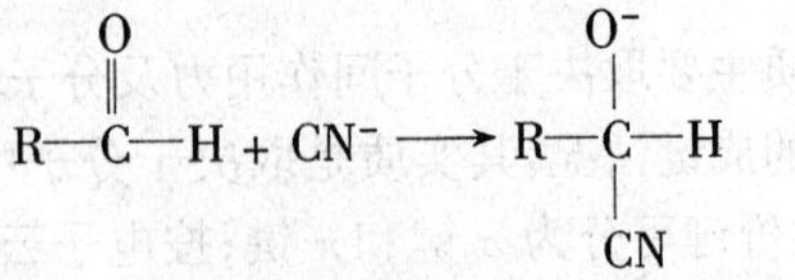

$$R-\overset{\displaystyle O}{\overset{\|}{C}}-H + CN^- \longrightarrow R-\overset{\displaystyle O^-}{\overset{|}{\underset{CN}{C}}}-H$$

(2)含极性 π 键的有机化合物可以发生还原反应。例如

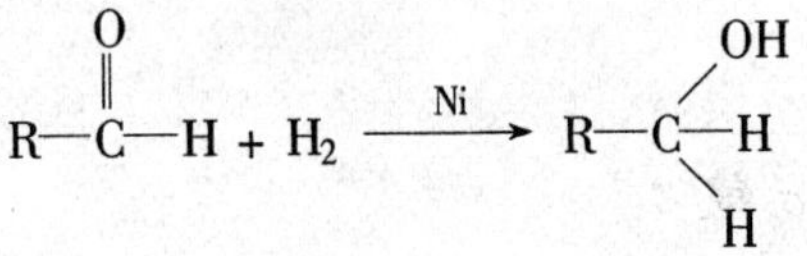

$$R-\overset{\displaystyle O}{\overset{\|}{C}}-H + H_2 \xrightarrow{\text{Ni}} R-\overset{\displaystyle OH}{\overset{|}{\underset{H}{C}}}-H$$

2.4　有机分子中官能团的相互作用方式

　　物质的结构决定了物质的性质,有机分子中官能团决定了有机物主要化学性质。有机分子中官能团不是孤立存在的,而是相互影响相互作用的。这种普遍现象不仅影响有机物的化学性质,也影响有机物的物理性质。研究有机分子中官能团相互影响和作用已成为学习有机化学和掌握结构与性质关系的重要方法。有机分子中官能团的作用方式主要有:电子效应、空间效应、分子内氢键、互变异构等方式。本节主要介绍电子效应。

　　电子效应可分为诱导效应和共轭效应。

一、诱导效应(I)

1. 诱导效应

诱导效应是指通过静电诱导作用使成键电子云向着一个方向偏移,从而使分子发生极化的效应。

2. 诱导效应的方向

(1) 吸电子诱导效应($-I$)。例如

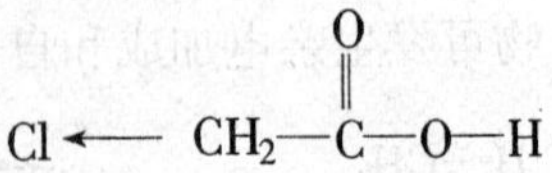

$$Cl \longleftarrow CH_2 - \overset{\displaystyle O}{\overset{\|}{C}} - O - H$$

(2) 供电子的诱导效应($+I$)。例如

$$CH_3 \longrightarrow CH = CH_2$$

(3) 诱导效应的强弱。诱导效应的强弱取决于吸(供)电基吸(供)电子的能力。吸电基电负性越大,吸电能力也就越强。例如

$$F > Cl > Br > I$$

(4) 诱导效应的特点。诱导效应的作用沿分子链依次减弱。

(5) 诱导效应对物质性质的影响。从表 2.1 中可以看出,诱导效应对物质酸性的影响。

表 2.1　几种羧酸和氯代羧酸的 pK_a 值(25°)

结 构 式	pK_a	结 构 式	pK_a
HCOOH	3.77	$Cl_2CHCOOH$	1.29
CH_3COOH	4.76	Cl_3CCOOH	0.65
CH_3CH_2COOH	4.88	$CH_3CH_2CHClCOOH$	2.84
$(CH_3)_3CCOOH$	5.05	$CH_3CHClCH_2COOH$	4.06
$ClCH_2COOH$	2.86	$ClCH_2CH_2CH_2COOH$	4.52

由表中数据可见,乙酸的酸性比甲酸小。若乙酸分子中的 α – 氢原子被氯原子取代后,其酸性则增强,而羧酸分子中引入氯原子的数目愈多,酸性愈强;氯原子距羧基位置愈近,酸性愈强。

二、共轭效应(C)

共轭效应是由于电子离域体现了分子中原子间的相互影响。共轭效应又分为超共轭效应和共轭效应。

1. 超共轭效应

超共轭效应是指碳氢键与双键中 π 键的离域作用。例如在丙烯分子中的超共轭效应可由图 2.43 所示。

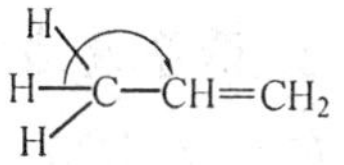

虽然这种离域的共轭效应与 π – π 共轭效应比较弱得多,但它确实是存在的。

图 2.43　丙烯分子中的共轭效应

2. 共轭效应又分为 p – π 共轭效应和 π – π 共轭效应

(1)p – π 共轭效应。根据参加共轭体系原子数(n)和电子数 (m)不同,可分为如下三种方式:

① $m > n$ 。例如氯乙烯,该分子中 p – π 共轭效应如图 2.30 所示,该其中的氯原子与卤代烷分子中的卤原子比较,它的化学性质很不活泼,一般不能发生亲核取代反应,此外氯乙烯分子的偶极矩比相应的卤代烷小。

② $m = n$ 。例如烯丙基自由基,该自由基中的 p – π 共轭效应如图 2.44 所示。由于 p – π 共轭效应使烯基自由基稳定,因此这种物质分子中的氢原子比较活泼,丙烯($CH_2=CH—CH_3$)很容易发生自由基取代反应。

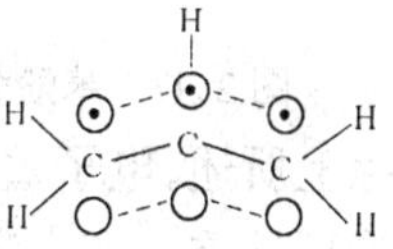

图 2.44　烯丙基自由基共轭体系

③ $m < n$ 。例如,烯丙基正碳离子,其中的 p – π 共轭效应如图 2.32 所示。由于 p – π 共轭效应,使烯丙基正碳离子比较稳定,因此烯丙基氯($CH_2=CH—CH_2Cl$)分子中氯原子比卤代烷分子中的氯原子还要活泼,烯丙基氯很易发生亲核取代反应。

(2) π – π 共轭效应。1,3 – 丁二烯分子中不仅 C_1 与 C_2 的 p 轨道从侧面交盖, C_3 与 C_4 的 p 轨道从侧面交盖,而且在 C_2 与 C_3 之间也有一定程度的交盖,因而使 C_2 与 C_3 之间电子云与一般 C—C 单键比较密度增大,键长缩短,具有了部分双键的性质。

三、诱导效应和共轭效应的关系

一般来讲,共轭体系中也存在着诱导效应,但在有诱导效应体系中不一定存在着共轭效应。

1. 诱导效应(I)与共轭效应(C)作用一致

(1)吸电子的诱导效应($-I$)与吸电子的共轭效应($-C$)。硝基苯分子中电子效应如图 2.45 所示。吸电子的诱导效应($-I$)和吸电子的共轭效应($-C$)都使苯环 π 电子云降低(即钝化),间位降低的较少,因此硝基是苯环发生亲电取代反应的间位定位基。

(2)供电子的诱导效应($+I$)和供电子的共轭效应($+C$)。甲苯分子中电子效应如图 2.46所示。供电子的诱导效应($+I$)和供电子的共轭效应($+C$)使苯环 π 电子云密度增加(即活化),邻对位增加较多,因此甲基为苯环发生亲电取代反应的邻对位定位基。

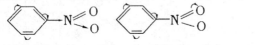

图 2.45　硝基苯的电子效应

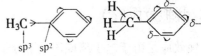

图 2.46　甲苯分子的电子效应

2. 诱导效应和共轭效应不一致

(1)共轭效应大于诱导效应。苯酚分子中电子效应如图 2.47 所示。由于供电子的共轭效应大于吸电子的诱导效应,其作用结果使苯环 π 电子云密度增加(即活化),且邻对位增加较多,因此羟基是苯环发生亲电取代反应的邻对位定位基。

(2)共轭效应小于诱导效应,氯苯分子中电子的效应如图 2.48 所示。由于供电子的共轭效应小于吸电子的诱导效应,其作用结果使苯环 π 电子云密度降低(即钝化),邻对位降低的较小,因此—Cl 是邻对位定位基。

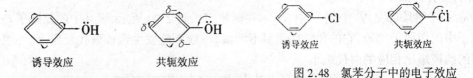

诱导效应　　　　　　　共轭效应

图 2.47　苯酚分子中的电子效应

诱导效应　　　　　　　共轭效应

图 2.48　氯苯分子中的电子效应

综上所述,电子效应是有机分子中最普遍的现象,它主要影响有机物的化学性质,同时对其物理性质也有一定的影响。研究有机分子中官能团相互作用方式是学习有机化学和掌握结构与性质关系的重要方法。

思　考　题

1. 有机化合物与无机化合物相比具有一些特殊性质,为什么?
2. 共价键如何分类? 共有几种类型?
3. 有机化合物产生顺反异构现象的条件是什么?
4. 决定有机物物理性质的因素有哪些?
5. 决定有机物化学性质的因素有哪些?

6. 产生 p-π 共轭效应的条件是什么?

7. 离域 π 键的种类有哪些?

习　题

1. 比较乙烷、乙烯、乙炔分子中 C—H 键的键长,键的极性及键的断裂方式。

2. 下列哪些分子中存在着离域 π 键?

(1) $CH_2{=}CH{-}C{\equiv}CH$

(2)

(3)

(4) $CH_2{=}CH{-}CH_2{-}Cl$

3. 解释下列现象。

(1)苯酚的酸性比水强　　　　　　(2)苯胺的碱性比氨弱

(3)吡啶的碱性比吡咯强

(4)氯乙烯不易发生取代反应,而 3-氯-1-丙烯易发生取代反应

4. 比较下列化合物在水中溶解度。

(1)甲基乙基醚　　(2)丁烷　　(3)1,3-丙二醇　　(4)2-丙醇　　(5)丙三醇

5. 根据分子结构,推测下列化合物是否溶于水,并说明原因。

(1)乙烷　(2)乙醚　(3)氯乙烷　(4)乙醛　(5)乙醇　(6)乙酸

6. 根据下述条件,推测戊烷 C_5H_{12} 的结构。

(1)一元氯代产物只有一种　　　(2)一元氯代产物有三种

(3)一元氯代产物有四种

7. 试推测己烷三种异构体沸点的高低。

正己烷、2-甲基戊烷和 2,2-二甲基丁烷。

8. 不参看物理常数表,试推测下列化合物沸点高低的顺序。

(1)正庚烷　(2)正己烷　(3)正癸烷　(4)2-甲基戊烷

(5)2,2-二甲基丁烷

9. 下列化合物中哪些分子能形成分子内氢键? 哪些分子能形成分子间氢键?

(1)对硝基苯酚　　　　　　　　(2)邻硝基苯酚

(3)对羟基苯甲酸　　　　　　　(4)邻羟基苯甲酸

10. 比较下列物质的酸性。

(1)CH_3COOH

(2) $\underset{\underset{Cl}{\mid}}{CH_2COOH}$

(3) $\underset{\underset{F}{\mid}}{CH_2COOH}$

(4) $\underset{\underset{Cl}{\mid}}{CH_2CH_2COOH}$

11. 下列化合物中哪些分子易发生亲电加成反应,哪些分子易发生亲核加成反应,哪些分子易发生亲电取代反应? 哪些分子易发生亲核取代反应?

(1)乙醛　　　(2)乙烯　　　(3)苯　　　(4)乙醇

第三章 反应历程和立体化学

内容摘要 本章主要介绍有机化合物的立体异构及立体化学有关知识;有机反应的类型和历程。

学习要求

(1)了解异构现象的分类。

(2)了解立体异构现象的分类。

(3)掌握旋光异构现象及应用。

(4)掌握旋光异构标记方法。

(5)了解亲电取代反应和自由基取代反应的历程。

(6)重点掌握亲核取代反应历程、立体化学及影响因素。

(7)了解亲核加成反应的历程。

(8)重点掌握亲电加成反应历程、立体化学及反应活性等。

(9)了解消除反应的历程和反应取向等。

3.1 立体异构

一、异构现象的分类

具有相同分子式而结构不同的化合物称为异构体。异构体可分为构造异构和立体异构两大类。

1. 构造异构

构造异构是指具有相同的分子式,但由于分子中原子结合的顺序不同而产生的异构。构造异构可分为:

(1)碳架异构。碳架异构是由碳架中原子结合的顺序不同而产生的异构,如丁烷与异丁烷,蒽与菲都是碳架异构。

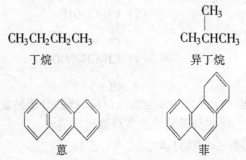

$$CH_3CH_2CH_2CH_3 \qquad \begin{array}{c} CH_3 \\ | \\ CH_3CHCH_3 \end{array}$$

丁烷   异丁烷

蒽   菲

(2)取代位置异构。取代位置异构是由于取代基在碳链或环上位置不同而产生的异构,如丙醇与异丙醇,α-萘酚与β-萘酚都属于取代位置异构。

$$CH_3CH_2CH_2OH$$

丙醇

$$\underset{|}{CH_3CHCH_3}\atop OH$$

异丙醇

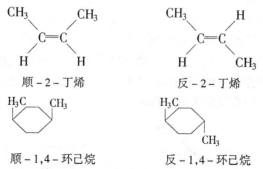

α-萘酚 β-萘酚

(3)官能团的异构。官能团的异构是由于官能团的不同而形成的异构,如乙醇与甲醚,1,3-丁二烯与1-丁炔都是官能团异构。

$$CH_3CH_2OH \qquad CH_3OCH_3$$

乙醇   甲醚

$$CH_2{=}CH{-}CH{=}CH_2 \qquad CH_3CH_2C{\equiv}CH$$

1,3-丁二烯   1-丁炔

(4)互变异构。互变异构是由于活泼氢可以改变在分子内的位置产生的异构,这种转化是可逆的,如乙烯醇与乙醛。

$$CH_2{=}CH{-}OH \rightleftharpoons CH_3CHO$$

乙烯醇   乙醛

总之这些异构体是由于分子内原子结合顺序的不同,(亦即构造不同)而产生的。

2. 立体结构异构

立体结构异构是指具有相同的分子式和相同的构造,但是由于分子内的原子在空间排布的位置不同而产生的异构。立体结构异构有:

(1)顺反异构。顺反异构是指由于共价键的旋转受到阻碍而产生原子在空间排布的位置不同的异构。如顺与反-2-丁烯及顺与反-1,4-二甲基环己烷都是顺反异构。

顺-2-丁烯   反-2-丁烯

顺-1,4-环己烷   反-1,4-环己烷

(2)构象异构。构象异构是指由于分子内单键旋转位置不同而产生的异构,这种异构可以通过单键旋转而互相转化。一个化合物往往是处在各种构象异构的动态平衡中,而最稳定的构象存在的几率最大。如丁烷的反式与邻式,平键与直键甲基环己烷都属于构象异构。

(3)立体异构。立体异构是由于分子内手征性碳原子所连四个不同基团在空间排列顺序不同而产生的异构。立体异构和顺反异构与构象异构不同,它们不能在没有键的断裂情况下,由于键的旋转而互相转化,这种立体结构称为构型,所以立体异构与顺反异构都是由

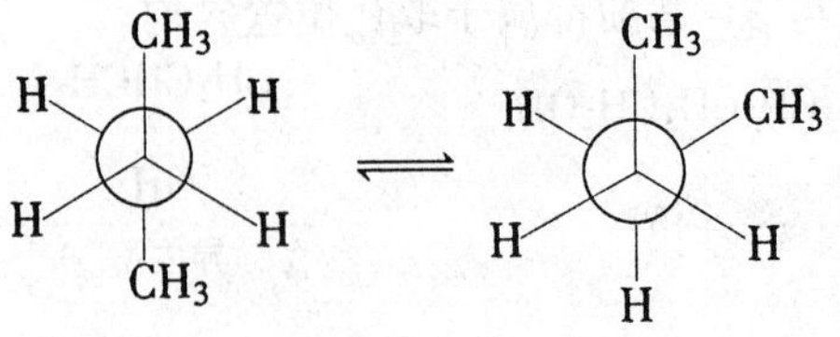

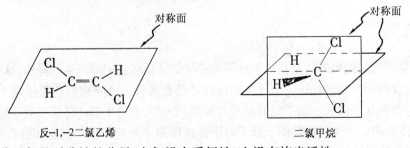

反式丁烷　　　　　　　　　　　邻式丁烷

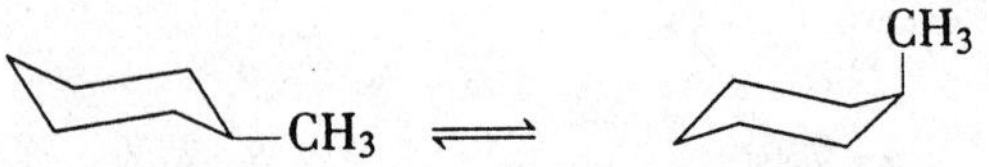

平健甲基环己烷　　　　　　　直键甲基环己烷

于构型不同而产生的异构。

　　在立体异构、顺反异构与构象异构中,凡是和它的镜像不能重合的异构可以有旋光性,称为旋光异构或光活性物质。这一对互为镜像而又不能重合的异构体称为一对对映体。因此立体结构异构若从有无光学活性的角度来看又可分为两大类,有旋光性的和无旋光性的立体结构异构。

二、旋光异构

1. 分子的对称性、手征性与旋光活性

　　不能和它的镜影完全重叠的分子叫做手征性分子,一般说来,凡具手征性的分子都有旋光活性。考察分子是否具有手征性的最简便而又准确的方法就是做出一对实物和镜影的模型,然后看它们是否能够完全重叠。

　　从分子的内部结构来说,手征性与分子的对称性有关。一个分子是否有对称性,则可以看它是否有对称面、对称轴或对称中心。如果一个分子中没有上述任何一种对称因素,这种分子就叫不对称分子,不对称分子就有手征性。对于大多数有机化合物来说,尤其是链状化合物,一般只需考察其是否具有对称面。如果一个分子中所有的原子都在一个平面内,或是通过分子的中心,可以用一个平面将分子分成互为实物和镜影的两半,那么这种分子就具有对称面。如反 – 1,2 – 二氯乙烯分子是平面型的,其 sp^2 杂化轨道所处的平面,就是分子的对称面。二氯甲烷分子呈四面体型,如果使两个氯原子位于纸面上,虚线连接的氢原子伸向纸后,楔形连接的氢原子伸向纸前,则纸面(即 Cl—C—Cl 形成的平面)或垂直于纸面的平面(即 H—C—H 形成的平面)都是分子的对称面。

对称面　　　　　　　　　　　　　　　　　　　对称面

反–1,–2二氯乙烯　　　　　　　　　　　　二氯甲烷

　　上述分子都是对称性的分子,它们没有手征性,也没有旋光活性。

　　使有机物分子具有手征性的最普遍的因素是手征性碳原子。与四个不相同的原子或基

团相连的碳原子叫做手征性碳原子(过去叫做不对称碳原子),并用"＊"号标出。例如下面两个分子中,用"＊"号标出的碳原子都是和四个不同的基团相连的,这个碳原子就叫做手征性碳原子。

$$HO\!-\!\overset{*}{C}H\!-\!COOH \qquad\qquad NH_2\!-\!\overset{*}{C}H\!-\!COOH$$
$$\qquad\ \ |\qquad\qquad\qquad\qquad\qquad\ \ |$$
$$\qquad CH_3\qquad\qquad\qquad\qquad\qquad CH_3$$

2. 含一个手征性碳原子的化合物

乳酸($CH_3\!-\!CH\!-\!OH$)就是含一个手征性碳原子的化合物。其 α – 碳原子分别与
$\qquad\qquad\qquad\ \ |$
$\qquad\qquad\quad COOH$

—H、—OH、—CH₃ 和—COOH 相连,所以 α – 碳原子就是手征性碳原子。含一个手征性碳原子的化合物可以有两种构型,也就是连在 α – 碳原子上的四个基团,在空间有两种排列方式,如图 3.1 所示的模型中,假如使—COOH 向上,而将其他三个基团放在底面,则由—OH 经—CH₃ 至—H 的排列顺序可以有两种方式,在(Ⅰ)中是按顺时针方向排列的,而在(Ⅱ)中则是按逆时针方向排列的。(Ⅰ)和(Ⅱ)粗看起来似乎代表同一个分子,但实际将(Ⅰ)和(Ⅱ)无论怎样翻转,都不能完全重叠,如使两个模型的—COOH 与—OH 相重叠,则 CH₃—与—H 不相重叠(如 A),若使 CH₃—与—H 两两重叠,则—COOH 与—OH 不能重叠,所以(Ⅰ)和(Ⅱ)分别代表两个分子,(Ⅰ)和(Ⅱ)之间恰呈实物和镜影的关系,因此把这样的异构体叫做对映异构体。这一对对映异构体都是手征性分子,所以都有旋光活性。它们使偏振光的振动平面旋转的角度相同,但方向相反,它们分别是左旋和右旋乳酸,分别用" l – 乳酸"[或(–) – 乳酸和" d – 乳酸"[或(+) – 乳酸]表示(由蔗糖发酵得到的乳酸是左旋的;由肌肉中取得的乳酸是右旋的)。

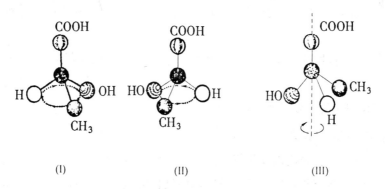

图 3.1 乳酸的对映异构体

如果将(Ⅰ)中任意两个基团,例如—H 与—OH,调换位置就得(Ⅱ)。如果再将(Ⅱ)中任意两个基团,如—H 与—CH₃,相互调换就得到(Ⅲ),但如以—COOH 和中心碳原子的连线(虚线所示)为轴将(Ⅲ)按弯箭头所指,旋转 120°,(Ⅲ)就和(Ⅰ)重叠。因而含一个手征性碳原子的化合物,只能有两种构型,也就是只能有两个具有旋光活性的异构体。

由于左旋体和右旋体的旋光度相同,而旋光方向相反,所以等量的左旋体和右旋体组成的体系,是没有旋光活性的,这种体系叫做外消旋体。与其他任意两种物质的混合物不同,外消旋体常有固定的物理常数。由酸牛奶中得到的乳酸就是外消旋体,没有旋光活性,熔点

为 18℃,以"*dl* – 乳酸"(或 ± – 乳酸)表示。外消旋体可以拆分为 *d* 和 *l* 两个有旋光活性的异构体。

　　对映异构体在结构上的区别仅在于基团在空间的排列顺序不同,所以一般的平面结构式如　CH_3—CH—COOH　,无法表示基团在空间的相对位置,因而采用想象的三度空间的表示方法,即透视法:以楔形表示伸向纸前,虚线表示伸向纸后,实线表示在纸平面上,则乳酸的一对对映异构体可表示为

$$
\begin{array}{cc}
\text{COOH} & \text{COOH} \\
| & | \\
\text{C} \text{-----OH} & \text{C} \\
/ \ \ \ \ \ \ \ \ \ & \ \ \ \ \ \ \ / \backslash \\
\text{H} \ \ \ \text{CH}_3 & \text{HO} \ \ \text{CH}_3 \ \ \text{H}
\end{array}
$$

这种表示方法比较直观,但写起来比较麻烦,对于结构比较复杂的分子,则更增加了书写的困难。所以一般都采用比较简便的方法,即用一个"+"字,以其交点代表手征性碳原子,四端与四个不同基团相连,通常都将碳链放在垂直线上,以垂直线相连的基团表示伸向纸后(即远离我们);以水平线相连的基团表示伸出纸前(即伸向我们),则乳酸的一对对映异构体可用下式表示

$$
\begin{array}{cc}
\text{COOH} & \text{COOH} \\
\text{H} —\!\!|\!\!— \text{OH} & \text{HO} —\!\!|\!\!— \text{H} \\
\text{CH}_3 & \text{CH}_3
\end{array}
$$

这种表示方法叫做投影式,即相当于将一个立体模型放在幕前,用光照射模型,在幕上得出的平面影像。

　　必须注意的是,投影式是用平面式来代表三度空间的立体结构的。一对对映异构体的模型可以任意翻转而不会重叠,但应用投影式时,只能在纸面上移动,而不能离开纸面翻转,否则一对对映异构体的投影式便能相互重叠。

3. 构型与构型的标定

　　对于碳链异构、位置异构以及几何异构等,都可以用比较简单的方法,如在名称前冠以正、异、顺、反(*Z*、*E*)等字就可以表示出异构体的结构特点或空间构型。对于对映异构体来说,比画投影式更简单的表示手征性碳原子的空间构型的方法,有 *D*、*L* 标记法及 *R*、*S* 标记法。

　　(1) *D*、*L* 标记法。已知乳酸有两种构型,可以分别用两个投影式表示。由不同来源也确实得到了两种乳酸,它们的比旋光度相同而旋光方向相反,但是左旋的乳酸是哪一种构型,右旋的又应该用哪个投影式表示? 在 1951 年以前还没有实验方法可以测定分子中基团在空间的排列状况,但为了避免混淆,曾以甘油醛为标准作了人为的规定。甘油醛有如下两种构型

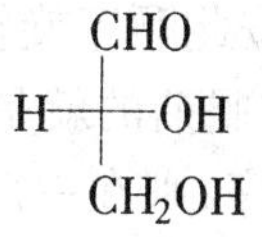

$$
\begin{array}{c}
\text{CHO} \\
\text{H} \dashv\vdash \text{OH} \\
\text{CH}_2\text{OH}
\end{array}
\qquad\qquad
\begin{array}{c}
\text{CHO} \\
\text{HO} \dashv\vdash \text{H} \\
\text{CH}_2\text{OH}
\end{array}
$$

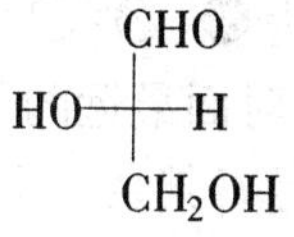

$$
\begin{array}{cc}
D(+)\text{–甘油醛} & \qquad L(-)\text{–甘油醛} \\
(\text{Ⅰ}) & \qquad (\text{Ⅱ})
\end{array}
$$

人为地规定右旋甘油醛的构型以式(Ⅰ)表示,左旋甘油醛的构型就是式(Ⅱ)。把式(Ⅰ),即手征性碳原子上的羟基是投影在右边的,叫做 D 型,相反的式(Ⅱ)叫做 L 型。这样甘油醛的一对对映体的全名应写为 $D(+)$-甘油醛,和 $L(-)$-甘油醛。D 和 L 分别表示构型,而 $+$ 和 $-$(或 d 和 l)则表示旋光方向。这样书写的名称,既表明了甘油醛的旋光方向,又指出了分子的空间构型。

在人为地规定了甘油醛的构型的基础上,就可以通过一定的化学方法,将其他旋光化合物与甘油醛联系起来,以确定其他旋光化合物的构型。例如,将右旋甘油醛的醛基氧化为羧基;将—CH_2OH 还原为甲基,就得到乳酸。这样得到的乳酸的构型应该和 $D(+)$-甘油醛相同,因为在上述氧化和还原的步骤中与手征性碳原子相连的任何一个键都没有发生断裂,所以与手征性碳原子相连的基团的排列顺序不会改变。因此这个乳酸应该具有如下的构型

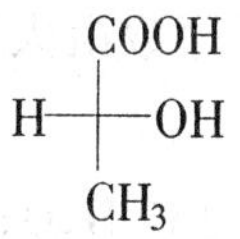

$$
\begin{array}{c}
\text{COOH} \\
\text{H} \dashv\vdash \text{OH} \\
\text{CH}_3
\end{array}
$$

这样得到的乳酸,经测定其旋光方向为左旋的,所以说左旋乳酸是 D 型的,那么,右旋乳酸即为 L 型。

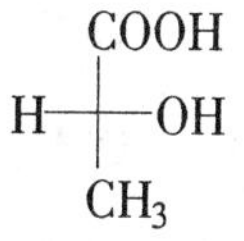

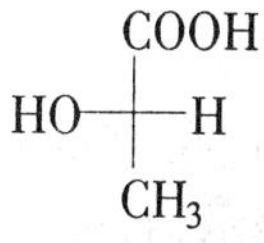

$$
\begin{array}{c}
\text{COOH} \\
\text{H} \dashv\vdash \text{OH} \\
\text{CH}_3
\end{array}
\qquad\qquad
\begin{array}{c}
\text{COOH} \\
\text{HO} \dashv\vdash \text{H} \\
\text{CH}_3
\end{array}
$$

$$
\begin{array}{cc}
D(-)\text{–乳酸} & \qquad\qquad L(+)\text{–乳酸}
\end{array}
$$

由于这种构型是人为规定的,并不是实际测出的,所以叫做相对构型。

旋光活性物质的旋光方向与构型之间没有固定的关系,一个 D 型的化合物,可以是左旋的,也可以是右旋的。

在 1951 年,用 X–射线衍射的方法,直接测定了右旋酒石酸铷钾盐的构型。发现其构型与以甘油醛为标准确定的构型恰好相同。自此,凡是可以通过化学方法与酒石酸相联系的其他旋光化合物便可以确定其绝对构型。但这种旋光化合物之间的相互转化必须不发生与手征性碳原子相连的键的断裂。

由于 D、L 表示构型的方法只适用于具有 $\begin{array}{c}\text{R}\\ \text{H—C—Y}\\ \text{R}'\end{array}$ 结构的化合物,即只考虑一个手征性碳原子的构型,式中的 Y 相当于甘油醛中的—OH。对于含多个手征性碳原子的化合物,用这种方法确定构型时,如果选择的手征性碳原子不同,则往往得出相反的结果。因此近年来逐渐采用了另一种标定构型的方法,即 R、S 标记法或称序旋标记法。

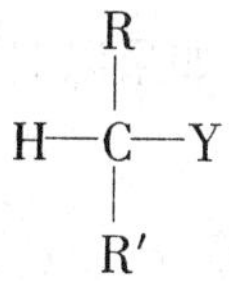

(2)R、S 标记法。R、S 标记法是先按一定规则(定序规则)将与手征性碳原子相连的四个基团确定一个先后顺序。如图 3.2 中以不同球代表连在手征性碳原子上的四个不同基

团,假定它们的先后顺序为 ⬤>▨>◍>◯ ,并将模型按此顺序旋转,即使上述顺序中最后的一个基团(即白球)在眼睛对面最远的位置上,这样,在眼前的就是其余三个球。然后按照前面确定的顺序由先至后,考察其余三个基团的排列顺序,则在一对对映异构体的分子中,这三个基团的排列分别呈顺时针及反时针方向。如果三个基团按先后顺序排列呈顺时针方向

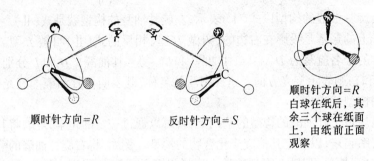

顺时针方向=R　　　　　　反时针方向=S　　　　顺时针方向=R
白球在纸后,其
余三个球在纸面
上,由纸前正面
观察

图 3.2　确定构型的方法

的,以"R"表示,反之则以"S"表示。基团的定序规则与标定 Z、E 异构体时的定序规则相同。即按与手征性碳原子相连的原子的原子序数由大至小排列。例如, $CH_3—\overset{*}{CH}—OCH_3$ 中,

$$\underset{Cl}{|}$$

与手征性碳原子相连的四个原子,分别为 C、H、O、Cl,按原子序数由大至小排列先后,则为 Cl > O > C > H,所以四个基团的先后顺序应为—Cl > —OCH₃ > —CH₃ > —H。

如将 $CH_3—CH—OCH_3$ 的两种构型分别用透视式画出,使—Cl 及—H 在纸面上,—CH₃

$$\underset{Cl}{|}$$

伸向纸前,CH₃O—伸向纸后,在 H 的对面观察由—Cl 经—OCH₃ 至—CH₃ 的走向,则左边一个为顺时针方向,应以 R 表示,右边一个则以 S 表示。

顺时针方向=R　　　　　　反时针方向=S

如果手征性碳原子上连接的两个基团开始的原子是相同的,例如,—CH₃ 与—C₂H₅,则按向外推移的方法以基团中第二个原子的原子序数定先后,这样—C₂H₅ 应在—CH₃ 之前。

与手征性碳原子相连的原子 A 如果以双键或三键与另一原子 B 相连,则相当于 A 与两个或三个 B 相连,如 C=O 等于 C ；—C≡N 等于 —C—N 等。例如,在

$HO—CH_2—\overset{*}{CH}—CHO$ 分子中,—CHO 与—CH₂OH 两个基团与手征性碳原子相连的第一

$$\underset{OH}{|}$$

个原子及第二个原子都是相同的,但 CHO 等于 $\begin{array}{c} H \\ | \\ -C-O \\ \| \\ O \end{array}$,所以—CHO 应在—CH$_2$OH 之先。

四个基团的顺序是—OH > —CHO > —CH$_2$OH > —H。

使用模型或画成透视式都比较容易确定基团排列的走向,但在熟悉了这种观察方法以后,即使用投影式,也不难确定构型。例如,乳酸的一对对映体为

$$
\begin{array}{cc}
\text{COOH} & \text{COOH} \\
H\!-\!\!\!-\!\!\!-\!OH & HO\!-\!\!\!-\!\!\!-\!H \\
\text{CH}_3 & \text{CH}_3 \\
(\text{I})R-乳酸 & (\text{II})S-乳酸
\end{array}
$$

因为投影时规定以垂直线相连的基团是伸向纸后的,而以水平线相连的基团是伸向纸前的,在乳酸中手征性碳原子上四个基团的先后顺序为—OH > —COOH > —CH$_3$ > —H,H 是最后一个基团,它是伸向纸前的,那么就应在 H 的对面观察,也就是在纸后观察由—OH 经—COOH 至—CH$_3$ 的走向,则左边的为顺时针方向(R),右边的为反时针方向(S)。这样,R-乳酸就相当于 D-乳酸,S-乳酸则相当于 L-乳酸。

4. 含两个不相同手征性碳原子的化合物

2,3,4-三羟基丁酸 $\underset{\text{OH}}{\overset{}{_4\text{CH}_2}}\!-\!\underset{\text{OH}}{\overset{*}{_3\text{CH}}}\!-\!\underset{\text{OH}}{\overset{*}{_2\text{CH}}}\!-\!_1\text{COOH}$ 分子中含有两个手征性碳原子,每个手征性碳原子上连接的四个基团不是完全相同的,C$_2$ 与—H、—OH、—COOH 及 $\underset{\text{OH}}{-\text{CH}-\text{CH}_2\text{OH}}$ 四个基团相连,C$_3$ 所连的基团是—H、—OH、$\underset{\text{OH}}{-\text{CH}-\text{COOH}}$ 及 —CH$_2$—OH,在这样的分子中,每个手征性碳原子,都各有两种不同的构型,它们组成的分子可有以下四种

$$
\begin{array}{cccc}
^1\text{COOH} & \text{COOH} & \text{COOH} & \text{COOH} \\
HO^2\text{C}\,H & H\,\text{C}\,OH & HO\,\text{C}\,H & H\,\text{C}\,OH \\
HO^3\text{C}\,H & H\,\text{C}\,OH & H\,\text{C}\,OH & HO\,\text{C}\,H \\
^4\text{CH}_2\text{OH} & \text{CH}_2\text{OH} & \text{CH}_2\text{OH} & \text{CH}_2\text{OH} \\
(\text{I}) & (\text{II}) & (\text{III}) & (\text{IV}) \\
(2S,3S) & (2R,3R) & (2S,3R) & (2R,3S)
\end{array}
$$

(I)和(II)及(III)和(IV)分别组成两对对映异构体。一对中的任一个与另一对中的任一个,例如(I)和(III)或(II)和(III),不是实物与镜影的关系,叫做非对映异构体。

对于含两个手征性碳原子的化合物,则需要标出每一个手征性碳原子的构型。考察其构型的过程与考察含一个手征性碳原子的化合物一样。这样,除去 H 以外,C$_2$ 上连接的三个基团,按定序规则排列应为 $-\text{OH} > -\text{COOH} > \underset{\text{OH}}{-\text{CH}-\text{CH}_2\text{OH}}$;C$_3$ 上连的三个基团的顺

序则是—OH > —$\overset{\displaystyle |}{\underset{\displaystyle OH}{CH}}$COOH—CH$_2$OH ,分别考察 C$_2$ 及 C$_3$ 的构型,仍然按照以水平线相连的

基团(即以楔形相连的基团)伸向纸前的规定,由—H 的对面(纸后)考察其余三个基团由先

至后的走向,在式(Ⅰ)中,C$_2$ 上的三个基团由—OH 经—COOH 至 —$\overset{\displaystyle |}{\underset{\displaystyle OH}{CH}}$—CH$_2$OH 的走向为

反时针方向,以 S 表示;C$_3$ 上的三个基团由—OH 经 —$\overset{\displaystyle |}{\underset{\displaystyle OH}{CH}}$—COOH 至—CH$_2$OH 的走向也是

反时针方向。以数目字表示手征性碳原子的号数,则(Ⅰ)应标为 2S,3S,(Ⅱ)是(Ⅰ)的对映
体,就应标为 2R,3R,(Ⅲ)的 C$_2$ 相同,而其 C$_3$ 与(Ⅰ)的 C$_3$ 相反,所以(Ⅲ)应标为 2S,3R 那
么(Ⅳ)就是 2R,3S。

它们的投影式分别为

COOH	COOH	COOH	COOH
HO——H	H——OH	HO——H	H——OH
HO——H	H——OH	H——OH	HO——H
CH$_2$OH	CH$_2$OH	CH$_2$OH	CH$_2$OH
（Ⅰ）	（Ⅱ）	（Ⅲ）	（Ⅳ）

分子中含有两个不相同手征性碳原子的化合物有四个旋光异构体,手征性碳原子数目
增多,则异构体数目也越多。含 n 个不同手征性碳原子的化合物,可能有的旋光异构体的
数目为 2^n 个。

5. 含两个相同手征性碳原子的化合物

酒石酸 HOC—$\overset{*}{\underset{\displaystyle OH}{CH}}$—$\overset{*}{\underset{\displaystyle OH}{CH}}$—COOH 就是含有两个相同的手征性碳原子的化合物,因为每

个手征性碳原子上连接的四个基团彼此相同, 它们都是—H、—OH、—COOH 及

—$\overset{\displaystyle |}{\underset{\displaystyle OH}{CH}}$—COOH ,由于每一手征性碳原子有两种构型,则可以组成以下四个分子

COOH	COOH	COOH	COOH
H—²C—OH	HO—C—H	H—C—OH	HO—C—H
HO—³C—H	H—C—OH	H—C—OH	HO—C—H
COOH	COOH	COOH	COOH
(I)(2R,3R)	(II)(2S,3S)	(III)(2R,3S)	(IV)(2S,3R)

根据定序规则,手征性碳原子上除 H 以外的三个基团的先后顺序应为

—OH > —COOH >—$\overset{\displaystyle |}{\underset{\displaystyle OH}{CH}}$—COOH ,按照与前面相同的方法考察分子中每一个手征性碳原

子上基团由先至后的走向,则(Ⅰ)应标为 2R,3R;(Ⅱ)标为 2S,3S;(Ⅲ)标为 2R,3S;

（Ⅳ）为 $2S,3R$。

（Ⅰ）和（Ⅱ）为对映异构体，（Ⅲ）和（Ⅳ）看来似乎也是对映异构体，但如将（Ⅳ）在纸面上转 180°，即可与（Ⅲ）重叠，所以（Ⅲ）和（Ⅳ）实际上代表同一个分子。（Ⅰ）和（Ⅱ）分别是左旋体和右旋体。在（Ⅲ）中，可以用虚线将分子分成实物和镜影两半，这样，虚线所代表的表面就是这个分子的对称面，所以（Ⅲ）没有旋光活性，这种异构体叫内消旋体，用"m"（meso）表示。与外消旋体不同，内消旋体所以不具旋光活性，是由于分子中两个相同的手征性碳原子的构型相反，一个为 R，一个为 S，所以由它们引起的旋光性在同一分子内相互抵消了，内消旋体是一个分子，不能像外消旋体那样能分离成有旋光活性的两种异构体。

酒石酸三种异构体的投影式分别为

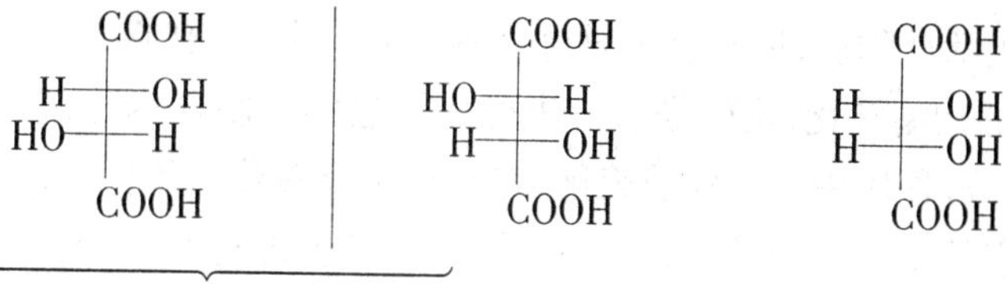

$2R,3R$　　　　　　　$2S,3S$　　　　　　　m

由此可见，手征性碳原子只是使分子产生手征性的因素之一。内消旋酒石酸分子虽然含有手征性碳原子，但整个分子不具手征性。另一方面，具有手征性的分子，也不一定含有手征性碳原子。如联苯分子中每个环邻位上的氢原子被体积相当大的不同基团取代时，由于空间障碍而使两个苯环不能处在一个平面内，同时连接两个苯环的碳碳单键的自由旋转也受到阻碍，整个分子由于没有对称因素而具有手征性，如

6. 瓦尔登转化与外消旋化

一个手征性分子在取代反应中构型发生变化的现象叫瓦尔登转化（Walden inversion）。

例如，S-苹果酸在用五氯化磷进行取代反应后，得到 R-2-氯代丁二酸

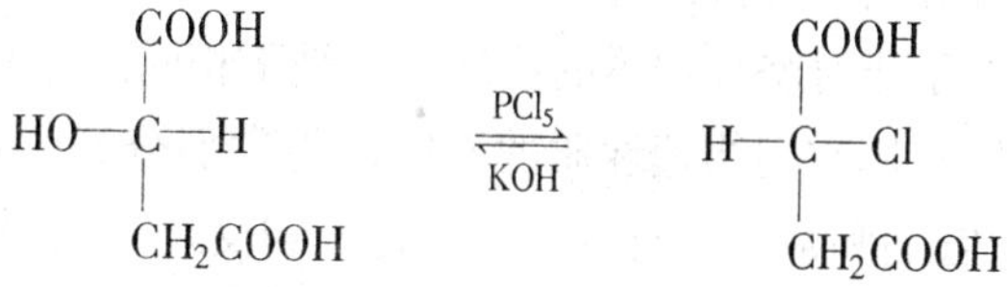

S-苹果酸　　　　　　　　　R-2 氯代丁二酸

如果将 R-2-氯代丁二酸用氢氧化钾水解，则又得到 S-苹果酸。所以在以上两个取代反应中都发生了构型的转化。

瓦尔登转化主要发生在 S_N2 取代反应中。回顾卤代烃的取代反应不难理解构型发生转化的原因。因为按双分子历程进行的亲核取代反应是通过亲核试剂 A 与分子形成过渡态完成的，因此，进攻试剂 A 必然从距离离去基团 B 最远的方向接近取代中心，也就是从离去基团的背面进攻，即

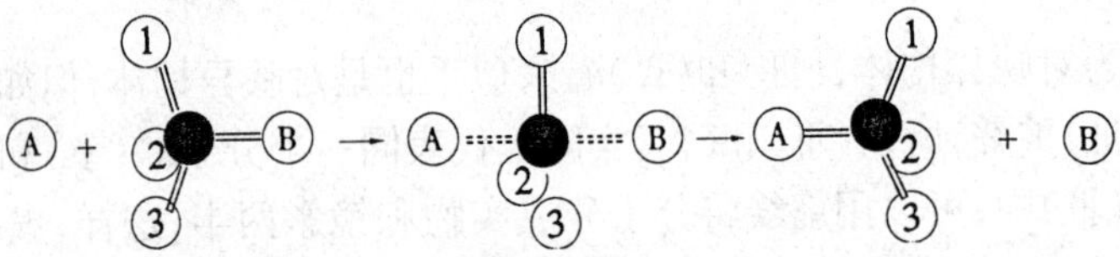

过渡态

　　随着 A 与中心碳原子的靠近,1,2,3 三个基团便被向后排斥,在过渡态时,A、B 在一条直线上,1,2,3 三个基团则在一个平面内,然后随着 B 的离去,A 与中心碳原子连接成键,中心碳原子又恢复四面体构型,则 1,2,3 必然向后翻转。因此产物与反应物相比,构型发生了转化。这就好像一把伞被大风吹得翻了上去一样。

　　有时某些旋光活性物质,原来是一对对映体中的一个,它有旋光活性,但在一定的条件下可以发生 50% 的构型转化,也就是有一半变成了它的对映异构体,从而生成物就成为不旋光的外消旋体。这种作用叫做外消旋化,它与瓦尔登转化是不同的。一个物质能否发生外消旋化决定于它的结构,一般说来,在手征性碳原子上即连有一个氢原子,又连有一个羰基的化合物比较容易发生外消旋化。因为与羰基相邻的 α – 氢的活泼性,有可能产生烯醇

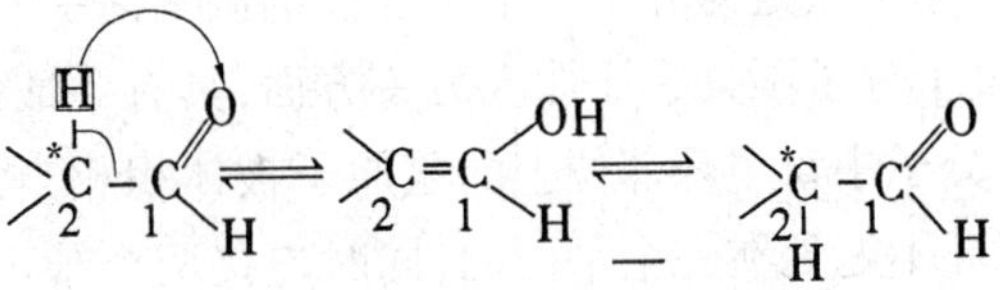

烯醇式

式异构体,而烯醇式异构体与酮式之间为互变平衡体系,所以当烯醇式羟基上的氢原子转回至 C_2(手征性碳原子)时,氢原子由 C ＝C 的两侧与碳相连的机会是均等的。因此生成等量的对映体,即外消旋体。实验证明,能催化烯醇化的试剂如酸或碱,都能促进外消旋化。

7. 外消旋体的拆分(Resolution)

　　由不旋光的化合物合成手征性分子时,得到的总是由等量的对映异构体组成的外消旋体。对映异构体除了旋光方向相反以外,其他的物理、化学性质完全相同,因此要将它们拆分成左旋体和右旋体,用一般的物理方法如分馏、重结晶等方法常无法达到目的,必须采用其他的方法,目前用于拆分的主要方法有:

　　(1)化学分离法。由于非对映异构体的物理性质是不相同的,如果能将对映异构体转化为非对映异构体,就可以利用它们物理性质的不同而将它们分开。将对映异构体转化为非对映异构体的方法是使它们和某一个有旋光性的化合物反应,如欲分离外消旋乳酸,则可选择一个有旋光性的胺,如(+) – 1 – 苯基乙胺($CH_3—\underset{NH_2}{CH}—C_6H_5$)和它们作用,产物是酰胺

($CH_3—\underset{OH}{CH}—CO—NH—\underset{CH_3}{CH}—C_6H_5$),生成的酰胺是非对映异构体的混合物。可用以下简化反应式表示

$$（\pm）-乳酸+（+）-胺 \left\langle \begin{array}{l} （+）-乳酸-（+）-胺的酰胺 \\ （-）-乳酸-（+）-胺的酰胺 \end{array} \right\} 非对映异构体$$

所得的非对映异构体结晶的溶解度不同,可以选择适当溶剂用分步结晶的方法将它们分离。将分离后的酰胺分别水解,则在一个反应瓶中可以得到（+）-乳酸和（+）-胺的混合物,另一个反应瓶中得到的是（-）-乳酸和（+）-胺的混合物,然后将乳酸转化成不溶性的钡盐与胺分离,再用硫酸由乳酸钡中置换出乳酸。经过上述一系列化学反应,可以将（±）乳酸拆分为左旋体和右旋体。

(2)生物分离法。酶都是旋光活性的物质,而且由于它对化学反应的专一性,所以可以选择适当的酶作为外消旋体的拆分试剂,例如,分离（±）-苯丙氨酸

$$\left(\begin{array}{c} \bigcirc\!\!\!\!-CH_2-\overset{\displaystyle NH_2}{\underset{\displaystyle}{CH}}-COOH \end{array} \right)$$

,则可将它们先乙酰化生成（±）-N-乙酰基苯丙氨酸,然后再用乙酰水解酶(acylase)使它们水解,由于乙酰水解酶只能使（+）-N-乙酰基苯丙氨酸水解,所以水解产物为（+）-苯丙氨酸与（-）-N-乙酰基苯丙氨酸的混合物,它们是两个完全不同的物质,是很容易用一般的方法分离的。这是一个比较理想的例子,但是往往在酶的作用下,对映异构体之一被转化为其他不易再复原的物质,例如,以 L -氨基酸氧化酶拆分（±）丙氨酸时,L -氨基酸氧化酶能将 L -（+）-丙氨酸氧化为丙酮酸,而留下 D -（-）-丙氨酸。

$$（\pm）CH_3-\overset{\displaystyle}{\underset{\displaystyle NH_2}{CH}}-COOH \xrightarrow{L-氨基酸氧化酶} CH_3-\overset{\displaystyle}{\underset{\displaystyle O}{C}}-COOH + D-（-）-丙氨酸$$

这种方法的缺点是消耗掉了对映异构体中的一个,而且常常是将我们需要的一个消耗掉了。

另外,利用某些微生物也可以达到上述目的,因为生物在生长过程中总是只利用对映异构体中的一个作为它生长的营养物质。例如,在含有外消旋酒石酸的培养液中培养青霉菌,经过一定时间以后,在培养液中留下的是左旋酒石酸。

(3)晶种结晶法。这种方法是在外消旋体的过饱和溶液中加入一定量的左旋体或右旋体的晶种,则与晶种相同的异构体便优先析出,例如,向某一外消旋体 ±A 的过饱和溶液中加入 +A 的晶种,则 +A 优先析出一部分,滤出析出的 +A,再向滤液中加入 -A 晶种,又可析出一部分 -A 结晶,过滤,如此反复处理就可以得到相当数量的左旋体和右旋体。这种方法已用于工业上,例如,在氯霉素的生产中,便用这种晶种结晶法拆分其中间体。

8.手征性合成(不对称合成)

前面已经讲过,由不旋光的物质在一般的条件下合成旋光活性物质时,得到的总是外消旋体,也就是说,生成一对对映异构体的机会是均等的。但无论在研究或是实际应用中,常常是需要分别得到左旋体和右旋体,这样就必须经过比较复杂的拆分手续;而且有用的又往往只是一对对映体中的一个。所以一般的合成方法用在合成有旋光活性的物质上,不是很理想的。如果我们能够采取一定的方法,只合成或是较多的合成某一有旋光活性的异构体,而不是得到等量的外消旋体,则将是十分有意义的。这种方法就叫做手征性合成或不对称合成。

如果在一个有旋光活性的分子中再引入手征性碳原子时,便生成非对映异构体,其生成

非对映异构体的机会不是等同的。例如,由 D - 甘油醛与 HCN 加成,则生成(Ⅰ)和(Ⅱ),在(Ⅰ)和(Ⅱ)中,新生的手征性碳原子的构型是相反的,而原来的手征性碳原子的构型是相同的,因此它们是非对映异构体。

$$
\begin{array}{c}
\underset{\displaystyle \text{CH}_2\text{OH}}{\overset{\displaystyle \text{H}\text{—C}=\text{O}}{\underset{|}{\overset{|}{\text{H—C—OH}}}}}
\end{array}
\;+\;\text{HCN}\;\longrightarrow\;
\begin{array}{c}
\underset{\displaystyle \text{CH}_2\text{OH}}{\overset{\displaystyle \text{CN}}{\text{H—C—OH}\atop \text{H—C—OH}}}
\end{array}
\;+\;
\begin{array}{c}
\underset{\displaystyle \text{CH}_2\text{OH}}{\overset{\displaystyle \text{CN}}{\text{HO—C—H}\atop \text{H—C—OH}}}
\end{array}
$$

(Ⅰ)   (Ⅱ)

产物中(Ⅰ)和(Ⅱ)的量不是等同的,常常是一个的产量比另一个大得多。因此,可以利用这种性质来合成所需要的某一旋光活性物质。例如,由丙酮酸还原制备乳酸时,得到的是外消旋混合物,但是如果先将丙酮酸与一个有旋光活性的胺作用,转化为有旋光活性的酰胺,然后再还原,则产物为不等量(A)和(B)的混合物。(A)和(B)为非对映异构体,可以通过一般的物理方法分离,然后将(A)和(B)分别水解,便能得到乳酸的两种旋光异构体。这种合成方法叫做部分手征性合成或相对手征性合成,因为在合成过程中首先必须有一个手征性物质参加。

$$
\text{CH}_3\text{—C—COOH} + \text{H}_2\text{N—C—C}_6\text{H}_5 \longrightarrow \text{CH}_3\text{—C—CONH—C—C}_6\text{H}_5 \xrightarrow{\;[\text{H}]\;}
$$

$$
\text{CH}_3\text{—C—CONH—C—C}_6\text{H}_5 \;+\; \text{CH}_3\text{—C—CONH—C—C}_6\text{H}_5
$$

(A)   (B)

生物体中含有大量的旋光活性物质,而且都是某一特定构型的分子而不是外消旋体。例如,植物由二氧化碳通过光合作用合成的大量糖类物质都是 D - 型的,生物体中的氨基酸都是 L - 型的等等。所以生物体在代谢过程中进行着大量的手征性合成。生物体所以能进行手征性合成,是由于这些合成反应多是在一定酶的催化下进行的,酶本身就是有旋光活性的物质,而且分子中含有很多手征性中心,因此有高度的立体选择性。由于上述原因,在化学合成中就有可能选择适当的酶作为手征性合成的催化剂,例如,苯甲醛与氢氰酸加成,在一般条件下得到外消旋体,而如在苦杏仁酶的作用下则可以得到右旋的加成产物

$$
\text{C}_6\text{H}_5\text{CHO} + \text{HCN} \xrightarrow{\text{苦杏仁酶}} (+) - \text{C}_6\text{H}_5\overset{\displaystyle \text{OH}}{\underset{|}{\text{CH}}}\text{—CN}
$$

但由生物体中分离出某一种酶也是比较困难的,因此这种方法的应用也是十分有限的。

3.2 取代反应历程

取代反应是指氢及其他原子或基团被别的原子或基团所取代的反应。它是应用范围很广的一类反应。

$$Y + RX \longrightarrow RY + X$$

根据反应中共价键断裂的方式,可分为两大类:

(1)自由基型取代反应。由共价键的均裂(Homolytic)而进行的取代反应叫自由基取代反应(S_H)。

$$A\cdot + R \dot{\div} B \longrightarrow R—A + B\cdot$$

(2)离子型取代反应。由共价键的异裂而进行的取代反应叫离子型取代反应。这里又分两种情况:

一种是由亲核试剂进攻底物(Substrate 或称作用物)而进行的取代反应(亲核取代反应S_N),即

$$Nu: + R—X \longrightarrow R—Nu + X:$$

一种是由亲电试剂进攻底物而进行的取代反应(亲电取代反应S_E),即

$$E^{\oplus} + R—X \longrightarrow R—E + X^{\oplus}$$

一、自由基或游离基取代反应历程

烷烃在日光照射下与卤素发生连续的取代反应,例如

$$CH_4 + Cl_2 \xrightarrow{\text{光}} CH_3Cl + HCl$$

$$CH_3Cl + Cl_2 \xrightarrow{\text{光}} CH_2Cl_2 + HCl$$

直至全部氢都被氯原子取代。该反应机理可认为是:

氯在光照射下,吸收一个光子,首先发生键的均裂,生成高能量的氯原子(游离基),这个步骤叫做引发,因反应由此开始而得名。如

$$(i) \quad \widehat{Cl \dot{\vdots} Cl} \xrightarrow{h\nu} Cl\cdot + Cl\cdot$$

然后,该高能量的氯原子和甲烷分子作用,生成甲基游离基,它的碳原子周围只有7个电子,是一个 sp^2 杂化碳原子,为一平面结构,三个 sp^2 杂化轨道分别与氢原子形成 σ 键,剩余的单个电子位于与 σ 键平面垂直的未杂化的 p 轨道上,如(Ⅱ)中的(A)所示,电子暴露在外边,急需而又容易和其他分子作用,获得一个电子,以满足碳原子周围的8隅体的电子构型,因此它与氯分子作用,生成氯甲烷,同时,又有一个新的氯原子产生。随之,连续重复上一过程,即会不断地生成氯甲烷。在这反应中,活泼的游离基如氯游离基(即氯原子)与甲基游离基,像接力赛中的接力棒一样,不断地传递下去,不断地产生氯甲烷。这个过程(Ⅱ),我们称之为

$$Cl\cdot + CH_4 \longrightarrow HCl + CH_3\cdot$$

(II)

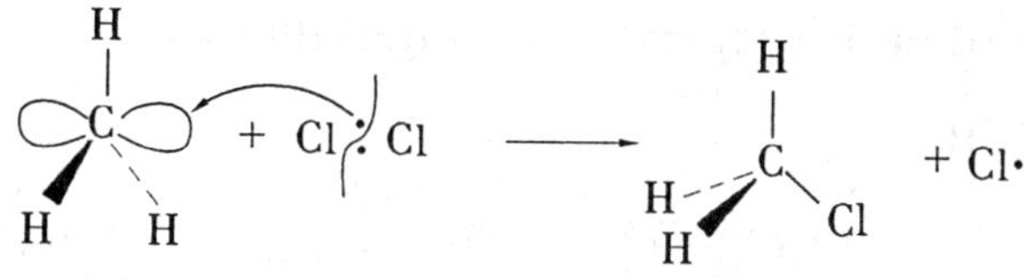

(A)

连锁反应的链增加。过程(Ⅱ)表明,只要有少量高能量的氯原子,反应即会继续进行。在有大量甲烷存在时,氯原子主要是与甲烷分子碰撞发生反应,但当甲烷的量小时,这种碰撞几率当然也随之减少,同时,氯原子之间的相遇几率相应地增加。当两个氯原子碰在一起时,则形成氯分子,这就使过程(Ⅱ)不能继续,反应至此终止,并称之为链终止。例如

$$Cl\cdot + Cl\cdot \longrightarrow Cl_2$$

同样道理,在氯原子少时,甲基游离基相遇的机会也会增多,如果相遇,则形成乙烷,这自然也会使链增长停止进行。例如

$$CH_3\cdot + CH_3\cdot \longrightarrow CH_3—CH_3$$

链引发、链增长与链终止是连锁反应的三个阶段。

此外,在氯甲烷达到一定浓度时,氯原子显然也可以与它作用,产生氯甲基游离基,它与氯分子反应生成二氯甲烷。依此类推,甲烷的四个氢都可以被氯取代,生成四氯化碳。所以甲烷和氯气反应,可形成如下式所示的各种产物

$$CH_4 + Cl_2 \xrightarrow[\text{或热}]{\text{光}} CH_3Cl + CH_2Cl_2 + CHCl_3 + CCl_4 + CH_3—CH_3 + 其他产物$$

但是根据上述情况,可以控制条件,例如,光照时间或反应温度、原料比例、投料方法等,从而得到大量的某种所需的氯化物。不过在原料里或反应过程中不应有氧存在,因为氧极易和游离基反应,生成过氧游离基或不活泼的过氧化合物,消耗了游离基,使链增长不能进行。因此常把氧叫做游离基阻止剂,其反应为

$$CH_3\cdot + O_2 \longrightarrow CH_3—O—O\cdot$$
过氧游离基

$$CH_3—O—O\cdot + CH_3\cdot \longrightarrow CH_3—O—O—CH_3$$
过氧化物

如果反应中有少量氧存在,在它消耗完之前,不会有取代物生成,因为生成的甲基游离基先被氧夺去,从而链增长不能进行,只有当不再有氧时,反应才能正常进行。通常把这种时间的迟延叫做诱导期。

氯与低级或高级烷烃都可以直接进行反应,不过较高级的烷烃由于取代位置的不同,出现各种异构体,如

$$(Ⅰ)\ CH_3—CH_2—CH_3 + Cl_2 \longrightarrow CH_3—CH_2—CH_2Cl + CH_3—\underset{\underset{Cl}{|}}{CH}—CH_3 + HCl$$

45%   55%
氯丙烷   氯(代)异丙烷

$$(Ⅱ)\ CH_3—\overset{\overset{CH_3}{|}}{\underset{\underset{H}{|}}{C}}—CH_3 + Cl_2 \longrightarrow CH_3—CH—CH_2Cl + CH_3—\overset{\overset{CH_3}{|}}{\underset{\underset{Cl}{|}}{C}}—CH + HCl$$

64%   63%
氯(代)异丁烷   氯(代)三级丁烷

式(Ⅰ)、(Ⅱ)中各有两类不同的氢原子,式(Ⅰ)的正丙烷中一级氢与二级氢的比例为3:1,式(Ⅱ)的异丁烷中一级氢与三级氢的比例为9:1,但二者都是一个一级氢被取代的产物要

比一个二级或三级氢被取代的产物少,尤其是三级氢被取代的产物相对量最高。根据前面讨论过的反应机制,在反应中氯原子和烷烃作用,生成游离基和氯化氢,而形成氯化氢所需的能量,不论在式(Ⅰ)或式(Ⅱ)中,都应当是一样的,所以会产生以上二式的反应结果,至少是由于各种氢被取代的几率并不相同,也可以说,不同类型碳原子上的碳氢键的均裂所需要的能量各不相同。实验结果表明,各级氢与碳原子的相对速度为三级氢 > 二级氢 > 一级氢,即各级氢与碳分离时所需的能量为三级 < 二级 < 一级

$$\begin{array}{ll} \diagdown \\ -C-H \quad 380 \text{ kJ/mol} \quad & CH-H \quad 397 \text{ kJ/mol} \\ \diagup \end{array}$$

$$-CH_2-H \quad 410 \text{ kJ/mol} \quad CH_3-H \quad 435 \text{ kJ/mol}$$

另外,所形成的游离基的稳定性为三级 > 二级 > 一级 > $\cdot CH_3$。这是由于游离基的单个电子与相邻碳原子的碳氢键相互作用的结果,即在前面所讨论过的超共轭效应的作用。这种碳氢键的数目越多,游离基越稳定,从而表现出上述稳定性次序。

但上述反应若在450℃以上的高温下进行,则所得异构体的产量与各种氢原子数目成正比,即在高温下反应,没有上述选择性,而只与氯原子和不同的氢相碰撞的几率有关。

由于溴原子没有氯原子活泼,当溴和三级丁烷反应时,几乎只得到 2 - 溴 - 2 - 甲基丙烷

$$\begin{array}{ccc} CH_3 & & CH_3 \\ | & & | \\ CH_3-CH-CH_3 + Br_2 & \xrightarrow{300℃} & CH_3-C-CH_3 + HBr \\ & & | \\ & & Br \end{array}$$

这也表明,溴的选择性比氯强。

二、亲核取代反应历程

饱和碳原子上的亲核取代反应,是研究最多、应用最广的一类反应。现在已能预言某些亲核取代反应过程,并根据历程简化实验条件,提高转化率。在亲核取代反应里,亲核试剂Nu:进攻底物中的碳原子形成新的共价键,离核基团(nucleofuge)带着一对电子离去

$$Nu: + R - X \longrightarrow R - Nu + X$$

反应式中没表示出电荷。由于底物和亲核试剂都可以是中性或带电荷的,所以亲核取代反应有四种类型:

(1)中性底物和负离子试剂

$$RX + Nu^{\ominus} \longrightarrow RNu + X^{\ominus}$$

(2)中性底物和中性试剂

$$RX + Nu: \longrightarrow R - Nu^{\oplus} + X^{\ominus}$$

(3)正离子底物和负离子试剂

$$R - X^{\oplus} + Nu^{\ominus} \longrightarrow RNu + X$$

(4)正离子底物和中性试剂

$$R - X^{\oplus} + Nu \longrightarrow R - Nu^{\oplus} + X:$$

常见的是两种亲核取代反应的极限情况,即双分子亲核取代(S_N2)历程和单分子亲核取

代(S_N1)历程。

1. S_N2 反应历程

S_N2 反应是同步过程,即亲核试剂从反应物离去基团的背面向与它连接的碳原子进攻,先与碳原子形成比较弱的键,同时离去基团与碳原子的键有一定程度的减弱,两者与碳原子成一直线形,碳原子上另外三个键逐渐由伞形转变成平面,这需要消耗能量,即活化能,因为需要能量,故是控制反应速度的一步,是慢的一步。当反应进行和达到最高能量状态即过渡态时,亲核试剂与碳原子之间的键开始形成,碳原子与离去基团之间的键断裂,碳原子上另外三个键由平面向另一边偏转,整个过程也犹如大风将雨伞由里向外翻转一样,这时就要释放能量,形成产物,这个过程进行得很快,称为快的一步。S_N2 的反应机制可用通式表示为

$$Nu: + RX \underset{慢}{\rightleftharpoons} [\overset{\delta^-}{Nu} \cdots R \cdots \overset{\delta^-}{X}] \underset{快}{\rightleftharpoons} RNu + X$$
$$\text{过渡态}$$

例如,溴甲烷用 OH^- 水解

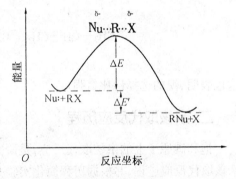

图 3.3 给出的是 S_N2 反应能量示意图。当反应物形成过渡状态时,需要吸收能量 ΔE,过渡状态为能量最高点,即最难达到的最高能量状态,因此,形成过渡态的速度是整个反应的速度,是慢的一步,一旦形成过渡态,即释放能量,形成产物,这一步进行得很快,反应物与产物之间的能量差为 $\Delta E'$。因为控制反应速度一步是双分子的,需要两个分子的碰撞,故这个反应是双分子的亲核取代反应。

图 3.3　S_N2 反应能量示意图

从结构上来看,卤代烷转变为过渡态时,碳原子原来为 sp^3 的四面体结构转为 sp^2 的三角形的平面结构,碳上还有一个 2p 轨道在平面的两边,一边与亲核试剂(Nu)的轨道重叠,另一边与离去基团(X)的轨道重叠,如图 3.4 所示。

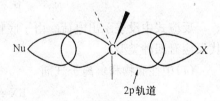

过渡态时亲核试剂与碳原子的键尚未完全形成,但亲核试剂上的一对电子与碳原子共享,离去基团与 图 3.4　卤代烷转变为过渡态时的键合情况
碳原子之间的键尚未完全断裂,但碳原子上部分负电荷已转移给离去基团。

2. S_N1 反应历程

S_N1 反应是分步进行的,反应物首先离解为正碳离子与带负电荷的离去基团,这个过程需要能量,是快步骤反应的控制步骤,即慢步骤。当分子离解后,正碳离子马上与亲核试剂结合,速度极快,是快步骤。S_N1 的反应机制一般表示为

$$R—X \underset{慢}{\rightleftharpoons} R^+ + X^-$$

$$R^+ + Nu:^- \xrightarrow{快} RNu$$

例如,三级溴丁烷的醇解

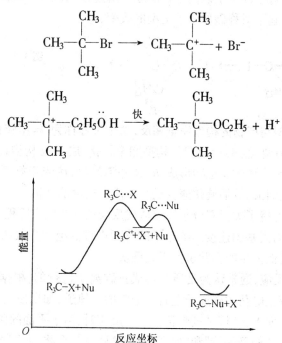

图 3.5 S$_N$1 反应能量示意图

图 3.5 给出了 S$_N$1 反应能量示意图。C—X 离解需要能量,当能量达到最高点时,即相当于第一过渡态 R$_3$C···X,C—X 键离解形成中间体正碳离子

$$RX \longrightarrow [\overset{\delta^+}{R}···\overset{\delta^-}{X}] \longrightarrow R^+ + X^-$$
$$过渡态$$

能量降低,当正碳离子与亲核试剂接触成键时,又需要一些能量,形成第二个过渡态 R$_3$C···Nu,当键一旦形成就放出能量得到产物。正碳离子是一个中间体,正碳离子的碳上只有六个电子,因此具有高度的反应性,它在反应中只能暂时存在,一般不能分离得到。因为决定反应的一步只涉及一种分子,即反应能量最高点 C—X 键的断裂,这是控制反应速度的慢的一步,是单分子的,因此这个反应为单分子的亲核取代反应。

当三级卤代烷离解为正碳离子时,碳原子由 sp^3 四面体结构转变为 sp^2 三角形的平面结构,三个基团在一个平面上互成 120°,这样可以尽可能减少拥挤,有利于正碳离子的形成,在碳上还有一个 2p 的空轨道,用于成键,如图 3.6 所示。

一旦成键,碳的结构又从三角形的平面结构转为四面体的 sp^3 杂化的结构。

3. 立体化学和重排

上面谈到的 S$_N$2 亲核取代反应,是亲核试剂从离去基团所连接的碳原子的背面进攻,其根据是:如果将光活的 2 - 碘辛烷与放射性同位素碘离子在丙酮中进行交换反应,在同样反应条件下,发现消旋化速度是交换反应速度的 2 倍。从消旋这个事实说明不对称碳原子的构型发生了变化,只有放射性同位素碘离子在碘原子所连接的碳原子背面进攻,才能引起不对称碳原子的构型的改变,即

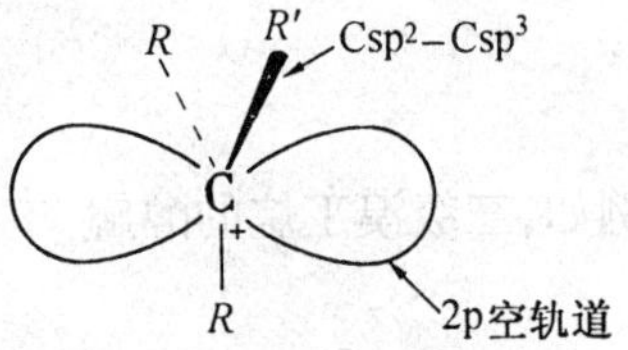

图 3.6　三级卤代烷离解后的正碳离子过渡态

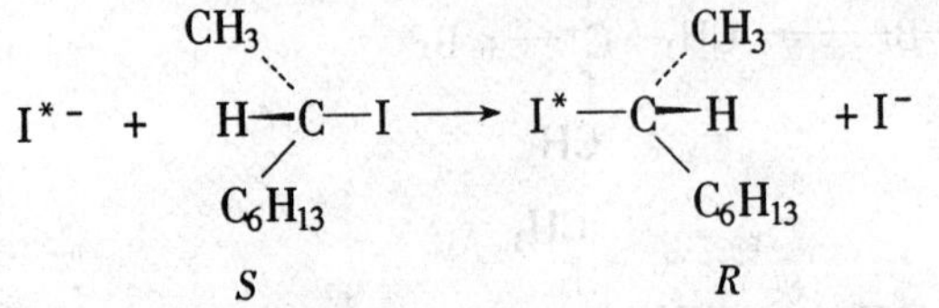

$$I^{*-} + H-\overset{CH_3}{\underset{C_6H_{13}}{C}}-I \longrightarrow I^*-\overset{CH_3}{\underset{C_6H_{13}}{C}}-H + I^-$$

$$S \qquad\qquad R$$

一个反应的反应物构型与产物的构型完全相反,这个过程称为"构型转化"。上述反应中,原来的 2 - 碘辛烷是 S 构型,经 S_N2 反应后,构型完全转化,成了 R 构型,旋光方向相反。R 构型的反应产物可以与 S 构型的反应物形成 R、S 外消旋物,旋光正好抵消,因此当交换反应进行一半时,旋光已经消失,故消旋化速度是交换反应速度的 2 倍。

立体化学的证据支持了关于双分子亲核取代反应的 S_N2 反应历程,从构型的完全转化,说明了亲核试剂是从离去基团连接的碳原子的背面进攻。绝大多数亲核取代反应属于 S_N2 反应历程,这可以从其他大量的实验事实得到证实。

上面谈到的 S_N1 反应,通常认为是通过形成正碳离子进行的,根据是:正碳离子是一个三角形的平面结构,带正电荷的碳原子上有一个空的 p 轨道,如果该碳原子上连接三个不同的基团,保持在同一平面上,亲核试剂与正碳离子反应时,由于平面的两边均可进入,而且机会相等,因此,可以得到"构型保持"和"构型转化"的两个化合物,如下式所示。

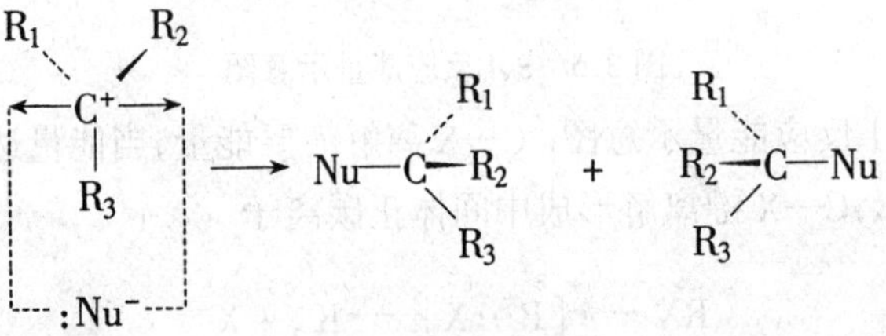

　　　　　　　　　构型转化　　　　　构型保持

由此得到的是消旋的混合物。在很多反应中,构型转化与构型保持几乎相等,但在有些情况下,构型转化占多数,这可能是因为亲核试剂进攻时,离去基团尚未完全离去,挡住了亲核试剂的进攻,所以只能从背面进攻,故构型转化占多数。

对于 S_N1 历程的立体化学证据,不如 S_N2 历程清楚,温斯坦(S. Winstein)用离子对历程进行了解释,即在 S_N1 反应中,至少某些产物并不是通过正碳离子而是通过离子对进行的,按照这个概念,在进行 S_N1 反应时,底物按下列方式进行离解

$$RX \rightleftharpoons R^+X^- \rightleftharpoons R^+ \| X^- \rightleftharpoons R^+ + X^-$$

　　　　　　　　（Ⅰ）　　　（Ⅱ）　　　（Ⅲ）

这个过程是可逆的,反向过程称为返回。式(Ⅰ)称紧密离子对,它的反向过程,即重新结合成原物质的过程称内返;式(Ⅱ)称溶剂分离子对,中间有溶剂分子渗入扩大了距离,它的反向过程称离子对外返;式(Ⅲ)称自由离子,周围被溶剂分子所包围,它的反向过程称离子外返,离子对外返及离子外返统称为外返。在 S_N1 反应中,亲核试剂可以在其中任何一个阶段

进攻而发生亲核取代反应。如亲核试剂进攻紧密离子对,由于 R^+ 与 X^- 结合比较紧密,亲核试剂必须从 R^+ 与 X^- 结合的相反一面进攻(即 $Nu \longrightarrow R^+X^-$),而得到构型转化的产物;而溶剂分离子对间的结合不如紧密离子对密切,消旋的产物占多数;自由离子则因为正碳离子是一个平面结构,亲核试剂在平面两边进攻机会均等,得到完全消旋的产物。故从离子对的概念,可以成功地解释 S_N1 历程得到产物部分构型转化或完全消旋的原因。

从立体化学的证据,得到的是消旋产物,证明反应是经过正碳离子中间体的过程,支持了 S_N1 反应历程。

除了得到消旋混合物外,还得到重排产物,这也可以证明是经过正碳离子的过程,正碳离子的一个比较特征的现象是能够发生重排,产生更稳定的正碳离子。例如新戊基溴代烷在乙醇中与 $C_2H_5O^-$ 作用,通过 S_N2 历程进行反应得到醚

$$\underset{\substack{| \\ CH_3}}{\overset{\substack{CH_3 \\ |}}{CH_3CCH_2Br}} + C_2H_5O^- \xrightarrow{C_2H_5OH} \underset{\substack{| \\ CH_3}}{\overset{\substack{CH_3 \\ |}}{CH_3CCH_2OC_2H_5}} + Br^-$$

没有重排产物。但如果新戊基溴代烷在乙醇中进行反应得到两个反应产物——醚和烯,它们碳架已经改变,这显然是通过 S_N1 反应历程,先形成一级正碳离子,一级正碳离子很不稳定,立即进行重排,得到比较稳定的三级正碳离子,然后再进行取代或消除反应

$$\underset{\substack{| \\ CH_3}}{\overset{\substack{CH_3 \\ |}}{CH_3CCH_2^+}} \longrightarrow \underset{\substack{| \\ + }}{\overset{\substack{CH_3 \\ |}}{CH_3CCH_2CH_3}} \xrightarrow{C_2H_5OH} \underset{\substack{| \\ OC_2H_5}}{\overset{\substack{CH_3 \\ |}}{CH_3CCH_2CH_3}} + \overset{\substack{CH_3 \\ |}}{CH_3-C=CHCH_3}$$

三级正碳离子与醇反应得醚,进行消除反应得烯,消除与重排均是正碳离子的典型的性质,从而也证明是经过正碳离子中间体的过程,进一步支持了 S_N1 反应历程。

影响亲核取代反应历程的因素很多,也很复杂,反应物的结构、试剂的物质和溶剂的极性等都有不同程度的影响。(详见第六章卤代烃)

三、苯环上亲电取代反应历程

从苯的结构可知,苯环碳原子所在平面上下集中着负电荷,对碳原子有屏蔽作用,不利于亲核试剂进攻,相反,却有利于亲电试剂的进攻。

实验结果表明,当苯与亲电试剂作用时,后者首先与离域的 π 电子相互作用,生成 π 配合物,此时并没有生成新的键。紧接着亲电试剂从苯环的 π 体系中获得两个电子,与苯环的一个碳原子形成 σ 键,生成 σ 配合物。在 σ 配合物中,与亲电试剂相连的碳原子,由原来的 sp^2 杂化变成了 sp^3 杂化,它不再有 p 轨道,因此苯环内六个碳原子形成的闭合共轭体系被破坏,环上剩下的四个 π 电子,只离域在环上五个碳原子上。因此 σ 配合物的能量比苯高,不稳定,存在时间很短。它很容易从 sp^3 杂化碳原子上失去一个质子,使该碳原子恢复成 sp^2 杂化状态,结果又形成了六个 π 电子离域的闭合共轭体系——苯环,从而降低了体系的能量,产物比较稳定,最后生成了取代苯。其反应历程可表示为

正离子或带有部分正电荷的试剂叫亲电试剂,由亲电试剂的进攻而引起的取代反应,叫

$$\text{（苯环）} + E^+ \xrightarrow{\quad 快 \quad} \text{（苯环）} \cdot E^+$$

$$\pi \text{配合物}$$

$$\text{（苯环）} \cdot E^+ \xrightarrow{\quad 慢 \quad} \underset{\text{H E} \leftarrow sp^3 \text{杂化}}{\overset{+}{\text{（苯环）}}}$$

$$\sigma \text{配合物}$$

$$\underset{\text{H E}}{\overset{+}{\text{（苯环）}}} \longrightarrow \underset{\text{取代苯}}{\text{（苯环）} E} + H^+$$

亲电取代反应(electrophilic substitution)。苯环上所发生的取代反应,多数是亲电取代反应。下面列举几个实例加以说明。

　　硝化反应的历程:当用混酸硝化苯时,混酸中的硝酸作为碱,从酸性更强的硫酸中接受一个质子,形成质子化的硝酸,后者分解生成硝酰正离子

$$H\!-\!\overset{..}{\underset{..}{O}}\!-\!NO_2 + HOSO_3H \Longrightarrow H\!-\!\overset{\overset{+}{..}}{\underset{H}{O}}\!-\!NO_2 + HSO_4^-$$

$$H\!-\!\overset{\overset{+}{..}}{\underset{H}{O}}\!-\!NO_2 + H_2SO_4 \Longrightarrow \overset{+}{N}O_2 + H_3^+O + HSO_4^-$$

$$HNO_3 + 2H_2SO_4 \Longrightarrow NO_2^+ + H_3^+O + 2HSO_4^-$$

　　实验(如凝固点降低和光谱分析)已证实,在混酸中存在着上述平衡。同时实验也证明了,苯的硝化反应是由硝酰正离子的进攻引起的。硝酰正离子与苯环的 π 电子生成 σ 配合物,后者失去一个质子形成硝基苯

$$\text{（苯环）} + NO_2^+ \xrightarrow{\quad 慢 \quad} \underset{NO_2}{\overset{\text{H\ NO}_2}{\overset{+}{\text{（苯环）}}}}$$

$$\underset{}{\overset{\text{H\ NO}_2}{\overset{+}{\text{（苯环）}}}} + HSO_4^- \xrightarrow{\quad 快 \quad} \text{（苯环）}NO_2 + H_2SO_4$$

　　卤化反应的历程:无催化剂存在,苯与溴或氯并不发生反应,因此苯不能使溴的四氯化碳溶液褪色。然而在催化剂如 FeX_3 存在下,则生成溴苯或氯苯。

　　催化剂(如 $FeBr_3$)的作用,首先是与卤素(如 Br_2)生成配合物,后者作为亲电试剂进攻苯环,形成 σ 配合物和 $FeBr_4^-$ 离子。最后 σ 配合物失去一个质子生成溴苯。与此同时,从 σ 配合物中分解出来的质子与 $FeBr_4^-$ 作用,生成 HBr 并使催化剂 $FeBr_3$ 再生

$$:\overset{..}{Br}-\overset{..}{Br}: + FeBr_3 \Longrightarrow :\overset{..}{Br}-\overset{..}{Br}:FeBr_3$$

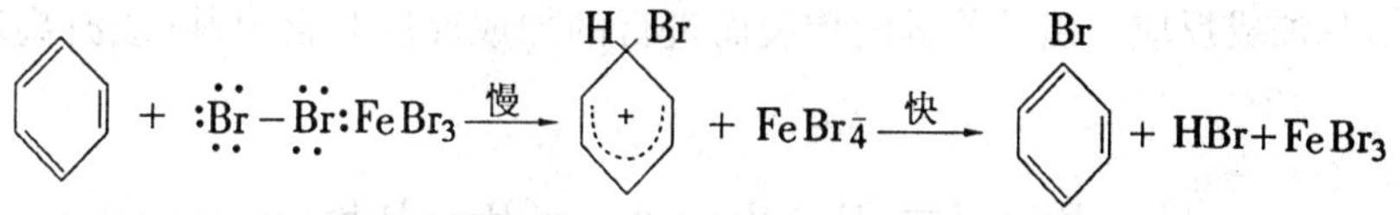

磺化反应的历程:苯用浓硫酸磺化,反应很慢。若用发烟硫酸磺化,在室温即可进行。故认为磺化试剂很可能是三氧化硫(也有人认为是 $\overset{+}{S}O_3H$)。在硫酸中也能产生三氧化硫

$$2H_2SO_4 \rightleftharpoons SO_3 + H_3^+O + HSO_4^-$$

SO_3 通过硫进攻苯环,因为极化使硫显正性,即缺电子。磺化反应是可逆的。在浓硫酸中,磺化反应历程可能为

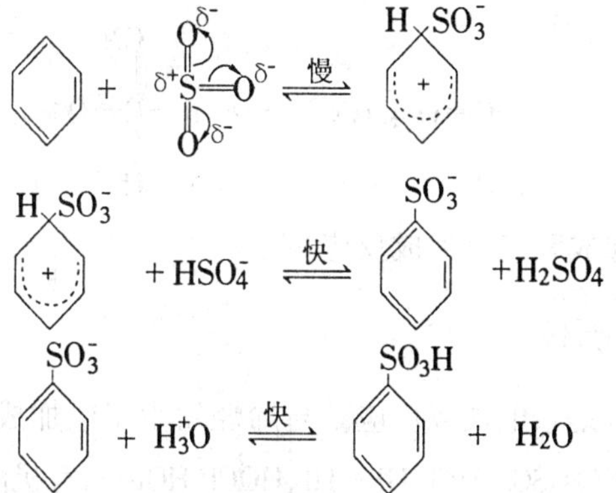

苯的其他亲电取代反应历程,与上述历程相似。在烷基化反应中,用三个碳原子以上的卤代烷时,通常得到带支链的烷基苯,这是由于亲电试剂烷基正离子重排之故。例如,用1-氯丙烷作烷基化剂时,它首先与三氯化铝生成(Ⅰ)。(Ⅰ)中的正离子只与两个 C—H σ 键共轭,电荷分散较差而不稳定,重排成较稳定的(Ⅱ)。因(Ⅱ)中的正电荷与六个 C—H σ 键共轭,正电荷分散较好,能量较低。(Ⅱ)进攻苯环,发生亲电取代反应,生成异丙苯。其反应历程为

$$CH_3—CH_2—CH_2—Cl \xrightarrow{AlCl_3} [CH_3CH_2\overset{+}{C}H_2AlCl_4^-] \longrightarrow [CH_3\overset{+}{C}HCH_3AlCl_4^-]$$
$$\qquad\qquad\qquad\qquad\qquad\qquad\quad Ⅰ \qquad\qquad\qquad\qquad\qquad Ⅱ$$

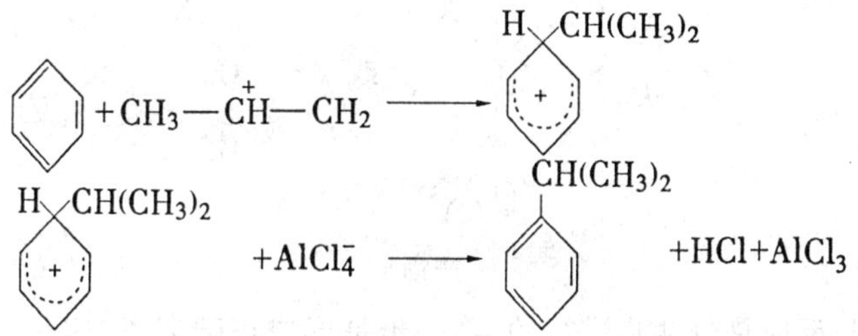

3.3 加成反应历程

加成反应就是底物(即作用物)在反应中增加了原子或基团,分子比反应前更加饱和了。根据反应中共价键断裂方式可分为两大类:

(1)自由基加成反应。由共价键的均裂而进行的加成反应叫自由基(或游离基)加成反应。例如

$$R—CH = CH_2 + Br· \longrightarrow R—CH—CH_2Br$$

(2)离子型加成反应。由共价键的异裂而进行的加成反应叫离子型加成反应。这里又分两种情况:

一种是由亲电试剂进攻底物而进行的加成反应叫亲电加成反应。例如

$$R—CH = CH_2 + H^+ \longrightarrow R—\overset{+}{CH}—CH_3$$

一种是由亲核试剂进攻底物而进行的加成反应叫亲核加成反应。例如

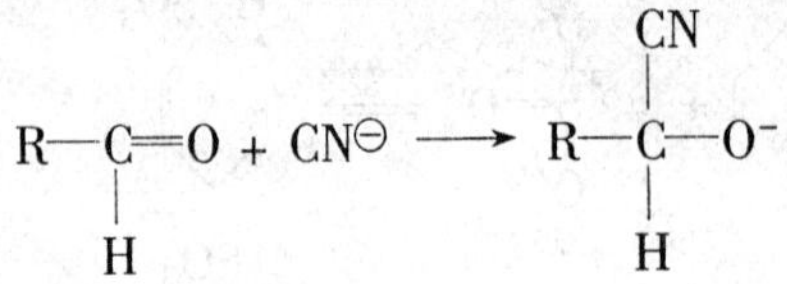

$$R—\underset{H}{\overset{|}{C}}=O + CN^{\ominus} \longrightarrow R—\underset{H}{\overset{CN}{\underset{|}{\overset{|}{C}}}}—O^-$$

本节主要介绍亲电加成和亲核加成反应。

一、亲电加成反应历程

烯烃最典型的反应就是亲电加成反应。与烯烃发生亲电加成的试剂,常见的有下列几种:卤素(Br_2、Cl_2)、无机酸(H_2SO_4、HCl、HBr、HI、HOCl、HOBr)、有机酸($F_3C—COOH$)等。

这些试剂与烯烃反应,首先是亲电的 X^+ 进攻双键,形成 π 配合物,该配合物再分离成一个带正电荷的 σ 配合物,随后,试剂的另一部分 Y^- 进行亲核反应,给出电子消除(或中和)反应物中的正电荷,形成最终产物,这可用反应式表示为

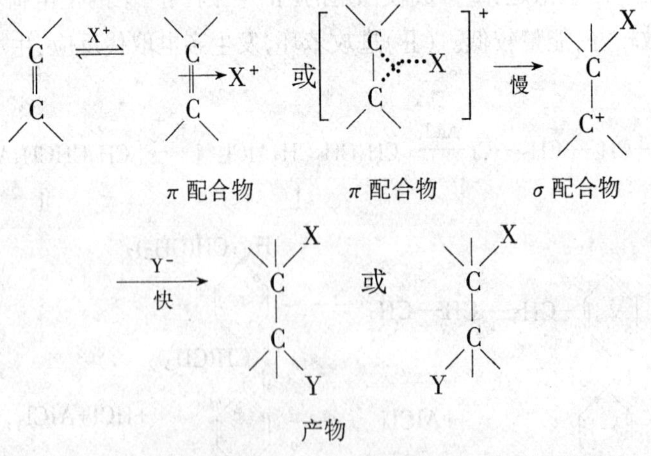

上述情况表明,反应是分两步进行的,第一步是形成正碳离子,这是整个反应过程最慢的一步,也是决定反应速度的一步。由于正碳离子的能量较高,它的形成需要较大的活化能。只要产生了正碳离子,下一步就非常快,因此正碳离子的形成是反应的关键。

1. 与卤素的加成

溴和氯都很容易与烯烃加成,产生相邻两个碳原子上各带一个卤素原子的二卤代烷。

例如

$$CH_2=CH_2 + Br_2 \xrightarrow{CCl_4} \begin{array}{cc} CH_2-CH_2 \\ | \quad\quad | \\ Br \quad Br \end{array}$$

1,2-二溴乙烷

在反应过程中,由于受 π 键电子的影响,溴分子极化成一端带正电荷,一端带负电荷的极性
分子,其正电荷部分和乙烯双键形成 π 配合物

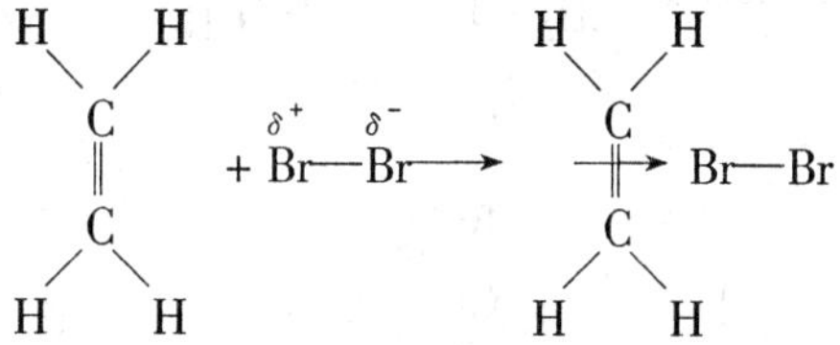

该 π 配合物由于 π 键和溴 σ 键的不均等断裂,形成带正电荷的 σ 配合物和溴负离子

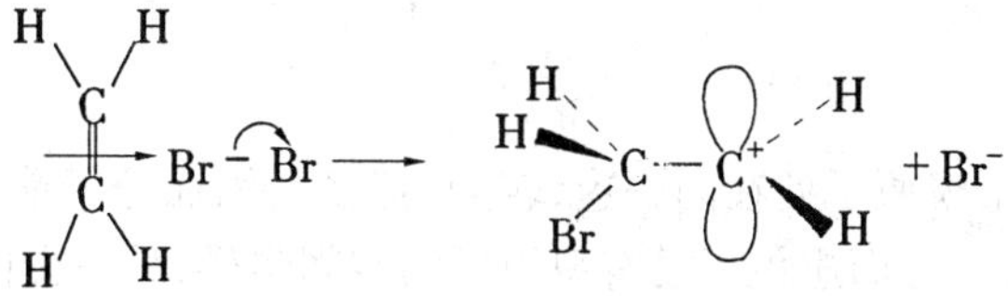

σ 配合物

溴负离子与 σ 配合物进行亲核反应,即得 1,2-二溴乙烷,这一步反应有下列两种可能

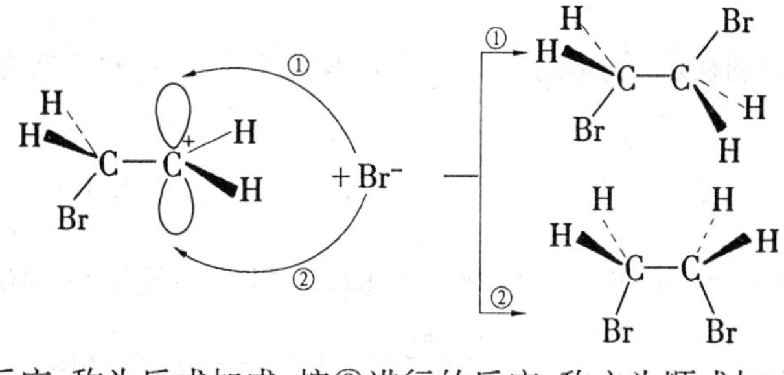

按①进行的反应,称为反式加成;按②进行的反应,称之为顺式加成。按②加成时,由于邻近
碳原子上已有一个占据较大空间的溴原子,阻碍负离子与它的同一侧向碳原子靠近。因此
加成反应主要是按①进行的,即反式加成。但并非所有的加成都是反式加成,个别试剂的加
成反应是顺式加成。

　　1,2-二溴乙烷由于它的碳碳键可以"自由"旋转,不论是反式或顺式加成,都得到同一
个化合物。如果碳原子不能以碳碳 σ 键为轴"自由"旋转,则反式和顺式加成物应当是两种
不同的化合物,如下式所示。

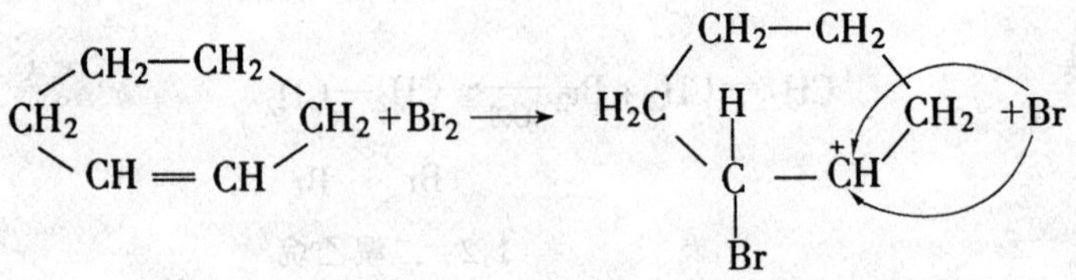

$$CH_2{-}CH_2 \quad CH_2 + Br_2 \longrightarrow$$

环己烯

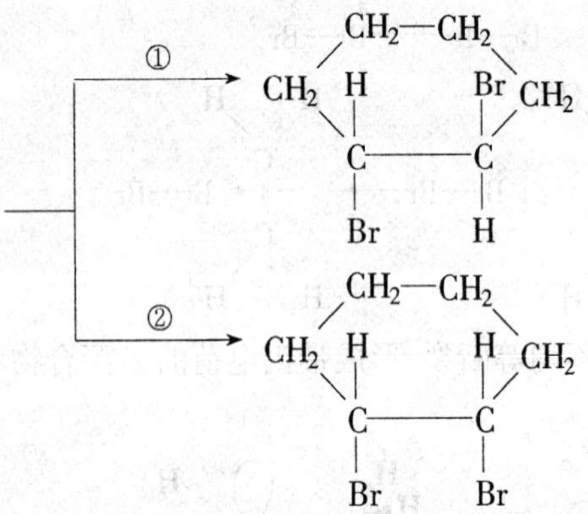

① 反二溴环己烷

② 顺二溴环己烷

顺二溴环己烷由于两个溴原子处在同一边,较为"拥挤",因而分子能量较高,不稳定。如果负离子进行反式加成,一方面避免了已有溴原子的空间阻碍,另一方面得到两个溴原子处在环的两侧的产物,不像顺式加成物中两个溴原子处在同一侧那样"拥挤",分子的能量自然比前者低,也比较稳定。所以加成反应是有选择性的反式加成。实际上,溴和环己烯加成只得到反式加成物。

上述加成反应,如果分别在水、氯化钠水溶液或甲醇中进行,得到的产物为一混合物,如下式所示。

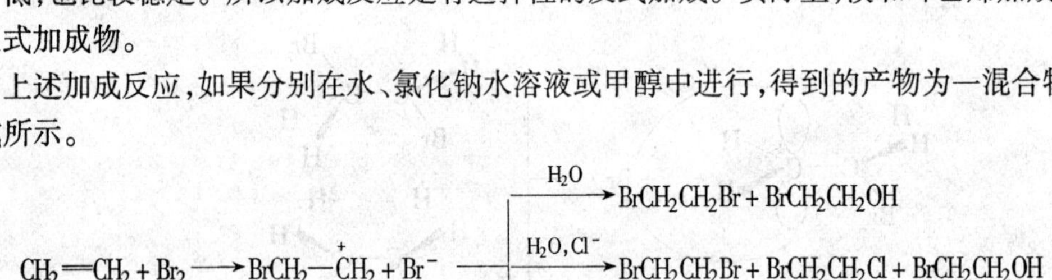

$$CH_2{=}CH_2 + Br_2 \longrightarrow BrCH_2{-}\overset{+}{C}H_2 + Br^-$$

$\xrightarrow{H_2O} BrCH_2CH_2Br + BrCH_2CH_2OH$

$\xrightarrow{H_2O,\ Cl^-} BrCH_2CH_2Br + BrCH_2CH_2Cl + BrCH_2CH_2OH$

$\xrightarrow{CH_3OH} BrCH_2CH_2Br + BrCH_2CH_2OCH_3$

这些反应表明,在反应过程中,确实有一个带正电荷的中间体——σ 配合物存在,亲核试剂 Br^-、Cl^-、H_2O、CH_3OH 与它反应生成上式中的混合物。这些混合物的出现也表明,溴与烯烃反应不是两个溴原子同时加到双键碳原子上的,从而证明,上述加成反应的反应历程是符合实际的。

2. 与酸的加成

无机酸和强的有机酸都较容易地和烯烃发生加成反应。而弱的有机酸如醋酸及水,只有在强酸的催化下,才能发生加成反应。酸与烯烃的加成反应历程与上述卤素与烯烃的加成基本相同。反应为

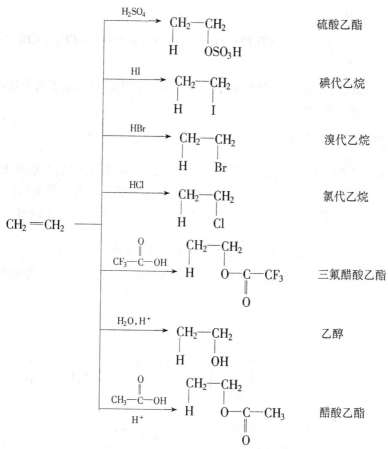

上列各反应在生产中都很重要,特别是在酸的催化下,由烯烃制醇的反应更为突出。活泼的烯烃在稀酸或磷酸的催化下,即可发生反应。不活泼的烯烃在制醇时,需要经过两步反应,浓硫酸先和烯烃反应,生成硫酸烷基脂,然后,用水稀释,加热水解得醇。

乙醇、异丙醇及三级丁醇在工业上就是用相应的烯,在不同浓度的硫酸作用下生产的。例如

$$CH_2=CH_2 \xrightarrow{98\% H_2SO_4} CH_3CH_2-O-SO_3H \xrightarrow[90℃]{H_2O} CH_3CH_2OH + H_2SO_4$$

$$CH_3-CH=CH_2 \xrightarrow[\triangle]{80\% H_2SO_4} \underset{OSO_3H}{CH_3CHCH_3} \xrightarrow[\triangle]{H_2O} \underset{OH}{CH_3CHCH_3} + H_2SO_4$$

$$\underset{CH_3}{\overset{CH_3}{C}}=CH_2 \xrightarrow[25℃]{10\% H_2SO_4} \underset{OH}{\overset{CH_3}{CH_3CCH_3}}$$

上列反应表明,取代乙烯比乙烯活泼,二元取代乙烯更加活泼,这是由于甲基的给电子诱导效应使碳碳双键的电子密度增大。根据前面讨论过的加成反应历程,当然,双键的电子密度增大,使之更容易进行加成反应。烯烃亲电加成反应活性为

$$\underset{CH_3}{\overset{CH_3}{\diagdown}}C=CH_2 > CH_3CH=CHCH_3 \geqq CH_3CH=CH_2 > CH_2=CH_2$$

当乙烯 的取代基为吸电子基时,由于吸电子诱导效应使双键电子云密度降低,所以它的加成反应速度比乙烯的慢。

二、亲核加成反应历程

羰基含有一个碳氧双键;由于易流动的 π 电子强烈地被拉向氧,所以羰基的碳是缺电子的,羰基的氧是富电子的。由于它是平的,分子的这一部分是来自其上面和下面的,即和羰基平面成垂直方向的,立体阻碍很小的进攻是敞开的。因此这个易于接近,具有极性的基团非常活泼,这是不足为奇的。

哪些试剂会进攻这个基团呢? 由于在这些反应中,主要的一步是缺电子的(酸性的)羰基碳上生成一个键,所以,羰基最易接受富电子的亲核试剂的进攻。醛和酮的典型反应是亲核加成反应。

$$\underset{R}{\overset{R'}{\diagdown}}C\!=\!\!O \longrightarrow \left[\underset{R}{\overset{R'}{\diagdown}}\overset{Z}{\underset{\diagup}{C}}\!-\!\!O^{\delta-}\right] \longrightarrow \underset{R}{\overset{R'}{\diagdown}}\overset{Z}{\underset{\diagup}{C}}\!-\!\!O^- \xrightarrow{H_2O} \underset{R}{\overset{R'}{\diagdown}}\overset{Z}{\underset{\diagup}{C}}\!-\!\!OH$$

　　反应物　　　　　　过渡态　　　　　　产物
　三角形的　　　变为正四面体的　　　正四面体的
　　　　　　　氧上带部分负电荷　　氧上带负电荷

可以预料到,通过观察亲核试剂进攻时的过渡态,就可以得知羰基反应性能的更为真实的情况。在反应物中,碳是三角形的。在过渡态中,碳就开始取得产物所具有的正四面体构型;这样就使碳所连接的基团更靠近了。可以预料到在这反应中有适度的立体阻碍;但是这个过渡和 S_N2 反应过渡态相比,还是比较宽敞的;我们说对羰基的进攻是"易于接近"的,真正的意思就是指这种相对的不拥挤性。

在过渡态中,氧开始获取产物将要持有的电子——即负电荷。氧的这种获取电子倾向——能带负电荷的能力——正是羰基对亲核试剂具有反应活性的真正原因。(羰基的极性不是造成反应活泼的原因;它只是氧的电负性的另一种表现形式)

醛一般比酮更易发生亲核加成反应。这种反应活性上的差别和有关的过渡态是一致的,而且似乎是由电子因素和空间因素两者综合而成的。酮含有第二个烷基或芳基,而在醛中则是一个氢原子。酮的第二个烷基和芳基比醛中的氢大,因此对在过渡态中相互靠近的抗拒就较为强烈。烷基能推电子,这就强化了氧上发展出来的负电荷,从而使过渡态不稳定。

我们可能会预料到具有吸电子诱导效应的芳香基会使过渡态稳定,从而使反应加快;但是共轭效应对反应物的稳定作用甚至更大,因此总的结果是使它钝化。

醛酮亲核加成反应活性的顺序为

$$R-\underset{O}{\overset{|}{C}}-H > R-\underset{O}{\overset{|}{C}}-R' > R-\underset{O}{\overset{|}{C}}-Ar > Ar-\underset{O}{\overset{|}{C}}-Ar$$

若有酸存在时,氢离子就连到羰基氧上。这一优先的质子化反应降低了亲核进攻的 $E_{活化}$,因为它允许氧获得 π 电子而毋需接受负电荷。

酸催化亲核加成反应

$$\underset{R}{\overset{R'}{\diagup}}C=O \ \underset{}{\overset{H^+}{\rightleftharpoons}} \ \underset{R}{\overset{R'}{\diagup}}\overset{\oplus}{C}-OH \longrightarrow \left[\ \underset{R}{\overset{Z}{\underset{\;}{\overset{|}{C}}}}\overset{\sigma+}{\cdots}OH \ \right] \longrightarrow \underset{R}{\overset{Z}{\underset{\;}{\overset{|}{C}}}}-OH$$

更容易发生亲核进攻

因此,醛和酮的亲核加成能被酸(有时被 Lewis 酸)所催化。

3.4 消除反应历程

消除反应是指反应物在反应中失去一部分原子(或原子团),分子的不饱和程度增加的反应。例如

$$R-CHX-CH_3 \xrightarrow{OH^\ominus} R-CH=CH_2 + HX$$

$$R-CHOH-CH_3 \xrightarrow{H^\oplus} R-CH=CH_2 + H_2O$$

消除反应历程和亲核取代反应历程一样,也有两种不同的历程。

一、双分子消除反应历程(E2)

双分子消除反应历程可用下式表示

$$RCH_2CH_2X + OH^- \longrightarrow RCH=CH_2 + X^- + H_2O$$

反应的速度与卤烷和亲核试剂的浓度都成正比。

$$反应速度 = k[RCH_2CH_2X][OH^-]$$

例如,溴丙烷的消除反应(去卤化氢)历程

$$HO^- \rightarrow H \overset{\beta}{\underset{CH_3}{CH}} \overset{\alpha}{CH_2} \rightarrow Br \longrightarrow [HO\cdots H\cdots \underset{CH_3}{CH}\cdots CH_2\cdots \overset{\delta-}{Br}] \longrightarrow H_2O + \underset{CH_3}{CH}=CH_2 + :Br^-$$

当亲核试剂 OH⁻ 接近卤烷分子进行反应时,它可以进攻卤烷的 α - 碳原子,也可以进攻卤烷的 β - 氢原子。在 OH⁻ 进攻 β - 氢原子形成微弱的键时(用点线表示),β - 氢原子与 β - 碳原子之间的电子云因受 OH⁻ 的排斥而向 β - 碳与 α - 碳之间转移,同时也使 C—Br 键之间的电子云偏向于 Br 原子,当 H—C 键没有完全断裂,OH⁻ 基没有完全与 H 结合,C—Br 键也没有完全断裂时,是形成一个过渡态。当 OH⁻ 进一步与 β - 氢原子接近,拉走质子形成 HOH 而脱去时,H—C 键就同时断裂,C—Br 键也同时断裂,Br 原子带着 C—Br 键的一对电子成为 Br⁻ 而离去,从而形成一个 C=C 双键。这反应只有一步,由于反应速度取决于卤烷和亲核试剂两个分子的浓度,这样的消除反应历程就称为双分子消除反应历程,通常用 E2

表示(E 是 Elimination 的缩写,表示消除)。

$$\underset{S_N2}{\underset{\text{(进攻}\alpha-\text{碳)}}{}} \overset{H}{\underset{Br}{\overset{|}{C_\alpha}}} \overset{H}{\underset{H}{\overset{|}{C_\beta}}} \underset{\text{(进攻}\beta-\text{氢)}}{E}$$

从反应历程可以看出,E2 与前面所述的 S_N2 的反应历程很相似,因此,两者是相互竞争的。卤烷的结构对消除反应和取代反应都有影响,如 α – 碳上连接的烃基较多,则由于空间阻碍,不利于亲核试剂进攻 α – 碳。相反,α – 碳上烃基较多,β – 氢原子也就多,这就有利于亲核试剂进攻 β – 氢原子。例如, $\overset{\overset{\beta}{CH_3}}{\underset{\underset{CH_3}{|}}{\overset{|}{\underset{\alpha}{C}} - X}}$ 有利于 E2 反应。

二、单分子消除反应历程(E1)

单分子消除反应历程与 S_N1 相似,也是分两步进行。反应在溶剂中使卤烷分子先离解为正碳离子而进行。反应速度只与卤烷的浓度成正比,与进攻试剂的浓度无关。

$$反应速度 = k[\text{RX}]$$

第一步

$$-\overset{|}{\underset{H}{C}} \overset{X}{\underset{}{\overset{|}{C}}} - \xrightarrow[\text{决定速度的一步}]{\text{慢}} -\overset{|}{\underset{H}{C}} \overset{|}{\underset{}{\overset{}{C^+}}} - + X^-$$

$$\text{正碳离子} \quad \text{离去基团}$$

决定反应速度的是第一步、也是最慢的一步。

第二步

$$\text{OH}^- + -\overset{}{\underset{H}{\overset{}{C}}} \overset{X}{\underset{}{\overset{|}{C^+}}} - \xrightarrow{\text{快}} \text{HOH} + \rangle C = C \langle$$

消除反应的第二步与 S_N1 不同,这里的亲核试剂不是进攻第一步所产生的正碳离子(α – 碳)并与之结合,而是进攻 β – 氢原子并夺走质子而形成一个双键。由于反应速度取决于第一步卤烷单分子的浓度,因此称为单分子消除反应,通常用 E1 表示。

E1 和 S_N1 都是通过生成正碳离子的历程,因此有利于 E1 的反应条件,也有利于 S_N1 的进行,所以这两种反应往往是相伴发生的。

上述消除反应,无论反应历程是按 E1 还是 E2 进行,都符合查依采夫规律。

思 考 题

1. 有机化合物异构现象有哪几种? 不同的异构体之间物理性质和化学性质是否相同?
2. 有机化学反应的类型主要有哪几种? 反应类型与有机化合物及试剂有何关系?

习　题

1. 下列的化合物有无立体异构体？并用 R、S 表示它们的构型。

(1) $CH_3—CHBr—CHBr—COOH$

(2) $HOOC—CHOH—CHOH—COOH$

(3) $C_6H_5—CHOH—CO—C_6H_5$

2. 写出环己六醇可能的立体异构体，注明哪些是光活异构体？哪些是几何异构体？

3. 异戊烷氯化时，产生四种可能的异构体，它们的相对含量如下式所示

$$CH_3—\underset{\underset{CH_3}{|}}{CH}—CH_2—CH_3 \xrightarrow{Cl_2,300℃} CH_2Cl—\underset{\underset{CH_3}{|}}{CH}—CH_2—CH_3 + CH_3—\underset{\underset{CH_3}{|}}{\overset{\overset{Cl}{|}}{C}}—CH_2—CH_3 +$$

(Ⅰ)34%　　　　(Ⅱ)22%

$$CH_3—\underset{\underset{CH_3}{|}}{CH}—CHClCH_3 + CH_3—\underset{\underset{CH_3}{|}}{CH}—CH_2—CH_2Cl$$

(Ⅲ)28%　　　　(Ⅳ)16%

上式的反应结果与游离基的稳定性为三级 > 二级 > 一级是否矛盾？如何解释？

4. 指出下列试剂中哪些是亲核的？哪些是亲电的？哪些既不是亲核的，也不是亲电的？并说明理由。

(1) H_2SO_4　　　(2) Br_2　　　(3) $AlCl_3$　　　(4) CH_4

(5) NH_3　　　(6) HBF_4　　　(7) $NaNH_2$　　　(8) $NaCl$

(9) $NaCN$　　　(10) ROH　　　(11) H_2O　　　(12) SO_3

5. 说明试剂 E^+A^- 和 C＝C 双键加成为什么是反式加成？并用纽曼式表示加成产物的结构。

6. 请比较下列化合物进行 S_N1 反应时的反应速率。

(1) $CH_3CH_2\underset{\underset{CH_3}{|}}{\overset{\overset{CH_3}{|}}{C}}Br$　　　$CH_3CH_2\underset{\underset{CH_3}{|}}{CH}Br$　　　$CH_3CH_2CH_2CH_2Br$

(2) ⬡—CH_2Br　　　⬡—CH_2CH_2Br

7. 请比较下列化合物进行 S_N2 反应时的反应速率。

(1) ⬡—$\underset{\underset{}{}}{\overset{\overset{Br}{|}}{CH}}—CH_3$　　　⬡—CH_2Br　　　⬡—$\underset{\underset{CH_3}{|}}{\overset{\overset{CH_3}{|}}{C}}—Br$

(2) $CH_3CH_2CH_2CH_2Br$　　　$CH_3CH_2\underset{\underset{CH_3}{|}}{CH}CH_2Br$　　　$CH_3CH_2\underset{\underset{CH_3}{|}}{\overset{\overset{CH_3}{|}}{C}}CH_2Br$

8. 比较 $CH_3—CH=CH_2$ 和 $CH_3—\underset{\underset{CH_3}{|}}{C}=CH_2$ 的酸催化加水反应,哪一个化合物更易反应? 说明原因。

9. 根据乙烯加溴反应历程解释为什么将溴和乙烯通入氯化钠的水溶液中时,加成产物中没有 $\underset{\underset{Cl}{|}}{CH_2}—\underset{\underset{Cl}{|}}{CH_2}$ 生成?

10. 比较下列化合物中羰基对氰氢酸加成反应的活性大小。

(1)

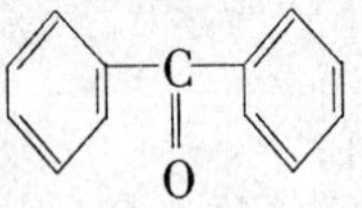

(2)

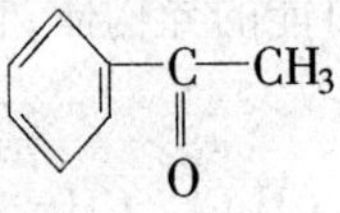

(3) $CH_3—CH_2—CHO$

(4)

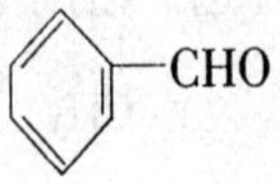

(5) $\underset{\underset{Cl}{|}}{CH_2}—CH_2—CHO$

(6) $CH_3—\underset{\underset{Cl}{|}}{CH}—CHO$

第四章　光谱分析在有机化学中的应用

内容提要　本章主要介绍红外光谱和核磁共振谱的基本原理及其分析指标,并讲解如何用这两种分析方法来解决有机化学中的结构表征问题。

学习要求

(1)掌握核磁共振的基本原理。

(2)掌握分子振动与红外吸收的基本原理。

(3)熟悉化学位移、自旋偶合与偶合常数等基本概念的内容及具体应用。

(4)了解影响红外谱带位移的因素。

(5)熟悉常见有机分子的基团特征频率。

有机化合物分子结构的测定是研究有机化合物的重要组成部分。长期以来,确定一个有机化合物的结构主要依靠化学方法,特别是对于比较复杂的分子需要很长的时间才能完成。

自20世纪50年代以来,由于科学技术的快速发展,运用物理方法来测定有机化合物的结构已成为常规的工作手段,其中最普遍使用的是红外光谱和核磁共振谱。物理方法的特点是,只需要微量样品就能准确、迅速地确定有机化合物的结构。这就弥补了化学方法的不足,丰富了鉴定有机化合物的手段,提高了确定结构的水平。

4.1　电磁波谱的概念

电磁波的区域范围很广,包括了从波长极短的宇宙线到波长较长的无线电波。按波长可分为几个光谱区,其中每个区域的波长、波数、频率及能量表示如下。

	无线电波	微　波	红外线		可见光	紫外线	X-射线
$(1/\lambda)/cm^{-1}$	0.2	1.0	10	10^2	10^4	10^5	10^6
λ/nm	10^8	10^7	10^6	10^5	10^3	10^2	10
ν/s^{-1}	3×10^9	3×10^{10}	3×10^{11}	3×10^{12}	3×10^{14}	3×10^{15}	3×10^{16}
E/J	2×10^{-24}	2×10^{-23}	2×10^{-22}	2×10^{-21}	2×10^{-19}	2×10^{-18}	2×10^{-17}

从上列数据看到,随着光(或电磁波)的波长增加,其相应波长的能量与波的频率则依次下降,所以它们引起分子中某些能量变化各不相同。如波长在$(3.3\times10^7\sim10^{10})nm$时,将引起原子核的自旋跃迁(核磁共振谱);波长在$(2.5\times10^3\sim3.5\times10^5)nm$时,将引起分子中原子间键的振动增加(红外光谱);波长在$(10^2\sim8\times10^2)nm$时,可使价电子激发到较高能级(可见紫外光谱)。

各种不同的分子对能量的吸收是有选择性的。只有当光子的能量恰好等于分子中两个能级之间的能量差时才能被吸收,分子吸收电磁波所形成的光谱叫吸收光谱。

在这些光谱中,红外光谱和核磁共振谱对有机分子的结构鉴定特别有用,本章重点讨论这两种波谱。

4.2 红外光谱

红外光谱(IR,Infrared Spectroscopy)是有机化合物结构鉴定的一种重要手段。具有简单、迅速、所需样品量少等优点,被广泛用于结构分析之中。

一、红外光谱与有机化合物分子结构的关系

由原子组成的分子是在不断地振动着的,分子中原子的振动可以分为两大类:一类是原子间沿着键轴的伸长和缩短,叫做伸缩振动。振动时只是键长发生变化而键角不变。伸缩振动所产生的吸收带一般发生在高频区。另一类振动只是成键两原子在键轴上下或左右弯曲,叫做弯曲振动。弯曲振动时键长不变而键角发生形变,弯曲振动所产生的吸收带一般在低频区。

伸缩振动可分为对称伸缩和不对称伸缩振动两种;弯曲振动亦可分为面内和面外弯曲振动等,如图 4.1 所示。

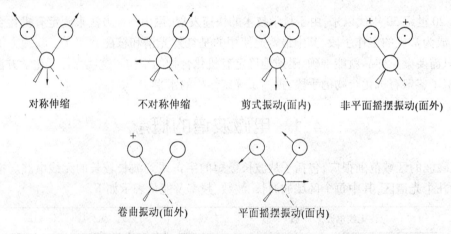

　　对称伸缩　　　　　　不对称伸缩　　　　剪式振动(面内)　　非平面摇摆振动(面外)

　　卷曲振动(面外)　　　平面摇摆振动(面内)

图 4.1　分子振动示意图

虽然各种各样的振动形式很多,但实验和理论分析都证明并不是所有振动能级的变化都吸收红外光,只有那些在振动过程中有瞬时偶极变化的振动发生能级跃迁时才吸收红外光而形成红外光谱。由于多原子分子可能存在的分子振动方式很多,所以它的红外光谱总是非常复杂,要从理论上全面分析一个红外吸收光谱是比较困难的。但在大量研究有机化合物红外光谱的基础上发现:同一化学键或基团的吸收峰基本上总是相对稳定地出现在某一特定范围内。因此,一个有机化合物的红外吸收光谱对于有机化合物的结构测定可以有很大帮助。表 4.1 示出红外光谱中各种键吸收谱带的区域,表 4.2 示出红外光谱中各种重要基团的特征频率。

表 4.1 红外光谱中重要键吸收谱带区段

键 伸 缩 振 动	波数/cm⁻¹	波长/μm
Y—H 伸缩吸收带		
O—H	3 650 ~ 3 100	2.74 ~ 3.23
N—H	3 550 ~ 3 100	2.82 ~ 3.23
≡C—H	3 320 ~ 3 310	3.01 ~ 3.02
=C—H	3 085 ~ 3 025	3.24 ~ 3.31
Ar—H	3 030	3.03
—C—H	2 960 ~ 2 870	3.38 ~ 3.49
S—H	2 590 ~ 2 550	3.86 ~ 3.92
X=Y 伸缩吸收带		
C=O	1 850 ~ 1 650	5.40 ~ 6.05
C=NR	1 690 ~ 1 590	5.92 ~ 6.29
C=C	1 680 ~ 1 600	5.95 ~ 6.25
(以上三种双键如与 C=C 或芳核共轭时频率约降低 30 cm⁻¹)		
N=N	1 630 ~ 1 575	6.13 ~ 6.35
N=O	1 600 ~ 1 500	6.25 ~ 6.60
⬡	1 600 ~ 1 450	6.25 ~ 6.90
	(4 个带)	
X≡Y 和 X=Y=Z 伸缩吸收带		
C≡N	2 260 ~ 2 240	4.42 ~ 4.46
RC≡CR	2 260 ~ 2 190	4.43 ~ 4.57
RC≡CH	2 140 ~ 2 100	4.67 ~ 4.76
C=C=O	2 170 ~ 2 150	4.61 ~ 4.70
C=C=C	1 980 ~ 1 930	5.05 ~ 5.18

表 4.2 一些重要基团的特征频率

波数/cm⁻¹	波长/μm	键 的 振 动 类 型
3 650 ~ 2 500	2.74 ~ 3.64	O—H, N—H(伸缩振动)
		C—H [—C≡C—H , C=C—H , Ar—H](伸缩振动)
		C—H [—CH₃, —CH₂—, —C—H, —CHO](伸缩振动)
2 275 ~ 2 100	4.40 ~ 4.76	C≡C , C≡N(伸缩振动)
1 870 ~ 1 650	5.35 ~ 6.06	C=O(酸、醛、酮、酰胺、酯、酸酐)(伸缩振动)
1 690 ~ 1 475	5.92 ~ 6.80	C=C(脂肪族及芳香族)(伸缩振动)
		C=N(伸缩振动)
1 475 ~ 670	6.8 ~ 14.83	C—H(面内弯曲振动)
		C=C—H, Ar—H(面外弯曲振动)

　　在红外光谱中,波数在 3 800 ~ 1 400 cm^{-1}(波长为 2.5 ~ 7.00 μm)之间的高频区称为官能团区,其中的吸收峰对应着分子中某一对键连原子之间的伸缩振动,受分子整体结构的影响较小,因而可用于确定某种特殊键或官能团是否存在。这是红外光谱中容易识别的区域。一般也把这个区域叫做特征谱带区,谱带中存在的吸收峰叫做特征吸收峰。

　　波数在 1 400 ~ 650 cm^{-1}(波长 7.00 ~ 15.75 μm)的低频区是由分子结构的细微变化引起的,像人的指纹一样,叫做"指纹区",结构相似的不同化合物可能在非指纹区具有极为相似的红外吸收谱带,但必然会在指纹区表现出它们之间的不同点。由于指纹区的吸收谱带很难从理论上加以分析,对化合物分子中官能团的鉴定来说,意义不大。但对于判断两个样品是否为同一化合物是非常重要的。

二、红外光谱图的表示方法

　　多数的红外光谱以波数(cm^{-1})或波长(μm)为横坐标来表示吸收峰的位置,以吸收百分率($A\%$)或透过百分率($T\%$)为纵坐标。以 $A\%$ 为纵坐标时,吸收带为向上的峰;以 $T\%$ 为纵坐标时,吸收带为向下的峰。

　　透过率　　　　　　　　　　　　$$T = \frac{I}{I_0} \times 100$$

式中:I_0 为入射光强度,I 为透过光强度。整个吸收曲线反映了一个化合物在不同波长的光谱区域内吸收能力的分布情况。当纵坐标为透过率时,光吸收愈多,透过率愈低,曲线的低谷表示它是一个好的吸收带。

　　分析红外光谱图时,应注意吸收带的位置、形状和相对强度,因为这些是定性、定量的依据,图 4.2 为正辛烷的 IR 图。

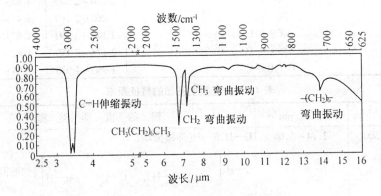

图 4.2　正辛烷的 IR 图

4.3　核磁共振谱

　　核磁共振谱(NMR,Nuclear Magnetic Resonance)在有机化合物结构测定中有着广泛的应用。由前面的讨论我们知道,对一个未知物来说,红外光谱能指出是什么类型的化合物,而难于确定其细微结构,核磁共振谱能提供更多的明确的结论,所以核磁共振谱已成为现阶段测定有机化合物结构不可缺少的重要手段了。

一、核磁共振的基本原理

核磁共振主要是由原子核的自旋运动引起的。不同的原子核,自旋运动的情况不同,它们可以用核的自旋量子数 I 来表示。自旋量子数与原子的质量和原子序数之间存在着一定的关系,当其质量和原子序数两者之一是奇数或均为奇数时,$I \neq 0$,它就像陀螺一样,绕轴旋转运动,例如 ^1H、^{13}C 和 ^{19}F 都可作自身旋转运动,称为自旋运动,由于原子核带正电,自旋时产生磁场,形成磁矩。当质量与原子序数均为偶数时,如 ^{12}C、^{16}O 等,$I = 0$ 就不产生自旋,也没有磁矩。核磁共振谱是由具有磁矩的原子核,在外加磁场中受辐射而发生能级跃迁所形成的吸收光谱。

自旋量子数为 I 的原子核在外磁场作用下,有 $2I+1$ 个自旋取向,每个取向都代表核在该磁场中的一种能量状态,可用磁量子数 m 来表示

$$m = I, I-1, \cdots, -I$$

^1H 的自旋量子数 I 为 $\dfrac{1}{2}$,它在磁场中有两种取向,与磁场方向相同的,用 $+\dfrac{1}{2}$ 表示,为低能级;与磁场方向相反的,用 $-\dfrac{1}{2}$ 表示,为高能级。两个能级之差为 ΔE,见图 4.3,ΔE 与外加磁场强度(H_0)成正比

$$\Delta E = r\frac{h}{2\pi}H_0 = h\nu \qquad \nu = \frac{rH_0}{2\pi}$$

式中:r 为磁旋比,是物质的特征常数,对于质子,其值为 $2.675 \times 10^8 A \cdot m^2 \cdot J^{-1} \cdot s^{-1}$;$h$ 为 Plank 常数;ν 为无线

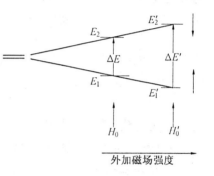

图 4.3 ΔE 与 H_0 的关系

电波的频率;H_0 为外加磁场的强度。若用一定频率的电磁波照射外磁场中的氢核,其能量恰好等于氢核两个能级之差时,氢核就吸收电磁波的能量,从低能级跃迁到高能级,这时就发生了核磁共振。有机化学经常研究的是 ^1H 和 ^{13}C 的核磁共振谱,我们主要介绍 ^1H 核磁共振谱(质子核磁共振谱),图 4.4 为核磁共振仪的示意图。

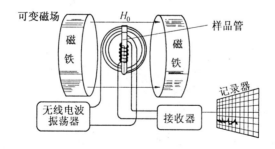

图 4.4 核磁共振仪示意图

测量核磁共振谱时,可以固定磁场改变频率,也可以固定频率改变磁场,一般多用后者。试样管放在磁场中间,用固定频率的无线电波照射试样,调节磁场强度达到一定值 H。使 ν 值恰好等于照射频率时,试样中某一类型质子便发生能级跃迁,接收器就会接收到信号,由记录器记录下来。若以通过电流所表现的吸收能量为纵坐标,磁场强度为横坐标,则可得到

如图 4.5 所示的 NMR 谱。

一张核磁共振谱图,通常可以给出三种重要的结构信息:化学位移、自旋裂分和偶合常数、峰面积(积分线)。

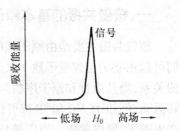

图 4.5　核磁共振谱示意图

二、化学位移

1. 化学位移的来由

化学位移是由核外电子的屏蔽效应引起的。从前面我们知道,质子的共振磁场强度只与质子的磁旋比及电磁波照射频率有关。若用固定频率的无线电波照射样品,似乎有机化合物分子中所有的氢核都应在同一磁场强度下发生核磁共振,实验证明,在固定射频下,分子中不同类型的氢核发生核磁共振所需要的外加磁场强度是不同的。此处不同类型的氢核是指氢核所处的化学环境不同,也即化学环境不同的质子在不同的磁场强度处出现吸收峰。

质子在分子中不是完全裸露的,而是被价电子所包围。在外加磁场作用下,核外电子在垂直于外加磁场的平面内绕核旋转,产生与外加磁场方向相反的感应磁场 H',使质子实际所感受到的磁场强度为

$$H_{实} = H_0 - H' = H_0 - \sigma H_0 = H_0(1 - \sigma)$$

式中,σ 为屏蔽常数。核外电子对质子产生的这种作用称为去屏蔽效应,也称抗磁屏蔽效应。质子周围电子云密度越大,屏蔽效应越大,只有增加磁场强度才能使其发生共振吸收。反之,若感应磁场与外加磁场方向相同,质子实际所感受到的磁场为外加磁场和感应磁场之和,这种作用为去屏蔽效应,也称顺磁屏蔽效应。只有减小外加磁场强度,才能使质子发生共振吸收。

对质子化学位移产生主要影响的屏蔽效应有两种:核外成键电子的电子云密度对质子产生的屏蔽作用,分子中其他原子或基团的核外电子对所研究的质子产生的屏蔽作用(磁各向异性效应)。

综上所述,不同化学环境的氢核,受到不同程度的屏蔽效应,因而在核磁共振谱的不同位置上出现吸收峰,这种位置上的差异称为化学位移。所以化学位移可用来鉴别或测定有机化合物的结构。

2. 化学位移的表示

核外电子产生的感应磁场 H' 非常小,只有外加磁场的百分之几,要精确测定其数值相当困难,而精确测量待测质子相对于标准物质(通常是四甲基硅烷,TMS)的吸收频率却比较方便。化学位移用 δ 来表示,其定义为

$$\delta = \frac{\nu_{试样} - \nu_{TMS}}{\nu_0} \times 10^6$$

式中,$\nu_{试样}$ 及 ν_{TMS} 分别为试样及 TMS 的共振频率;ν_0 为操作仪器选用的频率。

选用 TMS 作标准物主要因为它是单峰,而且屏蔽效应很高,一般化合物质子的吸收峰都在它们左边。按 IUPAC 的建议将 TMS 的 δ 值定为零,因此其他化合物的 δ 值应为负值,但文献上为方便起见将负号省略,改为正值。δ 值越大出现在低场,而 δ 值越小出现在高场。待测试样一般制成溶液,所用溶剂不含质子,如 $CDCl_3$、CCl_4、CS_2 等。

3. 化学位移的影响因素

化学位移来源于核外电子对核产生的屏蔽效应,因而影响电子云密度的因素都将影响化学位移,影响最大的是诱导效应和磁向各异性效应。

(1)电负性的影响。电负性大的基团吸电子能力强,通过诱导效应使邻近的质子核外电子云密度降低,屏蔽效应随之降低,使质子的共振频率移向低场。供电子基团使质子核外电子云密度增加,屏蔽效应增强,质子的化学位移移向高场位移。

(2)磁各向异性效应。构成化学键的电子,在外加磁场作用下,产生一个各向异性的磁场,使处于化学键不同空间位置上的质子受到不同的屏蔽作用,即磁各向异性。处于屏蔽区域的质子的 δ 移向高场,处于去屏蔽区域的质子的 δ 移向低场。表4.3列出了常见基团中质子的化学位移,从中我们通过比较看到核磁共振谱中的 δ 给测定有机化合物的结构提供了有效的信息。

表4.3　不同质子的化学位移

质子的化学环境	δ 值	质子的化学环境	δ 值
H—C—R	0.9~1.8	H—C—NR	2.2~2.9
H—C—C＝C	1.9~2.6	H—C—Cl	3.1~4.1
H—C—C＝O	2.1~2.5	H—C—Br	2.7~4.1
H—C≡C—	2.5	H—C—O—	3.3~3.7
H—C—Ar	2.3~2.8	H—O—R	0.5~5.0
H—C＝C—	4.5~6.5	H—O—Ar	6~8
H—Ar	6.5~8.5	H—O—C＝O	10~13
H—C＝O	9.0~10		

三、峰面积

观察图4.6会发现核磁共振谱的另一特征,即两个吸收峰所包含的面积是不同的,测得其面积之比是3:2,恰好是 CH_3 和 CH_2 中氢原子数之比,所以核磁共振谱不仅给出了各种不同类型的 H 的化学位移,并且还给出了各种不同 H 的数目。

共振吸收峰的面积大小,一般用积分曲线的高度来度量。核磁共振仪上带的自动积分仪对各峰的面积进行自动积分,得到的数值用阶梯式积分曲线高度表示。积分曲线的画法是由低场到高场(由左到右),从

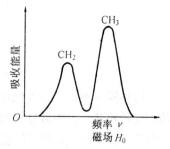

图4.6　乙醚的NMR图

积分曲线的起点到终点的总高度与分子中全部氢原子的数目成正比。每一阶梯的高度与该峰面积成正比,即与产生该吸收峰的质子数成正比。

四、自旋裂分与自旋偶合

用分辨率比较高的核磁共振仪测定化合物的核磁共振谱时,所得到的谱图中有些质子的吸收峰不是单峰而是一组多重峰。例如,乙醇的高分辨核磁共振谱中 CH_2 和 CH_3 质子的峰都是多重峰,前者是四重峰,后者是三重峰(图4.7)。

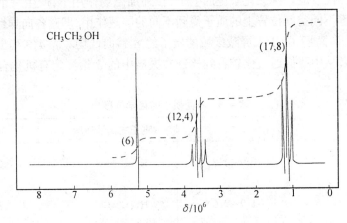

图 4.7　乙醇的高分辨核磁共振谱

又如,1,1,2-三氯乙烷 $CHCl_2CH_2Cl$ 的核磁共振谱中,CH 质子为三重峰,CH_2 质子为二重峰(图4.8)。

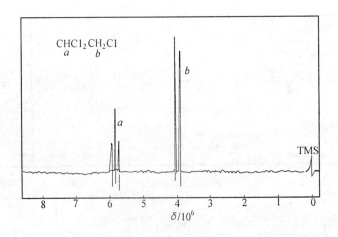

图 4.8　1,1,2-三氯乙烷的核磁共振谱

这种同一类质子吸收峰增多的现象叫做裂分。裂分是邻近质子的自旋相互干扰而引起的。这种相互干扰叫做自旋偶合,由此所引起的吸收峰的裂分叫做自旋裂分。在 1,1,2-三氯乙烷分子中,CH 质子除受外加磁场的影响,还要受到相邻 CH_2 质子自旋的影响。CH_2 质子有两个,当它们在外加磁场中的自旋方向相同,且磁矩的取向与外加磁场一致(↑↑)时,增强了磁场强度,于是 CH 质子在较低的外加磁场中即可发生共振而出现吸收峰。当

CH$_2$ 中两个质子自旋方向相同,但其磁矩取向与外加磁场相反($\downarrow\downarrow$)时,削弱了磁场强度,于是 CH 质子就要在较高的外加磁场中才能发生共振。当 CH$_2$ 中两个质子自旋方向相反($\uparrow\downarrow$ 或 $\downarrow\uparrow$)时,对磁场强度没有影响,对 CH 质子峰出现的位置也就没有影响。这样,CH 质子的共振吸收在图谱中就出现了三次,也就是说裂分为三重峰,而它们的相对强度与 CH$_2$ 质子自旋组成的几种可能形式相对应,是 1:2:1。与此同时,CH$_2$ 质子也要受到 CH 质子自旋的影响,CH 质子只有一个,它有两种自旋方向,一种自旋使外加磁场增强,另一种自旋使外加磁场减弱。故 CH$_2$ 质子的吸收峰裂分为二重峰,且强度相等。一般说来,当质子相邻碳上有 n 个同类质子时,吸收峰裂分为 $n+1$ 个。

自旋偶合通常只在两个相邻碳上的质子之间发生。因此在乙醇的高分辨核磁共振谱中,只是 CH$_3$ 和 CH$_2$ 的质子因自旋偶合而分别裂分为三重峰和四重峰,OH 质子仍为单峰,又如 ClCH$_2$CCl$_2$CH$_3$ 分子中,CH$_2$ 和 CH$_3$ 之间隔有一个碳原子,这两种质子不发生自旋偶合。故 ClCH$_2$CCl$_2$CH$_3$ 即使用高分辨核磁共振仪,其核磁共振谱中也没有裂分现象。

自旋偶合的量度称为偶合常数,用符号 J 表示,单位是赫兹(Hz)。J 的大小表示了偶合作用的强弱。J_{ab} 表示 a 被质子 b 裂分的偶合常数,它可以通过吸收峰的位置差别来体现,这在图谱上就是裂分峰之间的距离。根据偶合常数是否相等亦可判断哪些质子之间发生了偶合作用。

化学位移随外磁场的改变而改变,而偶合常数与化学位移不同,它不随外磁场的改变而改变。因为自旋偶合产生于磁核之间的相互作用,是通过成键电子来传递的,并不涉及外磁场,因此,当由化学位移形成的峰与偶合裂分峰不易区别时,可通过改变外磁场的方法加以区别。

习　题

1. 用红外光谱鉴别下列化合物。

(1)(A)CH$_3$CH$_2$CH$_2$CH$_3$　　　　　(B)CH$_3$CH$_2$CH$=$CH$_2$

(2)(A)

　　(B)

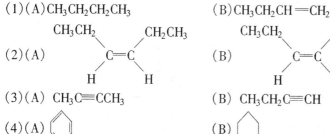

(3)(A) CH$_3$C$\equiv$CCH$_3$　　　　　(B) CH$_3$CH$_2$C$\equiv$CH

(4)(A) ⬡　　　　　(B) ⬡

2. 指出以下红外光谱图(图 4.9)中的官能团。

图 4.9(1)　　　图 4.9(2)

3. 用 ^{1}H NMR 谱鉴别下列化合物。

(1)(A)(CH$_3$)$_2$C$=$C(CH$_3$)$_2$　　　　　(B)(CH$_3$CH)$_2$C$=$CH$_2$

(2)(A)ClCH$_2$OCH$_3$　　　　　(B)ClCH$_2$CH$_2$OH

(3)(A)BrCH$_2$CH$_2$Br　　　　　(B)CH$_3$CHBr$_2$

(4)(A)CH$_3$CCl$_2$CH$_2$Cl　　　　　(B)CH$_3$CHClCHCl$_2$

4. 化合物的分子式为 C$_4$H$_8$Br$_2$,其 ^{1}H NMR 谱如图 4.9(3),试推断该化合物的结构。

5. 某聚合物的红外光谱图显示:3 100~3 000 cm^{-1}有中强吸收,3 000~2 800 cm^{-1}有强

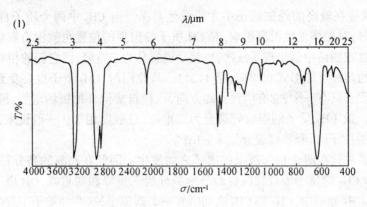

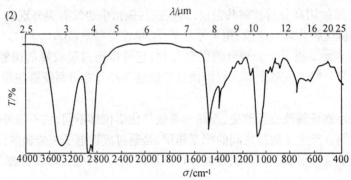

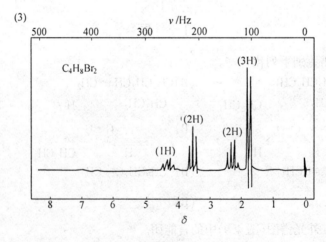

图 4.9

吸收,1 600 ~ 1 450 cm⁻¹有强吸收,尤以 1 500 cm⁻¹为显著,690 cm⁻¹、760 cm⁻¹也有强吸收,并且2 000 ~ 1 600 cm⁻¹有 4 个小峰,1 640 cm⁻¹、965 cm⁻¹、990 cm⁻¹、910 cm⁻¹都有较强吸收。试推测其结构的组成。

6. 某化合物的分子式为 C_8H_8O,红外光谱:3 100 cm⁻¹以上无吸收,1 690 cm⁻¹有强吸收,1 600 cm⁻¹、1 580 cm⁻¹、1 500 cm⁻¹、1 460 cm⁻¹有较强吸收,2 960 cm⁻¹、1 380 cm⁻¹有中强吸收,770 cm⁻¹、710 cm⁻¹有强吸收。b.p. = 202 ℃,试确定其结构。

7. 一个未知液体,分子式为 $C_8H_{14}O_4$,IR 光谱上显示有 C=O 吸收,沸点 218 ℃。NMR 谱:

峰位	重峰数	积分曲线高度	比例	氢原子个数
$\delta1.3$	三重峰	6.5 小格	1.5	6
$\delta2.5$	单　峰	4.2 小格	1	4
$\delta4.1$	四重峰	4.3 小格	1	4

试推断其结构。

8. 化合物(A)分子式为 $C_{10}H_{14}O$,能溶于 NaOH 水溶液而不溶于 $NaHCO_3$ 水溶液,(A)与溴水反应生成一个化合物 $C_{10}H_{12}Br_2O$,(A)的 IR 谱在 $3\,000\sim4\,000\ cm^{-1}$ 区域内呈现一个在 $3\,250\ cm^{-1}$ 有强吸收的宽峰;在 $830\ cm^{-1}$ 给出一个吸收峰。(A)的 NMR 谱为单峰 $\delta=1.3(9H)$、单峰 $\delta=4.9(1H)$,多重峰 $\delta=7.0(4H)$,问 A 的结构式是什么?

第五章　烃

内容提要　本章从各族烃的化学性质入手,着重阐述了烷烃的取代反应、烯烃的亲电加成反应和氧化反应、炔烃的亲电加成和亲核加成反应及炔氢的反应,共轭二烯烃的 1,2 - 加成和 1,4 - 加成反应及双烯合成、小环环烷烃的加成反应及单环芳烃的亲电取代反应。并对多环芳烃和非苯芳烃、各族烃的来源和制备方法作了初步介绍。另外,对共轭二烯烃的 1,2 与 1,4 加成反应及芳环上亲电取代反应的定位效应作了理论解释。

学习要求

(1) 了解各族烃的命名方法,重点掌握系统命名法。

(2) 了解各族烃物理性质上的规律性。

(3) 熟知各族烃的化学性质,并从结构与性质的关系上深刻理解它们在化学性质上的异同。

(4) 掌握各族烃的制备方法,能够进行简单的有机合成分析与路线设计。

只含有碳和氢两种元素的有机化合物称为碳氢化合物,简称烃。烃包括开链烃、脂环烃和芳香烃三大类。烃又可分为饱和烃和不饱和烃。在烃的分子中,如果碳和碳都以单键(C—C)相连,碳的其余价键都被氢原子所饱和的,称为饱和烃,包括烷烃和环烷烃。其余的烃称为不饱和烃。

烃是有机化合物的母体,其他的有机化合物可以看做是烃分子中的氢原子被其他原子或基团间接或直接取代后所生成的衍生物。

5.1　开链烃

烃分子中的碳如果连成链状,称为开链烃,又称脂肪烃。开链烃包括烷烃、烯烃、炔烃和二烯烃。

一、烷烃

烷烃是有机化合物中结构最为简单的化合物。烷烃的通式为 C_nH_{2n+2},式中的 n 为碳原子数。凡是符合这个通式,并在组成上相差一个或多个 CH_2 的一系列化合物,称为同系列,同系列中各化合物称为同系物,CH_2 称为同系列的系差。

同系列具有相似的化学性质,因此只要研究同系列中的一个或几个,便可推测同系列中的其他化合物的性质。但必须注意,每个同系物还有它自己特殊的性质,特别是同系列中的第一个成员。

1. 烷烃的命名

(1)两个基本概念。

①碳原子和氢原子的类型。在烷烃的构造式中可以看出,有的碳原子只与一个碳原子

相连，有的则分别与 2 个、3 个、4 个碳原子相连。只与一个碳原子相连的碳原子叫做伯（或一级）碳原子，用 1°表示；与 2 个碳原子相连的叫仲（或二级）碳原子，用 2°表示；与 3 个碳原子相连的叫叔（或三级）碳原子，用 3°表示；与 4 个碳原子相连的叫季（或四级）碳原子，用 4°表示，例如

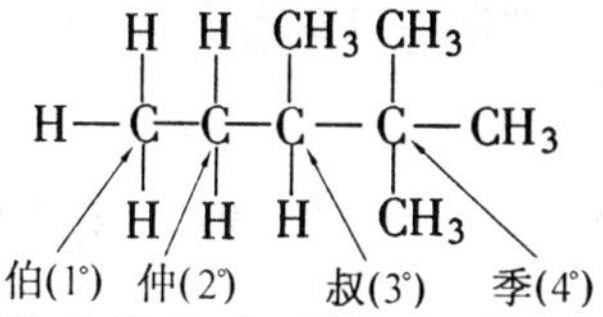

与伯、仲、叔碳原子相连的氢原子称为伯（1°）、仲（2°）、叔（3°）氢原子。不同类型的氢原子反应性能有一定的差别。

②烃基的概念。烃分子中去掉一个氢原子后剩下的原子团叫做烃基，常用 R—表示。去掉等位氢得到相同的基，去掉不等位氢则得到不同的烃基。例如，甲烷、乙烷分子中所有氢原子都是等位的，因此，只有一种甲基和一种乙基。甲烷 CH_4 去掉一个氢原子（CH_3—）叫做甲基；乙烷 CH_3CH_3 去掉一个氢原子（CH_3CH_2—）叫乙基。丙烷分子中有两类等位氢，故有两种丙基，同理有四种丁基等。

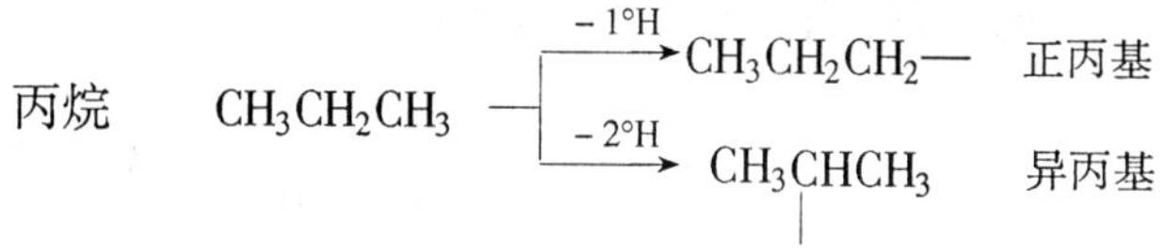

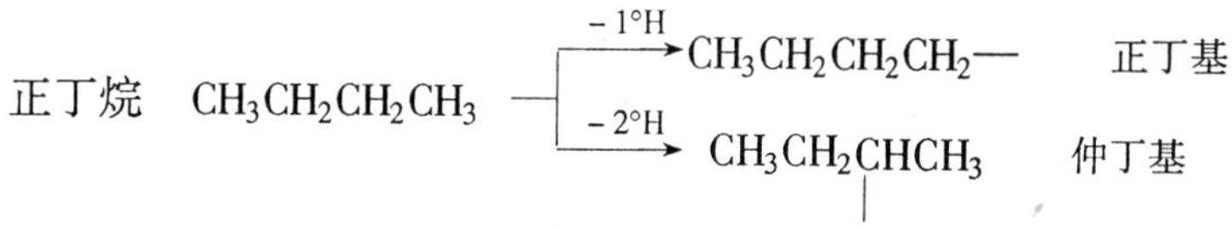

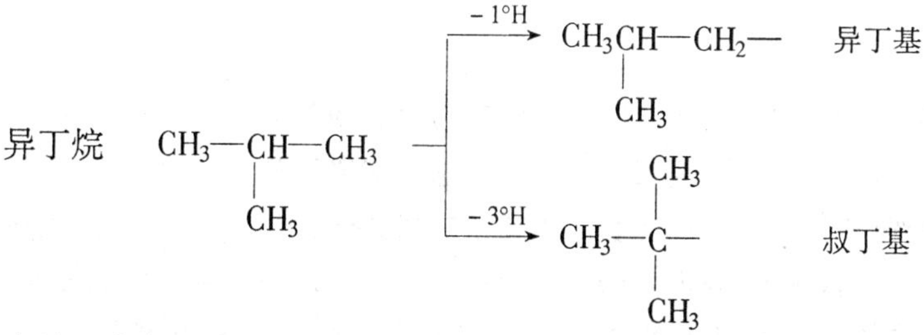

烷烃去掉两个氢原子后，剩余的基团称亚基，从不同碳原子上去掉两个氢原子时，应标明去掉氢原子的位置，例如

—CH_2—　亚甲基

$CH_3CH<$　亚乙基；—CH_2CH_2—　1,2 - 亚乙基

$CH_3\overset{|}{C}HCH_2$—　1,2 - 亚丙基；—$CH_2CH_2CH_2$—　1,3 - 亚丙基

烷烃是人类认识较多、研究较早的化合物，在其发展过程中主要产生了以下三种命名方法和原则，有习惯命名法、衍生物命名法和系统命名法。其中，尤以系统命名法应用最广泛。

(2)习惯命名法。简单的链状烃一般采用习惯命名法,其原则如下:

①根据分子中含碳原子的数目,称为"某"烃。碳原子数在十以内时用天干:甲、乙、丙、丁、戊、己、庚、辛、壬、癸表示碳原子数目,如五个碳为戊,七个碳为庚等。碳原子数在十以上,则用汉语数字十一、十二等数目表示,如十二个碳原子的烷烃称为十二烷等。

②异构体的区别,一般用"正"、"异"、"新"表示异构体。"正"表示直链烃;"异"通常指碳链的一端带有 $CH_3-\underset{\underset{CH_3}{|}}{CH}-$ 结构而无其他支链的烃,"新"专指具有 $CH_3-\underset{\underset{CH_3}{|}}{\overset{\overset{CH_3}{|}}{C}}-$ 结构的含五六个碳原子的烃。例如

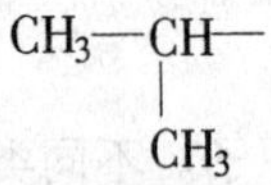

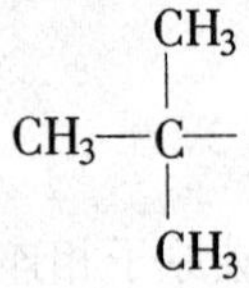

$$CH_3CH_2CH_2CH_2CH_3 \qquad CH_3-\underset{\underset{CH_3}{|}}{CH}CH_2-CH_3 \qquad CH_3-\underset{\underset{CH_3}{|}}{\overset{\overset{CH_3}{|}}{C}}-CH_3$$

正戊烷　　　　　　　　　异戊烷 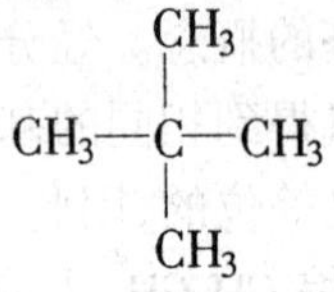　　　　　　　　　新戊烷

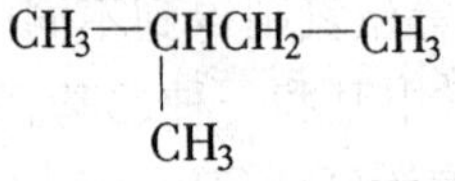

(3)衍生物命名法。烷烃的衍生物命名法,即以甲烷作为母体,把其他烷烃看做甲烷的衍生物。命名时,应选择连有烷基最多的碳原子作为母体"甲烷"的碳原子,例如

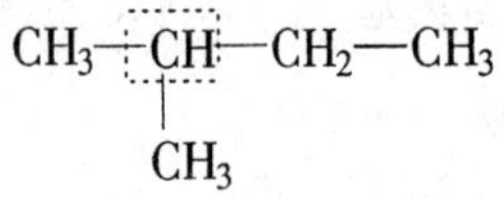

$$CH_3-\underset{\underset{CH_3}{|}}{CH}-CH_2-CH_3 \qquad CH_3-CH_2-\underset{\underset{CH_3CH_3}{|}}{\overset{\overset{CH_3}{|}}{C}}-CH-CH_3$$

二甲基乙基甲烷 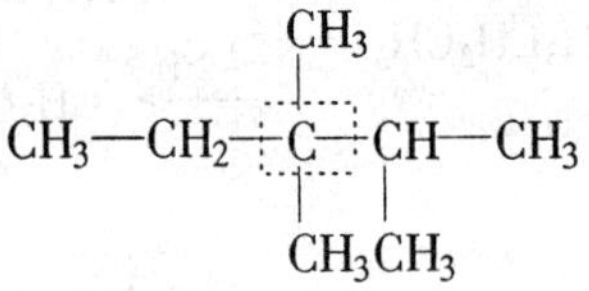　　　　　　　　二甲基乙基异丙基甲烷

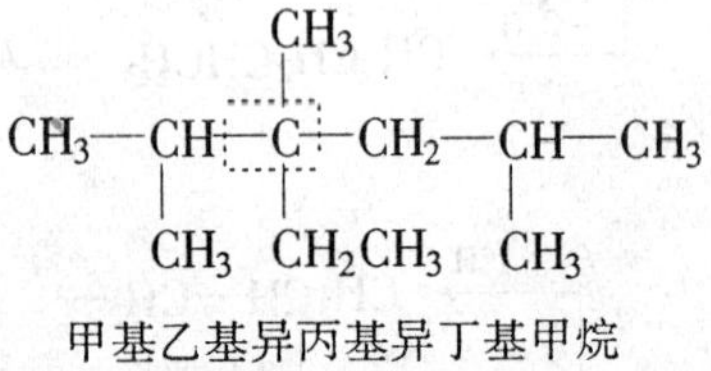

$$CH_3-CH-\underset{\underset{CH_3\ CH_2CH_3\ CH_3}{|}}{\overset{\overset{CH_3}{|}}{C}}-CH_2-CH-CH_3$$

甲基乙基异丙基异丁基甲烷

当母体甲烷连接有多个烷基时,则按支链结构的相对分子质量和复杂程度由小到大、由简单至复杂的顺序列出(国际上以基团英文名称的第一字母的顺序先后排列)。

(4)系统命名法。系统命名法是一种普遍适用的命名法,它是采用国际上通用的国际理论与应用化学联合会(IUPAC,International Union of Pure and Applied Chemistry)命名原则,并结合我国文字特点制定的命名法。中国化学会1960年讨论通过的叫1960年规则,1980年进行了修改,叫1980年规则。

直链烷烃的系统命名法与习惯命名法基本一致,而带有支链的烷烃则看做是直链烷烃的烷基衍生物,其命名的主要原则如下:

①选择最长的连续碳链作为主链,把支链烷基看做是主链的取代基,根据主链的碳原子数称"某烷"。当存在两条等长主链时,则选择连有取代基多的那条最长碳链为主链。

②主链确定后,将主链中的碳原子从最接近取代基的一端(即取代基所处位次应尽可能小)开始,依次给予编号,用阿拉伯数字1,2,3,4,…来表示。

③当对主链以不同方向编号,得到两种或两种以上的不同编号系列时,须遵循"最低系

列"编号原则,即顺次逐项比较各系列的不同位次,最先遇到的位次最小者,定为"最低系列"。

④在书写化合物名称时,应将简单基团放在前,复杂基团放在后,相同基团应予合并(采用英文名称时,以取代基英文名的字母顺序先后进行排列。),取代基团的列出顺序应按"基团次序规则"(参见烯烃命名),较优基团后列出的原则处理。

⑤如果烷烃较复杂,在支链上还连有取代基时,可用带撇的数字标明取代基在支链中的位次或将支链从和主链相连接的碳原子开始编号,并将支链名称放在括号中。

一些烷烃的命名举例如下

$$\overset{\quad\quad CH_3}{\underset{\quad\quad CH_2CH_3}{CH_3\overset{1}{C}H\overset{2}{C}H\overset{3}{C}H\overset{4}{C}H_2\overset{5}{C}H_2\overset{6}{C}H_3}}$$

命名:2 – 甲基 – 3 – 乙基己烷(适用原则①、②)

不能称为:3 – 异丙基己烷

$$\overset{7}{C}H_3\overset{6}{C}H_2\overset{5}{C}H—\overset{4}{C}H—\overset{3}{C}H_2—\overset{2}{C}H\overset{1}{C}H_3$$

命名:2,5 – 二甲基 – 4 – 异丁基庚烷(适用原则①、②、③)

不能称为:2,6 – 二甲基 – 4 – 仲丁基庚烷

$$\overset{1}{C}H_3\overset{2}{C}H\overset{3}{C}H_2—\overset{4}{C}H\overset{5}{C}H\overset{6}{C}H_2\overset{7}{C}H_2\overset{8}{C}H_2\overset{9}{C}H_3$$

命名:2 – 甲基 – 4 – 仲丁基 – 5 – 1′,1′ – 二甲基丙基壬烷(适用原则①、②、⑤)

或称为:2 – 甲基 – 4 – 仲丁基 – 5 – (1,1 – 二甲基丙基)壬烷

2. 烷烃的物理性质

(1)聚集状态。在常温常压下,直链烷烃含有 1~4 个碳原子的为气体,含有 5~16 个碳原子的为液体,含 17 个碳原子以上的为固体。

(2)沸点。烷烃的沸点随碳原子数的增加而升高,其相邻两个同系物之间的差值随碳原子数的增加而变小。这是因为直接影响非极性分子烷烃沸点高低的是范德华力(Vander Waals forces)。在通常情况下,同系物之间相对分子质量增大,范德华力相应增大,沸点随之增大。

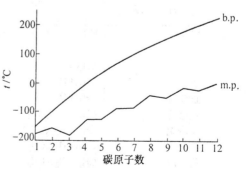

图 5.1　直链烷烃的沸点(b.p)和熔点(m.p)

对较低相对分子质量烷烃来说,每增加一个系差—CH₂—,对相对分子质量变化影响较大,引起沸点的变化也较大;对较高相对分子质量烷烃来说,每增加一个系差—CH₂—,对相对分子质量变化影响较小,引起沸点的变化也较小。例如,甲烷沸点为 – 161.7℃,乙烷沸点为 – 88.6℃,两者相差 73℃;而癸烷沸点为 174℃,十一烷沸点为 195.8℃,两者相差仅 22℃。观察图 5.1 可看出,直链烷烃沸点随碳原子数变化的趋势。

烷烃沸点大小还与分子的对称性有关,含有支链的烷烃总是比相同相对分子质量的直链烷烃的沸点低。这是因为支链烷烃分子形状接近球形,降低了分子之间的接触面,从而降低了范德华力。例如

$$CH_3CH_2CH_2CH_2CH_3 \qquad CH_3\underset{\underset{CH_3}{|}}{C}HCH_2CH_3 \qquad CH_3-\underset{\underset{CH_3}{|}}{\overset{\overset{CH_3}{|}}{C}}-CH_3$$

　　正戊烷沸点 36.1℃　　　　　异戊烷沸点 27.9℃　　　　　新戊烷沸点 9.5℃

正戊烷形似一根雪茄,而新戊烷像一只网球。两根雪茄叠在一起的接触面要比两只网球碰在一起的接触面大得多,所以支链烷烃的沸点比相同相对分子质量的直链烷烃的沸点低。

(3) 熔点。直链烷烃的熔点也随着碳原子数的增加而升高。但是含有偶数碳原子的直链烷烃的熔点要比相邻含有奇数碳原子的直链烷烃的熔点高。随着烷烃相对分子质量的增大,这一差异逐渐趋于一致。这种现象也存在于其他的同系列中,见图 5.1。

支链烷烃的熔点比直链烷烃低。这是因为支链烷烃分子对晶格的紧密排列有阻碍,分子间的作用力降低,熔点就相应降低。例如,丁烷的熔点为 – 135.0℃,异丁烷的熔点为 – 145℃;戊烷的熔点为 – 129.7℃,异戊烷的熔点为 – 159.9℃。但具有高度对称性的支链烷烃的熔点却异常的高,例如,新戊烷的熔点为 – 16.6℃,比戊烷的熔点高出 113℃。这是因为新戊烷分子接近于球形,有助于在晶格中紧密堆积,引起熔点异常。

(4) 溶解度。烷烃在各类溶剂中的溶解度可以根据"相似者相溶"经验规律推测。烷烃难溶于极性溶剂水,易溶于非极性或弱极性有机溶剂中。

一些烷烃的物理常数见表 5.1。

表 5.1　烷烃的物理常数

名　　称	分　子　式	熔点/℃	沸点/℃	密度/(g·cm⁻³) (20℃)
甲烷	CH_4	– 182	– 162	
乙烷	CH_3CH_3	– 183	– 88.5	
丙烷	$CH_3CH_2CH_3$	– 188	– 42	
正丁烷	$CH_3(CH_2)_2CH_3$	– 135	0	
正戊烷	$CH_3(CH_2)_3CH_3$	– 129.7	36.1	0.626
正己烷	$CH_3(CH_2)_4CH_3$	– 95	69	0.659
正庚烷	$CH_3(CH_2)_5CH_3$	– 90.5	98	0.684
正辛烷	$CH_3(CH_2)_6CH_3$	– 59	126	0.703
正壬烷	$CH_3(CH_2)_7CH_3$	– 54	151	0.718
正癸烷	$CH_3(CH_2)_8CH_3$	– 30	174	0.730
正十一烷	$CH_3(CH_2)_9CH_3$	– 26	196	0.740

续表5.1

名 称	分 子 式	熔点/℃	沸点/℃	密度/(g·cm⁻³)(20℃)
正十二烷	$CH_3(CH_2)_{10}CH_3$	- 10	216	0.749
正十三烷	$CH_3(CH_2)_{11}CH_3$	- 6	234	0.757
正十四烷	$CH_3(CH_2)_{12}CH_3$	5.5	252	0.764
正十五烷	$CH_3(CH_2)_{13}CH_3$	10	266	0.769
正十六烷	$CH_3(CH_2)_{14}CH_3$	18	280	0.775
正十七烷	$CH_3(CH_2)_{15}CH_3$	22	292	
正十八烷	$CH_3(CH_2)_{16}CH_3$	28	308	
正十九烷	$CH_3(CH_2)_{17}CH_3$	32	320	
正二十烷	$CH_3(CH_2)_{18}CH_3$	36		
异丁烷	$(CH_3)_2CHCH_3$	- 145	- 12	
异戊烷	$(CH_3)_2CHCH_2CH_3$	- 160	28	0.620
新戊烷	$(CH_3)_4C$	16.6	9.5	
异己烷	$(CH_3)_2CH(CH_2)_2CH_3$	- 159	60	0.654
3 - 甲基戊烷	$CH_3CH_2CH(CH_3)CH_2CH_3$	- 118	63	0.676
2,2 - 二甲基丁烷	$(CH_3)_3CCH_2CH_3$	- 98	50	0.649
2,3 - 二甲基丁烷	$(CH_3)_2CHCH(CH_3)_2$	- 129	58	0.668

3. 烷烃的化学性质

在烷烃分子中,由于碳的电负性(2.5)与氢的电负性(2.1)相近,分子中的共价键不显示极性,这就意味着带负电荷的亲核试剂或带正电荷的亲电试剂都难以对烷烃进攻,即烷烃进行异裂反应是不活泼的。但是在适当的条件下,如高温、有催化剂存在时也可以进行反应,像卤化、硝化、氧化、裂化等,而这些反应都属于自由基反应,也就是说,烷烃进行均裂反应是活泼的。下面介绍烷烃的一些化学反应。

(1)卤代反应。烷烃与氯在室温和黑暗中不起反应,但在强光的照射下发生剧烈反应,甚至引起爆炸。例如,甲烷和氯在强光照射下激烈反应生成氯化氢和碳

$$CH_4 + 2Cl_2 \xrightarrow{\text{强光}} C + 4HCl$$

在漫射光、热或催化剂作用下,烷烃分子中的氢被氯取代,生成氯代烷和氯化氢,并放出大量热

$$CH_4 + Cl_2 \xrightarrow{\text{光或热}} CH_3Cl + HCl$$

反应较难停留在一氯代阶段,生成的氯甲烷继续氯代生成二氯甲烷、三氯甲烷及四氯化碳

$$CH_3Cl + Cl_2 \xrightarrow{\text{光或热}} CH_2Cl_2 + HCl$$

$$CH_2Cl_2 + Cl_2 \xrightarrow{\text{光或热}} CHCl_3 + HCl$$

$$CHCl_3 + Cl_2 \xrightarrow{\text{光或热}} CCl_4 + HCl$$

得到四种产物的混合物。一氯甲烷的沸点为23.8℃,二氯甲烷的沸点为40.2℃,三氯甲烷的沸点为51.2℃,四氯化碳的为76.8℃。根据它们的沸点不同,可以用分馏的方法把它们分开,但是由于它们的沸点差较小,分离困难,可以控制条件使其中的一种产物为主。工业

上采用热氯化的方法,控制反应温度为 400～450℃,当甲烷与氯的比例为 10∶1 时,主要产物为一氯甲烷;如果甲烷与氯的比例为 0.263∶1,则主要产物为四氯化碳。制备二氯甲烷和三氯甲烷的条件不易控制。

较高级烷烃的氯代反应与甲烷相似,但产物更为复杂。例如,丙烷和异丁烷的一氯代产物都有两种,但产物的量是不相等的。

$$CH_3CH_2CH_3 + Cl_2 \xrightarrow[25℃]{光} CH_3CH_2CH_2Cl + CH_3\underset{Cl}{CH}CH_3 + HCl$$

1 - 氯丙烷　　　2 - 氯丙烷
43%　　　　　57%

$$CH_3\underset{CH_3}{\overset{CH_3}{-}C}-H + Cl_2 \xrightarrow[25℃]{光} ClCH_2\underset{CH_3}{\overset{CH_3}{-}C}-H + CH_3\underset{CH_3}{\overset{CH_3}{-}C}-Cl$$

2 - 甲基 - 1 - 氯丙烷　　2 - 甲基 - 2 - 氯丙烷
64%　　　　　　36%

从上述产物相对量的分析中,可以计算出伯、仲、叔氢的相对活性。在丙烷分子中,有 6 个伯氢,2 个仲氢,两种产物的比率似应为 3∶1,这与事实不符,可见伯氢与仲氢的活性不同。由上述反应结果可见,其不同种类氢的相对活性为

$$\frac{仲氢}{伯氢} = \frac{57/2}{43/6} = \frac{4}{1}$$

在异丁烷中

$$\frac{叔氢}{伯氢} = \frac{36/1}{64/9} = \frac{5}{1}$$

可见,在烷烃分子中,氢原子氯代反应的相对活性大约为

叔氢∶仲氢∶伯氢 = 5∶4∶1

这种结果和三种碳氢键的离解能的大小顺序相反,与预期的反应速度一致,即离解能愈小,反应活性愈大。

怎样从结构上来说明氢原子的相对活性呢? 由于烷烃被夺取一个氢原子后形成自由基,故必须考察形成各种烷基自由基的难易程度。由前面的讨论可知,自由基的稳定性顺序为

$$CH_3\underset{CH_3}{\overset{CH_3}{-}C}\cdot > CH_3\overset{CH_3}{-}CH > CH_3CH_2\cdot > CH_3\cdot$$

越稳定的自由基越容易形成,而自由基越稳定,形成时所需活化能就越低,反应越容易进行,氢原子的反应活性就越大。因此,在化学反应中可由自由基(活性中间体)的稳定性来判断反应活性。

在烷烃的卤代反应中,碳链愈长,结构愈复杂,氯代产物愈多,因此愈不适合应用氯代的方法来制备纯氯代烷,只有那些仅含一种氢原子的饱和烃氯代时才能得到较纯的产物。例

如,新戊烷、环己烷的氯代反应都只得到一种一氯代产物

$$
\underset{\underset{CH_3}{|}}{\overset{\overset{CH_3}{|}}{CH_3-C-CH_3}} + Cl_2 \longrightarrow \underset{\underset{CH_3}{|}}{\overset{\overset{CH_3}{|}}{CH_3-C-CH_2Cl}} + HCl
$$

$$
\bigcirc + Cl_2 \longrightarrow \overset{Cl\quad H}{\bigcirc} + HCl
$$

卤素进行卤代反应的活性顺序为 $F_2 > Cl_2 > Br_2 > I_2$。卤素中氟太活泼,氟代反应是高度放热的,反应难以控制,甚至会导致爆炸。因此氟代烷不宜采用由烷烃直接氟代的方法来制备,只能用惰性气体稀释后,才能进行这类反应。碘与烷烃在常温下几乎不发生碘代反应,这是由于碘代反应是吸热反应且活化能较大的缘故。要指出的是,溴代比氯代对伯、仲、叔氢的选择性强。下面的几个反应可以说明这一点。

$$
CH_3CH_2CH_3 \xrightarrow[25℃]{Cl_2,\ h\nu} CH_3CH_2CH_2Cl + \underset{\underset{Cl}{|}}{CH_3CHCH_3}
$$
$$
 \qquad\qquad 45\% \qquad\qquad 55\%
$$

$$
\xrightarrow[]{Br_2,\ h\nu,\ 25℃} CH_3CH_2CH_2Br + \underset{\underset{Br}{|}}{CH_3CHCH_3}
$$
$$
 3\% \qquad\qquad 97\%
$$

$$
CH_3CH_2CH_2CH_3 \xrightarrow[25℃]{Cl_2,\ h\nu} CH_3CH_2CH_2CH_2Cl + \underset{\underset{Cl}{|}}{CH_3CHCH_2CH_3}
$$
$$
 \qquad\qquad 45\% \qquad\qquad 55\%
$$

$$
\xrightarrow[]{Br_2,\ h\nu,\ 25℃} CH_3CH_2CH_2CH_2Br + \underset{\underset{Br}{|}}{CH_3CHCH_2CH_3}
$$
$$
 2\% \qquad\qquad 98\%
$$

$$
\underset{\underset{CH_3}{|}}{CH_3CHCH_3} \xrightarrow[25℃]{Cl_2,\ h\nu} \underset{\underset{CH_3}{|}}{CH_3CHCH_2Cl} + \underset{\underset{CH_3}{|}}{\overset{\overset{Cl}{|}}{CH_3CCH_3}}
$$
$$
 64\% \qquad\qquad 36\%
$$

$$
\xrightarrow[]{Br_2,\ h\nu,\ 25℃} \underset{\underset{CH_3}{|}}{CH_3CHCH_2Br} + \underset{\underset{CH_3}{|}}{\overset{\overset{Br}{|}}{CH_3CCH_3}}
$$
$$
 1\% \qquad\qquad 99\%
$$

由此可见,化合物的反应活性不仅决定于它的结构,还与试剂的性质有关。

(2)异构化和裂化反应。异构化反应是将烷烃的一种异构体转化为另一种异构体,它可

以将直链烷烃或带较少支链的烷烃异构为带较多支链的烷烃。例如

$$CH_3CH_2CH_2CH_3 \xrightarrow[95\sim150℃,1\sim2MPa]{AlCl_3,HCl} \underset{\underset{90\%}{CH_3}}{CH_3CHCH_3}$$

　　裂化反应是在隔绝氧气的条件下将烷烃进行热分解反应(反应温度 500~700℃),相对分子质量较大的烷烃通过碳碳键或碳氢键的断裂,生成相对分子质量较小的烷烃和烯烃,以及部分异构化产物。若反应在催化剂存在下进行,称为催化裂化反应,此时反应可在较低温度下进行,甚至在常温下也可进行。

$$CH_3CH_2CH_2CH_3 \xrightarrow[\triangle]{催化剂} H_2 + CH_3CH_2CH = CH_2 +$$

$$CH_4 + CH_2 = CHCH_3 + CH_2 = CH_2 + CH_3CH_3$$

　　烷烃的主要用途之一是作为内燃机的燃料。而燃料质量的优劣是以燃料抗爆震能力"辛烷值"来衡量的。将抗爆震能力很差的直链烷烃正庚烷的"辛烷值"定为零,将基本无爆震的多支链烷烃 2,2,4 - 三甲基戊烷的"辛烷值"定为 100。某些烃的辛烷值如表 5.2 所示。人们发现带有支链的烷烃,其"辛烷值"较大,抗爆震能力较好,即汽油的质量较优。烷烃通过异构化或裂化反应能提高产物的支链程度,也就提高了汽油质量("辛烷值升高")。

表 5.2　烃的辛烷值

化 合 物	辛烷值	化 合 物	辛烷值
庚烷	0	苯	101
2 - 甲基庚烷	24	甲苯	110
2 - 甲基戊烷	71	2,2,3 - 三甲基戊烷	116
辛烷	- 20	环戊烷	122
2 - 甲基丁烷	90	对二甲苯	128
2,2,4 - 三甲基戊烷	100		

　　工业上为了得到更多的乙烯、丙烯、丁二烯、乙炔等基本化工原料,必须把石油在更高的温度下(高于 700℃)进行深度裂化,这样的深度裂化在石油化学工业中称为裂解。裂解和裂化从有机化学上讲是同一种反应,但在石油化学工业上是有特殊意义的,裂解的主要目的是为了获得低级烯烃等化工原料,而不是简单地只为了提高油品的质量和产量,这是其不同之处。

　　(3)氧化反应。在室温下烷烃一般不与氧化剂反应,与空气中的氧也不起作用。烷烃在空气中燃烧生成二氧化碳和水,并放出大量的热,因而烷烃可用作能源。例如

$$CH_4 + 2O_2 \longrightarrow CO_2 + 2H_2O + 891 \text{ kJ/mol}$$

$$C_{10}H_{22} + 15\frac{1}{2}O_2 \longrightarrow 10CO_2 + 11H_2O + 6\,778 \text{ kJ/mol}$$

这就是含有烷烃的汽油和柴油作为内燃机燃料的基本原理。如果控制适当条件,并在催化剂作用下,可以使烷烃部分氧化,生成更有用的含氧化合物,如醇、醛、酮、酸等。高级烷烃如石蜡(约含 $C_{20} \sim C_{30}$ 的烷烃),在 120~150℃,并以锰盐、二氧化锰等为催化剂的条件下,可被空气氧化成高级脂肪酸

$$RCH_2CH_2R' + 2O_2 \xrightarrow[107 \sim 110℃]{MnO_2} RCOOH + R'COOH$$

由此得到的脂肪酸可代替动、植物油制造肥皂。

低级烷烃氧化可得到相应的产品。例如

$$CH_4 + O_2 \xrightarrow[600℃]{NO} HCHO + H_2O$$

$$CH_3CH_2CH_3 + O_2 \xrightarrow[350℃,1.72\ MPa]{金属氧化物} HCOOH + CH_3COOH + CH_3COCH_3$$

因原料来源丰富、价廉,所以是有前途的工业制法。

二、烯烃

开链烃分子中,含有一个碳碳双键($\overset{\diagdown}{}C{=}C\overset{\diagup}{}$)的称为烯烃,其通式为 C_nH_{2n} 。烯烃比同碳原子数的烷烃少两个氢原子,因此它属于不饱和烃。

1. 烯烃的命名

少数简单烯烃用习惯命名,例如

$$\underset{\underset{CH_3}{|}}{CH_3{-}C{=}CH_2}$$

异丁烯

一般烯烃采用衍生物命名法和系统命名法,其中以系统命名法应用更普遍。

(1)衍生物命名法。烯烃的衍生物命名法是以乙烯为母体,把其他烯烃看做是乙烯的烃基衍生物来命名。衍生物命名法一般只适用于比较简单的烯烃。例如

$$CH_3{-}CH{=}CH_2 \qquad \underset{\underset{CH_3}{|}}{CH_3{-}C{=}CH_2} \qquad CH_3{-}CH{=}CH{-}CH_2{-}CH_3$$

甲基乙烯　　　　　　不对称二甲基乙烯　　　　　对称甲基乙基乙烯

(2)系统命名法。烯烃的系统命名法与烷烃相似。直链烯烃的名称根据其碳原子数称为"某烯"。较复杂烯烃的命名需遵循以下原则:

①选择包含碳碳双键的最长碳链作为主链,把主链上的支链作为取代基。

②主链确定后,碳原子的位次从最接近碳碳双键的一端开始,先数到的双键碳原子的编号作为双键的位次号。根据此顺序标出取代基的位次。

③在书写化合物名称时,取代基写在前,随后标出双键位次(简单的 1 - 烯烃可省略"1"),最后根据碳原子数称为某烯。

例如

$$CH_2{=}CH_2 \qquad CH_3CH{=}CH_2 \qquad CH_3CH_2CH{=}CH_2 \qquad CH_3CH{=}CHCH_3$$

乙烯　　　　　　丙烯　　　　　　1 - 丁烯　　　　　　2 - 丁烯

$$\underset{\underset{CH_3}{|}}{CH_3C{=}CH_2} \qquad \underset{\underset{CH_3}{|}}{CH_3{-}C{=}CHCH_3} \qquad \underset{\underset{CH_3}{|}\quad\underset{CH_2CH_3}{|}}{CH_3CHCH{=}CCH_3}$$

2 - 甲基丙烯　　　　　2 - 甲基 - 2 - 丁烯　　　　　2,4 - 二甲基 - 3 - 己烯

与烷基相似,从烯烃分子中去掉一个氢原子,余下的烃基称为烯基。例如

$$—CH{=}CH_2 \quad —CH{=}CH—CH_3 \quad CH_2{=}\overset{|}{C}—CH_3 \quad CH_2{=}CH—CH_2—$$

乙烯基　　　　　　丙烯基　　　　　异丙烯基　　　　　烯丙基

(3)顺反异构体的命名。为了表示烯烃化合物的构型异构体,可采用顺/反命名法和 *Z*/*E* 命名法给予区别。

①顺/反命名法。当烯烃双键的两个碳原子分别连有两个不同的原子或基团时,并且双键上两个碳原子上有一对或两对相同原子或基团时可采用顺/反命名法命名。若双键的两个碳原子上的四个基团都不相同,则用顺/反命名法难以命名。例如

顺－2－丁烯　　　　　反－2－反烯　　　　　顺－3－甲基－2－戊烯

反－3－甲基－2－戊烯　　　反－2－氯－2－丁烯　　　不能用顺/反命名(四个基团都不同)

②*Z*/*E* 命名法。*Z*/*E* 命名法是 IUPAC 规定系统命名法。将双键碳原子上的原子或基团,分别按 Cahn － Ingold － Prelog 次序排列,找出两个双键碳原子上的优先基团,如果两个碳原子上各自所连的优先基团处于双键的同侧,称为"*Z*"式,处于异侧的称为"*E*"式。("*Z*"和"*E*"分别来自德文 zusammen 共同之意和 entgegen 相反之意)。

Cahn － Ingold － Prelog 优先基团次序规则(本规则也适用于手性分子的 *R*/*S* 命名):

a. 与双键碳原子直接相连的原子(或基团中直接相连的原子)按原子序数排列,原子序数大的为"优先基团"。若为同位素,质量高的为优先。例如

$$I > Br > Cl > S > P > F > O > N > C > D > H > \text{未共用电子对}$$

b. 如果两个基团与双键碳直接相连的原子相同,则依次比较其以后连接的原子的原子序数,原子序数大的为"优先基团",例如,$(CH_3)_3C—$、$(CH_3)_2CH—$、$CH_3CH_2—$、$CH_3—$四个基团,它们直接连接的第一个原子都是 C,然后依次比较第二个原子,在叔丁基中是 C、C、C;在异丙基中是 C、C、H;在乙基中是 C、H、H;在甲基中是 H、H、H。由于碳原子序数大于氢,所以它们的优先次序是$(CH_3)_3C— > (CH_3)_2CH— > CH_3CH_2— > CH_3—$。

c. 当取代基为不饱和基团时,应把双键和叁键碳看做以单键与多个相同原子相连,例如,$—CH{=}CH_2$ 相当于 $—\underset{(C)}{CH}—\underset{(C)}{CH_2}$,因此第一个 C 原子相当于与两个 C、一个 H 相连,即

(C、C、H),优先于$—CH_2CH_3$ (C、H、H)和 $—\overset{H}{\underset{CH_3}{C}}—CH_3$ (C、C、H);$—C{\equiv}CH$ 相当于

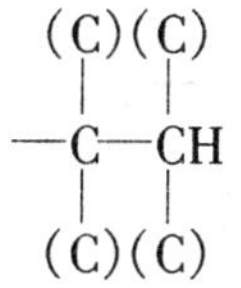

$$\underset{(C)(C)}{\overset{(C)(C)}{-C-CH}}$$，优先于 $\underset{CH_3}{\overset{CH_3}{-C-CH_3}}$。

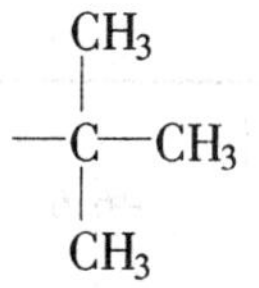

根据次序规则,几种常见烃基的次序为

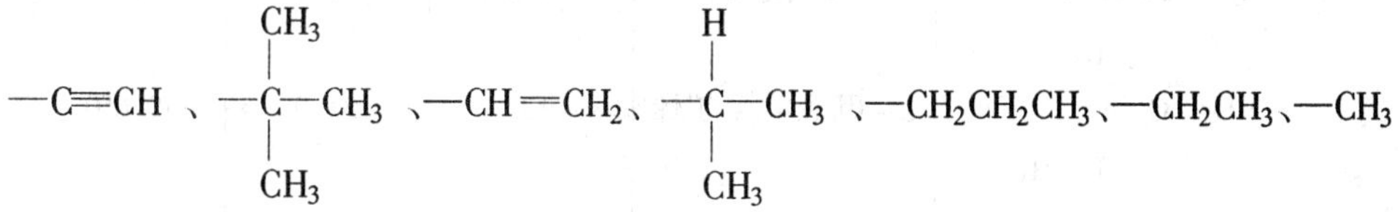

$$-C\equiv CH \text{ 、} \underset{CH_3}{\overset{CH_3}{-C-CH_3}} \text{ 、} -CH=CH_2 \text{、} \underset{CH_3}{\overset{H}{-C-CH_3}} \text{、} -CH_2CH_2CH_3 \text{、} -CH_2CH_3 \text{、} -CH_3$$

其他官能团可用同样的方法比较。

例如

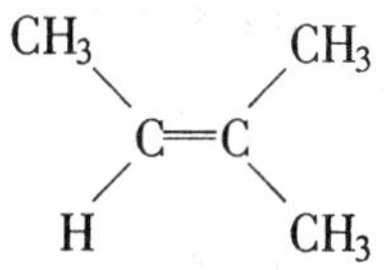

2 - 甲基 - 2 - 丁烯
(双键碳原子连有相同基团非构型异构体)

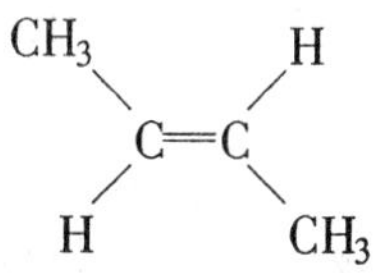

（E）- 2 - 丁烯
（优先基团处于异侧）

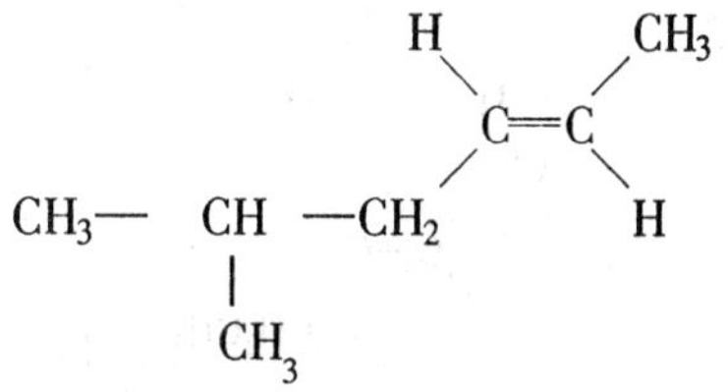

（E）- 5 - 甲基 - 2 - 己烯
（优先基团处于异侧）

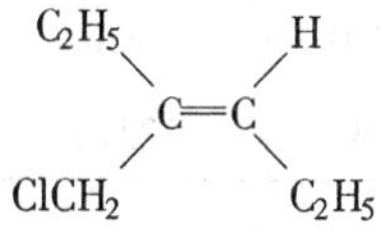

（Z）- 3 - 氯甲基 - 3 - 己烯
（$ClCH_2- > C_2H_5, C_2H_5- > H$）

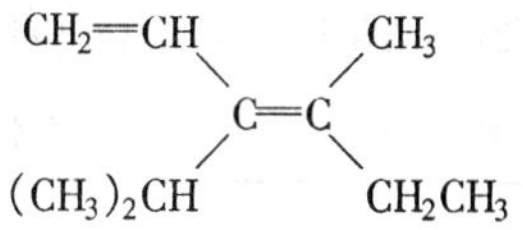

（E）- 4 - 甲基 - 3 - 异丙基 - 1,3 - 己二烯
（$CH_2=CH- > (CH_3)_2CH-, C_2H_5- > CH_3-$）

2. 烯烃的物理性质

烯烃的物理性质与烷烃很相似。室温下乙烯、丙烯、丁烯是气体,戊烯以上是液体,高级烯烃(约17个碳以上)是固体。烯烃的密度小于1,它们不溶于水易溶于有机溶剂。烯烃的顺/反异构体中,往往顺式异构体有较高的沸点和较低的熔点。某些烯烃的物理常数见表5.3。

表5.3 某些烯烃的物理常数

化合物分子式	名　　称	熔点/℃	沸点/℃	相对密度
$CH_2=CH_2$	乙烯	- 169.4	- 102.4	0.610
$CH_2=CHCH_3$	丙烯	- 185.0	- 47.7	0.610
$CH_2=CHCH_2CH_3$	1 - 丁烯	- 185	- 6.5	0.643
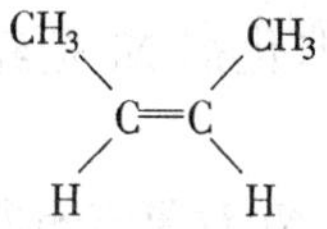 顺 - 2 - 丁烯	顺 - 2 - 丁烯	- 139	3.7	0.621
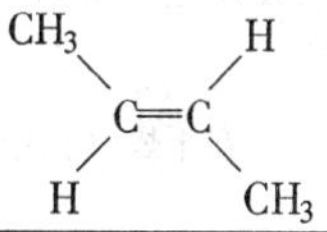 反 - 2 - 丁烯	反 - 2 - 丁烯	- 106	0.9	0.604

续表 5.3

$CH_2=\overset{\displaystyle CH_3}{\underset{\displaystyle CH_3}{C}}$	异丁烯	−140.7	−6.6	0.627
$CH_2=CH(CH_2)_2CH_3$	1−戊烯	−138.0	30.1	0.643
$CH_2=\overset{\displaystyle CH_3}{\underset{\displaystyle CH_2CH_3}{C}}$	2−甲基−1−丁烯	−137.6	31.0	0.650
$CH_2=CHCH(CH_3)_2$	3−甲基−1−丁烯	−168.5	20.1	0.634
$\underset{H}{\overset{CH_3}{C}}=\underset{H}{\overset{CH_2CH_3}{C}}$	顺−2−戊烯	−150	37.7	0.655
$\underset{H}{\overset{CH_3}{C}}=\underset{CH_2CH_3}{\overset{H}{C}}$	反−2−戊烯	−140	36.4	0.648
$(CH_3)_2C=CHCH_3$	2−甲基−2−丁烯	−134.1	38.4	0.662
$CH_2=CH(CH_2)_3CH_3$	1−己烯	−138.0	64.0	0.675
$CH_2=CH(CH_2)_4CH_3$	1−庚烯	−119.0	93.0	0.698
$CH_2=CH(CH_2)_5CH_3$	1−辛烯	−104	123.0	0.716

3. 烯烃的化学性质

碳碳双键是烯烃的特征官能团,它由 σ 键和 π 键组成。π 键的电子云分布在两原子核所处平面的上、下,易受试剂进攻,加之与双键相连碳(称 α−碳)上的 σ 键相互影响,所以烯烃的化学反应主要在双键和 α−碳上进行,主要发生加成、取代、氧化三大类反应。

(1)烯烃的催化加氢。烯烃分子含有碳碳不饱和双键,在催化剂铂、钯、镍等金属的存在下,可以与氢气加成,得到烷烃。

$$CH_3CH=CHCH_3 + H_2 \xrightarrow{Pt/C} CH_3CH_2CH_2CH_3$$

$$\underset{CH_3C=CH_2}{\overset{CH_3}{|}} + H_2 \xrightarrow{Pt/C} CH_3-\underset{CH_3}{\overset{CH_3}{|}}CHCH_3$$

通常催化剂 Pt 和 Pd 被吸附在惰性材料活性炭上使用,而催化剂 Ni 是经处理过的 Reney Ni(骨架 Ni)[①]。

一般认为烯烃还原反应是在催化剂表面进行的。金属 Pt、Pd、Ni 对氢气有很好的吸附

---

① Reney Ni 是一种具有很大表面积的海绵状金属镍。它是由镍铝合金经碱腐蚀得到,在干燥气氛中,它会自燃,需保存在无水乙醇中。

$$\underset{\text{合金}}{NiAl} \xrightarrow{NaOH} \underset{\text{骨架镍}}{Ni} + NaAlO_2 + H_2O$$

作用,金属提供电子,与氢原子结合形成金属 – 氢键,使氢气分子中的 H—H 键断裂。当烯烃分子靠近金属催化剂表面时,与被吸附的氢原子接触,双键被同时加氢,这种加成方式称为顺式加成。示意图如下

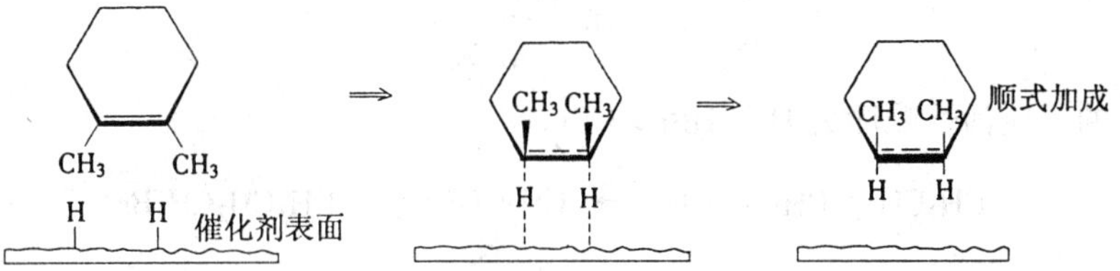

烯烃的催化加氢是一个放热反应,催化剂能降低反应的活化能,但是对反应热效应无任何影响。烯烃加氢的反应热效应($\Delta H^{\ominus}$)称为氢化热。下列三种烯烃异构体,它们经加氢后得到的是相同产物,我们可以分别测出它们的氢化热 $\Delta H^{\ominus}$ 的大小,判断出不同结构烯烃的能量高低,可进一步推知各类烯烃的稳定性。

从上述反应不难看出,双键碳原子连接的烷基愈多,烯烃的氢化热就愈低,相应的烯烃稳定性就愈高。

以同样方式,我们可以得出反式烯烃比顺式烯烃稳定。

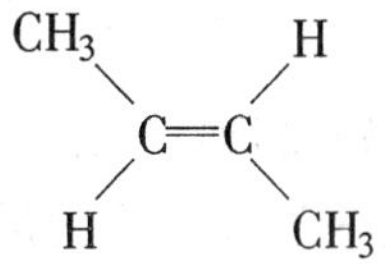

通过对烯烃氢化热的比较,我们可以得出各类烯烃的稳定性大小的顺序

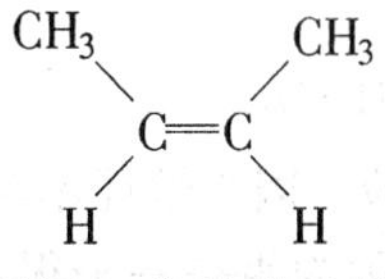

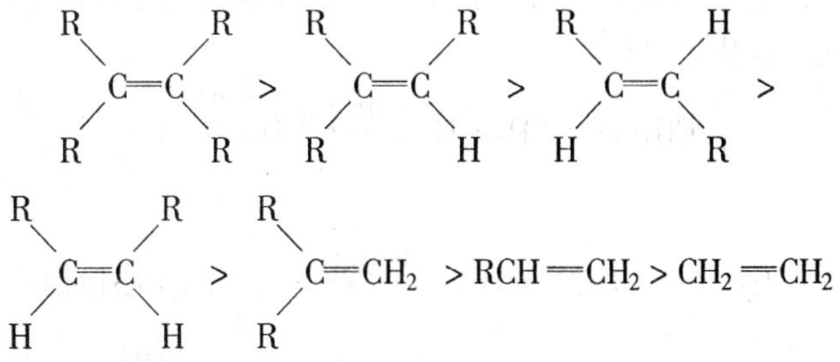

(2)烯烃的亲电加成反应。烯烃能与 HX、H_2SO_4、H_2O、X_2、$X_2 + H_2O$、乙硼烷、乙酸汞等试剂发生亲电加成反应,得到相应的加成产物。

①与 HX 加成。烯烃与 HX 加成得到一卤代烷。

$$CH_2=CH_2 + HBr \xrightarrow{CCl_4} CH_3CH_2-Br$$

$$\text{⬡} + HI \xrightarrow{CCl_4} \text{⬡-I}$$

卤化氢的反应活性顺序为 HI > HBr > HCl。

$$CH_3CH=CH_2 + HBr \xrightarrow{CCl_4} CH_3\underset{Br}{CH}CH_3 + CH_3CH_2CH_2Br$$

主要产物

$$\underset{CH_3}{\overset{CH_3}{C}}=CH_2 + HCl \xrightarrow{CCl_4} CH_3\underset{Cl}{\overset{CH_3}{C}}CH_3 + CH_3\overset{CH_3}{CH}-CH_2Cl$$

主要产物

$$\text{(甲基环戊烯)} + HCl \xrightarrow{0\text{℃}} \text{(甲基氯代环戊烷)}$$

根据大量的实验结果,人们归纳出规则,即当不对称烯烃与卤化氢等极性试剂进行加成反应时,氢总是加到含氢较多的双键碳原子上,而氯或其他原子或基则加到含氢较少或不含氢的双键碳原子上。这条经验规则,称为不对称加成规则,也叫 Markovnikov 规则。利用这条规则可以预测很多加成反应的主要产物。不对称烯烃与 H_2SO_4、H_2O、$X_2 + H_2O$ 等试剂进行亲电加成时,也遵守不对称加成规则。

②与 H_2SO_4 加成。烯烃与浓 H_2SO_4 加成得到烷基硫酸脂。

$$CH_2=CH_2 + H_2SO_4 \longrightarrow CH_3CH_2OSO_3H(\text{硫酸氢乙酯})$$

得到的加成产物可以很容易地被水解,生成相应的醇。这一过程被称为烯烃的间接法制醇。

$$CH_3CH_2OSO_3H + H_2O \longrightarrow CH_3CH_2OH + H_2SO_4$$

在工业上,为了除去烷烃中的少量烯烃,常将烷烃通入硫酸。因为烷烃不与硫酸作用。

③与 H_2O 加成。烯烃与水不能直接发生加成反应。这是因为水是一个很弱的酸,其离解生成的氢质子浓度很低,难以对烯烃双键进行亲电加成。要使反应进行,必须加入 H_2SO_4 或 HCl,即反应需在酸催化下进行。

$$CH_3CH=CH_2 + H_2O \xrightarrow{H^+} CH_3\underset{OH}{CH}CH_3$$

$$(CH_3)_2C=CHCH_3 + H_2O \xrightarrow{50\% H_2SO_4} (CH_3)_2\underset{\underset{90\%}{OH}}{C}CH_2CH_3$$

但是,有些烯烃在与上述三类试剂发生反应后,并得不到正常的加成产物。例如

$$CH_3CHCH\!=\!CH_2 + HBr \xrightarrow{CCl_4} CH_3\overset{\overset{\displaystyle CH_3}{|}}{\underset{\underset{\displaystyle Br}{|}}{C}}\!-\!CH_2CH_3 + CH_3\overset{\overset{\displaystyle CH_3}{|}}{CH}CH\overset{}{\underset{\underset{\displaystyle Br}{|}}{C}}CH_3$$

（上式左侧 $CH_3CHCH\!=\!CH_2$ 含 CH_3 支链）

主要产物

$$CH_3\overset{\overset{\displaystyle CH_3}{|}}{\underset{\underset{\displaystyle CH_3}{|}}{C}}\!-\!CH\!=\!CH_2 + HCl \longrightarrow (CH_3)_2\overset{}{\underset{\underset{\displaystyle Cl}{|}}{C}}CH(CH_3)_2 + (CH_3)_3C\overset{}{\underset{\underset{\displaystyle Cl}{|}}{C}}HCH_3$$

83%　　　　　　17%

上述两反应产物发生变化的原因是什么呢？我们可以从它们的反应历程得到满意的答复。

$$CH_3CHCH\!=\!CH_2 + H^+ \longrightarrow CH_3\overset{\overset{\displaystyle CH_3}{|}}{\overset{+}{C}}HCH_3 \xrightarrow{Br^-} (CH_3)_2\overset{}{\underset{\underset{\displaystyle Br}{|}}{C}}HCHCH_3$$

烯烃的亲电加成反应是分两步进行的,首先氢质子加成得到仲碳正离子,该碳正离子与 Br^- 结合得到正常的加成产物,但中间体仲碳正离子可以通过相邻碳原子上的氢($\cdot H^-$)或烷基 R^- 迁移(即重排)得到稳定性更好的叔碳正离子,再与 Br^- 结合可得到经重排的主要产物。

$$CH_3\!-\!\overset{\overset{\displaystyle CH_3}{|}}{\underset{\underset{\displaystyle H}{|}}{C}}\!-\!\overset{+}{C}HCH_3 \xrightarrow[\text{(重排)}]{H^-1,2-迁移} CH_3\overset{\overset{\displaystyle CH_3}{|}}{\underset{+}{C}}\!-\!CH_2CH_3 \xrightarrow{Br^-} CH_3\overset{\overset{\displaystyle CH_3}{|}}{\underset{\underset{\displaystyle Br}{|}}{C}}\!-\!CH_2CH_3$$

同理 3,3 - 二甲基 - 1 - 丁烯与 HCl 的加成,也发生了重排。

$$CH_3\overset{\overset{\displaystyle CH_3}{|}}{\underset{\underset{\displaystyle CH_3}{|}}{C}}CH\!=\!CH_2 + H^+ \longrightarrow CH_3\overset{\overset{\displaystyle CH_3}{|}}{\underset{\underset{\displaystyle CH_3}{|}}{C}}\!-\!\overset{+}{C}HCH_3 \xrightarrow[\text{(重排)}]{CH_3^-1,2-迁移}$$

$$\xrightarrow{Cl^-} (CH_3)_3C\!-\!\overset{}{\underset{\underset{\displaystyle Cl}{|}}{C}}H\!-\!CH_3$$

$$CH_3\overset{+}{\underset{}{C}}\overset{\overset{\displaystyle CH_3}{|}}{}\!\overset{\overset{\displaystyle CH_3}{|}}{-}CHCH_3$$

$$\xrightarrow{Cl^-} (CH_3)_2\overset{}{\underset{\underset{\displaystyle Cl}{|}}{C}}\!-\!CH(CH_3)_2$$

碳正离子重排在有机反应中会时常遇到,判断重排反应是否发生的依据是碳正离子稳定性。必须注意重排只发生在相邻碳原子上,即1,2 - 迁移;经重排后的碳正离子比未重排的碳正离子有更好的稳定性。

④与 X_2 加成。烯烃与卤素加成可以得到二卤化物。

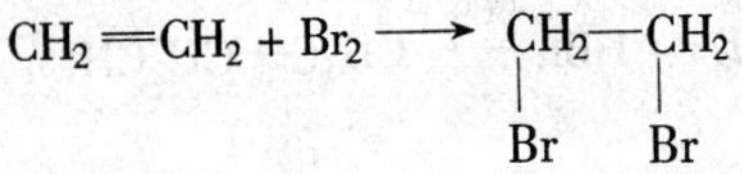

$$CH_2 = CH_2 + Br_2 \longrightarrow \underset{\underset{Br}{|}}{CH_2} - \underset{\underset{Br}{|}}{CH_2}$$

我们已经知道,烯烃与溴的加成首先形成中间体溴鎓离子,然后通过反式加成得到二溴化物。由于反应是定向进行的(与碳正离子不同),就导致了产物的立体专一性。例如

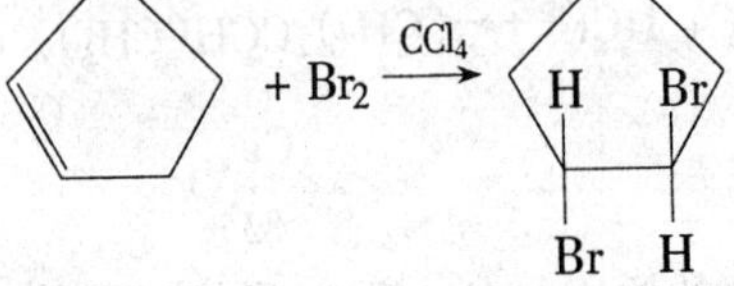

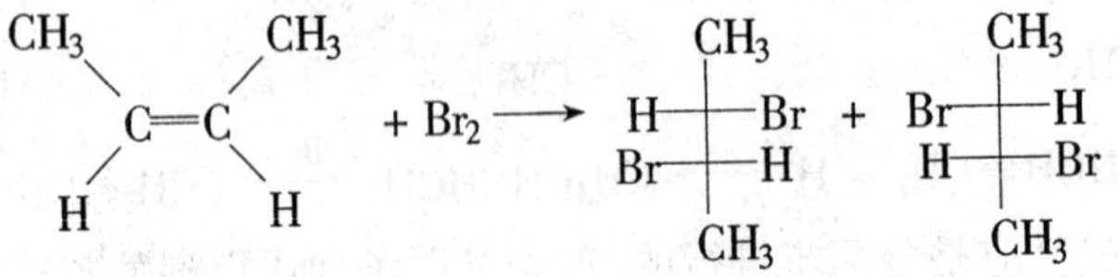

顺 – 2 – 丁烯　　　　　　外消旋体

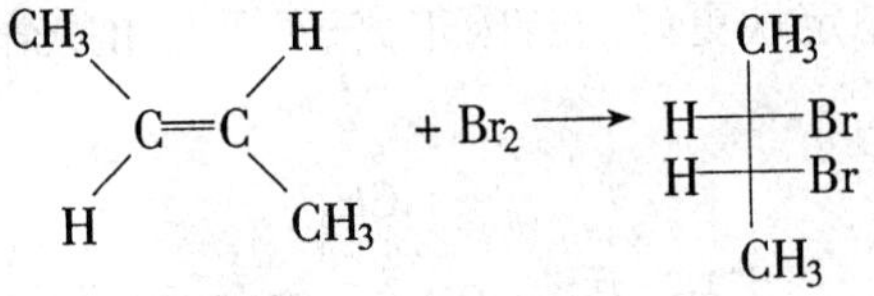

反 – 2 – 丁烯　　　　　　内消旋体

由于氯的反应性较强,与烯烃反应的立体选择性较差,不能得到立体专一性的产物。氟与烯烃反应相当剧烈,反应中烯烃会发生分解。碘与烯烃反应生成的二碘化物极不稳定,在室温下容易脱 I_2 而使反应逆向进行。

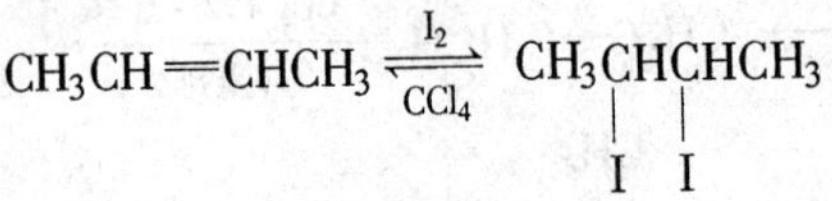

$$CH_3CH = CHCH_3 \underset{CCl_4}{\overset{I_2}{\rightleftharpoons}} \underset{\underset{I}{|}\ \underset{I}{|}}{CH_3CHCHCH_3}$$

⑤与 $HOX(X_2 + H_2O)$ 加成。烯烃能与 $HOX(X_2 + H_2O)$ 作用得到 β – 卤代醇。

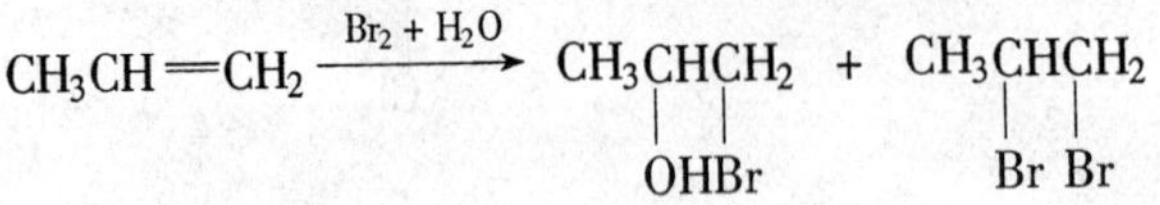

$$CH_3CH = CH_2 \xrightarrow{Br_2 + H_2O} \underset{\underset{OHBr}{|}}{CH_3CHCH_2} + \underset{\underset{Br\ Br}{|}}{CH_3CHCH_2}$$

主要产物

⑥烯烃的硼氢化反应。烯烃与乙硼烷[①] 作用,可以得到三烷基硼,然后将氢氧化钠水溶液和过氧化氢(H_2O_2)加到反应混合液中,可以得到醇。整个反应称为硼氢化 – 氧化反应。

$$CH_2 = CH_2 \xrightarrow{BH_3} (CH_3CH_2 \underset{3}{)}B \xrightarrow[OH^-, H_2O]{H_2O_2} CH_3CH_2OH$$

———————

① 乙硼烷是甲硼烷的二聚体,在四氢呋喃(,THF)或其他醚中,乙硼烷能离解成甲硼烷,与醚形成络合物,在反应时以甲硼烷形式参与。

$$CH_3CH=CH_2 \quad \begin{array}{l} \xrightarrow[\text{②}H_2O_2,OH^-]{\text{①}BH_3} CH_3CH_2CH_2OH \\ \xrightarrow{H^+/H_2O} CH_3CHCH_3 \\ \qquad\qquad\qquad\quad OH \end{array}$$

硼氢化 – 氧化反应的最终产物是得到醇。若采用不对称烯烃进行反应,则得到反 Markovnikov 加成产物,为什么它与酸催化加水产物不同? 我们可以从反应机理中寻求答案。

甲硼烷(BH$_3$)分子中硼原子的价层电子只有三对成键电子即六个电子,分子中还剩有一个空轨道,可以接受一对电子达到稳定的八隅体状态,所以 BH$_3$ 是个 Lewis 酸,可以与烯烃的 π 电子结合,生成空间位阻较小的加成产物烷基硼,这一加成方向与 Markovnikov 规则正好相反,最终得反 Markovnikov 的加水产物。

较稳定的过渡态(带有仲碳正离子性质)　　　不稳定过渡态(带有伯碳正离子性质)

$$CH_3CH=CH_2 \xrightarrow{BH_3} CH_3CH_2CH_2 \xrightarrow{CH_3CH=CH_2}$$
$$\qquad\qquad\qquad\qquad\qquad\quad BH_2$$

$$(CH_3CH_2CH_2)_2BH \xrightarrow{CH_3CH=CH_2} (CH_3CH_2CH_2)_3B$$

$$H-O-O-H + OH^- \longrightarrow H-O-O^- + H_2O$$

$$\begin{array}{c} R \\ | \\ R-B \\ | \\ R \end{array} + O-O-H \longrightarrow \begin{array}{c} R \\ | \\ R-B-O-O-H \\ | \\ R \end{array} \longrightarrow$$

$$\begin{array}{c} R \\ | \\ R-B-O-R \end{array} + OH^- \xrightarrow{\text{重复二次}} \begin{array}{c} OR \\ | \\ R-O-B \\ | \\ OR \end{array}$$

$$\begin{array}{c} R \\ | \\ O \\ | \\ R-O-B \\ | \\ O \\ | \\ R \end{array} + OH^- \longrightarrow \begin{array}{c} R \\ | \\ O \\ | \\ R-O-B-OH \\ | \\ O \\ | \\ R \end{array} \longrightarrow$$

$$\begin{array}{c} R \\ | \\ O \\ | \\ R-O-B-OH \end{array} + RO^- \longrightarrow \begin{array}{c} R \\ | \\ O \\ | \\ R-O-B-O^- \end{array} + ROH \xrightarrow{\text{重复二次}} 3ROH + BO_3^{3-}$$

⑦与乙酸汞的反应。烯烃在四氢呋喃中,可与乙酸汞和水作用,然后再用硼氢化钠(NaBH$_4$)还原去汞,即可得到醇。用这种方法制醇,重排很少,比用硫酸水解法要优越,而且反应快,产率高,常在 90% 以上。

$$CH_3CH_2CH_2CH=CH_2 + CH_3COOHg^+ \longrightarrow CH_3CH_2CH_2\overset{+}{C}H\!-\!CH_2 \xrightarrow{H_2O}$$
$$\underset{HgOOCCH_3}{}$$

$$CH_3CH_3CH_2\underset{\underset{HgOOCCH_3}{|}}{\overset{\overset{OH}{|}}{CH}}\!-\!CH_2 \xrightarrow{NaBH_4} CH_3CH_2CH_2\overset{\overset{OH}{|}}{CH}\!-\!CH_3 + Hg + CH_3COO^-$$

反式加成

$$(CH_3)_3C\!-\!CH=CH_2 \xrightarrow[H_2O]{(CH_3COO)_2Hg,四氢呋喃} \xrightarrow{NaBH_4} (CH_3)_3C\!-\!\underset{\underset{OH}{|}}{CH}\!-\!CH_3$$
$$94\%$$

烯烃与 CH$_3$COOHg$^+$ 反应形成的正碳离子中间体也可与醇作用,再经 NaBH$_4$ 还原就可得到醚。如

$$R\!-\!CH=CH_2 + CH_3COOHg^+ \longrightarrow R\!-\!\overset{+}{C}\!-\!CH_2 \xrightarrow{C_2H_5OH}$$
$$\underset{HgOOCCH_3}{}$$

$$R\!-\!\underset{\underset{HgOOCCH_3}{|}}{\overset{\overset{OC_2H_5}{|}}{CH}}\!-\!CH_2 \xrightarrow{NaBH_4} R\!-\!\overset{\overset{OC_2H_5}{|}}{CH}\!-\!CH_3$$

(3)烯烃的自由基加成。不对称烯烃与溴化氢反应,得到符合 Markovnikov 规律的加成产物。若反应在光照或加入过氧化物(R—O—O—R)条件下,则得到反 Markovnikov 规则加成产物。反应以自由基加成历程进行。其他卤化氢不能按此历程进行。

(4)聚合反应。烯烃可以打开双键彼此连接成具有重复链节单元的高分子量(上万至几百万)化合物,这种化合物称为聚合物,这种反应称为聚合反应。合成聚合物的起始原料称为单体。

聚合反应分为连锁聚合和逐步聚合。烯类单体的聚合大多属于连锁聚合,活泼中间体可以是正碳离子、负碳离子、自由基或配位络合物,因此连锁聚合又分为阳离子聚合、阴离子聚合、自由基聚合与配位络合聚合。各种聚合反应使用的引发剂(即用来产生聚合反应活泼中间体的化合物)与反应条件也各不相同。

①自由基聚合。由自由基引发产生活泼中间体自由基,按连锁反应方式进行聚合得到聚合物。常用有机过氧化物为引发剂。

$$R—O—O—R \xrightarrow{\triangle} 2RO·$$

$$RO· + CH_2{=}CH_2 \longrightarrow RO\overset{·}{C}H_2CH_2 \xrightarrow{CH_2{=}CH_2} ROCH_2CH_2CH_2\overset{·}{C}H_2 \rightarrow \cdots \rightarrow 聚乙烯$$

②阳离子聚合。常以 Lewis 酸(AlCl$_3$、BF$_3$ 等)为引发剂,产生正碳离子活泼中间体,进行连锁反应,最终得聚合物,例如聚异丁烯

$$BF_3 + H_2O \Longleftrightarrow H^+ + BF_3(OH)^-$$

$$（微量）$$

$$H^+ + (CH_3)_2C{=}CH_2 \Longleftrightarrow (CH_3)_2\overset{+}{C}{-}CH_3$$

$$(CH_3)_3C^+ + (CH_3)_2C{=}CH_2 \longrightarrow (CH_3)_3C{-}CH_2{-}\underset{CH_3}{\overset{CH_3}{\overset{|}{\underset{|}{C}}}}{}^+ \rightarrow \cdots \rightarrow 聚异丁烯$$

③阴离子聚合。聚合反应引发方式大致有两种:一是单电子转移引发,如以萘钠或碱金属为引发剂;二是负离子加成引发,如用氨基钠(钾)或丁基锂等为引发剂。这两种引发均是产生活泼的负碳离子中间体,然后按连锁聚合方式完成聚合反应。例如

萘钠引发

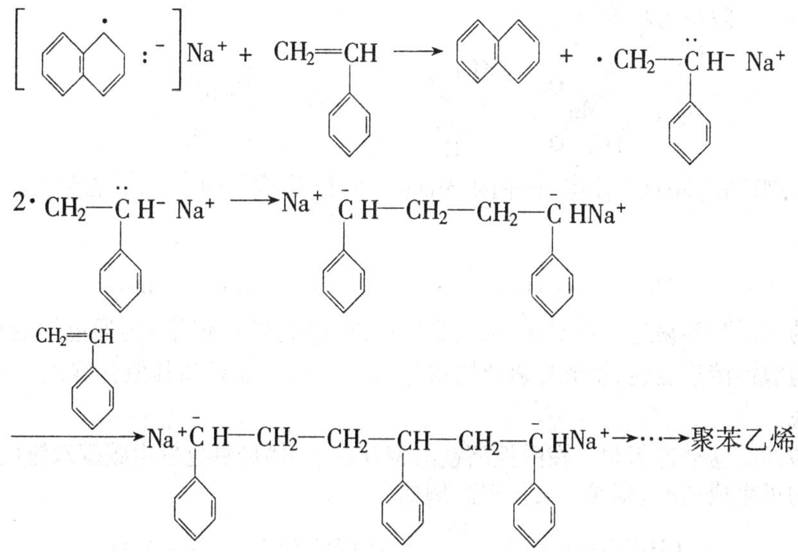

2·CH$_2$—ĊH$^-$Na$^+$ —→Na$^+$ C̄H—CH$_2$—CH$_2$—C̄HNa$^+$

—→Na$^+$C̄H—CH$_2$—CH$_2$—CH—CH$_2$—C̄HNa$^+$ →···→聚苯乙烯

烷基锂引发

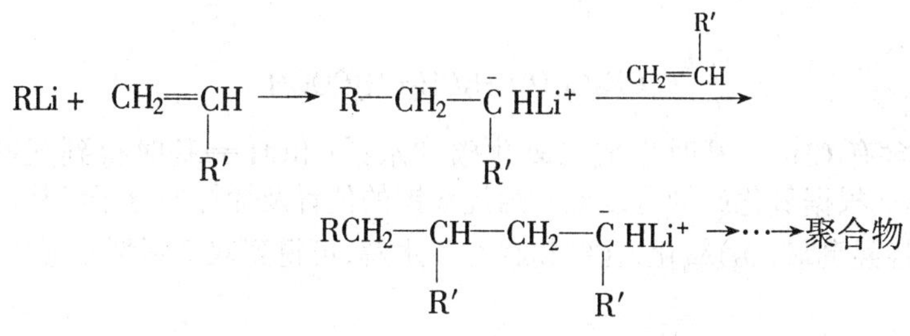

RLi + CH$_2$=CH → R—CH$_2$—C̄HLi$^+$ —→

RCH$_2$—CH—CH$_2$—C̄HLi$^+$ →···→聚合物

④配位络合聚合。这种聚合常在无水、无氧、无二氧化碳的情况下,用三乙基铝和三氯化钛为催化剂(引发剂)进行聚合,如

$$CH_3—CH=CH_2 \xrightarrow[\text{加氢汽油}]{Al(C_2H_5)_3/TiCl_3} \begin{array}{c} CH_3 \\ | \\ \text{—}CH—CH_2\text{—} \end{array}_n \text{聚丙烯}$$

为什么叫配位络合聚合呢?因为催化剂钛是过渡性金属元素,具有空的 d 轨道,可以和烯烃上双键的 π 电子发生配位络合,使烯烃按一定位置络合在催化剂的表面上,并使双键活化,然后烯烃分子插入到过渡金属——烷基键上进行链增长,这样反复进行,得到立构规整的高聚物,例如,全同立构聚丙烯、间同立构聚丙烯等。

这里只提及烯烃的几种聚合反应,要运用这些反应来制备聚合物时,还要注意聚合反应的各种条件,如单体(烯烃)的纯度、引发剂(催化剂)的选择和用量、外界条件如温度、压力、溶剂、氧等对聚合反应的影响。同时不是任何烯烃都可以聚合成聚合物,一般只有乙烯及其一取代与 1,1 - 二取代衍生物才能聚合成聚合物。

(5)烯烃的氧化反应。

①用稀、冷 $KMnO_4$ 氧化。在碱性或中性条件下,用稀、冷 $KMnO_4$ 溶液氧化,可以得到双键被两个羟基加成的二元醇产物。

$$CH_2=CH_2 \xrightarrow[OH^-]{\text{稀 } KMnO_4} \begin{array}{c} CH_2—CH_2 \\ | \quad\quad | \\ OH \quad OH \end{array} + MnO_2$$

反应生成的二元醇均为顺式产物。

不稳定副产物[MnO_3^{3-}]被溶液中的[MnO_4^-]氧化,生成[MnO_4^{2-}],后者易发生歧化,最终得到 MnO_2。

$$[MnO_3^{3-}] + [MnO_4^-] \longrightarrow [MnO_4^{2-}] \xrightarrow{\text{歧化}} MnO_4^- + MnO_2$$

生成的二元醇容易进一步氧化,反应难以控制,因此产率不高。但通过烯烃氧化过程中紫色的高锰酸钾溶液褪色,生成二氧化锰褐色沉淀来检验烯烃和其他含碳碳不饱和键的化合物之存在。

②用酸性高锰酸钾氧化。在酸性高锰酸钾存在下,烯烃氧化发生碳碳双键的断裂,根据烯烃的结构可生成羧酸、酮或二氧化碳。例如

$$CH_3CH_2CH=CH_2 \xrightarrow[H^+]{KMnO_4} CH_3CH_2COOH + CO_2 + H_2O$$

$$\text{环} \text{—}CH_3 \xrightarrow[H^+]{KMnO_4} \begin{array}{c} O \\ \| \\ CH_3CCH_2CH_2CH_2CH_2COOH \end{array}$$

如果烯烃的分子中含有 CH_2=基时生成二氧化碳和水;有 RCH=基时得到羧酸;有 $RR'C$=基时得到酮。因此根据氧化产物可以推测烯烃双键的位置及烯烃的分子结构。

③用臭氧氧化。烯烃经臭氧(O_3)氧化,在锌粉存在下水解,可得到双键断裂后形成的两种羰基化合物。例如

$$CH_2=CH_2 \xrightarrow[(2)Zn,H_2O]{(1)O_3} 2\ HCHO$$

甲醛

$$\underset{CH_3}{\overset{CH_3}{>}}C=CHCH_3 \xrightarrow[(2)Zn,H_2O]{(1)O_3} \underset{CH_3}{\overset{CH_3}{>}}C=O + CH_3-\overset{\displaystyle O}{\underset{\displaystyle H}{C}}$$

丙酮　　　　乙醛

臭氧化反应的水解产物之一是过氧化氢(H_2O_2),过氧化氢在溶液中可以将刚生成的醛氧化,为了避免副反应发生,可在反应液中加入锌粉或在催化剂(Pt、Pd、Ni)存在下向溶液通入氢气。

不同的烯烃经臭氧化,再水解或还原,可以得到不同的醛或酮。烯烃分子中有 $CH_2=$ 基时生成甲醛;有 $RCH=$ 基时生成醛;有 $R_2C=$ 基时得到酮,这样就可以通过对反应产物的测定而推断原来烯烃的结构。

④催化氧化。以特殊的活性银(含有氧化钙、氧化钡和氧化锶)作催化剂,乙烯可以被空气中的氧直接氧化,双键中的 π 键打开,生成环氧乙烷,也叫氧化乙烯。

$$CH_2=CH_2 + \frac{1}{2}O_2 \xrightarrow[220\sim280℃]{Ag} \underset{O}{\overset{CH_2-CH_2}{\diagdown\diagup}}$$

这是工业上生产环氧乙烷的方法之一。但必须严格控制反应温度,如温度超过 300℃,则双键中的 σ 键也会断裂,而生成二氧化碳和水。

$$CH_2=CH_2 + 3O_2 \xrightarrow[300℃]{Ag} 2CO_2 + 2H_2O$$

乙烯和丙烯在氯化钯等催化剂的作用下,也可以直接氧化而生成乙醛和丙酮。乙醛和丙酮都是重要的化工原料。随着石油化学工业的发展,它已成为工业生产乙醛的主要方法。

$$CH_2=CH_2 + \frac{1}{2}O_2 \xrightarrow[100\sim125℃]{PdCl-CuCl_2} CH_3-\overset{\displaystyle O}{\underset{\displaystyle H}{C}}$$

乙醛

$$CH_3-CH=CH_2 + \frac{1}{2}O_2 \xrightarrow[120℃]{PdCl_2-CuCl_2} CH_3-\underset{\displaystyle O}{\overset{\displaystyle \|}{C}}-CH_3$$

丙酮

(6)烯烃 α - 氢的反应。烯烃因受双键的影响,烷基尤其是烷基上的 α - 氢表现特殊的活泼性。α - 氢是指与碳碳双键直接相连的 α - 碳原子上的氢。

$$\overset{\displaystyle \alpha-氢原子}{\underset{\displaystyle H}{\overset{\displaystyle H}{CH_3-\underset{|}{\overset{|}{C}}-CH=CH_2}}}$$

α – 氢容易发生取代反应和氧化反应。

①卤代反应。在常温下丙烯与氯主要发生双键的加成反应,生成 1,2 – 二氯丙烷。但在高温时,则主要发生 α – 氢被氯取代,而生成 3 – 氯 – 1 – 丙烯。3 – 氯 – 1 – 丙烯是工业上制备甘油和环氧氯丙烷的中间原料。

$$CH_3-CH=CH_2+Cl_2 \xrightarrow{常温} CH_3-\underset{\underset{\displaystyle Cl}{|}}{CH}-\underset{\underset{\displaystyle Cl}{|}}{CH_3}$$

$$1,2-二氯丙烷$$

$$CH_3-CH=CH_2+Cl_2 \xrightarrow{500℃} \underset{\underset{\displaystyle Cl}{|}}{CH_2}-CH=CH_2 + HCl$$

$$3-氯-1-丙烯$$

其他具有 α – 氢的烯烃高温下的卤代,主要也发生在 α 位上。例如

$$\underset{\underset{\displaystyle H}{|}}{\overset{\overset{\displaystyle H}{|}}{R-C}}-CH=CH_2+Cl_2 \xrightarrow{高温} \underset{\underset{\displaystyle Cl}{|}}{\overset{\overset{\displaystyle H}{|}}{R-C}}-CH=CH_2$$

　　烯烃在高温时的卤代反应与烷烃的卤代反应相似,也是自由基取代反应,是受过氧化物、光照和高温所引发的,主要是 α – 碳上的氢原子被取代。其所以主要在 α – 位上是由于 π 键的影响,使 $\cdot CH_2-CH=CH_2$ 自由基活性中间体稳定,使 α – 氢活化的结果。

　　如果用 N – 溴代丁二酰亚胺(简称 NBS)为溴化剂,则 α – 溴代可以在较低温度下进行。

$$CH_3-CH=CH_2+ \begin{matrix} CH_2-\overset{\displaystyle O}{\overset{\|}{C}} \\ | \qquad\quad \diagdown \\ \qquad\qquad N-Br \\ | \qquad\quad \diagup \\ CH_2-\underset{\displaystyle O}{\underset{\|}{C}} \end{matrix} \xrightarrow[CCl_4]{h\nu} \underset{\underset{\displaystyle Br}{|}}{CH_2}-CH=CH_2$$

　　②氧化反应。烯烃中 α – 氢的活泼性,不仅表现为容易卤代,也容易发生氧化反应。若以氧化亚铜为催化剂,在 350℃ 和 0.25 MPa 压力下,丙烯可以用空气直接氧化为丙烯醛。这是目前工业上生产丙烯醛的主要方法。

$$CH_2=CH-CH_3+O_2 \xrightarrow[350℃,0.25\ MPa]{Cu_2O} CH_2=CH-CHO + H_2O$$

　　如果用含有铈的磷钼酸铋为催化剂,把丙烯在氨存在下进行氧化,则得到丙烯腈。

$$CH_2=CH-CH_3+NH_3+\frac{3}{2}O_2 \xrightarrow[470℃]{含有铈的磷钼酸铋} CH_2=CH-CN + 3H_2O$$

$$丙烯腈$$

既进行了氧化,又进行了氨化,通常叫氨化氧化反应,简称为氨氧化反应。这是目前工业上生产丙烯腈的主要方法之一。因为原料易得、便宜,收率好,纯度高,而且工艺流程简单,已被工业生产广泛采用。丙烯腈是合成纤维、树脂和橡胶的重要原料。腈纶就是聚丙烯腈加工成的一种合成纤维。

三、炔烃

分子中含有碳碳叁键(—C≡C—)官能团的碳氢化合物称为炔烃。炔烃属于不饱和烃。含有一个碳碳叁键官能团的炔烃的通式为 C_nH_{2n-2}。

1. 炔烃的命名

比较简单的炔烃可用衍生物命名法命名,即以乙炔为母体,而把其他的炔烃看成乙炔的烃基衍生物。例如

$$CH_3—C≡C—CH_2—CH_3 \qquad CH_3—\underset{\underset{CH_3}{|}}{CH}—C≡CH \qquad CH_2=CH—C≡CH$$

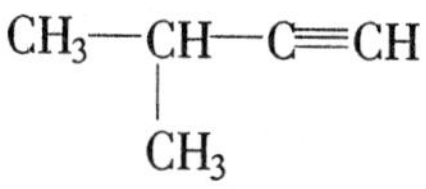

甲基乙基乙炔　　　　　　　异丙基乙炔　　　　　　乙烯基乙炔

炔烃的系统命名与烷烃和烯烃相似,其命名原则如下:

①选择包含叁键的最长碳链为主链,并使叁键的位次处于最小,支链作为取代基。

②当分子中同时存在双键和叁键时,必须选择包含双键和叁键的最长碳链为母体,编号时应使不饱和键的位次尽可能小;当母体链中双键和叁键处于同等编号位次时,应使双键的位次尽可能小。

③书写时同烯烃。含双键和叁键的化合物,书写时以某烯炔表示。例如

$$CH_3CH_2C≡C—CH_3 \qquad CH_3CH—CH_2C≡CH$$
2-戊炔　　　　　　　　　　4-甲基-1-戊炔

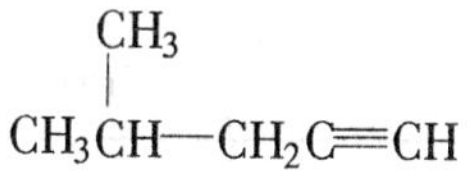

$$\overset{4}{C}H_3\overset{}{C}H=\overset{3}{C}H\overset{2}{C}≡\overset{1}{C}H \qquad CH_2=CH—C≡CH （同等编号情况）$$
3-戊烯-1-炔　　　　　　　1-丁烯-3-炔

2. 炔烃的物理性质

炔烃的物理性质与烷烃、烯烃很相似,沸点随碳链增长而增加,但炔烃的三键在链中间的比在末端的沸点和熔点都高很多。常温下 $C_2 \sim C_4$ 炔烃为气体,C_5 以上为液体,高级炔烃为固体。炔烃的沸点比相应的烯烃略高些,密度也稍大些,但都小于1。炔烃微溶于水,易溶于有机溶剂中,如苯、四氯化碳、石油醚等。一些炔烃的物理常数如表5.4所示。

3. 炔烃的化学性质

炔烃含有不饱和的碳碳叁键,在化学性质上与烯烃有相似之处,如容易发生亲电加成、氧化等反应。然而叁键毕竟不同于双键,又能与亲核试剂发生亲核加成反应,此外末端叁键碳原子的氢具有一定的酸性,可以发生某些反应。

(1)催化加氢。由于碳碳叁键含有两个 π 键,因此不但可以与一分子氢加成,也可以与两个分子氢加成,生成相应的烯烃或烷烃。在催化加氢反应中,炔烃比烯烃具有较大的反应活性,更容易氢化,主要由于炔烃在催化剂表面吸附作用较快,它的吸附阻止了烯烃在催化

剂表面的吸附。所以在同一分子中如果同时含有双键和叁键,催化加氢首先加氢到叁键上,而双键仍可保留。

表 5.4　某些炔烃的物理常数

名　　称	结构式	熔点/℃	沸点/℃	相对密度
乙炔	HC≡CH	− 82	− 75	0.618
丙炔	CH₃C≡CH	− 101.5	− 23.3	0.671
1 – 丁炔	CH₃CH₂C≡CH	− 122.5	8	0.668
2 – 丁炔	CH₃C≡CCH₃	− 28	27	0.694
1 – 戊炔	CH₃CH₂CH₂C≡CH	− 98	40	0.695
2 – 戊炔	CH₃CH₂C≡CCH₃	− 101	55.5	0.713
3 – 甲基 – 1 – 丁炔	CH₃CHC≡CH | CH₃		28	0.665
1 – 己炔	CH₃(CH₂)₃C≡CH	− 124	71	0.720
2 – 己炔	CH₃CH₂CH₂C≡CCH₃	− 92	84	0.731
3 – 己炔	CH₃CH₂C≡CCH₂CH₃	− 51	82	0.726
3,3 – 二甲基 – 1 – 丁炔	CH₃ | CH₃CC≡CH | CH₃	− 81	38	0.669
1 – 庚炔	CH₃(CH₂)₄C≡CH	− 80	100	0.733
1 – 辛炔	CH₃(CH₂)₅C≡CH	− 70	126	0.748

$$
\underset{\substack{|\\ CH_3}}{CH\equiv C-C}=CHCH_2CH_2OH + H_2 \xrightarrow[\text{喹啉}]{Pd-CaCO_3} \underset{\substack{|\\ CH_3}}{CH_2=CH-C}=CHCH_2CH_2OH
$$
$$
80\%
$$

炔烃在催化剂 Pt、Pd、Ni 等存在下加氢,主要生成相应的烷烃,难以停留在烯烃阶段。

$$
\left.\begin{array}{l} CH_3CH_2CH_2C\equiv CH \xrightarrow{H_2/Ni} \\ CH_3CH_2C\equiv CCH_3 \xrightarrow{H_2/Ni} \end{array}\right\} CH_3CH_2CH_2CH_2CH_3
$$

使用经特殊方法处理的催化剂,可以使炔烃加氢停留在烯烃阶段。这类常用催化剂为:
①将金属钯沉积在碳酸钙上,再用醋酸铅处理制得,称为 Lindlar 催化剂。
②由醋酸镍用硼氢化钠还原制得,称为 P – 2 催化剂。
③将金属钯沉积在硫酸钡上再加些喹啉制得的催化剂。
催化加氢为顺式加成,炔烃部分还原后得到顺式烯烃。

$$
R-C\equiv C-R' \xrightarrow[\text{或 P-2}]{H_2, Lindlar} \underset{\substack{H\quad\quad H}}{\overset{\substack{R\quad\quad R'}}{C=C}}
$$

炔烃也可在液氨中用碱金属还原,生成反式烯烃。

$$R—C\!\!\equiv\!\!C—R' \xrightarrow[\text{液氨}]{\text{Na 或 Li}} \begin{matrix} R \\ C\!\!=\!\!C \\ H \end{matrix}\begin{matrix} H \\ \\ R' \end{matrix} \quad (\text{反式})$$

例如

$$CH_3CH_2C\!\!\equiv\!\!CCH_3 \begin{cases} \xrightarrow[\text{或 P-2}]{H_2,\text{Lindlar 催化剂}} \\ \\ \xrightarrow{\text{Na 或 Li,液氨}} \end{cases}$$

（2）亲电加成反应。炔烃分子的不饱和叁键电子云呈圆筒状绕轴分布,离核较近,受到原子核的束缚较强,发生亲电加成反应的活性比烯烃稍差。

①与卤素加成。炔烃与氯可以进行加成反应,一般既要加催化剂,又要在溶剂稀释或充氮情况下进行,以防反应过于猛烈。反应可以加一分子氯,在氯过量情况下也可以加上两分子氯。例如

$$CH\!\!\equiv\!\!CH \xrightarrow[\substack{CCl_4 \text{ 溶剂}\\ 80\sim85℃}]{Cl_2,FeCl_3} \begin{matrix} Cl \\ | \\ CH\!\!=\!\!CH \\ | \\ Cl \end{matrix} \xrightarrow[\substack{CCl_4 \text{ 溶剂}\\ 80\sim85℃}]{Cl_3,FeCl_3} \begin{matrix} Cl & Cl \\ | & | \\ CH—CH \\ | & | \\ Cl & Cl \end{matrix}$$

$$\qquad\qquad\qquad\qquad 1,2-\text{二氯乙烯}\qquad 1,1,2,2-\text{四氯乙烷}$$

这是工业上制备四氯乙烷的方法。

炔烃与卤素的加成反应历程也是亲电加成反应,但根据许多实验事实,叁键虽然也能进行亲电加成,却不如双键活泼。如果分子中既有叁键又有双键,在加卤素时,首先是加到双键上,而叁键仍可保留。例如

$$CH_2\!\!=\!\!CH—CH_2—C\!\!\equiv\!\!CH + Br_2 \longrightarrow \begin{matrix} CH_2—CH—CH_2—C\!\!\equiv\!\!CH \\ | \qquad | \\ Br \quad\ Br \end{matrix}$$

$$\qquad\qquad\qquad\qquad\qquad 4,5-\text{二溴}-1-\text{戊炔}$$

为什么叁键对亲电加成反应的活性不如双键呢? 可以从反应过程中生成的活性中间体正碳离子的稳定性解释,活性中间体越稳定所需活化能越低,反应就越容易进行。叁键亲电加成生成的是烯基正碳离子,不如双键亲电加成生成的烷基正碳离子稳定。

$$CH\!\!\equiv\!\!CH + Br^+ \longrightarrow H\overset{+}{\underset{sp}{C}}\!\!=\!\!CHBr \quad \text{烯基正碳离子}$$

$$CH_2\!\!=\!\!CH_2 + Br^+ \longrightarrow \overset{H}{\underset{\underset{H}{\overset{+}{\underset{sp^2}{C}}}}}—CH_2Br \quad \text{烷基正碳离子}$$

为什么烯基正碳离子不如烷基正碳离子稳定呢? 因为烯基正碳离子的中心碳原子是 sp 杂

化碳原子,比 sp^2 杂化碳原子有较强的电负性,因而比烷基正碳离子更难容纳正电荷,更不稳定。同时从烯基正碳离子的电子结构考虑也不如烷基正碳离子稳定,烷基正碳离子的中心碳原子是 sp^2 杂化状态,三个 σ 键处于同一平面,呈 120°夹角,相距较远,排斥力较小,另外一个 p 轨道是空轨道,影响较小,体系较为稳定。而烯基正碳离子的中心碳原子是 sp 杂化状态,两个 σ 键同一直线,键角 180°,虽然相距较远,但余下的两个相互垂直的 p 轨道只有一个是空轨道,其中形成 π 键的 p 轨道是电子占有轨道,它和两个 σ 键呈 90°角,相距较近,排斥力较大,体系不如烷基正碳离子稳定。

②与卤化氢加成。炔烃与卤化氢的加成也比烯烃困难,一般要有催化剂存在。如乙炔在汞盐的催化下,与一分子氯化氢加成,生成氯乙烯。若继续与氯化氢作用,生成同碳二氯化物。

$$CH\equiv CH + HCl \xrightarrow[150\sim160℃]{HgCl_2} CH_2=\overset{}{\underset{Cl}{CH}} \xrightarrow{HgCl_2} CH_3-\overset{Cl}{\underset{Cl}{CH}}$$

　　　　　　　　　　　　　　　　　　　　　氯乙烯　　1,1-二氯乙烷

这就是氯乙烯的工业制法之一。氯乙烯是制备聚氯乙烯的单体。

不对称炔烃与氯化氢的加成反应,也是服从不对称加成规则的。例如

$$CH_3-C\equiv CH + HCl \xrightarrow{HgCl_2} CH_3-\overset{}{\underset{Cl}{C}}=CH_2$$

　　　　　　　　　　　　　　　　　　　　　2-氯丙烯

溴化氢与炔烃的加成反应与氯化氢相似。当有过氧化物存在时,也同样与烯烃在过氧化物存在下的加成相似,是按自由基加成反应历程进行的,因此也是违反不对称加成规则的。

$$CH_3CH_2CH_2CH_2-C\equiv CH + HBr \xrightarrow{过氧化物} CH_3CH_2CH_2CH_2CH=CHBr$$

　　　　　　　　　　　　　　　　　　　　　1-溴-1-己烯　　74%

③与水加成。炔烃与烯烃不同,在酸催化下直接水合一般是困难的,但如果在硫酸汞的硫酸溶液催化下,乙炔可以比较顺利地与水进行加成反应,反应结果生成乙醛。这个反应称为 Kucherov 反应,也是工业上生产乙醛的方法之一。由于该方法中乙炔由电石法制备,耗电量大,环境污染严重,催化剂 Hg^{2+} 有毒,现在普遍采用乙烯钯盐络合催化氧化制乙醛。

$$CH\equiv CH+HO-H \xrightarrow{HgSO_4\ 稀\ H_2SO_4} \left[\begin{array}{c} CH_2=\overset{}{\underset{H-O}{C}}-H \end{array} \right] \xrightarrow{重排} CH_3-\overset{}{\underset{O}{C}}-H$$

如果是不对称炔烃,水在叁键上加成也遵从不对称加成规则,得到的是相应的烯醇式化合物,然后进行分子重排而得到酮。例如

$$CH_3-C\equiv CH+HO-H \xrightarrow[H_2SO_4]{HgSO_4} \left[\begin{matrix} CH_3-C=CH_2 \\ | \\ O-H \end{matrix} \right] \xrightarrow{重排} CH_3-\overset{\underset{\|}{O}}{C}-CH_3$$

丙酮

不难看出,炔烃加水的反应,只有乙炔可以得到乙醛,其他炔烃只能生成酮。

④硼氢化反应。与烯烃相似,炔烃也可以进行硼氢化反应。通过炔烃的硼氢化也是实验室制备一系列有机化合物的有用方法。例如,炔烃硼氢化而后酸化可以得到顺式加氢产物——顺式烯烃。

$$3CH_3CH_2C\equiv CCH_2CH_3 \xrightarrow{\frac{1}{2}B_2H_6} \left(\begin{matrix} CH_3CH_2 \quad\quad CH_2CH_3 \\ C=C \\ H \end{matrix} \right)_3 B$$

$$\xrightarrow{3CH_3COOH} 3 \begin{matrix} CH_3CH_2 \quad\quad CH_2CH_3 \\ C=C \\ H \quad\quad\quad H \end{matrix}$$

如果硼氢化而后氧化水解则得到间接水合的产物。例如

$$n-C_4H_9C\equiv CH \xrightarrow{\frac{1}{2}B_2H_6} \xrightarrow[OH^-,H_2O]{H_2O_2} \left[\begin{matrix} n-C_4H_9 \quad\quad H \\ C=C \\ H \quad\quad OH \end{matrix} \right] \xrightarrow{重排} n-C_4H_9CH_2\overset{\underset{\|}{O}}{CH}$$

己醛

由于硼氢化反应在形式上是违反不对称加成规则的,因此同汞盐存在下的直接水合不同,只要是叁键在端位的炔烃,最后产物就是醛。而汞盐存在下的直接水合只有乙炔可以得到醛,其他炔烃都只能生成酮。这是硼氢化–氧化水解方法间接加水的特点。

(3)亲核加成。炔烃虽然进行亲电加成不如烯烃活泼,但进行亲核加成却比烯烃容易得多。

①与醇加成。在碱的存在下,乙炔与醇进行加成反应生成乙烯基醚,反应需要较高温度和一定压力。例如,乙炔和甲醇在20%氢氧化钾水溶液中,于160~165℃和2~2.2 MPa压力下进行加成反应,生成甲基乙烯基醚。甲基乙烯基醚是工业上制备涂料、清漆、粘接剂和增塑剂的原料。

$$CH\equiv CH + H-OCH_3 \xrightarrow[160~165℃,2~2.2\ MPa]{20\%\ KOH\ 水溶液} CH_2=CH-O-CH_3$$

甲基乙烯基醚

②与羧酸加成。乙炔在碱的存在下也可以与醋酸加成生成醋酸乙烯酯。

$$CH\equiv CH + H-O-\overset{\underset{\|}{O}}{C}-CH_3 \xrightarrow[150~180℃,0.1~1.5\ MPa]{碱} CH_2=CH-O-\overset{\underset{\|}{O}}{C}-CH_3$$

醋酸乙烯酯是制备维尼纶的主要原料,工业上过去就是把乙炔和醋酸在$(CH_3COO)_2Zn$的催化下加成制备,现在主要通过乙烯的乙酰氧基化反应来制备。

③与氰化氢加成。亲核试剂氰化氢也可与乙炔进行加成反应,生成丙烯腈。此反应也是负离子–CN首先进攻所引起的亲核加成反应。

$$CH\!\equiv\!CH + HCN \longrightarrow CH_2\!=\!CH\!-\!CN$$
丙烯腈

丙烯腈是合成纤维和塑料的重要原料,工业上较早的制法是以氯化亚铜为催化剂由乙炔和氰化氢加成制备的,目前主要采用氨氧化法由丙烯生产。

上述的乙炔与醇或羧酸的加成反应,其反应结果都生成具有乙烯基的化合物——乙烯基醚或乙烯酯。如果从另一个角度看,都是在醇或羧酸中引入了一个乙烯基。因此又通称为乙烯基化反应,乙炔是重要的乙烯基化剂。

(4)氧化反应。碳碳叁键也可以氧化,如将乙炔通入高锰酸钾水溶液,则高锰酸钾的紫色逐渐消失,被还原为二氧化锰褐色沉淀。同时碳碳叁键断裂,乙炔被氧化成二氧化碳和水。与烯烃相似,也可以利用此反应检验碳碳叁键之存在。

$$3CH\!\equiv\!CH + 10KMnO_4 + 2H_2O \longrightarrow 6CO_2 + 10KOH + 10MnO_2$$

炔烃的结构不同,则氧化产物各异,一般 $HC\!\equiv\!$ 基被氧化成 CO_2,而 $RC\!\equiv\!$ 基则氧化为 RCOOH。

$$CH_3CH_2CH_2CH_2C\!\equiv\!CH \xrightarrow[OH^-]{KMnO_4,\,H_2O} CH_3CH_2CH_2C\!=\!O + CO_2$$
|
OH
戊酸

这样我们可以通过氧化产物结构的鉴定而确定炔烃的结构,是测定叁键位置和炔烃结构的方法之一。

炔烃也能发生臭氧化反应,通过臭氧化而后水解也可以用于推断炔烃的结构。

$$R\!-\!C\!\equiv\!C\!-\!R' \xrightarrow{O_3} \left[R\!-\!C\overset{O}{\underset{O}{\diamond}}C\!-\!R' \right] \xrightarrow{H_2O} RCOOH + R'COOH$$

但一般讲,叁键在氧化反应上也比双键活性差,如在同一化合物中既有叁键又有双键,在氧化时首先双键氧化而叁键仍可保留。

$$CH\!\equiv\!C(CH_2)_7CH\!=\!C(CH_3)_2 \xrightarrow{CrO_3} CH\!\equiv\!C(CH_2)_7C\!=\!O + O\!=\!C\!-\!CH_3$$
| |
OH   CH_3

(5)聚合反应。炔烃在一定条件下,也可以自相加成而发生聚合反应。但与烯烃不同,一般不易聚合为高聚物。在不同的催化剂和不同的反应条件下,可以聚合生成链状或环状化合物,可以生成二聚、三聚或四聚体。

将乙炔通入氯化亚铜-氯化铵的强酸溶液中,则发生双分子聚合,生成乙烯基乙炔。

$$CH\!\equiv\!CH + CH\!\equiv\!CH \xrightarrow{Cu_2Cl_2-NH_4Cl} CH_2\!=\!CH\!-\!C\!\equiv\!CH$$

乙烯基乙炔是合成橡胶的重要原料。乙烯基乙炔还可以再与一分子乙炔反应,生成二乙烯基乙炔。

$$CH_2\!=\!CH\!-\!C\!\equiv\!CH + CH\!\equiv\!CH \xrightarrow{Cu_2Cl_2-NH_4Cl} CH_2\!=\!CH\!-\!C\!\equiv\!C\!-\!CH\!=\!CH_2$$
二乙烯基乙炔

乙炔在特殊的催化剂作用下,也可以聚合为环状化合物。

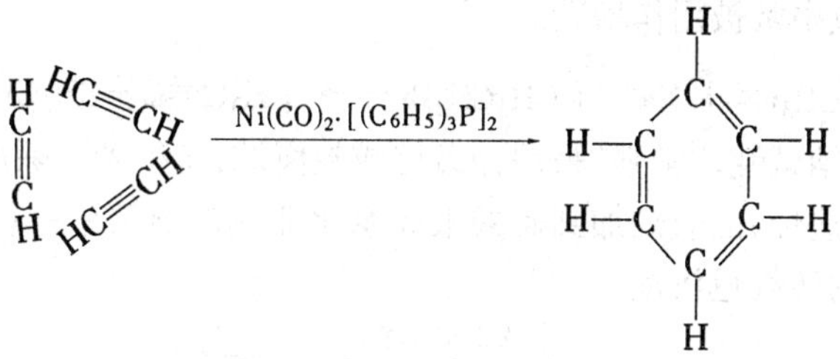

乙炔、苯乙炔等炔烃与烯烃相似,在适当催化剂(引发剂)作用下,可以得到相应的聚合物。如

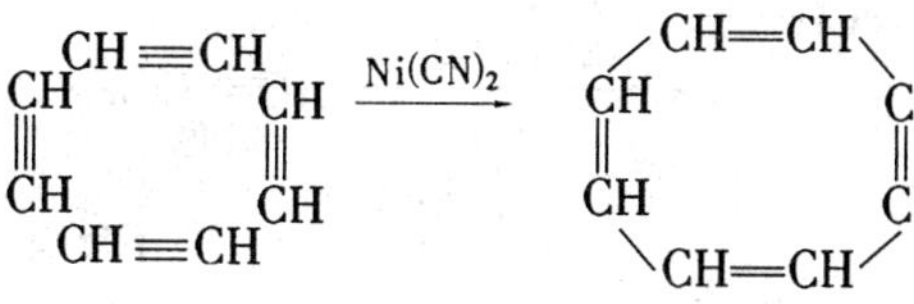

$$n\,HC\equiv CH \xrightarrow{\text{催化剂}} \{\!\!\{ CH=CH \}\!\!\}_n \qquad \text{聚乙炔}$$

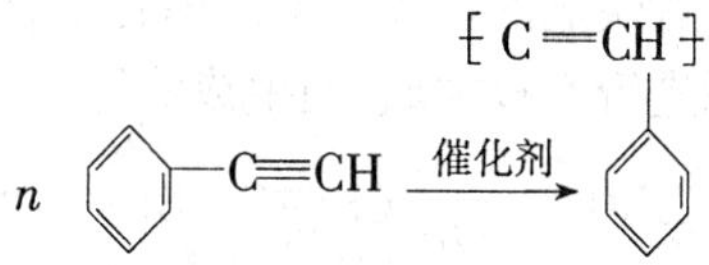

$$\{\!\!\{ C=CH \}\!\!\}_n$$

$$n\ \langle\!\!\!\bigcirc\!\!\!\rangle\!-\!C\equiv CH \xrightarrow{\text{催化剂}} \qquad \text{聚苯乙炔}$$

这类聚合物是目前研究有机导电体常用的材料。

(6)炔烃的活泼氢反应。直接连于叁键碳原子上的氢,与连在双键碳原子上或连在饱和碳原子上的氢比较,较为活泼,相对具有一定酸性,一般称为炔烃的活泼氢,或叫炔氢。

炔烃叁键碳原子以 sp 杂化轨道形式成键,轨道的 s 成分比烷烃的 sp^3 和烯烃的 sp^2 杂化轨道的 s 成分都高,说明原子核对核外电子的吸引能力增强,以电负性概念衡量,可以得出三类杂化轨道的电负性大小顺序为 $sp > sp^2 > sp^3$(s 成分愈多,电负性愈强)。有机化合物中的 C—H 键电离可看做是酸性电离的话,那么烷、烯、炔烃的共轭碱的碱性强弱顺序为:

$HC\equiv\bar{C} < H_2C=\bar{C}H < CH_3\bar{C}H_2$,其 pK_a 见表 5.5。

共轭酸的酸性强弱顺序为: $HC\equiv CH > H_2C=CH_2 > CH_3CH_3$。

乙炔是结构最简单的炔烃,它的酸性比氨强,比水弱。

表 5.5　烷、烯、炔烃的共轭碱及 pK_a 值

共　轭　酸	共　轭　碱	pK_a
CH_3CH_2-H	$\xrightleftharpoons{K_a}\ CH_3\bar{C}H_2 + H^+$	~ 50
$CH_2=CH-H$	$\xrightleftharpoons{K_a}\ CH_2=\bar{C}H + H^+$	~ 44
$HC\equiv C-H$	$\xrightleftharpoons{K_a}\ HC\equiv\bar{C} + H^+$	~ 25

①金属炔化物的生成。含有炔氢($-C\equiv C-H$)的化合物可以与熔融的金属钠或在液氨溶剂中与氨基钠(NaNH₂)作用得到炔化钠

$$R-C\equiv C-H + Na \xrightarrow{\triangle} R-C\equiv C^- Na^+ + H_2\uparrow$$

炔化钠可作为亲核试剂与伯卤代烷发生双分子亲核取代反应(S_N2),得到碳链增长的炔烃。

这类反应在有机合成中常被用作增碳。

$$CH_3C{\equiv}\overset{-}{C}\,Na^+ + CH_3CH_2Br \longrightarrow CH_3C{\equiv}C{-}CH_2CH_3$$

需注意：由于炔钠碱性非常强，采用仲卤烷或叔卤烷，将得到消除反应的产物。

含活泼氢(末端炔烃)的炔烃加到硝酸银或氯化亚铜的氨溶液中，立即生成炔化银的白色沉淀或炔化亚铜的砖红色沉淀

$$R{-}C{\equiv}CH \begin{cases} \xrightarrow{Ag(NH_3)_2NO_3} RC{\equiv}CAg\downarrow \quad \text{白色} \\[2mm] \xrightarrow{Cu(NH_3)_2Cl} RC{\equiv}CCu\downarrow \quad \text{红色} \end{cases}$$

$$R{-}C{\equiv}C{-}R' \begin{cases} \xrightarrow{Ag(NH_3)_2NO_3} \text{不反应} \\[2mm] \xrightarrow{Cu(NH_3)_2Cl} \text{不反应} \end{cases}$$

反应非常灵敏，现象显著，可用于炔烃结构鉴别。干燥的炔化银与炔化亚铜很不稳定，易受热发生爆炸，为避免危险，可将产物用稀硝酸分解。

②炔氢与醛酮的反应。具有炔氢的炔烃在碱的催化下，可以形成炔基负碳离子活性中间体，作为亲核试剂可与醛、酮进行亲核加成，而生成炔醇。例如

$$CH{\equiv}CH + HCHO \xrightarrow[\text{压力}]{KOH} CH{\equiv}C{-}CH_2{-}OH \xrightarrow[KOH,\text{压力}]{HCHO}$$

$$HO{-}CH_2{-}C{\equiv}C{-}CH_2{-}OH$$

$$CH{\equiv}CH + CH_3\overset{\overset{\displaystyle O}{\|}}{C}CH_3 \xrightarrow{KOH} CH{\equiv}C\overset{\overset{\displaystyle OH}{|}}{\underset{\underset{\displaystyle CH_3}{|}}{C}}CH_3$$

$$\xrightarrow[KOH]{CH_3\overset{\overset{\displaystyle O}{\|}}{C}CH_3} CH_3\overset{\overset{\displaystyle OH}{|}}{\underset{\underset{\displaystyle CH_3}{|}}{C}}{-}C{\equiv}C{-}\overset{\overset{\displaystyle OH}{|}}{\underset{\underset{\displaystyle CH_3}{|}}{C}}{-}CH_3$$

这些反应的产物中既有碳碳叁键又有羟基，能进行多种反应，可作为有机合成的原料。

四、二烯烃

分子中含有两个不饱和双键的开链烃称为二烯烃。其通式为 $C_nH_{2n-2}(n\geqslant 3)$。二烯烃与相同碳原子数的炔烃和环烯烃是同分异构体。根据二烯烃分子中两个双键相对位置的不同，可以把二烯烃分为三种不同的类型：

累积二烯烃：结构式为 $CH_2{=}C{=}CH_2$(丙二烯)，稳定性较差。

共轭二烯烃：结构式为 $CH_2{=}CH{-}CH{=}CH_2$(1,3 - 丁二烯)，有较好的稳定性。

隔离二烯烃：结构式为 $CH_2{=}CH{-}CH_2{-}CH{=}CH_2$(1,4 丁二烯)，与孤立双键性质相似。

本节主要讨论共轭二烯烃(conjugated dienes)的结构特点、命名法和性质特殊性。

1. 二烯烃的命名

二烯烃的命名与烯烃相似。所不同之处在于，因分子中含有两个双键应叫二烯，而主链

必须包括两个双键在内,同时应标明两个双键的位次。例如

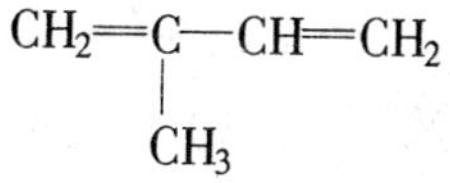

$$CH_2=C-CH=CH_2 \qquad CH_2=C=CH-CH_3$$
$$| \\ CH_3$$

    2-甲基-1,3-丁二烯   1,2-丁二烯

$$CH_2=CH-CH_2-CH_2-CH=CH_2$$

1,5-己二烯

    二烯烃因有双键,双键两端碳原子连接的原子或基各不相同时,也存在顺反异构现象。而且由于有两个双键的存在,异构现象比单烯烃更为复杂。命名时要逐个标明其构型。例如 2,4-己二烯就有三种构型不同的顺反异构体

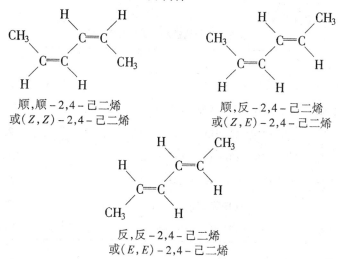

顺,顺-2,4-己二烯   顺,反-2,4-己二烯
或(Z,Z)-2,4-己二烯   或(Z,E)-2,4-己二烯

反,反-2,4-己二烯
或(E,E)-2,4-己二烯

    在 1,3-丁二烯分子中,两个双键还可以在 C—C(C-2 和 C-3 之间)σ 键的同侧或异侧存在两种不同的空间排布,但由于 σ 键可以自由旋转,这只是两种不同的构象式,而不是构型的不同,称为 s-顺式[①]和 s-反式。例如

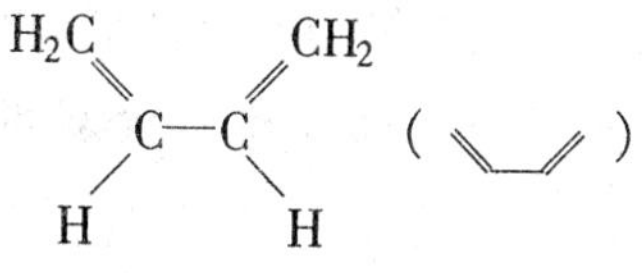

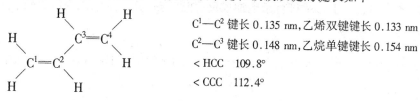

    s-顺-1,3-丁二烯 s-反-1,3-丁二烯
或 s-(Z)-1,3-丁二烯   或 s-(E)-1,3-丁二烯

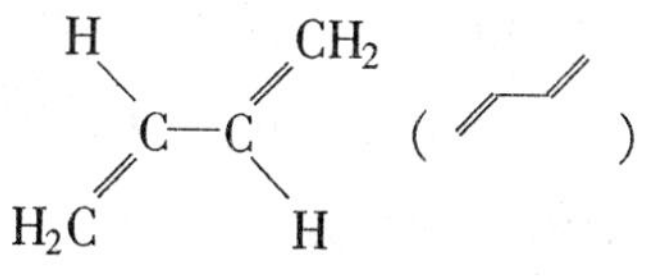

2.二烯烃的结构特点和稳定性

    共轭二烯烃分子中,由于 $\pi-\pi$ 共轭效应,使电子云密度发生了平均化,分子因共轭而能量降低。例如,1,3-丁二烯分子中,其碳碳单键和碳碳双键的键长如下

C^1—C^2 键长 0.135 nm,乙烯双键键长 0.133 nm

C^2—C^3 键长 0.148 nm,乙烷单键键长 0.154 nm

∠HCC 109.8°

∠CCC 112.4°

① s 指单键(single bond)。

共轭二烯烃的稳定性大小可以从各类烯烃和二烯烃氢化热数值(表 5.6)的比较得出结论。

从氢化热数值我们可以看出单烯烃的氢化热约为 126 kJ/mol,非共轭二烯烃的氢化热约为相似结构单烯烃的 2 倍。例如,1,4－戊二烯的氢化热为 254.4 kJ/mol,大约是 1－戊烯氢化热的 2 倍;1,5－己二烯的氢化热为 253.1 kJ/mol,大约是 1－己烯氢化热 2 倍。然而,共轭二烯烃的氢化热却比非共轭二烯烃的氢化热数值要低得多。例如,1,3－戊二烯的氢化热比 1,4－戊二烯低 28 kJ/mol(共轭能);1,3－丁二烯的氢化热比 1－丁烯氢化热的 2 倍低 14.7 kJ/mol。从中我们不难得出共轭二烯烃比非共轭二烯烃稳定。其稳定原因是分子内的 π 键共轭引起的。

表 5.6　部分烯烃和二烯烃的氢化热

化合物名称	结　　构	氢化热/$(kJ \cdot mol^{-1})$
1－丁烯	$CH_2=CHCH_2CH_3$	126.8
1,3－丁二烯	$CH_2=CH-CH=CH_2$	238.9
1－戊烯	$CH_2=CHCH_2CH_2CH_3$	125.9
1,3－戊二烯	$CH_2=CH-CH=CH-CH_3$	226.4
1,4－戊二烯	$CH_2=CH-CH_2-CH=CH_2$	254.4
1－己烯	$CH_2=CHCH_2CH_2CH_2CH_3$	125.9
1,5－己二烯	$CH_2=CHCH_2CH_2CH=CH_2$	253.1

3. 共轭二烯烃的性质

共轭二烯烃除了具有一般烯烃的通性外,还由于双键的共轭结构引起了它们在化学性质上的特殊性。

(1)1,2－加成和 1,4－加成。非共轭二烯烃 1,4－戊二烯与亲电试剂溴化氢的加成是分两个阶段进行的,反应几乎可看做是对孤立双键的加成,每一个双键加成都符合 Markovnikov 规则。

$$CH_2=CH-CH_2-CH=CH_2 \xrightarrow[CCl_4]{1mol\ HBr}$$

$$CH_3-\underset{\underset{Br}{|}}{CH}-CH_2-CH=CH_2 \xrightarrow[CCl_4]{1mol\ HBr} CH_3-\underset{\underset{Br}{|}}{CH}-CH_2-\underset{\underset{Br}{|}}{CH}-CH_3$$

共轭二烯烃 1,3－丁二烯进行亲电加成反应时,与一分子亲电试剂(如氢卤酸、卤素等)作用却能得到两种产物

$$CH_2=CH-CH_2=CH_2 \xrightarrow[CCl_4]{HBr} \underset{\underset{H}{|}}{CH_2}-\underset{\underset{Br}{|}}{CH}-CH=CH_2 + \underset{\underset{H}{|}}{CH_2}-CH=CH-\underset{\underset{Br}{|}}{CH_2}$$

1,2－加成产物的生成可以认为是烯烃正常的亲电加成产物,而 1,4－加成产物又是如何生成的呢?烯烃的亲电加成反应历程告诉我们,反应首先形成较稳定的正碳离子中间体。

$$CH_2{=}CH{-}CH{=}CH_2 + H^+ \longrightarrow$$

$$[CH_3{-}\overset{+}{C}H{-}CH{=}CH_2 \longleftrightarrow CH_3{-}CH{=}CH{-}\overset{+}{C}H_2]$$

这一中间体不是简单的仲正碳离子,而是被称做烯丙基正碳离子。由于形成 π 键的 p 轨道与正碳离子的空 p 轨道可以相互重叠,而使 π 电子流向缺电子的空 p 轨道(p－π 共轭),使正电荷分散,起到稳定正碳离子的作用,如图 5.2 所示。

图 5.2　$CH_3{-}CH{=}CH{-}\overset{+}{C}H_2$ 碳正离子的 p－π 共轭

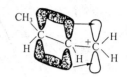

从中间体正碳离子的共振结构式我们可以得出 C^2 和 C^4 都可以带正电荷

$$CH_3{-}\overset{+}{C}H{-}CH{=}CH_2 \longleftrightarrow CH_3{-}CH{=}CH{-}\overset{+}{C}H_2 \equiv CH_3{-}\overset{\delta^+}{C}H{\cdots}CH{\cdots}\overset{\delta^+}{C}H_2$$

这样当卤素负离子与中间体正碳离子结合时,就有两个进攻位置,生成两种加成产物。

$$CH_3{-}\overset{\delta^+}{C}H{\cdots}CH{\cdots}\overset{\delta^+}{C}H_2 + Br^- \begin{cases} \xrightarrow{A} CH_3{-}CHBr{-}CH{=}CH_2 & \text{1,2－加成产物} \\ \xrightarrow{B} CH_3{-}CH{=}CH{-}CH_2Br & \text{1,4－加成产物} \end{cases}$$

具体到某个反应,究竟是 1,2－加成为主,还是 1,4－加成为主,则取决于反应物结构、试剂和溶剂性质以及反应温度等。一般溶剂极性强,有利于 1,4－加成产物的形成,例如,1,3－丁二烯与溴在－15℃进行加成反应,1,4－加成产物在正己烷中为 38%,在氯仿中为 63%,极性溶剂有利于 1,4－加成,这是因为强极性溶剂有利于离子的溶剂化,1°正碳离子比 2°正碳离子空间阻碍小,更有利于溶剂化,因而稳定,使反应较易进行。

反应温度也有影响,一般低温有利于 1,2－加成,温度升高有利于 1,4－加成。例如,1,3－丁二烯与溴化氢在不同温度下的加成

$$CH_2{=}CH{-}CH{=}CH_2 + HBr \begin{cases} \xrightarrow{-80℃} \underset{80\%}{CH_2{=}CH{-}CHBr{-}CH_3} + \underset{20\%}{BrCH_2{-}CH{=}CH{-}CH_3} \\ \xrightarrow{40℃} \underset{20\%}{CH_2{=}CH{-}CHBr{-}CH_3} + \underset{80\%}{BrCH_2{-}CH{=}CH{-}CH_3} \end{cases}$$

1,2－加成产物随温度升高可以重排为 1,4－加成产物而达平衡

$$CH_2{=}CH{-}CHBr{-}CH_3 \xrightleftharpoons{HBr,40℃} BrCH_2{-}CH{=}CH{-}CH_3$$

从反应能量关系图(图 5.3)可以看出,中间体正碳离子与溴负离子结合生成 1,2－加成和 1,4－加成物的活化能大小和产物稳定性高低。

反应温度较低时,生成产物的比例决定于反应速度,反应速度受控于活化能的大小,活化能越小,则越容易克服能垒,反应就越快。由于 $E_{A(1,2)} < E_{A(1,4)}$,所以低温有利于 1,2－加成方式。当温度升高以后,反应物粒子的动能增大,活化能能垒已不足以阻碍反应的进程,这时

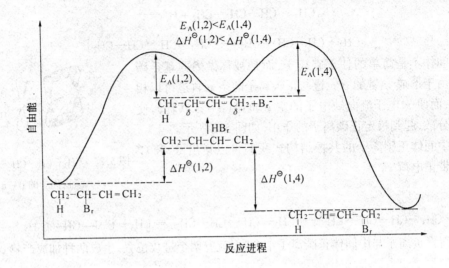

图 5.3　　$CH_3 \overset{\delta^+}{C} H {=\!=\!=} CH {=\!=\!=} \overset{\delta^+}{C} H_2 + Br^-$ 的反应能量关系图

决定产物的主要因素不再是活化能大小,而是化学平衡问题,即达到平衡时产物的相对稳定性问题,产物越稳定,达到平衡越有利。因为 $\Delta H^{\ominus}_{(1,2)} < \Delta H^{\ominus}_{(1,4)}$,说明 1,4 - 加成产物更稳定,所以高温对 1,4 - 加成方式更有利。这种低温时由反应速率控制产物比例的现象称为速度控制或动力学控制。在高温时由产物间平衡控制产物比例的现象称为平衡控制或热力学控制。这两种观点常用来分析生成多种产物的相对比例。

(2)狄尔斯 - 阿德耳(Diels - Alder)反应——双烯合成。丁二烯与顺丁烯二酸酐在苯溶液中加热,可以生成环状的 1,4 - 加成物。

$$\text{CH}_2 \text{=} \text{HC} \text{-} \text{HC} \text{=} \text{CH}_2 \quad + \quad \text{顺丁烯二酸酐} \quad \xrightarrow[\text{苯溶液}]{100℃} \quad \text{环状 1,4 - 加成物(100\%)}$$

顺丁烯二酸酐　　　　　　　　　　　　环状 1,4 - 加成物(100%)

共轭双烯的环状 1,4 - 加成的反应物可分为两部分:一为共轭双烯部分,要求双烯必须处于顺式构象(构型),若在丁二烯骨架上带有给电子基团,对反应有利,产率高,反应温度也低,如 2,3 - 二甲基丁二烯与丙烯醛的反应就比丁二烯快 5 倍;另一为含有碳碳双键或叁键的化合物,又称之为亲双烯体部分。若双键上带有吸电子基团,有利于此反应进行。如带有 —CHO,—COR,—COOR,—CN,—NO$_2$ 等。若将上面反应中亲双烯体部分改为乙烯,则反应温度需在 200℃才能反应,而且产率仅有 20%。

实验证实共轭双烯上带吸电子基,亲双烯体上带给电子基,将它们放在一起反应,同样可很快地进行 1,4 - 环状加成。

这一反应的特点是立体专一性强。主要表现在:

①反应为顺式加成,产物中仍保持亲双烯体的构型。如

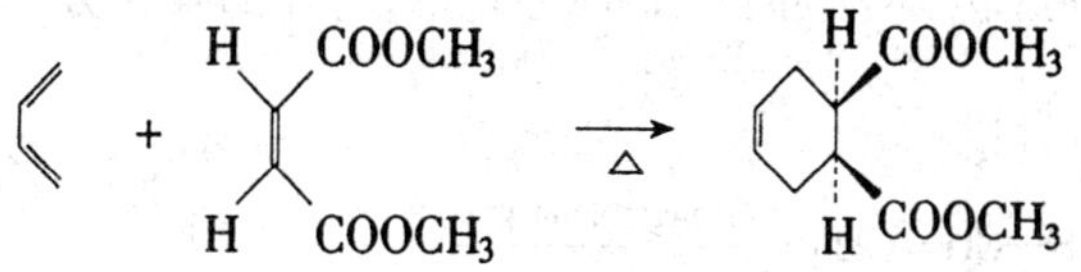

顺 – 丁烯二酸二甲酯　　　　　　顺 – 4 – 环己烯 – 1,2 – 二甲酸二甲酯

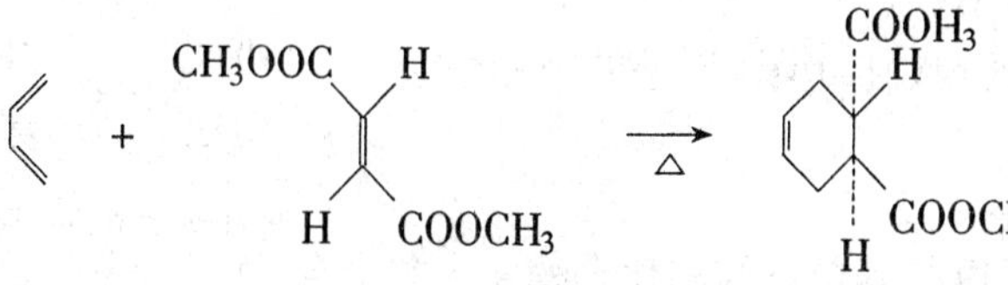

反 – 丁烯二酸二甲酯　　　　　　反 – 4 – 环己烯 – 1,2 – 二甲酸二甲酯

②固定为反式构象的共轭双烯不能进行此反应。如

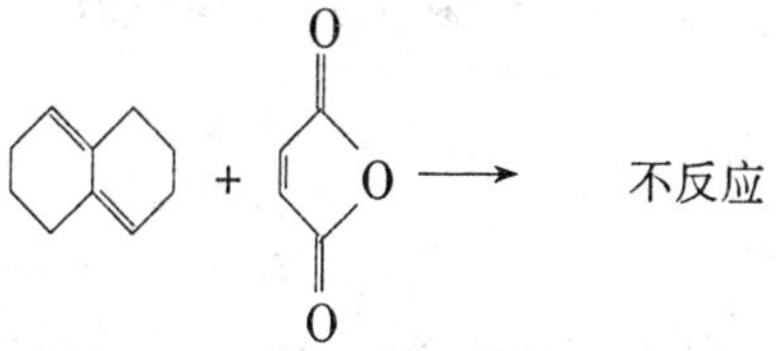

不反应

③环状共轭双烯与顺丁烯二酸酐类反应得内型加成产物。如

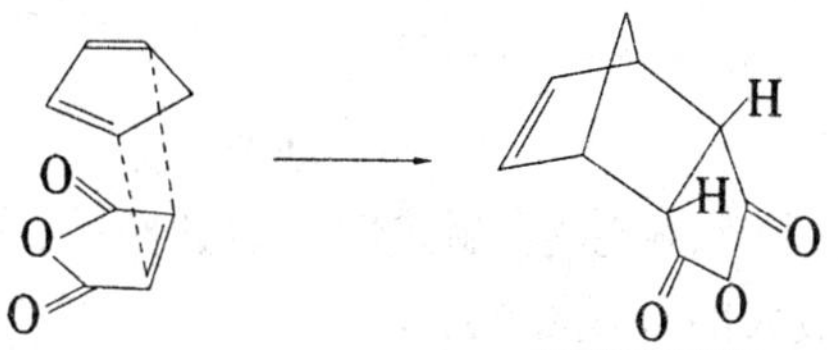

内型(主要的)

所谓内型,即亲双烯体中的其他不饱和基团,在加成产物中倾向于靠近二烯烃中新生成的双键一侧。

双烯合成作为协同反应的一类典型反应在理论研究上占有重要地位。通过双烯合成可以制备六元环的碳环化合物,也可以用杂原子代替双烯体或亲双烯体中的碳原子,这样就可一步合成六元杂环化合物,在生产上具有实际意义。同时,顺丁烯二酸酐与共轭二烯烃的双烯合成产物在上述条件下为固体,所以也可以利用此反应鉴别或提纯共轭二烯烃。

(3)聚合反应和合成橡胶。共轭二烯烃也容易进行聚合反应,生成高相对分子质量聚合物。在聚合时,与加成反应类似,可以 1,2 – 加成聚合,也可以 1,4 – 加成聚合。在 1,4 – 加成聚合时,既可以顺式聚合,也可以反式聚合。同时,既可以自身聚合,也可以与其他化合物发生共聚。共轭二烯烃的聚合反应是制备合成橡胶的基本反应,很多合成橡胶是 1,3 – 丁二烯或 2 – 甲基 – 1,3 – 丁二烯及其衍生物的聚合物,或与其他化合物的共聚物。

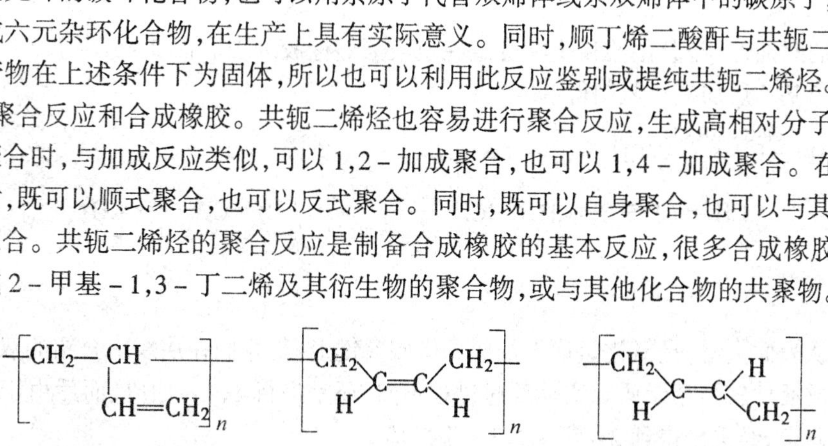

1,3 – 丁二烯或 2 – 甲基 – 1,3 – 丁二烯在特殊的催化剂四卤化钛 – 三烷基铝作用下,主要按 1,4 – 加成方式,进行顺式加成聚合,生成顺丁橡胶或顺 – 1,4 – 聚异戊二烯橡胶。采用环烷酸镍 – 三氟化硼乙醚络合物 – 三异丁基铝作催化剂,则顺 – 1,4 – 加成聚合产物含

量更高。这一类催化剂统称为 Ziegler – Natta 催化剂,这样的聚合方式通常称为定向聚合。

$$n\,CH_2{=}CH{-}CH{=}CH_2 \xrightarrow{\text{Ziegler}-\text{Natta 催化剂}} \left[\begin{array}{c} CH_2 \quad\quad CH_2 \\ \diagdown\;\;\diagup \\ C{=}C \\ \diagup\quad\quad\diagdown \\ H\quad\quad\quad H \end{array}\right]_n$$
顺丁橡胶

$$n\,CH_2{=}\underset{\underset{CH_3}{|}}{C}{-}CH{=}CH_2 \xrightarrow{\text{Ziegler}-\text{Natta 催化剂}} \left[\begin{array}{c} CH_2 \quad\quad CH_2 \\ \diagdown\;\;\diagup \\ C{=}C \\ \diagup\quad\quad\diagdown \\ CH_3\quad\quad H \end{array}\right]_n$$
顺 -1,4- 聚异戊二烯橡胶

1,3 – 丁二烯也可以与其他不饱和化合物发生共聚合,而生成其他品种的合成橡胶。例如,丁苯橡胶就是由 1,3 – 丁二烯与苯乙烯共聚而成的。

$$m\,CH_2{=}CH{-}CH{=}CH_2 + n\,CH{=}CH_2 \xrightarrow{\text{过氧化物}}$$

苯乙烯

$$\cdots{-}CH_2{-}CH{=}CH{-}CH_2{-}CH{-}CH_2{-}\cdots$$

丁苯橡胶

丁苯橡胶具有良好的耐老化性、耐油性、耐热性和耐磨性等,主要用于制备轮胎和其他工业制品,是目前世界上产量最大的合成橡胶。

2 – 氯 –1,3 – 丁二烯聚合则生成氯丁橡胶

$$n\,CH_2{=}CH{-}\underset{\underset{Cl}{|}}{C}{=}CH_2 \xrightarrow{\text{聚合}} \left[\begin{array}{c} CH_2{-}CH{-}C{-}CH_2 \\ \quad\quad\quad\;| \\ \quad\quad\quad Cl \end{array}\right]_n$$
氯丁橡胶

氯丁橡胶的耐油性、耐老化性和化学稳定性也较天然橡胶为强。而 2 – 氯 –1,3 – 丁二烯一般可由乙烯基乙炔加氯化氢制得

$$2\,CH{\equiv}CH \xrightarrow{Cu_2Cl_2,\,NH_4Cl} CH_2{=}CH{-}C{\equiv}CH$$

$$CH_2{=}CH{-}C{\equiv}CH + HCl \xrightarrow{Cu_2Cl_2,\,NH_4Cl} CH_2{=}CH{-}\underset{\underset{Cl}{|}}{C}{=}CH_2$$
2 – 氯 –1,3 – 丁二烯

这个反应从表面上看,是氯化氢优先加成到碳碳叁键上,与我们在炔烃中介绍的双键比叁键的亲电加成活性较强相矛盾。实际反应过程不然,还是进行 1,4 – 加成,而后由于生成的中间产物不稳定,经重排得到 2 – 氯 –1,3 – 丁二烯。

为什么在 1,4 – 加成中,氢加到叁键次甲基碳原子上,而氯加到另一端双键的亚甲基碳原子上呢? 这是因为连接双键和叁键碳原子的 σ 键是 sp^2 杂化轨道与 sp 杂化轨道所构成。sp 杂化碳原子比 sp^2 杂化碳原子表现较大的电负性,它吸引电子的结果使乙烯基乙炔呈现如

下的极化

$$\overset{\delta+}{CH_2}=CH-C\equiv\overset{\delta-}{CH}$$

$$\overset{\delta+}{CH_2}=CH-C\equiv\overset{\delta-}{CH}+\overset{\delta+}{H}-\overset{\delta-}{Cl}\longrightarrow \underset{Cl}{CH_2-CH=C=CH_2}$$

$$\underset{Cl}{CH_2-CH-C=CH_2}\longrightarrow \underset{Cl}{CH_2=CH-C=CH_2}$$

所以得到如上的 1,4 – 加成结果。

合成橡胶是线性高分子化合物,需在加热下用硫磺或其他物质进行处理,使之进行交联,这个过程称为橡胶的硫化。天然橡胶和合成橡胶都必须经硫化处理,才能使用。

5.2　脂环烃

碳原子相互连接成环状结构,而性质与开链的脂肪族碳氢化合物相似的一类碳环化合物,称为脂环烃。按构成脂环烃的环数目的不同,分为单环、二环或多环脂环烃。根据环上是否含有不饱和键,又分为饱和脂环烃和不饱和脂环烃。饱和脂环烃叫环烷烃,而不饱和脂环烃又分为环烯烃和环炔烃。环烷烃的通式为 C_nH_{2n},与同碳原子数的烯烃互为同分异构体。环烯烃的通式为 C_nH_{2n-2},与同碳原子数的炔烃及二烯烃互为同分异构体。

一、脂环烃的结构

环烷烃中随着环的大小不同,其稳定性各不相同,这是由于环烷烃中存在着张力,此张力包括角张力、扭转张力、空间张力和偶极作用力。任何与正常键角的偏差都可造成张力,影响稳定性,这种影响称为角张力。小环环烷烃环丙烷和环丁烷,其环上碳碳键之间的夹角为 60° 和 90°,与正常键角 109°28′ 的偏差很大,两个 sp^3 杂化轨道不能形成轴对称重叠,位能较高,易开环恢复正常键角。而五元以上环,其成环的碳原子可以不在同一平面上,从而基本上能保持正常键角,环较稳定。在两个 sp^3 杂化的碳原子之间任何与稳定的交叉式构象的偏差都会使稳定性下降,位能升高,此影响称为扭转张力。例如,环己烷的船式和椅式构象,椅式环己烷相邻碳都是交叉式,船式中有两对碳是重叠式,其余为交叉式,所以船式扭转张力大,椅式扭转张力小,是一种稳定的构象。空间张力是指非成键原子或基,相距如大于范德华半径之和,则产生范德华引力;若小于范德华半径,将产生斥力,引起不稳定。如船式环己烷中 1,4 碳上的氢之间距离小于范德华半径,有空间张力。椅式中 1,4 碳上的氢相距很远,没有空间张力。偶极作用力是指非成键原子或基团间的偶极相斥或相吸,以及氢键都会影响环的稳定性。

二、脂环烃的命名

1. 环烷烃的命名

环烷烃根据成环碳原子数称为环某烷,环上带有的支链作为取代基,当有多个取代基时,则给母体环按一定方向编号,并使取代基位次最小,同时给较小取代基以较小的位次。

例如

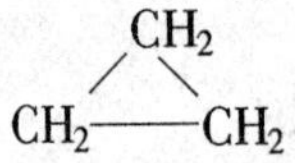

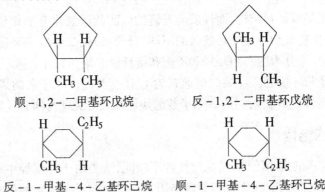

环丙烷 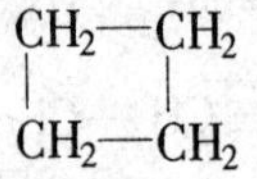　　　　　　环丁烷 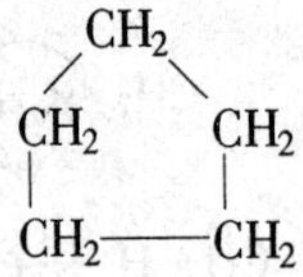　　　　　　环戊烷 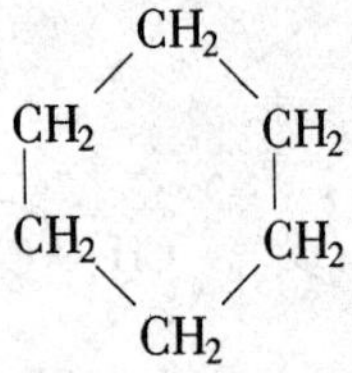　　　　　　　环己烷

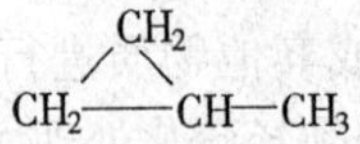

甲基环丙烷 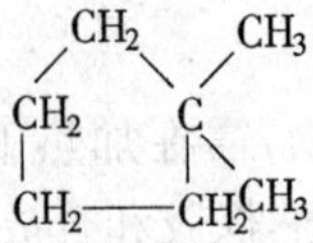　　　1,1-二甲基环戊烷 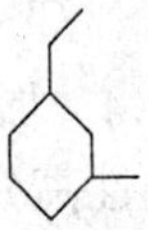　　1-甲基-3-乙基环己烷

　　若将环烷烃近似看做平面型分子的话,当环上两个或两个以上取代基分别处于不同碳原子上时,存在构型异构体,可以用顺/反命名法则给予注明。例如

顺-1,2-二甲基环戊烷　　　　反-1,2-二甲基环戊烷

反-1-甲基-4-乙基环己烷　　　顺-1-甲基-4-乙基环己烷

2. 环烯烃的命名

　　以不饱和碳环作为母体,支链作为取代基。碳原子位次编号应使不饱和键的位次最小,不饱和键两端碳原子位次应连续。例如

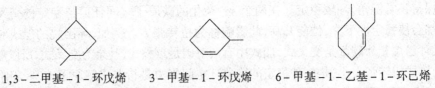

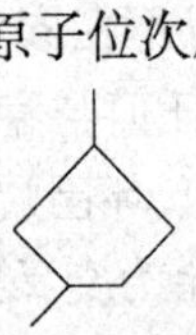

1,3-二甲基-1-环戊烯　　　3-甲基-1-环戊烯　　　6-甲基-1-乙基-1-环己烯

3. 桥环和螺环化合物的命名

　　脂环烃分子中含有两个或两个以上碳环的化合物称为多环烃,其中通过共用两个碳原子的双环结构称为桥环化合物,而通过共用一个碳原子的双环结构称为螺环化合物。

　　桥环化合物中共用的两个碳原子称做"桥头碳",两个桥头碳之间由三条"桥"所连接。桥环化合物命名原则:

　　(1)对组成桥环化合物的碳原子进行编号。从某一"桥头碳"作起点,首先沿最长的桥编至另一个"桥头碳";随后继续编较长桥至起始"桥头碳",最后编余下最短的桥。

　　(2)在满足上述原则(1)的条件下,应尽可能使取代基或不饱和键的位次较小。

　　(3)桥环化合物书写格式为:取代基二环[x.y.z]某烷。方括号中的三个数字分别代表不包括桥头碳的最长桥的碳原子数 x、较长桥的碳原子数 y 和最短桥的碳原子数 z。组成桥环化合物的成环碳原子总数称为某烷。例如

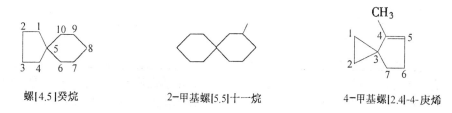

二环[3.2.1]辛烷　　2-甲基二环[2.2.1]-2-庚烯　　7,7-二甲基二环[4.1.0]庚烷

螺环化合物中两环共用的碳原子称为螺原子。螺环化合物命名原则：

(1)从小环一端与螺原子相邻的碳原子沿环编号,经螺原子再编另一大环,编号时注意取代基位次应尽可能小。

(2)螺环化合物书写格式为取代基螺[y.x]某烷。方括号中的两个数字分别代表不包括螺原子的小环碳原子数 y 和大环碳原子数 x。例如

螺[4.5]癸烷　　　　　　2-甲基螺[5.5]十一烷　　　　　4-甲基螺[2.4]-4-庚烯

三、环己烷及其衍生物的构象

在环烷烃中,环己烷最稳定,环己烷的衍生物在合成产物及自然界中存在最广。在没有角张力的环己烷中,椅式构象是稳定的构象。船式比椅式能量高 30 kJ/mol,在常温下处于相互转变的动态平衡,但主要以稳定的椅式构象存在。

1. 一取代环己烷的构象

椅式环己烷中共有 12 个碳氢键,其中 6 个是垂直平面向上的称为直立键(也叫 a 键),另外 6 个是向外伸出,称为平伏键(也叫 e 键)。环己烷的一元取代衍生物,当取代基连在 a 键时,与相邻碳所连的碳架处于邻位交叉的位置,而取代基连在 e 键时,与相邻碳所连的碳架处于对位交叉位置。所以从空间张力和扭转张力来看,取代基处于平伏键比处于直立键稳定,它们之间的位能差为 7.1 kJ/mol,取代基越大越明显。

2. 二取代环己烷的构象

环己烷中有两个取代基时则产生顺反异构。例如,顺-1,2-二甲基环己烷的构象只能一个处于 e 键,一个处于 a 键;而反-1,2-二甲基环己烷的两个甲基都可能处于 e 键,从而具有更稳定的构象。所以反-1,2-二甲基环己烷比顺-1,2-二甲基环己烷要稳定。1,4-二甲基环己烷同 1,2-二甲基环己烷,也是反式异构体稳定。间位的 1,3-二甲基环己烷正相反,顺式的可以两个甲基同处于 e 键,具有稳定的构象,所以顺式异构体相对较稳定。

对于 1,2-与 1,3-二取代环己烷,在分析它们构象稳定性时,不仅要考虑直立键和平伏键对稳定性的影响,还要考虑这两个基团(原子)相互作用(如空间位阻、极性斥力与吸力、氢键等)对稳定性的影响。如反-1,2-二溴环己烷,不仅溴原子体积较大,而且双 e 键构象的两个溴原子间斥力也相当大。由于双 e 键的反-1,2-二溴环己烷通过键旋转可变成双

a 键的反 - 1,2 - 二溴环己烷(两个溴原子仍处在环的两面,所以仍是反式),这样,两方面综合,它们的双 e 键和双 a 键构象各占一半。

四、环烷烃的性质

环烷烃的沸点、熔点和相对密度都比同碳原子数的开链脂肪烃为高。常见环烷烃的物理常数如表 5.7 所示。

表 5.7　一些环烷烃的物理常数

名　　称	熔点/℃	沸点/℃	相对密度 d_4^{20}
环 丙 烷	- 127.6	- 32.9	0.720(- 79℃)
环 丁 烷	- 80	12	0.703(0℃)
环 戊 烷	- 93	49.3	0.745
甲基环戊烷	- 142.4	72	0.779
环 己 烷	6.5	80.8	0.779
甲基环己烷	- 126.5	100.8	0.769
环 庚 烷	- 12	118	0.810
环 辛 烷	11.5	148	0.836

环烷烃和烷烃一样,是一类饱和化合物,它们的化学性质与烷烃相似,也能发生取代和氧化反应。但由于有碳环结构,特别是不稳定的小环,化学性质活泼,如环丙烷的弯曲键较弱,易开环发生加成反应。

1. 取代反应

环戊烷、环己烷以及更高级的环烷烃,在光或热的作用下,可以发生自由基取代反应,生成相应的卤化物。例如

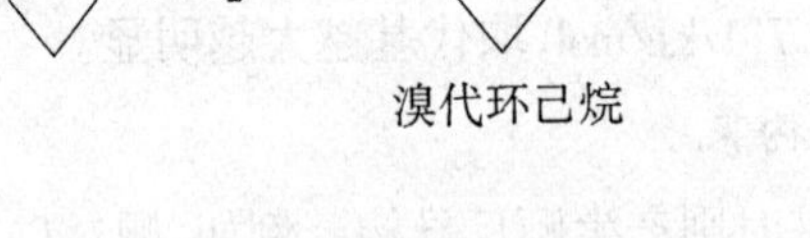

氯代环戊烷

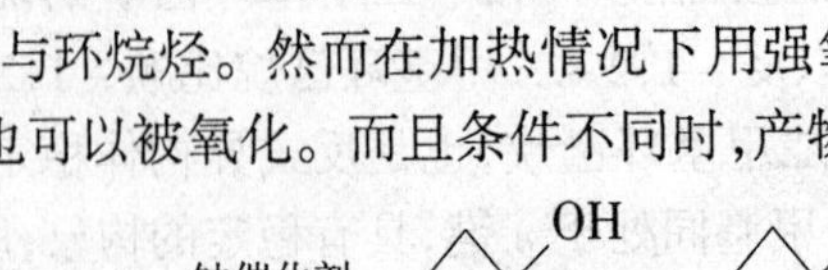

溴代环己烷

2. 氧化反应

环烷烃在常温下,用一般氧化剂如高锰酸钾水溶液或臭氧等不能使其氧化,所以仍可用高锰酸钾水溶液来鉴别烯烃与环烷烃。然而在加热情况下用强氧化剂,或在催化剂存在下用空气直接氧化,则环烷烃也可以被氧化。而且条件不同时,产物也各异。例如

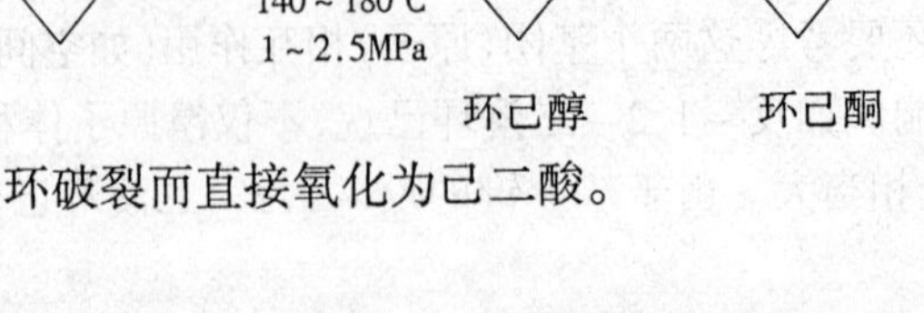

环己醇　　　环己酮

更强的氧化条件则环破裂而直接氧化为己二酸。

$$\text{（六元环）} \xrightarrow[\text{或 HNO}_3,\triangle]{\substack{O_2,\text{钴催化剂,}\\ \text{醋酸,100℃左右}}} \begin{array}{l} CH_2-CH_2-COOH \\ | \\ CH_2-CH_2-COOH \end{array}$$
己二酸

己二酸是合成尼龙-66的原料。

3. 加成反应

小环环烷烃,主要是环丙烷和环丁烷,虽然没有碳碳双键,但与烯烃相似,容易打开环而进行加成反应,这是小环环烷烃的特殊反应。

(1)加氢。在催化剂的作用下,环丙烷、环丁烷与氢可以进行加成反应,打开环而一边加上一个氢原子,得到的产物为开链的烷烃。例如

$$\text{△} + H_2 \xrightarrow[80℃]{Ni} CH_3-CH_2-CH_3$$

$$\text{□} + H_2 \xrightarrow[200℃]{Ni} CH_3-CH_2-CH_2-CH_3$$

不难看出,环丁烷比环丙烷要稳定,开环比较困难,从而开环加氢要求较高的反应条件。环戊烷则更稳定,需要更强烈的反应条件才能开环加氢。

$$\text{（五元环）} + H_2 \xrightarrow[300℃]{Ni} CH_3-CH_2-CH_2-CH_2-CH_3$$

环己烷及更高级的环烷烃开环加氢则更为困难。

(2)加卤素。环丙烷及其烷基衍生物不仅容易加氢,而且容易开环与卤素加成。如环丙烷与溴在常温即可开环进行加成反应,生成1,3-二溴丙烷。

$$\text{△} + Br_2 \xrightarrow[\text{室温}]{CCl_4} \begin{array}{l} CH_2-CH_2-CH_2 \\ | \qquad\qquad | \\ Br \qquad\quad Br \end{array}$$

环丁烷与溴在常温下不反应,必须加热才能开环加成。

$$\text{□} + Br_2 \xrightarrow{\triangle} \begin{array}{l} CH_2-CH_2-CH_2-CH_2 \\ | \qquad\qquad\qquad\quad | \\ Br \qquad\qquad\qquad Br \end{array}$$

因此,一般不宜用溴褪色的方法来区别环烷烃与烯烃。环戊烷以上的环烷烃难与溴进行开环加成反应,但温度升高时则发生自由基取代反应。

(3)加卤化氢。环丙烷及其烷基衍生物也容易与卤化氢进行开环加成反应。

$$\text{△} + HBr \longrightarrow \begin{array}{l} CH_2-CH_2-CH_2 \\ | \qquad\qquad | \\ H \qquad\quad Br \end{array}$$

当烷基取代的环丙烷与卤化氢进行开环加成反应时,环的断裂发生在连接氢原子最多与连接氢原子最少的两个成环碳原子之间。而且符合不对称加成规则,氢加到含氢较多的成环碳原子上,而卤素加到含氢较少的成环碳原子上。例如

$$CH_3-CH-CH_2 + HBr \longrightarrow CH_3-CH-CH_2-CH_2$$
$$\underset{CH_2}{\diagup} \qquad\qquad \underset{Br}{} \quad \underset{H}{}$$

$$\underset{CH_3}{\overset{CH_3}{>}}C-CH-CH_3 + HBr \longrightarrow CH_3-\overset{CH_3\ CH_3}{C}-\overset{}{CH}-CH_2$$
$$\underset{CH_2}{\diagup} \qquad\qquad\qquad \underset{Br}{} \qquad \underset{H}{}$$

环丁烷以上的环烷烃在常温下则难与卤化氢进行开环加成反应。

5.3 芳 烃

　　芳烃是芳香族化合物的母体。大多数芳烃含有苯的六碳环结构,这类化合物从碳氢之比看,应具有高度不饱和性,但实际上却是比较稳定的,与脂肪烃和脂环烃不同,在化学性质上容易进行取代反应而不易进行加成和氧化反应,这种特性称为芳香性,因此长期以来把苯及其衍生物称为芳香族化合物。随着有机化学的进一步发展,发现一些不具有苯环结构的环状烃,也有特殊的稳定性,化学性质上也与苯及其衍生物有着共同的特性——芳香性,这类环状烃称为非苯芳烃。

　　根据芳烃分子中是否含有苯环以及所含苯环的数目和连接方式的不同,芳烃可分为以下三类:

　　(1)单环芳烃。分子中只含有一个苯环,如苯、甲苯、苯乙烯等。

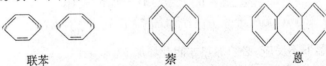

苯　　　　　　　甲苯　　　　　　　苯乙烯

　　(2)多环芳烃。分子中含有两个或两个以上苯环,如联苯、萘、蒽等。

联苯　　　　　　　萘　　　　　　蒽

　　(3)非苯芳烃。分子中不含有苯环,但含有结构及性质与苯环相似的芳环,并具有芳香族化合物的共同特性。如环戊二烯负离子、环庚三烯正离子、䓬等。

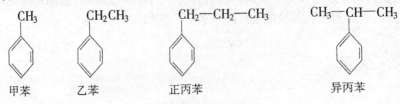

环戊二烯负离子　　　　环庚三烯正离子　　　　　䓬

一、单环芳烃

1. 单环芳烃的命名
单环芳烃的命名通常是以苯环为母体,称为某烷基苯("基"字常省略)。例如

$$\underset{甲苯}{\overset{CH_3}{\diagup}}\qquad \underset{乙苯}{\overset{CH_2CH_3}{\diagup}}\qquad \underset{正丙苯}{\overset{CH_2-CH_2-CH_3}{\diagup}}\qquad \underset{异丙苯}{\overset{CH_3-CH-CH_3}{\diagup}}$$

当苯环上连有两个或两个以上取代基时,由于它们在环上的相对位置不同,命名时应表明它们的相应位置。若苯环上仅有两个取代基时,常用邻、间、对来标明它们的相对位置。"邻"、"间"、"对"的英文分别是 ortho、meta、para,表示取代位置时,用 $o-$、$m-$、$p-$,例如

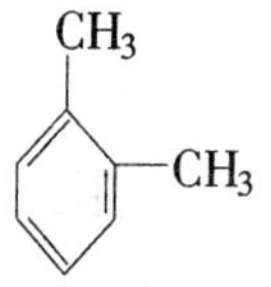

邻二甲苯　　　　　间二甲苯　　　　　对二甲苯
($o-$二甲苯)　　　($m-$二甲苯)　　　($p-$二甲苯)

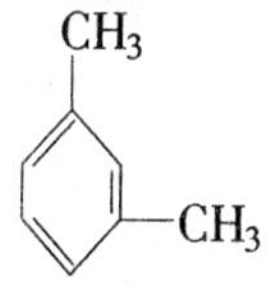

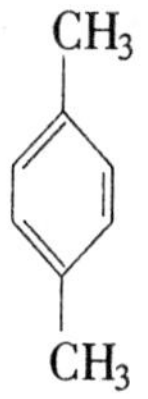

若苯环上有 3 个取代基,可用阿拉伯数字标记取代基的位置,也可用"连"、"偏"、"均"表明其相对位置。例如

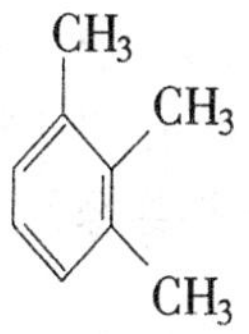

1,2,3-三甲苯　　　1,2,4-三甲苯　　　1,3,5-三甲苯
(连三甲苯)　　　　(偏三甲苯)　　　　(均三甲苯)

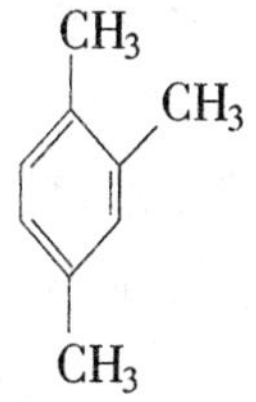

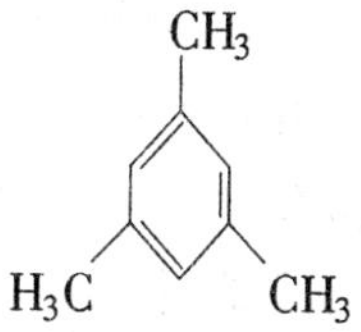

当侧链结构复杂或侧链上有不饱和键或有多个苯环时,常以侧链烃为母体,芳环作为取代基来命名。例如

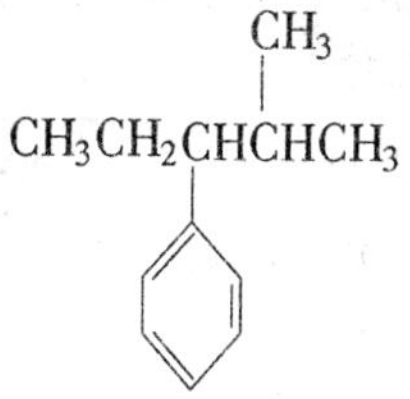

2-甲基-3-苯基戊烷 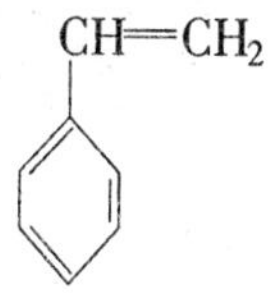　　　苯乙烯 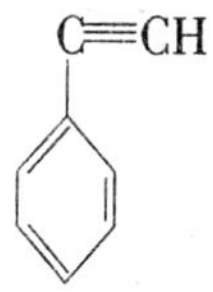　　　苯乙炔

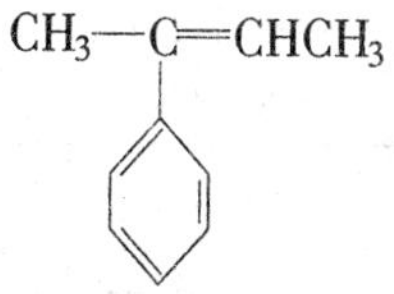

2-苯基-2-丁烯 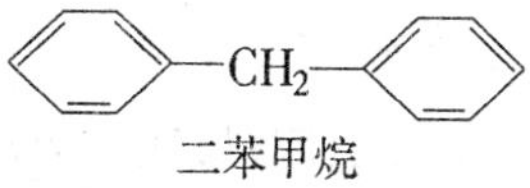　　　　　二苯甲烷

芳烃分子的芳环上减去一个氢原子后所剩下的原子团叫芳基,常用 Ar—(Aryl 的缩写)表示。最常见和最简单的一价芳基为苯基 C_6H_5—,常用 Ph-(Phenyl 的缩写)表示;$C_6H_5CH_2$—叫苄基或苯甲基。常见的三种甲苯基为

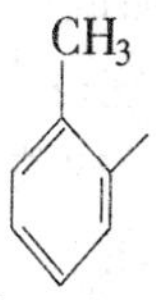

邻甲苯基 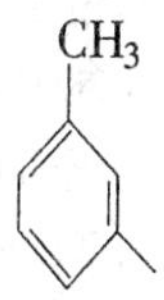　　　　间甲苯基 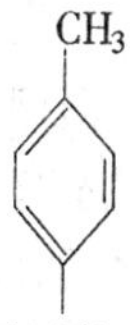　　　　对甲苯基

(3)当苯环上连有多个不同官能团取代基时,应根据取代基排列先后的优先顺序选择母

体,母体确定后再标明其他取代基的相对位置。取代基排列先后顺序为:—COOH、—SO₃H、—COOR、—COCl、—CONH₂、—CN、—CHO、$—\overset{\overset{\displaystyle O}{\|}}{C}—$、—OH(醇)、—OH(酚)、—SH、—NH₂、—C≡C—、$\overset{\diagup}{\underset{\diagdown}{C}}=\overset{\diagdown}{\underset{\diagup}{C}}$、—R、—X、—NO₂。

例如

　　4-甲基苯酚　　　　2-甲基-5-溴苯磺酸　　　　4-硝基-3-氯乙苯

2. 单环芳烃的物理性质

单环芳烃一般为无色液体,比水轻,不溶于水,易溶于汽油、乙醚和四氯化碳等有机溶剂。苯及其同系物有毒,长期吸入它们的蒸汽能损坏造血器官和神经系统,因此,使用时要切实采用防护措施,以防中毒。

单环芳烃的沸点随相对分子质量增加而升高,每增加一个亚甲基,沸点增加20~30℃。熔点的规律比较复杂,不仅与相对分子质量大小有关,还与分子的形状及分子的对称性关系很大,例如,二取代苯的对位异构体的熔点一般比邻位和间位异构体高,这可能是由于对位异构体分子对称,晶格能较大之故。一些常见的单环芳烃的物理性质如表5.8所示。

表5.8　一些常见单环芳烃的物理性质

化合物	熔点/℃	沸点/℃	相对密度 d_4^{20}	化合物	熔点/℃	沸点/℃	相对密度 d_4^{20}
苯	5.5	80.1	0.879	乙苯	-95	136.2	0.867
甲苯	-95	111.6	0.867	正丙苯	-99.6	15.3	0.862
邻二甲苯	-25.2	144.4	0.880				
间二甲苯	-47.9	139.1	0.864	异丙苯	-96	152.4	0.862
对二甲苯	13.2	138.4	0.861	苯乙烯	-33	145.8	0.906

3. 单环芳烃的化学性质

芳烃容易发生亲电取代反应,反应时芳环体系不变。由于芳环的稳定性,只有在特殊的条件下才能起自由基加成及还原加成反应。侧链烃基则具有脂肪烃的基本性质,可以发生氧化反应和自由基取代反应。

(1)加成反应。苯比烯烃、炔烃难于进行加成反应,如与溴的四氯化碳溶液、溴化氢都不能发生反应。但是苯在强烈的或特殊条件下还是可以发生加成反应,不过生成的产物不能停留在环己二烯及环己烯加成物的阶段,而是加成到饱和。这是由于苯环较稳定,如果要进行加成必须在强烈的条件下才有可能,但是一经加成后,环闭的共轭体系就被破坏,加成容易进行下去,所以不能停留在加成打开一个或两个双键的阶段上。

①加氢还原。苯在催化剂存在时,于较高温度或加压下才能加氢生成环己烷。这是工业上生产环己烷的方法,所得产物纯度较高。

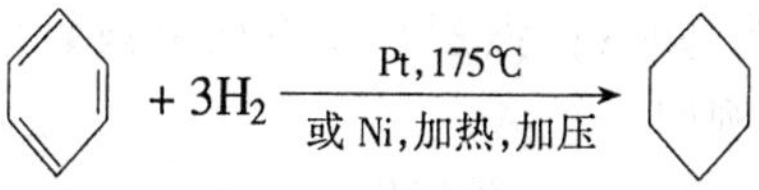

$$\text{苯} + 3H_2 \xrightarrow[\text{或 Ni,加热,加压}]{Pt,175℃} \text{环己烷}$$

②自由基加氯。在紫外线照射下,苯才能与氯作用生成六氯化苯。

$$Cl_2 \xrightarrow{\text{光}} 2Cl\cdot$$

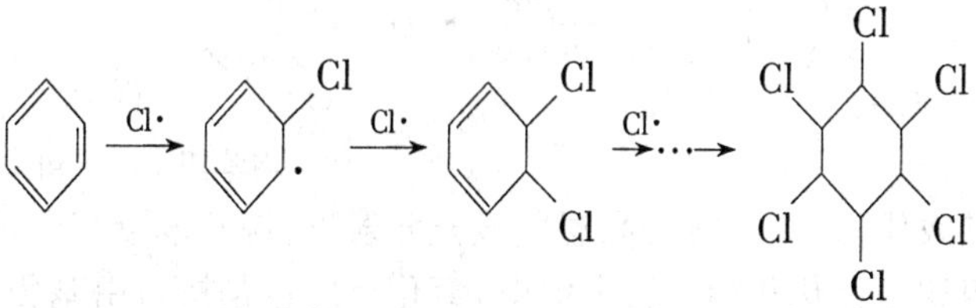

六氯化苯

六氯化苯($C_6H_6Cl_6$)简称六六六。目前已知的六氯化苯八种异构体中,只有 γ 异构体具有显著的杀虫活性,它的含量在混合物中占 18% 左右。六六六是一种有效的杀虫剂,但由于它的化学性质稳定,残存毒性大,目前基本上已被高效低毒的农药代替。

(2)氧化反应。苯环在一般条件下不被氧化,但在特殊条件下,也能发生氧化而使苯环破裂。例如在催化剂存在下,于高温时,苯可被空气氧化而生成顺丁烯二酸酐。

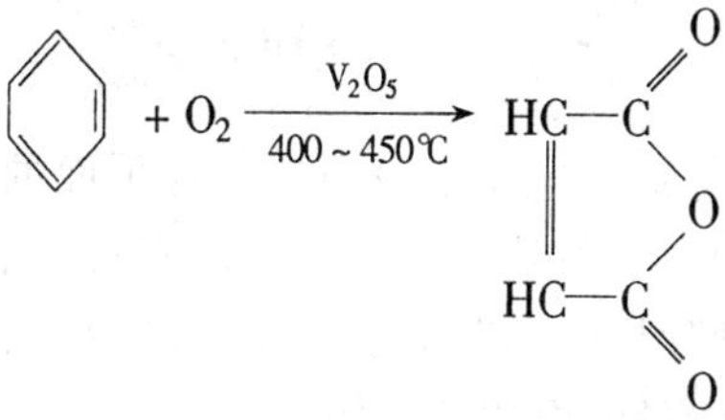

此反应称为脱氢反应,也属于氧化反应。

(3)芳烃侧链反应。

①氧化反应。常见的氧化剂如高锰酸钾、重铬酸钾加硫酸、稀硝酸等都不能使苯环氧化。烷基苯在这些氧化剂存在下,只有支链发生氧化,例如

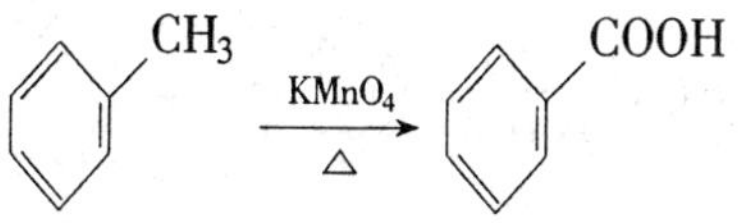

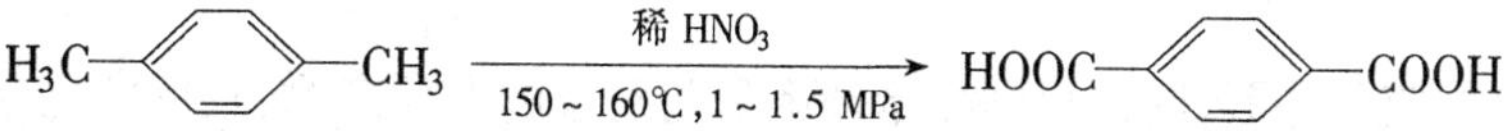

在过量氧化剂存在下,无论环上支链长短如何,只要含有 $\alpha-H$,最后都氧化生成苯甲酸。例如

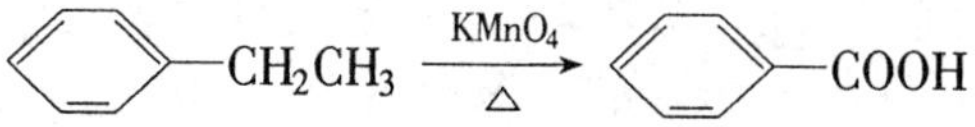

上述反应说明了苯环是相当稳定的,同时也说明由于苯环的影响,和苯环直接相连的碳上的氢原子(或称 $\alpha-H$)活泼性增加,因此氧化反应首先发生在 α 位上,这就导致了烷基都氧化为羧基。

当苯环上有两个或多个烷基时,在强烈条件下均可被氧化成羧基,若两个烷基处于邻位,最后的氧化产物是酸酐。例如

$$CH_3-\bigodot-CH_3 \xrightarrow[150～260℃,1～1.5 MPa]{稀 HNO_3} HOOC-\bigodot-COOH$$

$$\underset{均苯四甲酸二酐}{\overset{\substack{CH_3 \quad CH_3 \\ \bigodot \\ CH_3 \quad CH_3}}{}} \xrightarrow[210～285℃]{铬酸} \bigodot$$

②氯化(自由基取代)反应。在较高温度或光照射下,烷基苯可与卤素作用,但并不发生环上取代,而是与甲烷的氯化相似,芳烃的侧链氯化反应也是按自由基历程进行的。但甲苯氯化时,反应容易停留在生成苯—氯甲烷阶段。这是因为氯化反应进行中生成的苄基自由基($C_6H_5CH_2·$)比较稳定的缘故。苄基自由基稳定是由于它的亚甲基碳原子(sp^2 杂化)上的 p 轨道与苯环上的大 π 键是共轭的,这就导致亚甲基上 p 电子的离域,所以这个自由基就比较稳定。

$$\underset{}{\overset{CH_3}{\bigodot}} \xrightarrow[h\nu]{Cl_2} \overset{CH_2Cl}{\bigodot} + HCl$$

(4)亲电取代反应。由于苯环中离域 π 电子云分布在苯环平面的上、下两侧,这就与烯烃中的 π 电子一样,对亲电试剂起提供电子的作用,所以芳烃容易发生亲电取代反应。

①卤代反应。苯与溴、氯在一般情况下,不发生取代反应,但在三卤化铁或铁粉存在下加热能发生取代反应,得到卤代苯和少量二卤代苯。如

$$\bigodot + Br_2 \xrightarrow[或 Fe,\Delta]{FeBr_3} \overset{Br}{\bigodot} + \overset{Br}{\underset{Br}{\bigodot}} + HBr$$

$$\bigodot + Cl_2 \xrightarrow[或 Fe,\Delta]{FeCl_3} \overset{Cl}{\bigodot} + \overset{Cl}{\underset{Cl}{\bigodot}} + HCl$$

若用烷基苯在相应条件下,同样得到在苯环上邻与对位的取代产物,且反应比苯容易进行。

$$\overset{CH_3}{\bigodot} + Cl_2 \xrightarrow[或 Fe,\Delta]{FeCl_3} \overset{CH_3}{\underset{}{\bigodot}}{}^{Cl} + \overset{CH_3}{\underset{Cl}{\bigodot}} + HCl$$

　　　　　　　　　　　　　　　　　(58%)　　(42%)
　　　　　　　　　　　　　　　　邻氯代甲苯　对氯代甲苯

卤素与苯环发生取代反应的活性顺序是：$F_2 > Cl_2 > Br_2 > I_2$。

②硝化反应。苯与浓硝酸和浓硫酸的混合酸作用生成硝基苯，在此条件下，一般得不到二取代产物。浓硫酸在这里，一方面是提供质子起催化作用；另一方面吸水，促进硝化反应的进行。

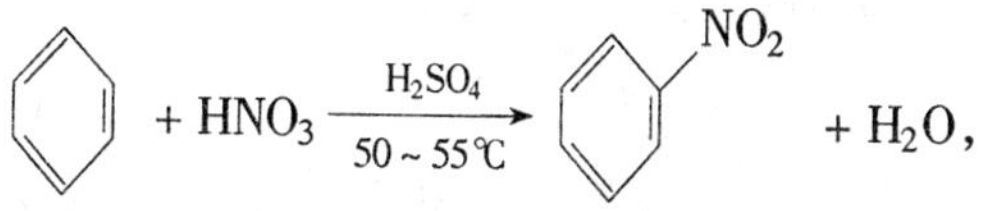

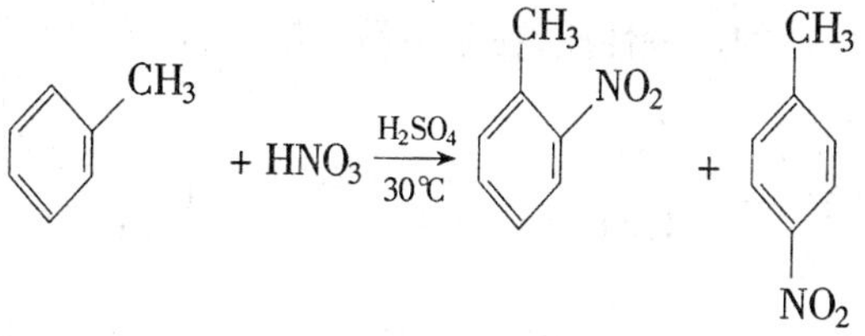

$$\text{苯} + HNO_3 \xrightarrow[50\sim55℃]{H_2SO_4} \text{硝基苯}(NO_2) + H_2O,$$

$$\text{甲苯} + HNO_3 \xrightarrow[30℃]{H_2SO_4} \text{邻硝基甲苯} + \text{对硝基甲苯}$$

（58%）　　　（38%）
邻硝基甲苯　对硝基甲苯

$$\text{硝基苯} + \text{发烟}HNO_3 \xrightarrow[95\sim100℃]{H_2SO_4} \text{间二硝基苯}$$

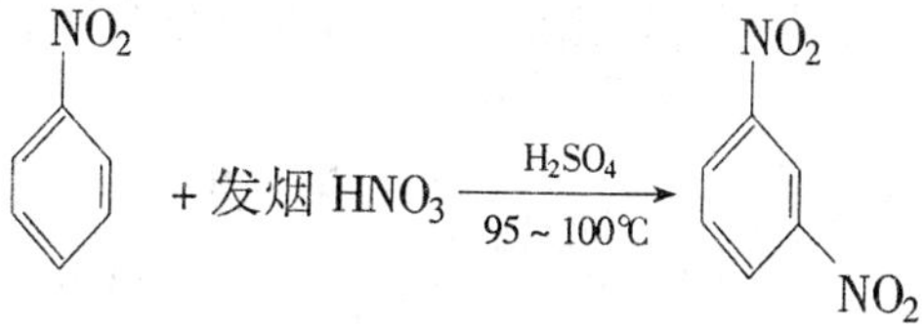

间二硝基苯

产物为硝基苯和硝基甲苯。若提高反应温度，还可以得三硝基苯和三硝基甲苯。它们都是烈性炸药，操作时必须非常小心，因此不能用蒸馏法进行分离。

由以上反应也可以说明硝基苯比苯难以硝化，而甲苯比苯易于硝化。

硝酸具有相当强的氧化性，特别是在高温反应时，显得更为突出。所以对于一些易被氧化的化合物，如苯胺、苯酚等，进行硝化反应时必须在较低的温度下进行，或将氨基、羟基保护起来，硝化后再去掉保护基。

③磺化反应。苯与发烟硫酸或三氧化硫在室温能很快反应生成苯磺酸，与浓硫酸加热也可生成苯磺酸。但要得到二取代产物，需提高温度。

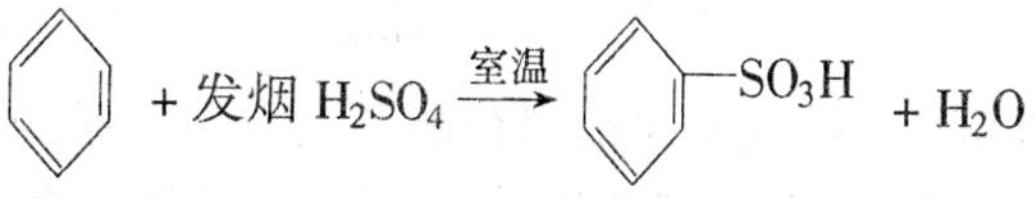

$$\text{苯} + \text{发烟}H_2SO_4 \xrightarrow{\text{室温}} \text{苯磺酸}(SO_3H) + H_2O$$

苯磺酸

磺化试剂的反应活性：$SO_3 > \text{发烟}H_2SO_4 > \text{浓}H_2SO_4$。

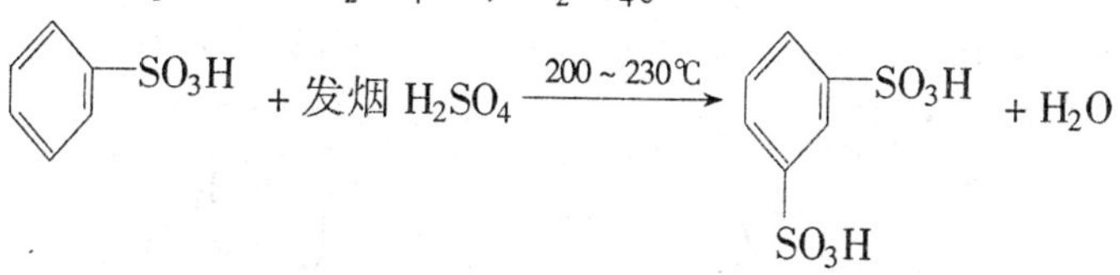

$$\text{苯磺酸}(SO_3H) + \text{发烟}H_2SO_4 \xrightarrow{200\sim230℃} \text{间苯二磺酸}(SO_3H, SO_3H) + H_2O$$

甲苯比苯易磺化，用浓 H_2SO_4 在 0℃ 就可磺化，得邻位甲基苯磺酸（43%）和对位甲基苯磺酸（53%）。但在 100℃ 时磺化，则主要是对位产物（79%），邻位产物不多（13%）。这是因为高温（100℃以上）时，磺化反应与卤化、硝化不同，它是可逆反应，有利于生成更加稳定的产物。此外，磺酸基体积较大，邻位空间位阻大，邻位产物位能较高；而对位产物基本上无空间位阻,位能较低,所以有利于形成。

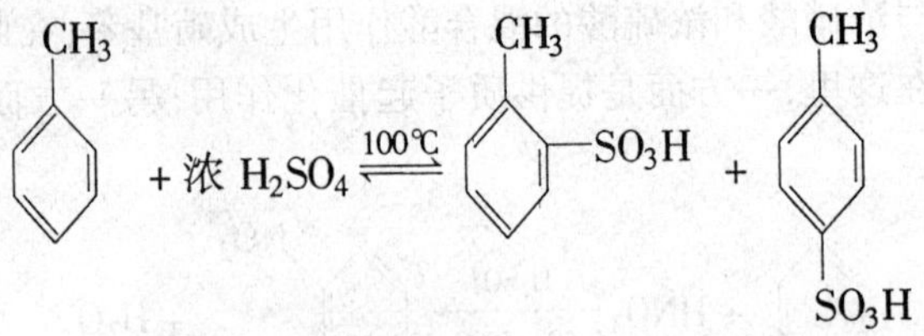

（13%）　　　　（79%）

利用磺化反应在高温是可逆的这一性质,在苯磺酸产物中,通入过热蒸汽,可使磺酸基脱去,得到苯。

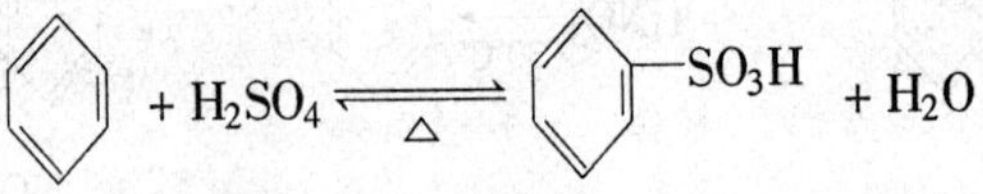

$$苯 + H_2SO_4 \underset{\triangle}{\rightleftharpoons} 苯SO_3H + H_2O$$

由于磺酸基易脱去,在有机合成上常利用磺酸基的定位效应或水溶性,在某些特定位置上先引入磺酸基,待其他反应完毕后再脱去磺酸基。

④Friedel - Crafts 反应。在无水三氯化铝等 Lewis 酸的催化下,苯可以和卤代烷反应,生成烷基苯

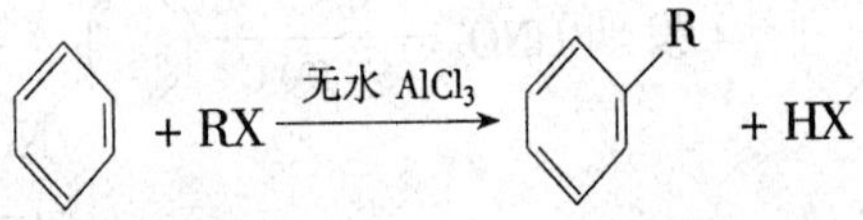

$$苯 + RX \xrightarrow{\text{无水 } AlCl_3} 苯R + HX$$

这个反应叫 Friedel - Crafts 反应,或傅氏烷基化反应,是芳环上引入烷基的方法之一。反应是可逆的,反应中往往容易产生多烷基取代苯,而且如果 R 是 3 个碳以上的烷基,则反应中常发生烷基的异构化。如溴代正丙烷与苯反应,得到的主要产物是异丙苯。

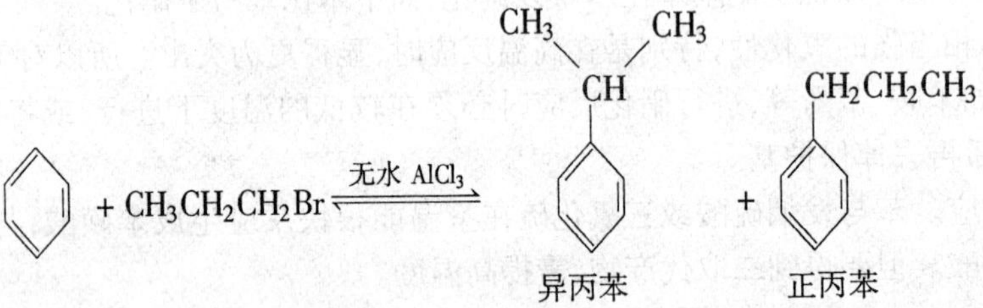

$$苯 + CH_3CH_2CH_2Br \underset{}{\overset{\text{无水 } AlCl_3}{\rightleftharpoons}} 异丙苯 + 正丙苯$$

异丙苯　　　　　正丙苯
70%　　　　　　30%

除卤代烷外,烯烃与醇也可以作为烷基化试剂在苯环上引入烷基。傅氏烷基化反应是在芳环上引入烷基的重要方法,应用较广,如乙苯、异丙苯和十二烷基苯的合成。

在无水三氯化铝催化下,苯还能与酰氯 $R-\overset{O}{\overset{\|}{C}}-Cl$ 或酸酐 $R-\overset{O}{\overset{\|}{C}}-O-\overset{O}{\overset{\|}{C}}-R$ 进行类似的反应,得到酮

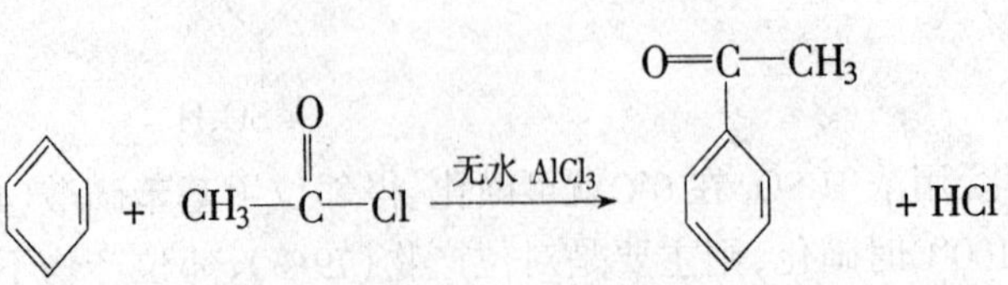

$$苯 + CH_3-\overset{O}{\overset{\|}{C}}-Cl \xrightarrow{\text{无水 } AlCl_3} 苯C(O)CH_3 + HCl$$

这个反应叫傅氏酰基化反应,是制备芳香酮的主要方法。傅氏酰基化反应不发生异构化。

苯环上连有强吸电子基,如—NO$_2$,　$\overset{O}{\underset{||}{—C—R}}$　等时,不发生傅氏反应,所以傅氏酰基化反应不生成多元取代物。

在傅氏烷基化反应中,引入 3 个碳以上的烷基时,往往以烷基异构化的产物为主。若要制得直链烷基苯,一般先进行傅氏酰基化,然后再将羰基还原成亚甲基。例如

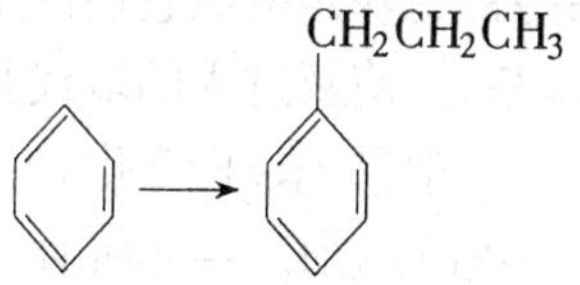

其合成路线为

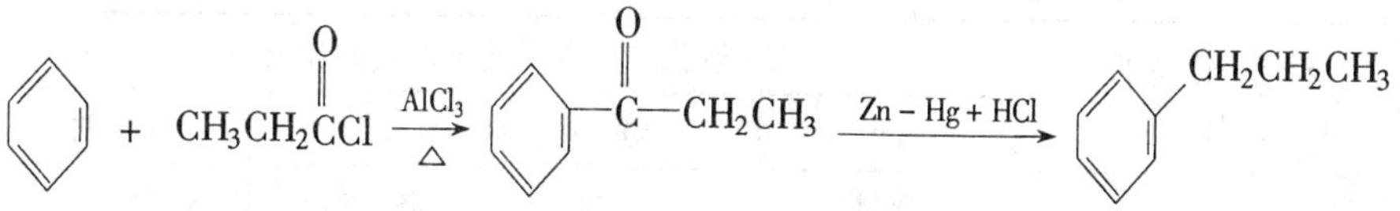

在 Zn – Hg 和 HCl 的作用下将 $C{=}O$ 还原成—CH$_2$—的反应称为 Clemmenson 还原。

⑤氯甲基化反应。在无水氯化锌存在下,芳烃与甲醛和氯化氢作用,环上氢原子被氯甲基(CH$_2$Cl)取代,这叫氯甲基化反应(实际操作中,可用三聚甲醛代替甲醛)。

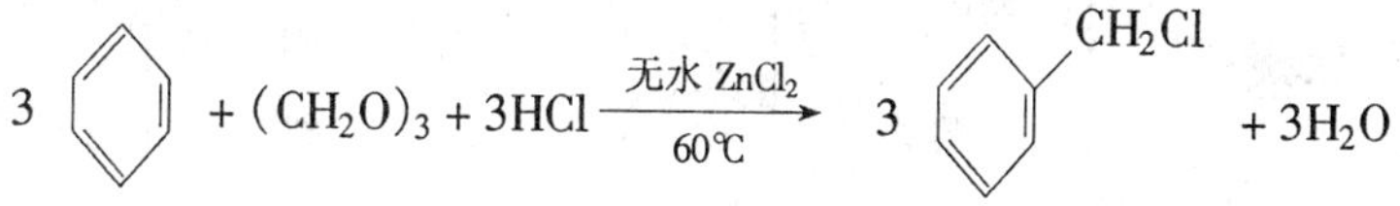

$$3 \text{（苯）} + (CH_2O)_3 + 3HCl \xrightarrow[60℃]{\text{无水 } ZnCl_2} 3 \text{（氯化苄）} + 3H_2O$$

氯化苄

氯甲基化反应对于苯、烷基苯、烷氧基苯和稠环芳烃等都是成功的,但当环上有强吸电子基时产率很低,甚至不反应。

氯甲基化反应的应用很广,因为—CH$_2$Cl 容易转变为—CH$_3$、—CH$_2$OH、—CH$_2$CN、—CHO等。

4. 苯环上亲电取代反应的定位规律

(1)两类定位基。一元取代的苯(　），在进行亲电取代时,第二个基团 E 取代环上不同位置的氢原子,可得到邻、间、对三种二元取代的衍生物。

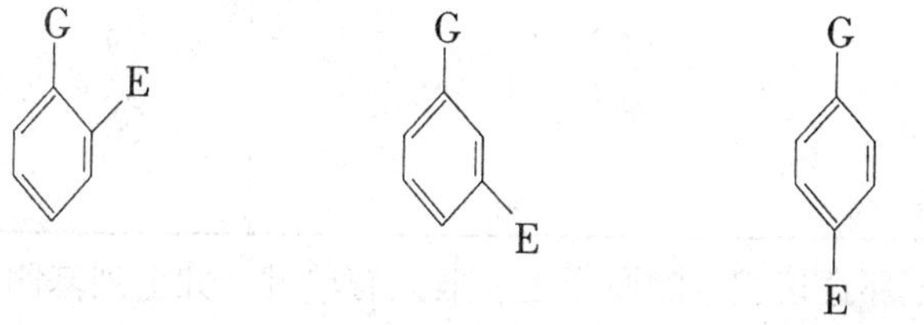

按理取代物的比率应为邻:间:对 = 2:2:1,但实际情况并非如此。在反应中,这些位置上的氢原子被取代的机会是不均等的,第二个取代基进入的难易和位置,常决定于第一个取代基 G,也就是第一个取代基 G 对第二个取代基 E 有定位作用。表 5.9 表示了一元取代苯反应

产物异构体的分布情况。在上述的单环芳烃取代反应中已指出:烷基苯的卤化、硝化、磺化及其他取代反应,不仅比苯容易进行,而且取代基主要进入烷基的邻位和对位,这种效应叫邻、对位定位效应,烷基叫邻对位定位基;硝基苯的硝化,苯磺酸的磺化,不仅比苯难于进行,且新进入的取代基,主要进入其间位,这种效应叫间位定位效应,磺酸基、硝基叫间位定位基。

　　根据大量实验结果,可以把一些常见基团按照它们的定位效应分为两类:

　　①邻、对位定位基(第一类定位基)。使新进入的取代基,主要进入它的邻和对位(邻、对位异构体之和大于 60%);同时,一般使苯环活化(卤素除外)。这类基团有—O^-、—$N(CH_3)_2$、—NH_2、—OH、—OCH_3、—$NHCOCH_3$、—$OCOCH_3$、—CH_3、—X、—C_6H_5 等。

表 5.9　一元取代苯反应产物异构体分布

苯环上已有的取代基	二元取代物各种异构体所占的比例/%			
	间	邻	对	邻 + 对
—OH	微量	50 ~ 55	45 ~ 50	100
—$NHCOCH_3$	2	19	79	98
—CH_3	4	58	38	96
—CH_2CH_3	< 1	55	45	100
—$C(CH_3)_3$	8	12	80	92
—F	微量	12	88	100
—Cl	微量	30	70	100
—Br	微量	38	62	100
—I	微量	41	59	100
(H)	(40)	(40)	(20)	(60)
—$N^+(CH_3)_3$	100	0	0	0
—NO_2	93.3	6.4	0.3	6.7
—CN	88.5	—	—	11.5
—SO_3H	72	21	7	28
—COOH	80	19	1	20
—CHO	79	—	—	21
—CCl_3	64	7	29	36
—$COCH_3$	55	45	0	45
—$COOCH_2CH_3$	68	28	4	32

　　这些取代基与苯环直接相连的原子上一般只有单键。如上列基团和苯环直接相连的原子 N、O、C、X 上都只有单键,并且除碳以外都带有未共用电子对,这些电子对可与苯环上 π 电子共轭,并通过 π 键向苯环上给电子,烷基上的 C—H 和 C—C σ 键上的一对电子,可与苯环上的 π 电子发生超共轭效应,而显弱给电子能力,从而使苯环电子云密度增加(卤素除

外),更易于进行亲电取代反应。

②间位定位基(第二类定位基)。使新进入的取代基主要进入它的间位(间位异构体大于40%);同时使苯环钝化。属于这类定位基的基团有—N⁺(CH₃)₃、—NO₂、—CF₃、—CN、—SO₃H、—CHO、—COCH₃、—COOH、—COOCH₃、—CONH₂ 等。

这些取代基与苯环相连的原子或有正电荷,或以单键、重键、配价键与其他电负性更强的原子组成基团,它们具有从苯环吸电子的能力,从而降低了苯环上的电子云密度,使亲电取代反应难于进行。

以上两类基团中各定位基的定位能力的强弱是不同的,其强弱次序大致如上述次序由前到后逐渐减弱。

(2)取代定位规律的理论解释。

①电子效应。由芳环上亲电取代反应机理可知,决定整个反应速度的是第一步,亲电试剂 E^+ 进攻苯环形成不稳定的碳正离子中间体,即 σ 配合物。这一步需要一定的活化能,故反应速度比较慢。要了解取代基对苯环上取代反应活性的影响,就要研究该取代基对生成 σ 配合物的影响。如果取代基的存在,使 σ 配合物更加稳定,则该 σ 配合物较易生成,这个取代反应的反应速度比苯快,我们说它活化了苯环;反之,如果该取代基的作用使 σ 配合物稳定性降低,其反应速度就比较慢,即钝化了苯环。

关于取代基对苯环亲电取代反应活性的影响及取代基的定位效应,下面具体加以讨论。

a.邻对位定位基的影响。它们对苯环定位效应的影响有下列三种类型,分别举例如下。

首先以甲苯为例讨论甲基的定位效应。甲基与苯环相连时,甲基对苯环表现出供电子的诱导效应($+I$)和供电子的 σ–π 超共轭效应($+C$),使苯环上电子云密度增加,尤其是甲基的邻位和对位

因此甲苯的亲电取代反应,不仅比苯容易,而且主要发生在甲基的邻、对位。

从 σ 配合物的稳定性来看,当亲电试剂 E^+ 与甲苯作用,进攻邻、对、间位生成的三种 σ 配合物都比亲电试剂 E^+ 进攻苯所生成的 σ 配合物稳定。因为甲基对苯环供电子的诱导效应($+I$)和供电子的超共轭效应($+C$),使环上的正电荷得到分散而稳定化。

因此甲苯的亲电取代反应比苯容易。

亲电试剂 E^+ 进攻甲基的邻、对、间位时,所生成的 σ 配合物都是三种结构的共振杂化体。可表示如下。

分析上述这些极限结构式,发现(Ⅰc)和(Ⅱb)为3°正碳离子,并且带正电荷的碳原子与甲基直接相连,由于甲基的 $+I$ 效应和 σ–π 超共轭效应,使正电荷得到有效的分散,从而能量较低,由于(Ⅰc)和(Ⅱb)的贡献大,使 E^+ 进攻邻位和对位生成的 σ 配合物Ⅰ和Ⅱ比较稳

进攻邻位 (I) 或 (Ia) (Ib) (Ic)

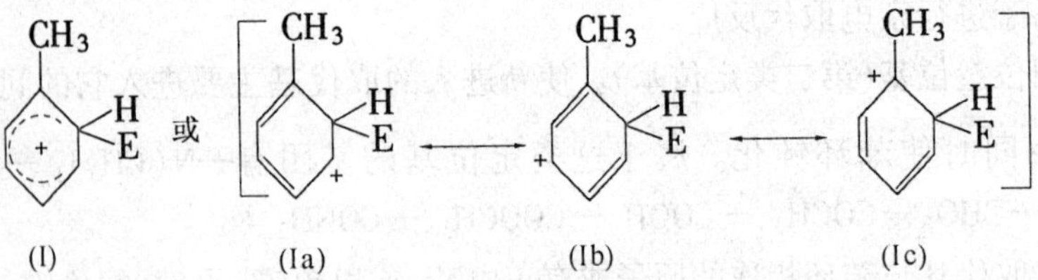

进攻对位 (II) 或 (IIa) (IIb) (IIc)

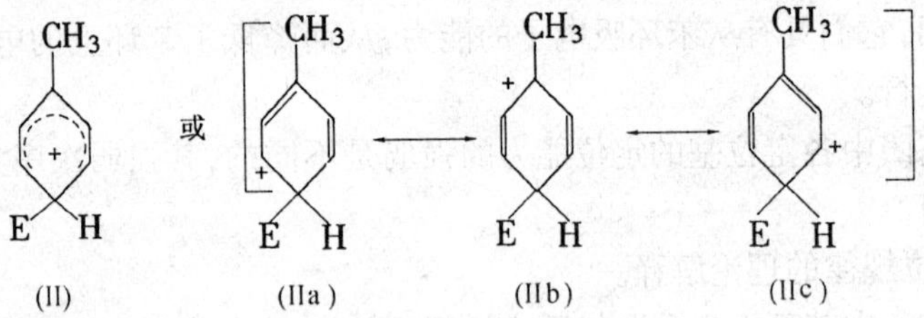

进攻间位 (III) 或 (IIIa) (IIIb) (IIIc)

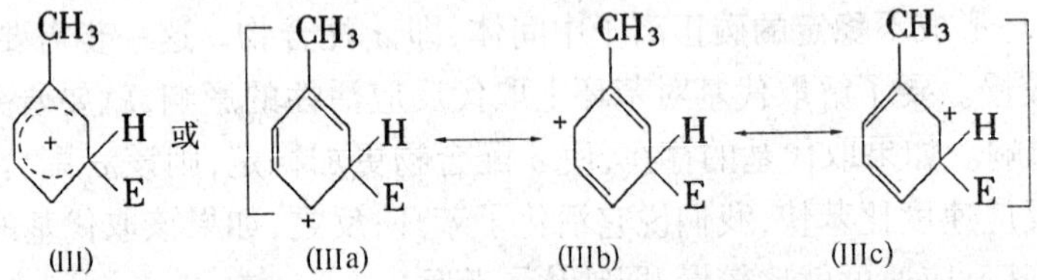

定,容易生成。而 E⁺ 进攻间位生成的 σ 配合物 III 的三种极限结构都是 2° 正碳离子,而且带正电荷的碳原子都不与甲基相连,因此正电荷分散较差,能量较高,不易生成。

由上所述,甲苯比苯容易进行亲电取代反应,其中邻、对位比间位更容易发生,所以主要生成邻、对位取代产物。

以苯胺为例,下面分析氨基的定位效应。从电子效应来看,氨基对苯环有 −I 效应,使环上的电子云密度降低,但由于氮原子上的未共用电子对和苯环形成共轭体系,产生 +C 效应,又使环上的电子云密度有所增加,尤其是邻位和对位。

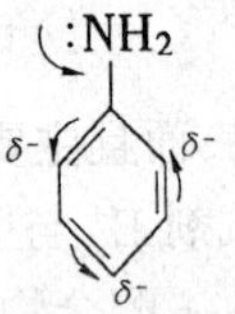

这种效应也可以从苯胺与亲电试剂作用时形成的各种 σ 配合物的共振结构中看出来。亲电试剂 E⁺ 进攻苯胺分子中氨基的邻、对、间位时,形成的各种 σ 配合物的共振结构式如下

考察这些 σ 配合物的稳定性发现,亲电试剂 E⁺ 进攻邻、对位时,有四种极限结构,其中 (I d) 和 (II d) 特别稳定。因为在这两种极限结构中,除氢原子外,每个原子都有完整的八隅体结构。因此包含这种极限结构的共振杂化体 σ 配合物也特别稳定,容易生成。进攻间位得不到这种极限结构。同样,苯的亲电取代反应,也不能生成与 (I d) 和 (II d) 类似的极限结构,因此苯胺的亲电取代反应比苯,甚至比甲苯容易进行,且主要发生在氨基的邻位和对位。

为什么卤素对苯环起钝化作用,但又是邻、对位定位基呢?这是两个相反的效应——吸电子诱导效应和推电子共轭效应的综合结果。卤原子是强吸电子基,通过诱导效应,可使苯

进攻邻位 (I)　(Ia)　(Ib)　(Ic)　(Id)

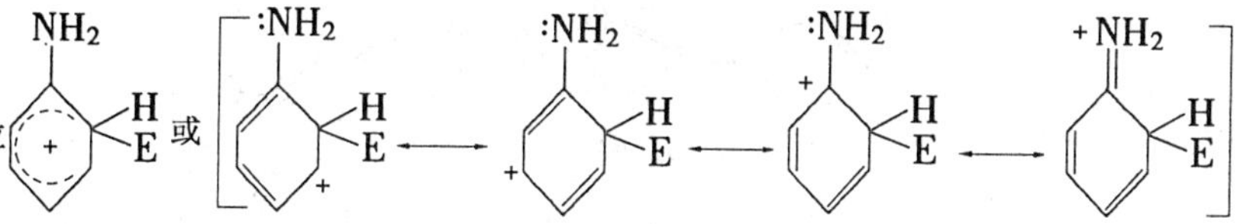

进攻对位 (II)　(IIa)　(IIb)　(IIc)　(IId)

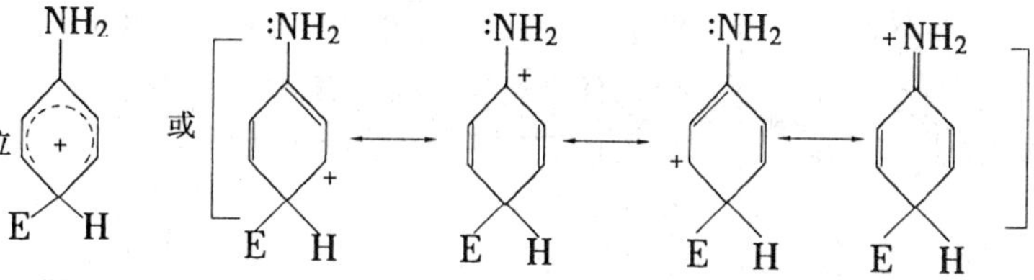

进攻间位 (III)　(IIIa)　(IIIb)　(IIIc)

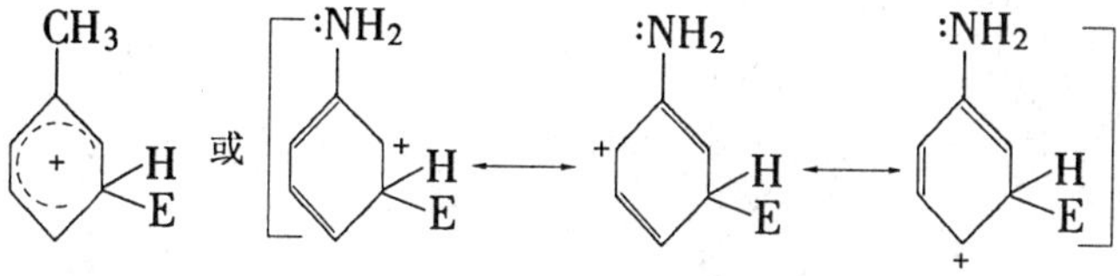

环钝化,所以卤素是个钝化基团。但是当发生亲电取代反应时,卤原子上未共用 p 电子对与苯环的大 π 键共轭而向苯环离域,当卤原子的邻位和对位受亲电试剂进攻时,所形成的 σ 配合物有四种极限结构,前三种极限结构与亲电试剂进攻氨基的邻、对位时的共振式类同,而第四种极限结构是最稳定的,也是贡献最大的。

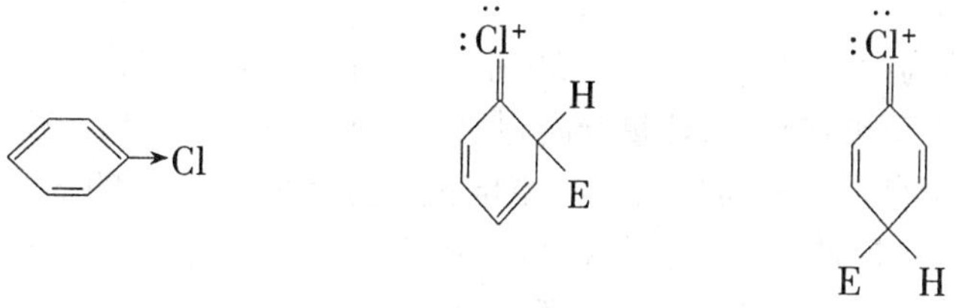

氯对苯环的
诱导效应　　　　　（Ⅰ）　　　　　（Ⅱ）
　　　　　　　　　进攻邻位　　　　进攻对位
稳定的贡献结构

在共振结构式（Ⅰ）和式（Ⅱ）中,参与共轭体系的各原子都是八隅体结构,它们都是很稳定的共振结构,因而也是重要的参与结构。当卤原子的间位受到进攻时,形成的中间体碳正离子却不存在这种比较稳定的共振结构。因此进攻邻位和对位的中间体碳正离子比较容易生成,也比较稳定,取代产物中邻位和对位产物占优势。由此可见,卤原子的诱导效应使苯环钝化,使亲电取代反应的进行比苯困难。而卤原子的未共用 p 电子对的共轭效应却使邻位和对位上的钝化作用小于间位,所以主要得到邻位和对位取代产物。

　　b.间位定位基的影响。现以硝基苯为例,当硝基与苯环直接相连时,硝基不仅具有强吸电子诱导效应(-I),使苯环电子云密度降低,如图(Ⅰ)所示,同时硝基的 π 键和苯环的 π 键形成共轭体系,产生 -C 效应,使苯环上的电子云密度降低,尤其是硝基的邻、对位,如(Ⅱ)所示。

所以硝基苯在进行亲电取代反应时,不仅比苯难于进行,而且主要得到间位取代物。这种效

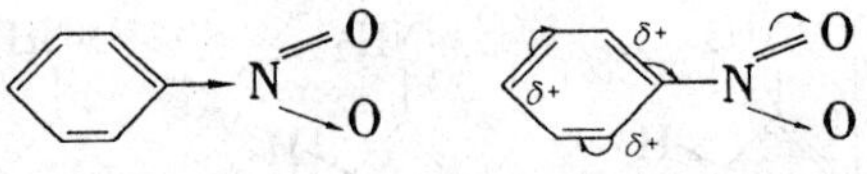

(I)　　　　　　　　　　(II)

应可以从硝基苯与亲电试剂作用时形成的各种 σ 配合物的共振式得到解释：

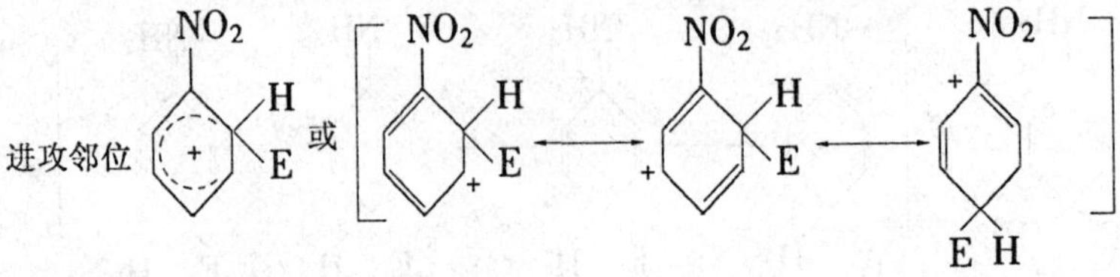

进攻邻位

(I)　　　　　(Ia)　　　　　(Ib)　　　　　(Ic)

进攻对位

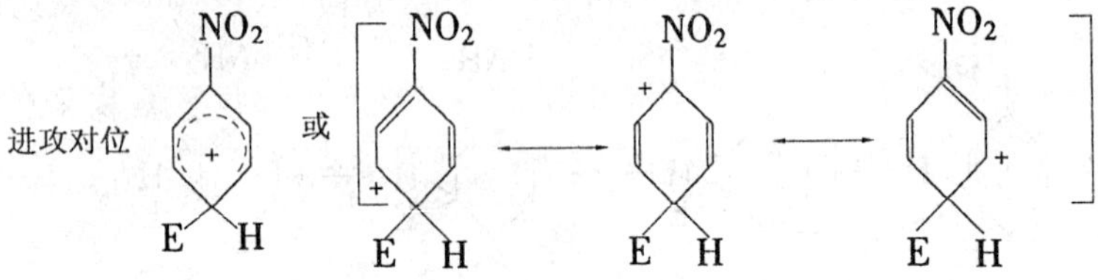

(II)　　　　　(IIa)　　　　　(IIb)　　　　　(IIc)

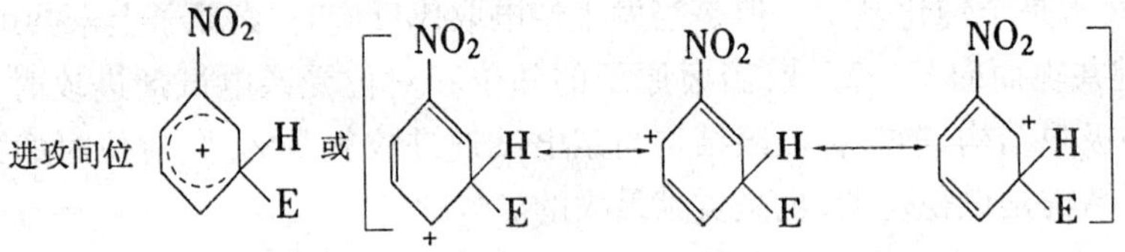

进攻间位

(III)　　　　　(IIIa)　　　　　(IIIb)　　　　　(IIIc)

从这些极限结构中可以看到，(Ic)和(IIb)中，带有正电荷的碳原子都直接与强吸电子基硝基相连，使正电荷更加集中，能量升高，是很不稳定的共振结构。在亲电试剂进攻硝基间位的情况下，却不存在这种结构，因此，亲电试剂进攻间位生成的 σ 配合物比进攻邻、对位生成的 σ 配合物能量低，较易生成，所以在硝基间位上的亲电取代反应比邻、对位快得多，因而硝基是强的间位定位基，并使苯环钝化。

②空间效应。当环上有第一类定位基时，新引入基团进入它的邻和对位。但邻、对位异构体的比例将随原取代基空间效应的大小不同而变化。原有取代基体积越大，其邻位异构体越少。例如，甲苯、乙苯、异丙苯和叔丁苯在同样条件下进行硝化，其产物异构体分布如表 5.10 所示。

表 5.10　一烷基苯硝化时异构体的分布

化合物	环上原有取代基	产物异构体分布		
		邻　位	对　位	间　位
甲苯	—CH_3	58.45%	37.15%	4.40%
乙苯	—CH_2CH_3	45.0%	48.5%	6.5%
异丙苯	—$CH(CH_3)_2$	30.0%	62.3%	7.7%
叔丁苯	—$C(CH_3)_3$	15.8%	72.7%	11.5%

邻、对位异构体的比例，也与新引入基团的空间效应有关。当环上原有取代基不变时，

邻位异构体的比例将随新进入取代基体积的增大而减少。例如,在甲苯分子中分别引入甲基、乙基、异丙基和叔丁基时,随引入基团的体积增大,邻位取代产物的比例下降,如表5.11所示。

如果苯环上原有取代基与新引入取代基的空间效应都很大时,则邻位异构体的比例更少。例如,叔丁苯、氯苯和溴苯的磺化,几乎都生成(100%)对位异构体。

(3)二取代苯的定位规律。苯环上已有两个取代基时,第三个取代基进入的位置,则由原有两个取代基来决定。

表5.11　甲苯—烷基化时异构体的分布

新引入基团	产物异构体分布		
	邻　位	对　位	间　位
甲基	53.8%	28.8%	17.3%
乙基	45.0%	25%	30%
异丙基	37.5%	32.7%	29.8%
叔丁基	0	93%	7%

①两个取代基的定位效应一致时,第三个取代基进入位置由上述取代基的定位规则来决定。例如

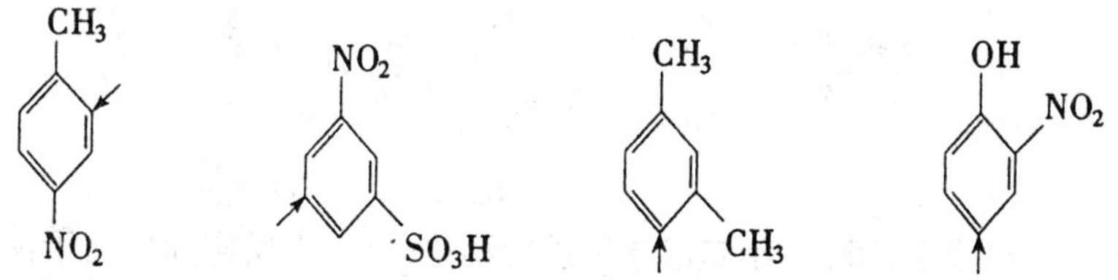

（箭头表示取代基进入的位置）

有时也受到其他因素的影响,例如(Ⅲ)式所示,由于空间效应的影响,两个甲基之间的位置就很难进入取代基,虽然这个位置是两个甲基的邻位。

②两个取代基的定位效应不一致时,第三个取代基进入的位置主要由定位效应强的取代基所决定。例如

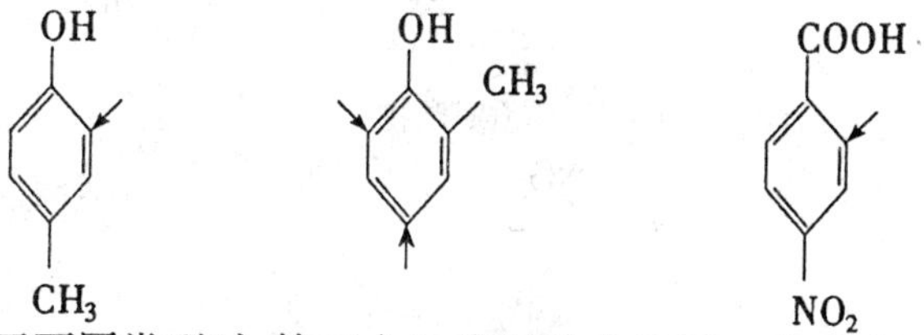

当两个取代基属于不同类型时,第三个取代基进入位置一般由邻对位定位基决定。例如

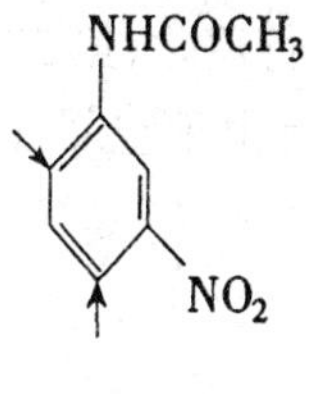

—NO$_2$ 和—NHCOCH$_3$ 共同的邻位由于空间阻碍作用较大,产率一般较低。

(4)亲电取代反应在有机合成上的应用。苯环上亲电取代反应的定位规则在有机合成上可用来指导多官能团取代苯合成路线的确定。在有机合成中,总是希望产物尽可能纯净,副产物尽可能少,如果得到混合物,也要容易分离和纯化。因此在合成时,要考虑引进基团的先后顺序,使所需要的产物为主要产物,即尽可能提高收率。例如,由苯合成 4 - 硝基 - 1,2 - 二溴苯有三种可能的合成路线

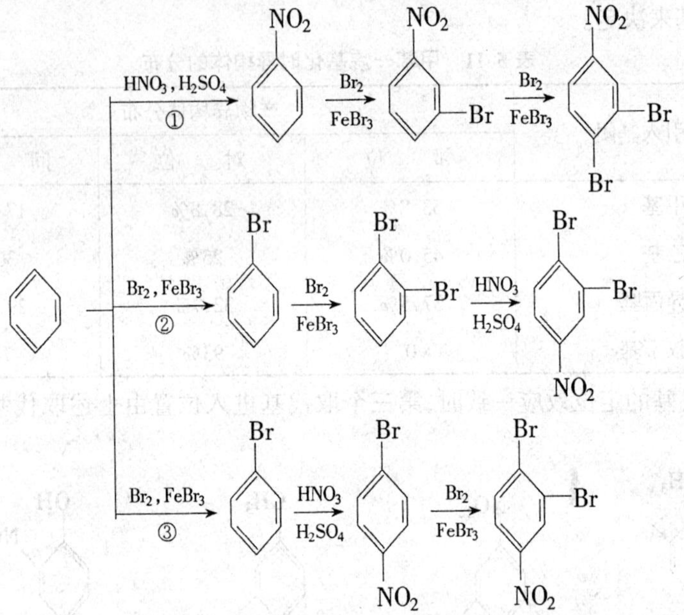

在第一种合成路线中,当 3 - 硝基溴苯再进行溴化(第三步反应)时,由于溴原子和硝基指引第三个基团(溴原子)进入苯环的位置不同,同时,溴原子又是使苯环钝化的第一类定位基,因此,第三步反应可能得到四种产物

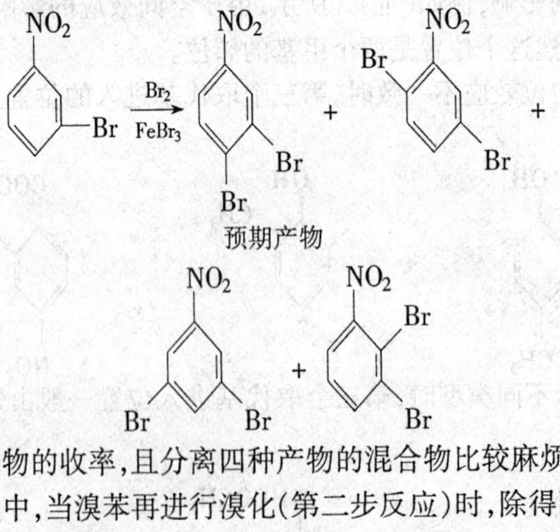

预期产物

这样不仅降低了预期产物的收率,且分离四种产物的混合物比较麻烦。

在第二种合成路线中,当溴苯再进行溴化(第二步反应)时,除得到所需要的 1,2 - 二溴苯外,还得到副产物 1,4 - 二溴苯。而且由于空间效应的影响,1,2 - 二溴苯可能比 1,4 - 二溴苯还少,因此需要分离这两种产物。

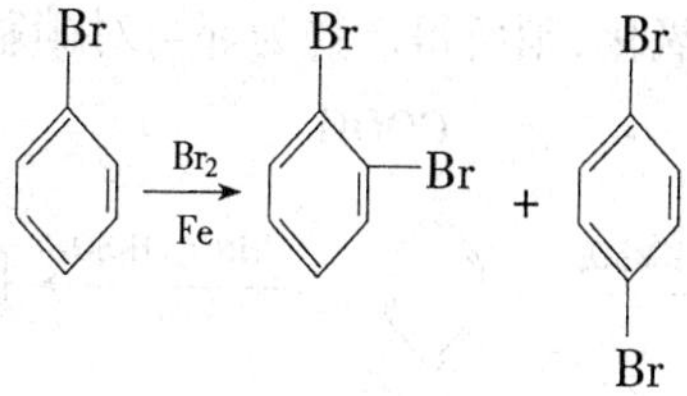

另外,在 1,2 - 二溴苯的硝化(第三步反应)过程中,由于两个溴原子的定位效应不一致,将得到两种产物

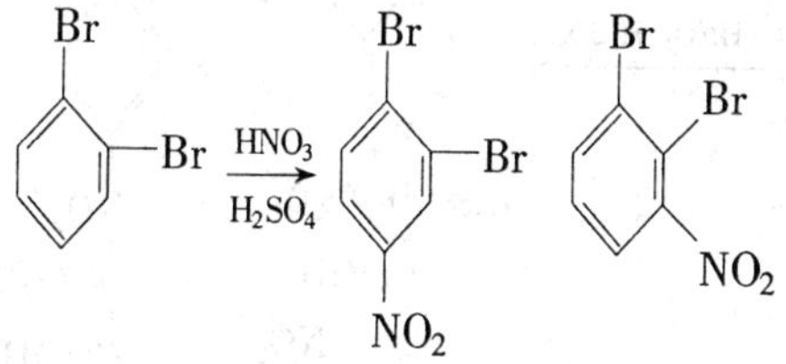

这两种产物也需要分离。

在第三种合成路线中,溴苯的硝化(第二步反应)虽然也得到两种产物——2 - 硝基溴苯和 4 - 硝基溴苯,但由于空间效应的影响,预期的 4 - 硝基溴苯将是主要产物。然后进行分离即得纯品。

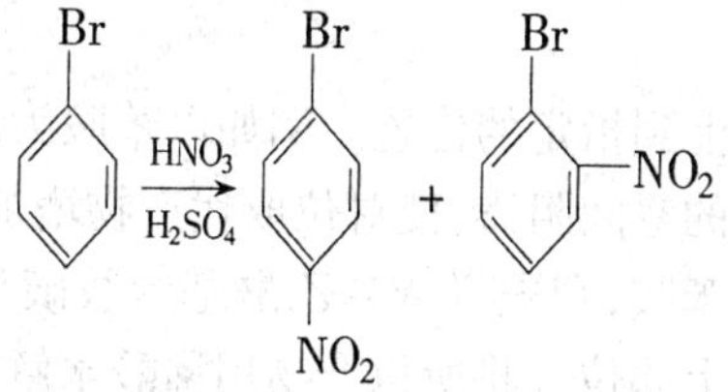

当 4 - 硝基溴苯再进行溴化(第三步反应)时,由于硝基和溴原子的定位是一致的(溴的邻位恰好是硝基的间位),因此,4 - 硝基 - 1,2 - 二溴苯是惟一产物。

综上所述,由苯和无机试剂以较好的产率制备 4 - 硝基 - 1,2 - 二溴苯最好的方法是上述第三条合成路线。用反应式表示如下

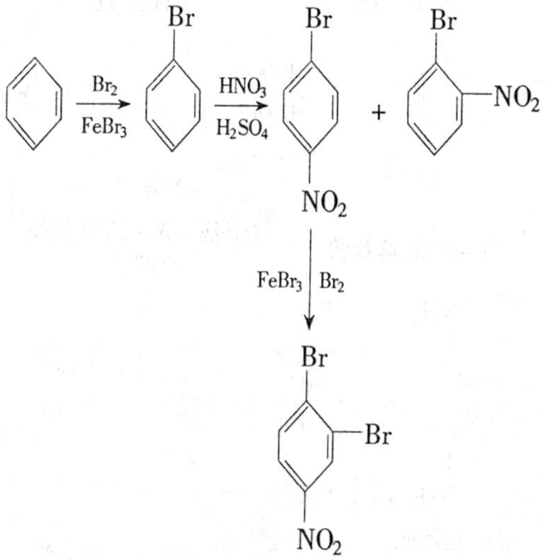

若合成中涉及转化一个基团为其他基团时,必须要考虑在什么时候转化,使取代反应有利于生成所需要的产物。如合成硝基苯甲酸,若以甲苯为原料,先氧化,后硝化,则所得产物

为间硝基苯甲酸;若先硝化,后氧化,则所得产物为邻与对硝基苯甲酸。

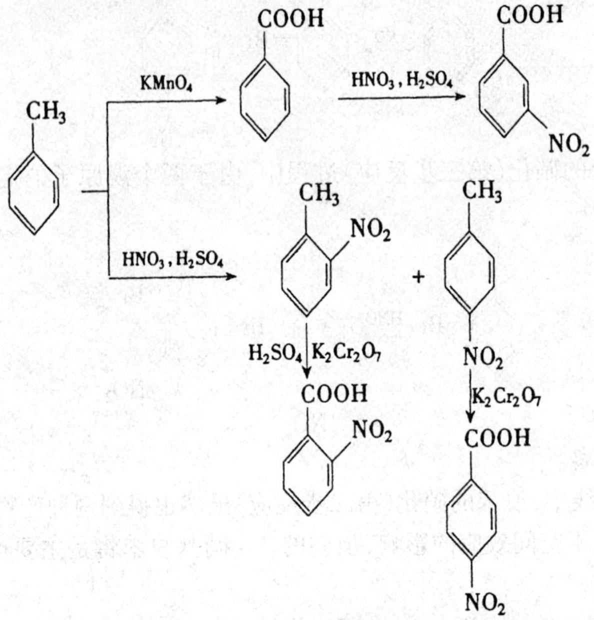

采取一定措施,还可使取代基上到指定的位置。例如以苯胺为原料合成对硝基苯胺,则应先将苯胺乙酰化,增加邻位取代的空间阻碍,使对位取代产物增加,然后再水解将乙酰基去掉,得对硝基苯胺;若欲得邻硝基苯胺,则先将 N – 乙酰基苯胺磺化,然后再硝化。由于对位已被磺酸基取代,所以硝基只能上邻位。将所得产物用稀酸水解去掉乙酰基,用过热蒸汽去掉磺酸基,即得到邻硝基苯胺。

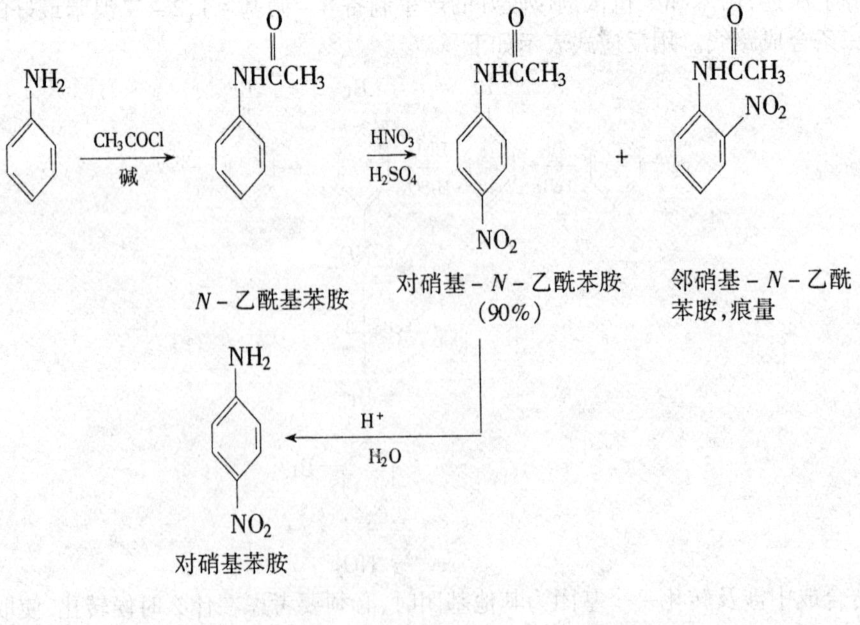

N – 乙酰基苯胺　　　对硝基 – N – 乙酰苯胺（90%）　　　邻硝基 – N – 乙酰苯胺,痕量

对硝基苯胺

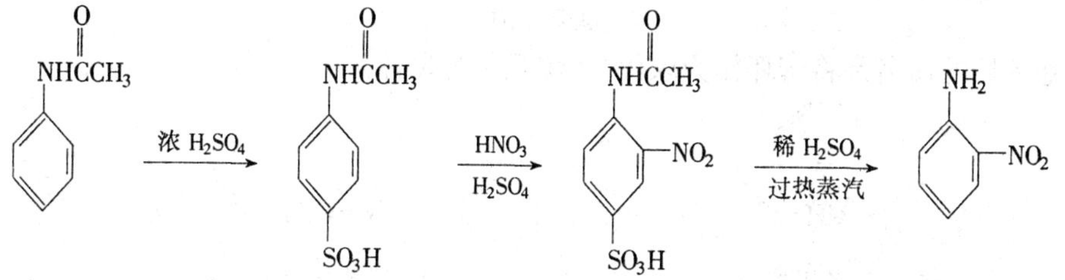

（50%）
邻硝基苯胺

合成时还要考虑产物的分离。间位定位基所得间位产物往往较纯,因为主要产物只有一个。邻、对位定位基所得产物主要有邻、对位产物,但对位产物往往可用重结晶法纯化,因为对位产物分子对称,较易结晶,所以得到纯对位产物较容易,得到纯邻位产物较难。

二、多环芳烃

按照苯环相互连接方式,多环芳烃可分为如下三种。

(1)联苯和联多苯类。这类多环芳烃分子中有两个或两个以上的苯环直接以单键相连接,如联苯、联三苯等。

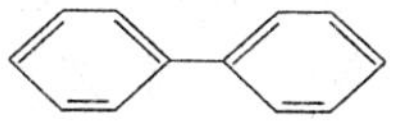

联苯 　　　　　　　　对联三苯

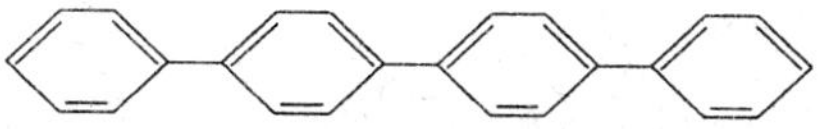

4,4′－二苯基联苯(联四苯)

(2)多苯代脂烃类。这类多环芳烃可看做是脂肪烃中两个或两个以上的氢原子被苯基取代,如二苯甲烷、三苯甲烷等。

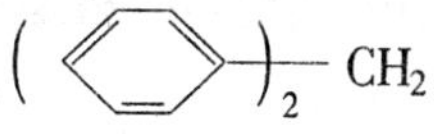

二苯甲烷 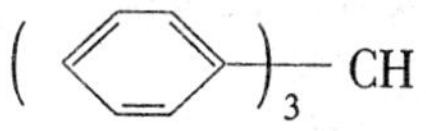　　　　　三苯甲烷 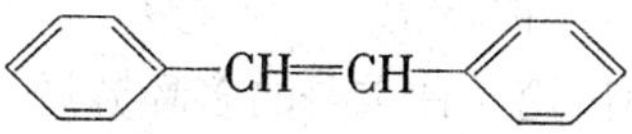　　　　　1,2－二苯乙烯

(3)稠环芳烃。这类多环芳烃分子中有两个或两个以上的苯环以共用两个相邻碳原子的方式相互稠合,如萘、蒽、菲等。

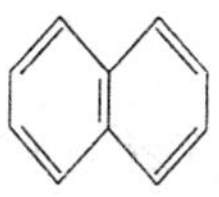

萘 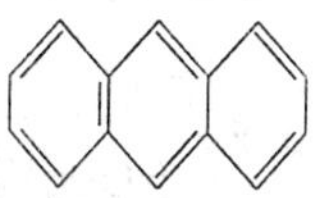　　　　　蒽 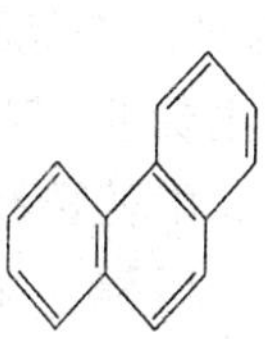　　　　　菲

联苯型化合物命名时须分别对两个苯环编号,给有较小定位号的取代基以不带撇的数字。

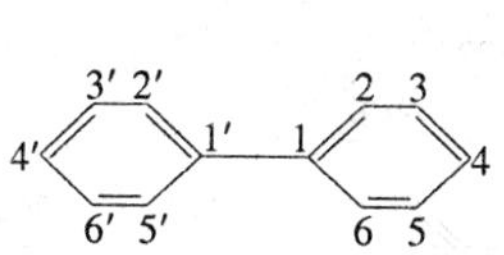

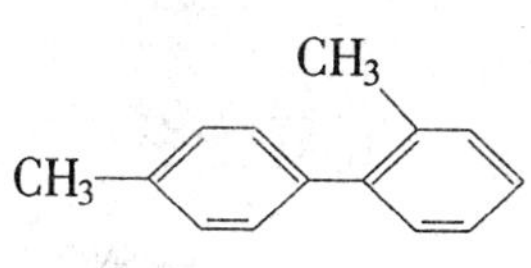

2,4′－二甲基联苯

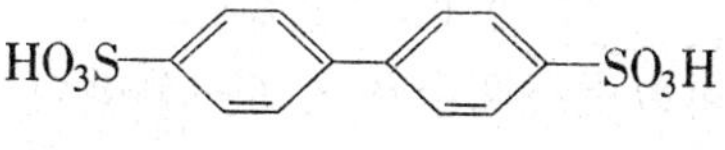

4,4′-联苯二磺酸

多苯基烷烃的命名是将苯环作为取代基,烷烃作为母体。

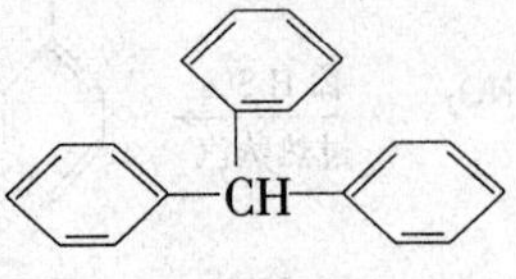

三苯甲烷 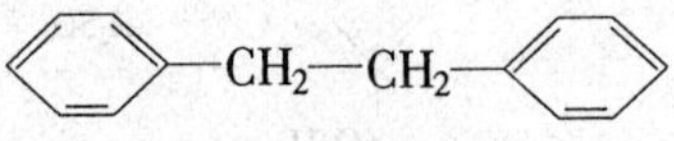　　　　　　　　　1,2-二苯基乙烷

简单的稠环芳烃主要是萘、蒽、菲,环上各个位置的编号方法如下

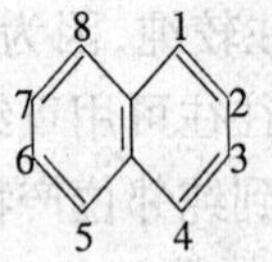

萘 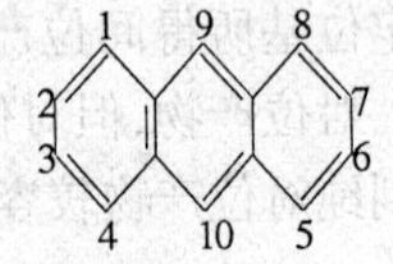　　　　　　　　蒽 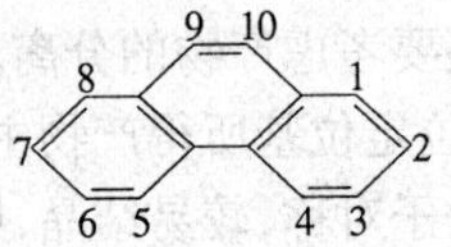　　　　　　　　菲

萘分子中1、4、5、8四个等同位置称为 α 位;2、3、6、7四个等同位置称为 β 位。

蒽分子中1、4、5、8四个等同位置称为 α 位;2、3、6、7四个等同位置称为 β 位;9、10两个等同位置称为 γ 位。

菲分子中分别有五对等同的位置。即1和8、2和7、3和6、4和5、9和10。

根据上述规定,取代的稠环芳烃命名与单环芳烃命名相似。例如

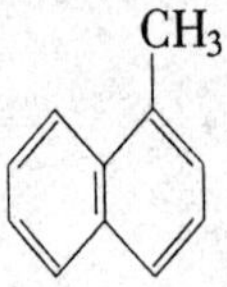

1-甲基萘或 α -甲基萘 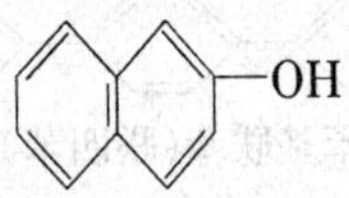　　　2-萘酚或 β -萘酚 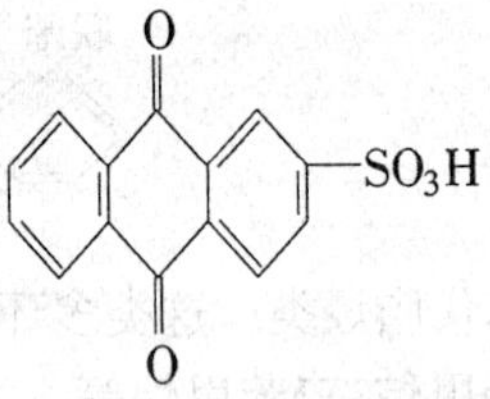　　　9,10-蒽醌-2-磺酸

下面讨论几种重要的多环芳烃。

1. 联苯

联苯为无色晶体,熔点70℃,沸点254℃,不溶于水,而溶于有机溶剂,分子式为 $C_{12}H_{10}$。

联苯可以看做是苯的一个氢原子被苯基所取代,而苯基是邻对位定位基,所以当联苯发生取代反应时,取代基主要进入苯基的对位,同时也有少量的邻位产物生成。例如联苯硝化时,主要是生成4,4′-二硝基联苯。

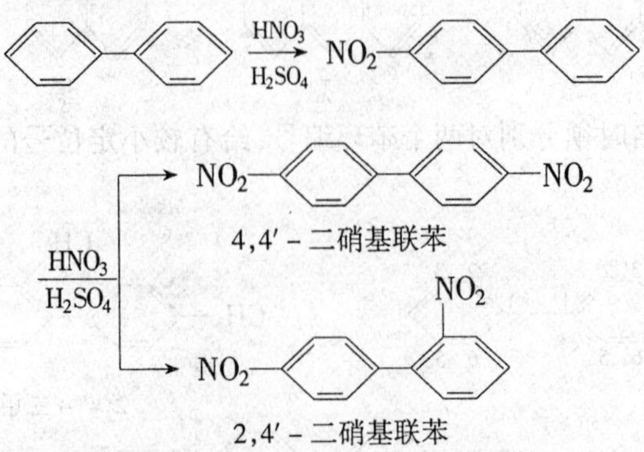

4,4′-二硝基联苯

2,4′-二硝基联苯

在联苯分子中,两个苯环可以围绕两个环之间的单键自由地相对旋转。但当这两个环

的邻位有取代基存在时,例如在 6,6′ – 二硝基 – 2,2′ – 联苯二甲酸分子中,由于这些取代基的空间阻碍,联苯分子的自由旋转受到限制,从而使两个环平面不在同一平面上,这样就有可能形成下列两种异构体。

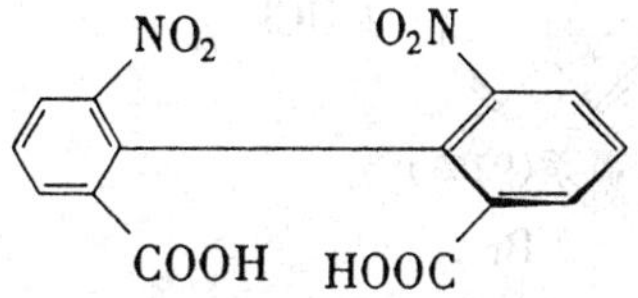

工业上联苯是由苯蒸气通过温度在 700℃以上红热的铁管,热解得到。

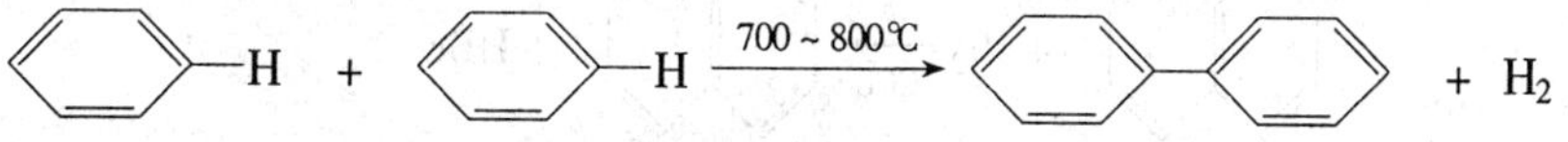

实验室中可由碘苯与铜粉共热而制得。

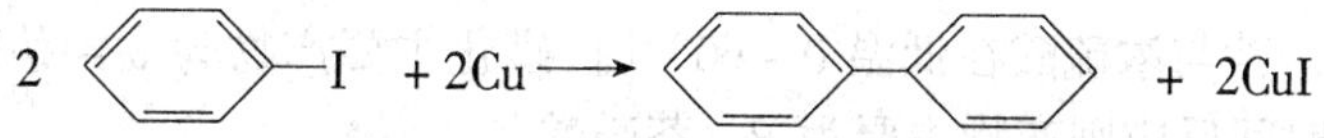

联苯的化学性质与苯相似,在两个苯环上均可发生磺化、硝化等取代反应。

2. 萘

萘是一种稠环芳烃,存在于煤焦油中。萘为无色片状晶体,熔点 80.3℃,沸点 218℃,不溶于水,溶于醇、醚、苯等有机溶剂,易升华。

萘的分子呈平面型,所有碳上 p 轨道都平行重叠形成环状闭合的共轭体系。但与苯不同,电子云密度没有完全平均化,分子中碳碳键长不完全相等,其中 C_α—C_β 间键长最短,α 位电子云密度最大,β 位次之。

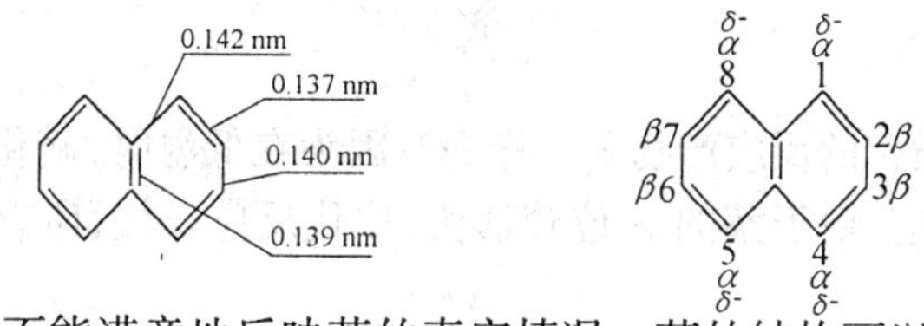

上列经典结构式不能满意地反映萘的真实情况。萘的结构可以三个较稳定的共振式的叠加来表示。

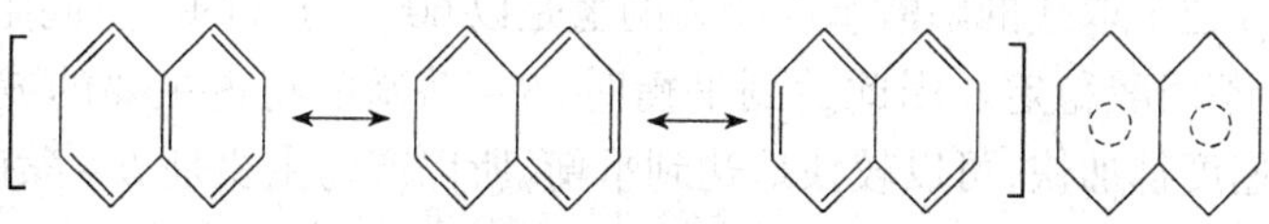

萘的共振式

从这三个共振式的叠加可以看到,C_α—C_β 键是由两个双键和一个单键叠加成的,而 C_β—C_β 键是由一个双键和两个单键叠加而成的,所以 C_α—C_β 键的双键成分比 C_β—C_β 键多,因此 C_α—C_β 键长比 C_β—C_β 键短,这些结果与实验事实相符。不过在经常使用中,仍用经典结构式,但应理解结构式中存在有共轭作用,双键已不是简单的双键了。萘可以像苯一样进行亲电取代反应,而且比苯活泼;萘比苯容易进行氧化与还原。

(1)亲电取代反应。萘可以进行卤化、磺化、硝化与傅氏反应。萘的 α 位较活泼,所以一元取代主要为 α 取代。萘比苯活泼得多,当大量苯与萘在一起进行亲电取代反应时,仍然主要与萘反应,所以萘的取代反应可以苯作为溶剂。

①卤代反应。由于萘很活泼,氯代时只要用很弱的催化剂碘就可进行,而溴代时甚至可

以不用催化剂。

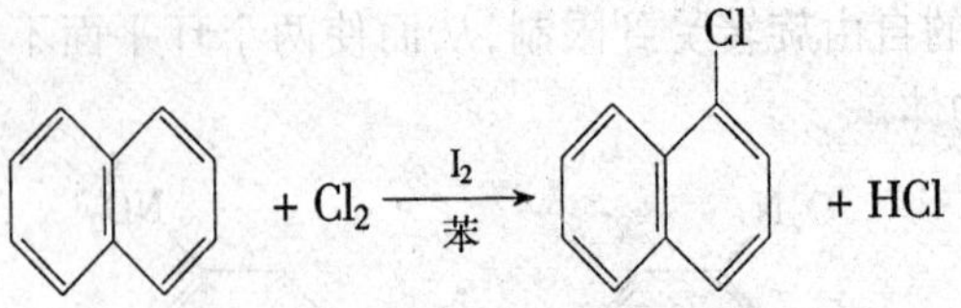

1 - 氯萘(92%)

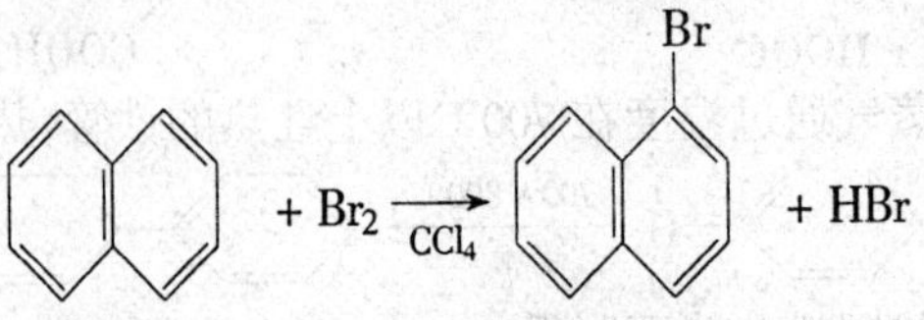

1 - 溴萘(72%)

②磺化反应。萘与浓硫酸在低温 0～60℃时,磺化主要产物为 α - 萘磺酸,但在 150～173℃高温时,长时间反应则产物主要为 β - 萘磺酸。

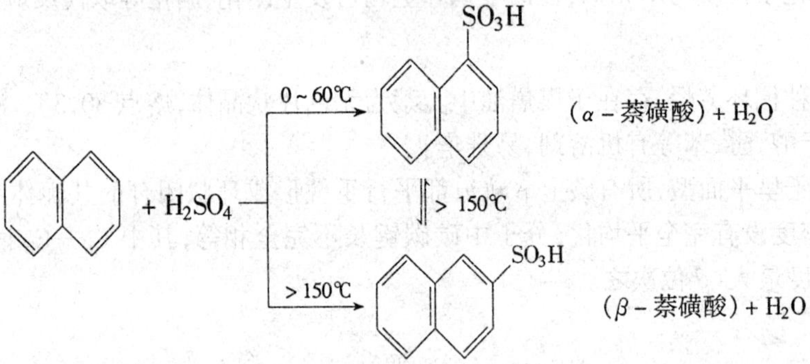

($α$ - 萘磺酸) + H_2O

($β$ - 萘磺酸) + H_2O

为什么温度高低,磺化的反应产物不一样呢? 因为在低温时,磺化的逆反应速度很慢,基本上是一个不可逆反应,由于萘的 α 位较活泼,取代反应较快,所以在低温时,取代产物主要为 α - 萘磺酸。

由于 α 位上取代的磺酸基与邻近 α 位上的氢是互相平行的,而且靠得很近,所以有一定的空间阻碍。而 β 位上取代的磺酸基与相邻的氢是以 60°角分开的。空间阻碍比较小,所以 β - 萘磺酸比 α - 萘磺酸稳定。因此达到平衡时,β - 萘磺酸将占主要的成分。在高温时,磺化的正逆反应速度都加快,可以较快地达到平衡,所以产物主要是 β - 萘磺酸。从这个反应可以看到,低温磺化上 α 位是由于动力学控制的原因,而高温磺化上 β 位是由于热力学控制的原因。

由于 α - 萘磺酸稳定性较差,高温水解脱磺酸基比 β - 萘磺酸快,所以将 α - 与 β - 萘磺酸的混合物通水蒸气加热,可使 α - 异构体水解成萘,而被水气蒸出除去,留下纯的 β - 萘磺酸。因此,高温制得的粗 β - 萘磺酸可以用这种方法进行纯化。

萘的亲电取代反应一般发生在 α 位,主要得到 α 取代产物。但只有 β - 萘磺酸比较容易得到。因此萘的其他 β 衍生物往往通过 β - 萘磺酸来制取。例如,由萘磺酸碱熔可得到萘酚

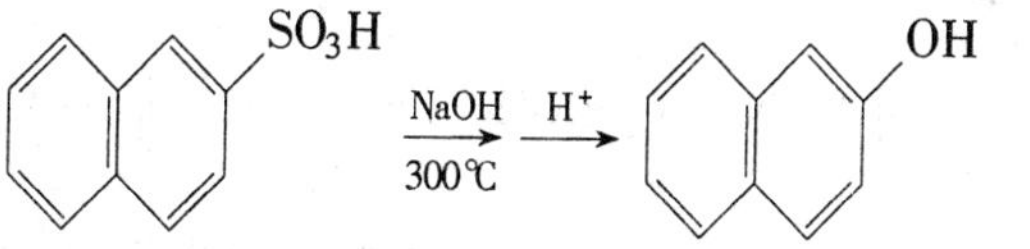

和苯酚不同,萘酚的羟基比较容易被氨基置换而生成萘胺。

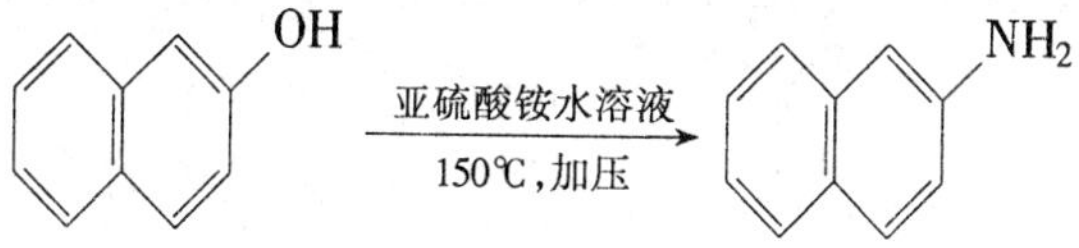

这个反应叫布赫雷尔反应。这个反应实际上是可逆的。因为在亚硫酸盐存在下,β – 萘胺也容易水解生成 β – 萘酚。α – 萘酚也有同样的反应。

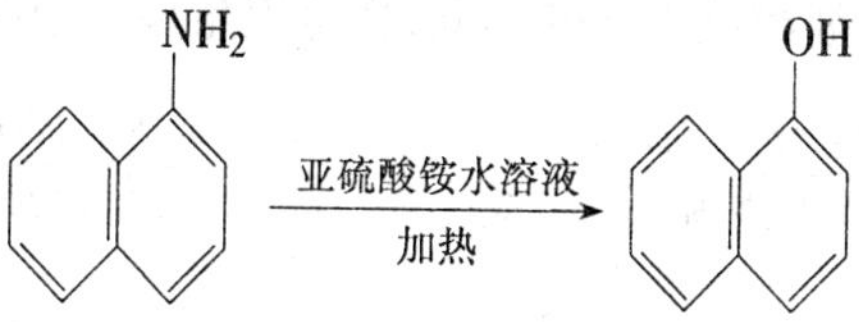

因此利用这个反应,按照不同条件,可由萘酚制萘胺或由萘胺制萘酚。

萘酚和萘胺都是合成偶氮染料重要的中间体,因此萘的磺化反应,尤其是高温磺化,在有机合成上,特别是合成染料方面有着重要的应用。

③硝化反应。萘用硫酸与硝酸的混合酸硝化所得主要产物是 α – 硝基萘。

α – 硝基萘（95.5%）　　β – 硝基萘（4.5%）

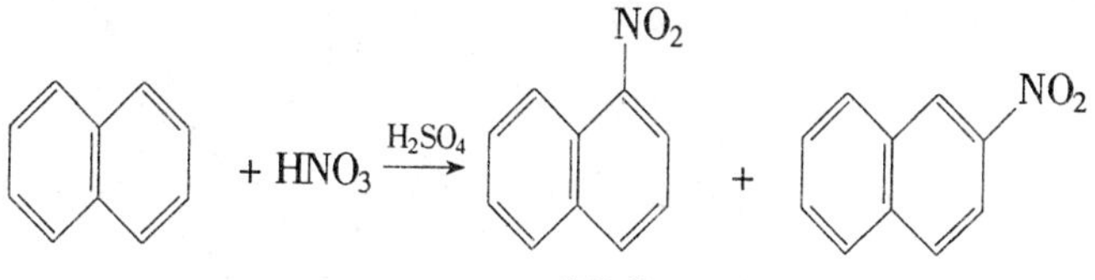

④傅氏酰基化反应。当萘与酰氯在无水三氯化铝催化下,于四氯乙烷溶剂中反应,酰基主要上 α 位;在硝基苯中反应,酰基主要上 β 位。

乙酰氯　　α – 萘乙酮（93%）

β – 萘乙酮（90%）

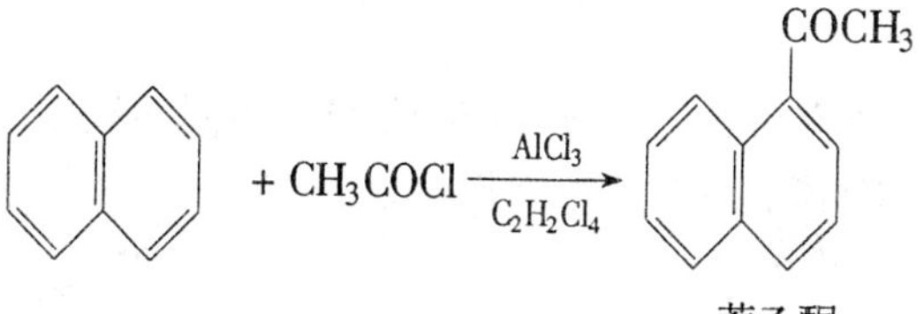

萘与其他稠环芳烃进行傅氏烷基化的产率都不好,这可能是由于萘等太活泼,使催化剂直接与芳环作用,失去了催化的能力。

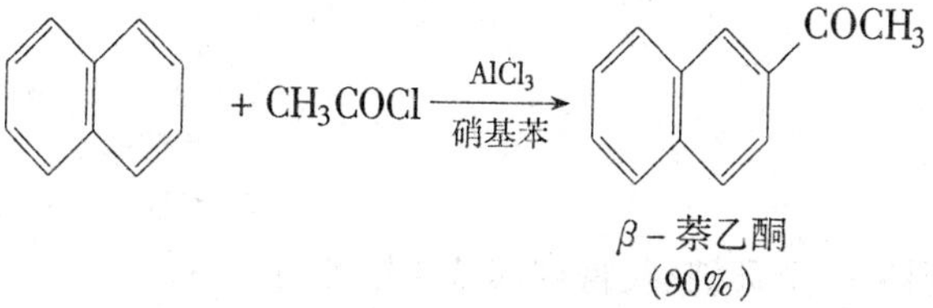

(2)加氢还原。萘比苯容易起加成反应,用钠和乙醇就可以使萘还原成 1,4 – 二氢化萘

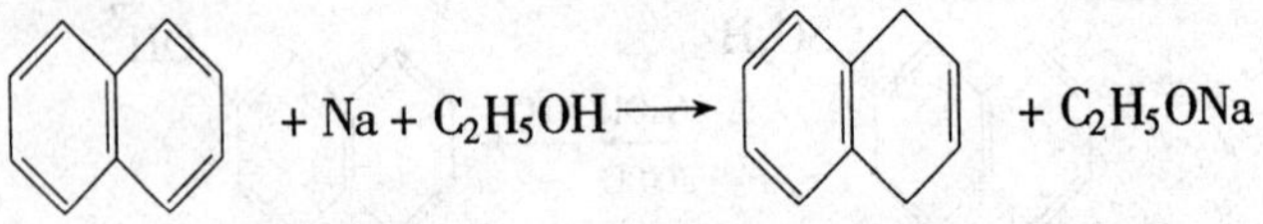

$$\text{（萘）} + Na + C_2H_5OH \longrightarrow \text{（1,4-二氢化萘）} + C_2H_5ONa$$

1,4-二氢化萘

1,4-二氢化萘不稳定,与乙醇钠的乙醇溶液一起加热,容易异构变成1,2-二氢化萘

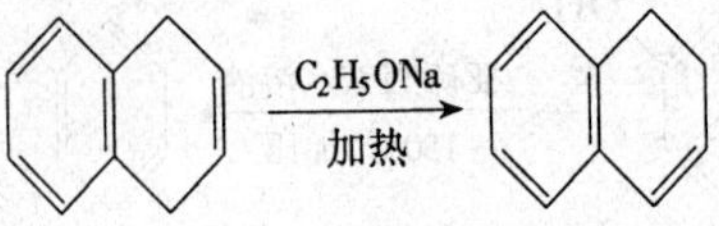

$$\text{（1,4-二氢化萘）} \xrightarrow[\text{加热}]{C_2H_5ONa} \text{（1,2-二氢化萘）}$$

1,2-二氢化萘

用钠和戊醇使萘还原,反应在更高温度下进行,这时得到1,2,3,4-四氢化萘。萘催化加氢也生成四氢化萘,如果催化剂或反应条件不同,也可以生成十氢化萘

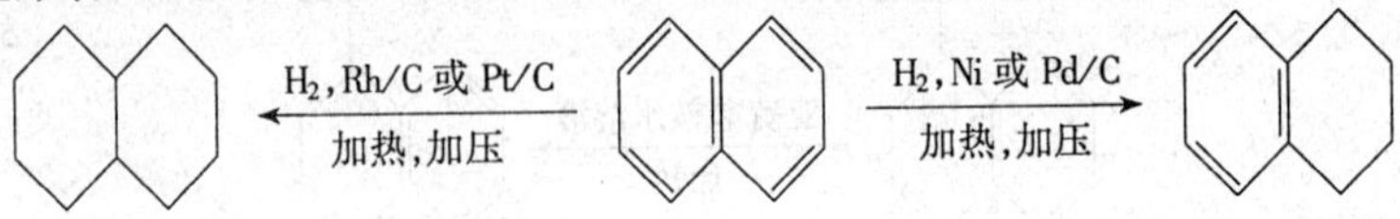

$$\text{十氢化萘} \xleftarrow[\text{加热,加压}]{H_2,Rh/C \text{ 或 } Pt/C} \text{（萘）} \xrightarrow[\text{加热,加压}]{H_2,Ni \text{ 或 } Pd/C} \text{四氢化萘}$$

十氢化萘　　　　　　　　　　　　　　　　　　　　　四氢化萘

四氢化萘又叫萘满,是沸点270.2℃的液体,十氢化萘又叫萘烷,是沸点191.7℃的液体,它们都是良好的高沸点溶剂。

　　十氢化萘有两种构象异构体,即两个环己烷分别以顺式或反式相稠合。顺式沸点194℃,反式沸点185℃,电子衍射证明这两个环都以椅型存在。它们的构象可以表示如下

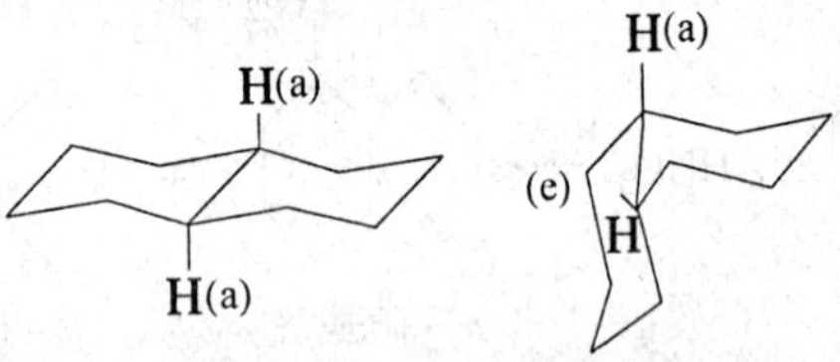

反十氢化萘　　　　　　　　顺十氢化萘

十氢化萘分子中一个环可以看做是另一个环上的两个取代基。在反十氢化萘中,这两个取代基都是 e 键;在顺十氢化萘中,则一个取代基是 e 键,另一个是 a 键。因此反式构象比顺式稳定。

　　(3)氧化反应。萘比苯容易氧化,不同条件下,得到不同的氧化产物。例如,萘在醋酸溶液中用氧化铬进行氧化,则其中一个环被氧化成醌,生成1,4-萘醌(也叫 α-萘醌)。

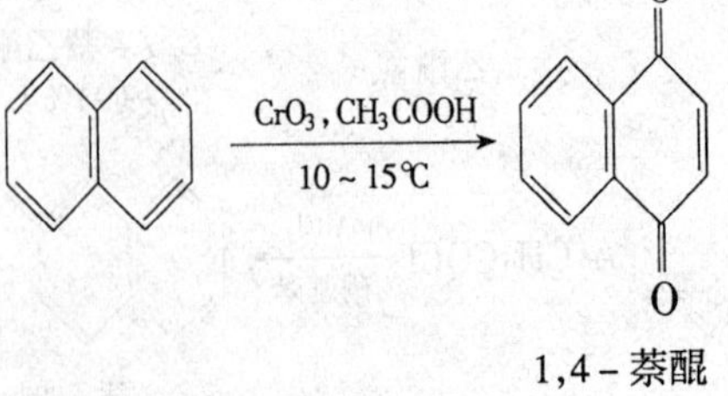

$$\text{（萘）} \xrightarrow[10\sim15℃]{CrO_3, CH_3COOH} \text{（1,4-萘醌）}$$

1,4-萘醌

在强烈氧化条件下,则另一个环破裂,得到邻苯二甲酸酐

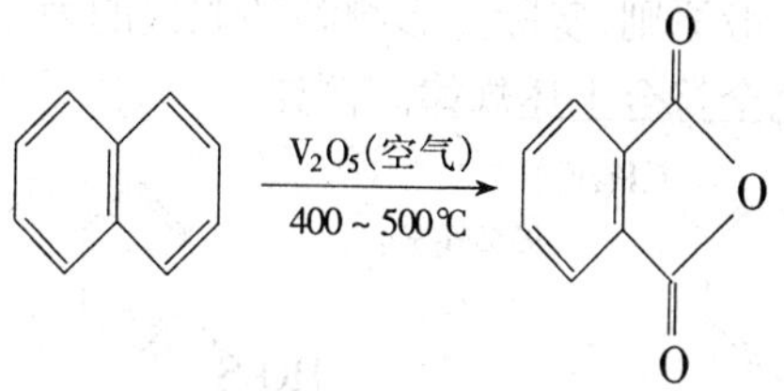

(4)萘环的取代规律。萘衍生物进行取代反应的定位作用,要比苯衍生物复杂些,原则上讲,在萘环中引入第二个取代基的位置,要由原有取代基的性质和位置以及反应时的条件来决定,但由于 α 位的活性高,在一般情况下,第二个取代基进入 α 位。此外,环上的原有取代基还决定发生同环取代或是异环取代。

①当第一个取代基是邻对位定位基时,由于它能使和它连接的环活化,因此第二个取代基就进入该环,即发生"同环取代"。如果原来取代基是在 α 位,则第二个取代基主要进入同环的另一 α 位。例如

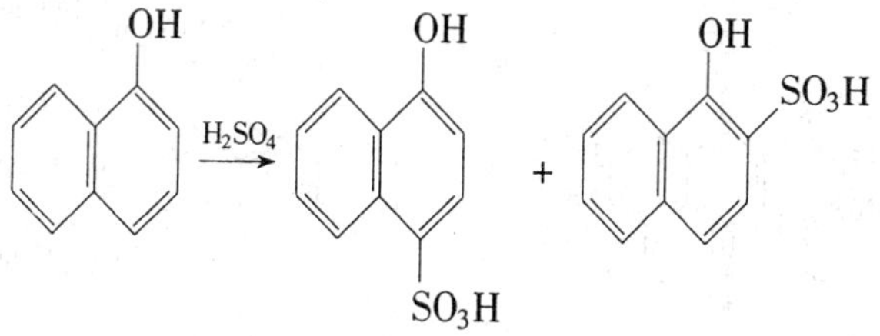

主要产物

如果原有取代基是在 β 位,则第二个取代基主要进入与它相邻的 α 位。例如

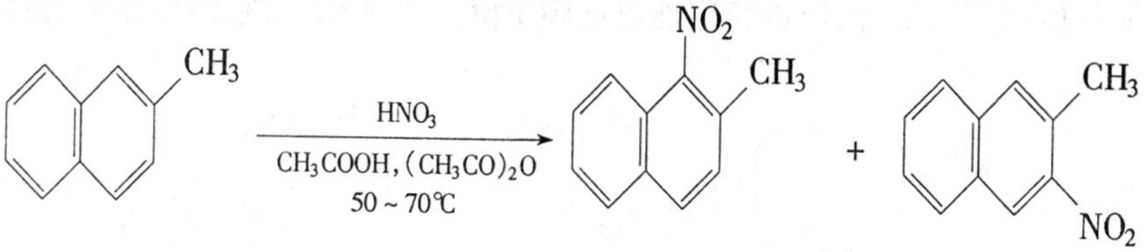

主要产物

当第一个取代基是间位定位基时,它使所连接的环钝化,第二个取代基便进入另一个环上,发生了"异环取代"。不论原有取代基是在 α 位还是 β 位,第二个取代基一般是进入另一环上的 α 位。例如

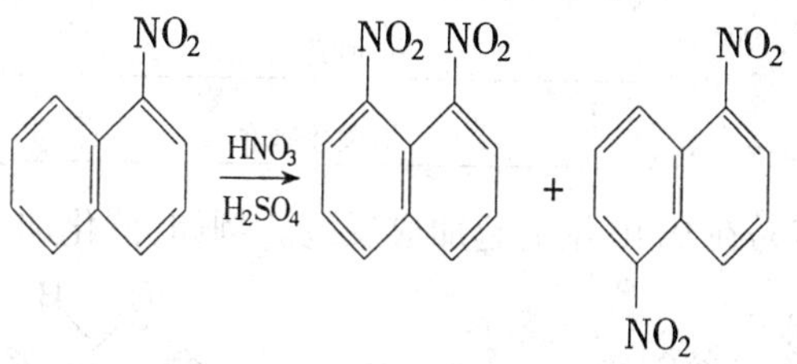

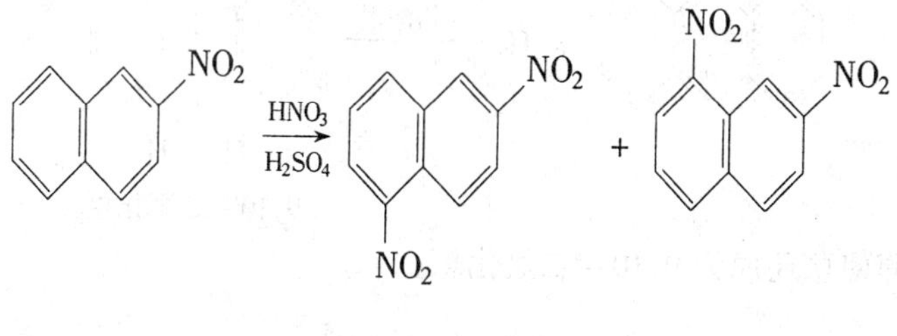

　　上面所讨论的仅仅是一般原则,实际上影响萘环取代的因素比较复杂,因此有许多萘衍生物取代反应的定位并不完全符合上述规律。例如

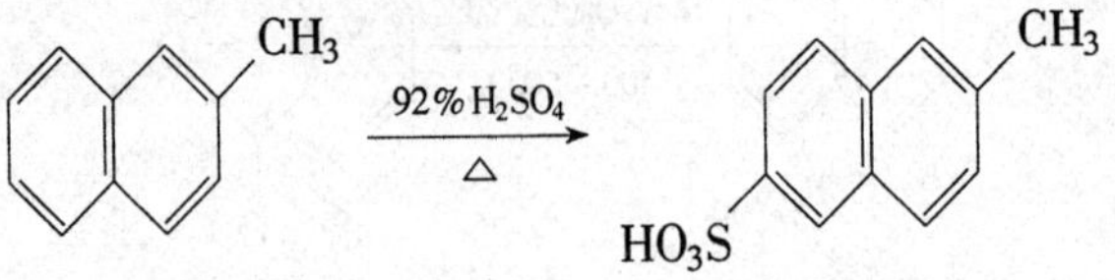

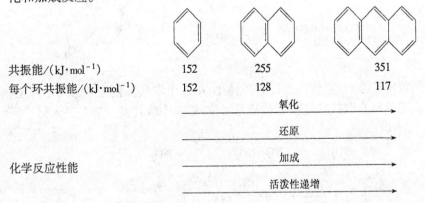

3. 蒽

　　蒽是白色晶体,具有蓝色的荧光,熔点 216℃,沸点 340℃,不溶于水,难溶于乙醇和乙醚,而能溶于苯。

　　蒽存在于煤焦油中,分子式为 $C_{14}H_{10}$,分子中含有三个稠合的苯环。与萘相似,蒽的碳碳键键长也并不完全相同,蒽的结构和键长可表示如下

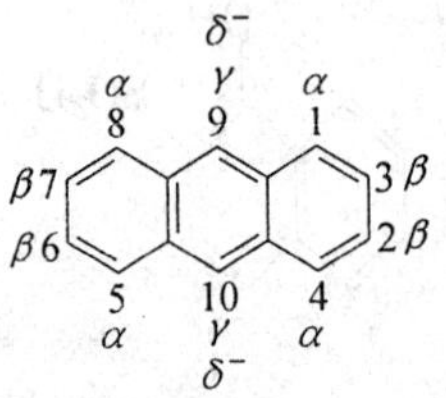

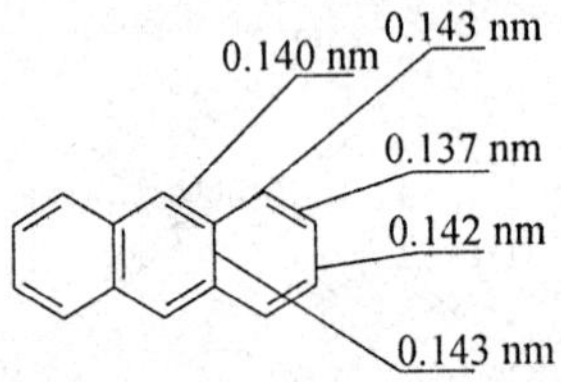

　　蒽比萘更容易发生化学反应。蒽的 γ 位最活泼,反应一般都发生在 γ 位。蒽的共振能是 351 kJ/mol。如果与苯、萘的共振能比较,可以看出,随着分子中稠合环的数目增加,每个环的共振能数值却逐渐下降,所以稳定性也逐渐下降。与此相应,它们也越来越容易进行氧化和加成反应。

共振能/(kJ·mol^{-1})	152	255	351
每个环共振能/(kJ·mol^{-1})	152	128	117

氧化 →

还原 →

加成 →

化学反应性能　　　　　　　　　　活泼性递增 →

　　(1)加成反应。蒽容易在 9、10 位上起加成反应。例如,催化加氢生成 9,10-二氢化蒽。

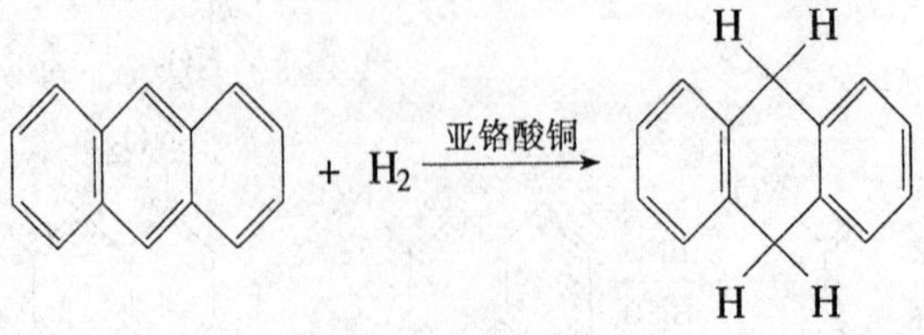

9,10-二氢化蒽

也可以用钠和乙醇使蒽还原为 9,10-二氢化蒽。

氯或溴与蒽在低温下即可进行亲电加成反应。例如

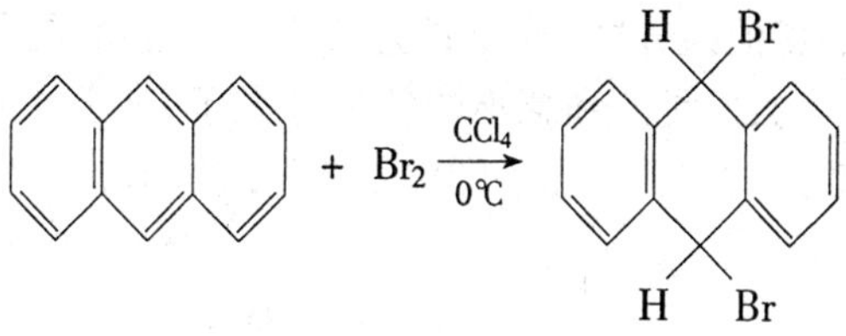

9,10 - 二溴 - 9,10 - 二氢化蒽

蒽的加成反应发生在 γ 位的原因是由于加成后能生成稳定产物。因为 γ 位加成产物的结构中还留有两个苯环(共振能约为 301 kJ/mol),而其他位置(α 位或 β 位)的加成产物中则留有一个萘环(共振能约为 255 kJ/mol)。前者比后者更为稳定,因此 9、10 位容易发生加成反应。蒽的其他反应也往往发生在 γ 位上。

(2)氧化反应。重铬酸钾加硫酸可使蒽氧化为蒽醌。

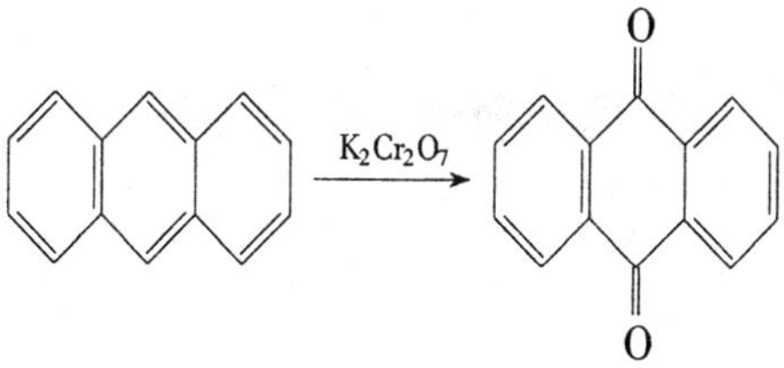

工业上一般以 V_2O_5 为催化剂,采用在 300～500℃空气催化加氢的方法制造蒽醌。它也可以由苯与邻苯二甲酸酐通过傅 - 克酰基化反应来合成。

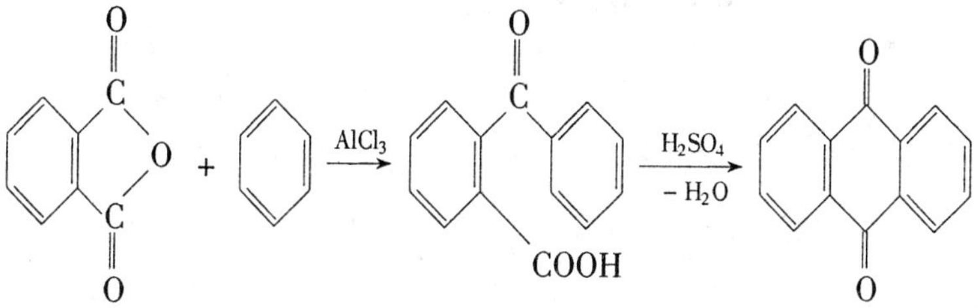

蒽醌是浅黄色晶体,熔点 275℃。蒽醌不溶于水,也难溶于多数有机溶剂,但易溶于浓硫酸。

蒽醌和它的衍生物是许多蒽醌类染料的重要原料,其中 β - 蒽醌磺酸尤为重要。它可由蒽醌磺化得到

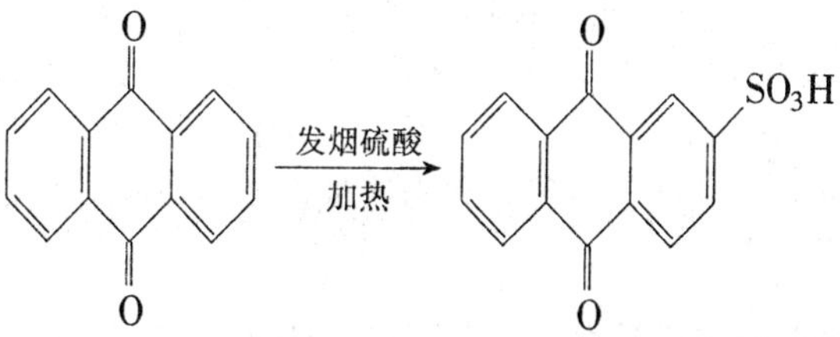

β - 蒽醌磺酸

β - 蒽醌磺酸也是重要的染料中间体。

蒽容易发生取代反应。但由于取代产物往往都是混合物,故在有机合成上实用意义不大。

4. 菲

菲也存在于煤焦油的蒽油馏分中,分子式为 $C_{14}H_{10}$,是蒽的同分异构体。与蒽相似,它也是由三个苯环稠合而成的,但是菲和蒽不同的地方在于,三个六元环不是连成一条直线,而是形成了一个角度。菲的结构和碳原子的编号如下式所示。

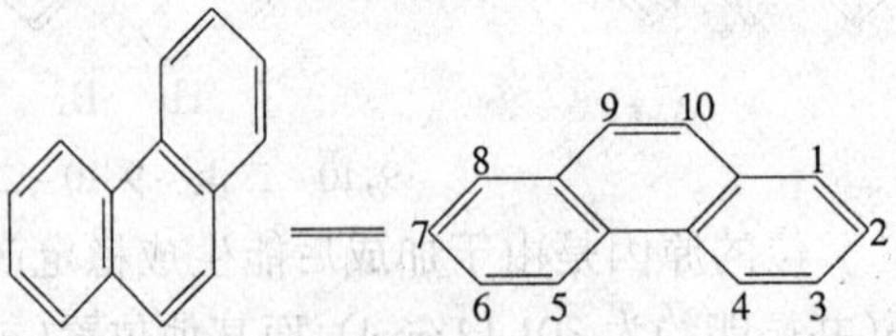

菲是白色片状晶体,熔点 100℃,沸点 340℃,易溶于苯和乙醚,溶液呈蓝色荧光。菲的共振能为 381.6 kJ/mol,比蒽大,因此菲比蒽稳定。化学反应易发生在 9、10 位,例如,将菲氧化可得 9,10 - 菲醌。菲醌是一种农药,可防止小麦莠病、红薯黑斑病等。

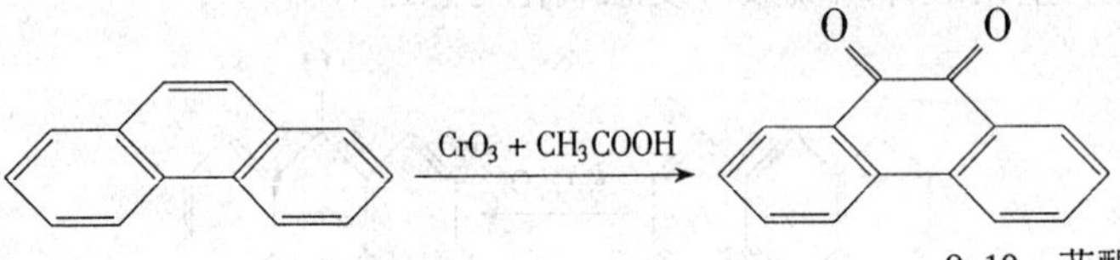

5. 其他稠环芳烃

萘、蒽、菲等均为由苯环稠合的稠环芳烃。此外,也有不完全是由苯环稠合的,例如苊和芴,它们都可以从煤焦油洗油馏分中提取得到。

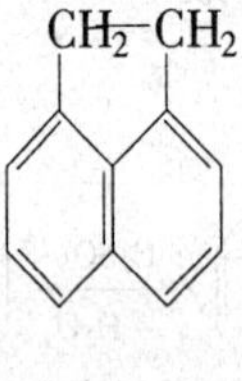

苊是无色针状晶体,熔点 95℃,沸点 278℃,不溶于水,溶于有机溶剂。它也可以看做是萘的衍生物。

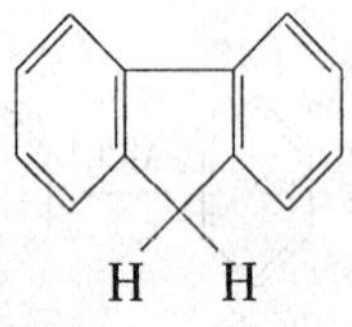

芴是无色片状结晶,有蓝色荧光,熔点 114℃,沸点 295℃。它的亚甲基上氢原子相当活泼,可被碱金属取代。例如

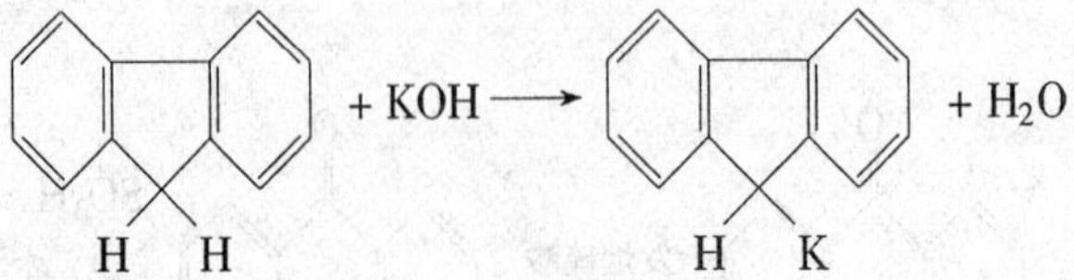

生成的钾盐加水分解则又得到原来的芴。利用这种性质可以从煤焦油中分离芴。

6. 致癌烃

芳香烃不仅在物理性质和化学性质上与脂肪烃有所不同,在对有机体的作用方面也有其特殊性。许多多环芳烃,是目前已经确认的有致癌作用的物质。下面列出了一些致癌烃的结构式

芘

3,4 - 苯并芘

6 - 甲基 - 5,10 - 亚乙基 - 1,2 - 苯并蒽

10 - 甲基 - 1,2 - 苯并蒽

2 - 甲基 - 3,4 - 苯并菲

1,2,3,4 - 二苯并菲

三、非苯芳烃

前面讨论的芳烃都含有苯环结构,它们都具有一定的共振能,在化学性质上表现为易起亲电取代反应,不易起亲电加成反应等,即具有不同程度的芳香性。

是不是具有芳香性的化合物一定要含有苯环? 为了解决这个问题,休克尔(E. Huckel)发现:如果一个单环状化合物只要它具有平面的离域体系,它的 π 电子数为 $4n+2$($n=0$, $1,2,\cdots$整数),就具有芳香性。这就是休克尔规则,也叫做休克尔 $4n+2$ 规则。而具有 $4n$ 个 π 电子的单环化合物却高度不稳定,称为反芳香性。凡符合休克尔规则,具有芳香性,但又不含苯环的烃类化合物叫做非苯芳烃。

苯分子中成环原子共平面,且离域 π 电子数为 6,符合 $4n+2$(其中 $n=1$),故具有芳香性。对于稠环芳烃,则只考虑它成环原子周边(外围)的 π 电子数。例如,萘、蒽、菲的环上原子均处于同一平面内,π 电子数为 10 或 14,且均处在外围,故具芳香性。芘分子中具有 16 个 π 电子,但它的外围 π 电子只有 14 个,故也具有芳香性。

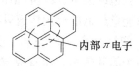

——内部 π 电子

芘

在 Hückel 规则的启示下,近几十年来对非苯芳烃的研究有了很大进展。典型的非苯芳烃有下列三类。

1. 轮烯

单环共轭多烯亦称轮烯,如环丁二烯,环辛四烯、环十八碳九烯、环二十二碳十一烯、分别称为[4]轮烯、[8]轮烯、[18]轮烯和[22]轮烯。方括号中的数字代表成环碳原子数

[4]轮烯　　　　[8]轮烯　　　　　[18]轮烯　　　　　　　　[22]轮烯

其中[4]轮烯,π 电子数不符合 $4n+2$,无芳香性;[8]轮烯中 8 个碳原子不在同一平面内,π 电子数亦不符合 $4n+2$,因此亦不具芳香性。[18]轮烯中成环碳原子接近共平面,且 π 电子数符合 $4n+2$,其中 $n=4$,因此具有芳香性。与此相似,[22]轮烯也具有芳香性。

2. 芳香离子

某些环状烃虽然没有芳香性,但转变成离子(正或负离子)后则有可能显示芳香性。例如,下列结构式中的环戊二烯无芳香性,但其负离子(a)不仅成环的 5 个碳原子共平面,且具有 6 个 π 电子,符合 $4n+2(n=1)$,故有芳香性。另外,如环丙烯正离子(b),环庚三烯正离子(c),环辛四烯二价负离子(d)等均具有芳香性

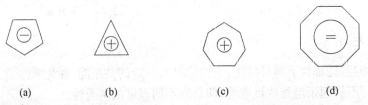

(a)　　　　　　　(b)　　　　　　　(c)　　　　　　　(d)

3. 稠合环系

例如,薁(蓝烃)是由一个五元环和一个七元环稠合而成的,其成环原子的外围 π 电子有 10 个,符合 $4n+2(n=2)$ 规则,也具有芳香性。

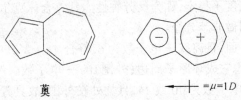

薁　　　　　　　　　$\longleftarrow$ $=\mu=1D$

Hückel 规则是根据分子轨道理论计算得出。n 个原子轨道可以线性组合成 n 个分子轨道。其中成键轨道的能量小于原子轨道的能量,反键轨道的能量大于原子轨道的能量,非键轨道的能量等于原子轨道的能量。能量最低的成键轨道只有一个。能量最高的轨道有两种状态:当轨道数 n 为奇数时,有两个能量相等的轨道;当 n 为偶数时则只有一个。介于能量最低和最高轨道之间的轨道都有两个简并轨道。所有成键轨道都被自旋配对的电子充满,非键轨道也被充满或完全空着的体系是稳定的,相应的化合物具有芳香性。图 5.4 列出了

C_3—C_8 的单环共轭多烯及其离子的 π 分子轨道能级及基态 π 电子构型。

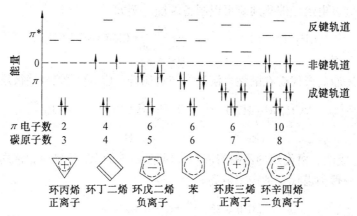

图 5.4 环多烯烃(C_mH_n)的 π 分子轨道能级和基态电子构型

从图 5.4 中可以看出,除能量最低的成键轨道需要两个电子充满外,其余的成键轨道和非键轨道都是两个简并轨道,即每一能级的轨道需要 4 个电子才能充满。这就是 Hückel 规则为什么需要 $4n+2$ 个 π 电子的原因。从图 5.4 可知其中 $C_3H_3^+$、$C_5H_5^-$、C_6H_6、$C_7H_7^+$、$C_8H_8^{2-}$ 具有芳香性,符合 $4n+2$,且同一能级的轨道全充满,具有稳定的电子构型。这与前面的分析是一致的。

5.4 烃的主要来源和制法

一、烷烃的主要来源和制法

烷烃的天然来源主要来自石油和天然气。石油虽然因产地不同而成分各异,但其主要成分是各种烃类(开链烷烃、环烷烃和芳香烃等)的复杂混合物。由油田得到的原油通常是深褐色的粘稠液体,根据不同的需要经分馏而得到各种不同的馏分。石油的几种主要馏分的大致区间如表 5.12 所示。

表 5.12 石油主要馏分的大致区间

馏 分	组 分	分馏区间
天 然 气	$C_1 \sim C_6$	20℃以下
石 油 醚	$C_5 \sim C_6$	20～60℃
汽 油	$C_4 \sim C_8$	40～200℃
煤 油	$C_{10} \sim C_{16}$	175～275℃
柴 油	$C_{15} \sim C_{20}$	250～400℃
润 滑 油	$C_{18} \sim C_{22}$	300℃以上
沥 青	C_{26}以上	不挥发

天然气也广泛存在于自然界,其主要成分为低级烷烃的混合物,通常含 75%甲烷,15%乙烷,5%丙烷,其余则为较高级的烷烃。可作为化工原料,也可直接作为燃料。

但要得到纯净的烷烃,从这些混合物分离是十分困难的,常常必须通过实验室方法合成,烷烃的制备主要有以下几种方法。

(1)烯烃加氢。由烯烃催化加氢可以制备烷烃。例如

$$CH_3CH = CHCH_3 + H_2 \xrightarrow[\substack{CH_3CH_2OH \\ 25℃,5\ MPa}]{Ni} CH_3CH_2CH_2CH_3$$

(2)卤代烷还原。卤代烷在酸性水溶液中与金属锌反应,卤代烷直接被还原为烷烃。

$$2CH_3CH_2\underset{\underset{Br}{|}}{C}HCH_3 \xrightarrow[Zn]{H^+} 2CH_3CH_2\underset{\underset{H}{|}}{C}HCH_3 + ZnBr_2$$

(3)Wurtz 合成法。卤代烷的乙醚溶液与金属钠反应可以制备烷烃。常用的卤代烷为溴代烷和碘代烷,一般伯卤代烷的产率较高。

$$2RBr + 2Na \xrightarrow{乙醚} R—R + 2NaBr$$

利用 Wurtz 反应制备高级烷烃效果较好,而且碳链可以增加 1 倍。但如果烷基不同时,将得到三种不同产物的混合物,分离困难,一般不宜采用。

$$RI + 2Na + R'I \longrightarrow \begin{cases} R—R \\ R'—R' \\ R—R' \end{cases}$$

(4)Kolbe 合成法。用高浓度的羧酸盐,通过电解合成,在阳极产生烷烃。例如

$$2CH_3—\overset{\overset{\displaystyle O}{\|}}{C}—ONa + 2H_2O \longrightarrow \begin{cases} CH_3—CH_3 + 2CO_2 & 阳极 \\ 2NaOH + H_2 & 阴极 \end{cases}$$

在阳极上的反应是这样的

$$CH_3—\overset{\overset{\displaystyle O}{\|}}{C}—O^- \xrightarrow{-e^-} CH_3—\overset{\overset{\displaystyle O}{\|}}{C}—O· \longrightarrow CH_3· + CO_2$$

$$2CH_3· \longrightarrow CH_3—CH_3$$

(5)格氏试剂水解。格氏(Grignard)试剂遇水分解成烷烃和镁的碱式卤化物,是实验室合成纯净烷烃的一种很有用的方法。

$$R—MgX + H_2O \longrightarrow RH + MgX(OH)$$

二、烯烃的主要来源和制法

烯烃在自然界是不存在的,但由于烯烃化学性质活泼,能发生许多类型的反应,因此是重要的化工原料。大量的烯烃主要来源于石油裂解,尤其是乙烯、丙烯和丁烯等低级烯烃目前工业上主要通过石油系烃类的热裂解而得到。

实验室的制备方法主要是引入双键问题,常用的制法有:

(1)醇脱水

$$\underset{\underset{\text{H}\quad\text{OH}}{|\quad\quad|}}{CH_2—CH_2} \xrightarrow[\text{或 } H_2SO_4,170℃]{Al_2O_3,360℃} CH_2 = CH_2 + H_2O$$

(2)卤代烷脱卤化氢

$$CH_3CH_2\underset{\underset{H}{|}}{C}H-\underset{\underset{Cl}{|}}{C}H_2 + KOH \xrightarrow{\text{乙醇}} CH_3CH_2CH=CH_2 + KCl + H_2O$$

(3)邻二卤化物脱卤

$$CH_3\underset{\underset{Br}{|}}{C}H-\underset{\underset{Br}{|}}{C}HCH_3 + Zn \longrightarrow CH_3CH=CHCH_3 + ZnBr_2$$

碳碳叁键部分加氢也可以制备烯烃,但作为一般的实验室制法主要为醇脱水和卤代烷脱卤化氢应用较广。

三、炔烃的制法

1. 由烯烃制备

实验室中制备炔烃可以通过烯烃加卤素得二卤代烷,然后脱卤化氢的方式进行。

$$CH_3CH=CHCH_3 \xrightarrow[CCl_4]{Br_2} CH_3\underset{\underset{H}{|}}{\overset{\overset{Br}{|}}{C}}-\underset{\underset{H}{|}}{\overset{\overset{Br}{|}}{C}}-CH_3 \xrightarrow[\text{乙醇}]{KOH} CH_3\overset{\overset{H}{|}}{C}=\underset{\underset{Br}{|}}{C}-CH_3 \xrightarrow{NaNH_2} CH_3C\equiv CCH_3$$

$$(CH_3)_3CCH_2CHCl_2 \xrightarrow[\triangle]{NaNH_2} (CH_3)_3CC\equiv CH$$

2. 由取代反应制备

乙炔或一取代乙炔可以与金属钠或氨基钠作用得到炔钠,炔钠是强的亲核试剂,可与伯卤烷发生 S_N2(双分子亲核取代)反应得到碳链增长的炔烃。

$$HC\equiv CH \xrightarrow[\text{液氨}]{NaNH_2} HC\equiv \overset{-}{C} Na^+ \xrightarrow[\text{液氨}]{NaNH_2} Na^+ \overset{-}{C}\equiv \overset{-}{C} Na^+$$

$$HC\equiv \overset{-}{C} Na^+ + CH_3CH_2Br \longrightarrow HC\equiv C-CH_2CH_3 + NaBr$$

$$Na^+ \overset{-}{C}\equiv \overset{-}{C} Na^+ + 2CH_3CH_2Br \longrightarrow CH_3CH_2-C\equiv C-CH_2CH_3 + 2NaBr$$

$$(CH_3)_2CHCH_2C\equiv CH \xrightarrow[\text{液氨}]{NaNH_2} (CH_3)_2CHCH_2C\equiv \overset{-}{C} Na^+ \xrightarrow{CH_3Br}$$

$$(CH_3)_2CHCH_2C\equiv C-CH_3$$

$$81\%$$

也可用格氏试剂来制备。

$$HC\equiv CH + RMgX \longrightarrow HC\equiv CMgX \xrightarrow{R'X} HC\equiv C-R'$$

四、共轭二烯烃的制法

共轭二烯烃,尤其是 1,3 - 丁二烯和 2 - 甲基 - 1,3 - 丁二烯(俗称异戊二烯),是高分子材料工业的重要单体,主要作为合成橡胶的原料,也可用作有机合成的原料,其主要的制法现介绍如下。

1.1,3 – 丁二烯的制法

工业生产上主要从石油系烃类热裂解得到的裂解气中的 C_4 馏分中分离而得,或由 C_4 馏分中的丁烷、丁烯脱氢制备。

(1)正丁烯脱氢。正丁烯可由石油裂解的 C_4 馏分中分去丁烷和异丁烯而得到,一般是 1 – 丁烯和 2 – 丁烯的混合物。脱氢方法有两种:

①催化脱氢。通常以磷酸钙镍为催化剂,并用2%氧化铬使之稳定,于 $600 \sim 700℃$ 进行脱氢。

$$\left.\begin{array}{l} CH_2=CH-CH_2-CH_3 \\ CH_3-CH=CH-CH_3 \end{array}\right\} \xrightarrow[600 \sim 700℃]{Ca_8Ni(PO_4)_6 - Cr_2O_3} CH_2=CH-CH=CH_2 + H_2$$

②氧化脱氢。用浸渍在微球硅胶上的磷 – 钼 – 铋作催化剂,于 $480 \sim 500℃$,以空气氧化脱氢。

$$\left.\begin{array}{l} CH_2=CH-CH_2-CH_3 \\ CH_3-CH=CH-CH_3 \end{array}\right\} + \frac{1}{2}O_2 \xrightarrow[480 \sim 500℃]{P - Mo - Bi} CH_2=CH-CH=CH_2 + H_2O$$

(2)丁烷脱氢。由正丁烷脱氢也可以制备 1,3 – 丁二烯,一般采用两步法,首先用以氧化铝为载体的氧化铬为催化剂,使丁烷脱氢得到丁烯;然后再用丁烯脱氢方法而转化为 1,3 – 丁二烯。

$$CH_3CH_2CH_2CH_3 \xrightarrow[520 \sim 600℃]{Al_2O_3 - Cr_2O_3} \left\{\begin{array}{l} CH_2=CH-CH_2-CH_3 + H_2 \\ CH_3-CH=CH-CH_3 + H_2 \end{array}\right.$$

(3)由乙炔制备。1,3 – 丁二烯较早的制法是用乙炔的活泼氢与甲醛加成,而后再氢化、脱水制备。现在此法已为丁烯、丁烷的脱氢逐渐取代,但对由其他的醛酮加成制备 1,3 – 丁二烯的烷基衍生物还是有意义的。

$$\underset{H}{\overset{H}{H-C=O}} + HC≡CH + \underset{H}{\overset{H}{O=CH}} \xrightarrow{KOH} HO-\underset{H}{\overset{H}{CH}}-C≡C-\underset{H}{\overset{H}{CH}}-OH \xrightarrow[Ni]{H_2}$$

$$HOCH_2CH_2CH_2CH_2OH \xrightarrow[-H_2O]{Al_2O_3} CH_2=CH-CH=CH_2$$

2.2 – 甲基 – 1,3 – 丁二烯的制法

2 – 甲基 – 1,3 – 丁二烯与 1,3 – 丁二烯相似,也可以从相应的异戊烯和异戊烷脱氢制备;或用丙酮与乙炔加成而后部分氢化、脱水生成。

$$\underset{CH_3}{\overset{CH_3}{C=O}} + HC≡CH \xrightarrow{KOH} CH_3-\underset{OH}{\overset{CH_3}{C}}-C≡CH \xrightarrow{Pd - BaSO_4, H_2}$$

$$CH_3-\underset{OH}{\overset{CH_3}{C}}-CH=CH_2 \xrightarrow[-H_2O]{Al_2O_3} CH_2=\overset{CH_3}{C}-CH=CH_2$$

五、脂环烃的来源和制法

环烷烃主要来自于石油的分馏组分,占绝大多数的是环戊烷和环己烷以及它们的烷基

衍生物。

脂环烃的制法主要有三种：

1. 芳香族化合物催化氢化

工业上主要通过苯及其衍生物的催化加氢来制取。例如

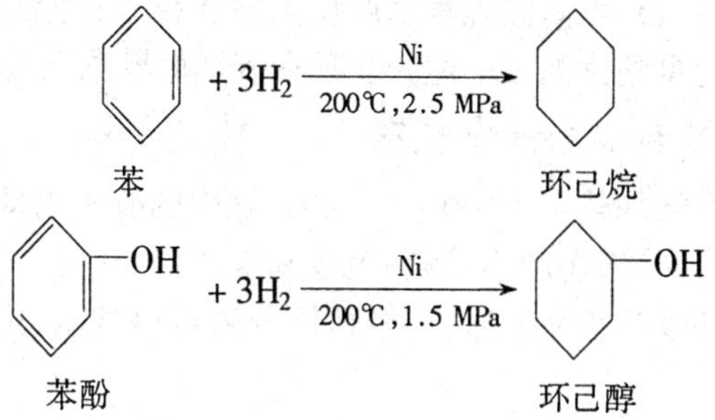

2. 分子内关环

可以采用二卤代烷，经分子内关环脱卤制备小环环烷烃。例如

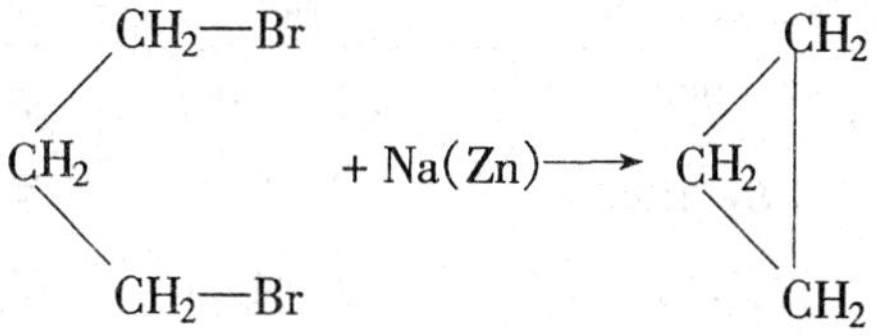

四元环也可以用此法制备。更大的环如五元环或六元环的脂环烃及其衍生物可以通过脱羧关环的方法制备。例如

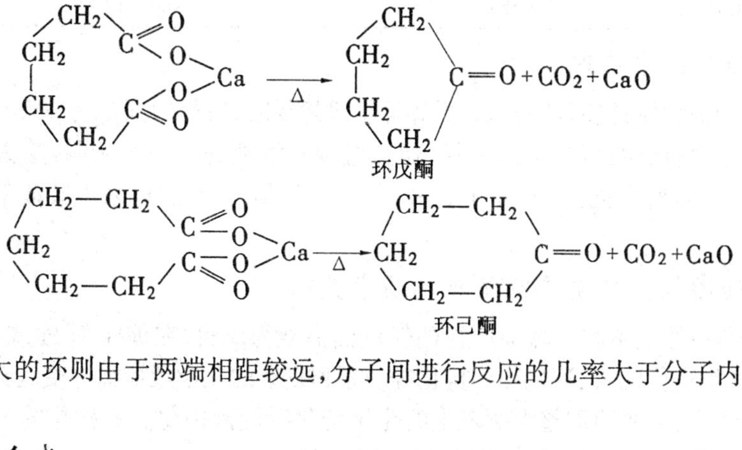

七元环或更大的环则由于两端相距较远，分子间进行反应的几率大于分子内反应，产率不高。

3. 双烯合成

通过双烯合成（即 Diels – Alder 反应）也可以制备脂环烃及其衍生物。例如

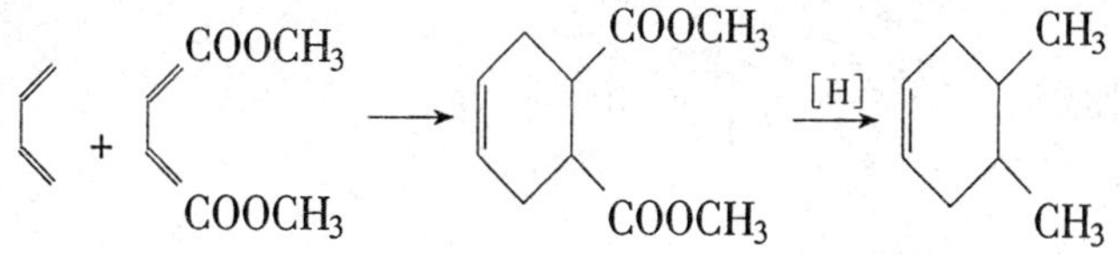

六、芳烃的来源

芳烃是重要的化工原料,被广泛用于合成树脂,合成纤维和合成橡胶工业,另外也是合成洗涤剂以及农药、医药、染料、香料等工业的重要原料。石油中芳烃的含量较少,且不易分离。目前工业上芳烃主要来自煤高温炼焦副产煤焦油和粗苯;烃类热裂解制乙烯副产裂解汽油和石油催化重整产物重整汽油三个途径。现在芳烃世界总产量的90%以上来自石油。

1. 从炼焦副产粗苯和煤焦油中获取

煤在炼焦炉中隔绝空气加热至1 000~1 300℃,煤中的有机物即分解而得固态、液态和气态产物。固态产物是焦炭,液态产物是氨、粗苯和煤焦油,气态产物是焦炉煤气。粗苯经加氢精制除去不饱和烃和噻吩等杂质后,再经精馏分离可得到苯、甲苯和二甲苯,其中苯占50%~70%。

煤焦油中含有大量的芳香族化合物,分馏煤焦油可以得到表5.13所示的各种馏分。

表5.13 煤焦油的分馏产物

馏 分	沸点温度/℃	产率/%	主 要 成 分
轻油	<180	0.5~1.0	苯、甲苯、二甲苯
酚油	180~210	2~4	苯酚、甲苯酚、二甲酚
萘油	210~230	9~12	萘
洗油	230~300	6~9	萘、苊、芴
蒽油	300~360	20~24	蒽、菲
沥青	>360	50~55	沥青、游离碳

2. 从裂解汽油中获取

以石油系烃类为原料裂解制乙烯、丙烯等低级烯烃时,所得的副产物裂解汽油中含有芳烃。裂解汽油中含有50%~70%的芳烃,通过对裂解汽油进行加氢精制,除去其中所含的单烯烃、双烯烃和烯基芳烃以及微量的含S、O、N、Cl等物质,然后再采用液液萃取法即可分离得到芳烃。

3. 从石油的催化重整产物重整汽油中获取

这个方法是以原油常减压蒸馏所得的轻汽油馏分为原料,在催化剂Pt或Pd等的存在下,于450~500℃进行脱氢、环化和芳构化等一系列复杂的化学反应而转变为芳烃。工业上这一过程称为铂重整,在铂重整中所发生的化学变化叫做芳构化。芳构化的成功使石油成为芳烃的主要来源之一。芳构化主要有下列几种反应。

(1)环烷烃催化脱氢

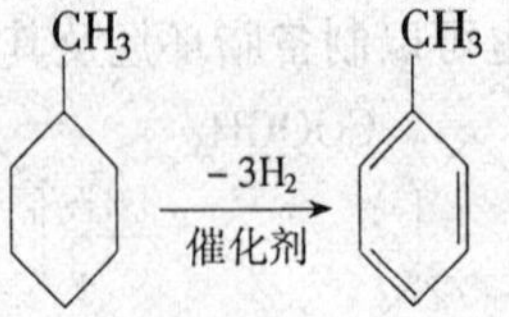

(2)烷烃脱氢环化和再脱氢

$$CH_2 \overset{CH_3}{\underset{CH_2}{\overset{|}{C}}}H \quad CH_3 \xrightarrow[\text{催化剂}]{-H_2} \bigcirc \xrightarrow[\text{催化剂}]{-3H_2} \bigcirc$$

(3)环烷烃异构化和脱氢

$$\overset{CH_3}{\square} \xrightarrow[\text{催化剂}]{\text{异构化}} \bigcirc \xrightarrow[\text{催化剂}]{-3H_2} \bigcirc$$

习　题

（一）烷烃

1. 命名下列化合物。

(1) $CH_3CH_2 \underset{\underset{CH_2CH_3}{|}}{\overset{\overset{CH_2CH_3}{|}}{C}} CH_2CH_3$

(2) $CH_3 \underset{\underset{CH_2CH_3}{|}}{\overset{}{C}}H \underset{}{\overset{}{C}}H \underset{\underset{CH_2CH_2CH_3}{|}}{\overset{\overset{CH_2CH_3}{|}}{C}}H CH_3$

(3) $CH_3 \underset{\underset{\underset{CH_3}{|}}{\overset{CH}{|}}CH-CH_3}{\overset{}{C}}H CH_2 CH_3$

(4) $CH_3 \underset{\underset{CH_3}{|}}{\overset{}{C}}H CH_2 \underset{\underset{CH_3CH_3}{|}}{\overset{}{C}} (CH_3)_2$

2. 根据化合物的名称写出其结构简式。

(1)2 - 甲基 - 3 - 乙基庚烷　　(2)异戊烷　　(3)2,2,4 - 三甲基戊烷

(4)3,4 - 二甲基 - 4 - 乙基庚烷　　(5)4 - 叔丁基庚烷　　(6)新戊烷

3. 写出下列各取代基的结构式。

乙基　　正丙基　　异丙基　　异丁基　　新戊基

4. 按烷烃物理性质的规律,将下列烷烃按沸点由高到低的顺序排列。

(1)3,3 - 二甲基戊烷　　(2)正戊烷　　(3)正庚烷　　(4)2 - 甲基己烷

5. 已知烷烃的分子式 C_5H_{12},根据氯化反应产物的不同,试推测各烷烃的结构,并写出其构造式。

(1)如果一元氯代产物只能有一种。

(2)如果一元氯代产物可以有三种。

(3)如果一元氯代产物可有四种。

(4)如果二元氯代产物只可能有两种。

6. 回答下列问题。

(1)炼油厂利用烃的什么性质来制得汽油、煤油、柴油?

(2)为什么衣服上的油渍可以用汽油来擦洗?

(3)汽油着火时,为什么忌用水来灭火?

（二）烯烃

1. 给出下列化合物系统命名。

(1)
$$CH_3 \quad \overset{CH_3}{\underset{CH_3}{C}} = CH_2$$

(2) $(CH_3)_3CCH = CH_2$

(3) $CH_3CH_2 - \overset{\overset{\displaystyle |}{C}}{\underset{\underset{\displaystyle CH_2}{\|}}{}} - CH(CH_3)_2$

(4)
$$\overset{(CH_3)_2CH}{\underset{CH_3}{}} C = C \overset{H}{\underset{CH_3}{}}$$

(5)
$$\overset{H}{\underset{CH_3}{}} C = C \overset{CH_2CH_3}{\underset{CH_2Cl}{}}$$

2. 写出下列化合物的结构式。

(1)2,3 - 二甲基戊烯

(2)(Z) - 2 - 己烯

(3)顺 - 2,5 - 二甲基 - 3 - 己烯

(4)(E) - 3 - 甲基 - 4 - 氯 - 3 - 己烯

3. 写出下列反应的主要产物。

(1) $CH_3CH_2 - \overset{\overset{\displaystyle |}{C}}{\underset{\underset{\displaystyle CH_3}{}}{}} = CH_2 + HCl \longrightarrow$

(2) $CH_3CH_2 - \overset{\overset{\displaystyle |}{C}}{\underset{\underset{\displaystyle CH_3}{}}{}} = CH_2 + Cl_2 + H_2O \longrightarrow$

(3) $CH_3\overset{\displaystyle CHCH_3}{\underset{\underset{\displaystyle Br}{}}{}} \xrightarrow[\text{乙醇}]{KOH} \xrightarrow[\text{过氧化物}]{HBr}$

(4) $CH_3 - \overset{\overset{\displaystyle |}{C}}{\underset{\underset{\displaystyle CH_3}{}}{}} = CH_2 \xrightarrow{O_3} \xrightarrow[Zn]{H_2O}$

(5) $CH_3 - \overset{\overset{\displaystyle |}{C}}{\underset{\underset{\displaystyle CH_3}{}}{}} = CH_2 + Br_2 \xrightarrow[\text{水溶液}]{NaOH}$

(6) ⬡$=CHCH_3 \xrightarrow[\triangle]{KMnO_4, H^+}$

4. 乙烯、丙烯、异丁烯在酸催化下与水加成,其反应速度哪个最大,次序如何? 为什么?

5. $(CH_3)_3CCH = CH_2$ 在酸催化下加水,不仅生成产物(A) $(CH_3)_3\overset{\displaystyle CHCH_3}{\underset{\underset{\displaystyle OH}{}}{}}$,而且生成(B)

$(CH_3)_2\overset{\displaystyle CCH(CH_3)_2}{\underset{\underset{\displaystyle OH}{}}{}}$,但不生成(C)$(CH_3)_3CCH_2CH_2OH$。试解释为什么?

6. 经酸性高锰酸钾氧化后的产物如下,试写出原化合物的结构。

(1)$2CO_2 + 2H_2O$

(2)$(CH_3)_2CHCOOH + CH_3COOH$

(3)$(CH_3)_2C=O + CH_3CH_2COOH$

(4) $CH_3 - \overset{\overset{\displaystyle O}{\|}}{C} - CH_2CH_2CH_2COOH$

7. 用指定的原料合成下列化合物,常用试剂可任选。

(1)由 1 - 丁醇合成 2 - 丁醇

(2)由 2 - 氯丙烷合成 1,2,3 - 三氯丙烷

(3)由 2 - 溴丙烷合成 1 - 溴丙烷

(4)由丙烯合成 3 - 氯 - 1,2 - 环氧丙烷

8. 某化合物 A 的分子式为 C_7H_{14},经酸性高锰酸钾氧化后生成两个化合物 B 和 C。A 经臭氧化后还原水解也得到相同产物 B 和 C。试写出 A 的构造式。

9. 卤代烃 $C_5H_{11}Br$(A)与氢氧化钾的乙醇溶液作用,生成分子式为 C_5H_{10} 的化合物(B)。(B)用高锰酸钾的酸性水溶液氧化可得到一个酮(C)和一个羧酸(D)。而(B)与氢溴酸作用

得到的产物是(A)的异构体(E)。试写出(A)、(B)、(C)、(D)、(E)构造式和各步反应式。

10. 1,2 - 二溴 - 3 - 氯丙烷是一种杀根瘤线虫的农药,试问用什么原料合成? 怎样合成?

11. 在工业上聚丙烯的生产过程中,常用己烷或庚烷作溶剂,但要求溶剂中不能含有不饱和烃。如何检验溶剂中有无不饱和烃杂质? 若有,如何除去?

（三）炔烃

1. 写出下列化合物的结构式。

(1) 3 - 仲丁基 - 4 - 己烯 - 1 - 炔　　　(2) 2,2 - 二甲基 - 3 - 己炔

(3) 甲基异丙基乙炔　　　　　　　　　(4) 烯丙基乙炔

2. 用系统命名法命名下列各化合物。

(1) $(CH_3)_3CC \equiv CCH_2CH_3$　　　　(2) $CH \equiv CCH_2CH_2CH \equiv CH_2$

(3) $CH_3CHCH_2CHC \equiv CH$
　　　　$|$　　　$|$
　　　CH_3　CH
　　　　　　　$\parallel$
　　　　　　$CHCH_3$

3. 丙炔加水时生成丙酮 CH_3COCH_3,而不是丙醛 CH_3CH_2CHO,这种加成反应的取向说明了什么? 是否符合不对称加成规则?

4. 解释下列现象。

就亲电试剂 $(X_2 \setminus HX)$ 的加成反应来说,烯烃比炔烃更活泼。然而当炔烃用这些试剂处理时,反应却很容易停留在烯烃阶段,生成卤代烯烃,如要继续进行加成反应需要更强烈的反应条件。请解释其原因。

5. 完成下列反应。

(1) $CH_3CH_2C \equiv CH \xrightarrow[\text{液 } NH_3]{Na} \xrightarrow{CH_3CH_2CH_2Br}$

(2) $CH_3CH_2C \equiv CH + HCN \xrightarrow{Cu_2Cl_2}$

(3) $CH_2 \equiv CH-CH_2-C \equiv CH + H_2 \xrightarrow[\text{喹啉}]{Pd - CaCO_3}$

(4) $CH_2 \equiv CH-CH_2-C \equiv CH + HOCH_2CH_3 \xrightarrow{KOH}$

(5) $CH_2 \equiv CH-CH_2-C \equiv CH \xrightarrow{CrO_3}$

(6) $CH_2 \equiv CH-CH_2-C \equiv CH + HCl \xrightarrow{HgCl_2}$

6. 用化学方法鉴别下列化合物。

(1) 丙烷　丙烯　丙炔　　　　　　　(2) 1 - 戊炔　2 - 戊炔　戊烷

7. 为了合成 2,2 - 二甲基 - 3 - 己炔,除去一般使用的金属钠和液氨之外,现有以下几种原料可供选择,在这些原料中,选择哪些原料? 采用什么合成路线较为合理?

$CH_3CH_2C \equiv CH$
　　　　　　　　　　　　　　　　CH_3
　　　　　　　　　　　　　　　　$|$
　　　　　　　　　　　　$CH_3-C-C \equiv CH$
　　　　　　　　　　　　　　　　$|$
　　　　　　　　　　　　　　　　CH_3

$$CH_3CH_2Br \qquad\qquad CH_3\overset{\overset{\displaystyle CH_3}{|}}{\underset{\underset{\displaystyle CH_3}{|}}{C}}-Br$$

8. 合成题。

(1)丙炔——→正己烷　　　　　　　　(2)顺 – 2 – 丁烯——→反 – 2 – 丁烯

(3)反 – 2 – 丁烯——→顺 – 2 – 丁烯　　(4)乙炔——→ $CH_3CHCHCH_2$
　　　　　　　　　　　　　　　　　　　　　　　　　　　　　$\underset{Cl}{|}\ \underset{Cl}{|}\ \underset{Cl}{|}$

9. 未知物 A,分子式为 C_5H_8O,与硝酸银氨溶液作用有沉淀生成。A 经铂催化加氢得到化合物 B,B 的分子式为 $C_5H_{12}O$。B 与硝酸银氨溶液作用无沉淀生成,不能使四氯化碳溴溶液褪色。将 B 与浓硫酸作用可得到分子式均为 C_5H_{10} 的两个异构体 C 和 D。C 和 D 都能使四氯化碳溴溶液褪色,它们经钯催化加氢得到 2 – 甲基丁烷。C 经臭氧化锌粉水解反应可得到乙醛和丙酮。试推测 A～D 化合物的结构式,并写出有关的反应式。

10. 3 – 溴己烷经消除 HBr 后所得产物为顺 – 2 – 己烯和反 – 2 – 己烯的混合物。用什么方法可将此混合物转变为纯的顺式体和纯的反式体?

11. 乙炔和某些试剂反应的结果,可看做是这些试剂的氢原子被乙烯基所取代,这些反应叫做乙烯基化反应。试举例来说明之,并指出为什么得到的产物大多数可做合成树脂、合成纤维、合成橡胶及塑料的原料。

（四）二烯烃

1. 下列化合物与 HBr 进行亲电加成反应哪个更容易? 试按反应活泼性大小排列顺序。

(1)$CH_3CH{=}CHCH_3$　　　　　　　　(2)$CH_2{=}CH{-}CH{=}CH_2$

(3)$CH_3CH{=}CH{-}CH{=}CH_2$　　　　(4) $CH_2{=}\overset{\overset{\displaystyle CH_3}{|}}{C}{-}\overset{\overset{\displaystyle CH_3}{|}}{C}{=}CH_2$

2. 试将下列化合物与 1,3 – 丁二烯进行双烯合成反应的活泼性顺序由大到小排列成序。

(1) $\overset{\displaystyle CH_3}{|}$　　　(2) $\overset{\displaystyle CN}{|}$　　　(3) $\overset{\displaystyle CH_2Cl}{|}$　　　(4)$CF_2{=}CF_2$

3. 2 – 甲基 – 1,3 – 丁二烯与溴加成主要得到 1,4 – 加成产物,如

$$CH_2{=}\overset{\overset{\displaystyle CH_3}{|}}{C}{-}CH{=}CH_2 + Br_2 \xrightarrow{CHCl_3,25℃} \underset{\underset{\displaystyle Br}{|}}{CH_2}{-}\overset{\overset{\displaystyle CH_3}{|}}{C}{=}CH{-}\underset{\underset{\displaystyle Br}{|}}{CH_2} \ +$$

（Ⅰ）81%

$$\underset{\underset{\displaystyle Br}{|}}{CH_2}{-}\overset{\overset{\displaystyle CH_3}{|}}{\underset{\underset{\displaystyle Br}{|}}{C}}{-}CH{=}CH_2 \ + \ CH_2{=}\overset{\overset{\displaystyle CH_3}{|}}{C}{-}\underset{\underset{\displaystyle Br}{|}}{CH}{-}\underset{\underset{\displaystyle Br}{|}}{CH_2}$$

（Ⅱ）14%　　　　　　　　（Ⅲ）5%

请解释其原因。

4. 有 A、B、C 三个化合物,其分子式都为 C_5H_8,都可以使溴的四氯化碳溶液褪色,在催

化下加氢都得到戊烷。A 与氯化亚铜氨溶液作用则生成棕红色沉淀,B 和 C 则不反应。而 C 可以与顺丁烯二酸酐反应生成固体沉淀物,A 与 B 则不能。试推测 A、B、C 的结构,并写出其可能的构造式。

5. 以 1,3 – 丁二烯为原料进行聚合反应制合成橡胶时,1,3 – 丁二烯除进行聚合反应外,还有一种二聚体生成,该二聚体能发生如下一些反应:

(1)催化氢化生成乙基环己烷　　　　　　(2)与溴作用,可加上 2 mol 溴

(3)氧化时可生成 β 羧基己二酸 (HOOCCH$_2$CHCH$_2$CH$_2$COOH)

$\qquad\qquad\qquad\qquad\qquad\qquad\qquad$ |
$\qquad\qquad\qquad\qquad\qquad\qquad\qquad$ COOH

根据以上事实写出该二聚体的构造式。

(五) 环烷烃

1. 写出下列各反应的主要产物。

(1)环丙烷 + Cl$_2$ $\xrightarrow{\text{室温}}$

(2)环丙烷 + Cl$_2$ $\xrightarrow{\text{300℃}}$

(3)环丙烷 + HI $\longrightarrow$

(4)环己烷 + HNO$_3$ $\longrightarrow$

(5)1,1,2 – 三甲基环丙烷 + HCl $\longrightarrow$

2. 用系统命名法命名下列化合物或根据名称写出结构式。

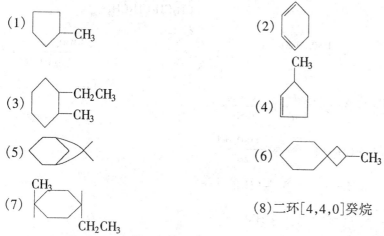

(8)二环[4,4,0]癸烷

3. 画出下列各化合物最稳定的构象式。

(1)反 – 1 – 甲基 – 2 – 叔丁基环己烷

(2)顺 – 1,3 – 环己二醇

(3)反 – 1,4 – 环己二醇

(4)顺 – 1 – 甲基 – 3 – 异丙基环己烷

4. 用简单的化学方法鉴别下列各化合物。

(1)丙烷、丙烯、环丙烷

(2)己烷、环己烷、环己烯、1 – 己炔

5. 根据角张力计算六元环不如五元环稳定,角张力比五元环大,然而自然界六元环却普遍存在? 既然大环为无张力环,为什么在自然界的存在不如六元环普遍?

(六) 芳烃

1. 命名下列各化合物。

(1)

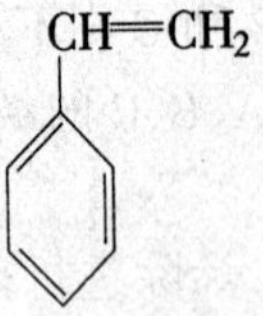

(2)

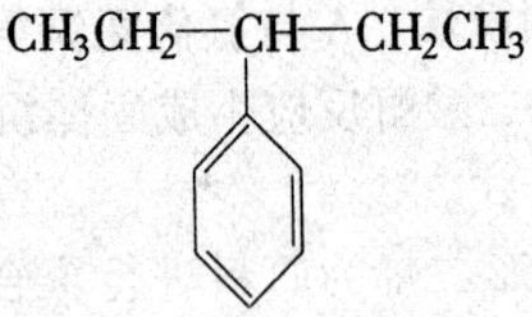

(3)

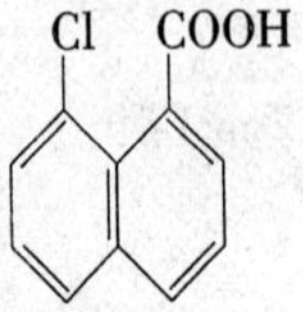

(4) 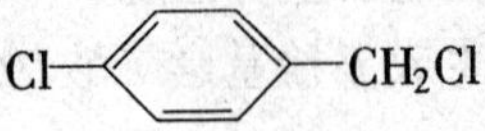 Cl——CH_2Cl

(5)

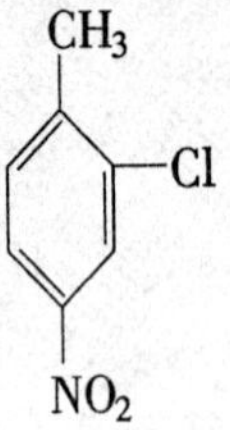

(6)

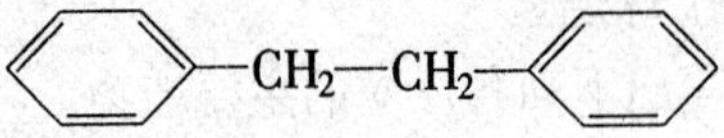

2. 完成下列各反应式。

(1) $C_6H_6(过量) + CH_2Cl_2 \xrightarrow{AlCl_3}$

(2) C_6H_5—$C_6H_5 \xrightarrow[2H_2SO_4]{2HNO_3}$

(3) 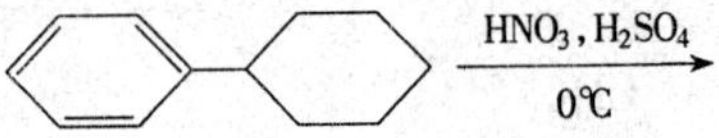 $\xrightarrow[0℃]{HNO_3, H_2SO_4}$

(4) $\xrightarrow[②H_3O^+]{①KMnO_4, OH^-, \triangle}$

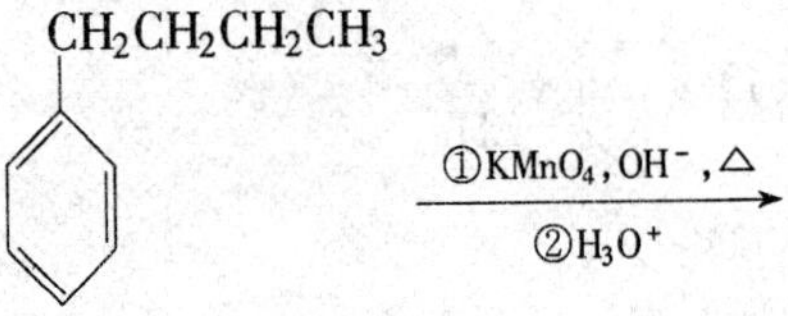

(5) 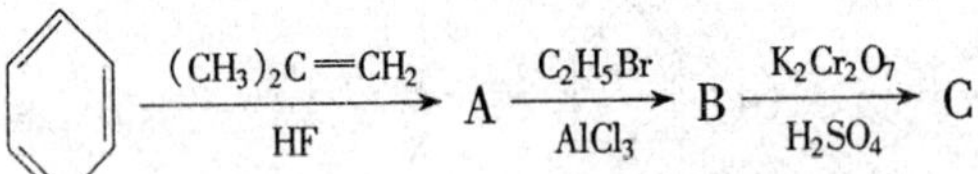 $\xrightarrow[HF]{(CH_3)_2C=CH_2}$ A $\xrightarrow[AlCl_3]{C_2H_5Br}$ B $\xrightarrow[H_2SO_4]{K_2Cr_2O_7}$ C

(6) ——CH_2—CH_2—— $\xrightarrow[ZnCl_2]{CH_2O, HCl}$

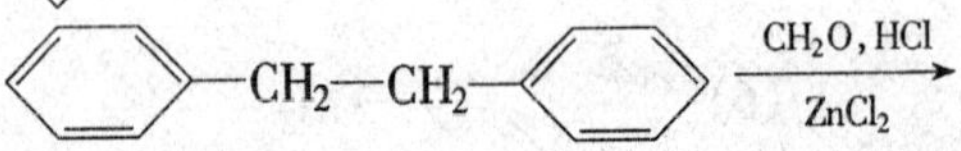

(7) Cl————CH_2—— $+ CH_3Br \xrightarrow{AlCl_3}$

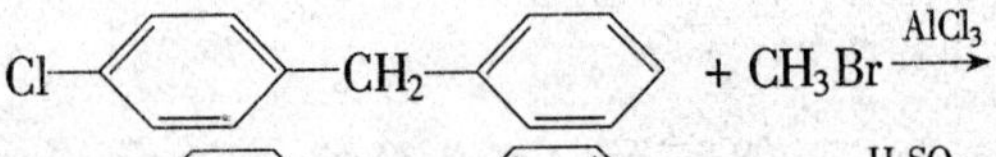

(8) 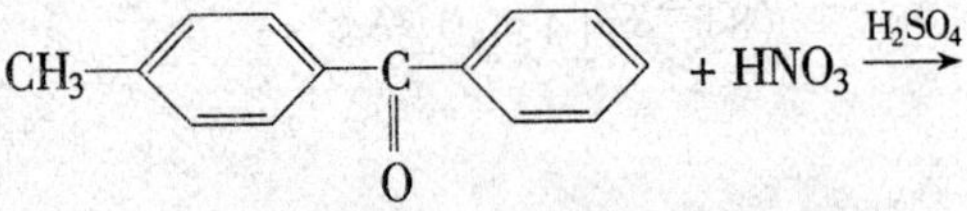 CH_3—— $+ HNO_3 \xrightarrow{H_2SO_4}$

3. 写出下列各化合物一次硝化的主要产物。

(1)

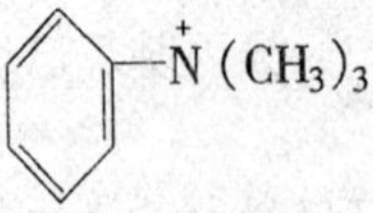

(2) 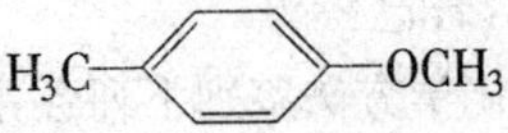 H_3C————OCH_3

(3)

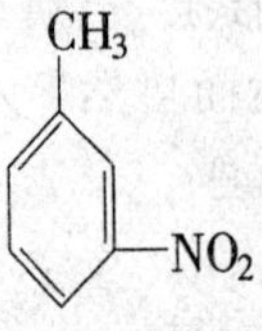

(4)

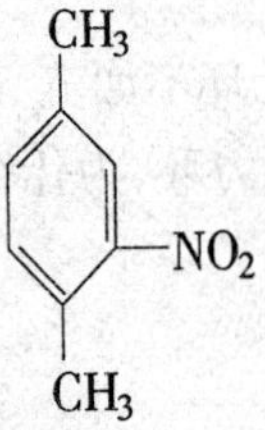

(5) 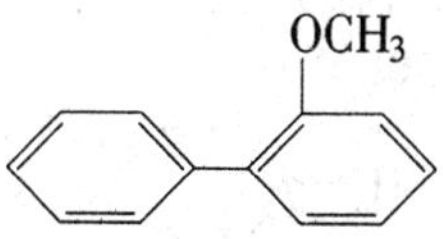 [结构式：联苯，邻位有 OCH₃]

(6) 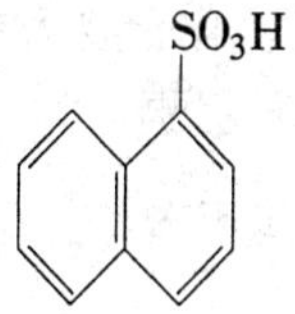 [结构式：萘，1位有 SO₃H]

(7) 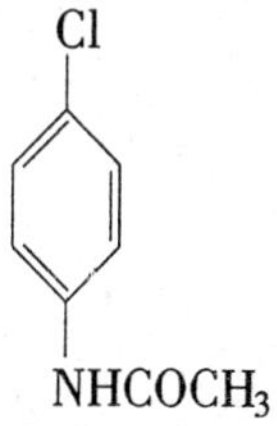 [结构式：苯环，上为 Cl，下为 NHCOCH₃]

(8) 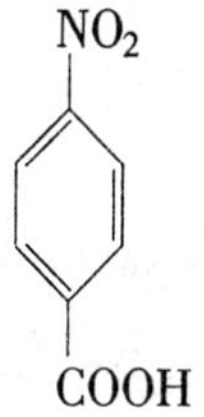 [结构式：苯环，上为 NO₂，下为 COOH]

4. 下列反应有无错误？若有,请予以改正。

(1) 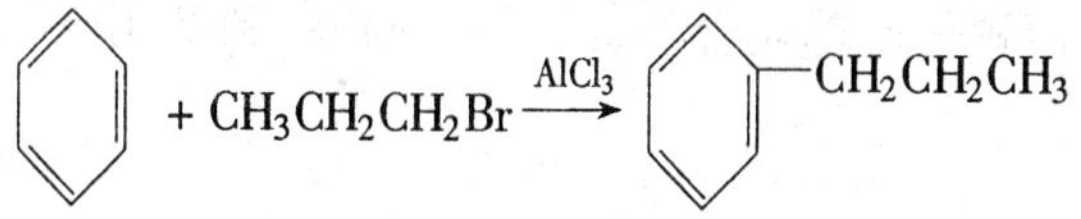 ⬡ + CH₃CH₂CH₂Br $\xrightarrow{AlCl_3}$ ⬡—CH₂CH₂CH₃

(2) 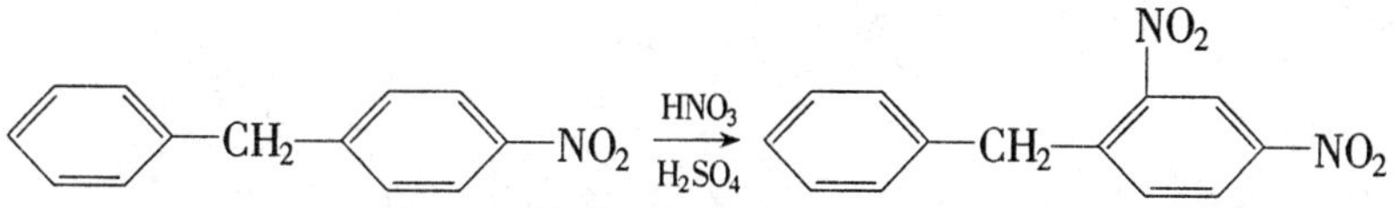 ⬡—CH₂—⬡—NO₂ $\xrightarrow[H_2SO_4]{HNO_3}$ ⬡—CH₂—⬡(2,4-二NO₂)

(3) 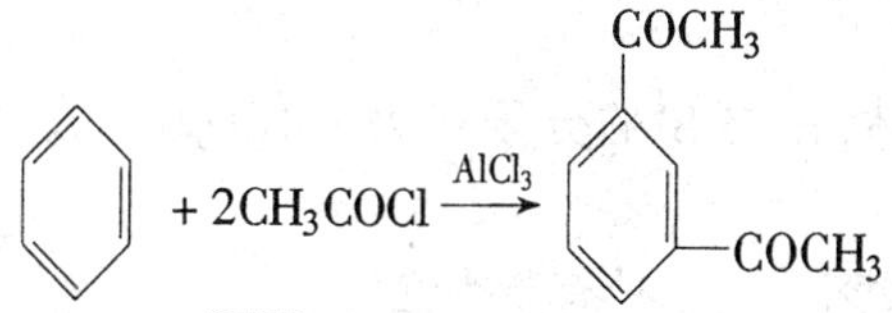 ⬡ + 2CH₃COCl $\xrightarrow{AlCl_3}$ [苯环，间位二 COCH₃]

(4) CH₃—⬡—C(CH₃)₃ $\xrightarrow{KMnO_4}$ HOOC—⬡—COOH

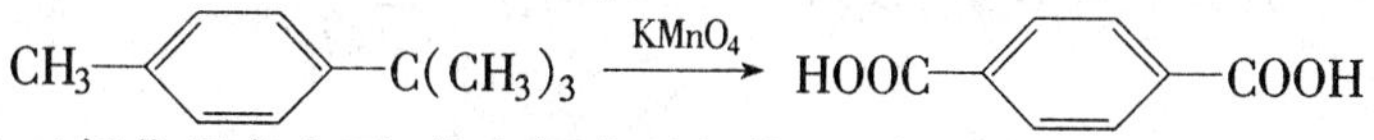

5. 在三氯化铝存在下,苯和新戊基氯作用,主要产物是 2－甲基－2－苯基丁烷,而不是新戊基苯,为什么？请用反应历程予以解释。

6. 用简便的化学方法区别下列各组化合物。

(1) ⬡—CH₃　　　　⬡(环己烷)—CH₃

(2) 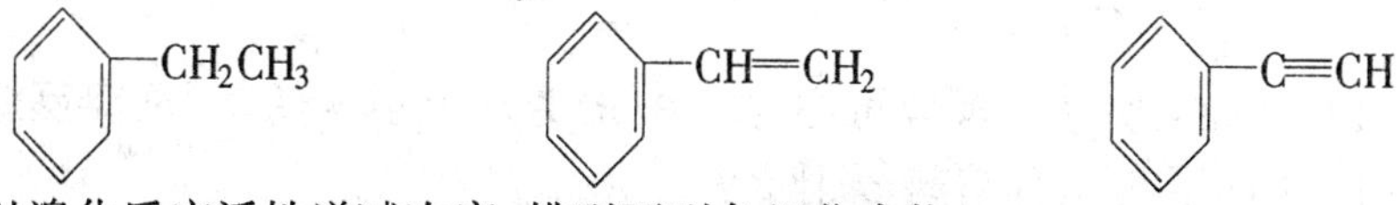 ⬡—CH₂CH₃　　　　⬡—CH=CH₂　　　　⬡—C≡CH

7. 以溴化反应活性递减次序,排列下列各组化合物。

(1) 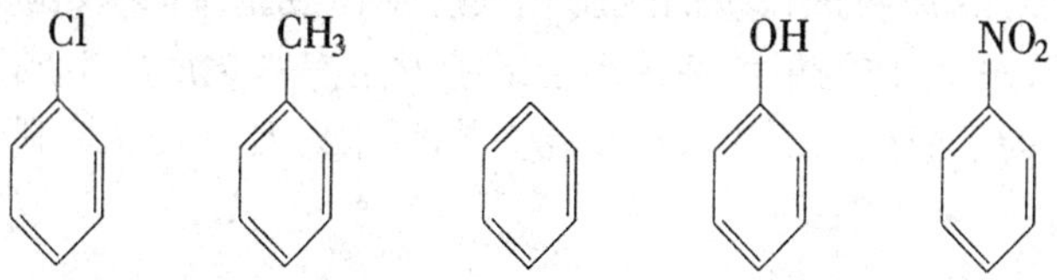 [苯环 Cl]　[苯环 CH₃]　[苯]　[苯环 OH]　[苯环 NO₂]

(2) 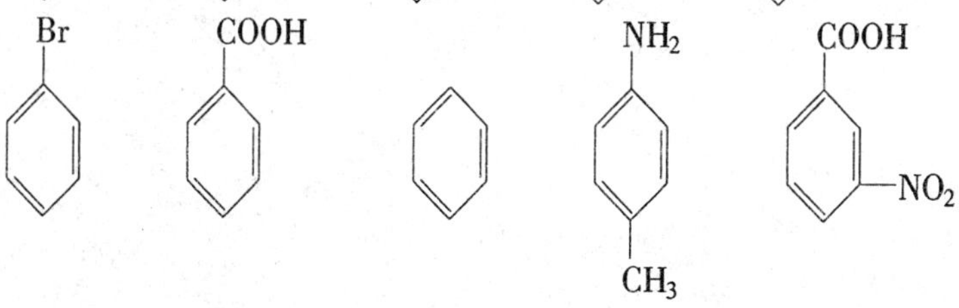 [苯环 Br]　[苯环 COOH]　[苯]　[苯环 NH₂，对位 CH₃]　[苯环 COOH，间位 NO₂]

8. 用苯、甲苯和萘等有机化合物为主要原料,合成下列各化合物。

(1)3 – 硝基 – 4 – 甲基苯乙酮　　　　　(2)对硝基苯甲酸

(3)4 – 硝基 – 2,6 – 二溴甲苯

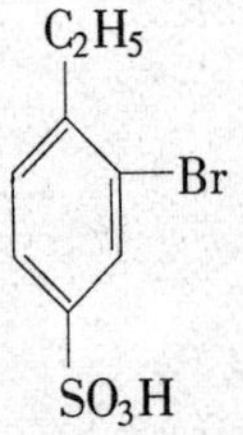

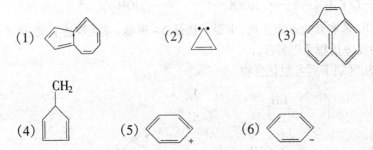

9. 甲、乙、丙三种芳烃,分子式同为 C_9H_{12},氧化时,甲得一元羧酸;乙得二元羧酸;丙得三元羧酸;硝化时,甲和乙分别生成两种一硝基化合物,丙只得一种一硝基化合物,试推测甲、乙、丙的结构。

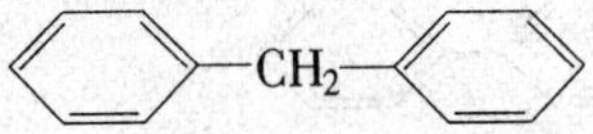

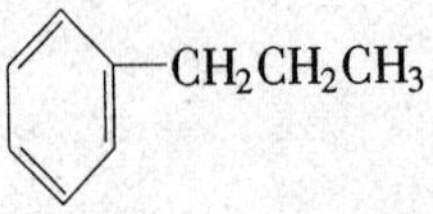

10. (A)C_8H_{10} $\xrightarrow{\text{硝化}}$ (B) + (B')

　　　　　　[O]　　　　[O]　　[O]

(C)$C_7H_6O_2$　　　(D) + (D')

式中(B)与(B'),(D)与(D')互为异构体,B 与 B' 的分子式为 $C_8H_9O_2N$。试写出(A)、(B)、(C)、(D)、(B')、(D')的构造式。

11. 根据休克尔规则,判断下列化合物或离子是否具有芳香性?

(1)　　　　　　(2)　　　　　　(3)

(4)　　　　　　(5)　　　　　　(6)

12. 经 Friedel – Crafts 烷基化反应可在 C_6H_5Br 的芳环上引入烷基,试问反应中可用 $C_6H_5NO_2$ 作溶剂而不能用 C_6H_6 作溶剂,为什么?

13. 工业生产上用苯和烯烃为原料进行苯的烷基化反应生产烷基苯时,反应并不只停止在生成一元烷基取代物的阶段,生成的单烷基苯还会继续发生烷基化反应生成二烷基苯和多烷基苯,请解释其原因。为了减少二烷基苯和多烷基苯的生成,如何控制原料苯和烯烃的用量比?

第六章 卤 代 烃

内容提要 本章主要介绍含有卤素化合物的结构、物理性质、化学性质等相关内容,并系统学习亲核取代反应和消除反应的机理及影响因素。

学习要求

(1)了解卤代烃的结构和命名规则。

(2)了解卤代烃的物理性质。

(3)熟知卤代烃的化学性质。

(4)重点掌握亲核取代和消除的几种历程及影响因素。

(5)一般了解多卤代烃及其用途。

6.1 卤代烷的分类和命名

一、分类

根据卤代烃中卤原子的数目,分为一卤代烷和多卤代烷,按照分子中母体烃的类别,卤代烃主要又可分为卤代烷烃、卤代烯烃及卤代芳烃等。

一卤代烷可根据卤原子所连接的碳原子的不同来分类。当卤原子分别与伯碳原子、仲碳原子或叔碳原子相连时,分别称为伯(1°)卤代烷、仲(2°)卤代烷或叔(3°)卤代烷。例如

$$CH_3I \qquad CH_3CHCH_2CH_3 \qquad CH_3-\overset{\overset{\displaystyle CH_3}{|}}{\underset{\underset{\displaystyle Br}{|}}{C}}CH_2CH_2CH_3$$

$$\underset{Cl}{|}$$

碘甲烷(1°)　　　2-氯丁烷(2°)　　　2-甲基-2-溴戊烷(3°)

二、命名

卤代烷也可简称为卤烷。按照习惯命名法,可以把卤烷看做是烷基和卤素结合而成的化合物而命名,称为某烷基卤。例如

$$CH_3CH_2CH_2CH_2Cl \qquad CH_3CHCH_2Cl \qquad (CH_3)_3CBr \qquad (CH_3)_3CCH_2I$$

$$\underset{CH_3}{|}$$

正丁基氯　　　　异丁基氯　　　叔丁基溴　　　新戊基碘

但这种命名法只适用于简单的卤烷,比较复杂的卤烷一般用系统命名法。

卤代烷的系统命名法要点如下:

①选择连有卤原子的碳原子在内的最长碳链作为主链,根据主链的碳原子数称为"某烷"。

②主链碳原子的编号与烷烃相同,应选定支链具有"最低系列"的编号(详见烷烃命名)。例如

$$CH_3-\underset{\underset{Cl}{|}}{CH}-\underset{\underset{CH_3}{|}}{CH}-CH_3 \qquad\qquad CH_3-\underset{\underset{Cl}{|}}{\overset{\overset{Cl}{|}}{C}}-\underset{\underset{CH_3}{|}}{CH}-CH_2CH_3$$

2 – 甲基 – 3 – 氯丁烷　　　　　　　　　　3 – 甲基 – 2,2 – 二氯戊烷

③卤素作为取代基,当含有两种或两种以上卤素时,我国规定当两种卤素的顺序编号一致时,按 F、Cl、Br、I 顺序编号(国外以字母顺序编号)。例如

$$CH_3CH_2-\underset{\underset{Cl}{|}}{CH}-\overset{\overset{Br}{|}}{CH}CH_2CH_3$$

3 – 氯 – 4 – 溴己烷

3 – bromo – 4 – chlorohexane

④将取代基的名称和位次写在主链烷烃名称之前,取代基排列的先后次序应按立体化学中的次序规则顺序列出("较优"基团后列出,卤原子优于烷基)。

6.2　卤代烷的结构特征和物理性质

一、卤代烷的结构特征

在卤代烷中,C 原子为 sp^3 杂化态,存在 C—C、C—H 和 C—X σ 键,一般 C—C 及 C—H 键为非极性键或极性很弱的键,键能较高,不易发生反应,但是,由于卤原子的电负性大于 C 原子,C—X 键是强极性键,有较大的偶极矩。X 表现出强的吸电子诱导效应,卤素的这种吸电子作用,可以通过碳链传递,使 α – H 原子表现出一定的酸性。

与卤素相连的 C 原子,在卤素吸电子的诱导效应作用下,带部分正电荷:C^{δ^+}—X^{δ^-}。与 C—C 及 C—H 键比较,C—X 键在化学过程中具有较大的可极化度。可极化度大的共价键电子云易于变形,化学活性高,所以卤素一般易被负离子(如 HO^-、RO^- 等)或具有未共用电子对的分子(如 NH_3、H_2O 等)取代,因这些试剂都具有向带正电的原子亲近的性质(又叫做具有亲核性),因此称为亲核试剂,常用 Nu: 或 Nu^- 表示,亲核取代反应是卤代烷的特征反应。

对于含有 β – H 的卤代烷,由于受卤素吸电子诱导效应的影响,β – H 有一定的酸性,在碱(B^- 或 B:)作用下卤原子带着成键电子对离去,然后(或同时)β – H 以原子形式离去,形成 C=C 双键,即发生消除反应。

二、卤代烷的物理性质(卤代烃)

1. 沸点和熔点

卤代烃一般都为无色液体,相对分子质量很小的卤代烷(CH_3F、CH_3Cl、CH_3Br、C_2H_5F、

(C_2H_5Cl、C_3H_7F)在室温下为气体,相对分子质量较大的卤代烷为固体。

卤代烃的沸点比相应的烃高出很多,卤代烃的沸点随分子中碳原子数的增加而升高,碳原子数相同的卤代烃,沸点则是:碘代烃 > 溴代烃 > 氯代烃,在异构体中则是,支链越多沸点越低。

单卤代烃的熔点都是很低的,在二卤代苯异构体之间,其沸点也是相近的,但熔点相差很大,熔点与分子的对称性有关,而沸点是与分子间引力有关。

2. 相对密度和溶解度

对于单卤代烷,RF 和 RCl 的相对密度小于1,而 RBr 和 RI 的相对密度大于1;多卤代烷及卤代芳烃的相对密度都大于1。在单卤代烷中,烷基的碳原子数目增多,则相对密度减小;最重的多卤代烷是 CI_4($d_4^{20} = 4.23$)。

卤代烃的相对密度是一个较重要的物理性质,常用于卤代烃的分离和提纯。

虽然卤代烃有极性,但它们都不溶于水,而易溶于醚、醇、烃类等有机溶剂。

3. 光谱特征

(1)红外光谱。在一般的红外光谱仪中,对卤代烷来说,只能检测出 C—F 和 C—Cl 键的红外吸收信号,而 C—Br 和 C—I 键的红外吸收信号是很难被检测出来的。不同卤原子的碳卤键在红外区的伸缩振动频率为

C—F	C—Cl	C—Br	C—I
$1\,000 \sim 1\,400\ cm^{-1}$	$600 \sim 800\ cm^{-1}$	$500 \sim 600\ cm^{-1}$	$\sim 500\ cm^{-1}$

(2)核磁共振谱。卤素的吸电子作用使直接与其相连的碳及邻近碳上的氢的化学位移向低场方向移动。卤素的电负性越大,这种影响越明显。与一个卤原子相连的碳原子上的氢的化学位移值一般位于 $2.16 \sim 4.40$ 之间。与二个卤原子相连的碳原子上的氢的化学位移则在更低场。卤代烃 β – 碳原子上的氢所受影响大大减小,其化学位移值位于 $1.24 \sim 2.00$ 之间。例如

$$\underset{\gamma}{CH_3}\!\!-\!\!\underset{\beta}{CH_2}\!\!-\!\!\underset{\alpha}{CH_2}\!\!-\!\!Cl$$

$$\delta_{H\alpha} = 3.47 \qquad \delta_{H\beta} = 1.81 \qquad \delta_{H\gamma} = 1.06$$

	CH_3F	CH_3Cl	CH_3Br	CH_3I	CH_2Cl_2	$CHCl_3$
δ_H	4.26	3.05	2.68	2.16	5.33	7.24

6.3 卤代烷的化学性质

卤烷的许多化学性质是由于官能团卤素的存在而引起的,卤烷与试剂作用时,C—X 键断裂并与试剂的基团结合而生成一系列化合物,因此在有机合成上具有重要的意义。下面将对一些重要的反应类型加以讨论。

一、取代反应

脂肪族卤代烃亲核取代反应的基本形式为

$$RX \ + \ Nu^- \ \longrightarrow \ RNu \ + \ X^-$$

反应物　　亲核试剂　　　产物　　离去基团

亲核取代反应是卤代烃的一个特征反应。

1. 水解

卤烷与水作用,可水解生成醇,这个反应是可逆的。

$$RX + H_2O \rightleftharpoons ROH + HX$$

在通常情况下,卤烷水解进行得很慢。为了加快反应速率和使反应进行完全,常常将卤烷与强碱(氢氧化钠、氢氧化钾)的水溶液共热来进行水解,因为 OH^- 是比水更强的亲核试剂,所以反应容易进行。一般卤烷都可由相应的醇制得,因此这个反应似乎没有什么合成价值,但实际上在一些比较复杂的分子中要引入一个羟基常比引入一个卤原子困难。因此,在合成上往往可以先引入卤原子,然后通过水解再引入羟基。工业上也可将一氯戊烷的各种异构体混合物通过水解制得戊醇各种异构体的混合物,以用作工业溶剂。

卤烷水解反应的速度与卤烷的结构、使用的溶剂及反应条件等都有关。相同烷基不同卤原子的卤代烷,它们的水解反应活性是:RI > RBr > RCl > RF。

2. 醇解

卤代烷与醇分子作用,发生醇解反应,生成的产物是醚。醇解反应和卤代烷的水解反应一样,也是可逆的。如果采用醇的碱金属盐(如醇钠、醇钾)为亲核试剂,而醇起溶剂的作用,则烷氧基负离子与卤代烷之间所进行的亲核取代反应可以顺利完成。这种方法常用于合成不对称的醚,称为 Williamson 合成法;但此方法对所使用的卤代烷有限制,一般是使用伯卤代烷,而不能使用叔卤代烷,否则得到的主产物将不是醚而是烯烃。

$$CH_3CH_2Br + NaOC(CH_3)_3 \longrightarrow CH_3CH_2OC(CH_3)_3 + NaBr$$

当卤代物中还含有羟基时(如氯代醇),在碱的作用下可以生成环状的醚。例如

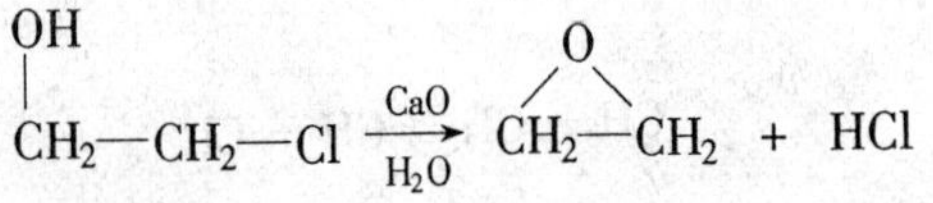

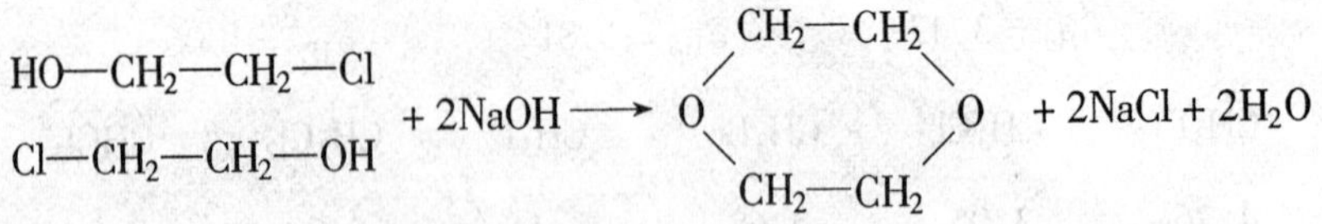

3. 氨解

氨比水或醇具有更强的亲核性,氨与卤代烷发生亲核取代反应,在碳原子上引入了一个氨基生成伯胺。

$$RX + \overset{..}{N}H_3 \longrightarrow [RNH_2 \cdot HX] \xrightarrow{NH_3} RNH_2 + NH_4X$$

伯胺仍是一个亲核试剂,它再与卤代烷作用可得到氮原子上二烷基化产物即仲胺;仲胺还可以与卤代烷作用生成氮原子上三烷基化产物即叔胺;叔胺再与一分子卤代烷作用便得到季铵盐。例如

$$C_2H_5NH_2 + BrC_2H_5 \xrightarrow{-HBr} (C_2H_5)_2NH \xrightarrow[-HBr]{BrC_2H_5} (C_2H_5)_3N$$

$$(C_2H_5)_3N + BrC_2H_5 \rightleftharpoons (C_2H_5)_4N^+Br^-$$

4. 氰解

卤烷与氰化钠(或氰化钾)在醇溶液中加热回流反应,则生成腈。

$$RX + Na^+CN^- \longrightarrow RCN + Na^+X^-$$

氰基(- CN)是腈类化合物的官能团,通过以上反应,分子中增加了一个碳原子,在有机合成中常作为增长碳链的方法之一。此外,通过氰基可再转变为其他官能团,如羧基(—COOH)、酰胺基(—CONH_2)等。当 CN^- 与叔卤代烷作用时主要的反应产物是烯烃。

5. 与硝酸银作用

卤代烷与硝酸银的乙醇溶液反应,生成卤化银沉淀

$$R—X + AgNO_3 \xrightarrow{C_2H_5OH} R—O—NO_2 + AgX \downarrow$$

不同的卤代烷,其活性次序是:$RI > RBr > RCl$;当卤原子相同而烃基结构不同时,其活性次序为:$3° > 2° > 1°$,其中伯卤代烷通常需要加热才能使反应进行,此反应可用于卤代烷的定性分析。

6. 卤素转换

在丙酮中,氯代烷和溴代烷分别与碘化钠反应,则生成碘代烷。这是由于碘化钠溶于丙酮,而氯化钠和溴化钠不溶于丙酮,从而有利于反应的进行。例如

$$\begin{array}{c} CH_3CHCH_3 \\ | \\ Br \end{array} + NaI \xrightarrow[25℃]{丙酮} \begin{array}{c} CH_3CHCH_3 \\ | \\ I \end{array} + NaBr \downarrow$$

氯代烷和溴代烷的活性次序是:$1° > 2° > 3°$。

卤离子能否交换还取决于卤离子的亲核能力,而卤离子的亲核能力与所用的溶剂有关。在极性质子溶剂(如水、醇、酸等)中,卤离子与溶剂通过形成氢键而被溶剂化,原子序数越大的卤素,其负离子与溶剂形成的氢键越弱,因此其亲核性越强。由此可知,X^- 的亲核性次序为:$I^- > Br^- > Cl^- > F^-$。但在极性非质子溶剂(如甲基甲酰胺、二甲基亚砜等)中,由于通过氢键的溶剂化作用不大,X^- 能较自由地进行反应,这种反应称为裸阴离子反应,X^- 的亲核性次序为:$F^- > Cl^- > Br^- > I^-$。

二、影响亲核取代反应的因素

1. 烷基结构的影响

(1)烷基的结构对 S_N2 反应的影响。在卤代烷的 S_N2 反应中,如果中心碳原子上连接的取代烷基(支链)越多,它们对亲核试剂从碳卤键背后进攻中心碳原子的空间位阻就越大,使得发生有效碰撞的概率大为下降;而在过渡态时众多的支链与中心碳原子要保持在同一个平面内,其张力是很大的,这就使形成过渡态需要有非常高的活化能,这些都将导致卤代烷进行 S_N2 反应的活性下降,反应速率减小。

卤代烷进行 S_N2 反应时,在其他条件相同时,不同结构卤代烷的反应活性次序为

$$CH_3X > RCH_2X > R_2CHX > R_3CX$$

(2)烷基结构对 S_N1 反应的影响。从理论上讲,当卤代烷发生 S_N1 反应时,在控制步骤

过渡态形成中,如果中心碳原子上连接的烷基越多,越有利于所形成的部分正电荷的分散,使活化能有所降低,反应速率加快,即反应活性高。因此,在 S_N1 反应中,卤代烷的活性次序是:叔卤代烷 > 仲卤代烷 > 伯卤代烷 > CH_3X。

2. 卤原子的影响

由于 S_N1 和 S_N2 反应的慢步骤都包括 C—X 键的断裂,因此离去基团 X^- 的性质对 S_N1 和 S_N2 将产生相似的影响。但由于在 S_N2 反应中,参与过渡态形成的还有亲核试剂,故卤原子离去的难易除与其本身性质有关外,还与亲核试剂的性质有关。因此,卤原子的性质对 S_N1 和 S_N2 反应的影响,在程度上是不完全相同的,其中对 S_N1 反应的影响更为突出。

从 C—X 键的解离能和可极化度的大小,均说明卤代烷的活性次序是

$$RI > RBr > RCl > RF$$

其中,I^- 是最好的离去基团,F^- 的离去能力最差。

3. 亲核试剂的影响

由于 S_N1 反应的慢步骤(第一步)只与卤代烷的浓度有关,故亲核试剂对 S_N1 反应的影响不大。但是亲核试剂的性质对 S_N2 反应的影响较大。一般来说,试剂的亲核性越强,进行 S_N2 反应速度越快。试剂的亲核性与试剂的碱性、可极化性和空间因素有关,也与试剂所在的溶剂有关。

亲核试剂的亲核性一般与它的碱性、可极化度有关。

(1)试剂的亲核性与碱性有关。当亲核试剂的亲核原子相同时,在极性质子溶剂(如水、醇等)中,试剂的碱性越强,其亲核性越强。例如

酸性:$C_2H_5OH < H_2O < PhOH < CH_3COOH$

碱性及亲核性:$C_2H_5O^- > OH^- > PhO^- > CH_3COO^-$

酸性:$R_3CH < R_2NH < ROH < HF$(同周期元素)

碱性及亲核性:$R_3C^- > R_2N^- > RO^- > F^-$

(2)试剂的亲核性与可极化度有关。原子半径大的原子,它的外层电子离原子核较远,易受外界电场影响而变形(即可极化度大),使其变得更易进攻带正电荷的碳原子。

① 当亲核试剂的亲核原子是元素周期表中同族原子时,试剂的可极化度越大,其亲核性越强。例如(亲核性由强→弱)

$$I^- > Br^- > Cl^- > F^- \qquad R_3P > R_3N$$

② 当亲核试剂的亲核原子是元素周期表中同周期原子时,原子的原子序数越大,其亲核性越弱。例如(亲核性由强→弱)

$$HO^- > F^- \qquad R_3P > R_2S$$

(3)试剂的亲核性与空间效应有关。烷氧基负离子的碱性强弱次序为 $(CH_3)_3CO^- > C_2H_5O^- > CH_3O^-$。但它们在 S_N2 反应中亲核能力的强弱次序则与此相反。这是因为进行 S_N2 反应时对进攻中心碳原子的试剂有一定的立体要求。三丁氧基负离子由于其空间阻碍较大,因此不能进行亲核取代反应。它在反应中往往作为一个碱去进攻质子而不进攻中心碳原子。

4. 溶剂极性的影响

溶剂和分子或离子通过静电力而结合的作用叫做溶剂化效应。在极性大的溶剂中,离

子由于溶剂化而被稳定,极性大的溶剂具有较大的介电能力,也可使中性分子解离为离子。易使 RX 离子化的溶剂有利于反应按 S_N1 历程进行,而不利于 S_N2 反应历程。例如,$C_6H_5CH_2Cl$ 的水解反应,在水中时按 S_N1 历程进行,而在丙酮中则按 S_N2 历程进行。

5.S_N1 与 S_N2 反应的竞争

S_N1 和 S_N2 是卤代烷发生亲核取代反应的两种典型机理。卤代烷在进行 S_N1 反应时,活性次序为:$3° > 2° > 1° > CH_3X$,而且反应物有外消旋化并可出现重排产物。卤代烷进行 S_N2 反应时,活性次序为:$CH_3X > 1° > 2° > 3°$,而且反应产物发生立体构型的转化,但没有重排产物。

离去基的离去活性越大,卤代烷的 S_N 反应活性越高;试剂的亲核性越强,对 S_N2 反应越有利;溶剂的极性越大,对 S_N1 反应越有利;试剂浓度的增大对 S_N2 反应更有利;提高反应的温度可加快 S_N 反应的速率。

三、消除反应

1. 脱卤化氢

卤烷和氢氧化钠(或氢氧化钾)的乙醇溶液共热时,主要产物不是醇,而是卤烷脱去一分子卤化氢生成不饱和烃。

$$R-CH_2-CH_2X + NaOH \xrightarrow[\triangle]{乙醇} R-CH=CH_2 + NaX + H_2O$$

$$R-CH_2-CHX_2 + 2KOH \xrightarrow[\triangle]{乙醇} R-C\equiv CH + 2KX + 2H_2O$$

卤烷脱卤化氢的难易与烃基结构有关。叔卤烷最容易脱卤化氢,仲卤烷次之,伯卤烷最难。仲和叔卤烷在脱卤化氢时,有可能得到两种不同的消除产物。例如

$$\underset{\underset{H}{|}}{CH_3}-\underset{\underset{Br}{|}}{CH}-\underset{\underset{H}{|}}{CH}-CH_2 \xrightarrow[乙醇]{KOH} CH_3CH=CHCH_3 + CH_3CH_2CH=CH_2$$

2－丁烯　　　1－丁烯
81%　　　　19%

$$CH_3CH_2-\underset{\underset{Br}{|}}{\overset{\overset{CH_3}{|}}{C}}-CH_3 \xrightarrow[乙醇]{KOH} CH_3CH=C(CH_3)_2 + CH_3CH_2-\underset{}{\overset{\overset{CH_3}{|}}{C}}=CH_2$$

2－甲基－2－丁烯　　2－甲基－1－丁烯
71%　　　　　29%

实验证明,卤烷脱卤化氢时,氢原子是从含氢较少的碳原子上脱去的。这个经验规律称为查依采夫(Saytzeff)规则。

2. 脱卤素

邻二卤化物除了能发生脱卤化氢反应生成炔烃或较稳定的共轭二烯烃外,在锌粉(或镍粉)的存在下,邻二卤化物更能脱去卤素生成烯烃。

$$-\underset{\underset{X}{|}}{C}-\underset{\underset{X}{|}}{C}- + Zn \xrightarrow[\triangle]{乙醇} \underset{}{C}=C + ZnX_2$$

邻二碘化物,一般不需加锌粉,在加热条件下脱碘反应很快进行,这也就是碘和双键较难发生加成反应的原因。

四、消除与取代反应的竞争

消除反应和亲核取代反应通常相伴而生,究竟以何者为主,取决于烃基结构、亲核试剂的碱性强弱、溶剂的极性和反应温度等诸多因素。

1. 烷基结构

卤代烷的结构对 S_N 和 E 反应活性影响为

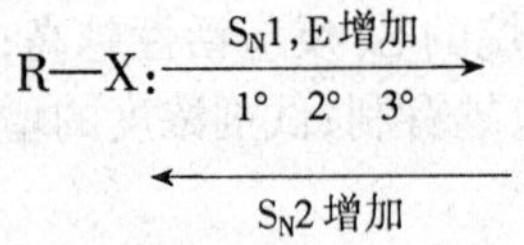

$$R-X: \quad \xrightarrow[1° \quad 2° \quad 3°]{S_N1,E 增加}$$
$$\xleftarrow{\quad S_N2 增加 \quad}$$

叔卤代烷与大多数碱性试剂作用主要是生成消除产物,这就是实际上不能由 CN^- 和 RCO_2^- 与叔卤代烷反应制取腈和酯的原因;如果亲核试剂有很强的碱性时,也不能采用仲卤代烷与之反应来制得取代反应产物,这也是为什么只用伯卤代烷与 $NaC\equiv CH$ 反应制取高级炔烃的原因。

2. 试剂性质

进攻试剂的碱性越强,浓度越大,将有利于 E2 反应;试剂的亲核性越强,则有利于 S_N2 反应。以下负离子都是亲核试剂,其碱性大小次序为

$$NH_2^- > RO^- > OH^- > CH_3COO^- > I^-$$

例如,当伯、仲卤代烷用 NaOH 进行水解时,除了发生取代反应外,还伴随消除反应,因为 OH^- 既是亲核试剂又是强碱;但当 CH_3COO^- 和 I^- 作为进攻试剂时,则往往只发生 S_N2 反应而没有消除反应,因为 CH_3COO^- 和 I^- 的碱性比 OH^- 弱,能进攻 $\alpha-C$ 原子而不进攻 $\beta-H$ 原子。另外,进攻试剂的体积越大,越不易于接近 $\alpha-C$ 原子,而容易进攻 β　H 原子,有利于 E2 反应进行。

3. 溶剂极性

增加溶剂的极性,有利于取代反应,而不利于消除反应。因为在一般情况下,溶剂的极性大有利于电荷集中,而不利于电荷分散。虽然取代反应和消除反应的过渡态电荷都分散,但消除反应的过渡态电荷分散程度更大,故强极性溶剂不利于消除反应。反之,弱极性溶剂对消除反应比对取代反应更为有利。常见的 E2 反应溶剂为醇类物质,而 S_N2 反应常用的是醇水混合溶剂。非质子型极性溶剂的使用往往对 S_N2 反应是相当有利的。例如二甲亚砜(DMSO)、$N,N-$二甲基甲酰胺(DMF)、丙酮等。

4. 温度的影响

提高反应温度对 E 反应和 S_N 反应都有利,但消除反应是一个吸热量较大的反应,升高温度对消除反应更为有利。

6.4　不饱和卤代烃的化学性质

由于分子内双键与卤原子的相对位置不同,相互之间的影响不同,表现在化学性质上,

尤其是卤原子的活泼性上差别较大。卤原子活泼性由大到小的次序是

$$RCH{=\!\!\!=}CHCH_2X > RCH{=\!\!\!=}CH(CH_2)_nX > RCH{=\!\!\!=}CHX$$

造成这种结果的原因,是由于结构上的差别引起的。

一、乙烯型卤代烃

乙烯型卤代烃中最典型的代表物是氯乙烯和氯苯。在氯乙烯分子中,氯原子的未共用电子对所处的 p 轨道与双键中的 π 轨道在侧面相互交盖,形成 p－π 共轭体系。

氯乙烯分子中的共轭体系共有四个 p 电子(其中两个 p 电子来自双键碳原子,两个来自氯原子的未共用电子),分布在三个原子周围,氯原子上的电子云向碳原子方向偏移,电子发生离域 $CH_2{=\!\!\!=}CH\frown Cl$ 。另外,氯原子的电负性比碳原子大,氯原子吸引电子的结果也影响电子云的分布,从而使键长发生了部分平均化。氯乙烯分子中的 C＝C 键键长(0.138 nm)比乙烯的 C＝C 键(0.134 nm)稍长,C—Cl 键键长(0.172 nm)则比氯乙烷的 C—Cl 键(0.178 nm)略短,氯乙烯的偶极矩(4.8×10^{-30} C·m)也比氯乙烷(6.84×10^{-30} C·m)的小。由此也可以证明氯乙烯的 C—Cl 键结合得比较牢固,因而氯原子不活泼,不易与亲核试剂 $NaOH$、$RONa$、$NaCN$、NH_3 等发生反应,也不易与镁或 $AgNO_3$ 的醇溶液反应。

二、烯丙型卤代烃

烯丙基氯和苄基氯分子中的氯原子与亲核试剂 $NaOH$、$NaOR$、$NaCN$、NH_3 等容易发生亲核取代反应,且主要按 S_N1 机理进行。例如,烯丙基氯的碱性水解反应

$$CH_2{=\!\!\!=}CH{-\!\!\!}CH_2{-\!\!\!}Cl \xrightarrow[-Cl^-]{} CH_2{=\!\!\!=}CH{-\!\!\!}\overset{+}{C}H_2 \xrightarrow{OH^-} CH_2{=\!\!\!=}CH{-\!\!\!}CH_2OH$$

在反应生成的正碳离子中,由于带正电荷碳原子的空 p 轨道与碳碳双键的 π 轨道形成共轭体系,电子离域的结果,正电荷不再集中在原来的带正电荷的碳原子上,而是分散在构成共轭体系的三个碳原子上,从而降低了正碳离子的能量,使之得到稳定。越稳定的正碳离子越容易生成,故烯丙基氯分子中的氯原子比较活泼。

利用共振论解释也得出同样的结论。因为烯丙基正离子是两个等价共振结构的共振杂化体。

$$CH_2{=\!\!\!=}CH{-\!\!\!}\overset{+}{C}H_2 \longleftrightarrow \overset{+}{C}H_2{-\!\!\!}CH{=\!\!\!=}CH_2$$

某些烯丙基卤化物在进行 S_N1 反应时,由于形成了共轭体系,不仅得到正常的取代产物,还能得到重排产物。例如

这类重排反应称为烯丙基重排,是有机化学中较常见的重排反应之一。

当烯丙基氯的亲核取代反应按 S_N2 机理进行时,由于过渡态双键的 π 轨道与正在形成

和断裂的键轨道在侧面相互交替,使负电荷更加分散,过渡态能量降低,更稳定而容易生成,从而有利于反应的进行,同样表现出氯原子比较活泼。烯丙型卤化物分子中卤原子的活泼性,还表现在容易与金属镁或硝酸银的醇溶液反应,这后一性质常被用来鉴别烯丙型卤化物。另外,烯丙型卤化物分子中的碳碳双键也可进行加成和聚合等反应。例如

$$CH_2=CH-CH_2-Cl + HX \longrightarrow \underset{\underset{X}{|}}{CH_2}-CH_2-CH_2Cl$$

这里还要指出,丙烯分子中的 α – 氢原子比较活泼。

6.5　与金属的反应

金属有机化合物的结构特点是在分子中存在碳金属键。碳金属键中的碳原子是以带有负电荷的形态存在的,这就使金属有机化合物中的烃基具有很强的亲核性和碱性。金属有机化合物在有机合成领域中有极其重要的地位。

一、与金属钠反应

卤代烷与金属钠反应生成有机钠化合物 RNa,RNa 容易进一步与卤代烷反应生成烷烃。此反应称为 Wurtz 反应。

$$RX + 2Na \longrightarrow NaX + RNa$$
$$RNa + RX \longrightarrow R-R + NaX$$

这个反应适用于相同的伯卤烷(一般为溴烷或碘烷),产率很高。

二、与镁作用

卤代烃与金属镁在无水乙醚或无水四氢呋喃中反应得到有机镁化合物 RMgX。

$$RX + Mg \xrightarrow{\text{干醚}} R-MgX$$

由于这是法国有机化学家 Grignard V. 于 1900 年发现的反应,故有机镁化合物 RMgX 称为格氏试剂。格氏试剂在有机合成中应用极广,Grignard 因此荣获 1912 年度诺贝尔化学奖。

卤代烃与镁的反应活性是:RI > RBr > RCl > RF;RX > ArX。

反应所用的醚常为无水乙醚、丁醚或四氢呋喃(THF)等。格氏试剂在醚中有很好的溶解度,醚作为路易斯碱,与格氏试剂中的路易斯酸中心镁原子可通过络合物的形成使有机镁稳定性增强。

$$R_2\overset{..}{O}: \rightarrow \underset{\underset{X}{|}}{\overset{\overset{R}{|}}{Mg}} \leftarrow :\overset{..}{O}R_2$$

1. 格氏试剂与含活泼氢化合物反应

$$RMgX \begin{cases} \xrightarrow{\text{HOH}} RH + Mg(OH)X \\ \xrightarrow{\text{ROH}} RH + Mg(OR)X \\ \xrightarrow{\text{HX}} RH + MgX_2 \\ \xrightarrow{\text{HNH}_2} RH + Mg(NH_2)X \end{cases}$$

从这些反应可见,格氏试剂很容易被水、醇等分解,因此制备格氏试剂时必须用不含水或醇的醚作溶剂。

2. 格氏试剂在有机合成上的用途

由于格氏试剂 R^{δ^-}—Mg^{δ^+}X 中烃基带部分负电荷,故 RMgX 具有亲核性,能与许多化合物反应。例如

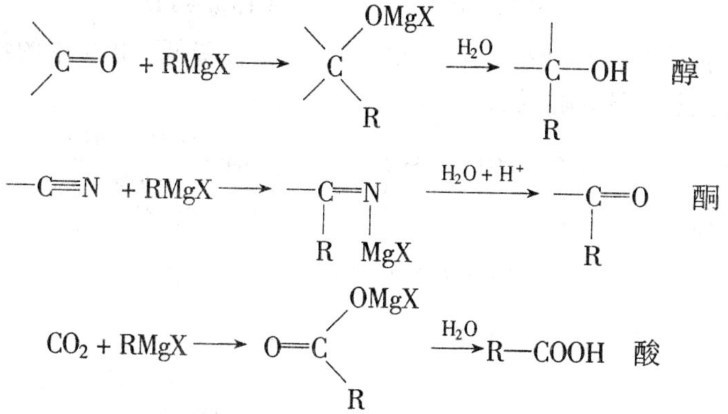

这是广泛地用于合成醇、酮、酸的方法。

三、与金属锂反应

$$R—X + 2Li \xrightarrow{\text{正己烷}} R—Li + LiX$$

锂的反应活性高于镁,烷基锂的化学活性也高于烷基卤化镁。由于有机锂中的碳锂键的离子性很强,碳负离子非常容易被氧化或与活泼氢结合,所以在制备有机锂时应在惰性气体保护下进行,所用溶剂如乙醚、苯、环己烷等必须是特别干燥。卤代烷与锂反应的活性次序为:RI > RBr > RCl > RF。氟代烷的反应活性很小,而碘代烷又很容易与生成的 RLi 发生反应生成高碳的烷烃,所以常用 RBr 或 RCl 来制取 RLi。

有机锂与格氏试剂一样,遇 H_2O、酸、醇即分解,而且遇更弱酸性的质子也能反应。

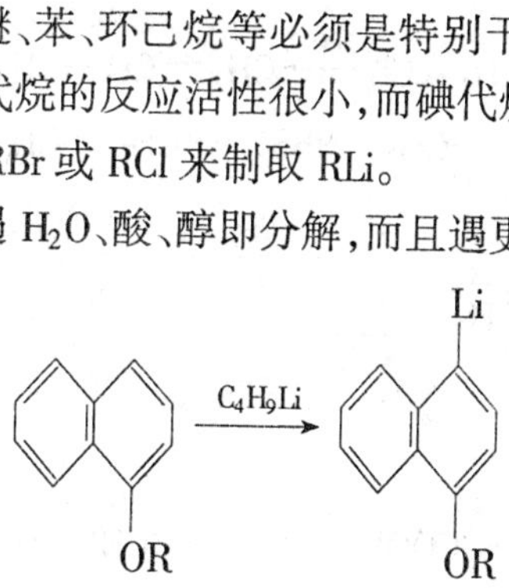

有机锂有特性的反应如下。

(1) 与有较大空间位阻的酮反应,而格氏试剂则很难反应

$$(CH_3)_3C-\overset{O}{\overset{\|}{C}}-C(CH_3)_3 \xrightarrow{(CH_3)_3CLi} [(CH_3)_3C]_3COLi \xrightarrow{H_3O^+} [(CH_3)_3C]_3COH$$

(2) 与羧酸反应生成酮

$$RCOOH \xrightarrow{R'Li} RCO_2Li \xrightarrow{R'Li} R-\overset{OLi}{\underset{R'}{\overset{|}{C}}}-OLi \xrightarrow{H_2O} R-\overset{O}{\overset{\|}{C}}-R'$$

(3) 与 C＝C 双键发生加成反应

$$CH_2=CH_2 \xrightarrow{R'Li} RCH_2CH_2Li \xrightarrow{nCH_2=CH_2} RCH_2CH_2 \overset{}{\{} CH_2CH_2 \overset{}{\}}_n Li$$

(4) 生成二烷基铜锂

$$2RLi + CuI \longrightarrow R_2CuLi + LiI$$

$$R_2CuLi + R'X \longrightarrow R-R' + RCu + LiX$$

式中 R'X 常为伯卤代烷,若为仲或叔卤代烷,则反应活性降低。R'X 中的羟基、胺基、羰基、酯基、羧基等对此反应无影响。例如

$$C_2H_5C=CHCH_2CH_2C=CHCH_2OH \xrightarrow[>65\%]{(C_2H_5)2CuLi}$$
$$\underset{CH_3}{} \quad \underset{I}{}$$

$$C_2H_5C=CHCH_2CH_2C=CHCH_2OH$$
$$\underset{CH_3}{} \quad \underset{C_2H_5}{}$$

6.6　卤代烃的制法

一、由烃制备

1. 卤代

$$(CH_3)_4C + Cl_2 \xrightarrow{h\nu} (CH_3)_3CCH_2Cl$$

$$CH_2=CH-CH_3 + Cl_2 \xrightarrow{500℃} CH_2=CH-CH_2Cl \quad （机理）$$

$$CH_2=CH-CH_3 + NBS \longrightarrow CH_2=CH-CH_2Br$$

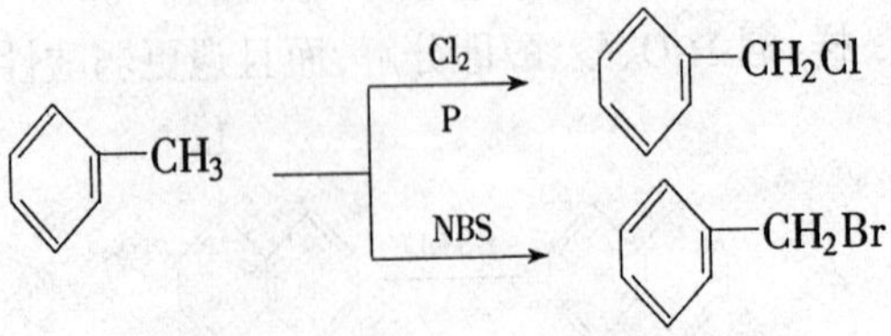

$$RCH_2COOH + Cl_2 \xrightarrow{P} RCHClCOOH$$

$$RCH_2COOH + Br_2 + P \longrightarrow RCHBrCOOH$$

烃的卤代反应都是游离基历程，NBS 的作用是不断提供低浓度的 Br_2。

2. 不饱和烃的加成

烯烃及炔烃与 HX、X_2 进行亲电加成反应得到卤代烃。例如

$$CH_3CH\!\!=\!\!CH_2 + HX \longrightarrow CH_3CHXCH_3$$

$$CH_3CH\!\!=\!\!CH_2 + X_2 \longrightarrow CH_3CHXCH_2X$$

$$CH_3C\!\!\equiv\!\!CH + 2HX \longrightarrow CH_3CX_2CH_3$$

$$CH_3CH\!\!=\!\!CH_2 + HBr \xrightarrow[\text{或光照}]{ROOR} CH_3CH_2CH_2Br$$

3. 卤代烃的互换

卤代烃的互换反应通常用来制备碘代烷和氟代烷，因为它们难以用常规方法制备。

$$RCl(Br) + NaI \xrightarrow{\text{丙酮}} RI + NaCl(Br)\downarrow$$

二、由醇制备

醇分子中的羟基可被卤素原子取代而得到相应的卤烷。这是制取卤烷最普遍的方法，无论在实验室或工业上都可采用，最常用的试剂是氢卤酸、卤化磷或亚硫酰氯。

醇与氢卤酸反应制备卤代烃，只适合于极少数结构的醇，因为反应过程中常常伴随着 R^+ 结构的重排和烯烃副产物的生成。

实际上，实验室是用 PBr_3、PI_3 或 $COCl_2$ 来分别制备其卤代烃的。用 PX_3 或 $SOCl_2$ 作卤代试剂，无 R^+ 重排现象。

PCl_3 不能用于制备 R—Cl，因为产率太低，故一般用 $SOCl_2$ 制 RCl，制备碘代烃可用 P + I_2 代替 PI_3

$$3ROH + PX_3 \longrightarrow 3RX + P(OH)_3(X = Br, I)$$

$$ROH + SOCl_2 \longrightarrow RCl + SO_2 + HCl$$

在后一反应中，产物特别容易分离，副产物全为气体，但产物中 R 的构型发生了转化

$$R\!-\!OH + SOCl_2 \longrightarrow Cl^- + R\!-\!O\!-\!\overset{\displaystyle O}{\underset{\displaystyle \|}{S}}\!-\!Cl$$

$$\longrightarrow Cl\!-\!R + SO_2 + Cl^-$$

三、合成实例分析

【例1】　从 $CH_3CH_2CH_2CH_2Br$ 和 $HC\!\!\equiv\!\!CH$ 制备 $CH_3CH_2CH_2CH_2\underset{\displaystyle \overset{|}{NH_2}}{CH}CH_3$

【解】　产物碳架为两原物料直链连接后的骨架，胺可用 RX 氨解得到，注意—NH_2 位置。

$$HC\!\!\equiv\!\!CH \xrightarrow{NaNH_2} HC\!\!\equiv\!\!CNa$$

$$CH_3(CH_2)_3Br \quad HC\!\!\equiv\!\!CNa \longrightarrow CH_3(CH_2)_3\,C\!\!\equiv\!\!CH \xrightarrow[\text{Lirdlar 催化剂}]{H_2}$$

$$CH_3(CH_2)_3CH=CH_2 \xrightarrow{HBr} CH_3(CH_2)_3\overset{\overset{\displaystyle Br}{|}}{C}HCH_3 \xrightarrow{\text{过量 }NH_3} CH_3(CH_2)_3\overset{\underset{\displaystyle NH_2}{|}}{C}HCH_3$$

【例2】 从 ⟨benzene⟩—Cl 和 $CH_3CH_2CH_2CH_2Br$ 制备 $CH_2=CHCHCH_3$
                                                                                                $\underset{C_6H_5}{|}$

【解】 产物为烃基取代了芳环上的氯而得到,不能直接取代,原料和产物碳原子数未变,用金属锂化合物与卤代烃的反应。

$$CH_3CH_2CH_2CH_2Br \xrightarrow[EtOH]{KOH} CH_3CH_2CH=CH_2 \xrightarrow{NBS} CH_3CHBrCH=CH_2 (A)$$

$$C_6H_5Cl \xrightarrow[\text{乙醚}]{Li} C_6H_5Li \xrightarrow{CuI} (C_6H_5)_2CuLi \xrightarrow{(A)} CH_2=CHCHCH_3$$
$$\underset{\hspace{6em}C_6H_5}{}$$

习 题

1. 命名下列化合物。

(1) $CH_3CHCH_2\overset{\overset{\displaystyle CH_3}{|}}{C}CH_2\overset{\overset{\displaystyle Br}{|}}{C}HCH_3$
      $\underset{CH_3}{|}\hspace{2.5em}\underset{CH_3}{|}$

(2) $\overset{\overset{\displaystyle CH_3}{|}}{\underset{\underset{\displaystyle Cl \hspace{1em} CH_2CH_3}{}}{C}}\cdots Br$

(3)

(4) $Cl\overset{\overset{\displaystyle CH_3}{|}}{\underset{\underset{\displaystyle CH_2CH_3}{|}}{C}}CH(CH_3)_2$

(5)

2. 写出下列化合物的结构式。

(1)$(R)-2-$甲基$-4-$氯辛烷　　　　(2)$(2S,3S)-2-$氯$-3-$溴丁烷

(3)烯丙基氯　　　　　　　　　　　(4)苄溴

3. 试预测下列各对化合物哪一个沸点较高。

(1)碘甲烷和氯乙烷　　　　　　　　(2)正丁基溴和异丁基溴

4. 用简单方法鉴别下列各组化合物。

(1)1-溴丙烷　1-碘丙烷　　　　　　(2)1-氯丁烷　三级氯丁烷

(3)烯丙基溴　1-溴丙烷

5. 完成下列反应式。

(1)$CH_3-CH=CH_2 + HBr \longrightarrow ($ ？ $) \xrightarrow{NaCN} ($ ？ $)$

$(2) CH_3-CH=CH_2 + HBr \xrightarrow{过氧化物} (\quad ? \quad) \xrightarrow{H_2O(KOH)} (\quad ? \quad)$

$(3) (CH_3)_3CBr + KCN \xrightarrow{乙醇} (\quad ? \quad)$

$(4) CH_3CH=CH_2 + Cl_2 \xrightarrow{500℃} (\quad ? \quad) \xrightarrow{Cl_2 + H_2O} (\quad ? \quad)$

(5) △ 型环 $\xrightarrow{NBS} (\quad ? \quad) \xrightarrow[丙酮]{NaI} (\quad ? \quad)$

$(6) C_2H_5MgBr + CH_3CH_2CH_2CH_2C \equiv CH \longrightarrow (\quad ? \quad)$

$(7) ClCH=CHCH_2Cl + CH_3COONa \xrightarrow{CH_3COOH}$

(8) $\underset{OH}{CH_3\overset{|}{C}HCH_3} \xrightarrow{(\quad ? \quad)} \underset{Br}{CH_3\overset{|}{C}HCH_3} \xrightarrow[\triangle]{AgNO_3(醇)}$

6. 将下列各组化合物按照对指定试剂的反应活性从大到小排列成序。

(1)在 2%$AgNO_3$ 乙醇溶液中反应

(A)1-溴丁烷　　(B)1-氯丁烷　　(C)1-碘丁烷

(2)在 NaI 丙酮溶液中反应

(A)3-溴丙烯　　(B)溴乙烯　　(C)1-溴丁烷

(3)KOH 醇溶液中反应

(A) $\underset{CH_3}{\overset{CH_3}{CH_3-\overset{|}{\underset{|}{C}}-Br}}$ 　　(B) $\underset{Br}{\overset{CH_3}{CH_3\overset{|}{C}H-\overset{|}{C}HCH_3}}$ 　　(C) $\overset{CH_3}{CH_3\overset{|}{C}HCH_2CH_2Br}$

7. 在下列每一对反应中,预测哪一个更快,为什么?

$(1) CH_3CH=CHCH_2Cl + H_2O \xrightarrow{\triangle} CH_3CH=CHCH_2OH + HCl$

$CH_2=CHCH_2CH_2Cl + H_2O \xrightarrow{\triangle} CH_3=CHCH_2CH_2OH + HCl$

$(2) CH_3CH_2CH_2Br + NaSH \longrightarrow CH_3CH_2CH_2SH + NaBr$

$CH_3CH_2CH_2Br + NaOH \longrightarrow CH_3CH_2CH_2OH + NaBr$

$(3) CH_3CH_2Cl + NaI \xrightarrow{丙酮} CH_3CH_2I + NaCl$

$(CH_3)_2CHCl + NaI \xrightarrow{丙酮} (CH_3)_2CHI + NaCl$

$(4) CH_3CH_2CH_2Br + CH_3ONa \longrightarrow CH_3CH_2CH_2OCH_3 + NaBr$

$CH_3CH_2CH_2Br + \langle\text{苯环}\rangle-ONa \longrightarrow CH_3CH_2CH_2-O-\langle\text{苯环}\rangle + NaBr$

8. 卤代烷与 NaOH 在水与乙醇混合物中进行反应,请指出哪些属于 S_N2 机理,哪些属于 S_N1 机理。

(1)反应不分阶段,一步完成　　　(2)有重排产物

(3)叔卤烷速度大于仲卤烷　　　　(4)产物的构型完全转化

(5)碱浓度增加反应速度加快　　　(6)试剂的亲核性愈强反应速度愈快

(7)增加溶剂的含水量反应速度明显加快

9. 下列各步反应中有无错误(孤立地看)? 如有的话,试指出其错误的地方。

(1)

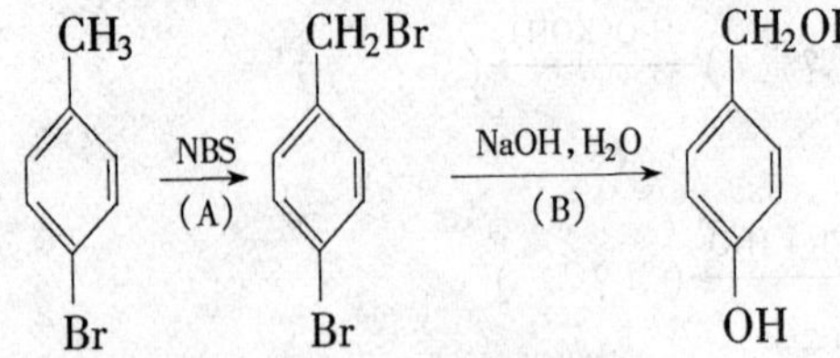

(2) $CH_2=C(CH_3)_2 + HCl \xrightarrow[\text{(A)}]{\text{过氧化物}} (CH_3)_3CCl \xrightarrow[\text{(B)}]{NaCN} (CH_3)_3CCN$

(3) $CH_3-CH=CH_2 \xrightarrow[\text{(A)}]{HOBr} CH_3-\underset{\underset{Br}{|}}{CH}-\underset{\underset{OH}{|}}{CH_2} \xrightarrow[\text{(B)}]{Mg,\text{干醚}} CH_3-\underset{\underset{MgBr}{|}}{CH}-\underset{\underset{OH}{|}}{CH_2}$

10. 完成下列转变。

(1) $CH_3\underset{\underset{Br}{|}}{CH}CH_3 \longrightarrow CH_3CH_2CH_2Br$

(2) $CH_3-\underset{\underset{Cl}{|}}{CH}-CH_3 \longrightarrow CH_3-\underset{\overset{Cl}{|}}{\underset{\underset{Cl}{|}}{C}}-CH_3$

(3) $CH_3-\underset{\underset{Br}{|}}{CH}-CH_3 \longrightarrow \underset{\underset{Cl}{|}}{CH_2}-\underset{\underset{Cl}{|}}{CH}-\underset{\underset{Cl}{|}}{CH_2}$

(4)

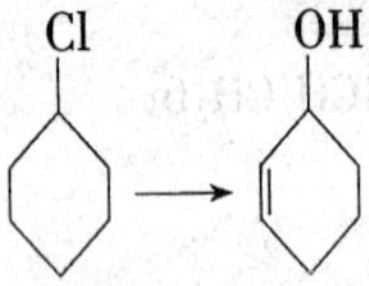

(5)

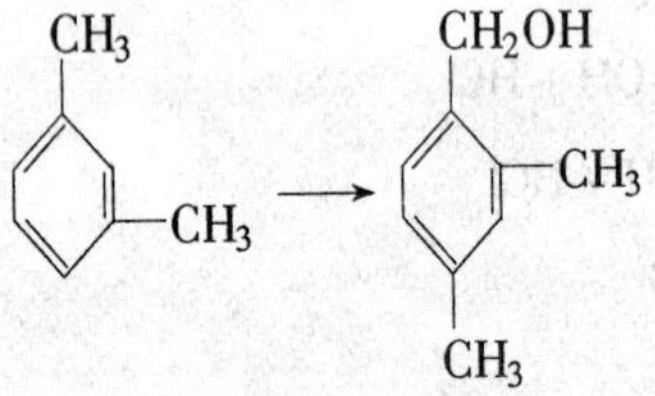

(6) $CH\equiv CH \longrightarrow$

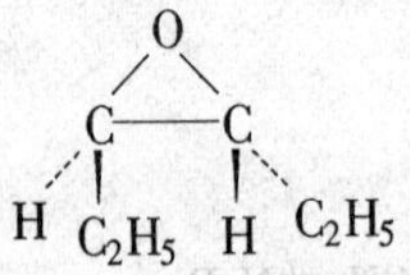

11. 化合物(A)与 Br_2-CCl_4 溶液作用生成一个三溴化合物(B)。(A)很容易与 NaOH 水溶液作用,生成两种同分异构的醇(C)和(D)。(A)与 $KOH-C_2H_5OH$ 溶液作用,生成一种共轭二烯烃(E)。将(E)臭氧化、锌粉水解后生成乙二醛(OHC—CHO)和 4 - 氧代戊醛 ($OHCCH_2CH_2COCH_3$)。试推导(A)~(E)的构造。

12. 有 A、B 两个化合物,其分子式都是 C_6H_{12},A 经臭氧化,并与锌和酸反应后得乙醛和甲乙酮;B 经高锰酸钾氧化后只得丙酸,请写出 A、B 的构造式。

13. 根据光谱特征推导结构。

(1)某化合物的分子式为 C_4H_9Br,其核磁共振谱数据为:$\delta = 1.04$(双峰,6H),$\delta = 1.93$(多重峰,1H),$\delta = 3.33$(双峰,2H)。试写出该化合物的构造式。

(2)在测定 $C_4H_8Br_2$ 的两种异构体(A)和(B)的核磁共振谱时,得到以下结果,试写出其各自的构造式。

(A)$\delta = 1.7$(双峰,6H),$\delta = 4.4$(四重峰,2H)

(B)$\delta = 1.2$(双峰,3H),$\delta = 2.3$(多重峰,2H),$\delta = 3.5$(三重峰,2H),$\delta = 4.2$(多重峰,1H)。

14. 回答下列问题。

(1)仲卤代烷水解时,一般是按 S_N1 及 S_N2 两种机理进行,若使反应按 S_N1 机理进行可采取什么措施?

(2) $HC \equiv CNa + (CH_3)_3CCl \longrightarrow HC \equiv C-C(CH_3)_3$,此反应能否进行? 为什么?

(3)正氯丁烷与 NaOH 生成正丁醇的反应,往往加入少量的 KI 作催化剂,试解释 KI 的催化作用。

第七章 醇 酚 醚

内容提要 本章主要介绍含氧单键有机化合物,并着重阐述氧在理化性质中的影响作用。系统学习这三类化合物的化学性质及结构特点。

学习要求

(1)熟知醇、酚和醚的结构、分类、异构和命名。

(2)熟知醇、酚和醚各自的制备方法及条件。

(3)了解醇、酚和醚各自的物理性质及其与其他有机化合物相比在溶解度等方面的差异。

(4)会运用电子效应解释酚的一些特殊化学性质。

(5)一般了解醇、酚和醚的典型代表及用途。

7.1 醇、酚、醚的分类和命名

一、醇的分类与命名

1.分类

醇可以按羟基所连接的碳原子是伯(第一)碳、仲(第二)碳或叔(第三)碳原子,分别称为伯醇、仲醇或叔醇。

$$R-CH_2-OH \qquad \underset{R'}{\overset{R}{CH}}-OH \qquad \underset{R''}{\overset{R'}{R-C}}-OH$$

　　伯醇(1°醇)　　　　　仲醇(2°醇) 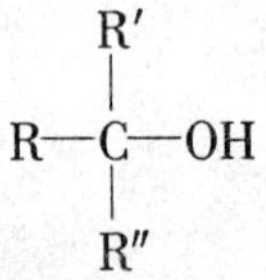　　　　　叔醇(3°醇)

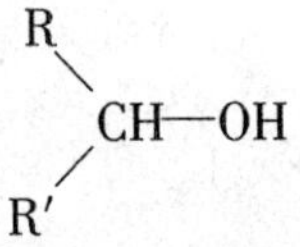

醇也可按羟基所连接的烃基不同,分别称为饱和醇、不饱和醇和芳醇。例如

饱和醇:CH_3CH_2OH　　　　　　　　　　—OH

　　　　　　乙醇　　　　　　　　环己醇

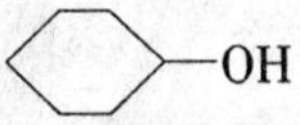

不饱和醇:$CH_2=CH-CH_2-OH$　　　　　$H-C\equiv C-CH_2-OH$

　　　　　　　　烯丙醇　　　　　　　　　　　炔丙醇

芳醇:　　—CH_2-OH

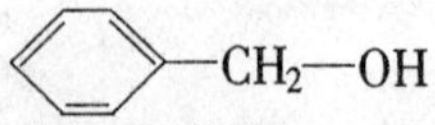

　　苯甲醇(苄醇)

醇也可按羟基数目的多少,分别称为一元醇、二元醇、三元醇等。含两个以上羟基的醇,总称为多元醇。

2.命名

饱和一元醇的命名可以采用以下三种方法。

(1)习惯命名法。低级的一元醇可按烃基的习惯名称在后面加"醇"字来命名。

(2)衍生命名法。对于结构不太复杂的醇,可以甲醇作为母体,把其他醇看做是甲醇的烷基衍生物来命名。

(3)系统命名法。选择含有羟基的最长碳链作为主链,而把支链看做取代基;主链中碳原子的编号从靠近羟基的一端开始,按照主链中所含碳原子数目而称为某醇;支链的位次、名称及羟基的位次写在名称的前面。

例如,丁醇有四种构造异构体,它们的构造式和命名如下

构 造 式	习惯命名法	衍生命名法	系统命名法
$CH_3CH_2CH_2CH_2OH$	正丁醇	正丙基甲醇	1 – 丁醇
CH_3—$CHCH_2CH_3$　$\mid$　OH	仲丁醇	甲基乙基甲醇	2 – 丁醇
CH_3—$CHCH_2$—OH　$\mid$　CH_3	异丁醇	异丙基甲醇	2 – 甲基 – 1 – 丙醇
CH_3—$\overset{\displaystyle CH_3}{\underset{\displaystyle CH_3}{C}}$—$OH$	叔丁醇	三甲基甲醇	2 – 甲基 – 2 – 丙醇

不饱和醇的系统命名,应选择连有羟基同时含有重键(双键、叁键)碳原子在内的碳链作为主链,编号时,尽可能使羟基的位号最小。例如

$$CH_3—CH_2—CH_2—\overset{4}{C}H—\overset{3}{C}H_2—\overset{2}{C}H_2—\overset{1}{C}H_2OH$$
$$\underset{5\quad 6}{CH=CH_2}$$

4 – (正)丙基 – 5 – 己烯 – 1 – 醇

芳醇的命名,可把芳基作为取代基。例如

$$\langle\!\!\!\bigcirc\!\!\!\rangle—\overset{2}{C}H=\overset{2}{C}H—\overset{1}{C}H_2OH$$

3 – 苯基 – 2 – 丙烯 – 1 – 醇(肉桂醇)

如果醇分子中还含有其他官能团,当含有官能团顺序中羟基前面的官能团时,则把羟基作为取代基命名;否则,醇作为母体命名。官能团的顺序为—COOH > —SO$_3$H > —COOR > —COX > —CONN$_2$ > —CN > —CHO > $\overset{}{C}$ =O > —OH(醇) > —OH(酚) > —NH$_2$ > —OR > —R > —X > —NO$_2$。例如

$$CH_3—CHCH_2CH_2CH_2CHO$$
$$\mid$$
$$OH$$

5 – 羟基己醛

二、酚的命名

酚类命名时,一般以苯酚作为母体,苯环上连接的其他基团作为取代基。但当取代基的

序列优先于酚羟基时,则按取代基的排列次序的先后来选择母体。例如

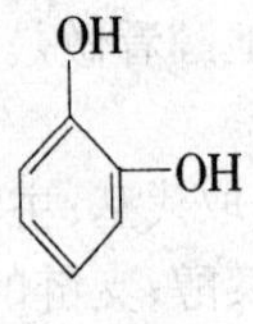

邻苯二酚 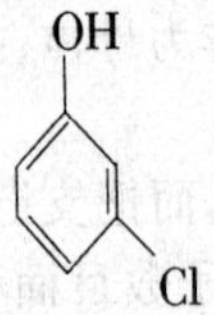　　　3－氯苯酚 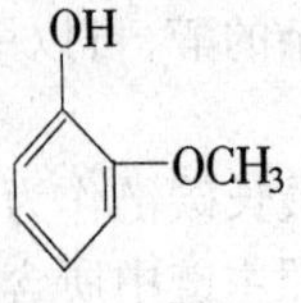　　　邻甲氧基苯酚 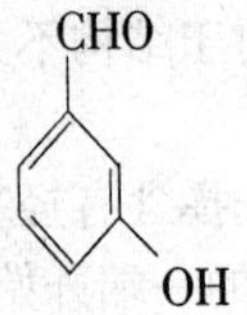　　　邻羟基苯甲醛 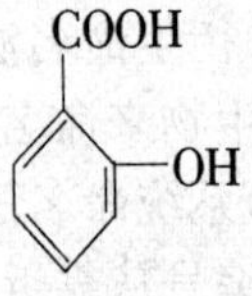　　　邻羟基苯甲酸

三、醚的分类与命名

1. 分类

醚
- 饱和醚
  - 单醚——R = R′。例如 $CH_3—O—CH_3$
  - 混醚——R ≠ R′。例如 $CH_3—O—C_2H_5$
- 不饱和醚——R 为不饱和烃基。例如 $CH_3—O—CH_2—CH=CH_2$
- 芳醚——RO 或 ArO 与芳烃基相连接。例如 $CH_3—O—$⬡
- 环醚——二价烃基的两端与醚键相连接。例如 $CH_2—CH_2$ / O
- 硫醚——硫原子置换氧原子与两个烃基相连接。例如 $CH_3—S—CH_3$

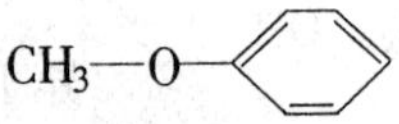

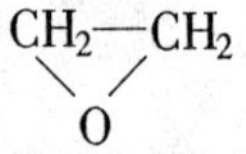

2. 命名

简单的醚,一般都用习惯命名法命名,即将氧(或硫)原子所连接的两个烃基的名称,按小的在前,大的在后,写在"醚"字之前。芳醚则将芳烃基放在烷基之前来命名。单醚可在相同烃基名称之前加"二"字("二"字可以忽略)。比较复杂的醚,可用系统命名法命名;取碳链最长的烃基作为母体,以烷氧基作为取代基,称为某烷氧基某烷。例如

$$CH_3O—CH_2—CH_2—OH$$
2－甲氧基乙醇

7.2　醇、酚、醚的结构特征和物理性质

一、结构特征

1. 醇的结构

在醇分子中,O—H 键也是氧原子以一个 sp^3 杂化轨道与氢原子的 1s 轨道相互交盖而成的;C—O 键是碳原子的一个 sp^3 杂化轨道与氧原子的一个 sp^3 杂化轨道相互交盖而成的。此外,氧原子还有两对未共用电子对分别占据其他两个 sp^3 杂化轨道。

2. 酚的结构

在苯酚分子中,氧原子的价电子是以 sp^2 杂化轨道参与成键的。酚羟基中氧原子上的一对未共用电子对所在的 p 轨道,与苯环的六个碳原子的 p 轨道是平行的,它们是共轭的,增强了 C—O 键的稳定性,故不易发生像醇那样的消去和亲核取代反应。由于氧原子上的部分负电荷离域而分散到整个共轭体系中,所以氧原子上的电子云密度降低,减弱了 O—H

键,有利于氢原子离解成为质子和苯氧负离子,因此酚的酸性比醇强。这个共轭作用又增加了芳环的电子云密度,有利于芳环上的亲电取代反应。

3. 醚的结构

醚键(C—O—C)是醚类化合物的结构特征,其中氧原子是以 sp^3 杂化状态分别与两个烃基的碳原子形成两个 σ 键,氧原子上有两对孤对电子占据 sp^3 杂化轨道。一般脂肪醚的醚键,其∠COC 键角大约在 111°左右。

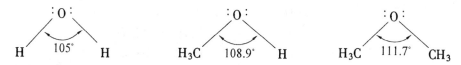

芳基醚中氧原子与芳环相连,类似于酚,故芳环上的亲电取代反应容易发生,且难发生 C—O 键断裂类型的反应。烃基醚中氧原子与 sp^3 杂化态的碳原子相连,类似于醇,故在酸性条件下,能发生亲核取代反应。

二、物理性质

1. 沸点

醇、酚、醚都是含有 C—O 单键的化合物,是极性化合物,分子间作用力比烃大,因此它们的沸点比含同碳数原子的烃要高。但由于醚只有弱的极性,所以醚的沸点与相对分子质量相同的烷烃相差不大。而对于醇和酚来说,沸点比含同碳数的烃要高得多。

醇、酚、醚分子中,烃基的存在对分子的缔合有阻碍作用。烃基越大和烃基上的支链越多,位阻作用越大。因此,对于碳原子数相同的醇、酚、醚,若含支链愈多则其沸点越低。随着烃基的加大,它们的沸点与相应的烃越来越接近。

2. 溶解性

醇和酚的分子中都含有羟基,分子间能形成氢键,醚分子间不能形成氢键,但它们都能与水形成氢键,故它们在水中都有一定的溶解度。

3. 光谱特征

(1) 醇。在醇的 IR 谱中,主要有两种特征的化学键伸缩振动吸收峰:一是 C—O 键,另一个是 H—O 键。

游离羟基的吸收峰出现在 3 650 ~ 3 610 cm^{-1}(峰尖,强度不定)部位,分子内的缔合羟基约位于 3 500 ~ 3 000 cm^{-1} 之间,分子间缔合二聚在 3 600 ~ 3 500 cm^{-1},多聚在 3 400 ~ 3 200 cm^{-1} 之间,缔合体峰形较宽。一般羟基吸收峰出现在此碳氢(C—H)吸收峰所在频率高的部位,即大于 3 300 cm^{-1},故在大于该频率处出现吸收峰,通常表明分子中含有羟基(或 N—H)。

醇分子中的 C—O 键的伸缩振动一般在 1 050 ~ 1 200 cm^{-1} 出现吸收峰,而且伯、仲、叔醇的 C—O 键特征吸收波数是不同的。例如

| 伯醇 | $\nu_{伸} = 1\,050 \sim 1\,085\ cm^{-1}$ |
| 仲醇 | $\nu_{伸} = 1\,100 \sim 1\,125\ cm^{-1}$ |

叔醇　　　　　　　　　　$\nu_{伸} = 1\ 150 \sim 1\ 200\ cm^{-1}$

醇的核磁共振谱

　　ROH　　　　　　　$\delta_H : 0.5 \sim 5.5$(受湿度、溶剂、浓度等影响)

　　RCH$_2$OH　　　　$\delta_H : 3.4 \sim 4$

(2) 酚。酚的红外吸收光谱和醇一样,由于 O—H 的伸缩振动,在 $3\ 520 \sim 3\ 100\ cm^{-1}$ 的同一区域中显示出一个强而宽的吸收带(缔合羟基)。但酚的 C—O 伸缩振动吸收带的位置和醇不同,可比较如下。

　　　　　　C—O　　　　　伸缩振动

　　　　　　酚　　　　　　$1\ 230\ cm^{-1}$左右

　　　　　　醇　　　　　　$1\ 050 \sim 1\ 200\ cm^{-1}$

在酚的核磁共振谱中,酚羟基上质子的化学位移范围通常在 $4 \sim 7$。溶剂的性质、浓度、温度、取代基等,对酚羟基上质子化学位移的影响较明显。能够形成较强的分子内氢键的酚或者环上有强吸电子基的酚,其羟基上质子的化学位移值一般在 $8 \sim 12$ 左右。例如

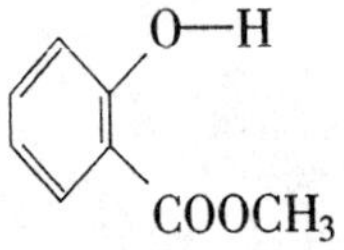

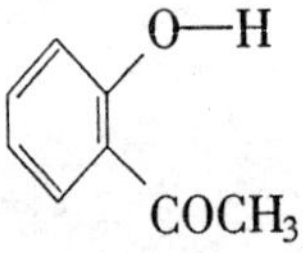

　　δ_{O-H}　　　　　10.58　　　　　　　　12.22

(3) 醚。醚类化合物的红外吸收光谱惟一可鉴别的特征是在 $1\ 060 \sim 1\ 300\ cm^{-1}$ 范围内有强度大而且宽的 C—O 伸缩振动谱带。烷基醚在 $1\ 060 \sim 1\ 150\ cm^{-1}$,芳基醚和乙烯基醚在 $1\ 200 \sim 1\ 275\ cm^{-1}$(以及在 $1\ 020 \sim 1\ 075\ cm^{-1}$(较弱))。

在醚的核磁共振谱中,醚键中的氧原子对 α - 碳上的氢有明显的去屏蔽作用。醚分子中的 —CH—O— 质子化学位移在 $3.4 \sim 4.0$ 之间。

7.3　醇的化学性质

一、弱酸性和弱碱性

1. 弱酸性

由于醇分子中存在 H—O 极性键,其电离平衡中可以产生质子和烃氧负离子

$$ROH + H_2O \overset{K_a}{\rightleftharpoons} RO^- + H_3O^+$$

常见的几个醇的 pK_a 值为

	CH$_3$OH	CH$_3$CH$_2$OH	(CH$_3$)$_2$CHOH	(CH$_3$)$_3$COH
pK_a	15.9	16.0	18.0	19.0

由于醇的酸性较弱,所以醇与活泼金属的反应较缓和,可利用该反应销毁某些反应中剩余的金属钠,而不致引起燃烧和爆炸。各类醇与金属钠反应的速率是:甲醇>伯醇>仲醇>

叔醇。

因为醇是弱酸,所以它的共轭碱醇钠是强碱。醇钠的碱性比氢氧化钠还强,遇水即分解成氢氧化钠和醇。工业生产中,利用醇与氢氧化钠反应来制取醇钠,为使反应顺利进行,须将反应混合物中的水不断排出。

2. 弱碱性

醇分子的羟基氧原子上有未共用电子对,它可以与强酸形成𬊤盐,醇还可以与路易斯酸生成𬊤盐。例如

$$C_2H_5OH + H_2SO_4 \longrightarrow C_2H_5\overset{+}{O}H_2\overset{-}{S}O_4H$$

$$C_2H_5OH + BF_3 \longrightarrow \quad C_2H_5\overset{+}{O} \rightarrow \overset{-}{B}F_3$$
$$\qquad\qquad\qquad\qquad\qquad | $$
$$\qquad\qquad\qquad\qquad\qquad H$$

低级醇分子还可以与 $MgCl_2$、$CaCl_2$ 等无机盐形成络合物($MgCl_2 \cdot 6C_2H_5OH$、$CaCl_2 \cdot 4C_2H_5OH$)。因此不能使用这类盐作为醇的干燥剂。

二、卤代烃的生成

醇与氢卤酸作用,则羟基被卤素取代而生成卤烃和水。这是制备卤烃的重要方法之一。例如

$$CH_3CH_2CH_2CH_2OH \begin{cases} + HI \xrightarrow{\triangle} CH_3CH_2CH_2CH_2I + H_2O \\ + HBr \xrightarrow[\triangle]{H_2SO_4} CH_3CH_2CH_2CH_2Br + H_2O \\ + HCl \xrightarrow{ZnCl_2} CH_3CH_2CH_2CH_2Cl + H_2O \end{cases}$$

酸的性质和醇的结构都影响这个反应的速度。这里氢卤酸的反应活性次序是: $HI > HBr > HCl$。各种醇和浓盐酸在 $ZnCl_2$ 催化下的反应活性次序是

苄醇和烯丙醇 > 叔醇 > 仲醇 > 伯醇 > 甲醇

由伯醇制备相应的卤烷时,一般用卤化钠和浓硫酸为试剂。

$$ROH + NaX \xrightarrow{H_2SO_4} RX + NaHSO_4 + H_2O$$

但制备碘烷不宜用此方法,因浓硫酸可使 HI 氧化为 I_2。在浓硫酸存在下,仲醇可发生消除反应生成烯烃,因此,此法只适于伯醇。

利用不同醇与盐酸反应速率的不同,可以区分伯、仲、叔醇。所用的试剂为无水氯化锌与浓盐酸配制的溶液,叫做 Lucas 试剂。因为水溶性较好的醇与 Lucas 试剂反应后,生成与水不互溶的氯代烃,形成乳状的混浊溶液或分层,所以可利用 Lucas 试剂鉴别低碳(C_6 以下)一元伯、仲、叔醇(C_6 以上的一元醇水溶性较差,难于用 Lucas 试剂鉴别)。例如

$$\begin{array}{ccc} \overset{\displaystyle CH_3}{\underset{\displaystyle CH_3}{CH_3-C-OH}} + HCl \xrightarrow[\text{室温}]{ZnCl_2} \overset{\displaystyle CH_3}{\underset{\displaystyle CH_3}{CH_3-C-Cl}} + H_2O(\text{立即混浊}) \end{array}$$

$$CH_3\underset{\underset{OH}{|}}{CH}CH_2CH_3 + HCl \xrightarrow{ZnCl_2} CH_3\underset{\underset{Cl}{|}}{CH}CH_2CH_3 + H_2O（放置片刻才变混浊）$$

$$CH_3CH_2CH_2CH_2OH + HCl \xrightarrow[\triangle]{ZnCl_2} CH_3CH_2CH_2CH_2Cl + H_2O（室温无变化，加热后反应）$$

烯丙型醇、叔醇、仲醇易按 S_N1 机理进行亲核取代反应；而伯醇一般则按 S_N2 机理进行反应。醇与卤代烃相比，较难进行亲核取代反应，因为醇的离去基团碱性较强（$HO^- > X^-$）。

醇的亲核取代反应需在酸催化下进行。此时醇形成锌盐（$R\overset{+}{O}H_2$），离去基团由强碱（OH^-）转变为弱碱（H_2O），而容易进行亲核取代反应。或将醇与对甲苯磺酰氯反应，使醇羟基转变为对甲苯磺酰氧基，即由强碱转化为弱碱性基团，以利于反应发生。例如

$$CH_3CH_2\underset{\underset{OH}{|}}{CH}CH_2CH_3 \xrightarrow[\text{吡啶}]{TsCl} CH_3CH_2\underset{\underset{OTs}{|}}{CH}CH_2CH_3$$

$$\xrightarrow[\text{二甲基亚砜}]{NaBr} CH_3CH_2\underset{\underset{Br}{|}}{CH}CH_2CH_3 + TsONa$$

$$85\%$$

$$(Ts = CH_3-\!\!\!\!\bigcirc\!\!\!\!-SO_2-)$$

有一些醇（除大多数伯醇外）与氢卤酸反应，时常有重排产物生成，即卤烷中的烷基和原来醇中烷基的结构不一定相同。例如

$$CH_3-\underset{\underset{H}{|}}{\overset{\overset{CH_3}{|}}{C}}-\underset{\underset{OH}{|}}{\overset{\overset{H}{|}}{C}}-CH_3 \xrightarrow{HCl} CH_3-\underset{\underset{Cl}{|}}{\overset{\overset{CH_3}{|}}{C}}-\underset{\underset{H}{|}}{\overset{\overset{H}{|}}{C}}-CH_3 \quad（无 CH_3-\underset{\underset{H}{|}}{\overset{\overset{CH_3}{|}}{C}}-\underset{\underset{Cl}{|}}{\overset{\overset{H}{|}}{C}}-CH_3 生成）$$

这是由于反应过程中，正碳离子不稳定而发生了重排反应的缘故。

$$CH_3-\underset{\underset{H}{|}}{\overset{\overset{CH_3}{|}}{C}}-\underset{\underset{OH}{|}}{\overset{\overset{H}{|}}{C}}-CH_3 + H^+ \rightleftharpoons CH_3-\underset{\underset{H}{|}}{\overset{\overset{CH_3}{|}}{C}}-\underset{\underset{OH_2}{|}}{\overset{\overset{H}{|}}{C}}-CH_3 \xrightarrow{H_2O} CH_3-\underset{\underset{H}{|}}{\overset{\overset{CH_3}{|}}{C}}-\overset{+}{\underset{\underset{\;}{|}}{\overset{\overset{H}{|}}{C}}}-CH_3$$

$$\xrightleftharpoons{\text{重排}} CH_3-\overset{+}{\underset{\underset{H}{|}}{\overset{\overset{CH_3}{|}}{C}}}-\underset{\underset{H}{|}}{\overset{\overset{H}{|}}{C}}-CH_3 \xrightarrow{Cl^-} CH_3-\underset{\underset{Cl}{|}}{\overset{\overset{CH_3}{|}}{C}}-\underset{\underset{H}{|}}{\overset{\overset{H}{|}}{C}}-CH_3$$

若选用 PX_3 或 $SOCl_2$ 等与醇（$1°$或 $2°$）作用，也可以得到相应的卤代烃，由于反应中并不生成正碳离子中间体，故碳骨架一般不发生重排。例如

$$(CH_3)_2CHCH_2OH \xrightarrow[-HBr]{PBr_3} (CH_3)_2CHCH_2OPBr_2 \xrightarrow[S_N2]{Br^-} (CH_3)_2CHCH_2Br$$

$$50\% \sim 60\%$$

$$CH_3CH_2CH_2CH_2OH \xrightarrow[-HCl]{SOCl_2} CH_3CH_2CH_2CH_2\underset{\underset{Cl}{|}}{\overset{\overset{O}{\|}}{O-S}}=O \xrightarrow{-SO_2} CH_3CH_2CH_2CH_2Cl$$

$$80\%$$

三、与无机含氧酸反应

醇除与氢卤酸作用外,与硫酸、硝酸、磷酸等无机酸也可作用,得到的产物总称为无机酸酯。例如

$$CH_3O\!\!\mid\!\!H + HO\!\!\mid\!\!—SO_2OH \longrightarrow CH_3OSO_2OH + H_2O$$

硫酸氢甲酯

如将硫酸氢甲酯加热减压蒸馏,即得硫酸二甲酯。

$$CH_3OSO_2OH + HOSO_2OCH_3 \rightleftharpoons CH_3OSO_2OCH_3 + H_2SO_4$$

硫酸二甲酯(中性酯)

硫酸和乙醇作用,也可得硫酸氢乙酯和硫酸二乙酯。硫酸二甲酯和硫酸二乙酯都是常用的烷基化剂,因有剧毒,使用时应注意安全。高级醇的酸性硫酸酯钠盐,如 $C_{12}H_{25}OSO_2ONa$ 是一种合成洗涤剂。甘油三硝酸酯是一种炸药;磷酸三丁酯用作萃取剂和增塑剂。

$$\begin{array}{l} CH_2OH \quad\quad HO\!\!-\!\!NO_2 \quad\quad CH_2ONO_2 \\ | \\ CHOH \quad + HO\!\!-\!\!NO_2 \rightleftharpoons CHONO_2 \quad + 3H_2O \\ | \\ CH_2OH \quad\quad HO\!\!-\!\!NO_2 \quad\quad CH_2ONO_2 \end{array}$$

甘油三硝酸酯

$$3C_4H_9OH + \begin{array}{c}HO\\HO\!\!-\!\!P\!\!=\!\!O\\HO\end{array} \rightleftharpoons (C_4H_9O)_3PO + 3H_2O$$

磷酸三丁酯

四、脱水反应

1. 分子内和分子间脱水

醇脱水按反应条件不同,可以发生分子内脱水而生成烯烃,也可以发生分子间脱水而生成醚类。例如

$$\begin{array}{c}CH_2\!\!-\!\!CH_2\\ |\quad\quad |\\ H\quad\quad OH\end{array} \xrightarrow[\text{或 } Al_2O_3,360℃]{\text{浓 } H_2SO_4(98\%),170℃} CH_2\!\!=\!\!CH_2 + H_2O$$

$$CH_3CH_2O\!\!\mid\!\!H + HO\!\!\mid\!\!CH_2CH_3 \xrightarrow[\text{或 } Al_2O_3,240\sim260℃]{\text{浓 } H_2SO_4(98\%),140℃} CH_3CH_2\!\!-\!\!O\!\!-\!\!CH_2CH_3 + H_2O$$

醇的结构对产物也有很大的影响,一般是叔醇脱水不生成醚,而生成烯烃。醇脱水的消除反应取向同卤烃消除卤化氢相似,也符合 Saytzeff 规则,主要生成碳碳双键上烃基较多的比较稳定的烯烃。例如

$$CH_3CH_2CHCH_3 \xrightarrow[87℃,80\%]{62\% H_2SO_4} CH_3CH\!\!=\!\!CHCH_3$$
|
OH

84%   16%

醇在按 E1 机理进行脱水反应时,由于有正碳离子中间体生成,有可能发生重排,形成更稳定的正碳离子,然后再按 Saytzeff 规则脱去一个 β - 氢原子而形成烯烃。例如

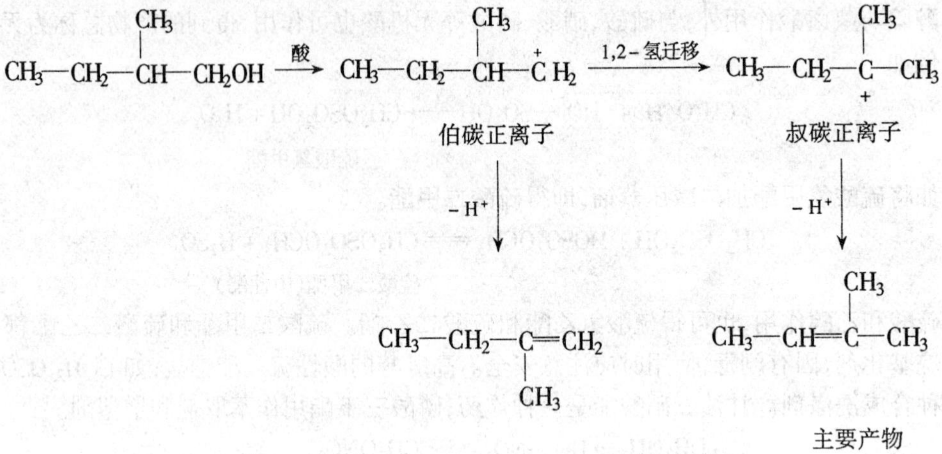

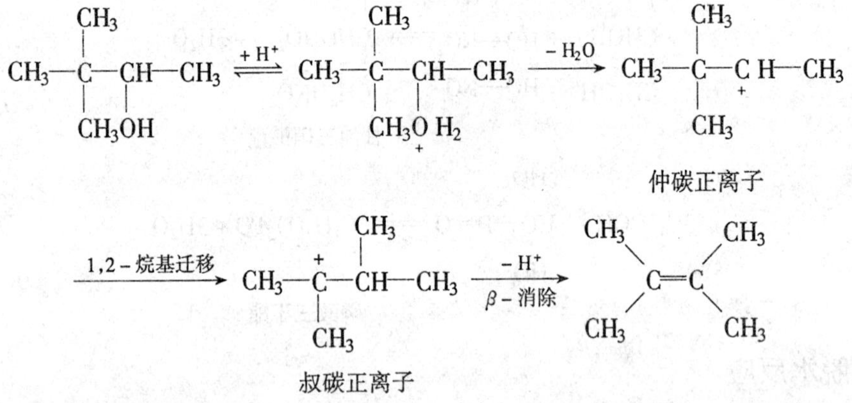

2. 频哪醇的脱水

通常将两个羟基都连在叔碳原子的 α - 二醇称频哪醇(Pinacol)。在 Al_2O_3 作用下频哪醇发生分子内脱除两分子水的反应生成共轭二烯烃,但是,如果在酸溶液中频哪醇都只发生失去一分子水的反应,而且不是脱去 β - H 得到烯烃,而是得到酮。这是因为在质子酸的作用下,发生了下面所示的频哪醇重排反应

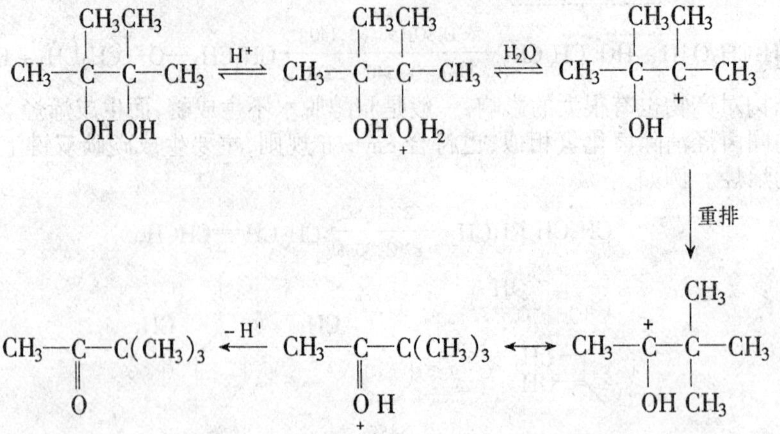

在不对称的频哪醇重排时,正碳离子最初形成位置是以生成最为稳定的正碳离子为主。例如

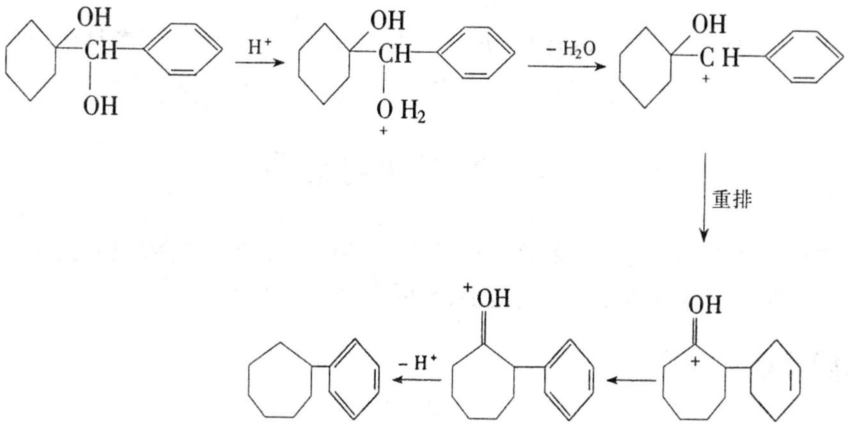

五、氧化和脱氢

伯醇和仲醇中,α – 氢原子因受相邻羟基的影响,比较活泼易被氧化。常用的氧化剂为高锰酸钾或铬酸。伯醇氧化先生成醛,醛继续氧化生成羧酸,仲醇氧化则生成酮。叔醇分子中,和羟基相连的碳原子上没有氢原子,在上述氧化条件下不被氧化,如在剧烈条件下氧化(例如在硝酸作用下),则碳链断裂,生成含碳原子数较少的产物。例如

$$RCH_2OH \xrightarrow{K_2Cr_2O_7/H^+} RCHO \xrightarrow{[O]} RCOOH$$

在从伯醇氧化制备醛时,应把生成的醛尽快地从反应体系中移出,以避免被进一步氧化。另外,选用氧化剂的种类也是重要的,目前采用一种称为 PCC 的氧化剂,用于氧化伯醇制取醛是比较好的氧化方法之一。PCC(Pyridinium chloro chromate)是吡啶和 CrO_3 在盐酸溶液中的络合盐,是橙红色晶体,它溶于 CH_2Cl_2,使用很方便,在室温下便可将伯醇氧化为醛,而且基本上不发生进一步的氧化作用。例如

$$n-C_8H_{17}-OH \xrightarrow[CH_2Cl_2]{PCC} n-C_7H_{15}CHO$$

PCC 氧化剂也称为沙瑞特(Sarrett)试剂,由于其中的吡啶是碱性的,因此对于在酸性介质中不稳定的醇类氧化为醛(或酮)时,是很好的方法,不但产率高,而且对分子中存在的 C=C、C=O、C=N 等不饱和键不发生破坏作用。

CrO_3 的稀硫酸溶液称为琼斯(Jones)试剂,可用于伯、仲醇与烯、炔烃的区别,因为烯、炔烃不被琼斯试剂所氧化,而伯、仲醇则可被氧化,且反应现象明显。

伯醇和仲醇也可以通过脱氢反应而得到相应的醛、酮等氧化产物。一般是把它们的蒸

气在 200 ~ 325℃下通过铜或铜铬氧化物催化剂使脱氢生成醛或酮。

$$R\text{—}CH_2OH \underset{}{\overset{Cu,325℃}{\rightleftharpoons}} RCHO + H_2; \quad \underset{R'}{\overset{R\ H}{C}}\text{—}OH \underset{}{\overset{Cu,325℃}{\rightleftharpoons}} \underset{R'}{\overset{R}{C}}\text{=}O + H_2$$

7.4　酚的化学性质

酚羟基的性质在某些方面与醇羟基相似,但由于酚羟基直接与芳环相连,故大多数反应与芳环有关。酚的反应既可发生在羟基上,也可发生在芳环上。

一、酚羟基的反应

1. 酸性

酚具有比醇更强的酸性,以苯酚为例,其 $pK_a = 10$。而环己醇的 $pK_a = 18$。苯酚氧原子上的未共用电子对与苯环上的 π 电子形成共轭,降低了氧原子上的电子云密度,而有利于质子的离去。

酚能与氢氧化钠的水溶液作用,生成可溶于水的酚钠;而向酚钠的水溶液中通入二氧化碳,则可游离出酚(碳酸 $pK_a = 6.38$)。利用该反应可分离、提纯酚。

$$\text{⬡—OH} + NaOH \xrightarrow{H_2O} \text{⬡—O}^-\ Na^+ + H_2O$$

$$\text{⬡—O}^-\ Na^+ + CO_2 + H_2O \longrightarrow \text{⬡—OH} + NaHCO_3$$

当酚羟基的邻位或对位有强的吸电子基(如—NO_2 等)时,酚的酸性增大;相反,有供电子基时,酚的酸性减小。例如,邻和对硝基苯酚的酸性比苯酚强。随吸电子基数目的增多,这种影响加大。如 2,4 – 二硝基苯酚的 pK_a 值是 4.09,而 2,3,6 – 三硝基苯酚(苦味酸)的酸性($pK_a = 0.25$)已与强无机酸相近。

当吸电子基与羟基处于间位时,由于它们之间只存在诱导效应的影响,因此酸性的增加并不十分显著。某些取代酚的酸性如表 7.1 所示。

表 7.1　某些取代酚的酸性

取代基	pK_a(25℃)			取代基	pK_a(25℃)		
	邻	间	对		邻	间	对
—H	10.00	10.00	10.00	—Br	8.42	8.87	9.26
—CH₃	10.29	10.09	10.26	—I	8.46	8.88	9.20
—F	8.81	9.28	9.81	—OCH₃	9.98	9.65	10.21
—Cl	8.48	9.02	9.38	—NO₂	7.22	8.39	7.15

2. 与三氯化铁的显色反应

酚与其他含有烯醇式结构的化合物类似,可与三氯化铁溶液发生颜色反应。不同的酚与三氯化铁溶液显示的颜色不尽相同,例如,苯酚显蓝紫色,邻苯二酚显深绿色,对甲苯酚显蓝色等,该反应可用于定性分析。

酚与三氯化铁的显色反应比较复杂,其中苯酚与三氯化铁可能形成络合物而显色

$$6C_6H_5OH + FeCl_3 \longrightarrow [Fe(OC_6H_5)_6]^{3-} + 6H^+ + 3Cl^-$$

3. 酯的生成

酚的成酯反应比较困难,原因是酚的亲核性强,与羧酸进行酯化反应的平衡常数较小。故酚酯一般采用酰氯或酸酐与酚或酚盐作用制备。例如

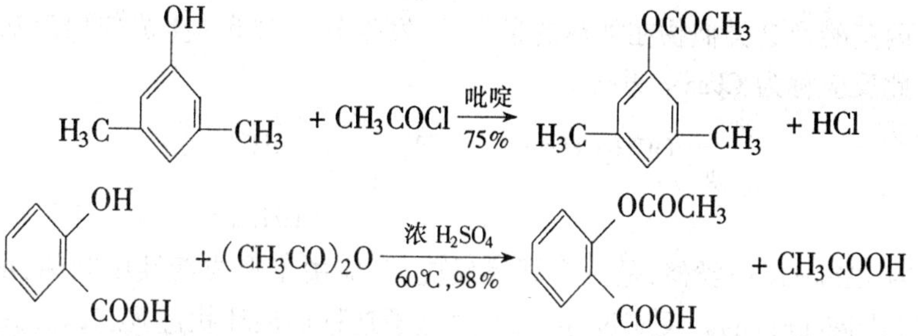

酚酯与氯化铝或氯化锌等 Lewis 酸共热,重排生成邻或对羟基酮,此反应称为 Fries 重排。该反应常用于制备酚酮,在较低的温度下,主要得到对位异构体;而在较高的温度下,主要得到邻位异构体。

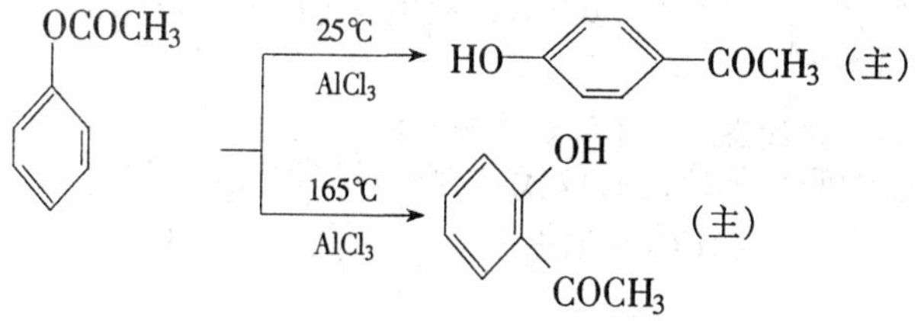

4. 醚的生成

与醇相似,酚也能生成醚,但酚不能分子间脱水生成醚。

芳基烷基醚可利用 Williamson 合成法制备,它一般是通过芳氧负离子与卤代烃或其衍生物或硫酸酯等经 S_N2 反应完成的。例如

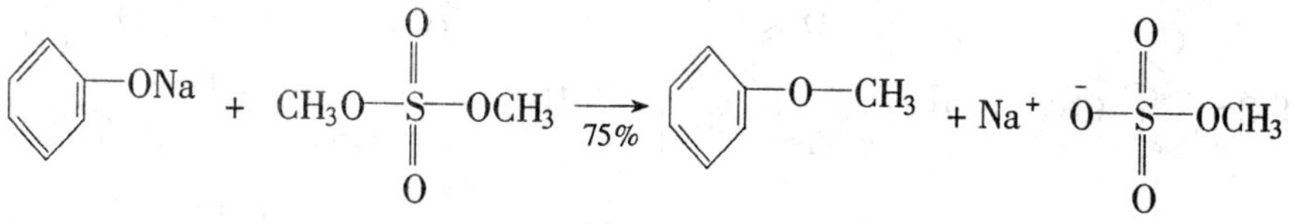

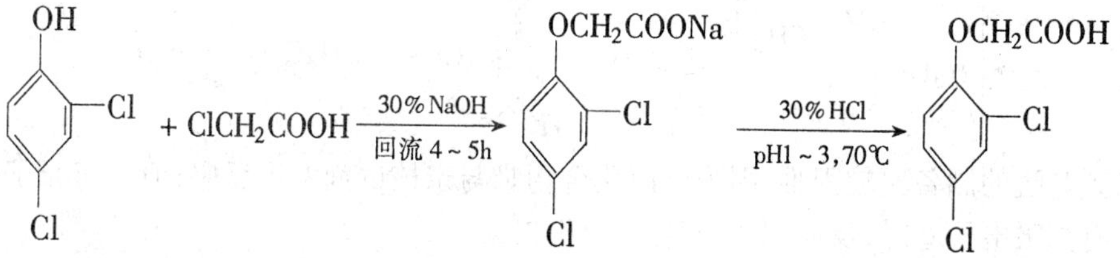

2,4 - 二氯苯氧乙酸又称 2,4 - D(2,4 - dichlorophenoxyacetic acid),是植物生长调节剂,也是一种除双子叶杂草的除草剂。

若采用相转移催化反应合成酚醚,不仅反应条件比较温和,且产率通常较高。例如,杀虫剂"虫满威"(carbofuran)的中间体(Ⅰ)的合成,无催化剂时,产率仅28%,若加入相转移催

化剂,则产率可达 82%。

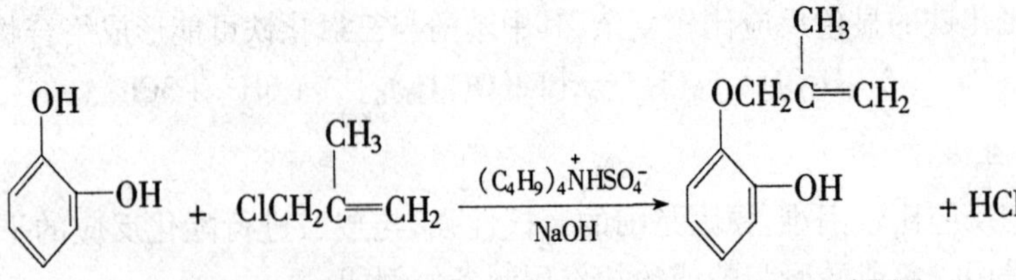

（Ⅰ）

苯基烯丙基醚及其类似物在加热的条件下,发生分子内重排生成邻烯丙基苯酚(或其他取代苯酚),此反应称为 Claisen 重排。

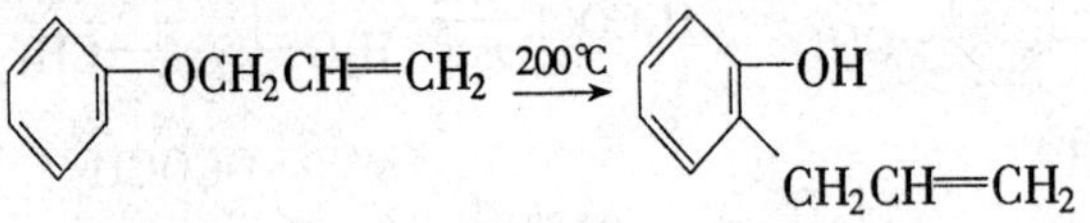

该反应与 Diels-Alder 反应类似,是一个周环反应,反应中不形成活性中间体,旧键的断裂与新键的形成是同步进行的。反应过程中,通过电子迁移形成环状过渡态,烯丙基不仅发生了重排,同时也进行了异构化。

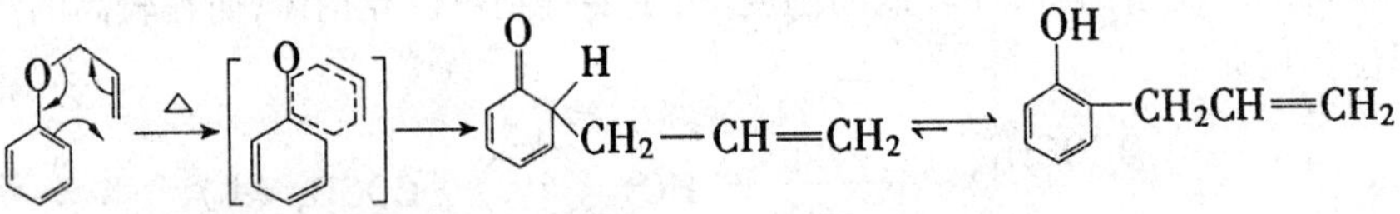

环状过渡态　　　不稳定重排产物

若苯基烯丙基醚的两个邻位已有取代基,则重排发生在对位。

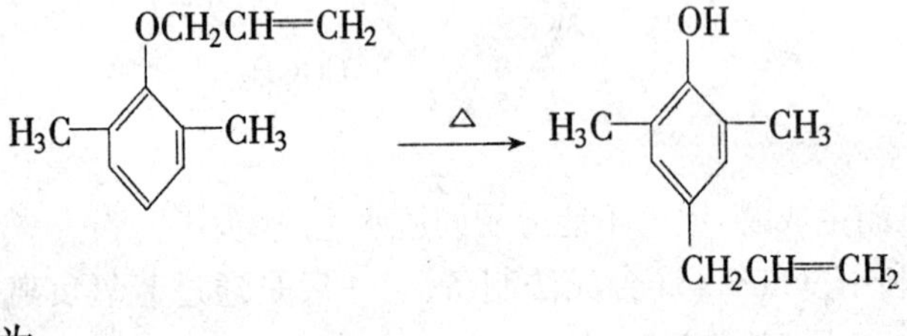

该反应的机理为

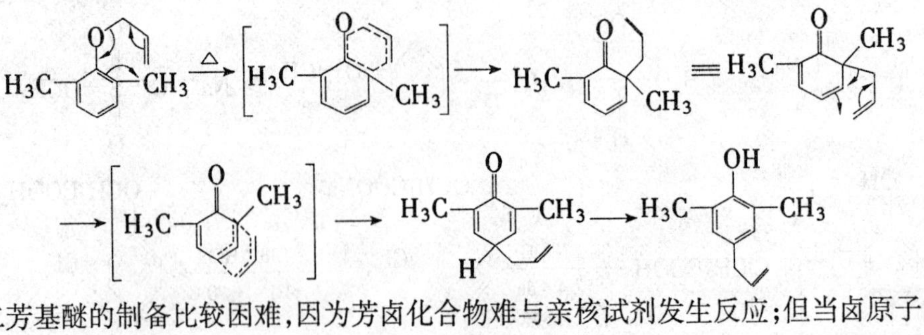

二芳基醚的制备比较困难,因为芳卤化合物难与亲核试剂发生反应;但当卤原子的邻位或对位有强吸电子基时,反应则比较容易。例如

芳基烷基醚与脂肪醚相仿,也能被氢碘酸分解,但只发生烷氧键断裂而不发生芳氧键断裂。例如

这是由于芳环(如苯环)上的 π 电子与氧原子的未共用电子对共轭,碳氧键具有某些双键性质,故较难发生断裂。又如,二苯醚在 250℃ 与氢碘酸共热也不发生反应。

二、环上的亲电取代反应

羟基是很强的邻对位定位基,酚分子的芳环上易发生亲电取代反应。

1. 卤化

酚很容易卤化,例如苯酚的溴化比苯约快 10^{11} 倍。当苯酚与过量溴水作用时,立即生成 2,4,6 - 三溴苯酚沉淀,且可定量完成。该反应可用于苯酚的定性和定量分析。

苯酚能迅速溴化生成三取代物,是因为苯酚在水溶液中能部分解离生成苯氧负离子,而苯氧负离子是很强的第一类定位基;且溴在水中能形成 $Br\overset{+}{—}OH_2$,它是更好的亲电试剂。

$$Br_2 + H_2O \Longrightarrow Br\overset{+}{—}OH_2 + Br^-$$

在强酸溶液中,苯酚的溴化反应可停留在 2,4 - 二溴苯酚阶段

苯酚的溴化反应若在较低温度下,在弱极性溶剂如氯仿、二硫化碳或非极性溶剂如四氯化碳中进行,可得一溴代酚,且以对位产物为主。

2. 磺化

由于磺化反应的可逆性,酚的一磺化反应主要受平衡控制,随着磺化温度的升高,稳定的对位异构体增多。继续磺化或用浓硫酸在加热下直接与酚作用,可得苯酚二磺酸。

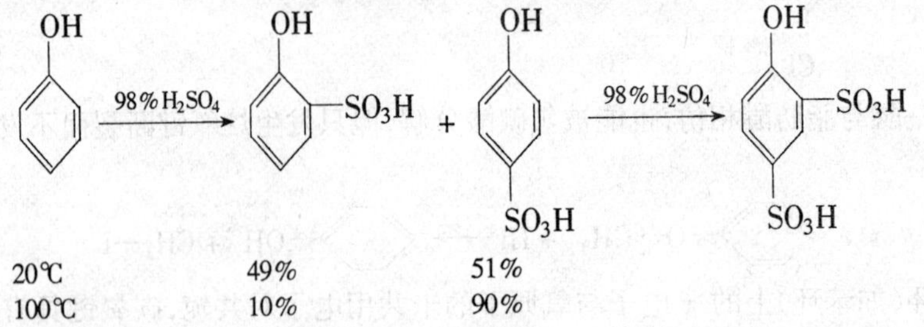

20℃	49%	51%
100℃	10%	90%

3. 硝化

苯酚在室温下用稀硝酸硝化,生成邻硝基和对硝基苯酚,由于苯酚易被氧化,产率较低。

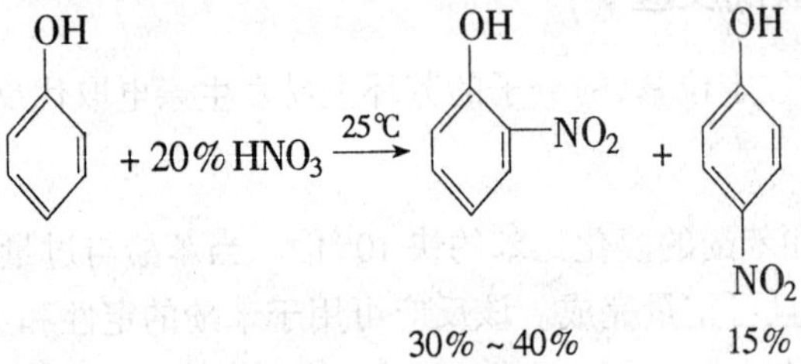

30% ~ 40%　　　15%

邻硝基苯酚可形成分子内氢键,故沸点较低,能进行水蒸气蒸馏;对硝基苯酚可形成分子间氢键,不能进行水蒸气蒸馏。因而二者便于分离、提纯。该反应可用于实验室中邻硝基苯酚和对硝基苯酚的制取。

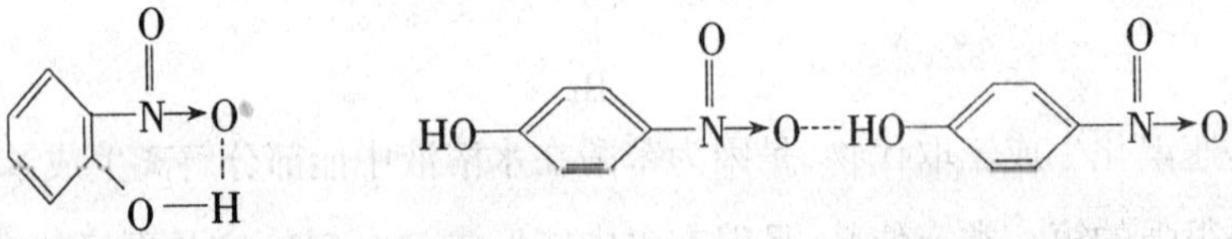

邻硝基苯酚(分子内氢键)　　　　对硝基苯酚(分子间氢键)

苯酚甚至能与弱的亲电试剂亚硝酸中的亚硝酰正离子(NO^+)发生反应,生成对亚硝基苯酚,再用稀硝酸将其顺利地氧化成对硝基苯酚。

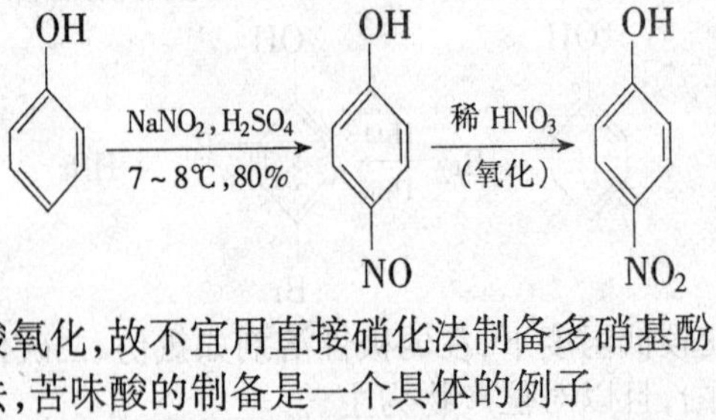

由于苯酚易被浓硝酸氧化,故不宜用直接硝化法制备多硝基酚。为了获得多硝基酚,可采用先磺化再硝化的办法,苦味酸的制备是一个具体的例子

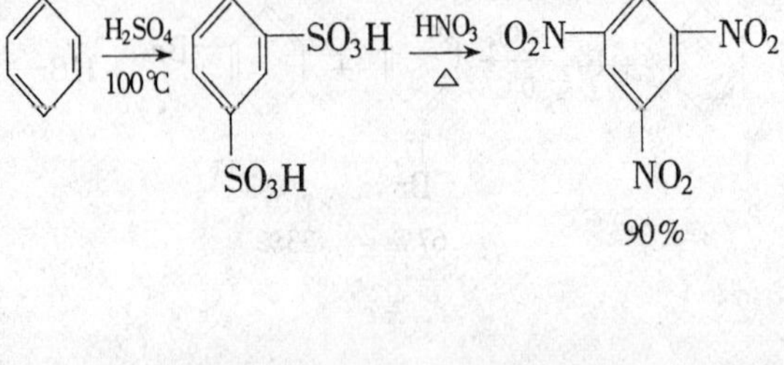

90%

苯酚分子中引入两个磺基后,使苯环纯化,硝化时不易被硝酸氧化,同时两个磺基也被硝基取代。这后一过程是亲电的硝酰正离子进攻磺基所在的芳环碳原子,同时释放出三氧化硫,如下式所示。

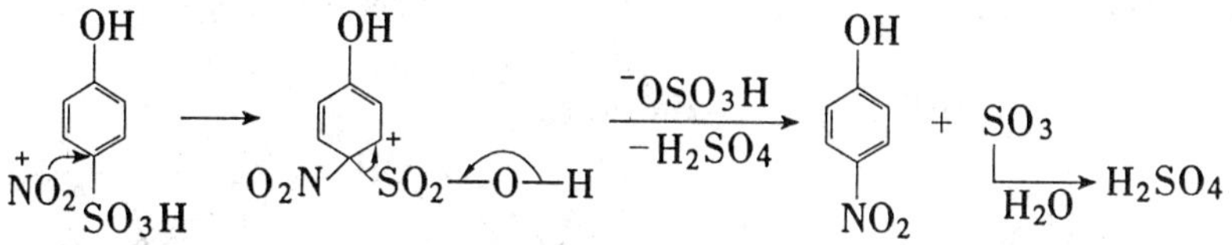

4. Friedel-Crafts 反应

酚容易进行 Friedel-Crafts 烷基化反应,产物以对位异构体为主。若对位有取代基则烷基进入邻位。例如

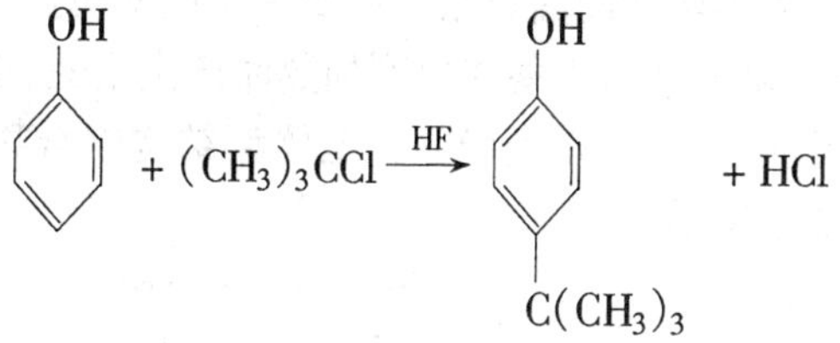

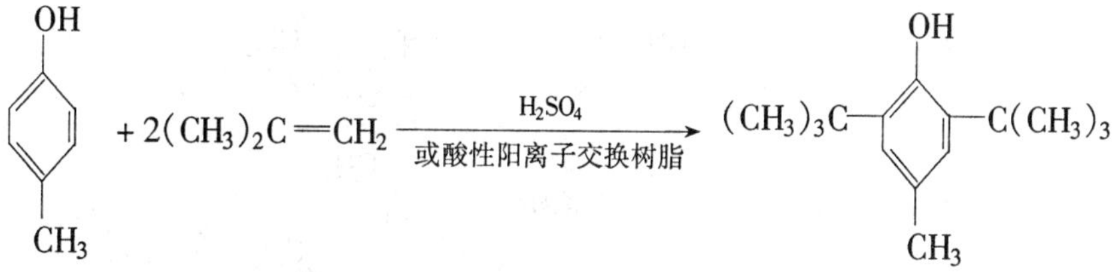

4 – 甲基 – 2,6 – 二叔丁基苯酚(butylated hydroxytoluene,简称 BHT)是白色晶体,熔点 70℃,可用作有机物的抗氧剂和食品防腐剂。该反应可用来制备烷基酚,但产率往往较低。

由于酚能与 AlCl$_3$ 作用,生成加成物

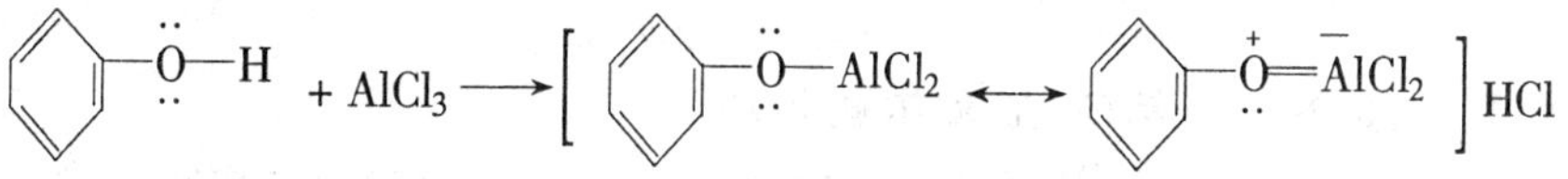

在该加成物中,由于氧原子上的未共用电子对离域到缺电子的铝原子上,其芳环在进行亲电取代反应时活性比酚小,所以酚的 Friedel – Crafts 酰基化反应进行得很慢,但升高温度,此反应能成功的进行。例如

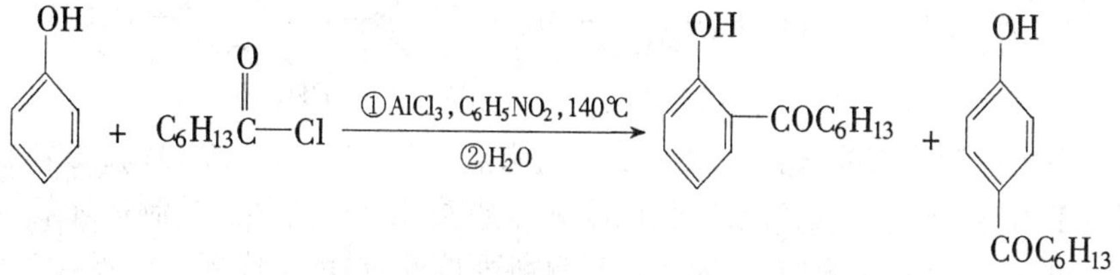

5. 与甲醛缩合——酚醛树脂的合成

苯酚与甲醛作用,首先在苯酚的邻或/和对位上引入羟甲基;所得产物与苄醇相似,能与酚进行烷基化反应。例如

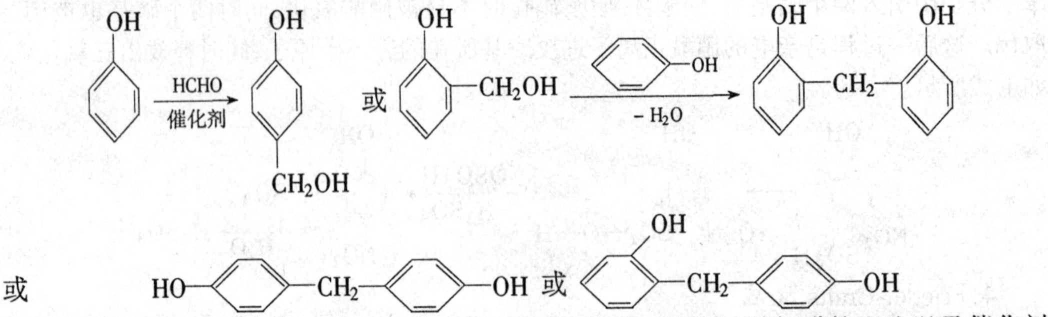

这些产物分子之间可以脱水发生缩合反应。当所用原料的种类、酚与醛的配比以及催化剂的种类不同时，缩合产物不同。例如，过量的苯酚与甲醛在酸性介质中反应，最后得到线型缩合产物，它受热熔化，称为热塑性酚醛树脂。主要用作模型粉。在使用时需要加入能产生甲醛的固化剂(如环六亚甲基四胺)，以便在模型加热时产生甲醛，使树脂固化。若苯酚与过量的甲醛在碱性介质中反应时，则可得到线型直至体型结构缩合物，称为热固性酚醛树脂，其最后产物的部分结构如下所示

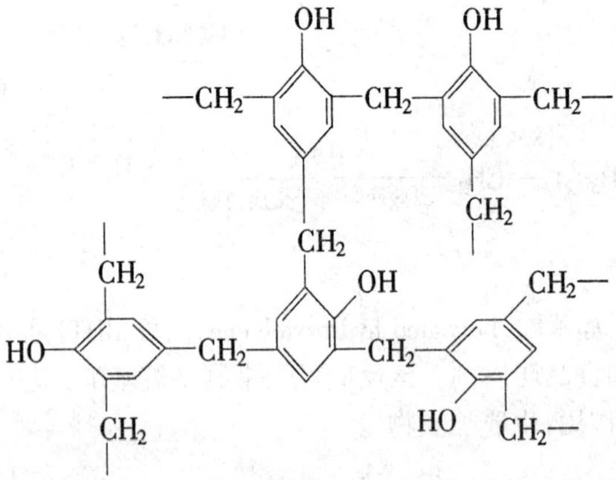

6. 与丙酮缩合——双酚 A 及环氧树脂

苯酚与丙酮在酸的催化作用下，两分子苯酚可在羟基的对位与丙酮缩合，生成 2,2 - 二对羟苯基丙烷，俗称双酚 A。

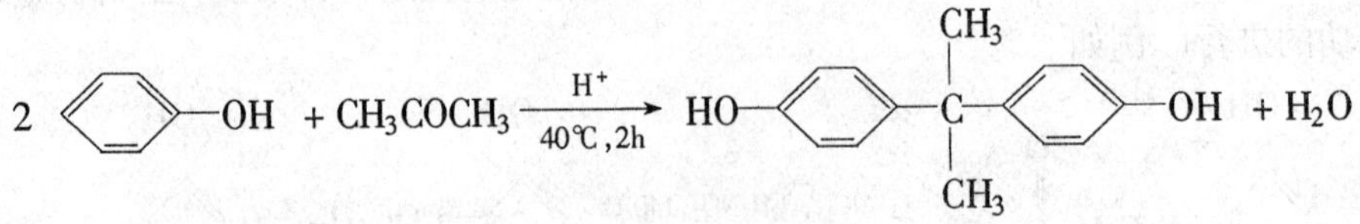

双酚 A 为无色针状结晶，熔点 153～156℃，沸点 250～252℃/1.7 kPa，220℃/0.52 kPa。双酚 A 不溶于水，溶于甲醇、乙醇、乙醚、丙酮和冰醋酸等有机溶剂。是制造环氧树脂、聚碳酸酯、聚砜等的重要原料。例如，双酚 A 与环氧氯丙烷反应，可生成环氧树脂

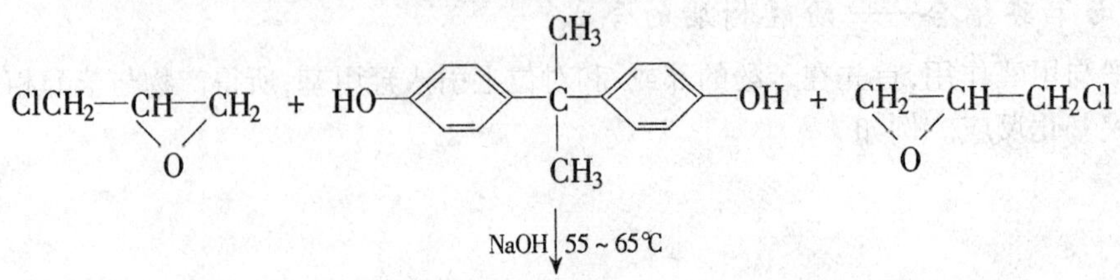

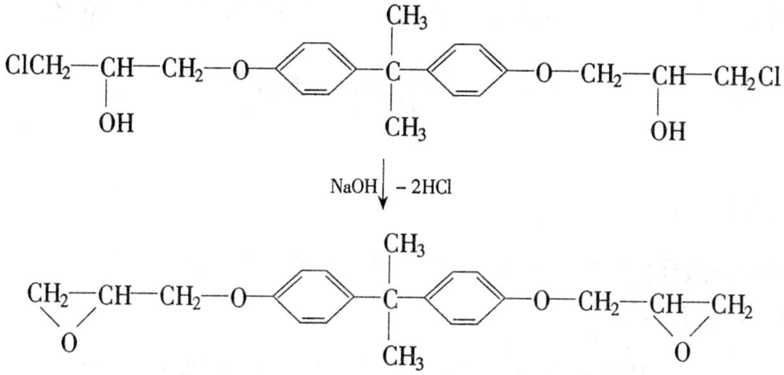

上述化合物可重复与双酚 A 作用,得到相对分子质量较高的末端具有环氧基的线型高分子化合物,故叫做环氧树脂。

线型环氧树脂与乙二胺、间苯二胺或均苯四甲酸二酐等固化剂作用,可形成体型结构。例如,环氧树脂与乙二胺作用,可具有如下结构

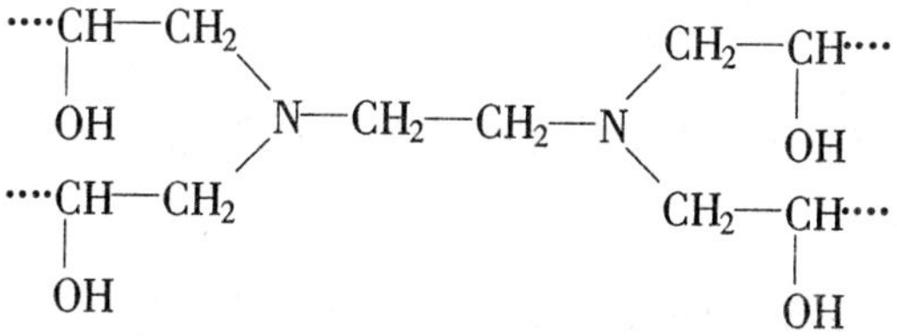

环氧树脂有很强的粘接性能,可以牢固地粘合多种材料,俗称万能胶。用环氧树脂浸渍玻璃纤维制得的玻璃钢,强度大,常用作结构材料等。

三、氧化和还原

酚通过催化加氢,苯环被还原生成环己烷衍生物。例如

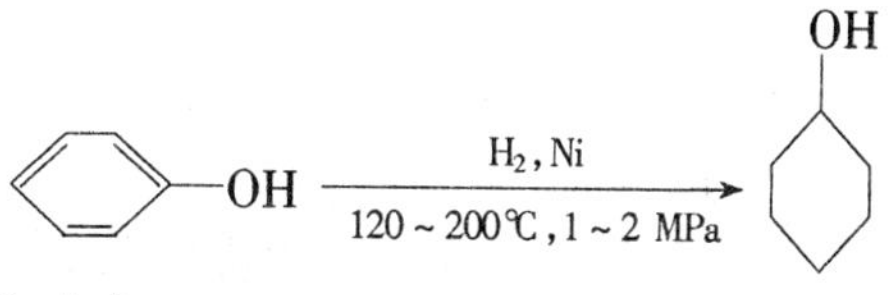

这是工业上生产环己醇的方法之一。

在氧化剂的作用下,酚被氧化成醌。例如

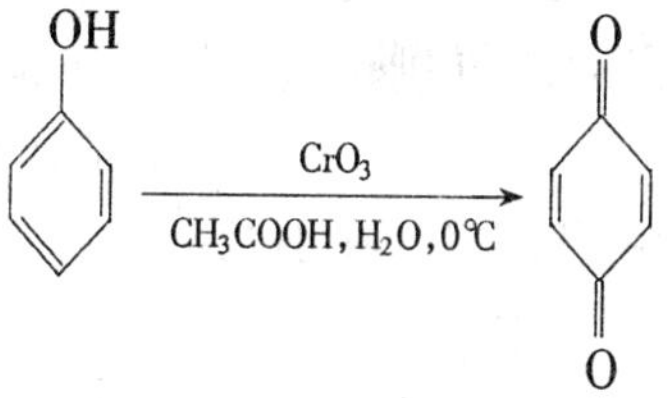

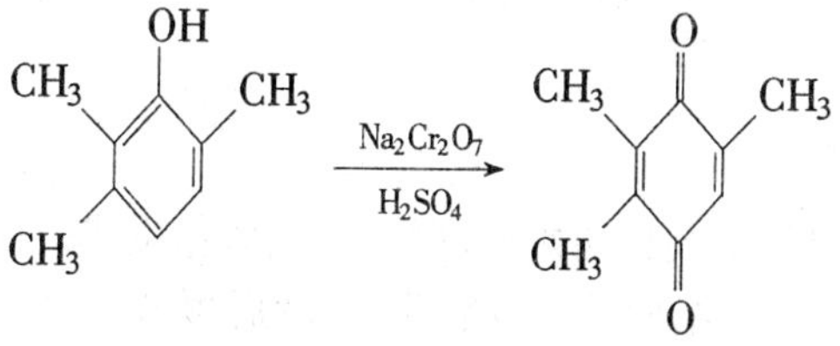

酚在空气中长期放置,或在光的照射下,能被空气中的氧氧化,使颜色逐渐变深。

7.5　醚的化学性质

一、锌盐的生成

醚可以接受强酸提供的质子生成锌盐,并溶于强酸中。锌盐是不稳定的强酸弱碱盐,置于冰水中,便分解释放出醚。

$$R\!-\!O\!-\!R' + H_2SO_4 \rightleftharpoons R\!-\!\overset{+}{\underset{H}{O}}\!-\!R' + HSO_4^-$$

醚还可以与 BF_3、$AlCl_3$ 等路易斯酸生成络合物,这使 BF_3、$AlCl_3$ 等路易斯酸在有机合成中作为催化剂使用,变得更为方便。

二、醚键的断裂

在加热下,醚与强酸作用发生醚键断裂。使用的强酸常为 HI,当 HI 过量时,醚键断裂生成的醇也转变为碘代烃

$$R\!-\!O\!-\!R' + HI \xrightarrow{\triangle} R\!-\!OH + R'I$$
$$\xrightarrow[\triangle]{HI} RI + H_2O$$

氢溴酸也可用于醚键断裂反应,浓盐酸使醚键断裂的能力较弱,氢氟酸则不能。醚与氢碘酸作用发生醚键断裂的反应可以看做是碘负离子对质子化醚的 α - 碳原子的亲核取代反应

$$R\!-\!\overset{+}{\underset{H}{O}}\!-\!R' + I^- \begin{array}{l} \xrightarrow{S_N1} I^- + R^+ + HOR' \longrightarrow R\!-\!I + R'OH \\[2mm] \xrightarrow{S_N2} \left[I^{\delta-}\cdots\overset{}{\underset{H}{C}}\cdots\overset{\delta+}{O}\!-\!R' \right] \longrightarrow R\!-\!I + R'OH \end{array}$$

与 I^- 相比,离去基 HOR' 是一个弱碱,它的亲核性也小于 I^-,所以反应可以进行。但由于 C—O 键的断裂需要吸收较多的能量,所以反应要在加热的条件下进行。如果 R 为 CH_3—或伯烷基,反应以 S_N2 的方式进行;如果 R 为叔烷基,则以 S_N1 方式发生反应。当 R 和 R' 为 CH_3—及伯、仲烷基时,醚键的断裂发生在小烷基一端,因为 I^- 对缺电子碳的亲核攻击是沿着空间上有利的方向进行的。例如

$$CH_3CH_2CH_2\!-\!O\!-\!CH_3 + HI \xrightarrow{\triangle} CH_3CH_2CH_2OH + CH_3I$$

三、过氧化物的生成

醚对氧化剂较稳定,但与空气长期接触,可被空气氧化生成过氧化物。一般认为氧化发生在 α - 碳氢键上,先生成下列结构的氢过氧化物,然后再转变为结构更复杂的氧化物。例

如

$$CH_3-\underset{\underset{CH_3}{|}}{CH}-O-\underset{\underset{CH_3}{|}}{CH}-CH_3 + O_2 \longrightarrow CH_3-\underset{\underset{CH_3}{|}}{\overset{\overset{OOH}{|}}{\underset{\alpha}{C}}}-O-\underset{\underset{CH_3}{|}}{CH}-CH_3$$

$$CH_3CH_2OCH_2CH_3 + O_2 \longrightarrow CH_3\underset{\underset{OOH}{|}}{CH}-O-CH_2CH_3$$

1-乙氧基乙基氢过氧化物

过氧化物和氢过氧化物都不易挥发,蒸馏乙醚时,残留馏液中过氧化物浓度增加,受热后极易爆炸。蒸馏乙醚时,有时发生爆炸事故就是这个原因。因此,蒸馏乙醚时,不要完全蒸完,以免过氧化物过度受热而爆炸。在蒸馏乙醚之前,必须检验有无过氧化物存在,以防意外。检验方法如下:

①用 KI-淀粉试纸检验,如有过氧化物存在,KI 被氧化成 I_2 而使含淀粉试纸变为蓝紫色。

②加入 $FeSO_4$ 和 KCNS 溶液,如有红色 $[Fe(CNS)_6]^{3-}$ 络离子生成,则证明有过氧化物存在。

除去过氧化物的方法如下:

①加入还原剂如 Na_2SO_3 或 $FeSO_4$ 后摇荡,以破坏所生成的过氧化物。

②在贮藏醚类化合物时,可在醚中加入少许金属钠或铁屑,以避免过氧化物形成。

四、环醚的性质

1. 环氧乙烷的反应

环氧乙烷为无色有毒气体,沸点 11℃,易于液化,可与水混溶,也可溶于乙醇、乙醚等有机溶剂,爆炸极限 3.6%～78%(体积),使用时应注意安全。由于三元环存在张力,故环氧乙烷的化学性质很活泼,容易在酸或碱催化下与许多试剂作用而使环开裂,发生一系列反应。

取代的环氧乙烷在不同的反应条件与试剂作用所得到的开环产物是不同的。例如

$$(CH_3)_2C\underset{\underset{O}{\diagdown\ \diagup}}{\overline{\qquad}}CH_2 + ROH \xrightarrow{H^+} (CH_3)_2\underset{\underset{CH_2OH}{|}}{C}-OR$$

$$(CH_3)_2C\underset{\underset{O}{\diagdown\ \diagup}}{\overline{\qquad}}CH_2 + ROH \xrightarrow{^-OH} (CH_3)_2\underset{\underset{OH}{|}}{C}-CH_2OR$$

这是由于在碱性条件下环氧乙烷开环反应是 S_N2 历程,而在酸性条件下的开环是 S_N1 历程。

2. 冠醚

冠醚是大环多元醚类化合物,它们的结构特征是分子中含有多个(一般是 3 个以上)—OCH_2CH_2—重复单元。冠醚的名称记为 m-冠-n,m 表示冠醚环的总原子数目,n 则表示冠醚环中的氧原子数目。冠醚的重要化学特性之一是它可以对某些金属离子进行络合。

冠醚分子中心是一个空穴,其大小是随着—OCH_2CH_2—单元的多少变化的。如在 18 – 冠 – 6 中,空穴的直径是 0.026 ~ 0.032 nm,而 K^+ 离子的直径是 0.026 6 nm,所以 K^+ 离子可被 18 – 冠 – 6 的内层多个氧原子络合。

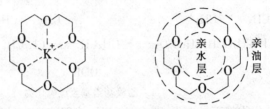

又由于冠醚的内层是亲水性的氧原子,外层是亲油性的碳原子,因此可作为相转移催化剂而用于水 – 油两相体系的化学反应。例如,用水溶性的高锰酸钾氧化烯烃,在 18 – 冠 – 6 的存在下,反应可以进行得非常迅速,不但条件温和,收率也很高。

$$\text{〔环己烯〕} + KMnO_4 \xrightarrow[\text{苯,水}]{18 - 冠 - 6} \begin{array}{l} CH_2—CH_2—COOH \\ | \\ CH_2—CH_2—COOH \end{array}$$

在一些亲核取代反应中,采用冠醚为催化剂,也是非常有效的。例如

$$n - C_8H_{17}Br + KF \xrightarrow[\text{苯,水}]{18 - 冠 - 6} n - C_8H_{17}F + KBr$$

冠醚具有一定的毒性,特别是对皮肤粘膜和眼睛有刺激作用,应避免冠醚蒸气的吸入或皮肤接触。由于冠醚的合成较难,目前价格又高,在应用上受到一定的限制。

7.6　醇、酚、醚的制备

一、醇的制备

1. 从烯烃制备

(1)烯烃水合。一些简单的醇,如乙醇、异丙醇、叔丁醇等可用烯烃直接水合制备,即烯烃与水蒸气在加热、加压和催化剂存在下直接反应生成醇。例如

$$CH_3CH =CH_2 + H_2O \xrightarrow[195℃,2\ MPa]{\text{磷酸,硅藻土}} \begin{array}{l} CH_3—CH—CH_3 \\ \qquad\quad | \\ \qquad\quad OH \end{array}$$

$$CH_2 =CH_2 + H_2O \xrightarrow[300℃,7 ~ 8\ MPa]{\text{磷酸,硅藻土}} \begin{array}{l} CH_3—CH_2 \\ \qquad\ | \\ \qquad\ OH \end{array}$$

也可用烯烃间接水合,即烯烃被 98% H_2SO_4 吸收生成烃基硫酸氢酯,然后水解得到醇

$$CH_3CH =CH_2 + H_2SO_4 \xrightarrow{H_2O} \begin{array}{c} CH_3—CH—CH_3 \\ | \\ OSO_2OH \end{array} \xrightarrow{\triangle} \begin{array}{c} CH_3—CH—CH_3 \\ | \\ OH \end{array}$$

(2)烯烃硼氢化 – 氧化反应

$$RCH_2 \!=\! CH_2 \xleftarrow[\text{2)}H_2O_2/OH^-]{\text{1)}BH_3} RCH_2 \!-\! CH_2 \!-\! OH$$

从烯烃制备醇时应注意两个问题：

①引入羟基的位置。对于不对称烯烃,羟基连在哪个碳原子上与合成方法有关。酸催化烯烃加水反应中,产物符合马氏规则,有重排产物;硼氢化反应中,产物反马氏规则,无重排产物。

②加到双键上的两个基团的相互立体关系。烯烃水合反应中,产物立体关系不明显;硼氢化反应中,生成顺式加成产物。

(3)烯烃的羟汞化反应。烯烃在汞盐存在下与 H_2O 反应生成有机汞化合物,然后经 $NaBH_4$ 还原得到符合马氏规则的产物醇,产率高,且不发生重排反应。例如

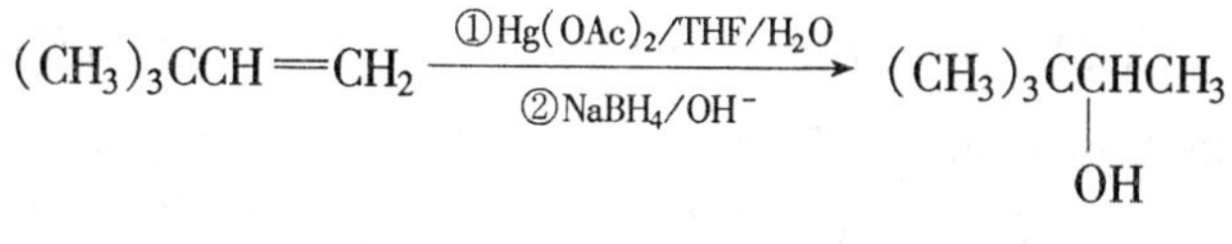

$$(CH_3)_3CCH \!=\! CH_2 \xrightarrow[\text{②}NaBH_4/OH^-]{\text{①}Hg(OAc)_2/THF/H_2O} (CH_3)_3CCHCH_3$$
$$\underset{\qquad\qquad\qquad\qquad\qquad\qquad\qquad\qquad\quad OH}{}$$

97%

其反应机理为

$$(CH_3)_3CCH \!=\! CH_2 + Hg(\text{II}) \longrightarrow (CH_3)_3CCH\overset{Hg^{2+}}{\cdots}CH_2 \xrightarrow{H_2O}$$

$$(CH_3)_3CCH \overset{Hg^+}{\underset{\underset{O H_2^+}{|}}{|}} CH_2 \xrightarrow{-H^+} (CH_3)_3CCH \overset{Hg^+}{\underset{\underset{OH}{|}}{|}} CH_2 \xrightarrow{NaBH_4} (CH_3)_3CCHCH_3$$
$$\underset{\qquad\qquad\qquad\qquad\qquad\qquad\qquad\qquad\qquad\qquad\qquad\qquad\qquad\qquad OH}{}$$

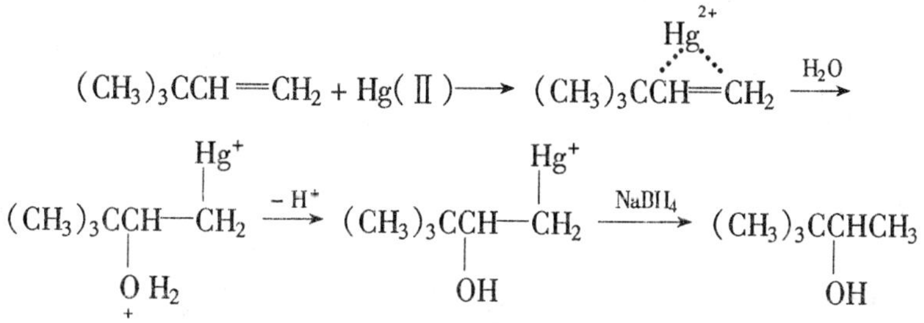

2. 从碳氧双键化合物制备

(1)从碳氧双键化合物还原。含有羰基的化合物都能被还原成醇,常用来制备醇的羰基化合物有醛、酮、羧酸及羧酸酯。所使用的还原方法有催化加氢和化学还原方法。一般在高压及较高温度下,醛、酮及羧酸酯被催化加氢得到醇。羧酸较难被催化加氢为醇。催化加氢的催化剂有 Ni、Pt、Pd 等。例如

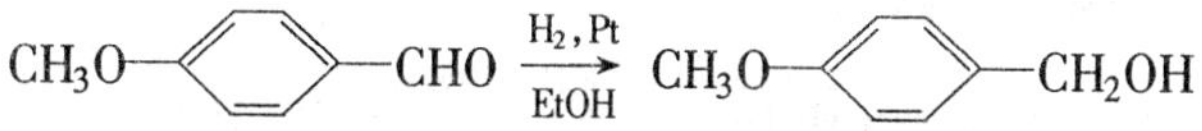

$$CH_3O \!-\!\!\!\!\bigcirc\!\!\!\!- CHO \xrightarrow[\text{EtOH}]{H_2, Pt} CH_3O \!-\!\!\!\!\bigcirc\!\!\!\!- CH_2OH$$

92%

$$\bigcirc\!\!=\!\!O \xrightarrow[\text{EtOH}]{H_2, Pt} \bigcirc\!\!-\!\!OH$$

93% ~ 95%

化学还原剂主要有 $Na + ROH, LiAlH_4, NaBH_4$ 等。除了酮的还原产物是二级醇以外,其他都是一级醇,详见表 7.2。

表 7.2　羰基化合物还原反应

$$\underset{R}{\overset{R}{\diagup}}C{=}O \xrightarrow{\text{还原剂}} \underset{R}{\overset{R}{\diagup}}CH{-}OH$$

羰基化合物	还　原　剂	产　物
醛	Na + ROH, LiAlH$_4$, NaBH$_4$	一级醇
酮	Na + ROH, LiAlH$_4$, NaBH$_4$	二级醇
酸	LiAlH$_4$	一级醇
酯	Na + ROH, LiAlH$_4$	一级醇

羧酸最难被还原,NaBH$_4$ 和一般的还原剂不能将其还原,必须使用 LiAlH$_4$ 等才能将其还原。羧酸酯也不能被 NaBH$_4$ 还原,但能被 Na + ROH,LiAlH$_4$ 还原。

NaBH$_4$ 还原双环[2,2,1]-2-庚酮类化合物时,产物的立体化学受反应物立体效应支配

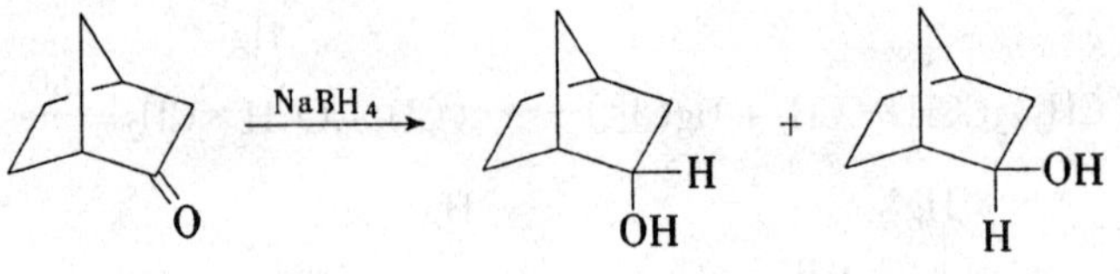

86%　　　　　　　14%

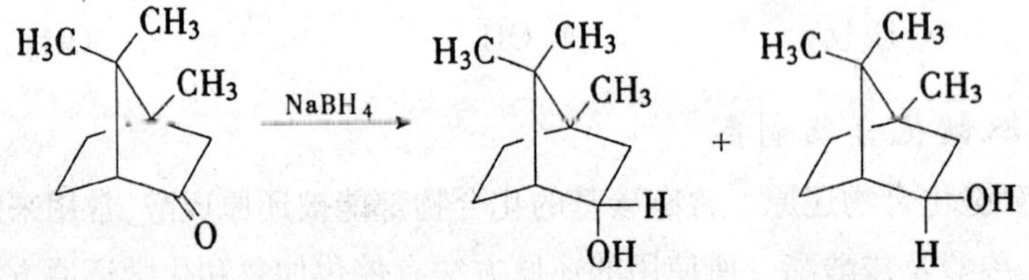

14%　　　　　　86%

当用 NaBH$_4$ 作还原剂或在 Al[OCH(CH$_3$)$_2$]$_3$ 催化下异丙醇作还原剂时,可使不饱和醛、酮还原为不饱和醇而不影响碳碳双键。例如

$$CH_3CH{=}CHCHO \xrightarrow[\text{HOCH(CH}_3)_2]{\text{Al[OCH(CH}_3)_2]_3} CH_3CH{=}CHCH_2OH$$

巴豆醛　　　　　　　　　　　　　　巴豆醇

$$PhCH{=}CHCHO \xrightarrow{\text{NaBH}_4/\text{H}^+} PhCH{=}CHCH_2OH$$

肉桂醛　　　　　　　　　　肉桂醇

(2)由碳氧双键化合物与格氏试剂反应。由碳氧双键化合物及环氧乙烷与格氏试剂反应是制备各种醇的常用方法,所用羰基化合物可以是醛、酮和酯。反应必须在无水醚中进行,产物醇的结构与所用羰基化合物的类型有关,汇总如下。

$$R—MgX \begin{cases} \xrightarrow{\underset{HC-H}{\overset{O}{\parallel}}} R—CH_2OMgX \xrightarrow{H_2O} RCH_2OH \\ \\ \xrightarrow{\underset{R'C-H}{\overset{O}{\parallel}}} R'—\underset{\underset{R}{|}}{CH}OMgX \xrightarrow{H_2O} R'\underset{\underset{R}{|}}{CH}OH \\ \\ \xrightarrow{\underset{R'CR''}{\overset{O}{\parallel}}} R'—\underset{\underset{R}{|}}{\overset{\overset{R''}{|}}{C}}—OMgX \xrightarrow{H_2O} R'—\underset{\underset{R}{|}}{\overset{\overset{R''}{|}}{C}}—OH \\ \\ \xrightarrow{\underset{R'C-OR''}{\overset{O}{\parallel}}} R'—\overset{\overset{O}{\parallel}}{C}—R \xrightarrow{R—MgX} R_2COMgX \xrightarrow{H_2O} R_2\underset{\underset{R'}{|}}{C}R' \quad \overset{OH}{|} \\ \\ \xrightarrow{\underset{CH_2-CH_2}{\overset{O}{\triangle}}} RCH_2CH_2OMgX \xrightarrow{H_2O} RCH_2CH_2OH \end{cases}$$

格氏试剂和羰基化合物都可以由醇合成,因此通过这个反应可以将低级醇转变为高级醇。例如合成 $C_4H_9C(CH_3)_2OH$

$$\left. \begin{array}{l} C_4H_9CH_2OH \xrightarrow{[O]} C_4H_9COOH \xrightarrow{ROH/H^+} C_4H_9COOR \\ CH_3OH \xrightarrow{HBr} CH_3Br \xrightarrow{Mg/干醚} CH_3MgBr \end{array} \right\} \rightarrow C_4H_9\underset{\underset{CH_3}{|}}{\overset{\overset{CH_3}{|}}{C}}-OH$$

3. 从卤代烃制备

卤代烃直接水解可以得到醇,但是使这一方法的应用受到限制的原因有两个:一是卤代烃往往比醇更难得到,通常是通过醇制备卤代烃;二是卤代烃水解(S_N2)时,由于消除反应的竞争,有副产物烯烃产生。对于有些容易得到的卤代烃,若水解又不存在消除反应竞争时,可用于制备醇。例如烯丙基氯和苄基氯容易从相应的卤代烃得到,并且水解时不会有消除产物出现

$$CH_2=CHCH_2Cl + H_2O \xrightarrow{Na_2CO_3} CH_2=CHCH_2OH$$

$$\underset{}{\bigcirc}—CH_2Cl + H_2O \xrightarrow{Na_2CO_3} \underset{}{\bigcirc}—CH_2OH$$

卤代烃与金属镁或锂反应得到格氏试剂或有机锂试剂,它们与醛、酮、羧酸酯、环氧乙烷等反应得到系列醇。例如

$$RBr + Mg \xrightarrow{干醚} RMgBr \xrightarrow{\overset{O}{\triangle}} RCH_2CH_2OMgX \xrightarrow{H^+} RCH_2CH_2OH$$

通过这一反应,可以制备比卤代烃多两个碳原子的一级醇。

二、酚的制备

1. 苯酚的制备

苯酚,俗名石炭酸。纯净苯酚为无色针状晶体,熔点为 43℃,有特殊的臭味,见光及在空气中能被氧化而呈微红色。苯酚在水中溶解度不大,易溶于乙醇及乙醚。苯酚是重要的化工原料,尤其是大量用于制造酚醛树脂。

(1)碱熔法。这是较早的生产方法。用 Na_2SO_3 中和苯磺酸生成钠盐,后者与 NaOH 一起加热熔融生成苯酚钠,酸化后得苯酚

$$PhSO_3H + Na_2SO_3 \longrightarrow PhSO_3Na + H_2O + SO_2 \qquad (中和)$$

$$PhSO_3Na + NaOH(s) \xrightarrow{320 \sim 325℃} PhONa + Na_2SO_3 \qquad (熔融)$$

$$PhONa + H_2O + SO_2 \longrightarrow PhOH + Na_2SO_3 \qquad (酸化)$$

工业上把苯磺酸钠的生产和酸化操作结合起来,碱熔融时的副产物 Na_2SO_3 可用来中和苯磺酸,中和时放出的 SO_2 用来酸化苯酚钠。

该法也用于制备萘酚。萘酚本身在化学工业上的应用并不广,但其衍生物是重要的染料中间体。萘酚可分为 α – 萘酚及 β – 萘酚。它们的合成方法也是碱熔法

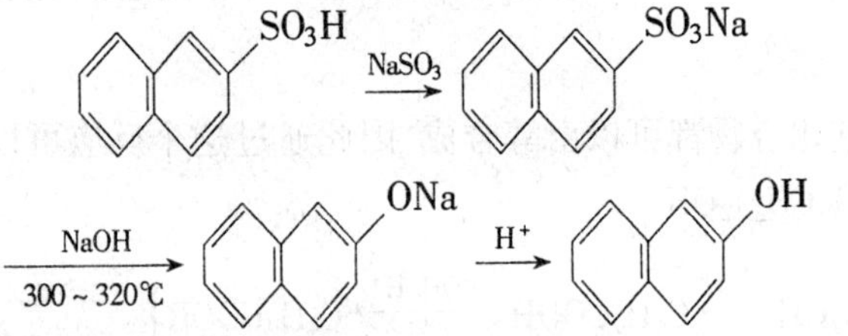

α – 萘酚也可以通过完全相同的步骤由 α – 萘磺酸得到。工业上 α – 萘酚也可以从 α – 萘胺酸性水解得到。

(2)氯苯水解。氯苯的水解反应不如脂肪族卤代烃容易,一般需要在高温、加压下与强碱反应,并且氯苯需要先从苯制备。例如

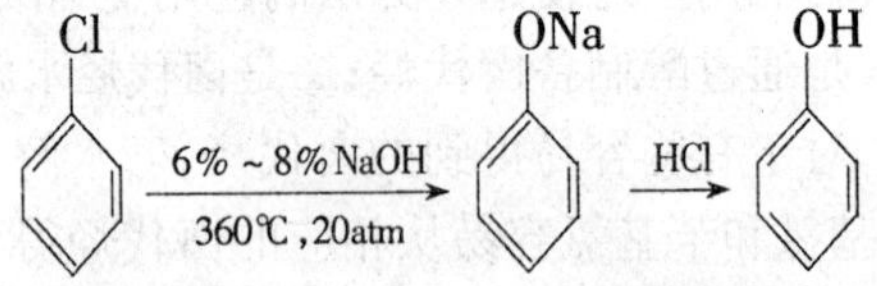

当卤原子的邻位和对位有强的吸电子基时,上述水解反应较容易进行。例如

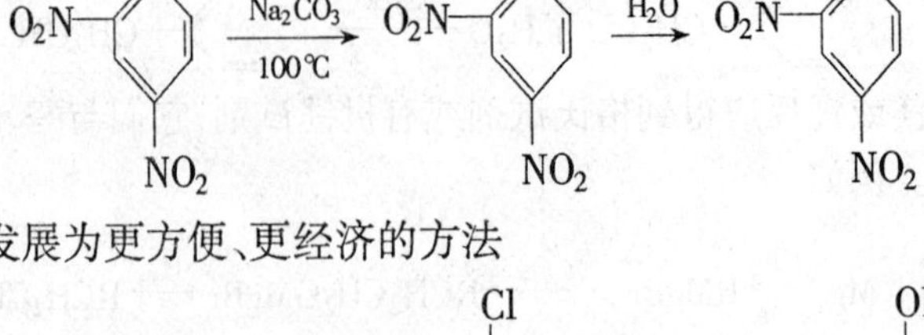

这一方法后来发展为更方便、更经济的方法

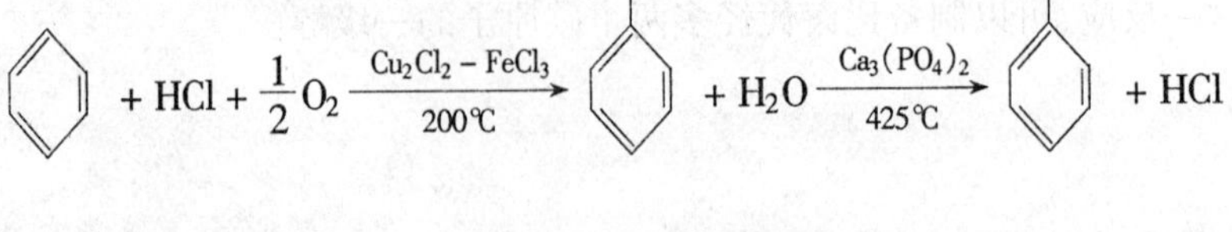

在第二步反应中所生成的 HCl 可供第一步反应使用。这个反应等于用空气中的氧将苯间接氧化成苯酚,是合成苯酚的一个很经济的方法。

(3)异丙苯氧化。异丙苯在液相中于 100～120℃通入空气,经过催化氧化而生成过氧化氢异丙苯。后者与稀 H_2SO_4 作用,经重排后分解成苯酚和丙酮

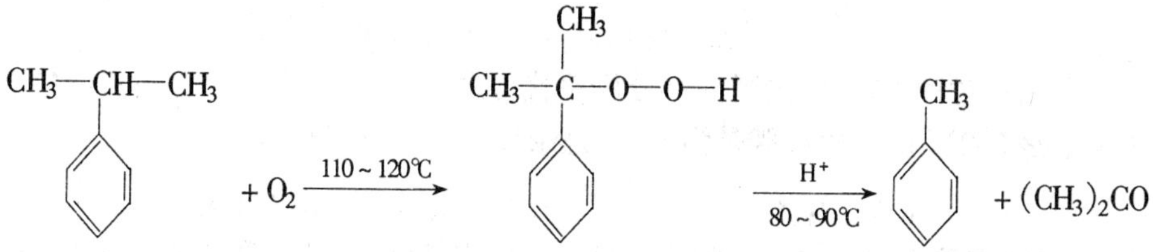

这是目前生产苯酚最主要和最好的方法。同时得到的丙酮也是重要的化工原料。

(4)重氮盐水解。芳香烃经硝化、还原、重氮化得到重氮盐,然后水解得到酚

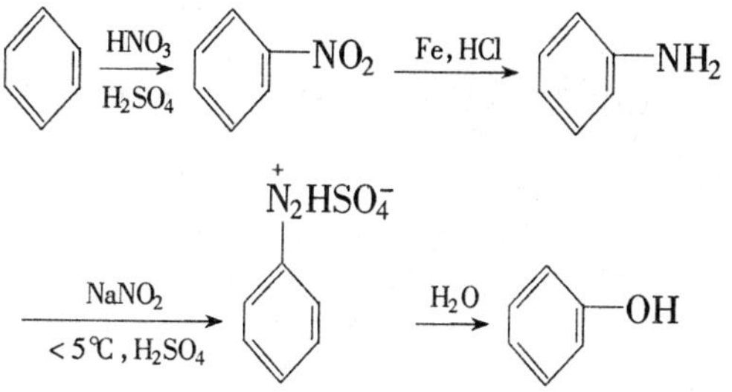

(5)格氏反应。芳香卤代烃依次与金属镁、硼酸酯反应后,再水解得到酚是实验室制备酚的一种好方法。例如

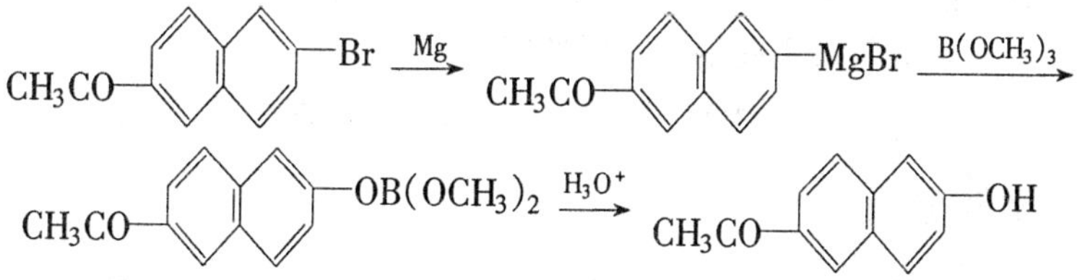

2. 对苯二酚(氢醌)的制备

对苯二酚是无色晶体,能溶于水、乙醇和乙醚中,容易氧化。对苯二酚可由苯胺氧化为苯醌后,再经缓和还原剂还原得到。

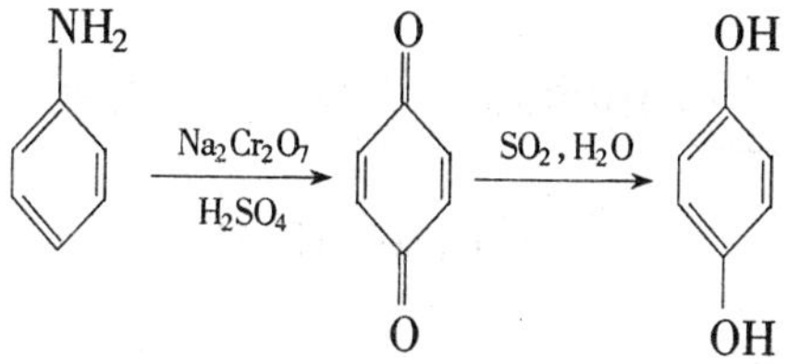

三、醚的制备

1. 醇脱水法

醇脱水可用来制备对称醚 R—O—R,但往往有副产物烯烃产生。如

$$2ROH \xrightarrow{H_2SO_4,140℃} ROR$$

较低温度有利于醚的生成。对于 2°醇和 3°醇都不能用此法来制备醚。

2. Williamson 合成法

Williamson 合成法非常有用,可制备对称醚和非对称醚、芳基烷基醚和二烷基醚。Williamson 合成法是利用卤代烃与醇钠或酚钠反应得到醚

$$R'X + RONa \longrightarrow ROR' + NaX$$

$$RX + ArONa \longrightarrow ArOR + NaX$$

设计合成不对称醚时,醚的哪一部分用卤代烃关系到能否得到所需要的产物。上面的反应实际上是 S_N2 反应。RO^- 既是强碱,又是亲核试剂。其机理为

$$RO^- + R'X \longrightarrow [R-O^{\delta^-}\cdots R'\cdots X^{\delta^-}] \longrightarrow ROR' + X^-$$

我们知道,亲核取代反应与消除反应是竞争反应,因此要选择合适的条件以及合理的路线,避免烯烃的生成。例如要制备乙基叔丁基醚,有如下两条路线

$$
\begin{array}{c}
CH_3 \\
| \\
CH_3CH_2O-C-CH_3 \\
| \\
CH_3
\end{array}
\quad
\begin{array}{l}
\xrightarrow{\text{路线1}} \\
\\
\xrightarrow{\text{路线2}}
\end{array}
\quad
\begin{array}{c}
CH_3 \\
| \\
X-C-CH_3 \;+CH_3CH_2ONa \\
| \\
CH_3 \\
\\
CH_3 \\
| \\
NaO-C-CH_3 \;+CH_3CH_2X \\
| \\
CH_3
\end{array}
$$

显然第一条路线行不通,因为三级卤代烃在强碱 RONa 的作用下几乎全部是消除产物,因此应选择三级醇钠与一级卤代烃(第二条路线)来制备醚。

芳基烷基醚的制备应选用酚钠与卤代烷反应

$$RX + ArONa \longrightarrow ArOR + NaX$$

四、合成实例分析

【例】 以苯或甲苯及含有二个碳的有机物合成 3 – 苯基 – 1 – 丙醇。

【解】 可用格氏试剂与环氧乙烷的反应将苄卤与两个碳相连得目标产物骨架。

方法一

$$C_6H_5CH_3 \xrightarrow[\text{光照}]{Cl_2} C_6H_5CH_2Cl \xrightarrow[\text{纯乙醚}]{Mg} C_6H_5CH_2MgCl \xrightarrow{\overset{\displaystyle CH_2-CH_2}{\underset{O}{\diagdown\diagup}}}$$

$$\xrightarrow{H_3O^+} C_6H_5CH_2CH_2CH_2OH$$

方法二

$$C_6H_6 \xrightarrow[\text{ZnCl}_2]{HCl, HCHO} C_6H_5CH_2Cl \xrightarrow[\text{纯乙醚}]{Mg} C_6H_5CH_2MgCl \xrightarrow{\overset{\displaystyle CH_2-CH_2}{\underset{O}{\diagdown\diagup}}}$$

$$\xrightarrow{H_3O^+} C_6H_5CH_2CH_2CH_2OH$$

7.7 硫醇和硫醚

一、硫醇的特性

硫醇的通式可写为 RSH，—SH 称为巯基。如果巯基直接连在芳环上则称为硫酚（Ar-SH）。硫醇在结构上与醇具有相似性，一般醇类的制法也可以用于制备硫醇。硫醇在化学性质上与醇有许多相同之处，又有一些不同于醇的理化性质。

由于硫醇分子中硫原子的电负性小于氧原子，所以硫醇分子之间形成氢键的能力很小，分子间的缔合状态很弱，因此硫醇的沸点较醇低；又由于硫醇不能与水分子很好地形成氢键，所以它在水中的溶解度比醇要小得多。例如，乙硫醇的沸点为 $37℃$，常温下在水中的溶解度仅有 1.5%。除甲硫醇以外，其他的硫醇为液态或固态，它们的相对密度都小于 1。较低级的硫醇具有恶臭味，如果煤气管道有泄漏，会因煤气中含有硫醇的奇臭味道而被人们察觉。

苯硫酚和苄硫醇的沸点则较高，分别为 $169℃$ 和 $194℃$。

低级硫醇在多种动植物中都有一定的含量。在胡萝卜、洋葱、咖啡、牛奶中均发现有微量的甲硫醇；牛肉中含有乙硫醇；洋葱中含有丙硫醇；大蒜中有烯丙硫醇；咖啡中还含有苄硫醇。由于硫醇类化合物具有葱蒜等特殊气味，因而在食用香精中也有应用。例如

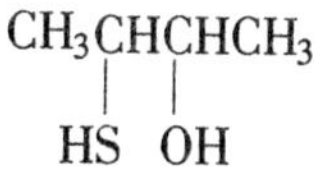

葱肉香型 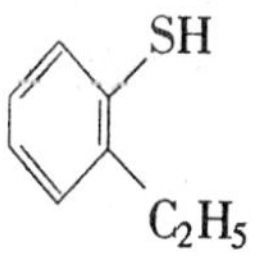　　　　　坚果香型 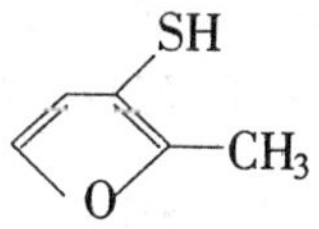　　　　　烤肉香型 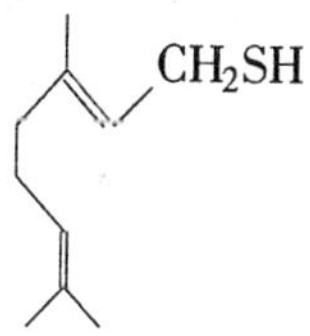　　　　　肉桂香型

由于硫醇的香气特别强烈，只需用 10^{-6} 数量级即可达到调香的目的。

1. 酸性

硫醇的酸性比醇强，这是由于硫原子的体积大、硫氢键的离子化能小、烷基硫负离子在水中的溶剂化作用好等原因。例如

	H_2S/H_2O	C_2H_5SH/C_2H_5OH	C_6H_5SH/C_6H_5OH
pK_a	7.0/15.7	10.6/16.0	7.8/10.0

硫醇具有一定的弱酸性，表现在它可溶于氢氧化钠的稀溶液中生成较稳定的硫醇钠。这种硫醇盐也可以发生水解。当向硫醇钠的水溶液中通入二氧化碳，则可游离出硫醇。

$$RSH + NaOH \rightleftharpoons RSNa + H_2O$$

$$\xrightarrow[H_2O]{CO_2} RSH + NaHCO_3$$

在石油炼制的过程中，有一个碱洗工序，其目的就是用氢氧化钠水溶液对石油炼制的粗产品进行洗涤，以除去所含硫醇和一些硫化氢等。

硫醇还可以与重金属的氧化物作用生成不溶于水的硫醇盐。硫醇与醋酸汞、醋酸铅的

作用可用于硫醇的分析和鉴定。

$$2RSH + (CH_3CO_2)_2Hg \longrightarrow (RS)_2Hg \downarrow (白色) + 2CH_3CO_2H$$

$$2RSH + (CH_3CO_2)_2Pb \longrightarrow (RS)_2Pb \downarrow (白色) + 2CH_3CO_2H$$

苯硫酚的酸性强于硫醇,它可以和氯化汞作用生成苯硫酚汞盐

$$2C_6H_5SH + HgCl_2 \longrightarrow (C_6H_5S)_2Hg \downarrow + 2HCl$$

2. 氧化和氢解

硫醇比醇更容易被氧化,在较弱的氧化条件下,甚至是空气中的氧也可将硫醇氧化成二硫化物。这是由于硫的电负性较小,给电子能力较强,S—H 键的解离能较小的缘故。

$$2RSH \xrightarrow{空气} R—S—S—R + H_2O$$

$$2RSH + H_2O_2 \longrightarrow R—S—S—R + 2H_2O$$

$$2RSH + I_2 + 2NaOH \longrightarrow R—S—S—R + 2NaI + 2H_2O$$

由于硫有高价态,在强氧化剂的作用下,硫醇可被氧化成磺酸。例如

$$RSH + 3[O] \xrightarrow{HNO_3} RSO_3H$$

二硫化物在还原剂作用下则转变为硫醇

$$C_2H_5—S—S—C_2H_5 \xrightarrow[H_2SO_4]{Zn} 2C_2H_5SH$$

在石油中含有的硫醇、硫醚、二硫化物、硫酚、噻吩等含硫化合物,是在石油炼制中脱硫催化剂(硫化钼、硫化钨)的存在下经过高温氢解来除硫的。

$$R—SH + H_2 \xrightarrow[\triangle,加压]{MoS_2} RH + H_2S$$

二、硫醚的特性

低级的硫醚是无色液体,有臭味,但不如硫醇那么强烈。硫醚的沸点比相应的醚要高,与相对分子质量相近的硫醇相当;但由于硫醚不能与水分子形成氢键,其在水中的溶解度远小于醚,几乎不溶于水。

硫醚与醚相似,其化学性质比较稳定。由于硫原子有良好的给电子性,所以硫醚具有较明显的碱性和亲核性,以及易于氧化的特点。硫醚也可以采用威廉姆森合成法制得,也可用烯烃与硫醇在过氧化物的引发下通过自由基加成反应来制得。

硫醚有较弱的碱性,它与强酸作用可生成锍盐

$$R_2S + H_2SO_4 \rightleftharpoons R_2\overset{+}{S}H \overset{-}{SO_4}H$$

硫醚也具有较强的亲核性,它与活泼的卤代烷作用可生成卤化三烷基锍盐

$$R_2S + R'X \longrightarrow R_2\overset{+}{S}R'X^-$$

卤化三烷基锍盐是一种比较稳定的盐,为结晶固体。加热时,可分解成硫醚和卤代烷;它易溶于水,解离成 R_3S^+ 和 X^-;当它与新生的湿氧化银作用时可得到一种强碱——氢氧化三烷基锍,后者在加热时则分解成硫醚和烯烃。

$$2(C_2H_5)_3S^+X^- + Ag_2O + H_2O \longrightarrow 2(C_2H_5)_3S^+\overset{-}{O}H + 2AgX$$

$$(C_2H_5)_3S^+\ \overline{O}H \xrightarrow{\triangle} (C_2H_5)_2S + CH_2\!=\!CH_2 + H_2O$$

硫醚与氧化剂作用可被氧化成亚砜或砜类化合物。例如

$$CH_3SCH_3 \xrightarrow{H_2O_2} CH_3\overset{\overset{\displaystyle O}{\|}}{S}CH_3 \xrightarrow{HNO_3} CH_3\overset{\overset{\displaystyle O}{\|}}{\underset{\underset{\displaystyle O}{\|}}{S}}CH_3$$

二甲亚砜　　　　　二甲砜

二甲亚砜(DMSO)是无色液体,熔点 18.5℃,沸点 189℃,可与水混溶。它是一种非质子型极性溶剂,许多无机盐和有机化合物都可溶于二甲亚砜中,是常用的溶剂和试剂。二甲亚砜有一定的毒性,并且它能迅速透过皮肤对人的神经系统和血液造成危害,使用时应予注意。

工业上二甲亚砜是采用二甲硫醚的空气氧化法生产的,NO_2 为催化剂;而二甲硫醚可以由甲醇与硫化氢作用得到

$$CH_3\!-\!S\!-\!CH_3 + O_2 \xrightarrow{NO_2} CH_3\overset{\overset{\displaystyle O}{\|}}{S}CH_3$$

$$2CH_3OH + H_2S \xrightarrow[38℃]{Al_2O_3} CH_3\!-\!S\!-\!CH_3 + 2H_2O$$

环丁砜是低熔点固体,熔点为 27℃左右,沸点 285℃,在 220℃以下环丁砜有相当好的热稳定性。环丁砜易溶于水,它用于净化工业气体,除去其中的 CO_2、SO_2、CO、H_2S 等气体。环丁砜与二甲亚砜都可用于从石油馏分中萃取分离芳烃,也可用于丙烯腈的聚合溶剂和拉丝溶剂。工业上环丁砜是由丁二烯与二氧化硫作用,再经过催化加氢制得的

$$CH_2\!=\!CH\!-\!CH\!=\!CH_2 + SO_2 \longrightarrow \xrightarrow{H_2}$$

具有硫醚结构的物质多见于医用抗炎药物和农药。在十字花科蔬菜中,多含有硫醚和多硫醚类化合物。二烯丙基硫醚是无色液体,它不溶于水,可溶于乙醇、乙醚等有机溶剂中,沸点 139℃,相对密度 $d_4^{25} = 0.886 \sim 0.888$,存在于大蒜、辣根中。它可以由烯丙基氯和硫化钠共热制得

$$2\ CH_2\!=\!CH\!-\!CH_2\!-\!Cl + Na_2S \xrightarrow{\triangle} (CH_2\!=\!CH\!-\!CH_2\!\!\overset{}{)}_2S + 2NaCl$$

二烯丙基二硫醚是大蒜精油的主要成分,它可以由烯丙基硫醇在吡啶和乙醇存在下,与碘作用制得

$$2\ CH_2\!=\!CH\!-\!CH_2SH + I_2 \xrightarrow[\text{乙醇}]{\text{吡啶}} CH_2\!=\!CHCH_2\!-\!S\!-\!S\!-\!CH_2CH\!=\!CH_2 + 2HI$$

二甲三硫醚是浅黄色液体,沸点 165~170℃,它是卷心菜、花菜、花椰菜、洋葱的香味成

分,可由甲硫醇和二氯化硫在碱溶液中加热制得

$$2\,CH_3SH + SCl_2 + 2NaOH \xrightarrow{\triangle} CH_3-S-S-S-CH_3 + 2NaCl + 2H_2O$$

习　题

1. 用系统命名法命名下列各化合物。

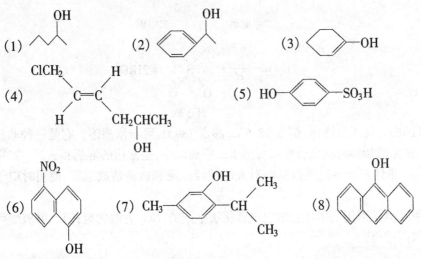

2. 回答下列问题。

(1) 不用查表,将下列化合物的沸点由低到高排列成序。

(A) 正己醇　　　　(B) 3 - 己醇　　　　(C) 正己烷　　　　(D) 正辛醇

(2) 比较下列各化合物在水中的溶解度,并说明其理由。

A. $CH_3CH_2CH_2OH$　　　　B. $CH_2OH-CH_2-CH_2OH$　　　　C. $CH_3OCH_2CH_3$

D. $CH_2OH-CHOH-CH_2OH$　　　　E. $CH_3CH_2CH_3$

(3) 预测下列化合物与卢卡斯试剂反应速度的次序

A. 正丙醇　　　　B. 2 - 甲基 - 2 - 戊醇　　　　C. 二乙基甲醇

(4) 比较下列各化合物的酸性强弱,并解释之。

A. 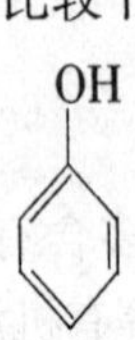　　　　　　B. 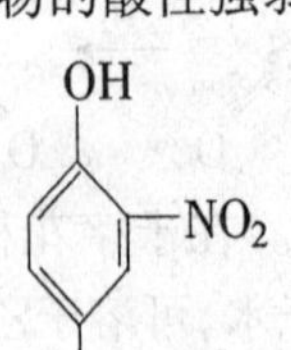　　　　　　C. 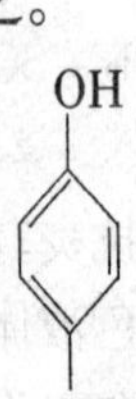　　　　　　D.

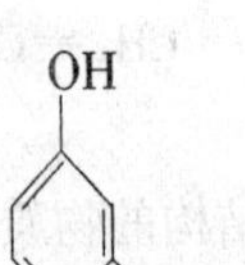

(5) 在下列化合物中,哪些能形成分子内氢键? 哪些能形成分子间氢键?

A. 对硝基苯酚　　B. 邻硝基苯酚　　C. 邻甲苯酚　　D. 邻氟苯酚

(6) 如何能够证明在邻羟基苯甲醇(水杨醇)中含有一个酚羟基和一个醇羟基?

(7) 比较下列各组醇和 HBr 反应的相对速率。

① 苄醇、对甲基苄醇和对硝基苄醇。

② 苄醇、α - 苯基乙醇和 β - 苯基乙醇。

(8) 用反应历程解释下列反应事实。

$$(CH_3)_3CCHCH_3 \xrightarrow{85\% H_3PO_4} (CH_3)_3CCH{=\!\!=}CH_2 +$$

$$\underset{\displaystyle OH}{}$$

$$(CH_3)_2CHC{=\!\!=}CH_2 + (CH_3)_2C{=\!\!=}C(CH_3)_2$$

$$\underset{\displaystyle CH_3}{}$$

3．写出下列反应产物。

(1) $CH_3CH_2CH_2OCH_3 + (1\ mol)HI \longrightarrow$

(2) $CH_3CH_2\underset{\displaystyle OH}{C(CH_3)_2} \xrightarrow{Al_2O_3, \triangle}$

(3) ⬡—$CH_2\underset{\displaystyle OH}{CHCH_3} \xrightarrow{H^+, \triangle}$

(4) ⬡—OK + Cl—⬡—$NO_2 \xrightarrow{\triangle}$

(5) $\underset{\displaystyle OH}{⬡} \xrightarrow{C_2H_5COCl} ? \xrightarrow[CS_2]{AlCl_3} ?$

(6) 正氯丙烷 + 2 – 甲基 – 2 – 丁醇钠 $\longrightarrow$

(7) 2 – 甲基 – 2 – 氯丙烷 + 正丙醇钠 $\longrightarrow$

(8) (S)— $CH_3CH_2\underset{\displaystyle OH}{CHCH_3}$ + $SOCl_2 \longrightarrow$

4．用指定原料合成下列化合物(其他试剂任用)。

(1) 苯，乙烯，丙烯 $\longrightarrow$ 3 – 甲基 – 1 – 苯基 – 2 – 丁烯

(2) ⬡(=O) $\longrightarrow$ ⬡(OH)—$CH_2CH_2CH_3$

(3) 五个碳原子以下的有机物 $\longrightarrow$ ⬡—$\underset{\displaystyle CH_3}{\overset{\displaystyle OH}{C}}$—$CH_3$

(4) $\underset{\displaystyle OH}{⬡}$—$CH_2CH_2OH \longrightarrow$ ⬡(O环)

5．推断结构题。

(1) 由化合物(A) $C_6H_{13}Br$ 所制得的格氏试剂与丙酮作用可生成 2,4 – 二甲基 – 3 – 乙基 – 2 – 戊醇。(A)可发生消除反应生成两种互为异构体的产物(B)和(C)。将(B)臭氧化后，再在还原剂存在下水解,则得到相同碳原子数的醛(D)和酮(E)。试写出各步反应式以及(A)到(E)的构造式。

(2)化合物 $C_6H_{10}O$(A)经催化加氢生成 $C_6H_{12}O$(B),(B)经氧化生成 $C_6H_{10}O$(C),(C)与 CH_3MgI 反应再水解得到 $C_7H_{14}O$(D),(D)在 H_2SO_4 作用下加热生成 C_7H_{12}(E),(E)与冷、稀 $KMnO_4$ 反应生成一个内消旋化合物(F)。又知(A)与 Lucas 试剂反应立即出现混浊。试写出 (A)～(E)可能的构造式。

(3)一个未知物的分子式为 C_2H_4O,它的红外光谱图中 3 600～3 200 cm^{-1}和 1 800～ 1 600 cm^{-1}处都没有吸收峰,试问上述化合物的结构如何?

(4)C_3H_8O　　　IR:3 600～3 200 cm^{-1}(宽)

NMR δ_H:1.1(二重峰,6H),3.8(多重峰,1H),4.4(二重峰,1H)

第八章　醛　酮　醌

内容提要　本章主要介绍含碳氧双键化合物醛、酮和醌的结构特点及理化性质，并重点讲述亲核加成反应的特点及反应机理。

学习要求

(1)掌握醛、酮的结构和命名方法。

(2)熟悉醛、酮的实际制法。

(3)重点掌握醛、酮的化学性质。

(4)重点了解亲核加成的机理。

(5)了解羟醛缩合等反应的特点及其用途。

(6)一般了解简单醛酮分子的特性。

(7)了解醌的结构特点。

8.1　醛、酮、醌的分类和命名

一、分类

醛和酮可以根据与羰基相连的烃基不同而分为脂肪族醛酮、脂环族醛酮和芳香族醛酮；又可根据烃基是否饱和而分为饱和醛酮和不饱和醛酮；还可根据分子中所含羰基的数目分为一元醛酮、二元醛酮等。醌主要可分为苯醌、萘醌、蒽醌、菲醌四大类。

二、命名

简单的醛、酮可采用普通命名法，结构较复杂的的醛、酮则采用系统命名法。

1. 普通命名法

醛的普通命名法与醇相似，例如

$$CH_3CH_2CH_2CHO$$

正丁醛　　　　　苯甲醛

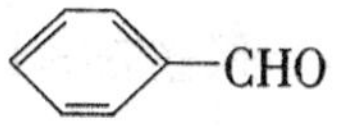

酮的普通命名法是按照羰基所连接的两个烃基命名，例如

$$CH_3-\underset{O}{\overset{}{C}}-CH_2CH_3$$

甲基乙基(甲)酮(简称甲乙酮)

2. 系统命名法

选择含有羰基的最长碳链为主链，主链中碳原子的编号从靠近羰基的一端开始。在醛

分子中醛基总是在链端,故命名时不需标明它的位次。而酮的羰基是位于碳链中间的,除丙酮、丁酮外,其他的酮则因羰基位置的不同而形成异构体,故命名时羰基的位次必须标明。例如

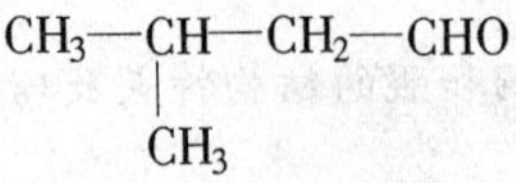

$$CH_3—CH—CH_2—CHO$$
$$\overset{|}{CH_3}$$

3 – 甲基丁醛

$$CH_3—CH_2—\overset{\overset{O}{\|}}{C}—\overset{\overset{CH_3}{|}}{CH}—CH_3$$

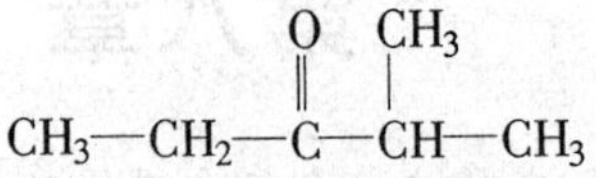

2 – 甲基 – 3 – 戊酮

主链中碳原子的位次除用阿拉伯数字表示外,有时也用希腊字母 α 表示靠近羰基的碳原子,其次是 β、γ…。芳香族醛、酮命名时,常把脂链作为主链,芳环作为取代基。例如

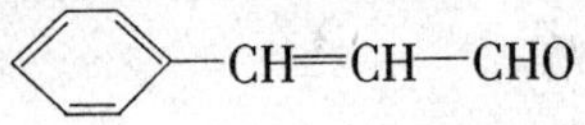

$$\langle\!\!\!\!\bigcirc\!\!\!\!\rangle—CH=CH—CHO$$

3 – 苯基丙烯醛(β – 苯基丙烯醛)

二元酮命名时,两个羰基的位置除可用数字标明外,也可用 α、β…表示它们的相对位置。α 表示两个羰基相邻,β 表示两个羰基相隔一个碳原子,等等。例如

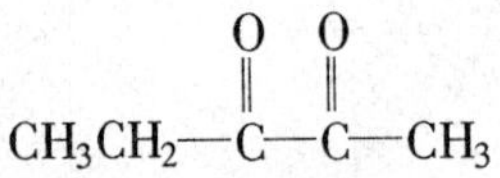

$$CH_3CH_2—\overset{\overset{O}{\|}}{C}—\overset{\overset{O}{\|}}{C}—CH_3$$

2,3 – 戊二酮
(α – 戊二酮)

$$CH_3—\overset{\overset{O}{\|}}{C}—CH_2—\overset{\overset{O}{\|}}{C}—CH_3$$

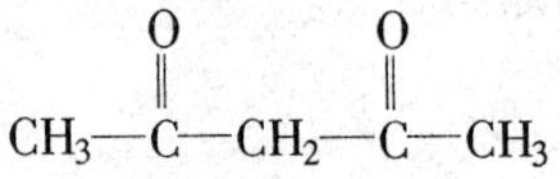

2,4 – 戊二酮
(β – 戊二酮)

8.2　醛、酮、醌的结构特征和物理性质

一、结构特征

在醛、酮分子中羰基碳原子是以 sp^2 杂化状态与其他三个原子构成 σ 键的,羰基碳原子的 p 轨道与氧原子上的 p 轨道相互平行侧面重叠形成 π 键。羰基碳原子及其相连的三个原子处于同一平面内,相互间的键角约为120°,而 π 键是垂直于这个平面的。如图 2.23、2.24 所示。

由图中可以看出,氧原子也是采用 sp^2 杂化轨道与碳原子成键的,两个孤对电子分别占据 sp^2 杂化轨道。在羰基中由于氧原子的电负性大于碳原子,所以羰基中双键的电子是偏向氧原子一方的,这种电子偏移造成了羰基具有极性,碳原子是缺电子中心,即羰基的碳原子有一定的亲电性;而氧原子上带有部分负电荷,有一定的碱性。

在羰基化合物中,羰基具有强吸电子作用($-C$,$-I$ 效应),连接在羰基上的烷基显示出明显的供电效应($+I$,$+C$),烷基的这种给电子作用使羰基碳原子上的缺电子性质有所减弱,也使羰基化合物的稳定性有所增加。

在羰基直接与芳环相连的芳香族醛、酮中,芳环的大 π 键与羰基的 π 键之间相互作用(即 $\pi-\pi$ 共轭),在化学性质上表现出羰基的化学活性下降,而且环上的亲电取代反应活性也减弱,但热力学稳定性却比脂肪族醛、酮大。

醌型结构有对位和邻位两种,间位醌型结构不可能出现。

对醌型　　　　　　　　　　邻醌型

醌环不是芳环,醌环没有芳香性。在醌分子中,由于两个羰基共同存在于一个不饱和的共轭环上,使醌类化合物的热稳定性很差。醌环化学性质与 $\alpha,\beta-$ 不饱和酮相似。

二、物理性质

1. 沸点和溶解度

一般低级醛、酮的沸点比相对分子质量相近的醇要低得多,这是因为醛、酮本身分子之间不能形成氢键,没有缔合现象的缘故。然而羰基是个极性基团,所以分子之间偶极的静电引力比较大,因此醛、酮的沸点一般比相对分子质量相近的非极性化合物高。例如

	相对分子质量	沸点/℃
$CH_3CH_2CH_2CH_3$	58	-0.5
$CH_3CH_2C\!\equiv\!CH$	54	8.5
CH_3CH_2Cl	64.5	12.2
$C_2H_5OCH_3$	62	8
CH_3CH_2CHO	58	48.8
CH_3COCH_3	58	56.1
$CH_3CH_2CH_2OH$	60	97.2
CH_3COOH	60	118

低级醛、酮在水中有相当大的溶解度。甲醛、乙醛、丙酮都能与水混溶。醛、酮都能溶于有机溶剂。丙酮能溶解很多有机化合物,它本身就是一个很好的有机溶剂。

2. 光谱特征

(1)红外光谱(IR)。红外光谱是检测出分子中是否存在羰基的最好方法。碳氧双键化合物中 $C\!=\!O$ 伸缩振动的强谱带出现在 $1\,870\sim1\,500\ cm^{-1}$ 区域。这个区域很少有其他吸收峰干扰,是红外光谱中最特征的谱带之一,也是确定化合物结构时通常应首先查找的一个谱带。醛和酮的伸缩振动吸收峰位置相近,不易区别。但因醛基(—CHO)的 C—H 键在 $2\,700$ cm^{-1} 处有峰形尖锐的特征吸收峰,故可由此识别醛基的存在。羰基吸收峰的位置还与邻近基团有关,例如 $C\!=\!O$ 与邻近基团发生共轭,则吸收频率降低。在结构分析时,应该考虑各种影响因素。

(2)质子核磁共振谱(PNMR)。羰基在 ^1HNMR 上的特点是使相近的氢($\alpha-H$)化学位移值加大,这是因为羰基是吸电子基团,其诱导效应使邻近质子周围的电子云密度减小所致, $\alpha-H$ 的化学位移在 $\delta=2\sim3$ 之间。

醛基质子直接连在羰基碳上,位于羰基 π 电子体系形成各向异性效应的去屏蔽区域

内,且存在 C═O 吸电子诱导效应,故醛基质子 δ 值为 10 左右。

(3)谱图解析实例。例如,化合物 A 和 B 是同分异构体,分子式为 $C_{10}H_{12}O$。它们的 IR 谱都在 1 710 cm^{-1}附近有强吸收峰,A 和 B 的^{1}H NMR 如图 8.1 所示。试推测 A 和 B 的结构。

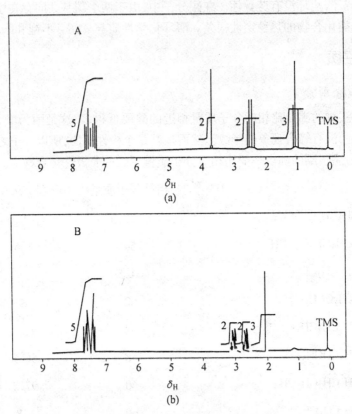

图 8.1　化合物 A(a)及 B(b)的^{1}H NMR 谱图

【解】　根据 IR 谱的结果,A 和 B 在 1 710 cm^{-1}附近有强吸收峰,说明 A 和 B 都含有 C═O 双键结构;A 的^{1}H NMR 图在 δ = 7.2 附近有多重峰,δ = 3.7 有单峰,δ = 2.5 有四重峰(被相邻的 CH$_3$—裂分),δ = 1.0 有三重峰(被相邻的—CH$_2$—裂分),且积分比是 5∶2∶2∶3。结合分子式 $C_{10}H_{12}O$,可以推测 A 中可能含单取代的苯环、—CH$_2$—、—CH$_2$—和 CH$_3$—结构单元。再分析 A 的^{1}H NMR 的化学位移,可知 A 的结构为

$$\underset{\text{(苯基)}}{}CH_2-\overset{\overset{\displaystyle O}{\|}}{C}-CH_2-CH_3$$

B 的^{1}H NMR 图在 δ = 7.2 附近有多重峰,δ = 2.9 有三重峰(被相邻的—CH$_2$—裂分),δ = 2.5有三重峰(被相邻的—CH$_2$—裂分),δ = 2.0 有单峰,且积分比是 5∶2∶2∶3。结合分子式 $C_{10}H_{12}O$,可以推测 B 中可能含单取代的苯环、—CH$_2$—、—CH$_2$—和 CH$_3$—结构单元,而且—CH$_2$—与—CH$_2$—直接相连,CH$_3$—被没有氢原子的碳原子隔开,由此可知 B 的结构为

$$\underset{\text{（苯环）}}{\bigcirc}\!-CH_2\!-\!CH_2\!-\!\overset{\overset{\displaystyle O}{\parallel}}{C}\!-\!CH_3$$

8.3　醛和酮的化学性质

　　醛和酮分子中都含有活泼的羰基,由于结构上的共同特点,这两类化合物具有许多相似的化学性质。但是,醛的羰基上连有一个氢原子,而酮则无,因此其性质也不完全相同,通常醛比酮活泼。芳醛和芳酮的许多化学性质与脂肪族醛和酮相似;但芳醛和芳酮由于羰基直接与芳环相连,又有其特殊性,例如芳醛和芳酮的羰基进行亲核加成反应要比脂肪族醛和酮困难些。

一、羰基的亲核加成

　　羰基($\diagdown_{\diagup}C\!=\!O$)是一个不饱和基团,容易发生许多加成反应。它与碳碳双键一样,也是由一个 σ 键和一个 π 键组成的。但由于羰基氧原子的电负性比碳原子大, π 电子云不是对称分布在碳和氧之间,氧原子上的电子云密度较高,而碳原子上的电子云密度较低,氧原子上带有部分负电荷,碳原子上带有部分正电荷。

$$\diagup\!\!\!\!\diagdown\!\!C\!=\!\!O \qquad \diagup\!\!\!\!\diagdown\!\!\overset{\delta+}{C}\!=\!\!\overset{\delta-}{O}$$

从羰基的偶极矩数值进一步证明羰基是极化的,因此羰基具有两个反应中心。在碳原子上表现出正电中心,而氧原子表现负电中心。带负电荷的氧比带正电荷的碳稳定。当醛、酮进行加成反应时,一般是试剂带负电荷(亲核)的部分先向羰基碳原子进攻,然后是带正电荷(亲电)的部分加到碳基氧原子上。决定反应速率的是第一步,即亲核的一步,所以称为亲核加成反应。亲核加成反应的难易取决于羰基碳原子的亲电性的强弱、亲核试剂亲核性的强弱,以及空间效应等因素。芳香族羰基化合物进行亲核加成反应困难的原因是羰基与芳环共轭;同时芳环有较大的体积,能产生空间效应。

1. 与氢氰酸加成

　　醛和大多数甲基酮能与氢氰酸作用生成 α – 羟基腈,亦称 α – 氰醇。

$$\underset{(CH_3)H}{\overset{R}{\diagdown}}C\!=\!O + H\!-\!CN \rightleftharpoons \underset{(CH_3)H}{\overset{R}{\diagdown}}\underset{CN}{\overset{OH}{C}}$$

氢氰酸与醛或酮作用,特别是在碱性催化剂的存在下,反应进行得很快,产率也很高。例如,氢氰酸与丙酮反应,无碱存在时,三四小时内只有一半原料起反应;加一滴氢氧化钾溶液,则 2 min 内即可以完成反应。如果加入酸,反而使反应速率减小,加入大量的酸,放置许多天也不发生反应。这些事实表明,在氢氰酸与羰基化合物的加成反应中,起决定性作用的是 CN^- 。碱的存在能增加 CN^- 的浓度,酸的存在则减低了 CN^- 的浓度。

$$HCN \underset{H^+}{\overset{OH^-}{\rightleftharpoons}} H^+ + CN^-$$

一般认为碱催化下氢氰酸对羰基的加成反应机理是

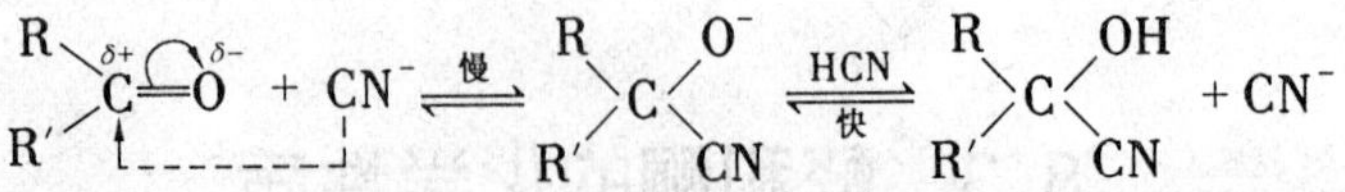

以上反应表明,首先与带有部分正电荷的羰基碳原子结合起来的是 CN^- ,也就是 CN^- 具有亲核性,因此氢氰酸是一种亲核试剂。这个反应是由亲核试剂的进攻而引起的加成反应,所以是亲核加成。对于不同结构的醛和酮进行亲核加成的难易程度是不同的,它们按下列次序由易到难排列

$$HCHO > CH_3CHO > ArCHO > CH_3COCH_3 > CH_3COR > RCOR > ArCOAr$$

上述次序主要是由于空间效应的结果。也因为烷基是供电基,它们同羰基相连,将减少碳原子上的正电荷,因而不利于亲核加成。一般情况下,脂肪醛比芳香醛易于进行亲核加成;脂肪酮比芳香酮易于进行亲核加成,但也有例外,例如

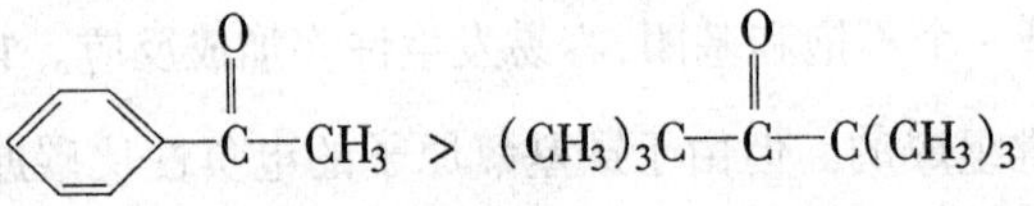

对于芳香醛、酮而言,主要考虑环上取代基的电子效应。例如

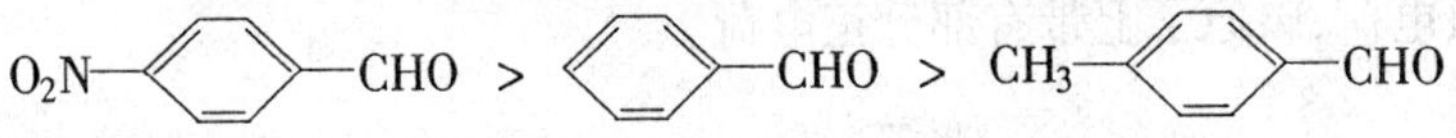

羰基与氢氰酸加成,是增长碳链的方法之一;又因加成产物羟基腈是一类较活泼的化合物,可以进一步转化为其他化合物,因此在有机合成上很有用处。例如, α -羟基腈水解时,随着反应条件的不同可生成 α -羟基酸或 α,β -不饱和酸

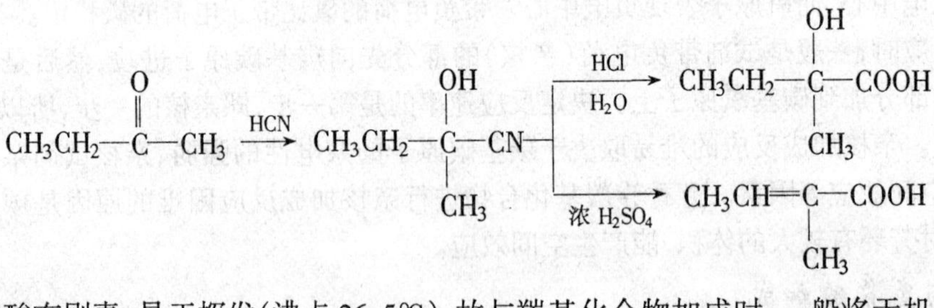

氢氰酸有剧毒,易于挥发(沸点 $26.5\,℃$),故与羰基化合物加成时,一般将无机酸加入醛(或酮)和氰化钠水溶液的混合物中,使得氢氰酸一生成立即与醛(或酮)反应。但在加酸时注意控制溶液的 pH,使 pH 为 8,以利于反应进行。为了安全,该反应应在通风橱中进行。

又如丙酮与氢氰酸作用生成丙酮氰醇,后者在硫酸存在下与甲醇作用,即发生水解、酯化、脱水等反应,氰基转变为甲氧羰基 $—\overset{\overset{\displaystyle O}{\|}}{C}OCH_3$,生成甲基丙烯酸甲酯

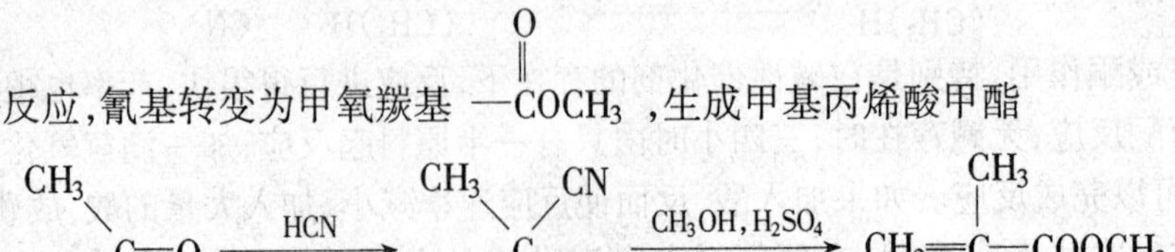

甲基丙烯酸甲酯是制备有机玻璃聚甲基丙烯酸甲酯 $\left(\!CH_2\!-\!\underset{\underset{CH_3}{|}}{\overset{\overset{COOCH_3}{|}}{C}}\!\right)_n$ 的单体。

2. 与亚硫酸氢钠加成

醛和甲基酮(CH_3COR)可以与亚硫酸氢钠饱和溶液(40%)发生加成反应,生成结晶的亚硫酸氢钠加成物——α-羟基磺酸钠。

$$\underset{(CH_3)H}{\overset{R}{>}}C{=}O \; + \; \underset{\underset{O}{\parallel}}{\overset{\overset{HO}{|}}{:S}}{-}O^-Na^+ \;\rightleftharpoons\; \underset{(CH_3)H}{\overset{R}{>}}\underset{SO_3H}{\overset{ONa}{C}} \;\rightleftharpoons\; \underset{(CH_3)H}{\overset{R}{>}}\underset{SO_3Na}{\overset{OH}{C}}$$

羰基与亚硫酸氢钠的加成反应机理为

$$\underset{(CH_3)H}{\overset{R}{>}}C{=}O \; + \; {}^-SO_3H \;\rightleftharpoons\; \underset{(CH_3)H}{\overset{R}{>}}\underset{O^-}{\overset{SO_3H}{C}}$$

$$\rightleftharpoons\; \underset{(CH_3)H}{\overset{R}{>}}\underset{OH}{\overset{SO_3^-}{C}} \;\underset{}{\overset{Na^+}{\rightleftharpoons}}\; \underset{(CH_3)H}{\overset{R}{>}}\underset{OH}{\overset{SO_3Na}{C}}$$

羰基的碳原子是和亚硫酸氢根中的硫原子结合,因为 HSO_3^- 的亲核性与 CN^- 相近,所以其反应机理也和氢氰酸的加成反应机理相似。

不同的羰基化合物与亚硫酸氢钠加成能力的大小,如下列数字(与 1 mol $NaHSO_3$ 反应 1 h生成加成物的百分数)所示。

$$\underset{H}{\overset{CH_3}{>}}C{=}O \qquad \underset{CH_3}{\overset{CH_3}{>}}C{=}O \qquad \underset{CH_3}{\overset{C_2H_5}{>}}C{=}O \qquad \overset{O}{\bigcirc}$$

　　89%　　　　　　　56%　　　　　　　36%　　　　　　　35%

$$\underset{CH_3}{\overset{(CH_3)_2CH}{>}}C{=}O \qquad \underset{CH_3}{\overset{(CH_3)_3C}{>}}C{=}O \qquad \underset{C_2H_5}{\overset{C_2H_5}{>}}C{=}O \qquad \underset{CH_3}{\overset{Ph}{>}}C{=}O$$

　　12%　　　　　　　6%　　　　　　　　2%　　　　　　　　1%

醛、酮与 $NaHSO_3$ 加成的反应范围和 HCN 基本相同,所有的醛、脂肪族甲基酮和八个碳以下的环酮都可以发生反应。醛、酮与亚硫酸氢钠的加成物都是无色结晶。α-羟基磺酸钠易溶于水,但不溶于饱和的亚硫酸氢钠溶液中而析出结晶。此法可用来鉴定醛、脂肪族甲基酮和八个碳以下的环酮等。由于该反应是可逆反应,加入稀酸或稀碱于产品中,可使亚硫酸氢钠分解而除去。因此可利用这些性质来分离或提纯醛、脂肪族甲基酮和八个碳以下的环酮。

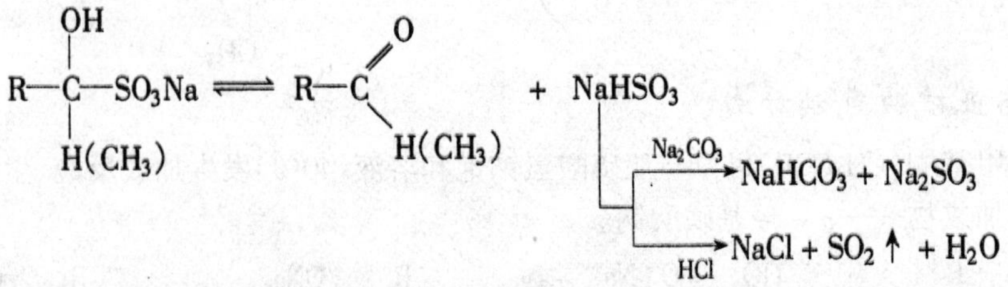

$$R-\underset{\underset{H(CH_3)}{|}}{\overset{\overset{OH}{|}}{C}}-SO_3Na \rightleftharpoons R-\underset{H(CH_3)}{\overset{O}{C}} + NaHSO_3$$

$$\xrightarrow{Na_2CO_3} NaHCO_3 + Na_2SO_3$$
$$\xrightarrow{HCl} NaCl + SO_2\uparrow + H_2O$$

将 α‑羟基磺酸钠与 NaCN 作用,则磺基可被氰基取代,生成 α‑羟基腈,此法优点是可避免使用有毒的氰化氢,而且其产率也较高。例如

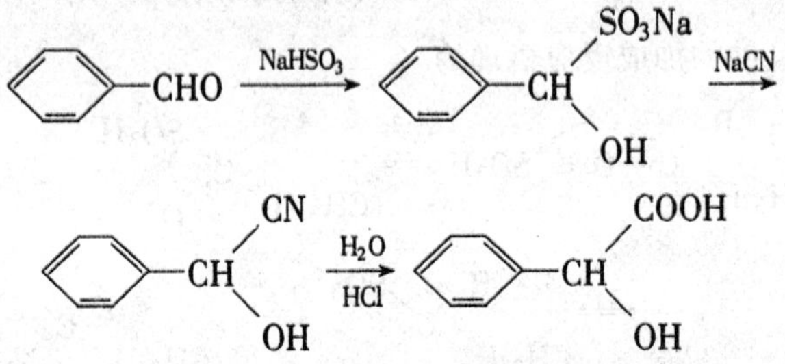

$$C_6H_5-CHO \xrightarrow{NaHSO_3} C_6H_5-\underset{OH}{\overset{SO_3Na}{CH}} \xrightarrow{NaCN}$$

$$C_6H_5-\underset{OH}{\overset{CN}{CH}} \xrightarrow[HCl]{H_2O} C_6H_5-\underset{OH}{\overset{COOH}{CH}}$$

苦杏仁酸(67%)

3. 与醇加成

在干燥氯化氢或浓硫酸的作用下,一分子醛或酮与一分子醇发生加成反应,生成的化合物分别称为半缩醛或半缩酮。

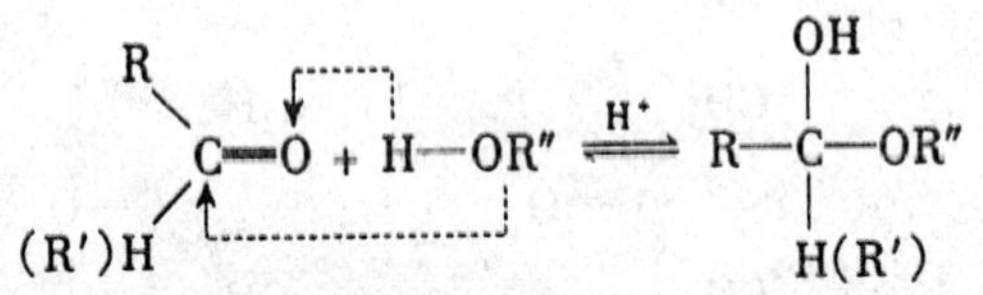

$$\underset{(R')H}{\overset{R}{C}}=O + H-OR'' \xrightarrow{H^+} R-\underset{H(R')}{\overset{OH}{C}}-OR''$$

半缩醛(酮)一般是不稳定的,它易分解成原来的醛(酮),因此不易分离出来,但环状的半缩醛较稳定,能够分离得到。例如

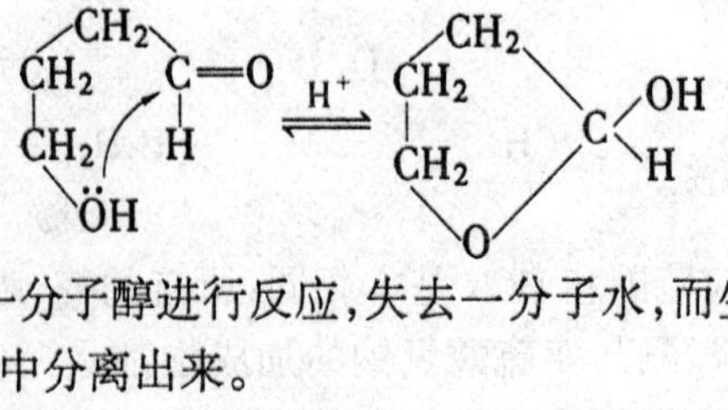

半缩醛(酮)继续与另一分子醇进行反应,失去一分子水,而生成稳定的化合物,称为缩醛或缩酮,并能从过量的醇中分离出来。

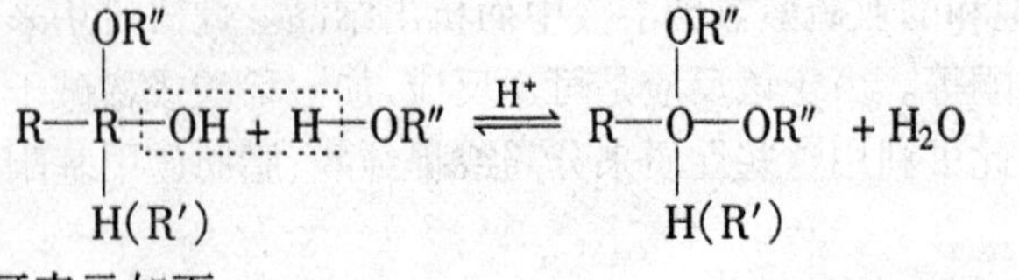

$$R-\underset{H(R')}{\overset{OR''}{C}}-OH + H-OR'' \xrightarrow{H^+} R-\underset{H(R')}{\overset{OR''}{C}}-OR'' + H_2O$$

整个反应的机理可表示如下。

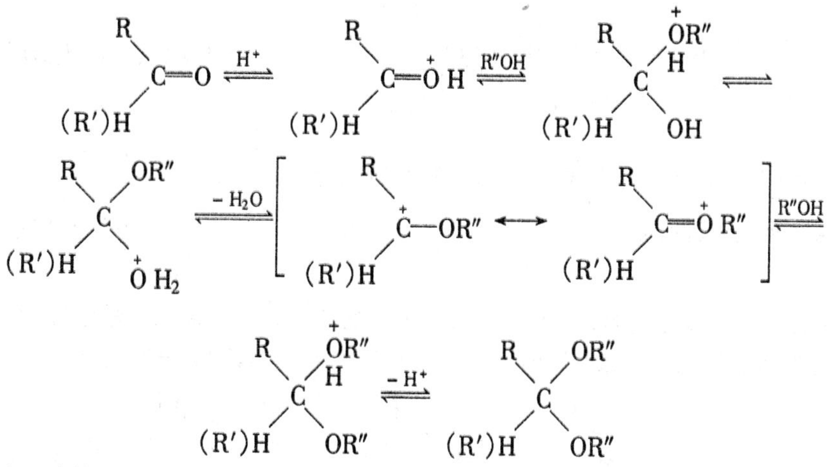

缩醛(酮)可以看做是同碳二元醇的醚,性质与醚相似,不受碱的影响,对氧化剂及还原剂也是稳定的。但缩醛(酮)又与醚不同,它在稀酸中易水解转变为原来的醛(酮)。

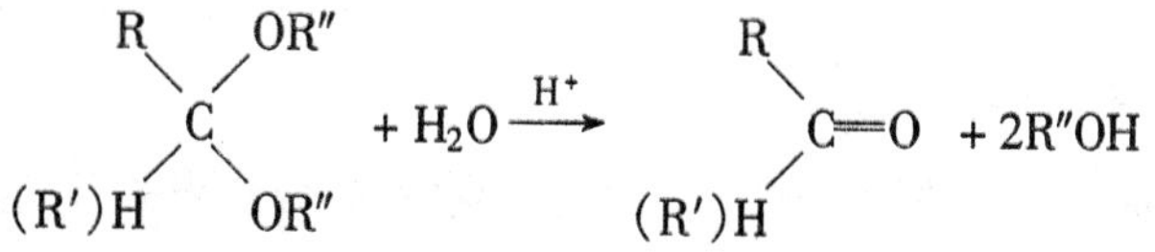

　　醛容易与醇反应形成缩醛,在反应过程中应不断脱除生成的水,并采用含水少的酸性催化剂(如无水 HCl、浓 H_2SO_4 等)。例如

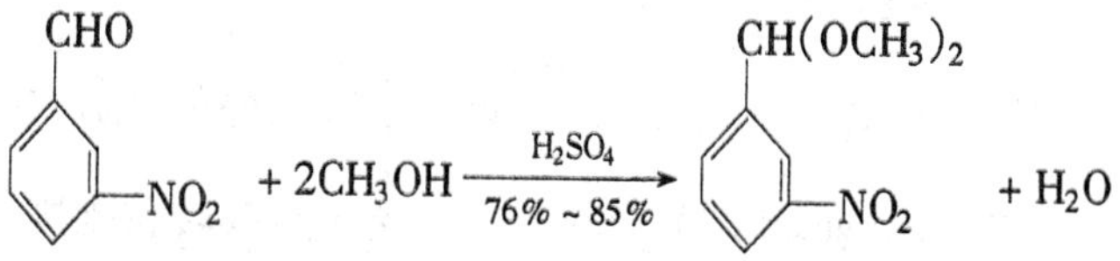

但是醇与酮的反应比与醛的反应困难。因此制备简单的缩酮得采用其他的方法。例如,制备丙酮缩二乙醇,不是用二分子乙醇与丙酮反应,而是采用原甲酸酯和丙酮反应

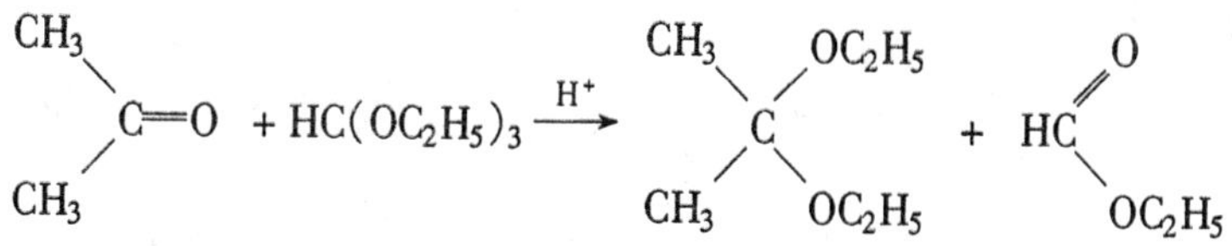

原甲酸乙酯①

　　若使酮在酸催化下与乙二醇作用,并设法移去反应生成的水,便得到环状缩酮。

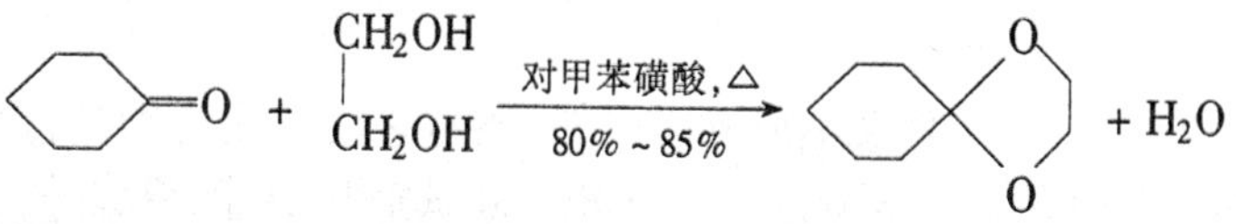

　　生成缩醛和缩酮的方法可用来保护羰基,例如,从不饱和醛合成醛酸

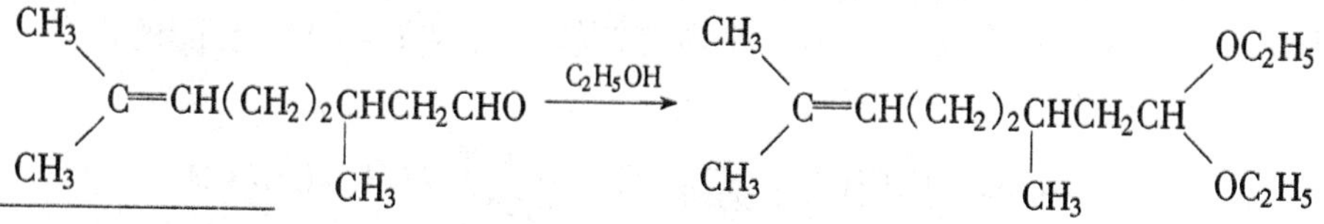

----
　　① 原酸 $C(OH)_4$、原甲酸 $HC(OH)_3$ 不稳定,但原甲酸酯是很好的试剂,特别在制备缩醛(酮)时是常用的一个试剂,它可由氯仿和醇钠作用得到。

$$\xrightarrow{KMnO_4} HOOC(CH_2)_2\overset{\overset{\displaystyle CH_3}{|}}{CH}CH_2\overset{\overset{\displaystyle OC_2H_5}{|}}{CH}_{\displaystyle OC_2H_5} \xrightarrow[HCl]{H_2O} HOOC(CH_2)_2\overset{\overset{\displaystyle CH_3}{|}}{CH}CH_2CHO$$

将—CHO 保护起来,再氧化 $\overset{|}{C}=\overset{|}{C}$,然后水解去掉乙醇分子又恢复—CHO。

醛或酮和二醇缩合在工业上有重要意义,例如高分子产品聚乙烯醇 $\overset{\displaystyle}{(}CH_2-\overset{\overset{\displaystyle}{|}}{\underset{\displaystyle OH}{CH}})_n$ 的

分子中包含有多个亲水的羟基,不能作为合成纤维使用。为了提高其耐水性,在酸催化下用甲醛使它部分缩醛化,便得到性能优良的合成纤维,商品名称为维纶(又叫维尼纶)

$$\cdots CH_2-\overset{\overset{\displaystyle CH_2}{|}}{CH} \quad \overset{\overset{\displaystyle CH_2}{|}}{CH}\cdots \xrightarrow{HCHO,H^+} \cdots CH_2-\overset{\overset{\displaystyle CH_2}{|}}{\underset{\displaystyle O}{CH}} \quad \overset{\overset{\displaystyle CH_2}{|}}{\underset{\displaystyle O}{CH}}\cdots$$
$$\underset{\displaystyle CH_2}{}$$

4. 与金属有机试剂加成

醛、酮与 Grignard 试剂进行加成反应,加成产物不必分离出来,可直接水解而生成醇

$$\overset{\delta^+ \quad \delta^-}{C}=O + \overset{\delta^- \quad \delta^+}{R-Mg}-X \xrightarrow{纯醚} \overset{\overset{\displaystyle OMgX}{|}}{\underset{\displaystyle R}{C}} \xrightarrow{HOH} R-\overset{|}{\underset{|}{C}}-OH + Mg\overset{\overset{\displaystyle X}{}}{\underset{\displaystyle OH}{}}$$

有机金属镁化合物中的碳镁键是高度极化的。碳原子带部分负电荷,镁原子带部分正电荷 ($\overset{\delta^-}{C}-\overset{\delta^+}{Mg}$)。在反应过程中,Grignard 试剂中的 R 带着电子从镁转移到羰基碳原子上,它是较强的亲核试剂。Grignard 试剂与甲醛反应,生成增加一个碳原子的伯醇;与其他醛反应,生成仲醇;而与酮反应,则生成叔醇。

$$\overset{\overset{\displaystyle H}{|}}{\underset{\displaystyle H}{C}}=O + \text{⬡}-MgCl \xrightarrow[\text{②}H_2O,H_2SO_4,64\%\sim96\%]{\text{①纯醚}} \text{⬡}-CH_2OH$$

$$CH_3COPh + PhCH_2MgCl \xrightarrow[\text{②}H_2O,NH_4Cl,92\%]{\text{①纯醚}} PhCH_2-\overset{\overset{\displaystyle CH_3}{|}}{\underset{\displaystyle Ph}{C}}-OH$$

醛、酮除了和 Grignard 试剂发生加成反应外,还与有机锂化合物进行加成反应,有机锂化合物比 Grignard 试剂更活泼,反应方式与 Grignard 试剂相似,除甲醛外,其他醛、酮分别得到仲醇及叔醇。反应优点是产率较高,而且较易分离。此外,Grignard 试剂不易与二叔丁基酮反应,其原因是空间障碍较大,而叔丁基锂与二叔丁基酮在 −70℃,在醚的存在下能发生反应

$$(CH_3)_3CCOC(CH_3)_3 + (CH_3)_3CLi \xrightarrow[-70℃]{醚} [(CH_3)_3C]_3COH$$

$$\quad\quad 二叔丁基酮 \quad\quad\quad 叔丁基锂 \quad\quad\quad 2,2,4,4-四甲基-3-叔丁基-3-戊醇$$
$$\quad\quad\quad\quad\quad\quad\quad\quad\quad\quad\quad\quad\quad\quad\quad\quad\quad\quad 或三叔丁基甲醇$$

醛、酮也可以与炔钠反应,形成炔醇。例如

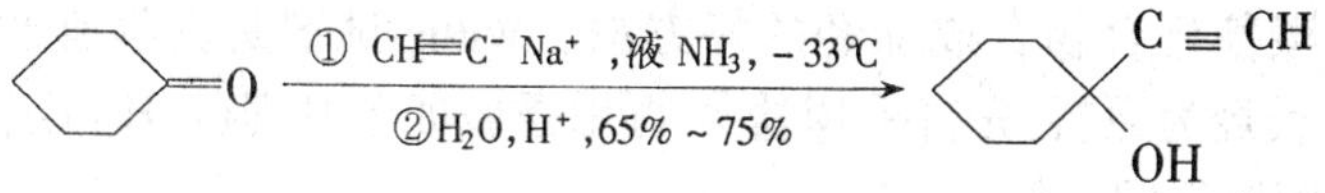

$$\text{环己酮} \xrightarrow[\text{②}H_2O,H^+,65\%\sim75\%]{\text{①} CH\equiv C^- Na^+ ,\text{液} NH_3,-33℃} \text{炔醇}$$

5. 与氨的衍生物加成缩合

醛、酮也能和氨的衍生物,如羟氨、肼、苯肼、2,4 - 二硝基苯肼以及氨基脲等反应,分别生成肟、腙、苯腙、2,4 - 二硝基苯腙以及缩氨脲等。其反应可用通式表示如下

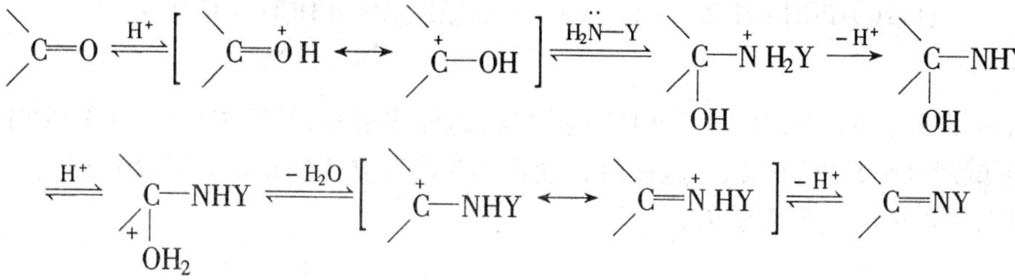

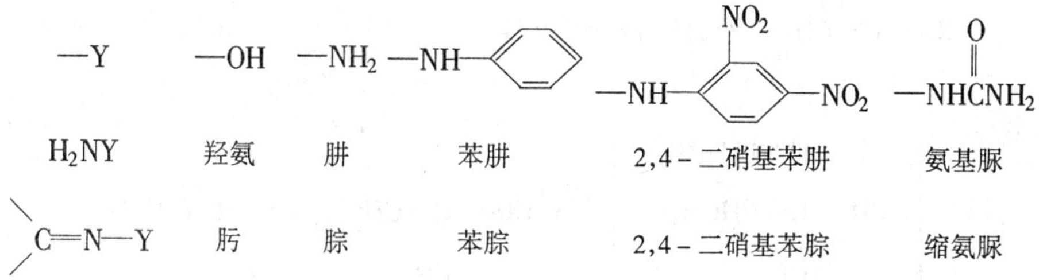

$$\text{反应通式}$$

—Y	—OH	—NH$_2$	—NH—C$_6$H$_5$	—NH—(2,4-二硝基苯)	—NHCNH$_2$(O)
H$_2$NY	羟氨	肼	苯肼	2,4 - 二硝基苯肼	氨基脲
C=N—Y	肟	腙	苯腙	2,4 - 二硝基苯腙	缩氨脲

反应结果 $\diagdown$C=O 变成了 $\diagdown$C=N— 。上述氨的衍生物称为羰基试剂,这些试剂的亲核性比碳负离子(如 CN$^-$、R$^-$)弱,反应一般需在酸的催化下进行(pH = 4 ~ 5),酸的作用是增加羰基的亲电性,使其有利于亲核试剂的进攻,并使醇胺的羟基质子化,形成易于离去的 —$\overset{+}{O}$H$_2$ 基。

羰基化合物与羟氨、2,4 - 二硝基苯肼及氨基脲的加成缩合产物,都是很好的结晶体,具有固定熔点,因而常用来鉴别醛、酮。肟、腙、苯腙及缩氨脲在稀酸作用下能够水解为原来的醛和酮,因而可利用这种反应来分离和提纯醛、酮。

醛、酮与氨的反应一般比较困难,只有甲醛容易,但生成的亚胺类似物(H$_2$C=NH)不稳定,能很快聚合生成六亚甲基四胺,俗称乌洛托品,可被用作有机合成中的氨化试剂,也可用作酚醛树脂的固化剂及消毒剂等。

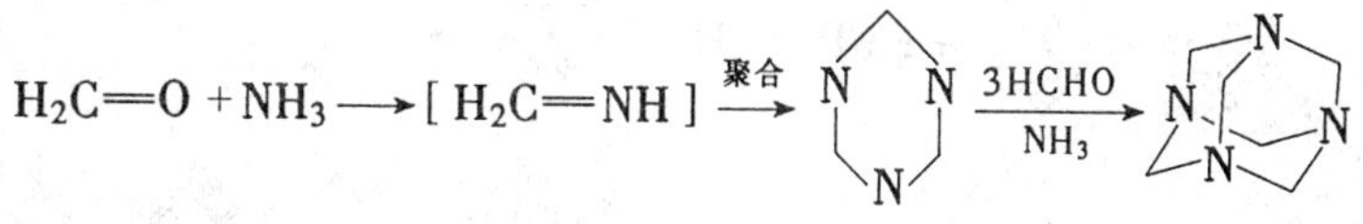

$$H_2C=O +NH_3 \longrightarrow [H_2C=NH] \xrightarrow{\text{聚合}} \text{三嗪环} \xrightarrow[NH_3]{3HCHO} \text{六亚甲基四胺}$$

六亚甲基四胺

6. 与 Wittig 试剂加成

这是一个从羰基化合物合成烯烃的好方法。Wittig 试剂是由具有亲核性的三苯基膦 $(C_6H_5)_3P$[①] 及卤代烃为原料,先得季鏻盐[②],再用强碱如苯基锂(C_6H_5Li)来处理以除去烷基上的 α - 氢原子而制得的。例如

$$(C_6H_5)_3P + CH_3CH_2Br \xrightarrow{C_6H_6} (C_6H_5)_3\overset{+}{P}CH_2CH_3Br^-$$
季鏻盐

$$(C_6H_5)_3\overset{+}{P}CH_2CH_3Br^- + C_6H_5Li \longrightarrow (C_6H_5)_3P = CHCH_3 + C_6H_6 + LiBr$$
Wittig 试剂

Wittig 试剂还可以$(C_6H_5)_3\overset{+}{P}\overset{-}{C}HCH_3$(内鏻盐)的形式表示,其通式为$(C_6H_5)_3\overset{+}{P}\overset{-}{C}RR'$;上例之 Wittig 试剂 R $=$ H,R′$=$ CH$_3$。这种内鏻盐也称为磷叶立德(Ylide)。醛、酮与上述 Wittig 试剂的反应,以丙酮为例可表示为

$$CH_3-\overset{\displaystyle O}{\overset{\|}{C}}-CH_3 + (C_6H_5)_3P = CHCH_3 \longrightarrow \left[CH_3-\overset{\displaystyle O^-}{\underset{\displaystyle CH_3}{\overset{|}{C}}}-\overset{\displaystyle \overset{+}{P}(C_6H_5)_3}{CHCH_3} \right] \longrightarrow$$

$$\left[CH_3-\overset{\displaystyle O-P(C_6H_5)_3}{\underset{\displaystyle CH_3}{\overset{|}{C}}}-CHCH_3 \right] \xrightarrow{0℃} CH_3-\underset{\displaystyle CH_3}{C}=CHCH_3 + O = P(C_6H_5)_3$$

Wittig 试剂作为亲核试剂进攻醛、酮分子的羰基,形成一个新的内鏻盐,然后消除氧化三苯基膦$(C_6H_5)_3PO$ 而得到烯烃。

三苯基膦可用相应的 Grignard 试剂作用于三氯化磷而得

$$3C_6H_5MgBr + PCl_3 \longrightarrow (C_6H_5)_3P + 3MgClBr$$

也可通过下列反应制得

$$3C_6H_5Br + PCl_3 + 6Na \longrightarrow (C_6H_5)_3P + 3NaCl + 3NaBr$$

三苯基膦是结晶固体,熔点 80℃,分子中磷原子直接与苯环的碳原子相连,是一种有机磷化合物。

Wittig 反应条件温和且收率较高,除可用于合成普通烯烃外,还可合成一些用其他方法难于制备的烯烃。例如

---

① 膦:磷化氢分子中的氢原子部分或全部被烃基取代而形成的有机化合物的总称。
② 鏻:具有 $R_4P^+X^-$ 通式的一类含磷有机化合物的总称。

该反应已用于维生素 A 的工业合成。

二、α - 氢原子的反应

　　醛、酮分子中,与羰基直接相连的碳上的氢原子,为 α - 氢原子。α - 氢原子较活泼,具有一定的酸性,从 C—H 键的解离常数看,甲烷的 pK_a 为 49,乙烷的 pK_a 为 50,而乙醛 α - 碳上的 C—H 键的 pK_a 为 17,丙酮 α - 碳上的 C—H 键的 pK_a 为 20。α - 氢原子所以活泼主要是由于碳氢 σ 键与碳氧 π 键发生了超共轭效应,由于超共轭效应使得 α - 氢原子具有变为质子的趋势,而显得活泼。

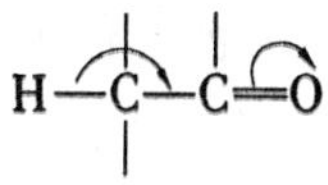

$$\text{H}-\overset{\mid}{\underset{\mid}{\text{C}}}-\overset{\mid}{\text{C}}=\text{O}$$

1. 卤化反应

　　醛、酮分子中的 α - 氢原子,在碱或酸的催化下,容易被卤素取代,生成 α - 卤代醛、酮。例如

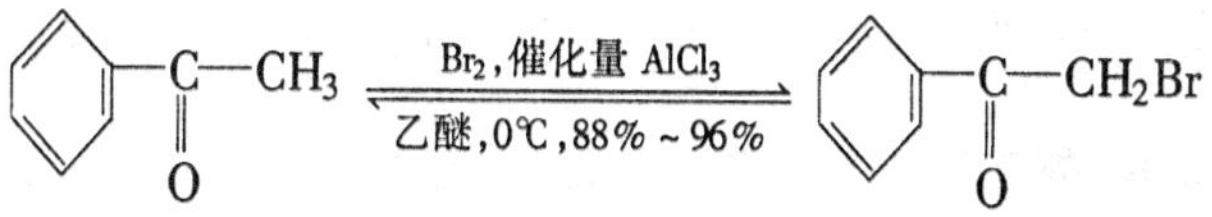

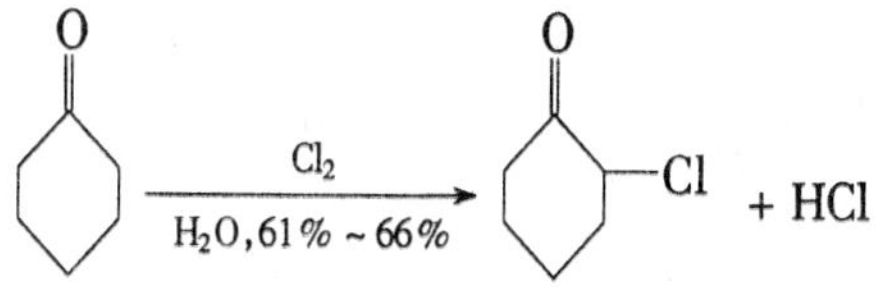

由于卤素是一个亲电试剂,因此卤素取代了 α - 氢原子而不是与羰基加成。这类反应随着反应条件的不同,其反应机理也不同,碱催化的卤代反应机理是

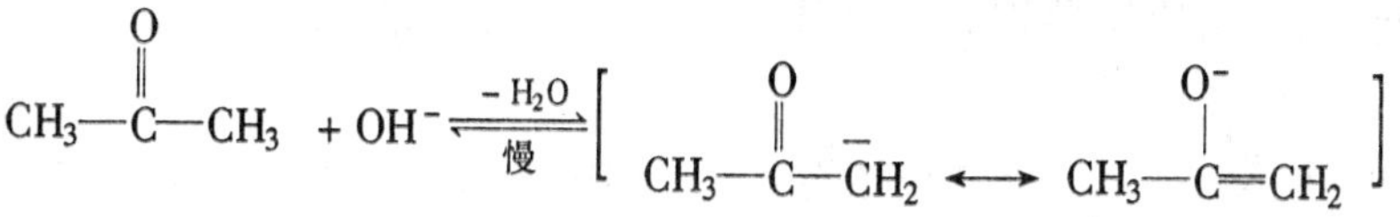

丙酮先失去一个 α - 氢原子生成烯醇负离子,然后烯醇负离子很快地与卤素进行反应,生成 α - 卤代丙酮和卤素负离子。

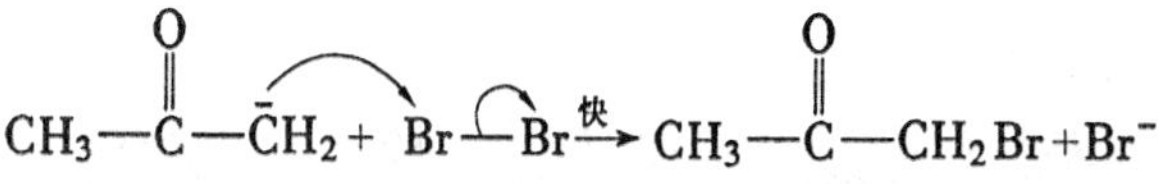

　　酸催化的卤化反应机理是

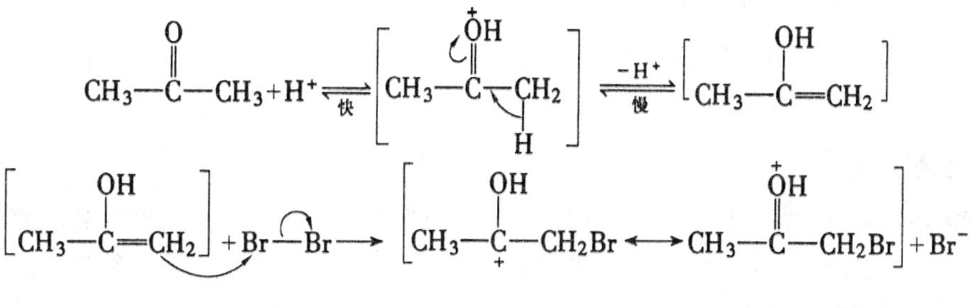

$$\left[\begin{array}{c} \overset{+}{O}H \\ CH_3-\overset{|}{C}-CH_2Br \end{array} \right] \overset{快}{\rightleftharpoons} CH_3-\overset{O}{\overset{||}{C}}-CH_2Br + H^+$$

酸的催化作用是加速形成烯醇,这是决定反应速率的一步,然后卤素与烯醇的碳碳双键进行亲电加成形成较稳定的正碳离子,它很快失去质子而得到 α - 卤代酮。用酸催化时,可以通过控制反应条件,如卤素的用量等,可控制产物主要生成一卤、二卤或三卤代物。而用碱催化时,卤化反应速率很大,一般不易控制生成一卤或二卤代物。因为醛、酮的一个 α - 氢原子被取代后,由于卤原子是吸电子的,它所连的 α - 碳上的氢原子在碱的作用下更容易离去,因此第二、第三个 α - 氢原子就更容易被取代生成 α,α,α - 三卤代物。这样,凡具有

$CH_3\overset{O}{\overset{||}{C}}-$ 结构的醛、酮(即乙醛和甲基酮),与次卤酸钠(NaOX)溶液或卤素的碱溶液作用,甲基的三个 α - 氢原子都被取代,得到多卤代醛、酮。例如

$$CH_3\overset{O}{\overset{||}{C}}CH_3 \xrightarrow[慢]{Br_2,OH^-} CH_3\overset{O}{\overset{||}{C}}CH_2Br \xrightarrow{Br_2} CH_3\overset{O}{\overset{||}{C}}CHBr_2 \xrightarrow{Br_2} CH_3\overset{O}{\overset{||}{C}}CBr_3$$

生成 α,α,α - 三卤代醛、酮在碱性溶液中不稳定,易分解成三卤甲烷和羧酸盐

$$CH_3-\overset{O}{\overset{||}{C}}-CBr_3+OH^- \rightleftharpoons CH_3-\overset{\overset{\curvearrowright}{|}}{\underset{OH}{C}}-CBr_3 \rightarrow CH_3-\overset{O}{\overset{||}{C}}+:CBr_3^- \rightleftharpoons CH_3-\overset{O}{\overset{||}{C}}+HCBr_3$$

常把次卤酸钠的碱溶液与醛或酮作用生成三卤甲烷的反应称为卤仿反应。如果用次碘酸钠(碘加氢氧化钠)作试剂,产生具有特殊气味的黄色结晶的碘仿(CHI_3),这个反应称为碘仿反应。可以通过碘仿反应来鉴别具有 $CH_3-\overset{|}{\underset{O}{C}}-$ 结构的醛和酮,以及 $CH_3-\overset{|}{\underset{OH}{CH}}-$ 结构的醇,因为次碘酸钠又是一个氧化剂,能将 $CH_3-\overset{|}{\underset{OH}{CH}}-$ 结构的醇氧化成含 $CH_3-\overset{|}{\underset{O}{C}}-$ 结构的醛或酮

$$CH_3CH_2OH \xrightarrow[OH^-]{I_2} CH_3\overset{O}{\overset{||}{CH}} \xrightarrow[OH^-]{I_2} HC\overset{O}{\overset{||}{-}}O^- + CHI_3$$

卤仿反应还可用于制备一些用其他方法不易得到的羧酸。例如

$$(CH_3)_3C\overset{}{\underset{||}{\underset{O}{C}}}CH_3 \xrightarrow[\triangle,70\%]{NaOCl} (CH_3)_3CCOONa + CHCl_3$$

2. 缩合反应

在稀碱或稀酸的作用下(通常是稀碱),一分子醛的 α - 氢原子加到另一分子醛的氧原子上,其余部分加到羰基碳原子上,生成 β - 羟基醛,这个碳链增长的反应称为羟醛缩合或称醇醛缩合。例如

$$CH_3\overset{O}{\underset{H}{C}} + \overset{}{\underset{H}{CH_2}}-CHO \xrightarrow[5\text{℃}]{10\%\ NaOH} CH_3-\overset{}{\underset{OH}{CH}}-CH_2CHO$$

$$3-羟基丁醛(\beta-羟基丁醛)$$

碱催化条件下,羟醛缩合的反应机理可用乙醛为例表示如下

$$CH_3\overset{O}{\underset{H}{C}} + HO^- \rightleftharpoons \left[CH_2^-\overset{O}{\underset{H}{C}} \longleftrightarrow CH_2=\overset{O^-}{\underset{H}{C}} \right] \xrightarrow{CH_3CHO}$$

$$CH_3CHCH_2\overset{O^-}{\underset{H}{C}} \underset{H_2O}{\rightleftharpoons} CH_3CHCH_2\overset{OH}{\underset{H}{\overset{}{C}}}\overset{O}{\underset{H}{C}}$$

从上述反应机理可以看出,羟醛缩合实际上也是亲核加成反应。

羟醛缩合产物 β-羟基醛,稍微受热或在酸的作用下即发生分子内脱水而生成 α,β-不饱和醛。α,β-不饱和醛进一步催化加氢,则得饱和醇。通过羟醛缩合可以合成比原料醛增多一倍碳原子的醛或醇。

除乙醛外,由其他醛所得到的羟醛缩合产物,都是 α-碳原子上带有支链的羟醛、烯醛或醇等。例如

$$CH_3CH_2CH_2\overset{}{\underset{H}{C}}{=}O + H-\overset{}{\underset{CH_2CH_3}{CH}}CHO \xrightarrow{稀碱} CH_3CH_2CH_2\overset{}{\underset{OH}{CH}}-\overset{}{\underset{CH_2CH_3}{CH}}CHO$$

$$2-乙基-3-羟基己醛$$

$$\xrightarrow{\triangle} CH_3CH_2CH_2\overset{}{\underset{CH_2CH_3}{CH}}{=}CCHO \xrightarrow{2H_2,Ni} CH_3CH_2CH_2CH_2\overset{}{\underset{CH_2CH_3}{CH}}CH_2OH$$

$$2-乙基-2-己烯醛 \qquad\qquad 2-乙基己醛$$

这是工业上用正丁醛为原料生产 2-乙基己醇的方法。

含有 α-氢原子的两种不同的醛,在稀碱作用下,发生交错羟醛缩合,可以生成四种不同的产物,分离困难,因此实用意义不大。若用甲醛或其他不含 α-氢原子的醛,与含有 α-氢原子的醛进行交错羟醛缩合,则有一定应用价值。例如

$$3HCHO + H-\overset{H}{\underset{H}{\overset{|}{C}}}-CHO \xrightarrow[55\sim56\text{℃}]{Ca(OH)_2} HOCH_2-\overset{CH_2OH}{\underset{CH_2OH}{\overset{|}{C}}}-CHO$$

由于甲醛的羰基比较活泼,在进行交错羟醛缩合时,能在乙醛的 α-碳原子上引入三个羟甲基。为了减少副反应,需将乙醛和碱溶液同时分别慢慢地加到甲醛溶液中,使甲醛始终过量,有利于交错羟醛缩合产物——三羟甲基乙醛——的生成。后者是生产季戊四醇的中间体。

酮进行羟醛缩合反应时,平衡常数较小,只能得到少量 β-羟基酮。如采用特殊的方法

或设法使产物生成后离开反应体系,使平衡向右移动,也可得到较高的产率。例如,丙酮可在 Soxhlet(索氏)提取器中用不溶性的碱[如 Ba(OH)$_2$]催化进行羟醛缩合反应。

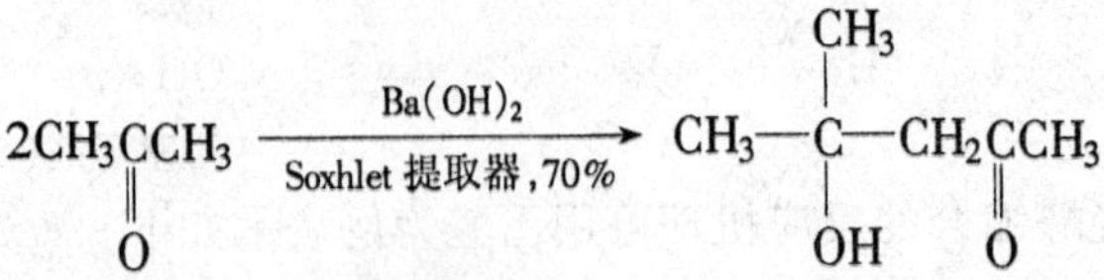

$$2CH_3\overset{O}{\underset{\shortmid}{C}}CH_3 \xrightarrow[\text{Soxhlet 提取器},70\%]{Ba(OH)_2} CH_3-\overset{CH_3}{\underset{OH}{\overset{\shortmid}{\underset{\shortmid}{C}}}}-CH_2\overset{O}{\underset{\shortmid}{C}}CH_3$$

用弱酸性阳离子交换树脂催化丙酮的羟醛缩合,产率可达 87.4%,反应时间缩短 5 倍,且不需要提取装置。分子内的羟酮缩合是由二酮分子合成环状化合物的重要方法,例如

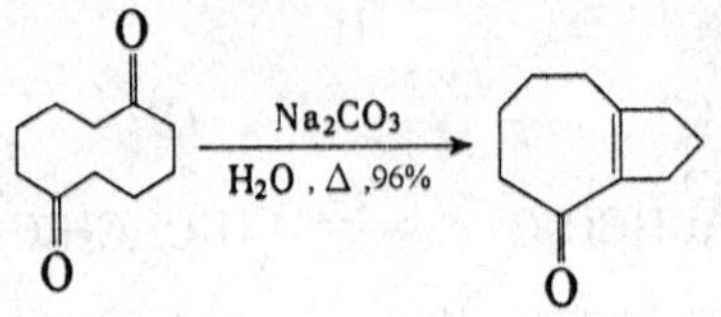

芳醛与含有 α – 氢原子的醛、酮在碱性条件下发生交错羟醛缩合,失水后得到 α,β – 不饱和醛或酮的反应称为 Claisen – Schmidt 综合反应,或称 Claisen 反应。例如

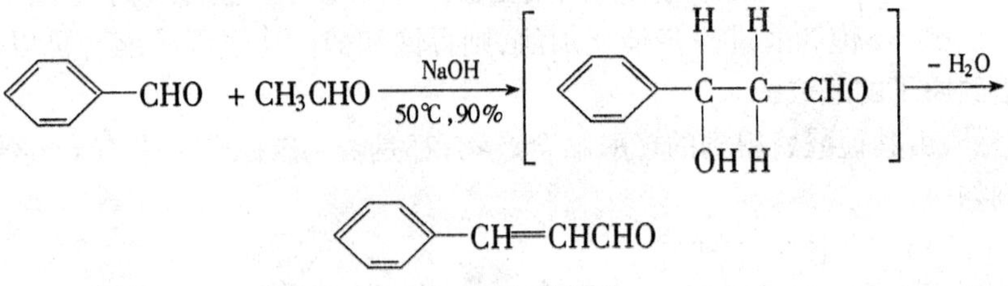

$$\text{（苯基）}-CH=CHCHO$$

β – 苯丙烯醛(肉桂醛)

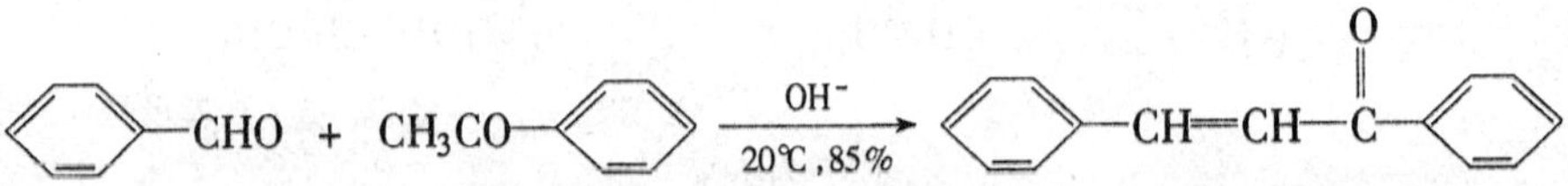

芳醛与脂肪族酸酐,在相应酸的碱金属盐存在下共热,发生缩合反应,称为 Perkin 反应。当酸酐包含两个 α – 氢原子时,通常生成 α,β – 不饱和酸。这是制备 α,β – 不饱和酸的一种方法。例如

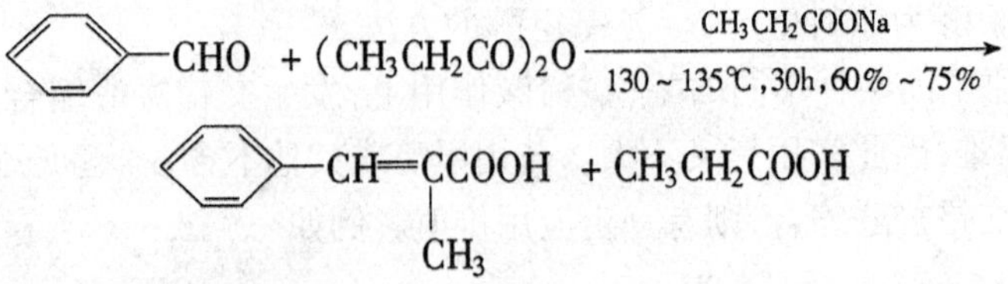

此反应是碱催化缩合反应,其中酰氧负离子(羧酸根负离子)是碱。在某些情况下,也可使用三乙胺或碳酸钾作为碱。脂肪醛不易发生 Perkin 反应。

3. Mannich 反应

含有 α – 氢原子的化合物(如醛、酮等),与醛和氨(或伯、仲胺)之间发生的缩合反应,称为 Mannich 反应。例如

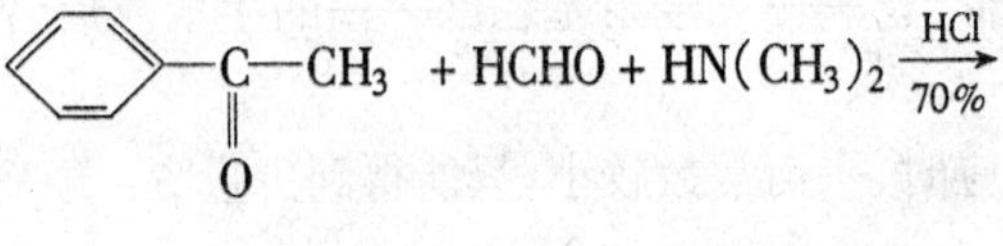

$$\langle\rangle\!\!\!-\!\!\!\overset{\underset{\|}{\text{O}}}{\text{C}}\!-\!\text{CH}_2\!-\!\text{CH}_2\!-\!\text{N}(\text{CH}_3)_2 \cdot \text{HCl}$$

此反应是一种氨甲基化反应,这里苯乙酮分子中甲基上的一个氢原子被二甲氨甲基取代,产物是 β – 氨基酮。由于 β – 氨基酮容易分解为氨(或胺)和 α,β – 不饱和酮,所以 Mannich 反应提供了一个间接合成 α,β – 不饱和酮的方法。例如

$$(\text{C}_2\text{H}_5)_2\text{N}\ \overset{\text{O}}{\underset{}{\bigwedge}}\ \xrightarrow[\triangle,94\%]{\text{减压蒸馏}}\ \overset{\text{O}}{\underset{}{\bigwedge}}$$

Mannich 反应通常在酸性溶液中进行(碱催化亦可)。除醛、酮外,其他含有活泼 α – 氢原子的化合物(如酯、腈等)也可发生该反应。

三、氧化和还原

1.氧化反应

醛不同于酮,有一个氢原子直接连于羰基上,因而醛非常容易被氧化,比较弱的氧化剂即可使醛氧化成含有同数碳原子的羧酸。而弱氧化剂不能使酮氧化,因此可以应用氧化法来区别醛和酮。常用的弱氧化剂是 Tollens 试剂及 Fehling 试剂。

Tollens 试剂是硝酸银的氨溶液,它与醛的反应可表示为

$$\text{RCHO} + 2\text{Ag}(\text{NH}_3)_2\text{OH} \xrightarrow{\triangle} \text{RCOONH}_4 + 2\text{Ag}\downarrow + \text{H}_2\text{O} + 3\text{NH}_3$$

醛被氧化成为羧酸(实际上得到的是羧酸的铵盐),它本身则被还原为金属银。如果反应器是很干净的,所析出的金属银将镀在容器的内壁,形成银镜,所以这个反应常称为银镜反应。

Fehling 试剂是由硫酸铜溶液与酒石酸钾钠碱溶液混合而成,作为氧化剂的是二价铜离子。醛与 Fehling 试剂反应时,二价铜离子还原成砖红色的氧化亚铜沉淀

$$\text{RCHO} + 2\text{Cu}^{2+} + \text{NaOH} + \text{H}_2\text{O} \xrightarrow{\triangle} \text{RCOONa} + \text{Cu}_2\text{O}\downarrow + 4\text{H}^+$$

但 Fehling 试剂不能将芳醛氧化成相应的酸。

上述两种氧化剂进行反应时,反应现象很明显,因而常用来鉴别醛、酮,以及脂肪醛与芳香醛。这两种试剂对碳碳双键和碳碳三键不反应,而用强氧化剂如高锰酸钾氧化时,则碳碳双键等也被氧化。例如

$$\text{CH}_3\text{CH}=\text{CHCHO} \begin{array}{c} \xrightarrow{\text{Ag}^+\text{ 或 Cu}^{2+}} \text{CH}_3\text{CH}=\text{CHCOOH} \\ \xrightarrow{\text{KMnO}_4,\text{NaOH}} \text{CH}_3\text{COOH} + 2\text{CO}_2 \end{array}$$

此外醛也很容易被 H_2O_2、RCO_3H、KMnO_4 和 CrO_3 等氧化剂所氧化,例如

$$\langle\rangle\!\!\!-\!\!\text{CHO} \xrightarrow[\text{甲醇 – 水},90\%]{\text{PhCO}_3\text{H}} \langle\rangle\!\!\!-\!\!\text{COOH}$$

酮不为弱氧化剂所氧化,但遇强氧化剂(如高锰酸钾、硝酸等)则可被氧化而发生碳链断裂。碳链的断裂发生在酮基和 α – 碳原子之间,往往生成多种较低级羧酸的混合物。例如

$$\text{CH}_3\overset{\underset{\|}{\text{O}}}{\text{C}}\text{CH}_2\text{CH}_3 \xrightarrow{\text{HNO}_3} \text{CH}_3\text{CH}_2\text{COOH} + \text{CH}_3\text{COOH} + \text{HCOOH}$$

$$\downarrow [\text{O}]$$

$$\text{H}_2\text{O} + \text{CO}_2$$

所以一般酮的氧化反应没有制备意义。但环己酮在强氧化剂作用下生成己二酸,是工业上制备己二酸的方法。

$$\text{环己酮} \quad =O + HNO_3 \xrightarrow{V_2O_5} HOOC(CH_2)_4COOH \quad \text{己二酸}$$

己二酸是生产合成纤维尼龙 – 66 的原料。

2. 还原反应

醛、酮能够被还原生成醇或者烃。还原剂不同,羰基化合物的结构不同,所生成的产物也不同。

(1)催化加氢。醛、酮可以催化加氢,分别生成伯醇和仲醇。

$$\begin{array}{c} R \\ | \\ (R')H \end{array} C=O + H-H \xrightarrow[\triangle]{Pt,Pd\ 或\ Ni} \begin{array}{c} R \quad OH \\ | \quad | \\ C \\ | \quad | \\ (R')H \quad H \end{array}$$

用催化加氢的方法还原羰基化合物时,若分子中还有其他可被还原的基团,如碳碳双键、碳碳三键等,总是活性较高的基团先被还原。对于 α,β – 不饱和羰基化合物而言,在催化加氢条件下,总是碳碳双键先被还原。例如,2 – 丁烯醛进行催化加氢,产物是正丁醇而不是 2 – 丁烯醇($CH_3CH=CHCH_2OH$)。

$$CH_3-CH=CH-CHO \xrightarrow[Ni]{H_2} CH_3CH_2CH_2CH_2OH$$

(2)用金属氢化物还原。金属氢化物如硼氢化钠、氢化铝锂等是还原羰基常用的试剂。硼氢化钠在碱性的水或醇溶液中是一种缓和的还原剂,不能还原碳碳双键,甚至也不能还原和羰基共轭的碳碳双键,因此可用于还原不饱和羰基化合物成为不饱和醇。例如

$$=O + NaBH_4 \xrightarrow[59\%]{C_2H_5OH} -OH$$

氢化铝锂或硼氢化钠等还原剂与羰基化合物反应也是亲核加成,此处亲核试剂是氢,它带着一对电子成为氢负离子($H:^-$),转移到羰基的碳上,与 Grignard 试剂中的 R 加到羰基碳上相似。$LiAlH_4$ 或 $NaBH_4$ 能还原四分子的醛或者酮

$$\begin{array}{c} \backslash \\ / \end{array} C=O + H-AlH_3 \longrightarrow \begin{array}{c} H \\ | \\ -C-OAlH_3 \\ | \\ H \end{array} \xrightarrow{3\ \backslash C=O}$$

$$(-\overset{H}{\underset{H}{C}}-O\ )_4Al^- \xrightarrow{H_2O} 4\ -\overset{H}{\underset{H}{C}}-OH + Al(OH)_3$$

氢化铝锂能与质子溶剂反应,因而要在乙醚等非质子溶剂中使用,然后水解,例如

$$CH_3CH=CHCHO \xrightarrow[②H^+,H_2O,90\%]{①LiAlH_4,乙醚} CH_3CH=CHCH_2OH$$

其他的化学还原剂,如异丙醇铝 – 异丙醇,只还原羰基而不影响碳碳重键等。例如

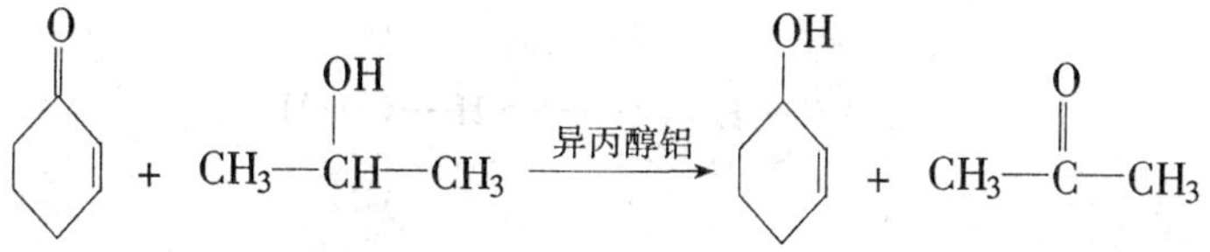

异丙醇铝也是一个选择性很强的还原剂。此反应是在苯或甲苯溶液中进行的。异丙醇铝把氢负离子转移给醛或酮的羰基上,而自身氧化成丙酮,将丙酮不断蒸出,使反应向产物方面进行,这相当前面讨论过的 Oppenauer 醇氧化的逆反应,此反应称为 Meerwein - Ponndorf 反应。

(3)Clemmensen 还原法。酮与锌汞齐和盐酸共同回流,可将羰基直接还原成亚甲基,称为 Clemmensen 还原。它是将羰基还原成亚甲基的一种较好的方法,在有机合成中常用于合成直链烷基苯。例如

$$PhCOCH_2CH_2CH_3 \xrightarrow[\text{回流},88\%]{Zn-Hg,\text{浓 }HCl} PhCH_2CH_2CH_2CH_3$$

(4)Wolff - Kishner 反应。将醛或酮还原为烃的另一种方法,是先使醛或酮与纯肼作用变成腙,然后将腙和乙醇钠及无水乙醇在高压釜中加热到 180℃ 左右而成,此法为 Wolff - Kishner 法。

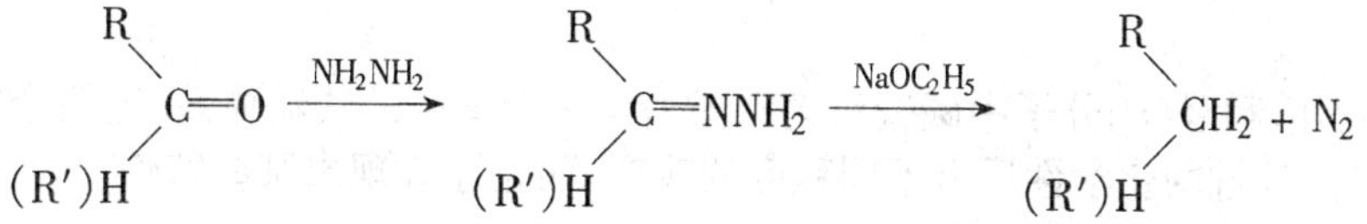

我国化学家黄鸣龙在反应条件方面作了改进。先将醛或酮、氢氧化钠、肼的水溶液和一个高沸点的水溶性溶剂(如二甘醇、三甘醇)一起加热,使醛、酮变成腙,再蒸出过量的水和未反应的肼,待温度达到腙的分解温度(约 200℃ 左右),继续回流至反应完成。这样可以不使用纯肼,反应在常压下进行,并且得到高产量的产品。这种改进的方法称为黄鸣龙改良的 Wolff - Kishner还原法。例如

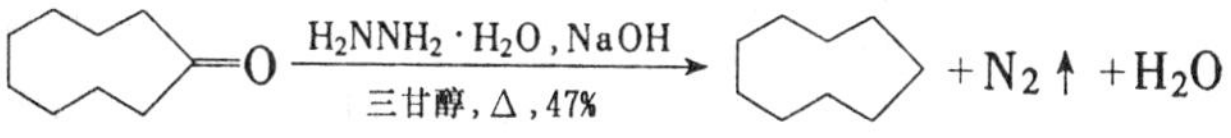

这种还原方法是在碱性条件下进行的,可用来还原对酸敏感的醛或酮,因此可以和 Clemmensen 还原法互相补充。

(5)Cannizzaro 反应(歧化反应)。不含 α - 氢原子的醛(如 HCHO、R_3C—CHO、Ar—CHO)在浓碱作用下,能发生自身的氧化和还原作用。即一分子醛被氧化成羧酸,在碱溶液中生成羧酸盐,另一分子醛被还原成醇,这种反应称为 Cannizzaro 反应。例如

$$2HCHO + NaOH \longrightarrow HCOONa + CH_3OH$$

在不含 α - 氢原子的分子间同时进行着两种性质相反的反应,如氧化还原等,通常称为歧化反应(disproportionation)。具有 α - 氢原子的醛不进行此反应,而进行羟醛缩合。

Cannizzaro 反应是连续两次亲核加成,首先是 OH^- 向羰基的碳进攻,生成中间体(Ⅰ),然后此中间体生成氢负离子与第二个醛分子进行加成。例如

在不同种分子间进行的 Cannizzaro 反应称为交错的 Cannizzaro 反应。例如,三羟甲基乙醛与甲醛都是不含 α - 氢原子的醛,在碱作用下发生交错的 Cannizzaro 反应,因为甲醛有更

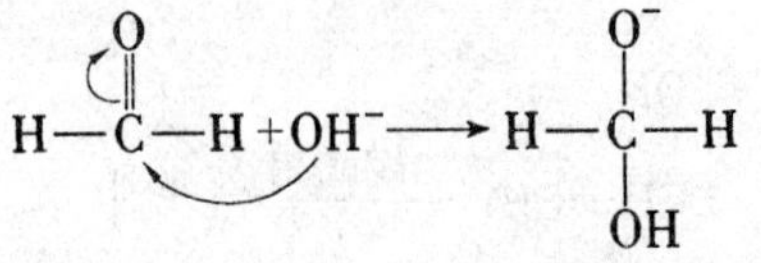

$$H-\overset{\overset{\displaystyle O}{\|}}{C}-H + OH^{-} \longrightarrow H-\overset{\overset{\displaystyle O^{-}}{|}}{\underset{OH}{C}}-H \tag{1}$$

$$H-\overset{O^-}{\underset{OH}{C}}-H + \overset{H}{\underset{H}{C}}{=}O \longrightarrow H-\overset{O}{\underset{OH}{C}} + CH_3O^- \longrightarrow H-\overset{O}{\underset{O^-}{C}} + CH_3OH$$

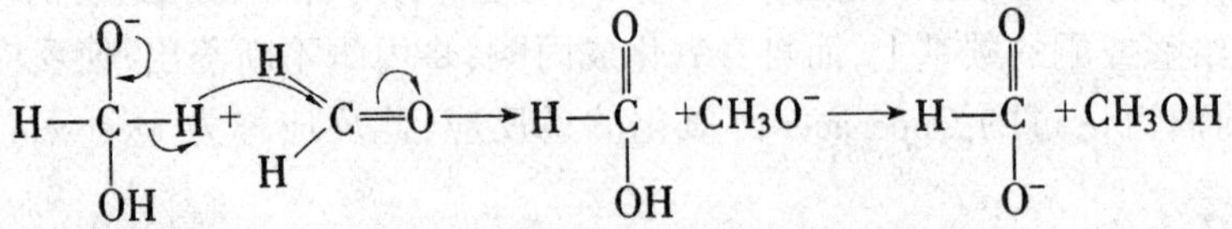

强的还原性,三羟甲基乙醛被还原成季戊四醇,甲醛被氧化为甲酸,在碱存在下生成甲酸盐

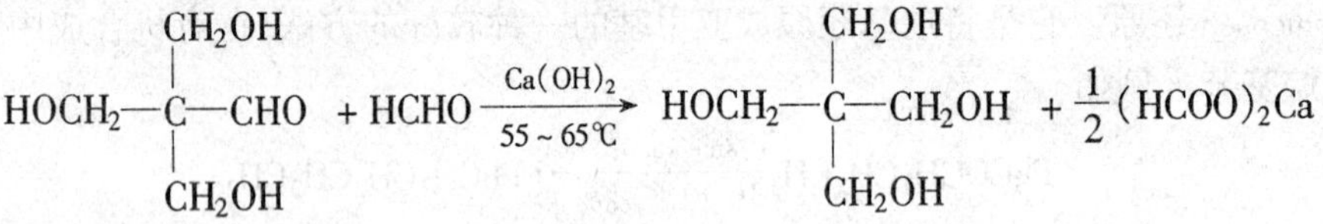

$$HOCH_2-\overset{\overset{\displaystyle CH_2OH}{|}}{\underset{CH_2OH}{C}}-CHO + HCHO \xrightarrow[55\sim65℃]{Ca(OH)_2} HOCH_2-\overset{\overset{\displaystyle CH_2OH}{|}}{\underset{CH_2OH}{C}}-CH_2OH + \frac{1}{2}(HCOO)_2Ca$$

这是实验室和工业上制备季戊四醇的方法。

8.4　α,β-不饱和醛、酮

α,β-不饱和醛、酮分子中碳碳双键和羰基是一个 $\pi-\pi$ 共轭体系,这两个官能团的相互影响不仅使各自的化学性质有不同程度的改变,而且还表现出某些特性。

一、亲电加成

亲电试剂对 α,β-碳原子的加成反应,由于碳碳双键 π 电子密度有所降低,反应活性较低。加成方式可有 1,2-加成和 1,4-加成两种,但最终产物是一样的。

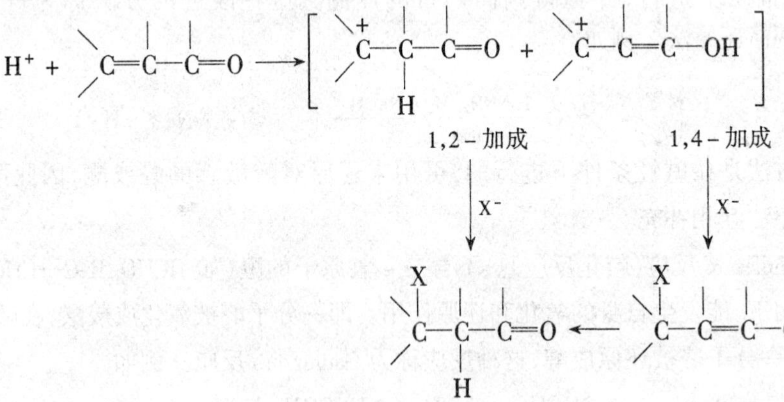

例如

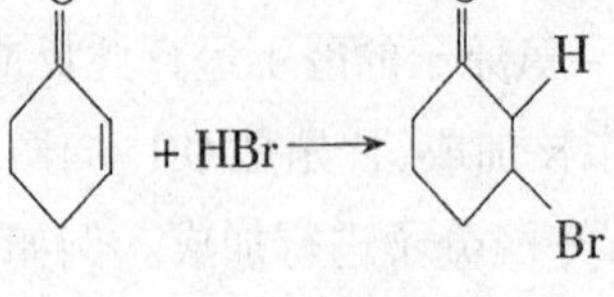

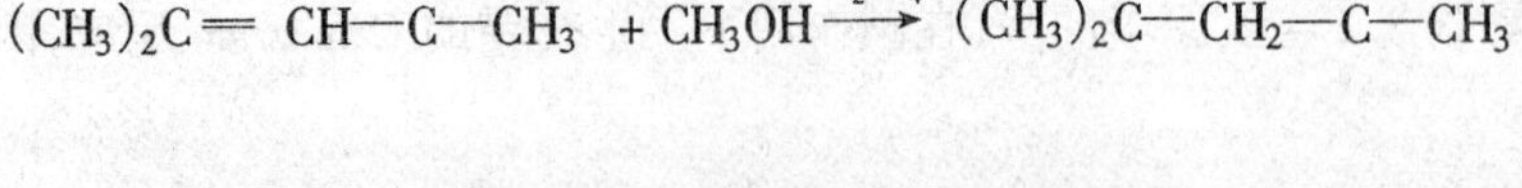

$$(CH_3)_2C{=}CH-\overset{\overset{\displaystyle O}{\|}}{C}-CH_3 + CH_3OH \xrightarrow{H_2SO_4} (CH_3)_2\overset{\overset{\displaystyle OCH_3}{|}}{C}-CH_2-\overset{\overset{\displaystyle O}{\|}}{C}-CH_3$$

作为亲双烯体,α,β-不饱和醛、酮还可以与1,3-丁二烯类化合物发生狄尔斯-阿尔德反应。

二、亲核加成

由于共轭体系的存在,α,β-不饱和醛、酮中羰基的碳原子缺电子性有所下降,而β-碳原子却显出缺电子性。亲核试剂与α,β-不饱和醛、酮的加成反应随着试剂性质及反应物结构的不同也有1,2-和1,4-两种加成方式。

格利雅试剂对α,β-不饱和醛、酮的亲核加成可顺利进行,对于α,β-不饱和醛的加成主要是1,2-加成方式,对于α,β-不饱和酮的加成,则由于取代基空间位阻的存在,两种加成方式均可出现,但加入CuI有利于1,4-加成进行。例如

$$CH_3\overset{O}{\overset{\|}{C}}-CH=CHCH_3 + CH_3MgBr \xrightarrow{H_3O^+} CH_3\overset{O}{\overset{\|}{C}}-CH_2-\overset{CH_3}{\overset{|}{CHCH_3}}$$

$$+ CH_3CH=CH-\overset{OH}{\overset{|}{C(CH_3)_2}}$$

$$CH_3\overset{O}{\overset{\|}{C}}-CH=CHCH_3 + CH_3MgBr \xrightarrow{CuI\ H_3O^+} CH_3\overset{O}{\overset{\|}{C}}-CH_2-CH(CH_3)_2$$

1,4-加成的结果相当于在C=C中加成了亲核试剂。

有机锂试剂具有更高的活性,它对α,β-不饱和醛、酮的加成以1,2-加成方式为主。例如

$$PhCH=CH-\overset{O}{\overset{\|}{C}}-Ph + PhLi \xrightarrow{Et_2O\ H_3O^+} PhCH=CH-\overset{OH}{\overset{|}{CPh_2}}$$

HCN和HNR$_2$等较弱的亲核试剂与α,β-不饱和醛、酮的加成反应一般是以1,4-加成为主。例如

$$PhCH=CH\overset{O}{\overset{\|}{C}}Ph + HCN \longrightarrow PhCH-CH_2\overset{O}{\overset{\|}{C}}Ph$$
$$\underset{CN}{|}$$

三、缩合反应

丙烯醛是最简单的α,β-不饱和醛,它不含有活泼的α-H,但它与含有α-H的酮在稀碱中能很好地进行交叉缩合反应。例如

$$CH_2=CH-\overset{O}{\overset{\|}{C}}-H + CH_3\overset{O}{\overset{\|}{C}}CH_3 \xrightarrow{稀\ OH^-} CH_3\overset{O}{\overset{\|}{C}}-CH_2-CH_2-CH_2\overset{O}{\overset{\|}{C}}H$$

这是CH$_3$COCH$_3$的烯醇型负离子对丙烯醛发生了1,4-亲核加成的结果

$$\left[CH_3\overset{O}{\overset{\|}{C}}-\overset{-}{C}H_2 \longleftrightarrow CH_3\overset{O^-}{\overset{\|}{C}}=CH_2 \right] + CH_2=CH-\overset{O}{\overset{\|}{C}}H \longrightarrow CH_3\overset{O}{\overset{\|}{C}}CH_2CH_2-CH=\overset{O^-}{\overset{|}{CH}}$$
$$H_2O$$

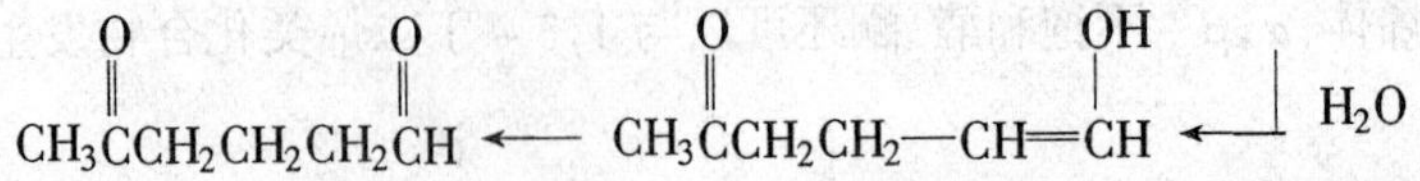

$$CH_3CCH_2CH_2CH_2CHO \longleftarrow CH_3CCH_2CH_2—CH—CH \longleftarrow |\ H_2O$$

在 α,β – 不饱和醛中,如果存在共轭的 γ – 碳氢键,则 γ – H 具有一定的"酸性",当它与碱作用形成负离子时,由于大共轭体系的存在,使之较为稳定,会与其他的醛羰基发生缩合反应,生成更大的共轭体系。例如

$$CH_3CH =CH—CHO + CH_3CH =CH—CHO \xrightarrow[\triangle]{OH^-}$$

$$CH_3CH =CH—CH =CH—CH =CH—CHO$$

像这种在乙醛中两个碳原子之间插入一个 $C =C$,并使 α – H 的活泼性延至 γ – H 上,而且这种效果不因共轭体系的加长而减弱,被称为"插烯规律"。又如

$$C_6H_5CH =CHCHO + CH_3CH =CHCHO \xrightarrow[C_2H_5OH,\triangle]{OH^-} C_6H_5 (CH =CH)_3CHO$$

烯醇型负离子对 α,β – 不饱和羰基化合物的共轭加成称为迈克尔(Michael)加成反应。环己酮与 3 – 丁烯 – 2 – 酮的迈克尔加成可生成一个 δ – 二酮,在碱的作用下后者可继续缩合(分子内)生成桥环酮类化合物

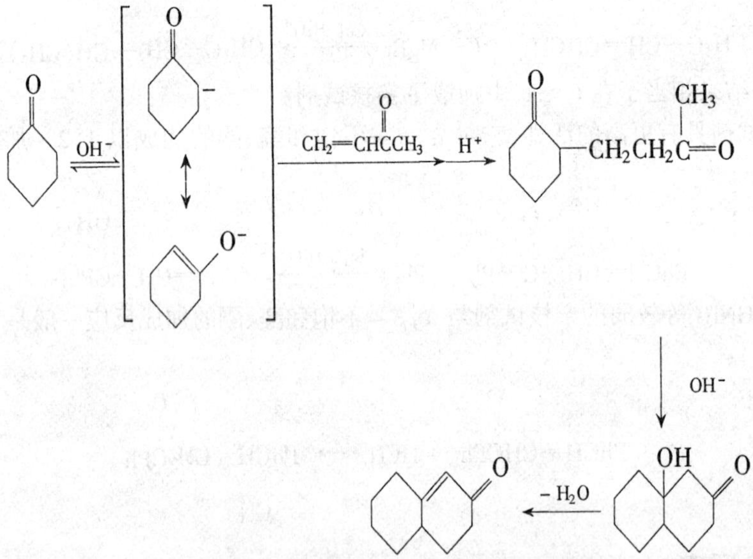

乙烯酮($CH_2 =C =O$)是分子最小的不饱和酮。在乙烯酮分子中,乙烯基与羰基共用一个碳原子,该碳原子为 sp 杂化,分子中的两个 π 键是累积型。乙烯酮有非常高的化学活性,它的沸点很低(– 56℃),不易贮存,极易与空气中的氧作用形成具有爆炸性的过氧化物;乙烯酮的毒性很大,又有特殊的臭味;它在丙酮中有较好的溶解性。

由于乙烯酮分子有高度的不饱和性,它可与众多的极性试剂发生加成反应,结果是在试剂分子中引入了乙酰基,所以,乙烯酮是高活性的乙酰化试剂。

乙烯酮在 0℃时就会发生自身的二聚反应,生成二乙烯酮(沸点 127℃)。从结构上看,二乙烯酮是一个四元环内酯,分子中存在着高度的不饱和性和环张力,它与具有活泼氢的化合物作用,生成 β – 丁酮酸的衍生物。二乙烯酮是重要的有机化工原料。

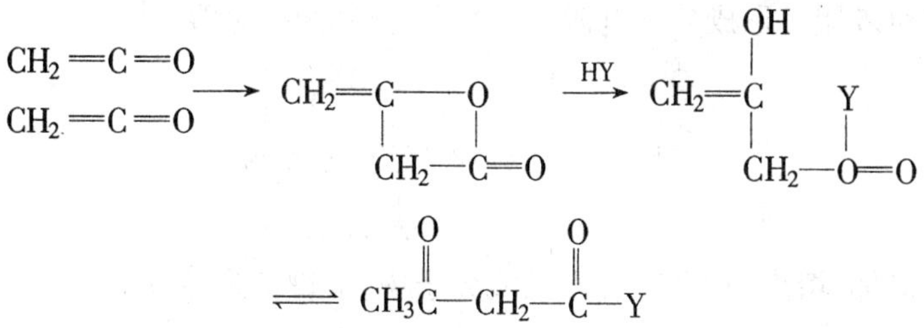

$$CH_2=C=O \atop CH_2=C=O \longrightarrow CH_2=C-O \atop \underset{CH_2-C=O}{|} \xrightarrow{HY} \underset{CH_2-O-O=O}{CH_2=C} \atop OH \atop Y$$

$$\rightleftharpoons CH_3\overset{O}{\overset{||}{C}}-CH_2-\overset{O}{\overset{||}{C}}-Y$$

乙烯酮可由乙酸或丙酮通过热裂解方法得到

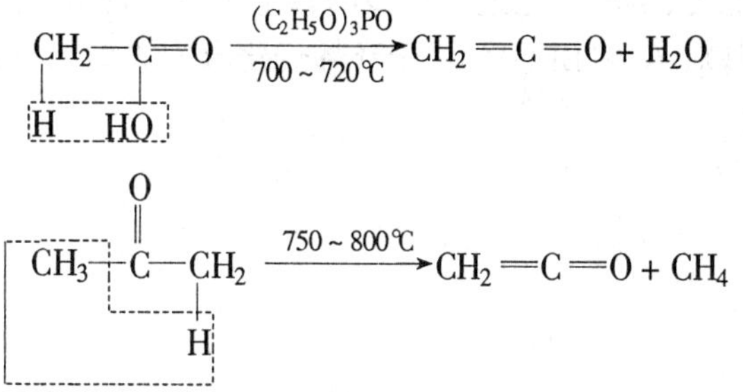

$$\underset{[H \quad HO]}{CH_2-C=O} \xrightarrow[700\sim720℃]{(C_2H_5O)_3PO} CH_2=C=O + H_2O$$

$$\underset{[H]}{CH_3\overset{O}{\overset{||}{C}}-CH_2} \xrightarrow{750\sim800℃} CH_2=C=O + CH_4$$

8.5 醌类化合物

醌是一类特殊的 α,β – 不饱和环状共轭二酮。在醌分子中存在着环己二烯二酮的结构特征。醌主要可分为苯醌、萘醌、蒽醌、菲醌四大类。

醌型结构有对位和邻位两种,间位醌型结构不可能出现。

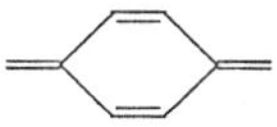

对醌型结构 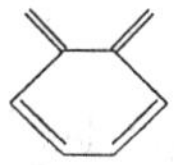   邻醌型结构

醌环不是芳环,醌环没有芳香性。在醌分子中,由于两个羰基共同存在于一个不饱和的共轭环上,使醌类化合物的热稳定性很差。醌环化学性质与 α,β – 不饱和酮相似。

苯醌是稳定性最小的醌类化合物。在对苯醌中碳碳单键及碳碳双键的键长分别为 0.149 nm 和 0.132 nm,这与脂肪族的典型键长(0.154 nm 和 0.134 nm)相近。

一、苯醌的化学性质

1. 还原反应

对苯醌很容易被还原,还原剂可以是 H_2S、HI、$Na_2S_2O_3$、Fe/H_2O、$FeCl_2$ 等,还原的产物是对苯二酚,也称为氢醌。

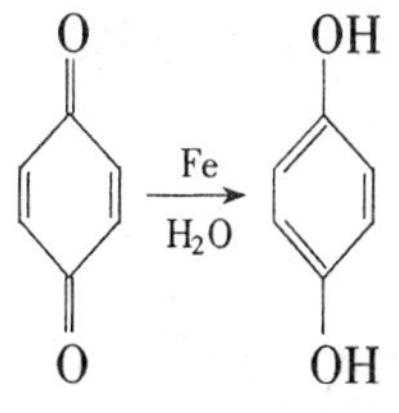

对苯二酚与对苯醌可形成分子电荷转移络合物,称为醌氢醌。

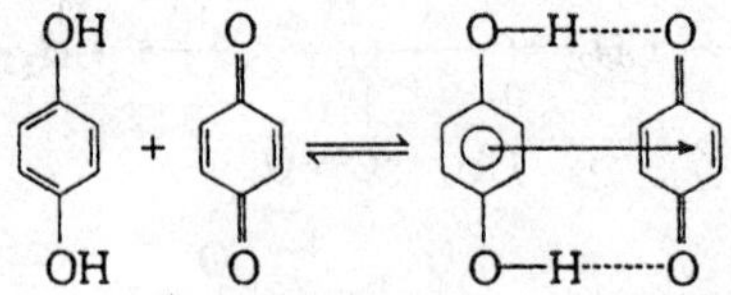

这是一种墨绿色晶体,熔点191℃。在醌氢醌分子中,氢键的形成使其结构稳定。醌氢醌可用于测定半电池的电势。

醌有一定的氧化能力,当醌环上连有较多的吸电子基团时,其氧化能力增强,并有特殊的用途。如二氯二氰基对苯醌(DDQ)可用于环烯烃化合物的氧化脱氢试剂。例如

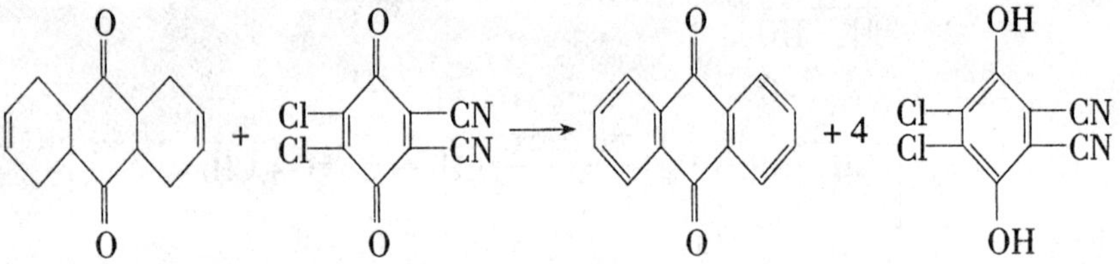

DDQ(2,3 – dicholoro – 5,6 – dicyano – 1,4 – benzoquinone)是重要的芳构化(氧化脱氢)试剂。

2. 加成反应

(1)烯键加卤素。苯醌与 Br_2 的加成发生在碳碳双键上,属亲电加成,可得到二溴或四溴化合物;加成产物经过脱 HBr 可生成一溴苯醌和二溴苯醌;二溴苯醌还可以再加成两分子 Br_2,然后再脱去两分子 HBr 生成四溴苯醌。

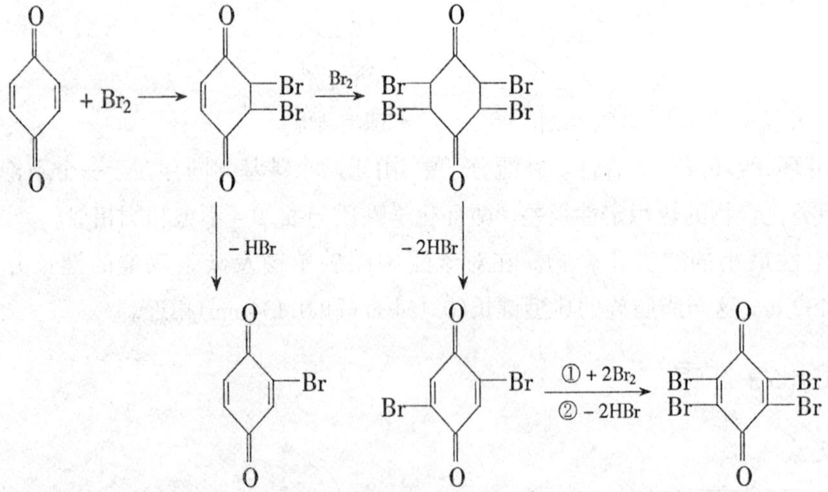

Cl_2 也可以发生类似的加成,也可得到四氯对苯醌。9,10 – 蒽醌和 9,10 – 菲醌不与卤素加成。

(2)共轭加成。苯醌与 HCl 的加成是 1,4 – 加成,生成的产物氯代氢醌经过氧化后还可以与 HCl 加成,再经氧化可得多氯代醌。

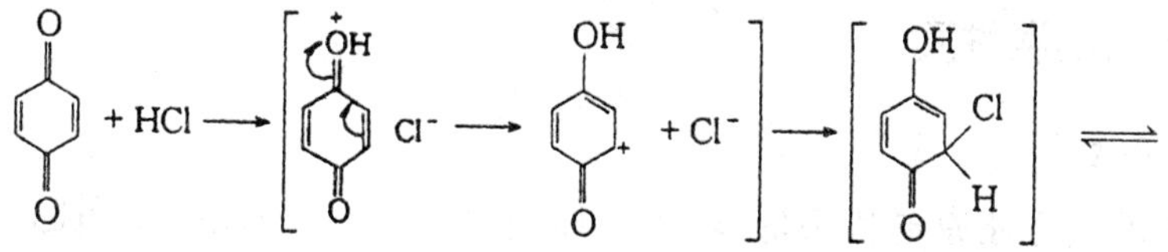

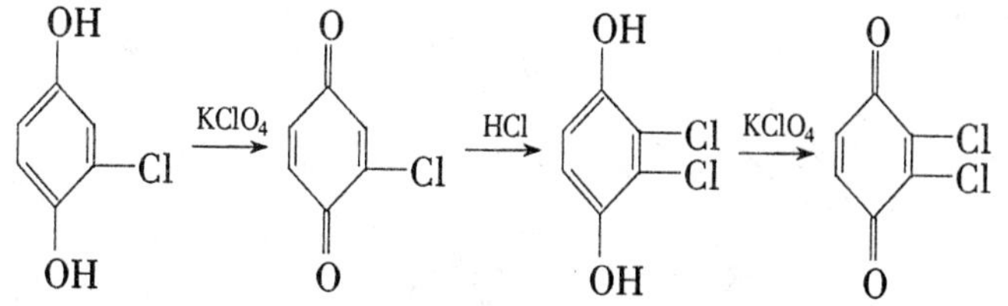

若将 2,3 - 二氯苯醌再重复上述反应,则可生成 2,3,5,6 - 四氯对苯醌(黄色片状晶体,熔点 90℃)。

HCN 与苯醌的反应也是 1,4 - 加成。

(3)与羟胺的加成

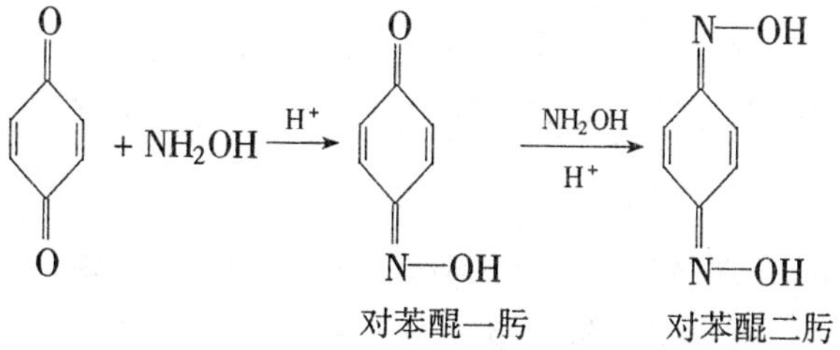

对苯醌一肟

对苯醌二肟

对苯醌一肟与对亚硝基苯酚彼此为互变异构体,在溶液中主要以一肟的结构存在。

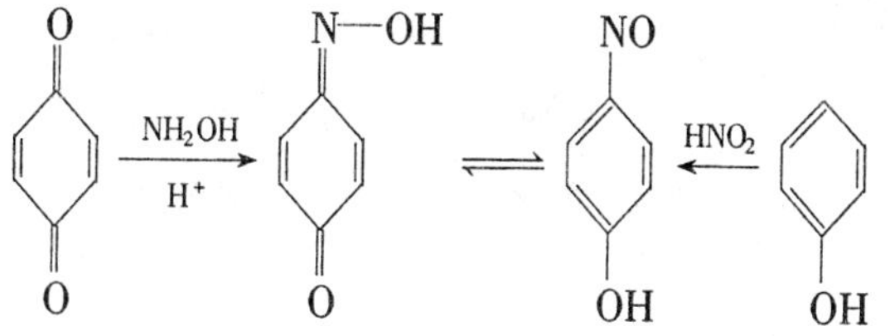

(4)与格利雅试剂反应。对苯醌与一分子的格利雅试剂反应可以生成醌醇,在酸性条件下醌醇可重排成烃基取代的对苯二酚。例如

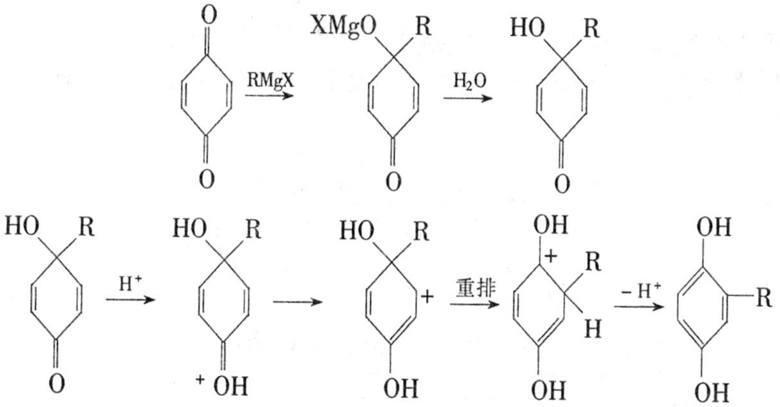

除上述反应外,由于醌是高度缺电子的亲双烯体,所以还能发生双烯合成反应得到双环化合物。

二、蒽醌的化学性质

1. 还原反应

蒽醌的标准氧化还原电势很低,较难还原,在较强的还原条件下蒽醌可被还原生成 9,10 - 二氢化蒽

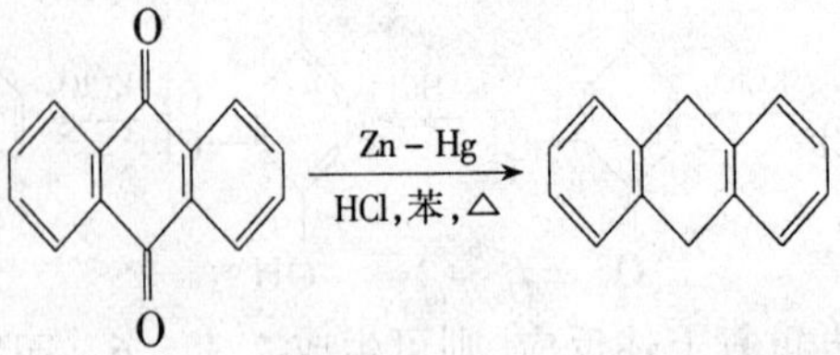

锡粉在酸性水溶液中可还原蒽醌为蒽酮,后者可用于糖类化合物的定性检验和定量测定。糖类化合物与蒽酮的硫酸溶液呈现蓝绿色。

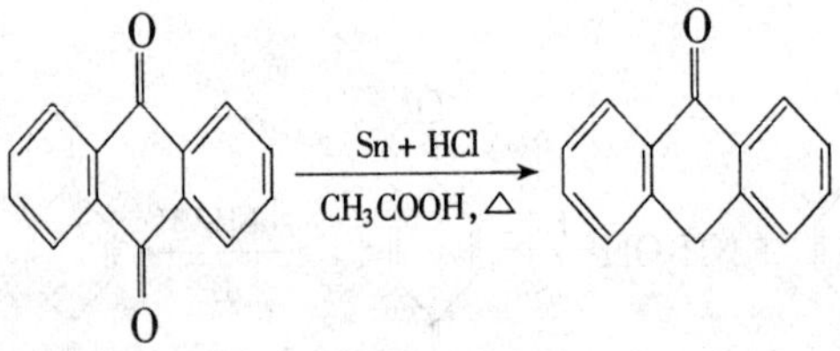

在锌和氢氧化钠或在保险粉与氢氧化钠的作用下,9,10 - 蒽醌被还原成 9,10 - 二羟基蒽的钠盐,后者溶于碱性溶液中呈血红色,这个反应可用于 9,10 - 蒽醌的鉴别。9,10 - 二羟基蒽的钠盐在酸性条件下转化为氢化蒽醌,它容易被空气中的氧气氧化为蒽醌,这可用于蒽醌的分离提纯。

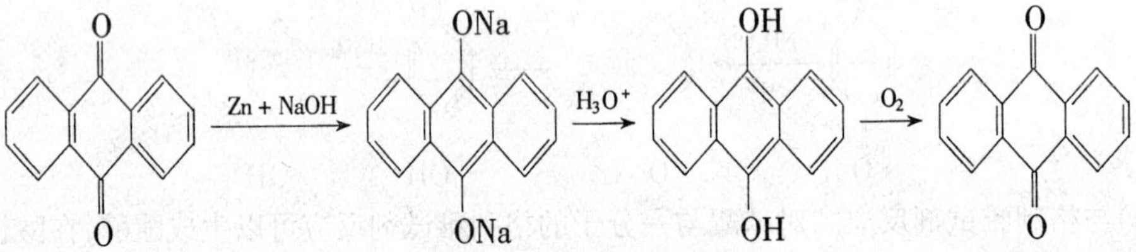

2. 磺化反应

蒽醌的两个苯环是钝化的,在较高的温度下与浓硫酸或发烟硫酸作用,生成的 β - 蒽醌磺酸进一步磺化,则生成 2,6 - 及 2,7 - 二磺酸,它们是制取多种染料中间体的基本原料。

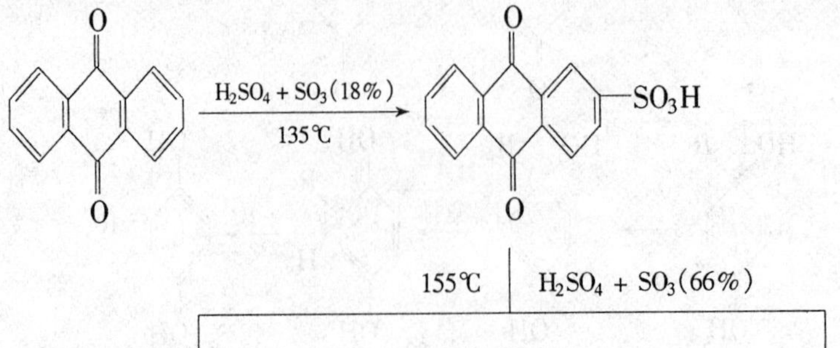

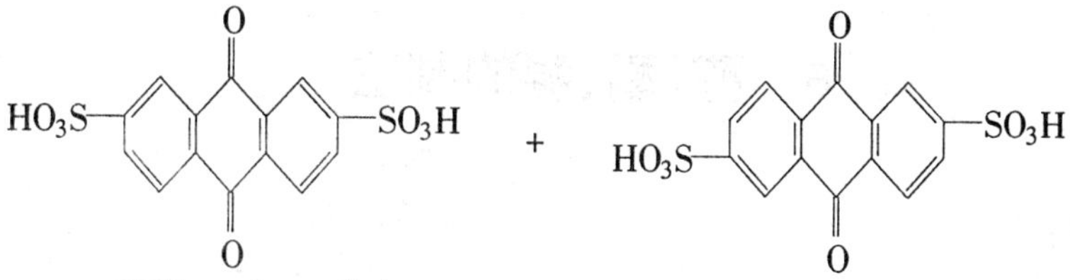

蒽醌-2,7-二磺酸   蒽醌-2,6-二磺酸

如果加入 $HgSO_4$，蒽醌磺化产物主要为 α-磺酸，继续磺化则可得到 1,5-及 1,8-二磺酸

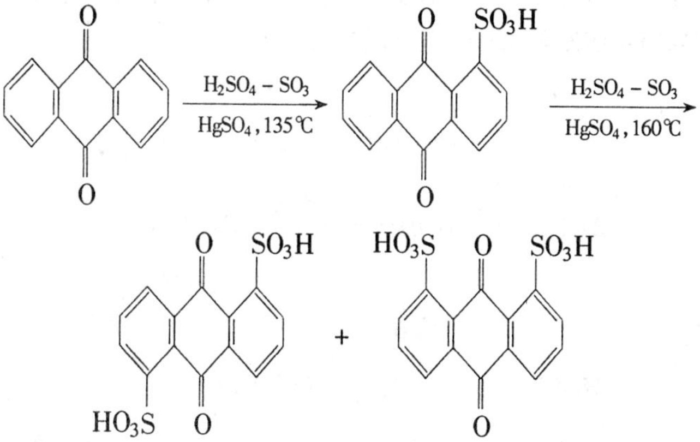

蒽醌-1,5-二磺酸   蒽醌-1,8-二磺酸

蒽醌磺酸的磺基很活泼，可被卤离子、氨基、羟基等置换。例如

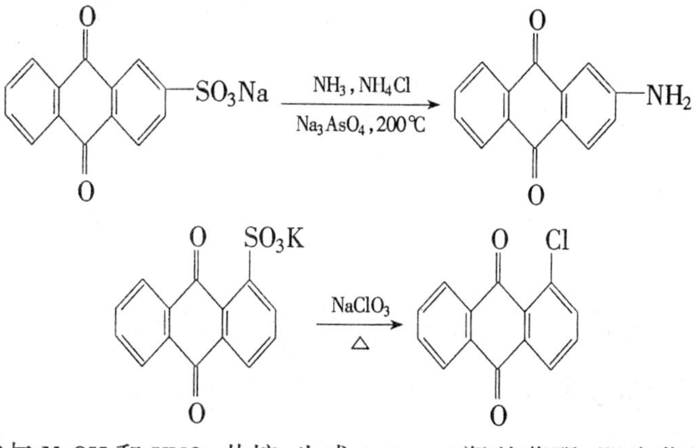

β-蒽醌磺酸与 NaOH 和 KNO_3 共熔，生成 1,2-二羟基蒽醌，即为茜红素，是一种红色的植物染料，它可以从茜草根中分离出来，是红色针状结晶，熔点为 289℃，它是最早的人工合成的天然染料。

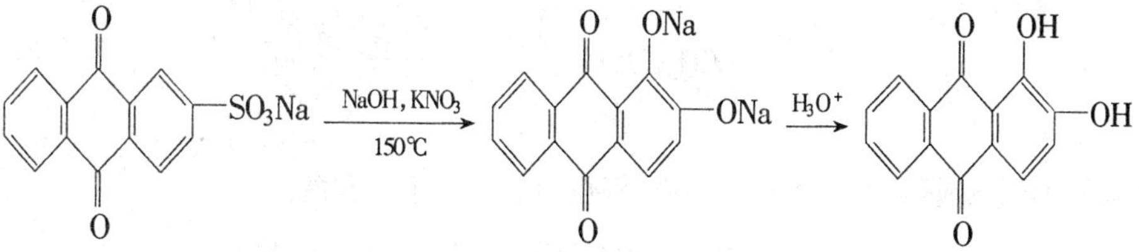

8.6　醛、酮、醌的制法

一、醛的制备

1. 伯醇氧化

一级醇在适当的反应条件下被部分氧化成醛,是制备醛最常用的方法。可以采用将生成的沸点较低的醛在氧化反应过程中不断蒸馏出来的办法,也可以采用较温和的氧化剂(如 CrO_3 - 吡啶,PCC,DMSO – DCC 等)进行氧化的办法。例如

$$RCH_2OH \xrightarrow[H^+]{CrO_3} RCH\overset{O}{\|}$$

$$CH_3(CH_2)_5CH_2OH \xrightarrow[CH_2Cl_2]{CrO_3 - 吡啶} CH_3(CH_2)_5CHO$$

$$70\% \sim 80\%$$

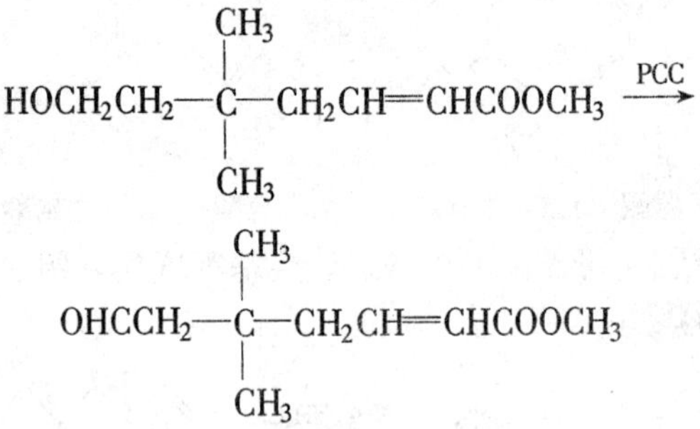

$$\underset{\underset{CH_3}{|}}{HOCH_2CH_2-\overset{\overset{CH_3}{|}}{C}-CH_2CH=CHCOOCH_3} \xrightarrow{PCC}$$

$$\underset{\underset{CH_3}{|}}{OHCCH_2-\overset{\overset{CH_3}{|}}{C}-CH_2CH=CHCOOCH_3}$$

$$83\%$$

$$O_2N-\!\!\!\bigcirc\!\!\!-CH_2OH + CH_3\overset{O}{\overset{\|}{S}}CH_3 + \bigcirc-N=C=N-\bigcirc$$

$$\xrightarrow{H_3PO_4} O_2N-\!\!\!\bigcirc\!\!\!-CHO + \bigcirc-NH-\overset{O}{\overset{\|}{C}}-NH-\bigcirc$$

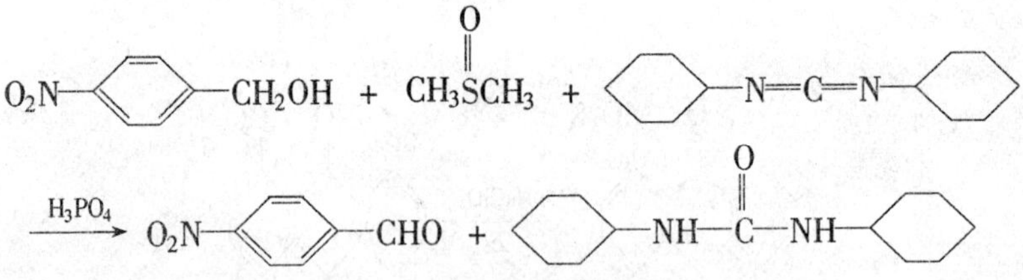

1,3 - 二环己基碳二亚胺可由 N,N' - 二环己基脲制备

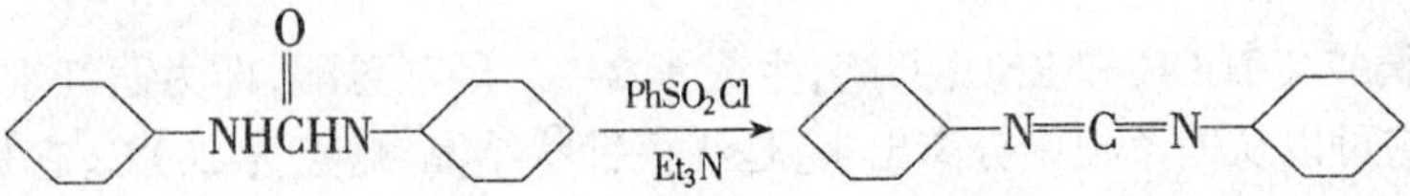

$$\bigcirc-NH\overset{O}{\overset{\|}{C}}HN-\bigcirc \xrightarrow[Et_3N]{PhSO_2Cl} \bigcirc-N=C=N-\bigcirc$$

Oppenauer 氧化法

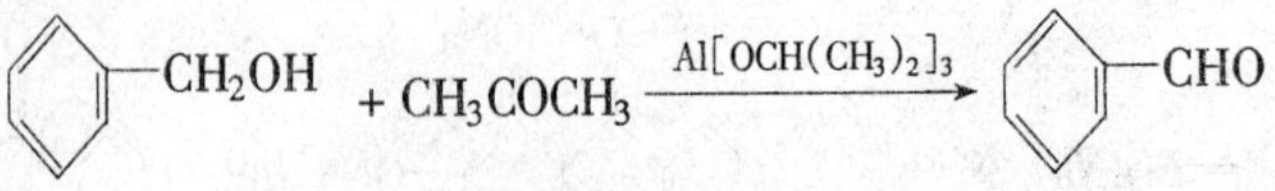

$$\bigcirc-CH_2OH + CH_3COCH_3 \xrightarrow{Al[OCH(CH_3)_2]_3} \bigcirc-CHO$$

$$95\%$$

苄基醇和烯丙基醇可用价廉的 MnO_2 氧化为 α,β - 不饱和醛

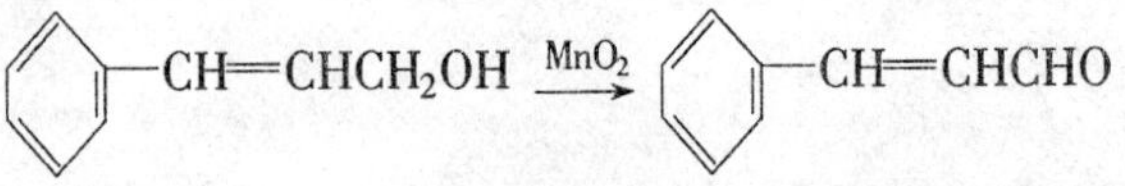

$$\bigcirc-CH=CHCH_2OH \xrightarrow{MnO_2} \bigcirc-CH=CHCHO$$

工业上常用将低级伯醇催化脱氢和氧化的方法制备醛

$$CH_3OH + \frac{1}{2}O_2 \xrightarrow{Ag,250℃} HCHO + H_2O$$

$$CH_3CH_2OH \xrightarrow[260\sim290℃]{Cu} CH_3CHO + H_2$$

2. 烃的不完全氧化

(1)甲苯氧化。甲苯的苄基氢很活泼,容易被氧化。选择合适的氧化剂可将其氧化为醛。例如用铬酸及乙酐氧化甲苯生成的二乙酸酯不易继续氧化,分离后水解为醛;也可将甲苯部分氯化为二氯化物,然后水解为醛

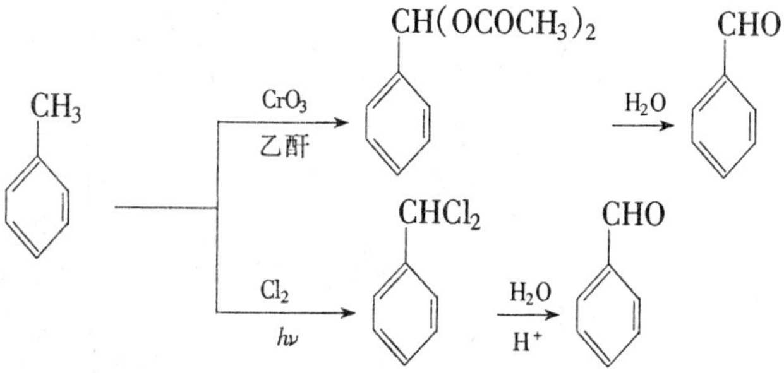

(2)烯烃氧化。乙炔在汞盐催化下水合为乙醛的方法逐渐被淘汰。因为汞盐污染环境,而且乙炔来源有限。乙烯在 Pd - Cu 复盐催化下可被氧化为乙醛

$$CH_2{=}CH_2 \xrightarrow[PdCl_2-CuCl_2]{O_2} CH_3CHO$$

烯烃与 CO、H_2 在羰基钴、氧化铑等催化剂作用下反应生成比原来烯烃多 1 个碳原子的醛

$$RCH{=}CH_2 + H_2 + CO \xrightarrow{Co_2(CO)_8} RCH_2CH_2CHO + R{-}\underset{}{\overset{\overset{\displaystyle CH_3}{|}}{C}H}{-}CHO$$

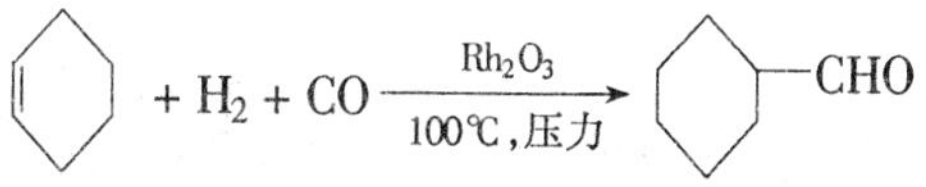

82% ~ 84%

3. 羧酸衍生物还原

酰氯、酯和酰胺等被一些特殊的试剂还原为醛,例如

$$R{-}\overset{\overset{\displaystyle O}{\|}}{C}{-}Cl + H_2 \xrightarrow[\text{硫脲}]{Pd-BaSO_4} R{-}\overset{\overset{\displaystyle O}{\|}}{C}{-}H \quad \text{(Rosenmund 还原法)}$$

$$R{-}\overset{\overset{\displaystyle O}{\|}}{C}{-}OR' \xrightarrow{[(CH_3)_2CHCH_2^-]_2AlH} R{-}\overset{\overset{\displaystyle O}{\|}}{C}{-}H$$

$$R{-}\overset{\overset{\displaystyle O}{\|}}{C}{-}NR'_2 \xrightarrow{[(CH_3)_2CHCH_2^-]_2AlH} R{-}\overset{\overset{\displaystyle O}{\|}}{C}{-}H$$

$LiAlH_4$ 中氢被一些烷氧基或烷基取代后的有机铝试剂的还原能力低于 $LiAlH_4$,可将酰

氯还原为醛

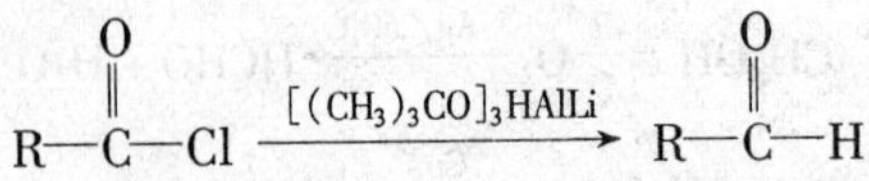

$$R-\overset{\overset{O}{\|}}{C}-Cl \xrightarrow{[(CH_3)_3CO]_3HAlLi} R-\overset{\overset{O}{\|}}{C}-H$$

4. 在苯环上直接引入醛基

(1)Reimer-Tiemann 反应。将酚类化合物在 NaOH(或 KOH)存在下与 CHCl$_3$ 加热反应生成邻及对位酚醛混合物,其中邻位异构体为主要产物。此方法产率不太高,但由于操作简单,所以仍是合成酚醛的一个重要方法。反应式为

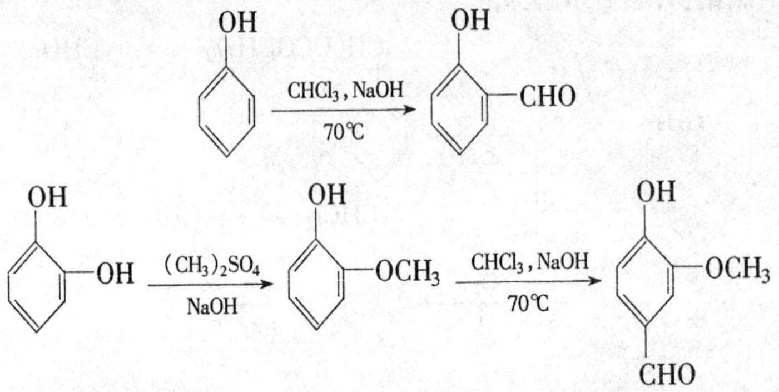

(2)Vilsmeier 反应。将取代甲酰胺和芳香族化合物在 POCl$_3$ 存在下,缩合生成的中间体在酸性溶液中水解为芳香醛。这是在芳环上引入甲酰基较常用的方法。例如

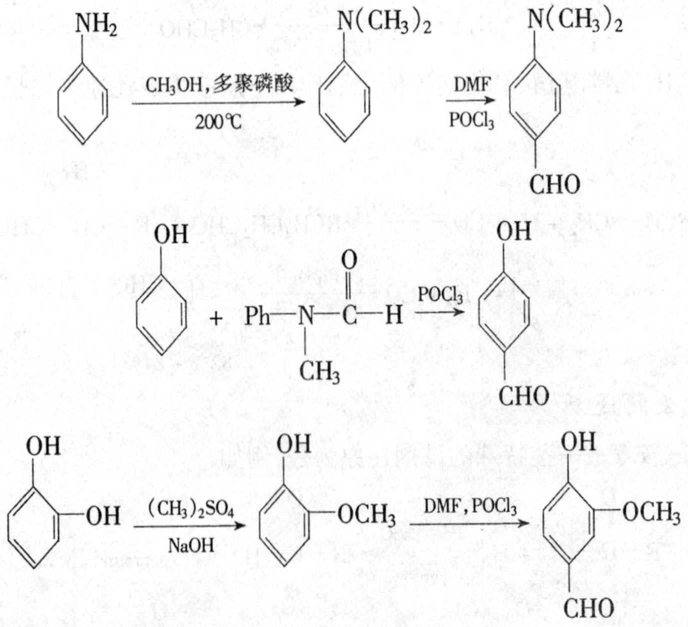

其反应历程为

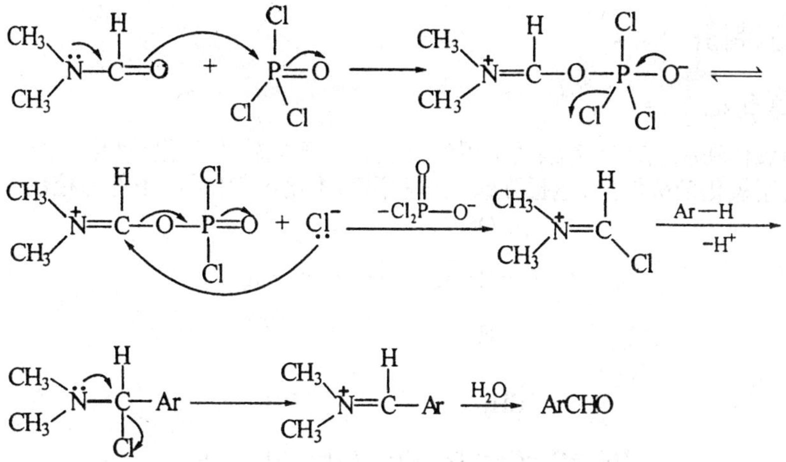

（3）Gattermann – Koch 反应。将等物质的量的 CO 和 HCl 干燥混合气体在 AlCl$_3$ 及 Cu$_2$Cl$_2$ 或 TiCl$_4$ 等 Lewis 酸催化下与芳香族化合物发生取代反应，生成芳醛。此方法产率一般都不高，而且不适合含有给电子基（如—OH、RO—、R$_2$N—）及第二类定位基的芳烃，故应用范围不广。反应式为

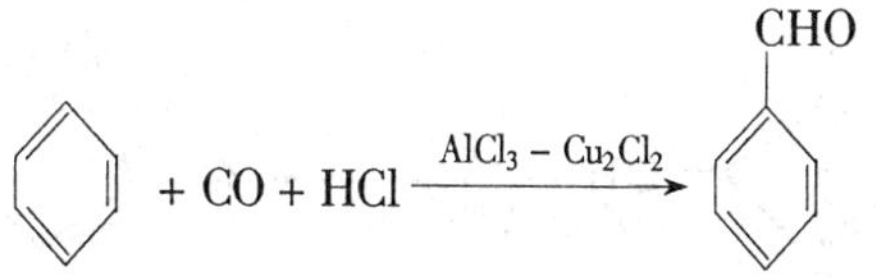

其反应历程为

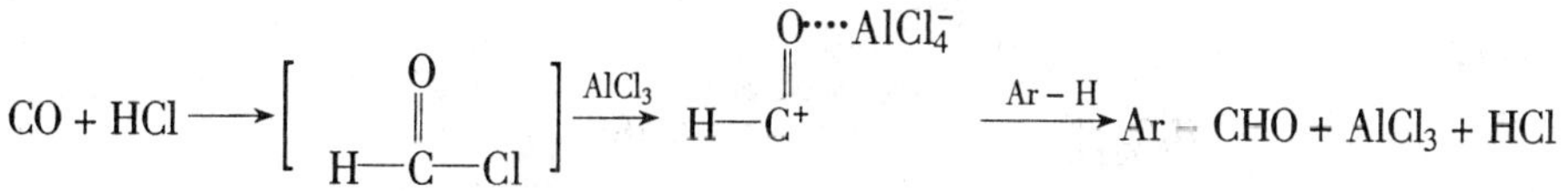

所用混合气体可由氯磺酸与甲酸作用得到

$$HSO_3Cl + HCOOH \longrightarrow HCl + CO + H_2SO_4$$

在 ZnCl$_2$、AlCl$_3$ 等 Lewis 酸催化下，Zn(CN)$_2$、HCl 与芳香族化合物反应，然后水解得到芳醛。此方法产率较高，操作较为安全便利，而且酚、芳基醚也易发生反应。例如

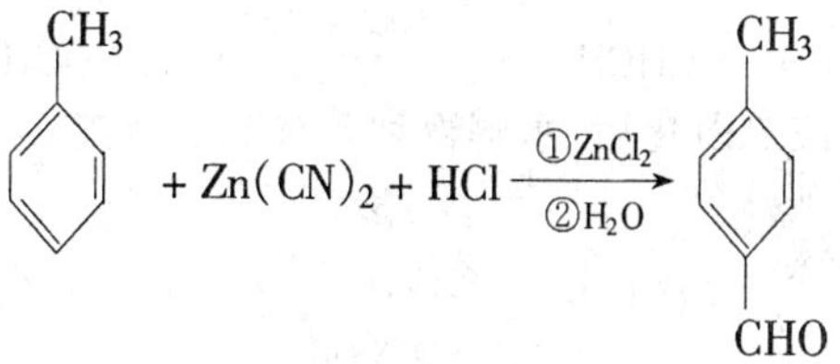

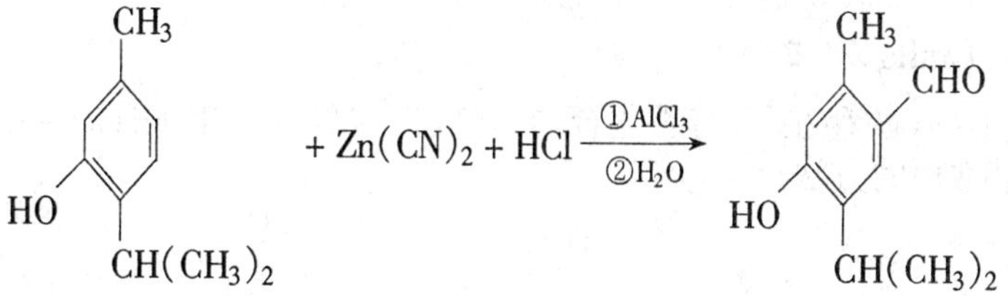

99%

二、酮的制备

1. 仲醇氧化

仲醇的氧化和脱氢是制备酮最常用的方法。由于酮较难氧化,氧化仲醇易停留在酮阶段。因此所用氧化剂范围广,包括强氧化剂和温和氧化剂,且反应条件易控制。反应通式为

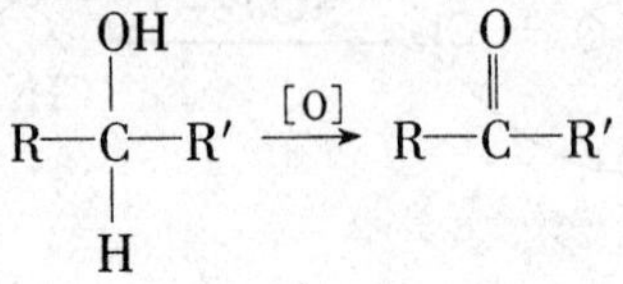

$$R-\underset{\underset{H}{|}}{\overset{\overset{OH}{|}}{C}}-R' \xrightarrow{[O]} R-\overset{\overset{O}{\|}}{C}-R'$$

例如

$$HC\equiv C-\underset{\overset{|}{CH_3}}{\overset{\overset{CH_3}{|}}{C}}=CH-CH-CH=\overset{\overset{OH}{|}}{C}H-CH_3 \xrightarrow{MnO_2}$$

$$HC\equiv C-\underset{\overset{|}{CH_3}}{C}=CH-CH-CH=\overset{\overset{O}{\|}}{C}-CH_3$$

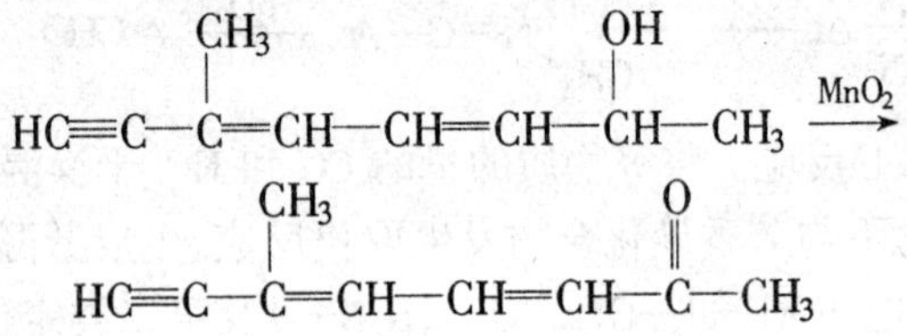

57%

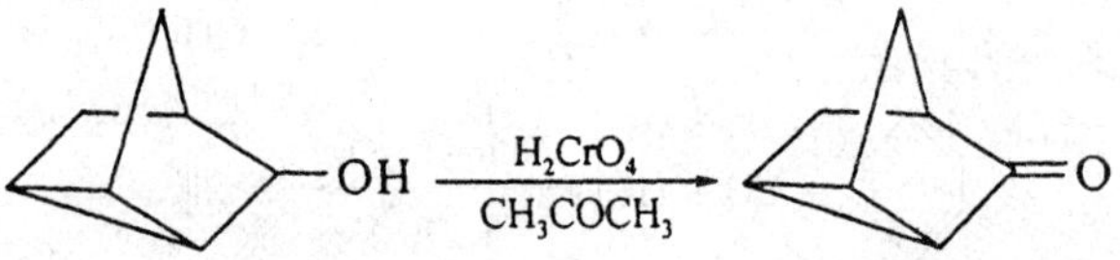

79%~88%

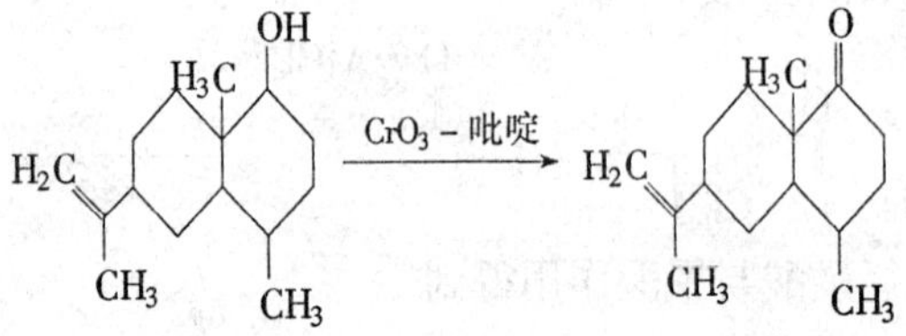

95%

2. 烃的氧化

烯烃在 Pd－Cu 复盐催化下被氧化为酮。例如

$$CH_2=CHCH_3 + O_2 \xrightarrow{PdCl_2-CuCl_2} CH_3COCH_3$$

有 2 个苄基氢的芳烃被二卤化后,水解得到芳香酮。例如

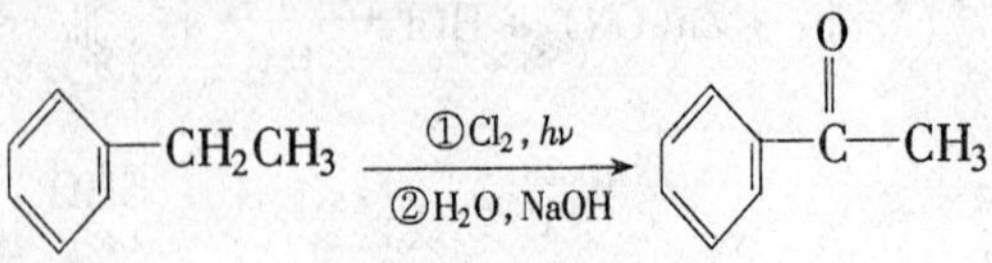

3. Friedel－Crafts 反应

在 AlCl₃ 等 Lewis 酸存在下,芳香化合物与酰氯、酸酐等发生 Friedel－Crafts 酰基化反应是制备芳基酮最常用的方法

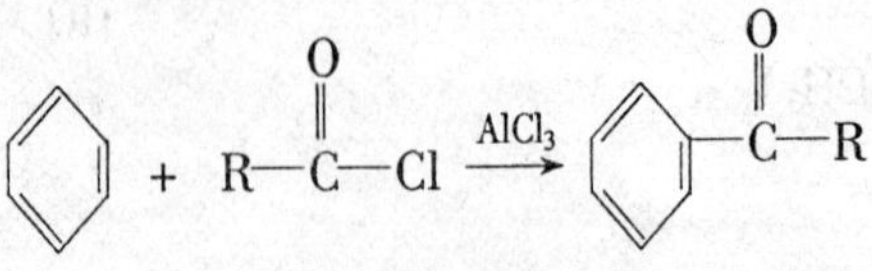

4. 由羧酸衍生物与金属有机化合物反应

(1)酰氯和有机镉化合物反应。酰氯和有机镉化合物反应生成酮,由于有机镉化合物很不活泼,不与酮反应,故反应停留在酮的阶段,产率较高。反应通式为

$$R'MgX \xrightarrow{CdCl_2} R'_2Cd \xrightarrow{RCCl} R-\overset{O}{\underset{}{C}}-R'$$

例如

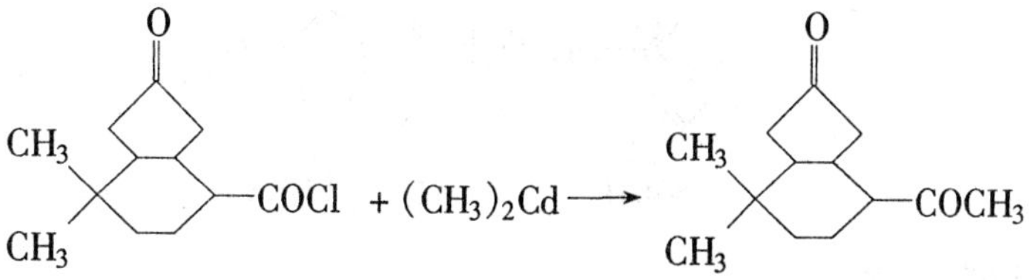

60%

如果用格氏试剂(RMgX)直接与酰氯反应,则 RMgX 可能进一步与酮反应而生成醇。

(2)腈与格氏试剂(RMgX)反应。腈与格氏试剂(RMgX)反应后水解得到酮,产率较高。

例如

$$CH_3OCH_2C\equiv N + PhMgX \longrightarrow CH_3OCH_2\overset{Ph}{\underset{}{C}}=NMgX \xrightarrow{H_3O^+} CH_3OCH_2\overset{Ph}{\underset{}{C}}=O$$

71%～78%

三、醌的制备

醌类化合物一般都是通过芳香化合物氧化得到的。对苯醌一般由苯胺氧化制备

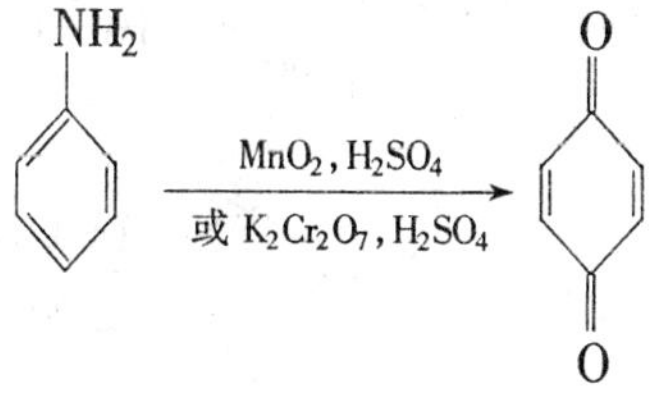

也可由苯酚类化合物氧化得到

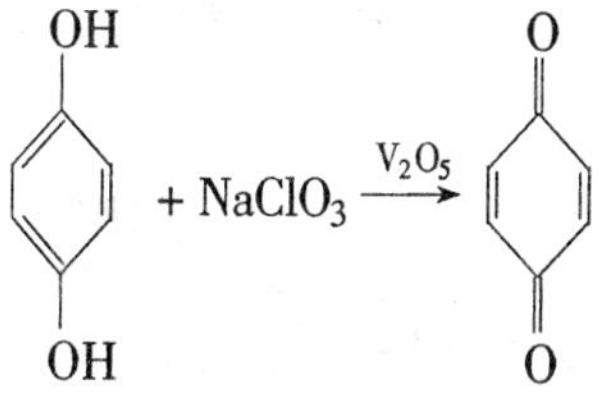

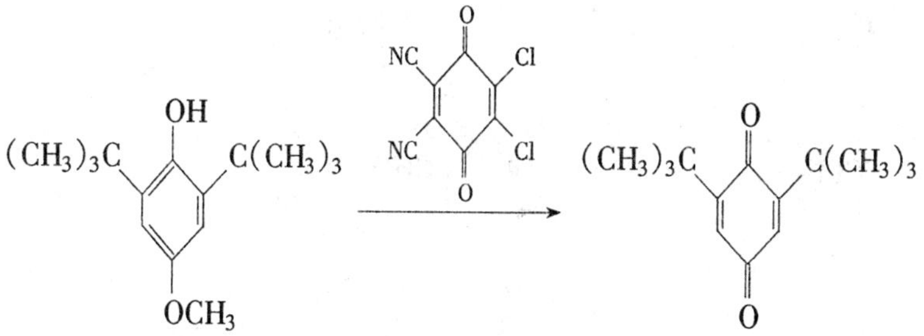

稠环芳烃的醌类化合物一般由稠环芳烃及其酚、胺类化合物氧化制备

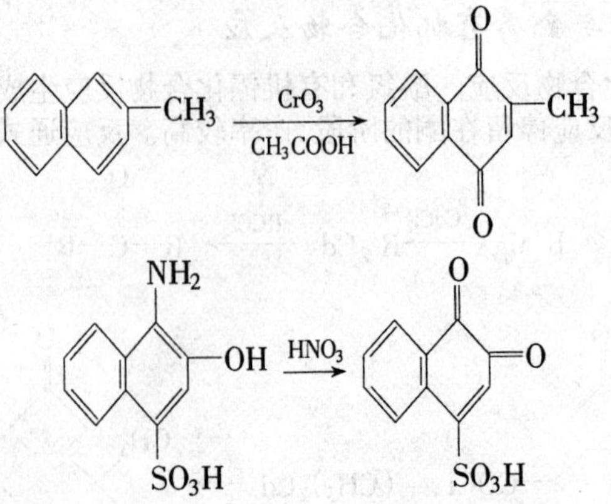

四、合成实例分析

【例】 由 $BrCH_2CH_2CHO$ 生成 $CH_3CH(OH)(CH_2)_2CHO$

【解】 产物比两分子原料少一个碳原子,由于羟基在 4 - 位,可以用一分子格林试剂进攻一分子乙醛,关键是要把 3 - 溴丙醛变成乙醛,需用缩醛的手段保护醛基。在还原—CHO 一步用碱性条件,以避免缩醛水解,在最后一步用酸性条件,使两步水解一步进行。

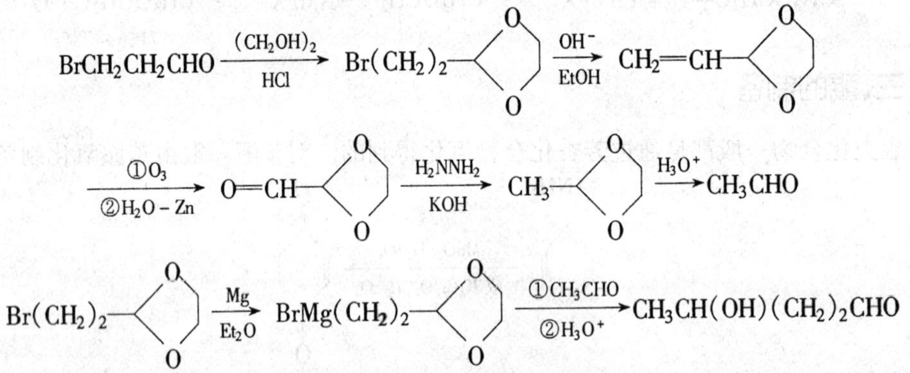

习　题

1. 命名下列各化合物。

(1) CH_3CHCH_2CHO
　　　　$|$
　　　　CH_2CH_3

(2)

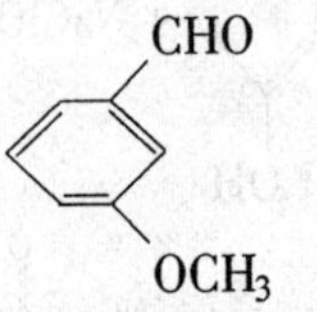

(3)

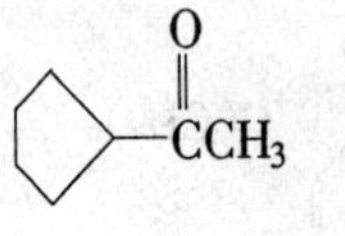

(4)

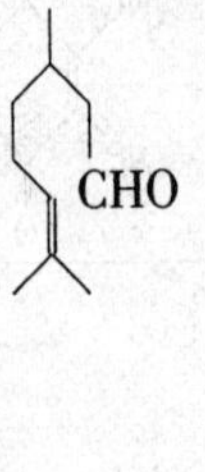

(5) $CH_3-\overset{\displaystyle O}{\underset{\displaystyle O}{C}}-CH_2-\overset{\displaystyle O}{\underset{\displaystyle O}{C}}-CH_3$ (6)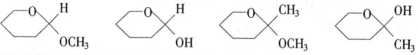

2. 回答下列问题。

(1)将下列羰基化合物按其亲核加成的活性次序排列。

①CH_3CHO CH_3COCH_3 CF_3CHO $CH_3COCH=CH_2$

②$ClCH_2CHO$ $BrCH_2CHO$ $CH_2=CHCHO$ CH_3CH_2CHO

(2)下列化合物中哪些能发生碘仿反应？哪些能和饱和 $NaHSO_3$ 水溶液加成？

①$CH_3COCH_2CH_3$ ②$CH_3CH_2CH_2CHO$ ③CH_3CH_2OH

④〈 〉—CHO ⑤$CH_3CH_2COCH_2CH_3$ ⑥ CH_3CO—〈 〉

⑦$CH_3CHOHCH_2CH_3$ ⑧〈 〉=O

(3)指出下列化合物中,哪个可以自身的羟醛缩合。

①〈 〉—CHO ②$HCHO$ ③$(CH_3CH_2)_2CHCHO$ ④$(CH_3)_3CCHO$

(4)指出下列化合物中半缩醛、缩醛、半缩酮、缩酮的碳原子,并说明属于哪一种?

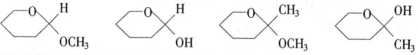

3. 写出丙醛与下列各试剂反应所生成的主要产物。

(1)$NaBH_4$,在 $NaOH$ 水溶液中   (2)C_6H_5MgBr,然后加 H_3O^+

(3)$LiAlH_4$,然后加 H_2O (4)$NaHSO_3$

(5)稀 OH^-,然后加热   (6)H_2, Pt

(7)$HOCH_2CH_2OH$, H^+ (8)Br_2,在乙酸中

4. 用化学方法区别下列各组化合物。

(1)丙酮与苯乙酮   (2)2 - 己酮与 3 - 己酮

(3)己醛与 2 - 己酮   (4)1 - 苯基乙醇与 2 - 苯基乙醇

5. 完成下列反应。

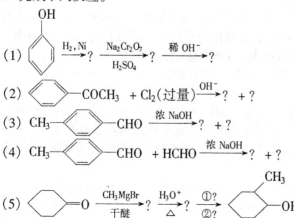

(6) 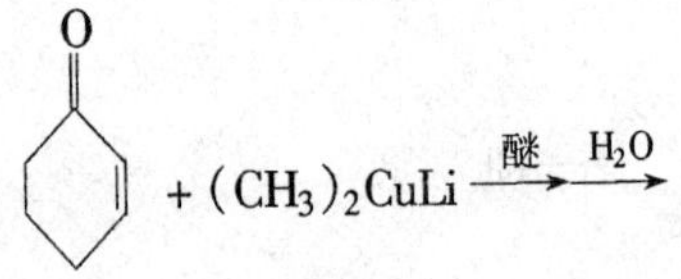
环己烯酮 + (CH₃)₂CuLi $\xrightarrow{\text{醚}}$ $\xrightarrow{H_2O}$

(7) 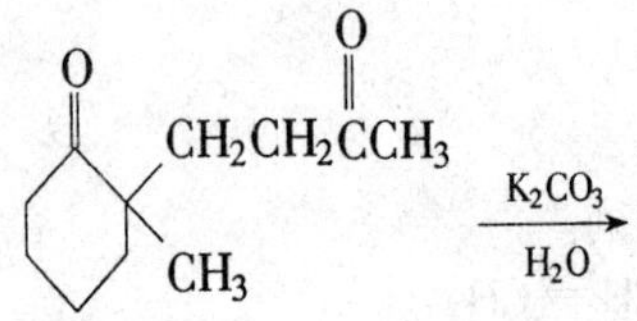
$\xrightarrow[H_2O]{K_2CO_3}$

(8) $C_6H_5CH_2\overset{\displaystyle O}{\overset{\|}{C}}CH_3$ $\xrightarrow{Br_2,NaOH}$

6. 合成题。

(1) 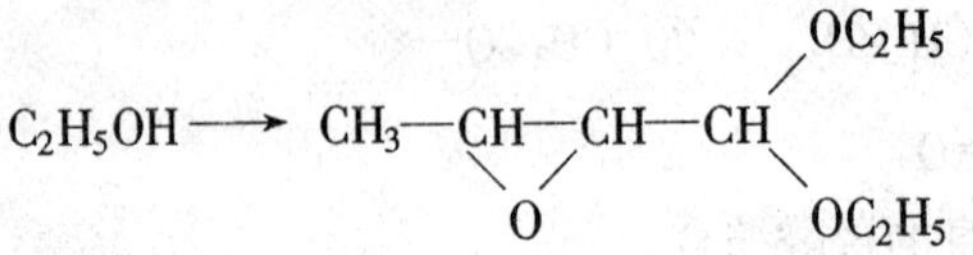 $C_2H_5OH \longrightarrow CH_3-\underset{\displaystyle O}{\underset{|}{CH}}-CH-CH\overset{\displaystyle OC_2H_5}{\underset{\displaystyle OC_2H_5}{\big\langle}}$

(2) $CH_2=CH_2, BrCH_2CH_2CHO \longrightarrow CH_3CHCH_2CH_2CHO$
　　　　　　　　　　　　　　　　　　　　　　$\underset{\displaystyle OH}{|}$

(3) 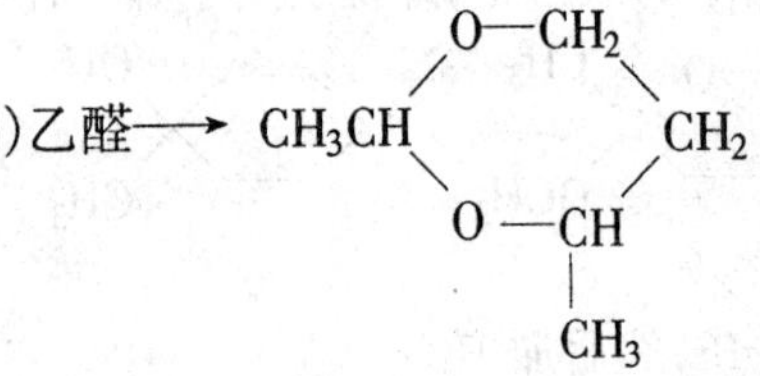 乙醛 $\longrightarrow$

(4) $CH_3\underset{\displaystyle OH}{\underset{|}{CH}}CH_2CH_3 \longrightarrow CH_3CH_2\underset{\displaystyle CH_3}{\underset{|}{CH}}CH_2OH$ （用 Wittig 试剂）

7. 推导结构题。

(1)根据所给 NMR 数据,推测 $C_5H_{10}O$ 的醛酮异构体中的哪一种?

①二个单峰

②δH:1.02(二重峰),2.12(单峰),2.22(七重峰)

③δH:1.05(三重峰),2.47(四重峰)

(2)化合物 A 具有分子式 $C_6H_{12}O_3$,在 1 710 cm^{-1}处有强的红外吸收峰。A 用碘的氢氧化钠溶液处理时,得到黄色沉淀,与托伦斯试剂作用不发生银镜反应,然而 A 先用稀 H_2SO_4 处理,然后再与托伦斯试剂作用有银镜产生。A 的核磁共振谱数据如下

　　$\delta 2.1(3H)$单峰　　　$\delta 3.2(6H)$单峰　　　$\delta 2.6(2H)$双峰　　　$\delta 4.7(1H)$三峰

试推测 A 的结构。

(3)化合物 A 的相对分子质量为 100,与 $NaBH_4$ 作用后得 B,相对分子质量为 102。B 的蒸气于高温通过 Al_2O_3 可得 C,相对分子质量为 84。C 臭氧化分解后得 D 和 E。D 能发生碘仿反应而 E 不能。试根据以上化学反应和 A 的如下图谱数据,推测 A 的结构,并写出各步反应式。

A 的 IR:		1 712 cm^{-1}		1 383 cm^{-1}		1 376 cm^{-1}
A 的 NMR:	δ	1.00	1.13	2.13	3.52	
	峰型	三	双	四	多	
	峰面积	7.1	13.9	4.5	2.3	

第九章　羧酸及其衍生物

内容提要　本章主要介绍羧酸及其衍生物的命名、结构、理化性质及制备方法等知识；另外，阐述含酰基化合物发生亲核取代反应的特点及机理；讲述了 β - 羰基化合物的结构特点及在有机合成中的应用。

学习要求

(1)了解羧酸及其衍生物的结构、分类和命名方法。

(2)熟悉羧酸的制法。

(3)重点掌握羧酸的化学性质，尤其是与醛、酮的区别。

(4)会运用诱导效应比较羧酸及其衍生物的酸性强弱。

(5)熟悉酰基上亲核取代的反应过程。

(6)了解酯水解、酰胺还原的机理。

(7)重点掌握 β - 二羰基化合物碳负离子的反应及其在有机合成中的应用。

(8)熟悉羧酸及其衍生物的典型代表及用途。

9.1　羧酸及其衍生物的分类和命名

一、羧酸的分类和命名

羧酸除甲酸外，都可以看做是烃分子中的氢原子被羧基取代所生成的化合物。按羧基所连接的烃基种类不同，可分为脂肪族羧酸、脂环族羧酸和芳香族羧酸。按烃基是否饱和，可分为饱和羧酸和不饱和羧酸。按羧酸分子中所含羧基的数目不同，又可分为一元羧酸、二元羧酸等，二元及二元以上的羧酸统称为多元羧酸。

羧酸的系统命名法，是选取含有羧基的碳原子在内的最长碳链为主链，按主链的碳原子数目称为某酸。从羧基的碳原子开始用阿拉伯数字编号标明支链的位次（采用俗名的羧酸，当带有取代基时，它们的编号也可从羧基相邻接的碳原子开始，用 α、β、γ…希腊字母来标明取代基的位次）。例如

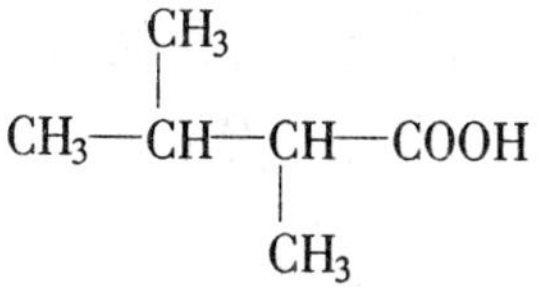

$$CH_3-CH-CH-COOH$$

（上有CH_3，下有CH_3支链）

俗名名称：α,β - 二甲基丁酸

系统名称：2,3 - 二甲基丁酸

脂肪族二元羧酸的命名，是选取分子中含有两个羧基的碳原子在内的最长碳链作为主链，称为某二酸。例如

COOH
COOH
乙二酸(草酸)

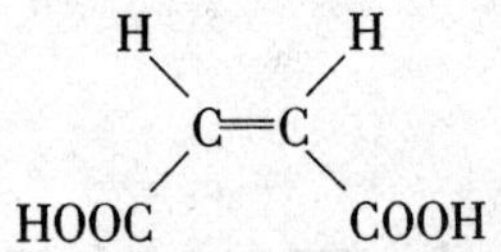

H　　　H
C＝C
HOOC　　COOH
顺丁烯二酸(马来酸)

分子中含有脂环或芳环的羧酸,按羧基所连接位置不同,母体的选择有两种。羧基直接与环相连者,以脂环烃或芳烃的名称之后加"甲酸"二字为母体,其他基团则作为取代基来命名。羧基与侧链相连者,母体为脂肪酸,脂环或芳环作为取代基命名。环上及侧链都连有羧基者,则以脂肪酸为母体命名。例如

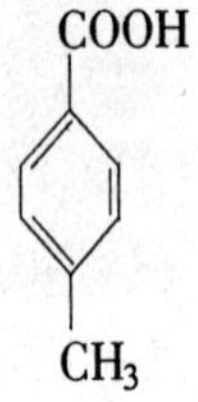

对甲苯甲酸 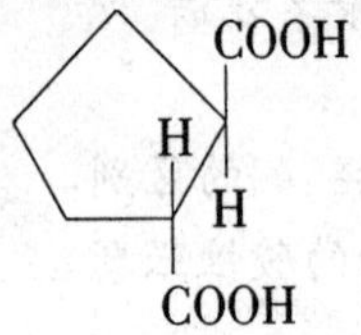　　　　反－1,2－环戊烷二甲酸 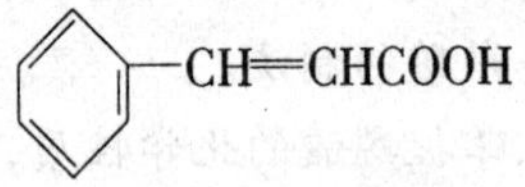　　　　3－苯基丙烯酸

二、羧酸衍生物的命名

羧酸衍生物一般是指羧基中的羟基被其他原子或基团取代后所生成的化合物。羧酸分子中的—OH被卤素(—X)、酰氧基($R—C{\overset{O}{\underset{O^-}{}}}$)、氨基(—NH$_2$)或烷氧基(—OR′)所取代的化合物,分别称为酰卤、酸酐、酰胺和酯。

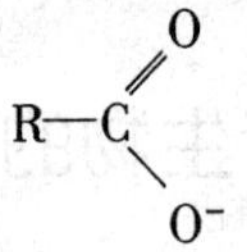

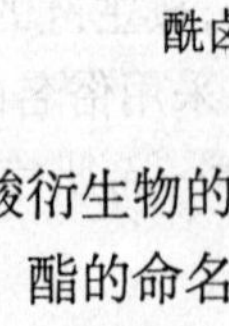

酰卤 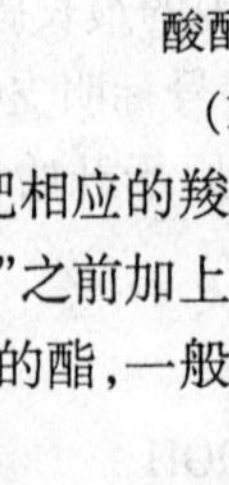　　　　酸酐 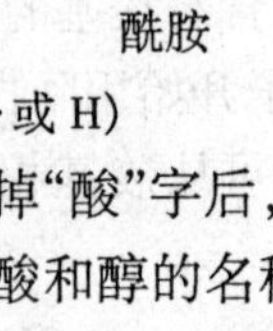　　　　酰胺 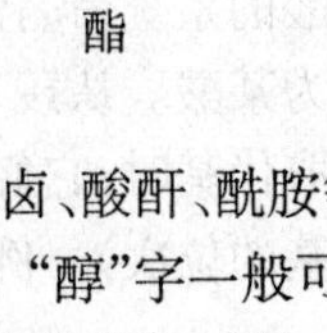　　　　酯
(R 可以是 Ar 或 H)

羧酸衍生物的命名,可把相应的羧酸名称去掉"酸"字后,再加上酰卤、酸酐、酰胺等名词来称呼。酯的命名,可在"酯"之前加上相应的羧酸和醇的名称来称呼。"醇"字一般可省略,即称"某酸某酯"。但多元醇的酯,一般把"酸"名放在后面,称为"某醇某酸酯"。例如

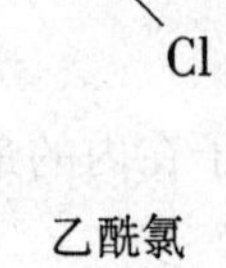

乙酰氯 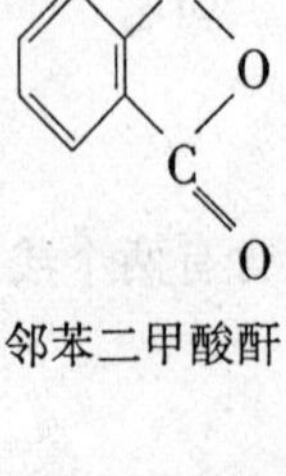　　　　邻苯二甲酸酐 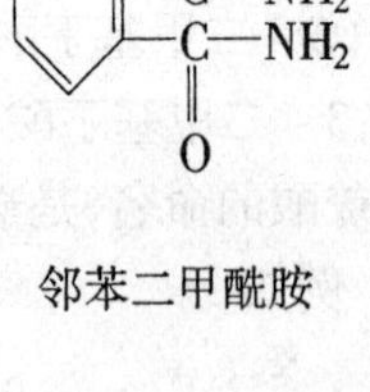　　　　邻苯二甲酰胺

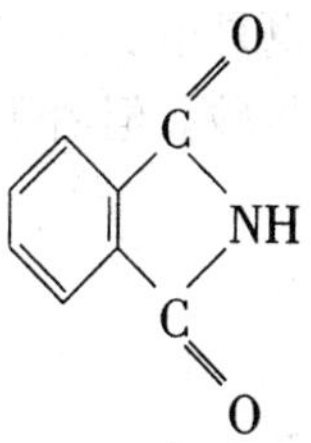

邻苯二甲酰亚胺 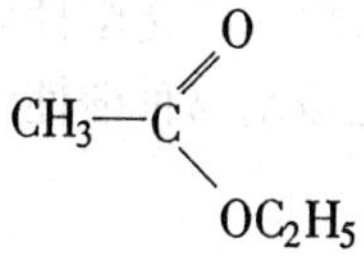　　　　　　乙酸乙酯

酰胺分子中氮上的氢原子被烃基取代后所生成的取代酰胺,称为 N – 烃基"某"酰胺。例如

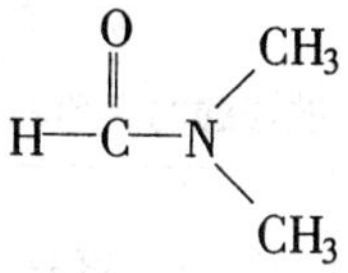

N,N – 二甲基甲酰胺(DMF 或 DMFA)

含有—CONH—基的环状结构的酰胺,称为"内酰胺"。例如

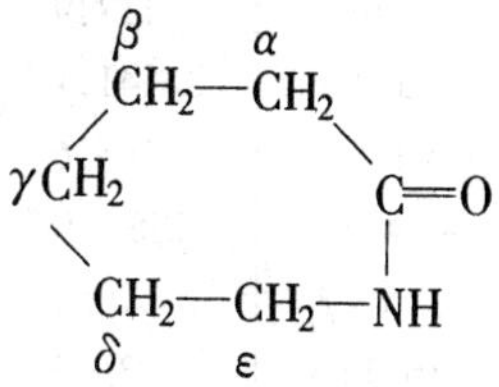

ε – 己内酰胺

9.2　羧酸及其衍生物的结构特性和物理性质

一、结构特性

在羧基中,碳原子是 sp^2 杂化,三个 sp^2 杂化轨道在一个平面内,键角约 120°,与羰基氧原子、羟基氧原子、氢原子(甲酸)或碳原子(乙酸等)形成三个 σ 键。羰基碳原子的 p 轨道与羰基氧原子的 p 轨道都垂直于 σ 键所在平面,它们相互平行在侧面交盖形成一个 π 键。同时,羟基氧原子的未共用电子对所在的 p 轨道与碳氧双键的 π 轨道平行在侧面交盖,形成共轭体系,而羧酸烃基上的 α – 碳氢键与羧基的碳氧双键之间还存在着 σ – π 超共轭作用。在羧基中的这种电子效应,使 C=O 键与 C—O 键的键长与醛及醇的相应的键长有所不同。例如

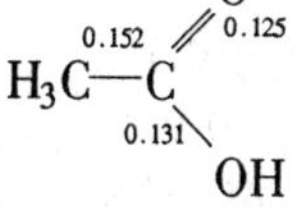

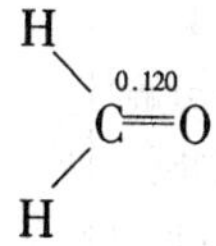

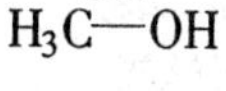

(键长单位:nm)

羧基的吸电子效应也反映在化学性质方面,如羰基碳原子的亲核加成反应活性远小于醛、酮;而羟基被取代的反应活性也不如醇;羧酸的 α – H 的活性也不如醛、酮中的 α – H。但是羧基中的 O—H 键的极性却大为增加,使羧酸具有明显的酸性。

在羧酸衍生物分子中,与羰基碳原子直接相连的也是电负性较大的卤原子、氮原子或氧原子。其结构类似于羧酸,故一些化学性质也类似于羧酸。但由于结构不同,它们的一些性质与羧酸不同,例如它们无羧基那种酸性。

二、物理性质

1. 熔、沸点和溶解度

常温下,甲酸至壬酸的直链羧酸是液体,癸酸以上的羧酸是固体。脂肪族二元羧酸和芳香族羧酸是晶状固体。如表9.1所示。甲酸、乙酸和丙酸有刺激性气味,丁酸至壬酸有腐败气味,固态羧酸基本上无味。

表9.1　一些羧酸的名称和物理常数

名称(俗名)	熔点/℃	沸点/℃	溶解度 g·(100 g 水)$^{-1}$	相对密度(d_4^{20})
甲酸(蚁酸)	8.4	100.7	∞	1.220
乙酸(醋酸)	16.6	117.9	∞	1.049 2
丙酸(初油酸)	− 20.8	141.1	∞	0.993 4
正丁酸(酪酸)	− 4.5	165.6	∞	0.957 7
正戊酸(缬草酸)	− 34.5	186 ~ 187	4.97	0.9391
正己酸(羊油酸)	− 1.5 ~ 2	205	0.968	0.927 4
正辛酸	16.5	239.3	0.068	0.908 8
正癸酸	31.5	270	0.015	0.885 8(40℃)
十二酸(月桂酸)	44	225/13.3 kPa	0.005 5	0.867 9(50℃)
十四酸(豆蔻酸)	58.5	326.2	0.002 0	0.843 9(60℃)
十六酸(软脂酸)	63	351.5	0.000 72	0.853(62℃)
十八酸(硬脂酸)	71.2	383	0.000 29	0.940 8
丙烯酸	13.5	141.6	溶	1.051 1
顺 − 9 − 十八碳烯酸(油酸)	16.3	286/13.3 kPa	不溶	0.893 5
顺,顺 −9,12 − 十八碳二烯酸(亚油酸)	− 5	230/2.13 kPa	不溶	0.902 2
乙二酸(草酸)	189.5(无水物)	157(分解)	9	1.650
丙二酸(缩苹果酸)	135.6	140(分解)	74	1.619(16℃)
丁二酸(琥珀酸)	187 ~ 189	235(脱水分解)	5.8	1.572(25℃)
戊二酸(胶酸)	98	302 ~ 304	63.9	1.424(25℃)
己二酸(肥酸)	153	265/13.3 kPa	1.5	1.360(25℃)
顺丁烯二酸(马来酸)	138 ~ 140	160(脱水成酐)	78.8	1.590
反丁烯二酸(富马酸)	287	165/0.23 kPa(升华)	0.7	1.635
苯甲酸(安息香酸)	122.4	249	0.34溶于热水	1.265 9(15℃)
邻苯二甲酸(邻酞酸)	206 ~ 208(分解)		0.7	1.593
对苯二甲酸(对酞酸)	300(升华)		0.002	1.510
3 − 苯基丙烯酸(肉桂酸)	135 ~ 136	300	溶于热水	1.247 5(4℃)

羧酸是极性分子,能与水形成氢键,因而甲酸至丁酸可与水互溶。随羧酸相对分子质量的增加,在水中的溶解度减小,癸酸以上的羧酸不溶于水。

直链饱和一元羧酸的熔点随碳原子数目增加呈锯齿状增高,含偶数碳原子的酸的熔点高于邻近两个奇数碳原子的酸,这是因为含偶数碳原子的羧酸的晶体排列对称性好。低级羧酸能与水互溶,随着烃基加大,在水中溶解度变小。

二元羧酸的极性比一元酸强,它们的熔点比一元酸高,在水中的溶解度也比一元酸大。

羧酸的沸点较相对分子质量相近的醇要高,这是由于羧基的强极性和分子间的氢键所致。甚至在气态时,甲酸和乙酸都是以双分子缔合形态出现

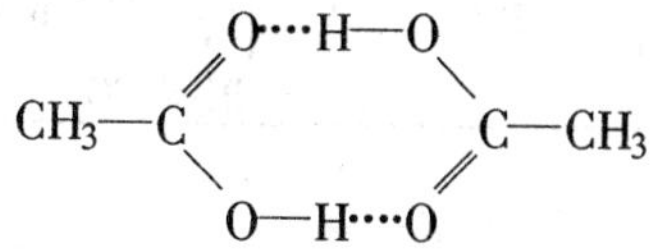

$$CH_3-C\begin{matrix}O\cdots H-O\\ \\O-H\cdots O\end{matrix}C-CH_3$$

低级的酰卤和酸酐都是有刺激性气味的无色液体,高级的为白色固体。酰卤的沸点较相应的羧酸低,因为酰卤的分子中没有羟基,不能通过氢键缔合。酸酐的沸点较相对分子质量相当的羧酸低(例如,乙酸酐相对分子质量为102,沸点为139.6℃;戊酸相对分子质量为103,沸点为186℃),但比相应的羧酸高。酯的沸点比相应的酸和醇都要低,而与含同碳数的醛或酮差不多。低级(含 $C_3 \sim C_5$)的酯微溶于水,但酯均易溶于有机溶剂。具挥发性的酯有香味,许多花、果的香味就是由于它们存在的缘故。例如,乙酸异戊酯具有香蕉香味,是最常用的果香型食用香料之一;丁酸乙酯具有菠萝-玫瑰香气,主要用于菠萝、香蕉、苹果等食用香精和威士忌酒香精中。

酰胺的氨基上的氢原子可在分子间形成强的氢键

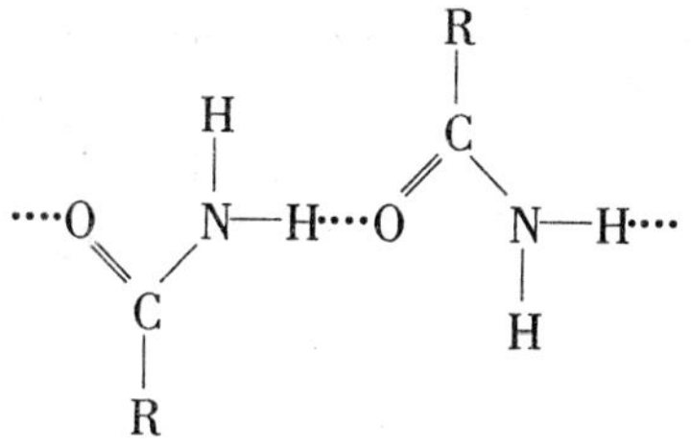

因此,酰胺的沸点比相应的羧酸高。当氨基上的氢原子被烃基取代后,就不能发生氢键缔合而使沸点降低。除甲酰胺外,其他酰胺都是结晶固体。低级酰胺(含 $C_5 \sim C_6$)可溶于水,N,N-二甲基甲酰胺、N,N-二甲基乙酰胺能与水和大多数有机溶剂以及许多无机液体混溶,它们都是合成纤维的优良溶剂。

表9.2列出了一些羧酸衍生物的物理常数。

表9.2 一些酰氯、酸酐、酯、酰胺的熔点和沸点

化合物	熔点/℃	沸点/℃	化合物	熔点/℃	沸点/℃
CH_3COCl	-112	52	$CH_3CO_2C_2H_5$	-84	77
C_2H_5COCl	-94	80	$CH_3CO_2C_4H_{9-n}$	-77	126
C_6H_5COCl	-1	197	$CH_3CO_2C_6H_5$	-35	213
$p-NO_2C_6H_4COCl$	75	150～152 (2×10^3Pa)	$CH_2=\underset{CH_3}{C}-CO_2CH_3$	-50	100
$(CH_3CO)_2O$	-73	140	CH_3CONH_2	82	221
$(C_2H_5CO)_2O$	-45	169	$CH_3CONHCH_3$	28	204

结构			结构		
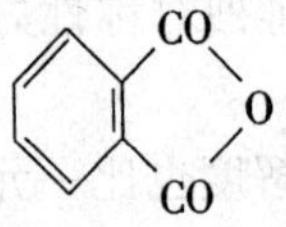 邻苯二甲酸酐 (CO–O–CO 苯环)	131	284(升华)	$CH_3CON(CH_3)_2$	– 20	166
			$C_6H_5CONH_2$	130	290
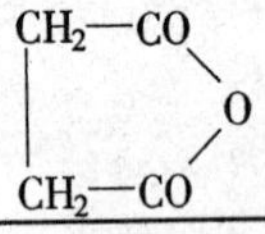 丁二酸酐 (CH_2–CO–O–O–CH_2–CO)	210	261	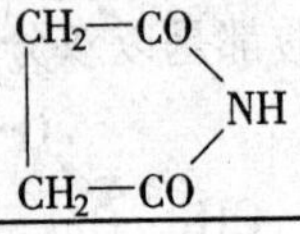 丁二酰亚胺 (CH_2–CO–NH–CH_2–CO)	125	288

2. 光谱特征

(1)红外光谱(IR)。羧酸的 IR 反映出 C═O 和—OH 两个特征官能团的吸收，—COOH 的 C═O 吸收峰在 1 700～1 725 cm^{-1}之间与醛酮相近，但羧酸在 2 500～3 000 cm^{-1}范围内有一个—OH 吸收带。一般羧酸是二聚体，这个—OH 吸收是一个宽谱带。

羧酸衍生物中羰基的 IR 吸收光谱振动频率的大小，可取决于羰基与所连原子之间的电子效应。酸酐、酰氯的羰基吸收峰比醛酮明显蓝移，是由 RCOO—和 Cl—的吸电子诱导效应占主导地位所致。酰胺中胺基的给电子 p－π 共轭作用占主导地位，使羰基吸收峰比醛酮红移。参见表 9.3。

表 9.3　酰基化合物的羰基伸缩振动红外吸收谱

类　别	C═O 伸缩频率/cm^{-1}
羧　酸 R—COOH	1 710～1 780
—C═C—COOH	1 690～1 715
Ar—COOH	1 680～1 700
羧 酸 酐 R—CO—O—CO—R	1 800～1 850 和 1 740～1 790
Ar—CO—O—CO—Ar	1 780～1 830 和 1 730～1 770
酰　氯 R—CO—Cl 和 Ar—CO—Cl	1 780～1 850
酯 R—CO—OR	1 735～1 750
Ar—CO—OR	1 715～1 730
酰　胺 R—CO—NH_2，R—CO—NHR 和 R—CO—NR_2	1 650～1 690
羧酸根离子 $RCOO^-$	1 550～1 630

(2)质子核磁共振谱。羧酸的[1]HNMR中显著的特点是—COOH的质子 δ 值在 10~13.2 之间。羧酸中的 α – H 在羰基的影响下,其化学位移在 2.2~2.5。

羧酸衍生物的质子核磁共振谱,由于羰基碳原子带有部分正电荷,使 α – 碳原子上的质子去屏蔽,其吸收峰稍向低场位移,$\delta = 2 \sim 3$。酯中烷氧基上质子的化学位移 $\delta = 3.7 \sim 4.1$,酰胺中氮原子上质子的化学位移 $\delta = 5 \sim 9.4$,往往给出宽而矮的峰。

9.3　羧酸的化学性质

羧酸的许多化学性质表现为羧基的性质。羧基是由—OH 基和 $\overset{\diagdown}{\diagup}C{=}O$ 基直接相连而成,由于两者在分子中的相互影响,羧基的性质并不是这两者性质的简单总和,而是具有它自己特有的性质。羧基中羟基的性质和醇羟基的性质不完全相同;羧基中虽然有羰基,但不具有醛、酮中羰基的一般特性。

羧酸的化学反应,根据它分子结构中键的断裂方式不同而发生不同的反应,可表示如下

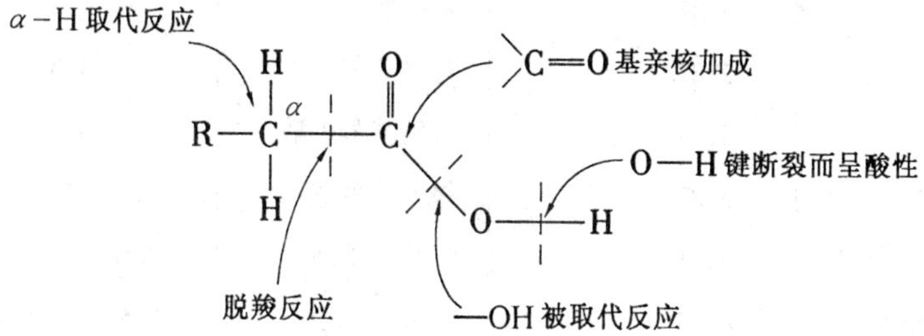

一、酸性

羧酸呈明显的弱酸性。在水溶液中,羧基中的氢氧键断裂,离解出的氢离子能与水结合成为水合氢离子。

$$RCOOH + H_2O \Longrightarrow RCOO^- + H_3O^+$$

一般羧酸的 pK_a 约在 4~5 之间,属于弱酸,但比碳酸的酸性($pK_a = 6.5$)要强些。所以羧酸可以分解碳酸盐,而苯酚($pK_a = 10$)不能分解碳酸盐,因此这个性质可用来区别或分离酚和羧酸。

羧基中的氢原子能呈现酸性,羧酸离解后得到的羧酸根负离子带有一个负电荷,但这个负电荷并不是集中在一个氧原子上,而是平均分散在它的两个氧原子上。实验已证明羧酸根负离子的结构和原来羧酸中羧基的结构有所不同,两个碳氧是等同的,这种结构可以用下列共振结构式表示

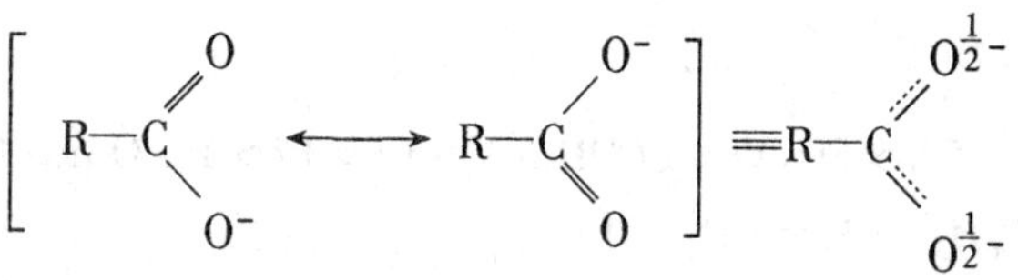

因此,这两个氧原子的地位是等同的,已不能区别哪一个是原来羧酸中的羰基氧原子,哪一个是原来的羟基氧原子。由于 π 电子的离域,羧酸根负离子是比较稳定的。

影响羧酸酸性强弱的因素有羧酸的分子结构、溶剂和温度等。当测定的条件相同时,羧

酸酸性的强弱取决于分子的结构,结构不同,酸性不同。任何使羧酸根负离子稳定的因素都将增加其酸性,羧酸根负离子愈稳定,愈容易生成,酸性就愈强。反之,酸性则减弱。表 9.4 列出了一些羧酸的 pK_a 值。

表 9.4　一些羧酸的 pK_a 值

化 合 物	pK_a(25℃)		化 合 物	pK_a(25℃)	
	pK_{a1}	pK_{a2}		pK_{a1}	pK_{a2}
甲酸	3.75		乙二酸	1.2	4.2
乙酸	4.75		丙二酸	2.9	5.7
丙酸	4.87		丁二酸	4.2	5.6
丁酸	4.82		己二酸	4.4	5.6
三甲基乙酸	5.03		顺丁烯二酸	1.9	6.1
氟乙酸	2.66		反丁烯二酸	3.0	4.4
氯乙酸	2.81		苯甲酸	4.20	
溴乙酸	2.87		对甲基苯甲酸	4.38	
碘乙酸	3.13		对硝基苯甲酸	3.42	
羟基乙酸	3.87		邻苯二甲酸	2.9	3.5
苯乙酸	4.31		间苯二甲酸	3.5	4.6
3 - 丁烯酸	4.35		对苯二甲酸	3.5	4.8

从表中可以看出,乙酸的酸性比甲酸弱,三甲基乙酸的酸性比乙酸弱。这是由于甲基的供电诱导效应沿分子链依次诱导传递,使羧酸根的负电荷更加集中。负电荷愈集中,负离子愈不稳定,也愈不容易生成,相应羧酸的酸性愈弱。

乙酸的 α - 氢原子被氯原子取代后,由于氯原子是强吸电基,吸电诱导效应也沿分子链依次诱导传递,分散了羧酸根负离子的负电荷,使其稳定。显然,氯原子愈多,羧酸根负离子的负电荷分散得愈好,羧酸根负离子愈稳定,也愈容易生成,酸性也就愈强。

诱导效应与原子的电负性有关,一般以氢原子作为比较标准。比氢原子电负性大的原子或基团表现出吸电性,称为吸电基,具有吸电诱导效应,一般用 $-I$ 表示;比氢原子电负性小的原子或基团表现出供电性,称为供电基,具有供电诱导效应,一般用 $+I$ 表示。

如以乙酸为母体化合物,测定取代乙酸的解离常数,得知各取代基诱导效应强弱的次序为:

吸电诱导效应($-I$)

$\overset{+}{N}R_3 > NO_2 > SO_2R > CN > SO_2Ar > COOH > F > Cl > Br > I > OAr > COOR > OR > COR > SH > OH > C\equiv CR > C_6H_5 > CH=CH_2 > H$

供电诱导效应($+I$)

$$O^- > COO^- > (CH_3)_3C > (CH_3)_2CH > CH_3CH_2 > CH_3 > H$$

有时由于有其他影响因素存在,如共轭效应、空间效应、场效应、溶剂效应等,在不同的化合物中,取代基的诱导效应次序是不完全一致的。

二、羧酸衍生物的生成

在羧酸分子中,羧基中的羟基(—OH)可以被卤原子(X)、酰氧基($-OCR$ ，顶部为O双键)、烷氧基(—OR)和氨基(—NH$_2$)取代,分别生成酰卤、酸酐、酯和酰胺等羧酸衍生物。

1. 酰氯的生成

羧酸与无机酸的酰氯(亚磷的酰氯 PCl_3 、磷酸的酰氯 PCl_5 或亚硫酸的酰氯 $SOCl_2$)作用时,羧基中的羟基被氯原子取代生成羧酸的酰氯。例如

$$3CH_3COOH + PCl_3 \xrightarrow[70\%]{\triangle} 3CH_3COCl + H_3PO_3$$

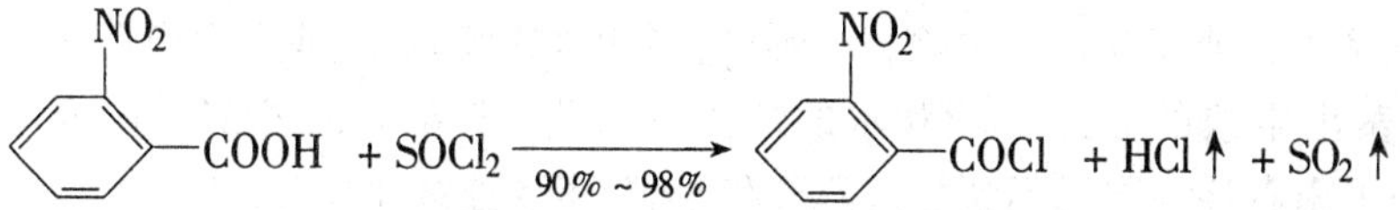

亚硫酰氯是实验室制备酰氯最方便的试剂。因为亚硫酰氯与羧酸作用生成酰氯时的副产物是氯化氢和二氧化硫,都是气体,有利于分离,且酰氯的产率较高。

2. 酸酐的生成

除甲酸在脱水时生成一氧化碳外,其他一元羧酸在脱水剂(如 P_2O_5 等)作用下都可在两分子间脱去一分子水生成酸酐。

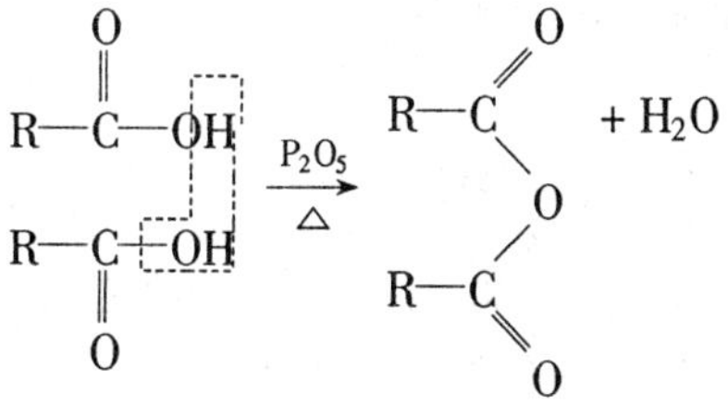

由于乙酐便宜,且易吸水生成乙酸,容易除去,所以常用乙酐作脱水剂制取较高级的羧酸酐。

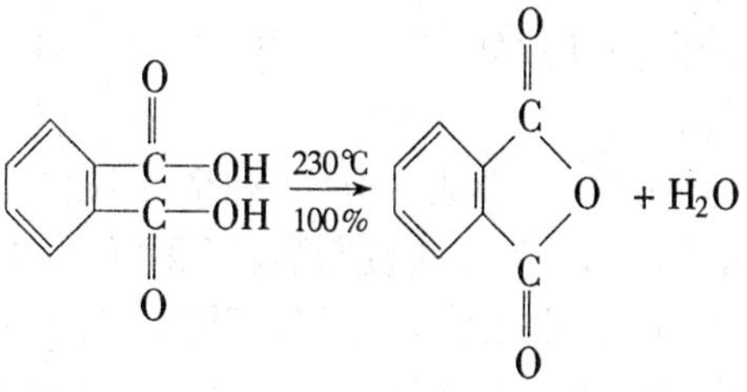

邻苯二甲酸　　　　邻苯二甲酸酐

酸酐还可利用酰卤和无水羧酸盐共热来制备。通常用此法来制备混合酸酐。

$$CH_3CH_2-\overset{O}{\underset{}{C}}-Cl \quad + \quad CH_3-\overset{}{\underset{O}{C}}-O-Na \xrightarrow[60\%]{\triangle} CH_3CH_2-\overset{O}{\underset{}{C}}-O-\overset{}{\underset{O}{C}}-CH_3 + NaCl$$

3. 酯的生成和酯化反应机理

羧酸与醇在强酸性催化剂作用下生成酯。例如

$$CH_3COOH + HOC_2H_5 \underset{}{\overset{H^+}{\rightleftharpoons}} CH_3COOC_2H_5 + H_2O$$

酯化反应是可逆反应。为了提高酯的产率,可采取使一种原料过量(应从易得、价廉、易回收等方面考虑),或反应过程中除去一种产物(如水或酯)。工业上生产乙酸乙酯采用乙酸过量,不断蒸出生成的乙酸乙酯和水的恒沸混合物(水 6.1%,乙酸乙酯 93.9%,恒沸点 70.4℃),使平衡右移。同时不断加入乙酸和乙醇,实现连续化生产。

强酸性阳离子交换树脂也可作为催化剂,具有反应条件温和、操作简便、产率较高等优点。例如

$$CH_3COOH + CH_3(CH_2)_3OH \xrightarrow[\text{室温},100\%]{\text{树脂—SO}_3H,CaSO_4(\text{干燥剂})}$$

$$CH_3COO(CH_2)_3CH_3 + H_2O$$

也可用羧酸盐与卤代烃反应制备酯。例如

$$CH_3CO^- + \underset{}{\bigcirc}-CH_2Cl \xrightarrow{95\%} \underset{}{\bigcirc}-CH_2OCCH_3 + Cl^-$$

羧酸的酯化反应随着羧酸和醇的结构以及反应条件的不同,可以按照不同的机理进行。酯化时,羧酸和醇之间脱水可以有两种不同的方式

$$R-\overset{O}{\underset{}{C}}-OH \quad H-O-R' \qquad R-\overset{O}{\underset{}{C}}-O-H \quad HO-R'$$
$$\qquad\qquad (Ⅰ) \qquad\qquad\qquad\qquad (Ⅱ)$$

(Ⅰ)是由羧酸中的羟基和醇中的氢结合成水分子,剩余部分结合成酯。由于羧酸分子去掉羟基后剩余的是酰基,故方式(Ⅰ)称为酰氧键断裂。(Ⅱ)是由羧酸中的氢和醇中的羟基结合成水,剩余部分结合成酯。由于醇去掉羟基后剩下烷基,故方式(Ⅱ)称为烷氧键断裂。

当用含有标记氧原子的醇($R'^{18}OH$)在酸催化作用下与羧酸进行酯化反应时,发现生成的水分子中不含^{18}O,标记氧原子保留在酯中,这说明酸催化酯化反应是按方式(Ⅰ)进行的。其反应机理可以表示如下

$$R-\overset{O}{\underset{}{C}}-OH \xrightarrow{H^+} R-\overset{\overset{+}{O}H}{\underset{}{C}}-OH \longleftrightarrow R-\overset{OH}{\underset{+}{C}}-OH \xrightarrow{R'OH} R-\overset{OH}{\underset{\underset{+}{R'-O-H}}{C}}-OH \rightleftharpoons$$

$$R-\underset{\underset{\overset{|}{R'O}}{|}}{\overset{\overset{|}{OH}}{C}}-\overset{+}{O}H_2 \xrightarrow{-H_2O} R-\underset{\underset{R'O}{|}}{\overset{\overset{|}{OH}}{C^+}} \longleftrightarrow R-\underset{\underset{R'O}{|}}{\overset{\overset{+}{OH}}{C}} \xrightarrow{-H^+} R-\overset{\overset{O}{||}}{C}-OR'$$

这个机理可以概括如下

$$R-\overset{\overset{O}{||}}{C}-OH + R'OH \underset{}{\overset{H^+}{\rightleftharpoons}} \left[R-\underset{\underset{OR'}{|}}{\overset{\overset{OH}{|}}{C}}-OH \right] \rightleftharpoons R-\overset{\overset{O}{||}}{C}-OR' + H_2O$$

叔醇的酯化反应经实验证明是按方式（Ⅱ）进行的

$$R-\overset{\overset{O}{||}}{C}-O\boxed{H + HO}-CR'_3 \rightleftharpoons R-\overset{\overset{O}{||}}{C}-OCR'_3 + H_2O$$

4. 酰胺的生成

羧酸与氨或胺作用生成羧酸铵，然后加热脱水得到酰胺或 N – 取代酰胺。例如

$$C_6H_5COOH + H_2NC_6H_5 \longrightarrow C_6H_5COO-\overset{+}{N}H_3C_6H_5 \xrightarrow{190℃} C_6H_5CONHC_6H_5 + H_2O$$

$$（80\% \sim 84\%）$$
$$N – 苯基苯甲酰胺$$

三、还原反应

羧酸是不容易被还原的。在强还原剂 $LiAlH_4$ 的作用下，羧基可以被还原成羟基，在实验室中可用此反应制备结构特殊的伯醇。例如

$$(CH_3)_3C-COOH \xrightarrow[乙醚]{LiAlH_4 \quad H_3O^+} (CH_3)_3C-CH_2OH$$

四、脱羧反应

从羧酸或其盐脱去羧基（失去二氧化碳）的反应，称为脱羧反应。饱和一元羧酸在加热下较难脱羧，当 α – 碳原子上连有吸电基时，如—NO_2、—$C\equiv N$、$\overset{\diagdown}{\underset{\diagup}{C}}=O$、—$Cl$ 等，则较易脱羧；某些芳香族羧酸也比饱和一元羧酸容易脱羧。例如

$$Cl_3CCOOH \xrightarrow{\triangle} CHCl_3 + CO_2$$

$$\underset{\underset{COOH}{|}}{\overset{\overset{COOH}{|}}{CH_3-CH}} \xrightarrow{\triangle} CH_3CH_2COOH + CO_2\uparrow$$

$$\begin{array}{c} CH_2CH_2COOH \\ | \\ CH_2CH_2COOH \end{array} \xrightarrow[\triangle]{Ba(OH)_2} \begin{array}{c} CH_2CH_2 \\ | \quad\quad C=O \\ CH_2CH_2 \end{array} + CO_2 + H_2O$$

羧酸盐在碱存在下受热,发生脱羧反应。乙酸钠与碱石灰共熔,发生脱羧,生成甲烷和碳酸钠。

$$CH_3COONa + NaOH \xrightarrow[\triangle]{CaO} CH_4 + Na_2CO_3$$

电解羧酸盐溶液在阳极发生烷基的偶联,生成烃。反应可在水或甲醇中进行。

$$2CH_3(CH_2)_{12}COONa \xrightarrow[60\%]{电解} CH_3(CH_2)_{24}CH_3$$

五、α - 氢的卤代反应

饱和一元羧酸 α - 碳上的氢原子和醛、酮中的 α - 氢原子相似,比较活泼,可被卤素(氯或溴)取代,生成 α - 卤代酸。但在一般情况下作用较慢,而在有少量红磷存在下,反应进行较顺利。例如

$$CH_3CH_2COOH \xrightarrow{Br_2,P} \underset{\underset{Br}{|}}{CH_3CHCOOH} \xrightarrow{Br_2,P} \underset{\underset{Br}{|}}{\overset{\overset{Br}{|}}{CH_3C}}COOH$$

磷的作用是首先与卤素生成卤化磷,卤化磷与羧酸作用成为酰卤,酰卤的烯醇式互变异构体与卤素容易发生反应,所生成的 α - 卤代酰卤再与羧酸作用就得到卤代酸。

$$2P + 3X_2 \longrightarrow 2PX_3$$

$$3RCH_2COOH + PX_3 \longrightarrow 3RCH_2COX + P(OH)_3$$

$$RCH_2COX \rightleftharpoons \underset{\underset{OH}{|}}{RCH=CX}$$

$$\underset{\underset{OH}{|}}{RCH=CX} + X_2 \longrightarrow \underset{\underset{X}{|}}{RCHCOX} + HX$$

$$\underset{\underset{X}{|}}{RCHCOX} + RCH_2COOH \longrightarrow \underset{\underset{X}{|}}{RCHCOOH} + RCH_2COX$$

这个制备 α - 卤代酸的方法叫做 Hell - Volhard Zelinsky 反应。

α - 卤代羧酸可以通过水解、氨解和消除反应来制取 α - 羟基酸、α - 氨基酸和 α,β - 不饱和羧酸;还可用来制取二元羧酸。

9.4　羧酸衍生物的化学性质

羧酸衍生物都可以进行水解、醇解、氨解等反应。这相当于在亲核试剂(水、醇、氨)分子

中引入了酰基,它们在有机合成中广泛应用。这类反应的过程是亲核试剂加到羧酸衍生物的羰基上,然后离去一个负性基团($\bar{Y}$:),通称为亲核加成-消除反应。

$$R—\overset{\overset{O}{\|}}{C}—Y \ + \ :Nu^- \longrightarrow \left[R—\overset{\overset{O^-}{\|}}{\underset{\underset{Y}{|}}{C}}—Nu \right] \longrightarrow R—\overset{\overset{O}{\|}}{C}—Nu + \bar{Y}:$$

这是羧酸衍生物共有的化学性质,不同的羧酸衍生物的反应活性有以下顺序

$$R—\overset{\overset{O}{\|}}{C}—X \ > \ R—\overset{\overset{O}{\|}}{C}—O—\overset{\overset{O}{\|}}{C}—R \ > \ R—\overset{\overset{O}{\|}}{C}—OR' \ > \ R—\overset{\overset{O}{\|}}{C}—NH_2$$

一、酰基碳上的亲核取代(加成-消除)反应

羧酸衍生物的化学反应主要表现为可以由一种衍生物变成另一种衍生物,或转变成原来的羧酸。它们都保留着原来的酰基,因此羧酸衍生物和羧酸又都叫做酰基化合物。

羧酸及其衍生物既然都含有羰基,所以都能与某些亲核试剂发生反应,而且它们的 α-氢原子也都由于羰基的影响而具有活泼性。羧酸及其衍生物的典型反应是羰基碳原子上发生的亲核取代反应。这些反应的结果是分子中—OH、—Cl、—O$\overset{\overset{O}{\|}}{C}$R、—NH$_2$ 或—OR'被亲核基团羟基、烷氧基或氨基所取代。这些反应分别叫做水解、醇解、氨解等反应。反应实际分两步进行。第一步是酰基碳上发生亲核加成,先形成一个带负电的中间体,它的中心碳原子为 sp^3 杂化,因而是个四面体结构。在第二步中,中间体消除一个离去基团,由此形成的产物就是另一种羧酸衍生物或羧酸。因此酰基化合物的亲核取代反应又叫做羰基的亲核加成-消除反应。

总的反应历程可以用下式来表示

$$(1) \quad R—\overset{\overset{\ddot{O}:}{\|}}{\underset{\underset{L}{|}}{C}} \ + \ :Nu^- \ \rightleftharpoons \ R—\overset{\overset{:\ddot{O}^-:}{\|}}{\underset{\underset{Nu}{|}}{C}}—L \quad \text{亲核加成}$$

三角形结构　　　　四面体结构

$$(2) \quad R—\overset{\overset{:\ddot{O}:}{\|}}{\underset{\underset{Nu}{|}}{C}}—L \longrightarrow R—\overset{\overset{\ddot{O}:}{\|}}{C}\underset{Nu}{} \ + :L^- \quad \text{消除反应}$$

三角形结构

:Nu$^-$ = 进攻的亲核试剂,即 H$_2$$\ddot{O}$、R—$\ddot{O}$H、$\ddot{N}H_3$、R$\ddot{N}H_2$ 或 R$_2$$\ddot{N}$H 等

:L$^-$ = 离去基团,即 Cl,OR,NH$_2$,NHR 或 NR$_2$ 等

总的反应速度和两步的反应速度都有关系,但第一步更为重要。酰基中羰基碳原子原

来是 sp^2 杂化的,它的三个键以三角形结构分布在同一平面上,羰基碳的正电性是亲核试剂对这个碳原子进攻的原因。羰基碳上连接的烃基或取代烃基,如果是吸电子的,将增强羰基碳的正电性,有利于亲核试剂的进攻;反之,如果是给电子的,将不利于亲核试剂的进攻。亲核加成后所生成的中间体,其碳原子由 sp^2 杂化转化为 sp^3 杂化,即由三角形结构转变为四面体结构。如果原来羰基碳原子连接的基团过于庞大,在四面体结构中就显得空间过于拥挤而不利于反应的进行。上述电子因素和空间因素都将对第一步的反应速度有所影响。

第二步反应是否容易进行,取决于离去基团:L^- 的碱性,碱性越弱,越易离去。羧酸衍生物中各离去基团离去的容易次序为

$$Cl^- > RCOO^- > RO^- > NH_2^-$$

因此,在许多亲核取代反应中,酰氯的活泼性最大,酸酐次之。

羧酸衍生物的水解、醇解、氨解也可以看做是 H_2O、ROH、NH_3 分子中的一个氢原子被酰基取代,因此这些反应也就是水、醇、氨的酰基化反应。由于酰氯和酸酐在这些反应中活泼性较大,所以它们在有机合成中常用为酰基化剂。

酰基碳上发生亲核取代反应比在饱和碳上要容易得多。因此,对于亲核进攻来说,酰氯比氯烷更活泼,酰胺比胺(RNH_2)更活泼,酯比醚更活泼。这是由于酰基碳上的亲核取代反应不论从电子效应或从立体效应来看都比较有利。这可从下面式子中看出。

烷基上的亲核取代反应

$$:Nu^- + \cdots C{-}L \xrightarrow{S_N2} Nu\cdots C\cdots L \longrightarrow Nu{-}C{\cdots} + :L^-$$

四面体碳　　　　　　　　　过渡态的碳周围比
进攻受到阻碍　　　　　　　较拥挤,不稳定

酰基上的亲核取代反应

$$:Nu^- + R{-}\overset{\displaystyle O}{\underset{\displaystyle L}{C}} \longrightarrow Nu{-}\overset{\displaystyle R}{\underset{\displaystyle O^-}{C}}{-}L \longrightarrow R{-}\overset{\displaystyle O}{\underset{\displaystyle Nu}{C}} + :L^-$$

三角形碳　　　　　　四面体碳较稳定
进攻的阻碍较小

羧酸及其衍生物与醛、酮一样,都具有羰基,都能接受亲核试剂进攻。羰基不饱和,亲核试剂接上去只需打开 π 键,并且使容易容纳电荷的氧原子容纳一个负电荷。但醛、酮只能进行加成反应,因为它们不能进行上述第二步即基团离去的反应。这一步反应易否进行取决于离去基团 L^- 碱性的强弱,L^- 的碱性越弱越易离去,否则相反。如果醛、酮要进行取代反应,离去基团将是氢负离子($:H^-$)或烷基负离子($:R^-$),它们都是最强的碱,这将是极为困难的。所以醛和酮总是发生加成反应而不是取代反应。

1. 羧酸衍生物的水解

酰氯、酸酐、酯和酰胺都可与水发生加成 – 消除反应生成相应的羧酸

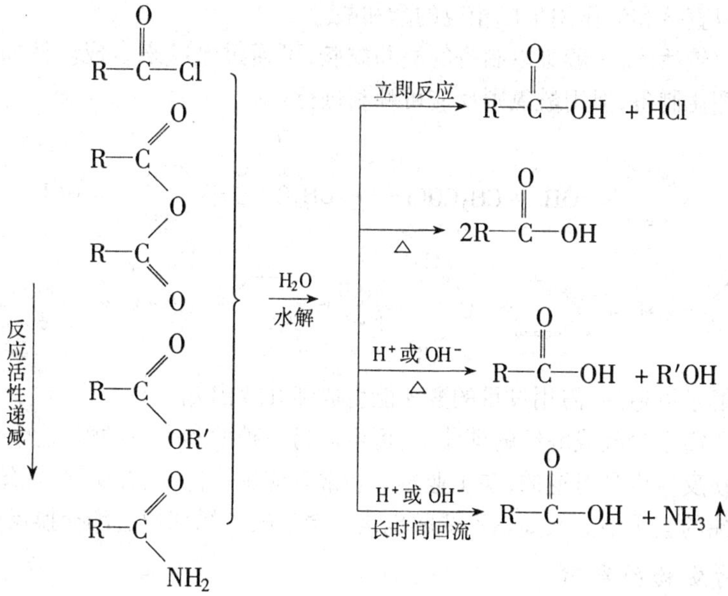

水解反应的难易次序为:酰氯 > 酸酐 > 酯 > 酰胺。

羧酸衍生物在酸性或碱性溶液中,由于酸或碱的催化作用,比在中性溶液中更容易水解。酸催化作用第一步是酰基氧原子质子比,这就使羰基碳原子更易遭受亲核进攻,即使弱的亲核试剂也可以与它发生作用。

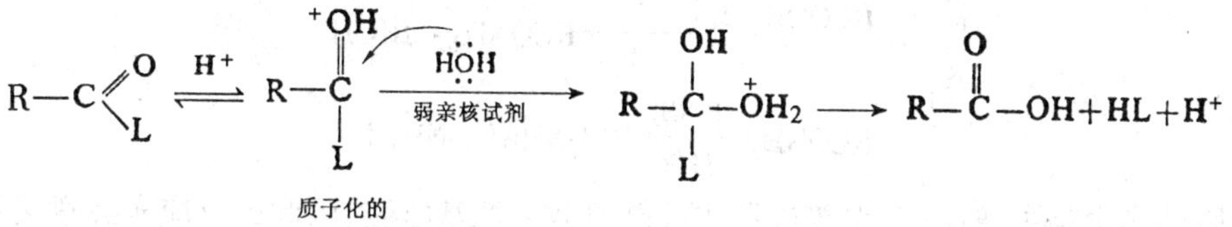

碱催化时,碱性溶液提供的氢氧根离子是一种强的亲核试剂,容易攻击羰基碳原子。

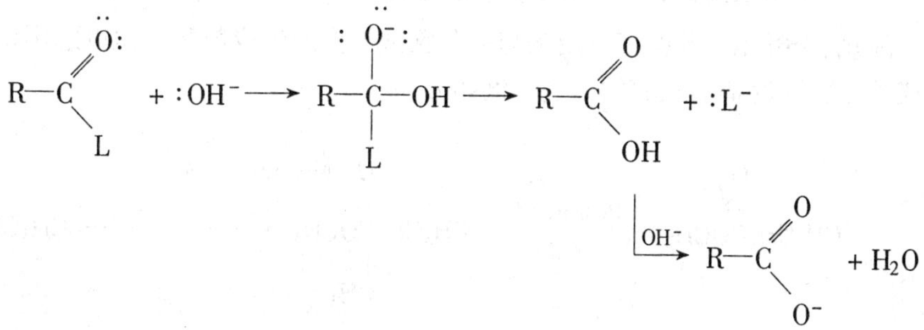

2. 羧酸衍生物的醇解

酰氯、酸酐、酯和酰胺都可与醇作用,通过亲核取代反应而生成酯。

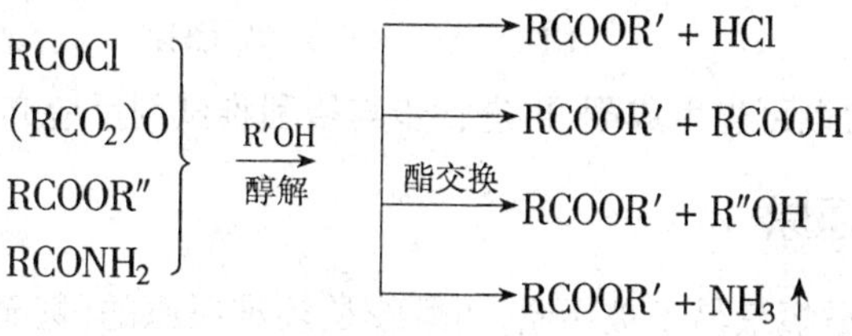

酰氯和酸酐可以直接和醇作用生成相应的酯和酸。

酰氯性质比较活泼,一般难以制备的酯和酰胺,可通过酰氯来合成。例如,酚酯不能直接由羧酸和酚酯化制备,但用酰氯则反应可顺利进行。

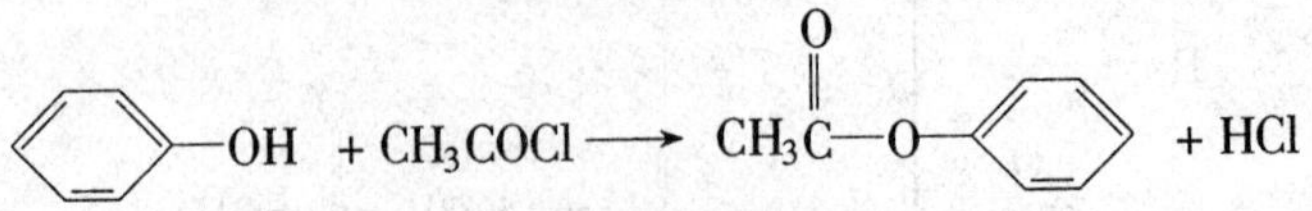

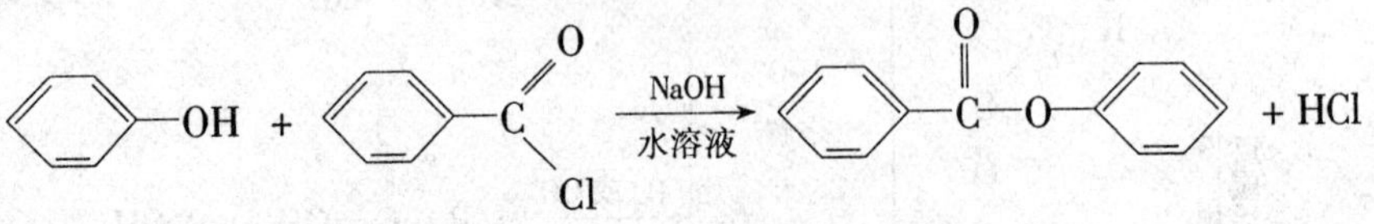

酰胺的醇解是可逆的,需用过量的醇才能生成酯并放出氨。

酯与醇作用需在盐酸或醇钠的催化下,可生成另一种醇和另一种酯,这个反应称为酯交换反应。酯交换反应也是可逆的,在工业生产上常有应用。例如,在生产"涤纶"的原料对苯二甲酸乙二醇酯的应用中。又如聚乙烯醇也是从聚乙酸乙烯酯通过酯交换反应制得的。

3. 羧酸衍生物的氨解

酰氯、酸酐和酯都可与氨作用生成酰胺。

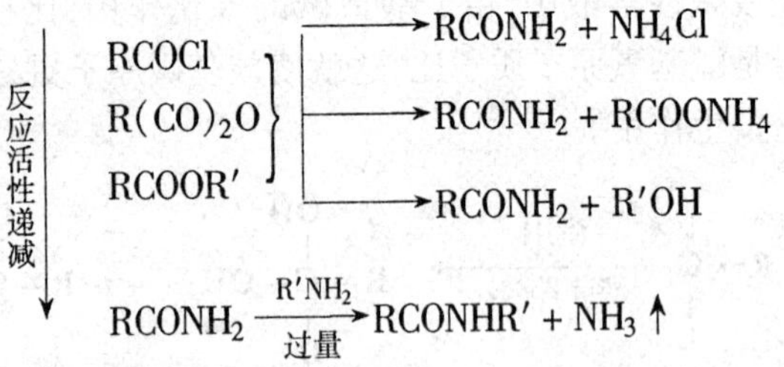

酰胺与胺的作用是可逆反应,需胺过量才可得到 N-烷基酰胺,因此此反应实际意义不大。

4. 羧酸衍生物与格利雅试剂的反应

酰氯、酸酐、酯、酰胺都可用来与格利雅试剂作用生成叔醇。尤以酯用得最为普遍,它是合成两个相同烷基的叔醇的方法。例如

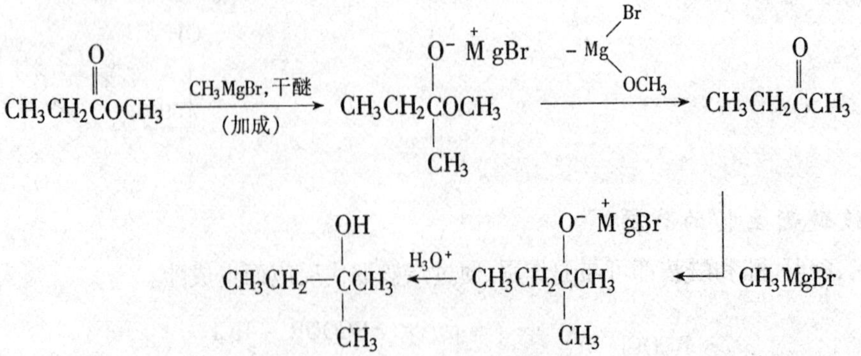

若用酰氯为反应物也可先生成酮,再进一步与格利雅试剂反应亦可得叔醇。

二、羧酸衍生物还原

在羧酸衍生物中,酰氯最易于被还原,而酰胺是较难还原的(甚至比羧酸还难于还原)。

酸酐的还原比较容易进行,但无甚意义。酯的还原多用于制备醇。

1. 催化加氢

在催化加氢还原条件下,四种羧酸衍生物都可被还原;但有制备意义的是酰氯的控制加氢还原和酯的加氢还原。

酰氯在催化加氢时,可经过醛,最后还原成醇

$$R-COCl \xrightarrow[\text{催化剂}]{H_2} R-CHO \xrightarrow[\text{催化剂}]{H_2} RCH_2OH$$

使用罗森门德(Rosenmund)加氢还原催化剂,可使酰氯的加氢反应停止在生成醛的阶段,这是通过酰氯由羧酸制取醛的好方法。罗森门德还原法的催化体系是 $Pd/BaSO_4$ – 硫 – 喹啉(或硫脲)。例如

$$\underset{O}{\overset{\parallel}{CH_3OCCH_2CH_2C}}\overset{\overset{O}{\parallel}}{}-Cl + H_2 \xrightarrow{Pd/BaSO_4} \underset{O}{\overset{\parallel}{CH_3OCCH_2CH_2CHO}} + HCl$$

酯催化加氢得到的最终产物是两分子醇。所采用的催化剂是 $CuO \cdot CuCrO_4$。酯的催化加氢都是在高温高压下进行的,主要用于高级脂肪酸酯的加氢还原,生产高级脂肪醇。例如

$$C_2H_5OOC(CH_2)_4COOC_2H_5 \xrightarrow[\substack{250 \sim 260℃ \\ 10 \sim 25 \text{ MPa}}]{H_2/Cu - Cr} HOCH_2(CH_2)_4CH_2OH + 2C_2H_5OH$$

羧酸酯在加氢还原时,如果烃基是不饱和的或烃基上连有其他不饱和基团时,也将一起被加氢还原,但苯环可以保持不变。

$$\text{〔}\text{〕}-COOC_2H_5 \xrightarrow[125℃,30 \text{ MPa}]{H_2/CuO \cdot CuCrO_4} \text{〔}\text{〕}-CH_2OH + C_2H_5OH$$

在实验室中,若将酯还原成醇,可以采用金属钠 – 乙醇还原体系,而且对不饱和碳碳双键不发生作用,可用于不饱和脂肪酸酯的选择性还原,例如

$$CH_3(CH_2)_7CH=CH(CH_2)_7COOC_4H_9 \xrightarrow[C_2H_5OH]{Na}$$

$$CH_3(CH_2)_7CH=CH(CH_2)_7CH_2OH + C_4H_9OH$$

2. $LiAlH_4$ 还原

$LiAlH_4$ 可以还原羧酸衍生物,酰氯、酯及酸酐的还原产物都是醇

$$R-\underset{O}{\overset{\parallel}{C}}-Y \xrightarrow{LiAlH_4} \left[R-\underset{\underset{H}{|}}{\overset{O^-}{\overset{|}{C}}}-Y \right] \xrightarrow{-Y^-} R-\underset{O}{\overset{\parallel}{C}}-H \xrightarrow[②H_2O]{①LiAlH_4} RCH_2OH$$

$$(Y = Cl-, R'O-, R'COO-)$$

酸酐的还原要耗用过量的 $LiAlH_4$。酰胺的还原也需要过量的 $LiAlH_4$,还原产物可以是不同的胺。例如

$$PhOCH_2CONH_2 \xrightarrow[\text{乙醚}]{LiAlH_4 \quad H_3O^+} PhOCH_2CH_2NH_2$$

$$\underset{O}{\overset{\parallel}{CH_3CNHC_6H_5}} \xrightarrow[\text{乙醚}]{LiAlH_4 \quad H_3O^+} CH_3CH_2NHC_6H_5$$

$$\text{（环己基）}\overset{\overset{\displaystyle O}{\|}}{C}N(CH_3)_2 \xrightarrow[\text{乙醚}]{LiAlH_4 \quad H_3O^+} \text{（环己基）}-CH_2N(CH_3)_2$$

NaBH$_4$ 只能对高活性的酰氯进行还原，而不能用于对其他的羧酸衍生物的还原。

$$RCOCl \xrightarrow{NaBH_4 \quad H_3O^+} RCH_2OH$$

三、羧酸衍生物与金属有机化合物反应

1. 酰卤与有机金属化合物反应

（1）与格氏试剂、有机锂化合物反应。格氏试剂或有机锂化合物与酰卤反应得酮，但酮很易进一步反应得三级醇，因此酮的产率很低，需用 2 mol 以上的格氏试剂，主要产物为三级醇

$$C_6H_5\overset{\overset{\displaystyle O}{\|}}{C}Br \xrightarrow[\text{乙醚,回流2 h}]{C_6H_5MgBr} \left[\underset{(C_6H_5)_2CBr}{\overset{OMgBr}{|}} \right] \longrightarrow C_6H_5\overset{\overset{\displaystyle O}{\|}}{C}C_6H_5$$

$$\xrightarrow{C_6H_5MgBr} (C_6H_5)_3COMgBr \xrightarrow{H_2O} (C_6H_5)_3COH$$
$$93\%$$

对于有空间位阻的反应物，主要得到酮，产率较高，这种空间因素可能来自酰氯（脂肪或芳香的）或者是格氏试剂，特别是三级基团直接连接在 MgX 基团上。例如

$$CH_3-\overset{\overset{\displaystyle CH_3}{|}}{CH}-\overset{\overset{\displaystyle O}{\|}}{C}Cl + CH_3CH_2-\overset{\overset{\displaystyle CH_3}{|}}{\underset{\underset{\displaystyle CH_3}{|}}{C}}MgCl \xrightarrow[\text{搅拌5天}]{\text{乙醚} \atop 16\sim18℃} CH_3CH_2\overset{\overset{\displaystyle CH_3}{|}}{\underset{\underset{\displaystyle CH_3}{|}}{C}}\overset{\overset{\displaystyle O}{\|}}{C}-\overset{\overset{\displaystyle CH_3}{|}}{CH}CH_3$$

（2）与有机镉化合物反应。有机镉化合物反应性较低，但很易与酰氯反应，与酮反应很慢，因此可用于酮的合成。

有机镉化合物的一个重要用途是合成酮酯，即在原来分子中有酯基与酰氯，利用酯基不发生反应而酰氯可以发生反应，在分子中引入碳链而保存反应性活泼的酯基。

$$C_2H_5\overset{\overset{\displaystyle O}{\|}}{O C}(CH_2)_8\overset{\overset{\displaystyle O}{\|}}{C}Cl + (CH_3CH_2)_2Cd \xrightarrow[\text{回流10 min}]{\text{苯}} C_2H_5\overset{\overset{\displaystyle O}{\|}}{O C}(CH_2)_8\overset{\overset{\displaystyle O}{\|}}{C}C_2H_5$$

（3）与二烷基铜锂反应。二烷基铜锂可以与酰氟、酰氯、酰溴反应成酮。

$$R\overset{\overset{\displaystyle O}{\|}}{C}Cl \xrightarrow[\text{乙醚}]{R_2'CuLi} R\overset{\overset{\displaystyle O}{\|}}{C}R'$$

二烷基铜锂比格氏试剂反应性能低，它可以与醛、酰卤反应，与酮反应很慢，很多官能团如卤代烷、酯基、腈等在低温下不与它反应。

2. 酯与有机金属化合物反应

甲酸酯与格氏试剂反应，先得醛，醛与格氏试剂反应比甲酸酯更活泼，醛进一步反应得二级醇。其他羧酸酯与格氏试剂反应得酮，酮进一步与格氏试剂反应得三级醇。有机锂化

合物与格氏试剂一样,与酯反应得醇,但对于有空间位阻的酯(α 氢被取代),反应能停留在酮的阶段。例如

$$C_6H_5-\underset{\underset{CH_3}{|}}{\overset{\overset{CH_3O}{|}}{C}}-COC_2H_5 \xrightarrow[\text{乙醚}]{CH_3Li} C_6H_5-\underset{\underset{CH_3}{|}}{\overset{\overset{CH_3}{|}}{C}}-\overset{\overset{CH_3OLi^+}{|}}{\underset{\underset{CH_3}{|}}{C}}-OC_2H_5 \longrightarrow C_6H_5-\underset{\underset{CH_3}{|}}{\overset{\overset{CH_3O}{|}}{C}}-\overset{\parallel}{C}CH_3$$

酸酐与酰胺也能与有机金属化合物反应,但消耗有机金属化合物较多,一般不用它们进行合成。

四、酰胺氮原子上的反应

1.酰胺的酸碱性

酰胺不能使石蕊变色,一般可认为是中性化合物。但酰胺有时也显出弱酸性和弱碱性。例如把氯化氢气体通入乙酰胺的乙醚溶液中,则生成不溶于乙醚的盐。

$$CH_3CONH_2 + HCl \xrightarrow{\text{乙醚}} CH_3CONH_2 \cdot HCl \downarrow$$

形成的盐不稳定,遇水即分解为乙酰胺和盐酸。这说明酰胺具有碱性,但碱性非常弱。

另一方面,乙酰胺的水溶液能与氧化汞作用生成稳定的汞盐。

$$2CH_3CONH_2 + HgO \longrightarrow (CH_3CONH)_2Hg + H_2O$$

酰胺与金属钠在乙醚溶液中作用,也能生成钠盐,但它遇水即分解。这些说明酰胺具有弱酸性。

在酰胺分子中,氮原子与酰基直接相连;受酰基的影响,氮原子上的未共用电子对离域,电子云向酰基偏移,使得它与质子结合成盐的能力低于氨或胺,碱性因而减弱。若氨分子中两个氢原子被两个酰基取代

$$R-\overset{\overset{O}{\parallel}}{C}-\underset{\underset{H}{|}}{\overset{..}{N}}-\overset{\overset{O}{\parallel}}{C}-R$$

氮原子受两个酰基的影响,使得氮上剩下的一个氢原子易于以质子的形式被碱夺去。因此酰亚胺的酸性较酰胺为强,形成的盐也较稳定。例如,邻苯二甲酰亚胺与氢氧化钾的乙醇溶液作用生成钾盐。此盐与卤代烃作用,得到 N–烷基邻苯二甲酰亚胺,后者用氢氧化钠水解成伯胺,这是合成纯伯胺的一种方法,称为 Gabriel 合成法。

2.酰胺脱水

酰胺与强脱水剂共热或高温加热,则分子内脱水生成腈,这是合成腈最常用的方法之一。常用的脱水剂有五氧化二磷和亚硫酰氯等。例如

$$CH_3CH_2CH_2CH_2\underset{\underset{CH_2CH_3}{|}}{CH}CONH_2 \xrightarrow[86\%\sim94\%]{SOCl_2,\text{苯},75\sim80℃} CH_3CH_2CH_2CH_2\underset{\underset{CH_2CH_3}{|}}{CH}CN$$

3.Hofmann 降解反应

酰胺与溴或氯在碱溶液中作用,脱去羰基生成伯胺,使碳链减少一个碳原子的反应,通常称为 Hofmann 降解反应,也称重排反应。例如

$$(CH_3)_3CCH_2\overset{O}{\overset{\|}{C}}NH_2 + Br_2 + 4NaOH \xrightarrow[94\%]{} (CH_3)_3CCH_2NH_2 + 2NaBr + Na_2CO_3 + 2H_2O$$

这个反应可以由羧酸制备少一个碳原子的伯胺,产率较高,产品较纯。其反应机理是:首先在酰胺的氮上发生碱催化溴化,得到 N – 溴代酰胺中间体

$$R\overset{O}{\overset{\|}{-C}}-NH_2 + OH^- + Br_2 \longrightarrow R\overset{O}{\overset{\|}{-C}}\underset{H}{-N}-Br + Br^- + H_2O$$

然后在碱的作用下,从氮上消除一个氢原子,形成 N – 溴代酰胺负离子,其后烷基迁移至氮原子上,同时脱去溴负离子形成异氰酸酯

$$R\overset{O}{\overset{\|}{-C}}\underset{H}{-N}-Br \underset{}{\overset{OH^-}{\rightleftharpoons}} R\overset{O}{\overset{\|}{-C}}-\bar{N}-Br \xrightarrow[-Br^-]{} R-N=C=O$$

异氰酸酯含有累积双键,很容易与水和醇等发生反应。与水的加成产物在碱溶液中很快脱去二氧化碳得到伯胺。

$$R-N=C=O + H_2O \longrightarrow R-NH\overset{O}{\overset{\|}{-C}}-OH \longrightarrow RNH_2 + CO_2$$

9.5　羧酸及其衍生物的制法

一、由氧化反应制备

羧酸可由伯醇、醛、芳烃氧化得到

$$\left.\begin{array}{l}RCH_2OH \\ RCHO\end{array}\right\}\xrightarrow{[O]} RCOOH$$

氧化伯醇为羧酸,常用的氧化剂有 $K_2Cr_2O_7 + H_2SO_4$,$CrO_3 + CH_3COOH$,$KMnO_4$,HNO_3 等。羧酸不易继续氧化,又较容易分离提纯,操作简单,而且产率较高。这是制备羧酸的一种重要方法。但此方法不适合分子中含有较易被氧化的官能团的伯醇。

醛容易被氧化为羧酸,常用的氧化剂为 $KMnO_4$。此方法应用有限,因一般的醛较难得到,且价格昂贵。

氧化不饱和醛、醇为不饱和羧酸时,要用弱氧化剂,例如

$$CH_3-CH=CHCHO \xrightarrow{Ag_2O} CH_3-CH=CHCOOH$$

$$(CH_3)_2C=CHCH_2CH_2\underset{CH_3}{\overset{|}{C}}=CHCH_2OH \xrightarrow{CrO_3-吡啶}$$

$$(CH_3)_2C=CHCH_2CH_2\underset{CH_3}{\overset{|}{C}}=CHCHO \xrightarrow{Ag_2O} (CH_3)_2C=CHCH_2CH_2\underset{CH_3}{\overset{|}{C}}=CHCOOH$$

有 α－氢的支链芳烃氧化常用于合成芳香族羧酸

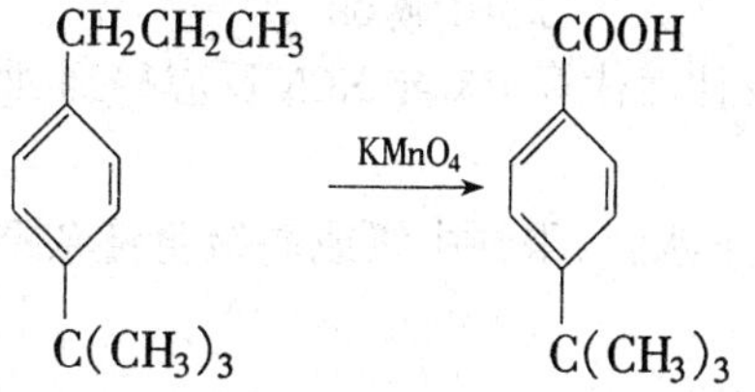

有时烯烃也作为合成羧酸的原料。例如

$$(CH_3)_2CH(CH_2)_3CH(CH_3)CH{=}CH_2 \xrightarrow{KMnO_4} (CH_3)_2CH(CH_2)_3CH(CH_3)COOH$$

45%

二、有机金属化合物与 CO_2 反应

格氏试剂或有机锂试剂在无水条件下与 CO_2 反应的产物经水解后变为比原来烃基多一个碳原子的羧酸。这是以醇、烯烃、卤代烃、芳烃等为原料合成多一个碳原子羧酸的方法。反应通式为

$$RMgX + CO_2 \longrightarrow RCOOMgX \xrightarrow{H_2O,H^+} RCOOH$$

$$RLi + CO_2 \longrightarrow RCOOLi \xrightarrow{H_2O,H^+} RCOOH$$

【例】 由 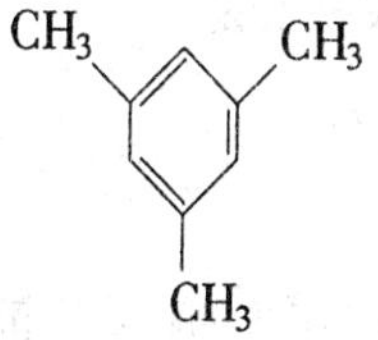

合成 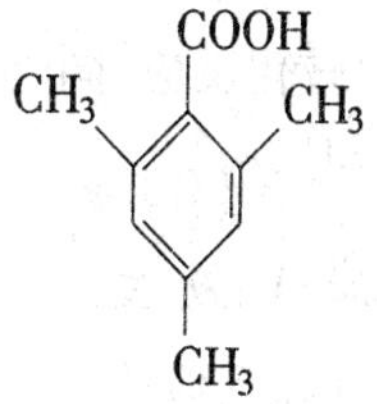

【解】

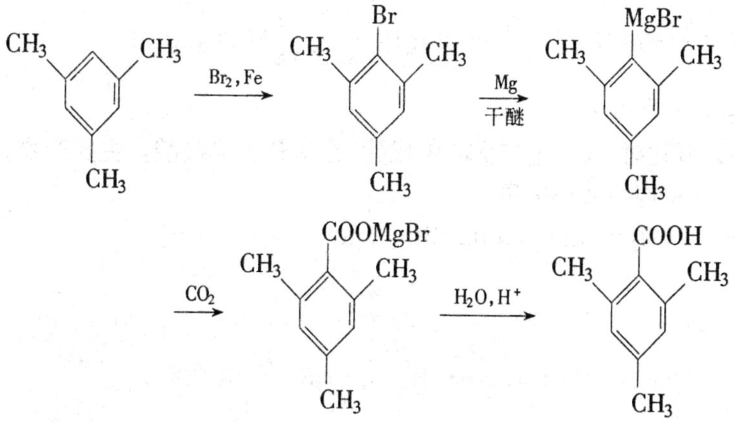

三、羧酸衍生物的水解

腈在酸或碱催化下水解为羧酸

$$RCN \xrightarrow[H^+ \text{或} OH^-]{H_2O} RCOOH$$

腈 RCN 可从伯卤代烃或仲卤代烃 RX 与 KCN 反应得到,所以由卤代烃通过腈可以合成多一个碳原子的羧酸。

天然产物油脂在碱催化下水解,得到中级或高级直链羧酸。例如从豆蔻中提取的甘油十四酸酯水解得到十四酸

$$\begin{array}{l} CH_2OCOC_{13}H_{27} \\ | \\ CHOCOC_{13}H_{27} \\ | \\ CH_2OCOC_{13}H_{27} \end{array} \xrightarrow[\text{②HCl}]{\text{①NaOH}} C_{13}H_{27}COOH + \begin{array}{l} CH_2OH \\ | \\ CHOH \\ | \\ CH_2OH \end{array}$$

$$89\% \sim 95\%$$

三卤代烃水解也可得到羧酸

$$RCCl_3 \xrightarrow[\triangle]{H^+} RCOOH$$

四、一些特殊的制备羧酸的方法

1. 卤仿反应

甲基酮与 Cl_2 的 NaOH 溶液作用,生成少一个碳原子的羧酸

$$RCOCH_3 \xrightarrow{X_2, OH^-} RCOOH + CHX_3$$

2. 坎尼查罗反应

无 α - 氢的醛在浓碱溶液中,发生歧化反应,同时得到羧酸和醇

$$R_3CCHO \xrightarrow{OH^-} R_3CCOOH + R_3CCH_2OH$$

3. Arndt – Eistert(阿恩特 – 艾斯特)反应

将羧酸氯化为酰氯,然后与重氮甲烷反应生成 α - 重氮甲基酮,α - 重氮甲基酮发生 Wolff 重排,最后水解得到羧酸

$$RCOOH \xrightarrow{Cl_2, P} RCOCl \xrightarrow{CH_2N_2} RCOCH_2N_2 \xrightarrow[\text{Wolff 重排}]{Ag_2O, H_2O} RCH_2COOH$$

4. Baeyer – Villiger 反应

酮用过氧酸或 H_2O_2 氧化时,发生重排反应生成酯,酯水解生成羧酸。主要产物为迁移能力较弱的烃基羧酸。迁移能力大小次序为

$$Ar— > CH_2=CH— > 3^\circ R > 2^\circ R > 1^\circ R' > CH_3— > H—$$

反应通式为

$$\begin{array}{c} O \\ \| \\ R'—C—R \end{array} + CH_3CO_3H \longrightarrow \begin{array}{c} O \\ \| \\ R'—C—OR \end{array} \xrightarrow{H^+} R'COOH$$

例如

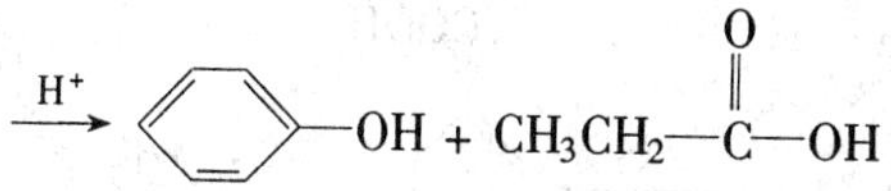

$$\xrightarrow{H^+} \text{苯环—OH} + CH_3CH_2-\overset{\displaystyle O}{\overset{\|}{C}}-OH$$

5. Reppe 反应

常压下,烯或炔烃在 $Ni(CO)_4$ 催化下与 CO 及 H_2O 反应生成羧酸。例如

$$RCH=CH_2 + CO + H_2O \xrightarrow{Ni(CO)_4} \underset{\underset{\displaystyle CH_3}{|}}{RCHCOOH}$$

$$HC\equiv CH + CO + H_2O \xrightarrow{Ni(CO)_4} CH_2=CH-\overset{\displaystyle O}{\overset{\|}{C}}-OH$$

五、已工业化的一些合成羧酸的反应

1. 合成己二酸

己二酸是合成尼龙-66的原料,其酯被用作增塑剂。工业上由环己烷大量生产己二酸。环己烷经催化氧化得到的环己醇和环己酮进一步氧化为己二酸

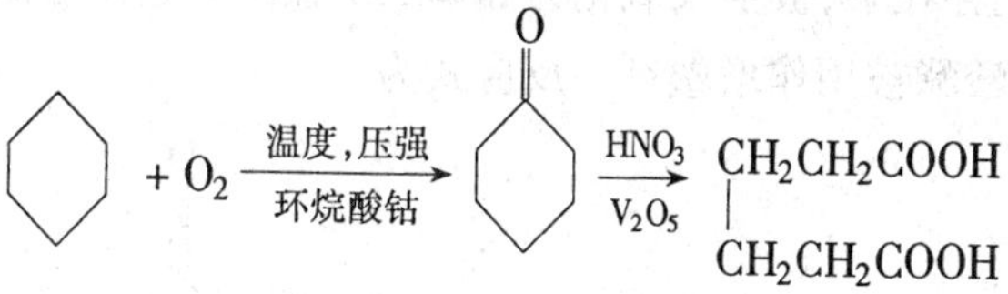

$$\text{环己烷} + O_2 \xrightarrow[\text{环烷酸钴}]{\text{温度,压强}} \text{环己酮} \xrightarrow[V_2O_5]{HNO_3} \underset{\displaystyle CH_2CH_2COOH}{CH_2CH_2COOH}$$

目前,最新的一个绿色工艺是用 H_2O_2 氧化环己烯

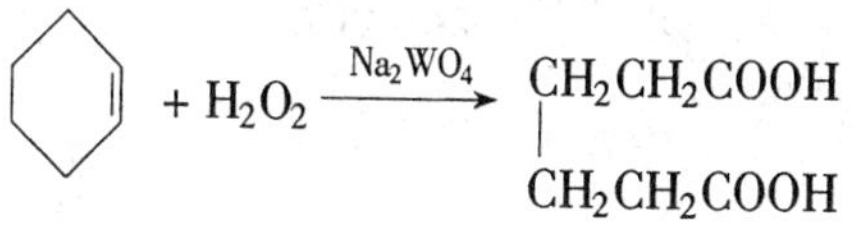

$$\text{环己烯} + H_2O_2 \xrightarrow{Na_2WO_4} \underset{\displaystyle CH_2CH_2COOH}{CH_2CH_2COOH}$$

2. 合成苯甲酸

工业上由甲苯催化氧化或氯化后水解合成苯甲酸

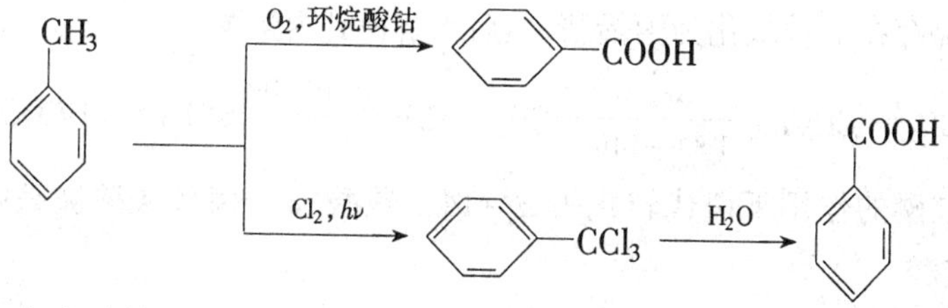

$$\text{甲苯} \xrightarrow{O_2,\text{环烷酸钴}} \text{苯环—COOH}$$
$$\xrightarrow{Cl_2,h\nu} \text{苯环—CCl}_3 \xrightarrow{H_2O} \text{苯环—COOH}$$

用升华或在水中重结晶法提纯苯甲酸。苯甲酸有防止食物腐败和发酵的作用,其钠盐可用作食品工业的防腐剂。

3. 合成对苯二甲酸

在醋酸钴催化及 150~250℃下,空气氧化对二甲苯为对苯二甲酸。也能通过邻苯二甲酸钾在 420~450℃、1.2~1.5 MPa 及 $ZnCO_3$ 催化下转位为对苯二甲酸钾,然后酸化为对苯二甲酸

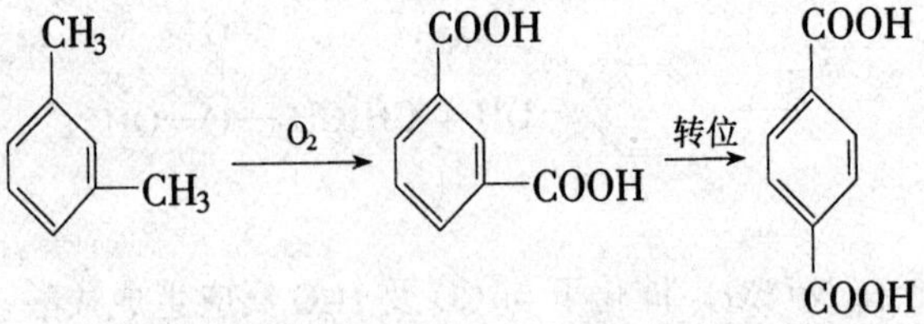

对苯二甲酸与乙二醇反应得到对苯二甲酸乙二醇酯,后者缩聚得到聚酯纤维"涤纶"。

4. 合成酸酐

在 V_2O_5 催化下,空气氧化苯为顺丁烯二酸酐。它是一种重要的化工原料。反应式为

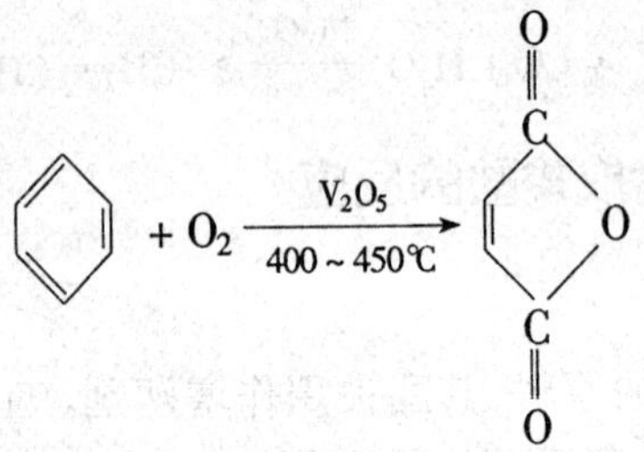

萘在 V_2O_5 催化剂存在下,被空气氧化为邻苯二甲酸酐。它是合成不饱和聚酯和醇酸树脂的原料。邻苯二甲酸酯被用作增塑剂。反应式为

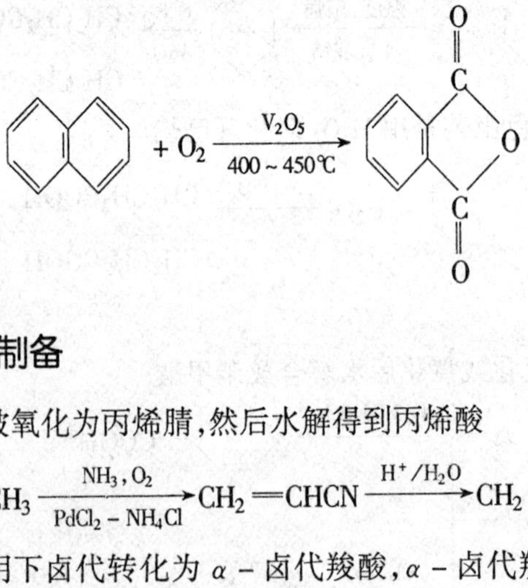

六、不饱和羧酸的制备

丙烯在 NH_3 存在下被氧化为丙烯腈,然后水解得到丙烯酸

$$CH_2\!=\!CHCH_3 \xrightarrow[PdCl_2-NH_4Cl]{NH_3,O_2} CH_2\!=\!CHCN \xrightarrow{H^+/H_2O} CH_2\!=\!CHCOOH$$

脂肪酸在红磷的作用下卤代转化为 α - 卤代羧酸, α - 卤代羧酸被碱脱去卤化氢得到 α,β - 不饱和羧酸

$$\overset{\displaystyle Cl}{RCH_2\overset{|}{C}HCOOH} \xrightarrow{OH^-} RCH\!=\!CHCOOH$$

芳香醛与含有 α - 活泼氢的丙二酸、乙酸酐、乙酸乙酯等发生加成反应,然后脱水得到 α,β - 不饱和羧酸或酯

七、合成实例分析

【例】　以不超过三个碳的有机物合成

$$CH_3CH_2\underset{\overset{|}{OH}}{C}HCOOH$$

【解】　逆向分析

$$CH_3CH_2\underset{\overset{|}{OH}}{C}HCOOH \Rightarrow CH_3CH_2\underset{\overset{|}{Cl}}{C}HCOOH \Rightarrow CH_3CH_2CH_2COOH \Rightarrow CH_3CH_2CH_2CN \Rightarrow$$

$$CH_3CH_2CH_2Br \Rightarrow CH_3CH=CH_2$$

合成如下

$$CH_3CH=CH_2 \xrightarrow[ROOR]{HBr} CH_3CH_2CH_2Br$$

$$\xrightarrow{NaCN} CH_3CH_2CH_2CN \xrightarrow{H_3O^+} CH_3CH_2CH_2COOH$$

$$\xrightarrow[P]{Cl_2} CH_3CH_2\underset{\overset{|}{Cl}}{C}HCOOH \xrightarrow{H_2O} CH_3CH_2\underset{\overset{|}{OH}}{C}H-COOH$$

9.6　羟　基　酸

一、羟基酸的分类和命名

羟基酸是分子中同时具有羟基和羧基的化合物。羟基连接在饱和碳链上的羟基酸又称为醇酸。羟基直接连接在芳环上的称为酚酸。羟基酸分子中的羟基和羧基的数目,可以是一个也可以是多个。根据羟基和羧基的相对位置不同,可分为 α – 羟基酸、β – 羟基酸……命名时,以羧酸为母体,羟基作为取代基。用阿拉伯数字编号时,从羧基的碳原子开始,以 1,2,3,…顺序排列。用希腊字母编号时,从连接羧基的第一个碳原子开始,以 $\alpha,\beta,\gamma,\cdots,\omega$ 顺序排列。ω 是希腊字母的最后一个字母,常用来表示碳链末端的碳原子。酚酸除可用阿拉伯数字编号外,也常用邻、间、对位来表示烃基位置。许多羟基酸都存在于自然界中,因此,习惯上也常按其来源而用俗名称呼。例如

$$\overset{4}{C}H_3\overset{3}{C}H_2\overset{2}{\underset{\overset{|}{OH}}{C}}HCOOH \qquad \overset{\beta}{C}H_3\overset{\alpha}{\underset{\overset{|}{OH}}{C}}HCH_2COOH \qquad \overset{\gamma}{\underset{\overset{|}{OH}}{C}}H_2\overset{\beta}{C}H_2\overset{\alpha}{C}H_2COOH$$

　α – 羟基丁酸　　　　　　　　β – 羟基丁酸　　　　　　　　γ – 羟基丁酸
　2 – 羟基丁酸　　　　　　　　3 – 羟基丁酸　　　　　　　　4 – 羟基丁酸

$$\overset{\varepsilon}{C}H_2 - \overset{\delta}{C}H_2 - \overset{\gamma}{C}H_2 - \overset{\beta}{C}H_2 - \overset{\alpha}{C}H_2 - COOH$$
$$|$$
$$OH$$

ε - 羟基己酸或称 ω - 羟基己酸

$$\overset{3}{C}H_3 - \overset{\alpha}{\overset{2}{C}}H - \overset{1}{C}OOH$$
$$|$$
$$OH$$

2 - 羟基丙酸
α - 羟基丙酸 乳酸

2 - 羟基苯甲酸
邻羟基苯甲酸 水杨酸

3,4,5 - 三羟基苯甲酸
没食子酸

在脂肪族取代二元羟酸中,碳链用 α , β 编号时,可从两端开始,分别以 α , β …和 α' , β' …相对应地来表示。例如

$$\overset{1}{C}OOH$$
$$|$$
$$\overset{\alpha}{\underset{}{}} \overset{2}{C}HOH$$
$$|$$
$$\overset{\alpha'}{\underset{}{}} \overset{3}{C}HOH$$
$$|$$
$$\overset{4}{C}OOH$$

2,3 - 二羟基丁二酸
α , α' - 二羟基丁二酸
酒石酸

$$\overset{1}{C}OOH$$
$$|$$
$$\overset{\alpha}{\underset{}{}} \overset{2}{C}HOH$$
$$|$$
$$\overset{3}{C}H_2$$
$$|$$
$$\overset{4}{C}OOH$$

2 - 羟基丁二酸
α - 羟基丁二酸
苹果酸

$$\overset{2}{_\alpha} CH_2 \overset{1}{C}OOH$$
$$|$$
$$\overset{3}{_\beta} C(OH)COOH$$
$$|$$
$$\overset{4}{C}H_2 COOH$$
$$\overset{}{_5}$$

3 - 羟基 - 3 - 羧基戊二酸
β - 羟基 - β - 羧基戊二酸
柠檬酸

二、羟基酸的制法

羟基酸的制备,可在含有羟基的化合物分子中引入羧基;或在羧酸的分子中引入羟基而制得。

1. 从羟(基)腈水解

羟(基)腈水解后就得到羟基酸。α - 羟基腈可从羰基化合物与氰化氢加成取得。

$$RCHO + HCN \longrightarrow R-\overset{\overset{\displaystyle H}{|}}{\underset{\underset{\displaystyle OH}{|}}{C}}-CN \xrightarrow[H^+]{H_2O} R-\overset{\overset{\displaystyle H}{|}}{\underset{\underset{\displaystyle OH}{|}}{C}}-COOH$$

$$\overset{\displaystyle R'}{\underset{\displaystyle R}{}} C=O + HCN \longrightarrow R-\overset{\overset{\displaystyle R'}{|}}{\underset{\underset{\displaystyle OH}{|}}{C}}-CN \xrightarrow[H^+]{H_2O} R-\overset{\overset{\displaystyle R'}{|}}{\underset{\underset{\displaystyle OH}{|}}{C}}-COOH$$

α - 羟基腈　　　　　α - 羟基酸

β - 羟基腈可从烯烃与次氯酸加成后再与氰化钾作用而得。β - 羟基腈水解就生成 β - 羟基酸。

$$RCH = CH_2 \xrightarrow{HOCl} RCH-CH_2 \xrightarrow{KCN} RCH-CH_2CN \xrightarrow[H^+]{H_2O} RCHCH_2COOH$$
$$\qquad\qquad\quad | \quad | \qquad\qquad\quad | \qquad\qquad\qquad\quad |$$
$$\qquad\qquad\quad OH \ Cl \qquad\qquad OH \qquad\qquad\qquad\quad OH$$

芳香族羟基酸也可由羟基腈制备。例如

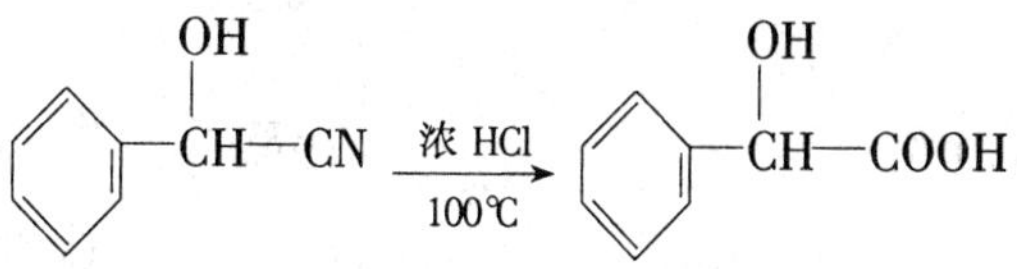

α-羟基苯甲酸

2. 从卤代酸水解

α-卤代酸水解，可得到 α-羟基酸，产率很高。

$$\underset{\underset{Cl}{|}}{CH_2}{-}COOH + H_2O \longrightarrow \underset{\underset{OH}{|}}{CH_2}{-}COOH + HCl$$

β-卤代酸虽可水解转变为相应的 β-羟基酸，但可继续脱水生成 α,β-不饱和酸。γ-和 δ-卤代酸水解后则主要生成相应的内酯。因此，这个方法只适用于制备 α-羟基酸。

3. 雷福尔马茨基反应

将醛或酮与 α-溴代酸酯的混合物在惰性溶剂（如醚、苯等）中与锌粉作用，α-溴代酸酯就先生成有机锌化合物。所得到的有机锌化合物与醛或酮的羰基发生亲核加成后再水解，就生成 β-羟基酸酯。酯再水解，就得到 β-羟基酸。这个合成反应称为雷福尔马茨基反应。

$$Zn + BrCH_2COOC_2H_5 \xrightarrow{\text{醚}} BrZnCH_2COOC_2H_5 \xrightarrow{\underset{}{R-\overset{\overset{O}{\|}}{C}-H}} \underset{\underset{OZnBr}{|}}{RCHCH_2COOC_2H_5}$$

$$\xrightarrow[HCl]{H_2O} \underset{\underset{OH}{|}}{RCHCH_2COOC_2H_5} \xrightarrow{H_2O} \underset{\underset{OH}{|}}{RCHCH_2COOH} + C_2H_5OH$$

脂肪族或芳香族醛、酮都可发生这一反应，但空间阻碍太大时，与 $\diagdown C{=}O$ 基反应可能发生困难。这个反应不能用镁代替锌，因镁太活泼，可与酯基中的 $\diagdown C{=}O$ 发生反应。有机锌试剂比较稳定，只与醛、酮中的羰基反应，而不与酯基反应。

三、羟基酸的物理性质

羟基酸一般为结晶固体或粘稠液体。由于羟基酸分子中含有羟基和羧基，这两个基团都能分别和水形成氢键，所以羟基酸在水中的溶解度比相应的醇和羧酸都大，低级羟基酸可与水混溶。羟基酸的熔点也比相应的羧酸高。

四、羟基酸的化学性质

羟基酸兼有羟基和羧基的特性，并由于羟基和羧基两个官能团的相互影响而具有一些特殊的性质。

1. 酸性

在羟基酸分子中，羟基是吸电子基，它对羧基有吸电子的诱导效应，使羟基酸的酸性较

相应的脂肪羧酸为强,但不如卤代酸中卤素的吸电子的诱导效应大。羟基距羧基愈远,则对酸性的影响愈小。例如

	pK_a		pK_a		pK_a

$$CH_3COOH \quad 4.76 \quad CH_3CH_2COOH \quad 4.87$$

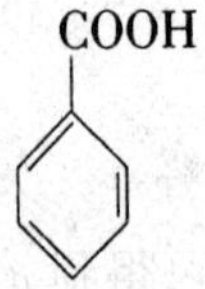

（带 COOH 的苯环结构） 4.17

$$\underset{\underset{OH}{|}}{CH_2COOH} \quad 3.85 \quad \underset{\underset{OH}{|}}{CH_3CH\,COOH} \quad 3.86$$

（带 COOH 和邻位 OH 的苯环结构） 2.98

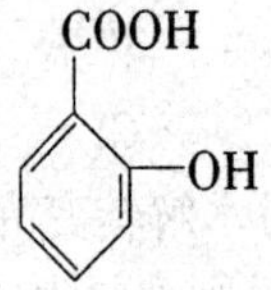

$$\underset{\underset{OH}{|}}{CH_2CH_2COOH} \quad 4.51$$

邻羟基苯甲酸的酸性比苯甲酸强,主要是由于羟基处于羧基邻位时,由于可形成分子内氢键,有利于使羧酸根负离子稳定,因而酸性增强。

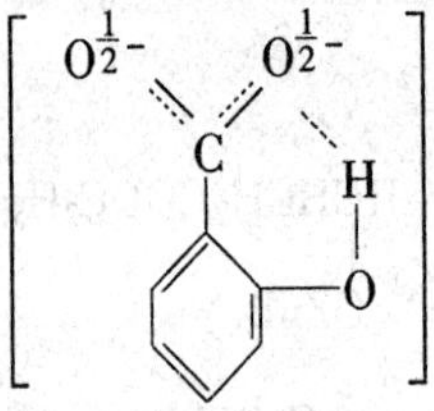

邻羟基苯甲酸负离子

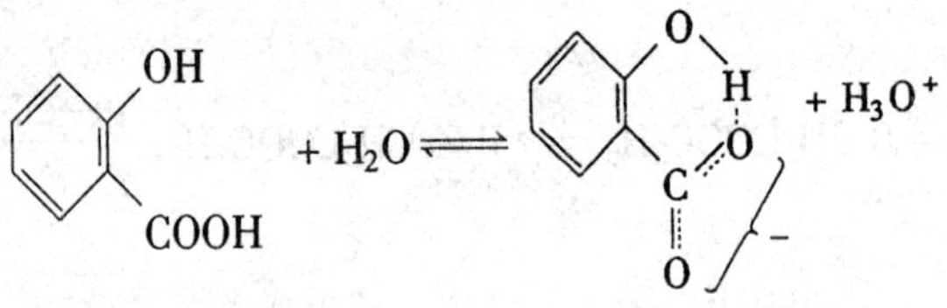

2. 脱水反应

羟基酸受热或与脱水剂共热脱水时,由于羟基和羧基的相对位置不同,脱水反应的产物也不同。

α - 羟基酸受热时,两分子间的羧基与羟基相互酯化脱水而生成交酯。

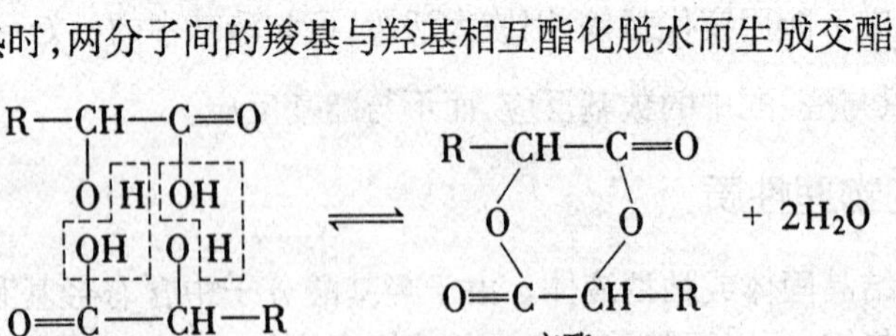

交酯

β - 羟基酸受热时,发生分子内脱水而生成 α,β - 不饱和酸。

$$R-\underset{\underset{\boxed{OH}}{|}}{CH}-\underset{\boxed{H}}{CH}-COOH \xrightarrow[\triangle]{稀\,H^+\,或稀\,OH} R-CH=CH-COOH + H_2O$$

γ - 和 δ - 羟基酸很容易脱水生成五元环和六元环的内酯。这是因为五元环和六元环稳定之故。

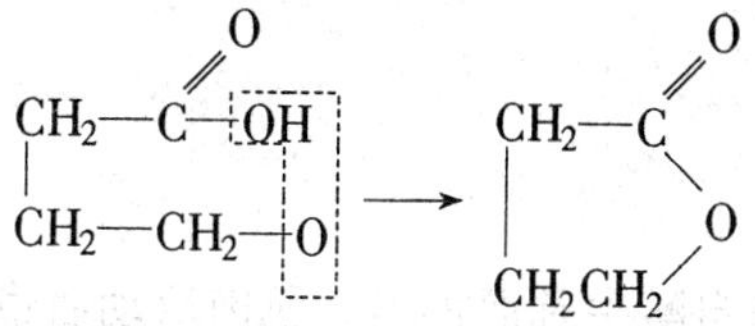

γ－丁内酯

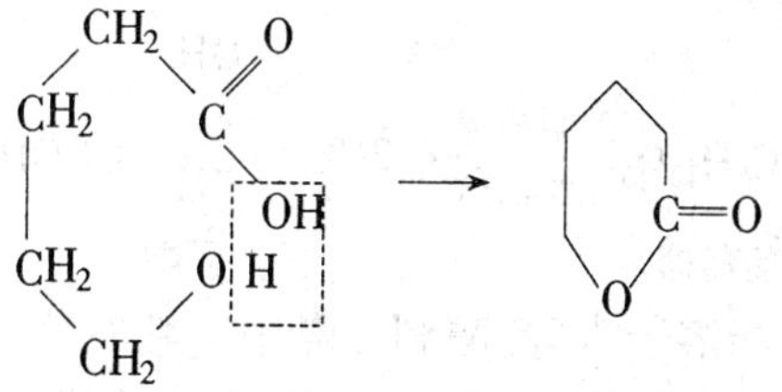

δ－戊内酯

羟基和羧基相隔五个或五个以上碳原子的羟基酸，受热后则发生分子间的酯化脱水，生成链状结构的聚酯。

$$m\mathrm{HO(CH_2)_{\mathit{n}}COOH} \longrightarrow \mathrm{H}\!\left[\mathrm{O(CH_2)_{\mathit{n}}CO}\right]_m\mathrm{OH} + (m-1)\mathrm{H_2O} \quad (n \geqslant 5)$$

3. 分解脱羧反应

α－羟基酸与稀硫酸或酸性高锰酸钾共热，则羧基和 α－碳原子之间的键断裂，分解脱羧生成醛、酮或羧酸。

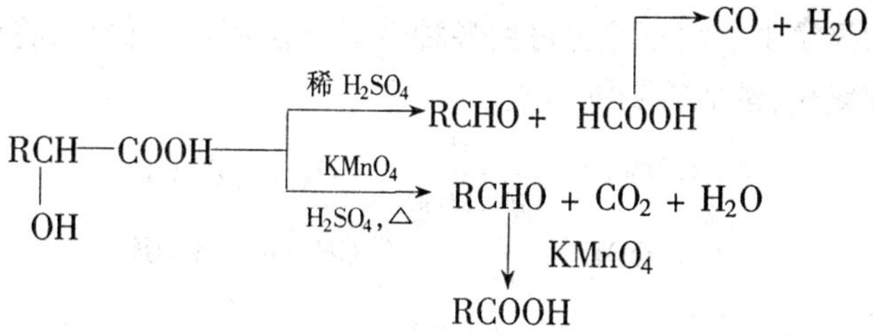

$$\mathrm{R_2C(OH)\!-\!COOH} + [\mathrm{O}] \xrightarrow[\mathrm{H^+}]{\mathrm{KMnO_4}} \mathrm{R_2CO} + \mathrm{CO_2} + \mathrm{H_2O}$$

这个反应在有机合成上可用来使碳链缩短。从高级羧酸经 α－溴代、水解来合成少一个碳的高级醛。例如

$$\mathrm{RCH_2COOH} \xrightarrow{\mathrm{Br_2,P}} \mathrm{RCH(Br)COOH} \xrightarrow{\mathrm{OH^-,H_2O}} \mathrm{RCH(OH)COOH} \xrightarrow[\triangle]{\text{稀 }\mathrm{H_2SO_4}} \mathrm{R\!-\!\overset{\displaystyle O}{\overset{\|}{C}}\!-\!H} + \mathrm{HCOOH}$$

$(\mathrm{R} > \mathrm{C_{10}})$

β－羟基酸用碱性高锰酸钾氧化则分解生成酮。

$$\mathrm{R\!-\!CH(OH)\!-\!CH_2\!-\!COOH} \xrightarrow[\mathrm{OH^-}]{\mathrm{KMnO_4}} \left[\mathrm{R\!-\!\overset{\displaystyle O}{\overset{\|}{C}}\!-\!CH_2\!-\!COOH}\right] \xrightarrow{-\mathrm{CO_2}} \mathrm{R\!-\!\overset{\displaystyle O}{\overset{\|}{C}}\!-\!CH_3}$$

五、重要的羟基酸

1. 乳酸

乳酸（α－羟基丙酸）因来自酸牛乳而得名。肌肉活动后也会分解出乳酸。工业上，乳酸是由葡萄糖在乳酸菌作用下发酵制得的。

$$C_6H_{12}O_6 \xrightarrow[35 \sim 45℃]{\text{乳酸菌}} 2CH_3 \overset{\overset{\displaystyle OH}{|}}{-}CH-COOH$$

葡萄糖　　　　　　　　　　　　　乳酸

乳酸是无色粘稠液体，能溶于水、乙醇和乙醚中。乳酸分子中的 α 碳原子连接四个不同的原子和基团，是一个不对称（或称手性）碳原子，具有旋光性（见 3.1）。从肌肉中或葡萄糖在乳酸菌作用下发酵后所得到的乳酸的熔点都是 53℃，而从牛乳发酵所得到的乳酸的熔点却是 18℃，它们的物理性质不同，在旋光仪器中所观察到的旋光性也不同，这是由于存在异构现象的缘故。乳酸是最早研究立体化学的化合物之一。

乳酸的用途广泛，皮革工业上用作脱灰剂；锑盐作媒染剂，钙盐用作医药；此外，还大量用于食品、饮料工业。

2. 酒石酸

酒石酸（2,3－二羟基丁二酸）来自葡萄酿酒时所产生的酒石（酸性酒石酸钾）而得名。它广泛存在于植物果实中。酒石酸也可用各种合成方法制取。例如，将顺或反丁烯二酸用高锰酸钾碱性溶液氧化，都能得到酒石酸。

$$\begin{matrix} CHCOOH \\ \| \\ CHCOOH \end{matrix} \xrightarrow[OH^-,\ KMnO_4]{[O]} \begin{matrix} CH(OH)COOH \\ | \\ CH(OH)COOH \end{matrix}$$

酒石酸

从不同原料或不同制备方法所得到的酒石酸，它们的熔点不同，具有不同的旋光性。这是由于酒石酸分子中含有不对称（手性）碳原子的缘故。酒石酸也是最早研究立体化学的化合物之一。

酒石酸是透明棱形晶体，溶于水、乙醇和乙醚。它在盐类工业上可作媒染剂、鞣剂等。

3. 水杨酸

水杨酸（邻羟基苯甲酸）因来自水杨柳而得名。它的甲酯$\left(\begin{array}{c}\text{OH}\\\text{COOCH}_3\end{array}\right)$是冬青油的主要成分。工业上可由酚钠在加压、加热下与二氧化碳作用制得。这个方法是由柯尔贝（H. Kolbe）提出，施密特（R. Schmitt）加以改进，称为柯尔贝－施密特法。

$$\text{ONa} + CO_2 \xrightarrow[0.4 \sim 0.7\ MPa]{120 \sim 140℃} \begin{matrix} OH \\ COONa \end{matrix} \xrightarrow{H^+} \begin{matrix} OH \\ COOH \end{matrix}$$

水杨酸

上述反应的产品中还含有少量的对位异构体。如果反应温度高于 220℃ 或用酚钾代替酚钠,则主要产物为对羟基苯甲酸。

水杨酸是白色针状晶体或结晶粉末,熔点 159℃,在 76℃时升华,也能随水蒸气一同挥发,微溶于冷水,易溶于沸水、乙醇、乙醚中,水溶液呈酸性。水杨酸具有酚和羧酸的性质,它与醇或酚作用可生成相应的羧酸酯;与羧酸或酸酐作用可生成酚的酯。它的水溶液与 $FeCl_3$ 呈紫色。将水杨酸加热至熔点以上,能脱羧生成苯酚,这是邻位和对位羟基羧酸的特性。

9.7 β – 二羰基化合物

凡两个羰基中间被一个碳原子隔开的化合物均称为 β – 二羰基化合物。例如

$$\underset{\substack{\text{乙酰丙酮}\\(2,4-\text{戊二酮})}}{CH_3-\overset{O}{\overset{\|}{C}}-CH_2-\overset{O}{\overset{\|}{C}}-CH_3} \qquad \underset{\substack{\text{乙酰乙酸乙酯}\\(\beta-\text{丁酮酸酯})}}{CH_3-\overset{O}{\overset{\|}{C}}-CH_2-\overset{O}{\overset{\|}{C}}-OC_2H_5} \qquad \underset{\text{丙二酸二乙酯}}{C_2H_5O\overset{O}{\overset{\|}{C}}CH_2\overset{O}{\overset{\|}{C}}OC_2H_5}$$

由于它们的亚甲基对于两个羰基来说,都是 α 位置,在两个羰基的共同影响下,这个碳上的 α – 氢原子显得特别活泼,因此 β – 二羰基化合物也常叫做含有活泼亚甲基的化合物。这类化合物可称为有机合成的试剂,它们有多方面的用途。

一、β – 二羰基化合物的酸性和烯醇负离子的稳定性

由于 β – 二羰基化合物中的亚甲基同时受到两个羰基的影响,使 α 氢原子有较强的酸性。表 9.5 列出了常见羰基化合物的 pK_a 值和烯醇式的含量。

表 9.5 羰基化合物的 pK_a 值和烯醇式含量

名 称	酮 式	烯 醇 式	烯酸式含量/%	pK_a
乙酸乙酯	$CH_3\overset{\|}{\underset{O}{C}}OC_2H_5$	$CH_2=\overset{\|}{\underset{OH}{C}}OC_2H_5$	0	25
丙 酮	$CH_3\overset{\|}{\underset{O}{C}}CH_3$	$CH_2=\overset{\|}{\underset{OH}{C}}-CH_3$	0	20
丙二酸二乙酯	$C_2H_5O\overset{O}{\overset{\|}{C}}CH_2\overset{O}{\overset{\|}{C}}OC_2H_5$	$C_2H_5O\overset{O}{\overset{\|}{C}}CH=\overset{\|}{\underset{OH}{C}}OC_2H_5$	0.1	13
乙酰乙酸乙酯	$CH_3\overset{O}{\overset{\|}{C}}CH_2\overset{O}{\overset{\|}{C}}OC_2H_5$	$CH_3\overset{\|}{\underset{OH}{C}}=CH\overset{O}{\overset{\|}{C}}OC_2H_5$	7.5	11
2,4 – 戊二酮	$CH_3\overset{O}{\overset{\|}{C}}CH_2\overset{O}{\overset{\|}{C}}CH_3$	$CH_2=\overset{\|}{\underset{OH}{C}}CH_2\overset{O}{\overset{\|}{C}}CH_3$	76	9

β – 二羰基化合物的酸性所以比一般羰基化合物强得多,是由于它们能发生互变异构而生成稳定的烯醇式结构所致。可以用 2,4 – 戊二酮为例来说明,它在碱的作用下生成的负离子如下式所示。

$$CH_3-\overset{\overset{\displaystyle O}{\|}}{C}-CH_2-\overset{\overset{\displaystyle O}{\|}}{C}-CH_3 \underset{}{\overset{OH^-}{\rightleftharpoons}} CH_3-\overset{\overset{\displaystyle O}{\|}}{C}-\overset{-}{C}H-\overset{\overset{\displaystyle O}{\|}}{C}-CH_3 + H_2O$$

但这种负离子并不是单纯的如上式所示的酮式结构,它的负电荷实际扩展为两个羰基间的离域,这种离域作用比单羰基的离域作用要强得多。可以用下列共振结构式的叠加来表示。

$$CH_3-\overset{\overset{\displaystyle O}{\|}}{C}-\overset{-}{C}H-\overset{\overset{\displaystyle O}{\|}}{C}-CH_3 \longleftrightarrow CH_3-\overset{\overset{\displaystyle O^-}{|}}{C}=CH-\overset{\overset{\displaystyle O}{\|}}{C}-CH_3 \longleftrightarrow CH_3-\overset{\overset{\displaystyle O}{\|}}{C}-CH=\overset{\overset{\displaystyle O^-}{|}}{C}-CH_3$$

从上式中可以看出,由 β – 二羰基化合物得到的负离子的结构,由于有烯醇式结构的存在,所以一般称之为烯醇负离子。但由于亚甲基碳原子上也带有负电荷,且反应往往发生在此碳原子上,所以这种负离子也常称之为碳负离子。

二、β – 二羰基化合物碳负离子的反应

β – 二羰基化合物在碱的作用下形成烯醇负离子时,负电荷可能在氧上或在碳上,即两位负离子,具有两位反应性,如

$$CH_3C\overset{\overset{\displaystyle O^{\delta^-}}{\vdots}}{=}C^{\delta^-}HCOOC_2H_5$$

烯醇负离子的氧,由于它的电负性较强,更多的负电荷集中在氧上,溶剂可以用氢键和氧结合,因此氧和碳比较,氧发生更强的溶剂化作用,而碳的亲核性比氧强,这样使碳更容易烷基化反应;另一个原因是氧烷基化的过渡态势能比碳烷基化的过渡态的势能高,因此碳烷基化的速率比氧烷基化快。总的结果是生成碳烷基化产物。

常见的 β – 二羰基化合物负碳离子的反应有下列几种:

(1)负碳离子和卤烷的反应,即羰基 α 碳原子上的烷基化或烃基化反应。

(2)负碳离子和羰基化合物的反应,也常称为羰基化合物和 β – 二羰基化合物的缩合反应。当与酰卤或酸酐作用时可得酰基化产物。

(3)负碳离子和 α,β – 不饱和羰基化合物的共轭加成反应或 1,4 – 加成反应。

三、丙二酸二乙酯在有机合成中的应用

1. 丙二酸二乙酯的合成

丙二酸二乙酯为无色有香味的液体,沸点 199℃,微溶于水。丙二酸很活泼,受热易分解脱羧而成乙酸。因此,丙二酸酯不从丙二酸直接酯化而得,而是从氯乙酸钠经下列反应制得。

$$\underset{\overset{\displaystyle |}{Cl}}{CH_2COONa} \xrightarrow{NaCN} \underset{\overset{\displaystyle |}{CN}}{CH_2COONa} \xrightarrow[H_2SO_4]{C_2H_5OH} CH_2\overset{COOC_2H_5}{\underset{COOC_2H_5}{<}}$$

2. 丙二酸二乙酯在合成上的应用

丙二酸二乙酯分子中 α – 亚甲基上的氢原子非常活泼,能与醇钠作用形成钠盐。

$$CH_2\begin{array}{l}COOC_2H_5\\\\COOC_2H_5\end{array} + C_2H_5ONa \longrightarrow \left[CH\begin{array}{l}COOC_2H_5\\\\COOC_2H_5\end{array}\right]^- Na^+ + C_2H_5OH$$

生成的负碳离子是一个强亲核试剂,与卤烃反应时,可发生亲核取代而生成一烃基取代的丙二酸酯。如重复上述反应,可生成二烃基取代的丙二酸酯。如果用 2 mol 的乙醇钠和 2 mol 的卤烃,也可以一次导入两个烃基。水解后就得到相应的烃基取代的丙二酸。它在加热下即脱羧生成相应的烃基取代乙酸。

$$\left[CH\begin{array}{l}COOC_2H_5\\\\COOC_2H_5\end{array}\right]^- Na^+ \xrightarrow{RX} \begin{array}{c}R\quad COOC_2H_5\\C\\H\quad COOC_2H_5\end{array}$$

$$\xrightarrow[H_2O]{H^+} \begin{array}{c}R\quad COOH\\C\\H\quad COOH\end{array} \xrightarrow[150\sim200℃]{-CO_2} RCH_2COOH$$

$$\xrightarrow{C_2H_5ONa} \left[R-C\begin{array}{l}COOC_2H_5\\\\COOC_2H_5\end{array}\right]^- Na^+ \xrightarrow{R'X} \begin{array}{c}R\quad COOC_2H_5\\C\\R'\quad COOC_2H_5\end{array}$$

$$\xrightarrow[H_2O]{H^+} \begin{array}{c}R\quad COOH\\C\\R'\quad COOH\end{array} \xrightarrow[\triangle]{-CO_2} \begin{array}{c}R\\CHCOOH\\R'\end{array}$$

在有机合成上,丙二酸二乙酯的 α – 氢取代除了用于合成 RCH_2COOH 或 $RR'CHCOOH$ 类型的酸以外,还用于合成各种二元羧酸和环状取代羧酸。例如

$$\begin{array}{l}CH_2Br\\|\\CH_2Br\end{array} + 2Na^+[CH(COOC_2H_5)_2]^- \longrightarrow \begin{array}{l}CH_2CH(COOC_2H_5)_2\\CH_2CH(COOC_2H_5)_2\end{array}$$

$$\xrightarrow[②H^+,③\triangle]{①NaOH,H_2O} \begin{array}{l}CH_2CH_2COOH\\|\\CH_2CH_2COOH\end{array}$$

$$\begin{array}{l}CH_2COOC_2H_5\\|\\Cl\end{array} + Na^+[CH(COOC_2H_5)_2]^- \longrightarrow \begin{array}{l}CH(COOC_2H_5)_2\\|\\CH_2COOC_2H_5\end{array}$$

$$\xrightarrow[②H^+,③\triangle]{①NaOH,H_2O} \begin{array}{l}CH_2COOH\\|\\CH_2COOH\end{array}$$

丙二酸二乙酯也可用来合成 3～6 元环的环烷酸。例如

$$CH_2(COOC_2H_5)_2 \xrightarrow[②Br(CH_2)_3Br]{①C_2H_5ONa} Br(CH_2)_3CH(COOC_2H_5)_2 \xrightarrow{C_2H_5ONa}$$

$$BrCH_2CH_2CH_2\overset{-}{C}(COOC_2H_5)_2 \xrightarrow[-Br^-]{分子内\ S_N2} \diamondsuit\begin{array}{l}COOC_2H_5\\COOC_2H_5\end{array}$$

$$\xrightarrow[②H^+,③\triangle]{①NaOH,H_2O} \diamondsuit-COOH$$

四、乙酰乙酸乙酯在有机合成中的应用

1. 乙酰乙酸乙酯的合成

两分子乙酸乙酯在乙醇钠作用下,发生缩合反应,脱去一分子乙醇,生成乙酰乙酸乙酯。

$$CH_3COOC_2H_5 + HCH_2COOC_2H_5 \xrightarrow[\text{②}CH_3COOH酸化]{\text{①}C_2H_5ONa} CH_3COCH_2COOC_2H_5 + C_2H_5OH$$

这反应是克莱森(L.Claisen)提出的,叫做克莱森(酯)缩合反应。

乙酸乙酯的酸性是很弱的($pK_a = 25$),而乙醇钠又是一个比较弱的碱(乙醇,$pKa = 16$),因此用乙氧负离子把乙酸乙酯变为 $^-CH_2COOC_2H_5$ 是很困难的,但为什么这个反应会进行得如此完全呢? 其原因就是最后产物乙酰乙酸乙酯是一个比较强的酸,形成很稳定的负离子,可以使平衡朝产物方向移动。这个反应的机理如下

(1) $CH_3COOC_2H_5 + {}^-OC_2H_5 \rightleftharpoons {}^-CH_2COOC_2H_5 + C_2H_5OH$

(2)
$$CH_3-\overset{\overset{\displaystyle O}{\|}}{\underset{\underset{\displaystyle OC_2H_5}{|}}{C}} + {}^-CH_2COOC_2H_5 \rightleftharpoons CH_3-\overset{\overset{\displaystyle O^-}{|}}{\underset{\underset{\displaystyle OC_2H_5}{|}}{C}}-CH_2COOC_2H_5$$

(3)
$$CH_3-\overset{\overset{\displaystyle O^-}{|}}{\underset{\underset{\displaystyle OC_2H_5}{|}}{C}}-CH_2COOC_2H_5 \rightleftharpoons CH_3-\overset{\overset{\displaystyle O}{\|}}{C}-CH_2COOC_2H_5 + C_2H_5O^-$$

(4) $CH_3COCH_2COOC_2H_5 \overset{C_2H_5O^-}{\rightleftharpoons} CH_3CO^-CHCOOC_2H_5 + C_2H_5OH$

$$\downarrow H^+$$

$$CH_3COCH_2COOC_2H_5$$

反应(4)是关键的一步,假若乙酰乙酸乙酯是一个很弱的酸,乙氧负离子不能从它夺去质子,其结果随着乙酰乙酸乙酯浓度的增加,反应(4)就不能朝右方进行,而促使反应朝逆方向进行,因此就得不到产物。但事实上,乙酰乙酸乙酯是一个较强的酸,可以形成稳定的负离子,同时还产生更弱的"酸"乙醇,这都有利于反应朝产物方向进行。在反应中产生的乙醇,不断地蒸出,更迫使反应朝右方进行,可以得到产率更高的产物。

在进行这类反应时,首先必须选择一个强度适当的碱,在平衡体系中,产生足够浓度的负碳离子,其次要考虑的是在反应中使用的溶剂。假若溶剂的酸性比原来化合物强得多的话,那时就不能产生很多的负碳离子,因为溶剂的质子被碱性很强的负碳离子夺去了,变为原来的化合物。一般使用的强碱有下列几种:①三级丁醇钾,溶剂经常使用三级丁醇、二甲亚砜、四氢呋喃;②钠氨,溶剂为液氨、醚、苯、甲苯、1,2 – 二甲氧乙烷等;③氢化钠及氢化钾,溶剂为苯、醚、二甲基甲酰胺等;④三苯甲基钠,溶剂为苯、醚、液氨等。三苯甲烷的 pK_a 值大约31.5,而三级丁醇的 pK_a 是 18,因此三苯甲基钠要比三级丁醇钠的碱性强得多。此外,还有二异丙基胺锂[$(i – C_3H_7)_2NLi$, LDA]

2. 乙酰乙酸乙酯的性质

乙酰乙酸乙酯可在稀碱(或稀酸)的作用下,水解生成乙酰乙酸,后者在加热的条件下,

脱羧生成酮。这种分解称为酮式分解,可用反应式表示为

$$CH_3COCH_2COOC_2H_5 \xrightarrow{5\%NaOH} CH_3COCH_2COONa \xrightarrow{H^+}$$

$$CH_3COCH_2COOH \xrightarrow{\triangle} CH_3COCH_3 + CO_2$$

其中,乙酰乙酸受热分解的反应机理可表示如下

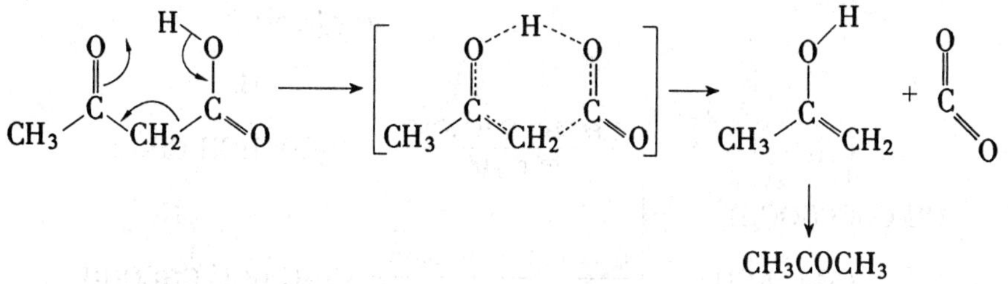

另外,乙酰乙酸乙酯如与浓碱共热,则 α－和 β－碳原子之间的键发生断裂,生成两分子乙酸盐。一般 β－羰基酸都发生此反应,这种分解称为酸式分解。

$$CH_3\overset{O}{\overset{\|}{C}} \vdots CH_2COOC_2H_5 \xrightarrow[\triangle]{40\%NaOH} 3CH_3\overset{O}{\overset{\|}{C}}ONa + C_2H_5OH$$

反应过程中羟基负离子先进攻较活泼的羰基,然后碳碳单键断裂生成一个羧酸(盐)和一个酯,在碱的存在下,酯继续水解,转变成羧酸盐,再经酸化即得羧酸。

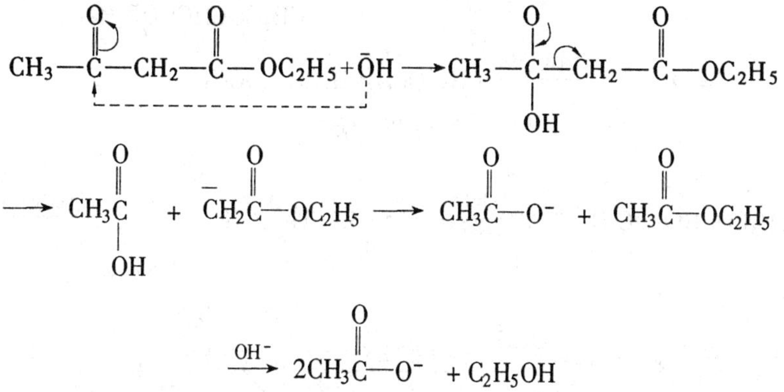

乙酰乙酸乙酯分子中亚甲基上的氢原子比较活泼,与醇钠等强碱作用,可以生成钠的衍生物,后者可与卤代烷发生取代反应,生成烷基取代的乙酰乙酸乙酯;在需要时还可以生成二烷基取代的乙酰乙酸乙酯,但一般需使用更强的碱加叔丁醇钾替代乙醇钠进行反应。

$$CH_3COCH_2COOC_2H_5 \xrightarrow{C_2H_5ONa} [CH_3COCHCOOC_2H_5]^- Na^+ \xrightarrow{RX} CH_3CO\underset{R}{\underset{|}{C}H}COOC_2H_5$$

$$CH_3CO\underset{R}{\underset{|}{C}H}COOC_2H_5 \xrightarrow{(CH_3)_3COK} [CH_3CO\underset{R}{\underset{|}{C}H}COOC_2H_5]^- Na^+ \xrightarrow{R'X} CH_3CO\overset{R'}{\underset{R}{\overset{|}{\underset{|}{C}}}}COOC_2H_5$$

这里的卤代烷常用伯卤代烷或仲卤代烷,因为叔卤代烷在此条件下易于脱去卤化氢生成烯烃而不能使用;卤代乙烯及芳基卤化物也不发生作用。

3. 乙酰乙酸乙酯在合成上的应用

乙酰乙酸乙酯进行烷基化反应后,再进行酮式分解或酸式分解,在有机合成上有广泛的应用,主要用来合成甲基酮或烷基取代的乙酸。例如

$$CH_3COCH_2COOC_2H_5 \xrightarrow[\text{②}CH_3CH_2CH_2Br]{\text{①}C_2H_5ONa} CH_3COCHCOOC_2H_5 \xrightarrow[\text{②}CH_3I]{\text{①}C_2H_5ONa}$$

$$\underset{CH_2CH_2CH_3}{|}$$

$$\underset{\underset{CH_2CH_2CH_3}{|}}{CH_3COCCOOC_2H_5} \begin{array}{c} \xrightarrow[\text{酮式分解}]{\text{①稀 }OH^-,\text{②}H^+,\text{③}\triangle} CH_3COCHCH_2CH_2CH_3 \quad \overset{CH_3}{|} \\[2ex] \xrightarrow[\text{酸式分解}]{\text{①}40\%OH^-,\text{②}H^+,\text{③}\triangle} CH_3CH_2CH_2CHCOOH \quad \overset{CH_3}{|} \end{array}$$

当乙酰乙酸乙酯钠衍生物与二卤代烷作用,然后进行酮式分解,可得二元酮或甲基环烷基酮。例如

$$2\left[CH_3COCHCOOC_2H_5\right]^-Na^+ \xrightarrow{CH_2Cl_2} CH_3COCHCOOC_2H_5$$

$$\underset{CH_3COCHCOOC_2H_5}{\overset{|}{CH_2}}$$

$$\xrightarrow{\text{酮式分解}} CH_3COCH_2CH_2CH_2COCH_3$$

2,6 - 庚二酮

$$\left[CH_3COCHCOOC_2H_5\right]^-Na^+ \xrightarrow{Br(CH_2)_4Br} Br(CH_2)_4CH \overset{COCH_3}{\underset{COOC_2H_5}{\big\langle}} \xrightarrow{C_2H_5ONa}$$

（环戊烷）$\overset{COCH_3}{\underset{COOC_2H_5}{\big\langle}} \xrightarrow{\text{酮式分解}}$ （环戊烷）$\overset{O}{\overset{\|}{C}}{-}CH_3$

甲基环戊基酮

乙酰乙酸乙酯钠衍生物与碘作用,然后进行酮式分解可得 2,5 - 己二酮。

$$2\left[CH_3COCHCOOC_2H_5\right]^-Na^+ \xrightarrow[-2NaI]{I_2} CH_3COCHCOOC_2H_5$$

$$\underset{CH_3COCHCOOC_2H_5}{\overset{|}{}}$$

$$\xrightarrow{\text{酮式分解}} CH_3COCH_2CH_2COCH_3$$

乙酰乙酸乙酯钠衍生物与卤代酸酯作用,然后进行酮式分解可得高级酮酸;进行酸式分解可得二元酸。例如

$$\left[CH_3COCHCOOC_2H_5\right]^-Na^+ + Br(CH_2)_nCOOC_2H_5 \longrightarrow CH_3COCHCOOC_2H_5$$

$$\underset{(CH_2)_nCOOC_2H_5}{\overset{|}{}}$$

$$\xrightarrow{\text{酮式分解}} CH_3COCH_2(CH_2)_nCOOH$$

乙酰乙酸乙酯钠衍生物也可与酰氯作用,而引入酰基。但应该用氢化钠(NaH)代替醇钠进行有关反应,以免反应中生成的醇与酰氯作用。可利用该法合成 β - 二酮。例如

$$CH_3COCH_2COOC_2H_5 + NaH \longrightarrow [CH_3COCHCOOC_2H_5]^- Na^+ + H_2$$

$$[CH_3COCH_2COOC_2H_5]^- Na^+ + C_6H_5COCl \longrightarrow$$

$$\underset{\underset{COC_6H_5}{|}}{CH_3COCHCOOC_2H_5} \xrightarrow{\text{酮式分解}} CH_3COCH_2COC_6H_5$$

在合成取代乙酸时,通常不采用乙酰乙酸乙酯合成法,而采用丙二酸酯法,因为前者在进行酸式分解的同时,常常伴有酮式分解的副反应,导致产率降低。

习　题

1. 命名下列化合物。

(1) $CH_3CHClCOOH$

(2) 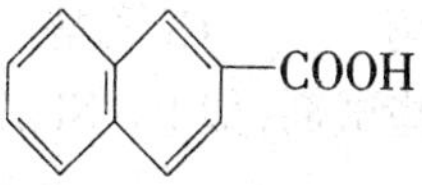 —COOH

(3) $CH_2\!=\!CHCH_2COOH$

(4) $(CH_3CO)_2O$

(5) $HCON(CH_3)_2$

(6)

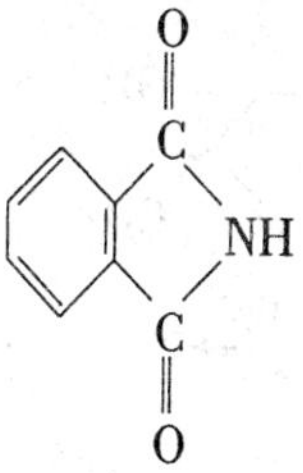

(7) 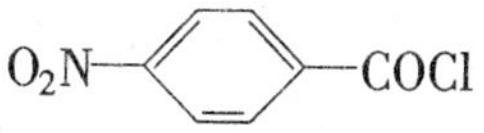 O_2N——COCl

(8)

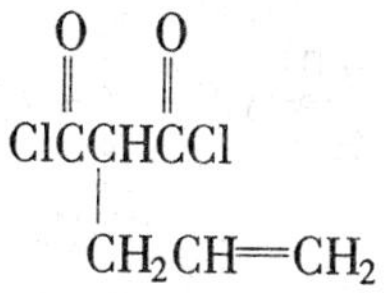

(9)

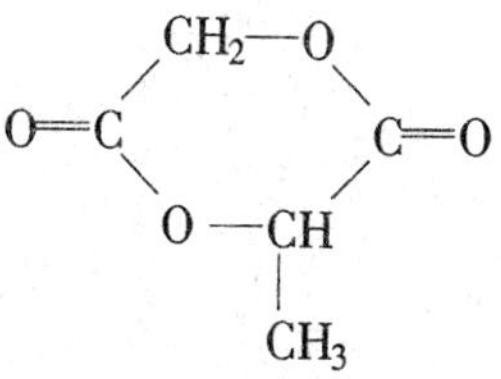

(10) 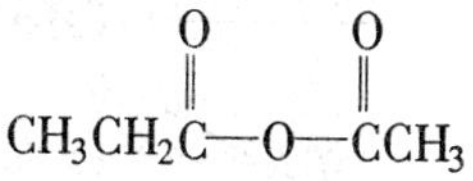 $CH_3CH_2\overset{O}{\overset{||}{C}}-O-\overset{O}{\overset{||}{C}}CH_3$

2. 写出下列化合物的构造式。

(1) α - 甲基丙烯酸甲酯　　　　(2) 肉桂酸

(3) 硬脂酸　　　　　　　　　　(4) 过氧化苯甲酰

(5) 乙酰苯胺　　　　　　　　　(6) ε - 己内酰胺

3. 回答下列问题。

(1) 比较下列各组化合物的酸性强弱。

① 醋酸　　丙二酸　　草酸　　苯酚和甲酸

② C_6H_5OH　　CH_3COOH　　F_3CCOOH　　$ClCH_2COOH$ 和 C_2H_5OH

③
$$\underset{\text{CH}_2}{\overset{\text{CH}_2}{\big|}} \; \overset{\text{C}=\text{O}}{\underset{\text{C}=\text{O}}{\big\rangle}} \text{NH} \qquad \text{NH}_3 \qquad \text{CH}_3\text{CH}_2\text{CH}_2\overset{\text{O}}{\overset{\|}{\text{C}}}\text{NH}_2$$

(2)下列各组物质中,何者碱性较强? 试简要说明之。

① $CH_3CH_2O^-$ $CH_3CO_2^-$ $C_6H_5O^-$

② $ClCH_2CH_2CO_2^-$ $CH_3CH_2CH_2CO_2^-$ $CH_3CHClCO_2^-$

(3)将下列化合物按沸点从高到低的次序排列。

  A. 乙酸乙酯   B. 丁酸   C.1-戊醇   D. 丙酰胺

(4)预测下列化合物在碱性条件下水解反应的速率次序。

  A. $CH_3CO_2CH_3$ B. $CH_3CO_2C_2H_5$ C. $CH_3CO_2CH(CH_3)_2$ D. $HCOOCH_3$

(5)用化学方法区分下列化合物。

  A. 乙酸   B. 乙醇   C. 乙醛   D. 乙醚   E. 溴乙烷

(6)有机合成中常用一些试剂,如 H_2/Ni、$LiAlH_4$、$NaBH_4$ 等作还原剂进行加氢,试举例讨论它们的用途与差别。

4. 完成反应式。

(1) 环己酮 $\xrightarrow[②?]{①?}$ 1-乙基环己醇 $\xrightarrow{?}$ 1-乙基-1-溴环己烷 $\xrightarrow[②CO_2,H_3O^+]{①Mg,干醚}$?

(2) 环戊酮 $\xrightarrow{NaCN,H_2SO_4}$? $\xrightarrow{H_3O^+}$? $\xrightarrow{\triangle}$

(3) CH_3CCH_3 (O) $\xrightarrow{?}$? $\xrightarrow[H^+]{H_2O}$ $CH_3-\overset{OH}{\underset{CH_3}{\overset{|}{\underset{|}{C}}}}-CH_2COOC_2H_5$

(4)

$CH_3CH_2CN \xrightarrow{(A)?} CH_3CH_2COOH$

$CH_3CH_2COOH \xrightarrow{?(B)} CH_3CH_2COCl$

$CH_3CH_2COOH \xrightarrow{(E)?} CH_3CH_2CONH_2$

$CH_3CH_2COCl \xrightarrow{?(C)} CH_3CH_2CONH_2$

$CH_3CH_2CONH_2 \xrightarrow{?(D)} CH_3CH_2CN$

$CH_3CH_2CONH_2 \xrightarrow{?(F)} CH_3CH_2NH_2$

$CH_3CH_2COCl \xrightarrow{?(G)} CH_3CH_2CHO$

5. 合成题。

(1) 环己烯基甲基 =CH_2 $\longrightarrow$ —CH_2COOH

(2)乙烯 $\longrightarrow$ α-甲基-β-羟基戊酸(用 Reformasky 方法)

(3)由 $CH_3CH_2CH{=}CH_2$ 合成 $CH_3CH_2CH{-}CHCOOH$

$\qquad\qquad\qquad\qquad\qquad\qquad\qquad\quad\ \ | \qquad |$

$\qquad\qquad\qquad\qquad\qquad\qquad\qquad\quad CH_3\ \ NH_2$

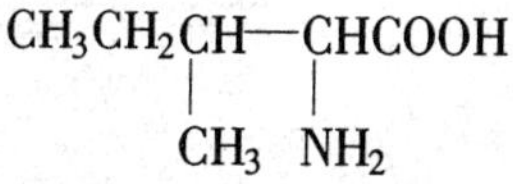

(4) $CH_3CH_2CH_2COOH \longrightarrow\ HOOCCHCOOH$

$\qquad\qquad\qquad\qquad\qquad\qquad\qquad\qquad\quad\ |$

$\qquad\qquad\qquad\qquad\qquad\qquad\qquad\qquad CH_2CH_3$

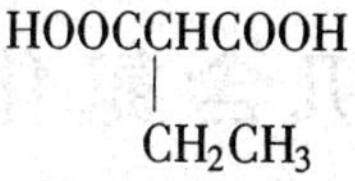

6. 推导结构题。

(1)某二元酸 $C_8H_{14}O_4$(A)受热时转变成中性化合物 $C_7H_{12}O$(B),(B)用浓 HNO_3 氧化生成二元酸 $C_7H_{12}O_4$(C)。(C)受热脱水成酸酐 $C_7H_{10}O_3$(D);(A)用 $LiAlH_4$ 还原得 $C_8H_{18}O_2$(E)。(E)能脱水生成,3,4–二甲基–1,5–己二烯。试推导(A)～(E)的构造。

(2)化合物(A),分子式为 $C_3H_5O_2Cl$,其 ^{1}HNMR 谱数据为:$\delta_1 = 1.73$(双峰,3H),$\delta_2 = 4.47$(四重峰,1H),$\delta_3 = 11.2$(单峰,1H)。试推测其结构

(3)化合物(B),分子式为 $C_{10}H_{12}O_2$;IR 波数/cm^{-1}:3 010,2 900,1 735,1 600,1 500 处有较强的吸收峰;NMR$\delta H/10^{-6}$:1.3(三重峰,3H),2.4(四重峰,2H),5.1(单峰,2H),7.3(单峰,5H)。试推测其结构。

第十章　有机含氮化合物

内容提要　本章主要介绍含氮的有机化合物,重点阐述胺类化合物、硝基化合物、腈类化合物各自的结构特征和理化性质及其在有机合成和工业上的应用。

学习要求

(1)熟悉胺及硝基化合物的分类及命名原则。

(2)重点掌握胺类化合物的制法。

(3)重点了解胺及其含氮化合物的化学性质。

(4)了解腈类化合物在有机合成中的应用。

(5)熟悉重氮盐的性质及其在合成上的应用。

(6)一般了解偶氮化合物和偶氮染料问题。

含氮的有机化合物种类颇多,本章主要讨论硝基化合物、胺类、腈类、异腈、异氰酸酯、重氮及偶氮化合物等。

10.1　硝基化合物

烃分子中一个或多个氢原子被硝基($-NO_2$)取代的化合物,称为硝基化合物。通常把芳烃分子中芳环上一个或几个氢原子被硝基取代的化合物称为芳香族硝基化合物;而把脂肪烃分子中一个或几个氢原子被硝基取代的化合物称为脂肪族硝基化合物。

一、硝基化合物的分类和命名

根据硝基的数目,硝基化合物可分为一硝基化合物和多硝基化合物。根据硝基相连接的碳原子的不同,又可分为伯、仲、叔硝基化合物。

硝基化合物的命名和卤烃相似,也是以烃作为母体,硝基作为取代基。例如

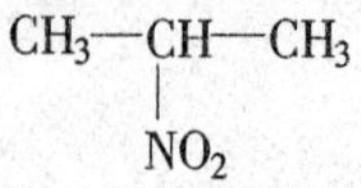

$$CH_3-CH-CH_3$$
$$\overset{|}{NO_2}$$

2-硝基丙烷

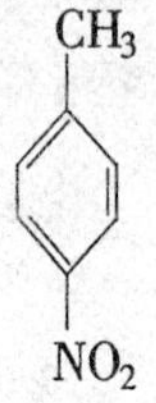

对硝基甲苯

二、硝基化合物的结构和物理性质

1. 结构

硝基化合物中的氮原子呈 sp^2 杂化,其中两个 sp^2 杂化轨道与氧原子形成 σ 键,另一个 sp^2 杂化轨道与碳形成 σ 键。未参与杂化的 p 轨道与两个氧原子的 p 轨道形成共轭体系,因

此硝基的结构是对称的,物理方法测出,硝基中氮原子到两个氧原子的距离均为 0.121 nm。在芳香族硝基化合物中,硝基氮、氧上的 p 轨道与苯环上的 p 轨道一起形成一个更大的共轭体系。

2. 物理性质

脂肪族硝基化合物是无色而具有香味的液体,难溶于水,易溶于醇和醚。大部分芳香族硝基化合物都是淡黄色固体,有些一硝基化合物是液体,具有苦杏仁味。硝基化合物的相对密度都大于 1,不溶于水,而溶于有机溶剂。多硝基化合物在受热时一般易分解而发生爆炸。芳香族硝基化合物都有毒性。

在硝基化合物的红外光谱中,硝基的 N—O 不对称和对称伸缩振动吸收峰分别出现在 $1\,660 \sim 1\,500$ cm^{-1}和 $1\,390 \sim 1\,260$ cm^{-1}区域。这是硝基化合物的特征谱带。脂肪族伯、仲硝基化合物的 N—O 伸缩振动在 $1\,565 \sim 1\,545$ cm^{-1}和 $1\,385 \sim 1\,360$ cm^{-1},叔硝基化合物的 N—O 伸缩振动在 $1\,545 \sim 1\,530$ cm^{-1}和 $1\,360 \sim 1\,340$ cm^{-1}。芳香族硝基化合物的 N—O 伸缩振动在 $1\,550 \sim 1\,510$ cm^{-1}和 $1\,365 \sim 1\,335$ cm^{-1}。

在^{1}H NMR 谱中,硝基的吸电子作用使邻近质子的化学位移向低场移动。芳香族硝基化合物中硝基使邻位氢的化学位移值增加 0.95,间位氢增加 0.17,对位氢增加约 0.33。脂肪族硝基化合物中,α – H 的化学位移值为 $4.3 \sim 4.6$,β – H 的化学位移值为 $1.3 \sim 1.4$。

三、硝基化合物的化学性质

伯、仲硝基化合物由于硝基的强吸电子作用使 α – H 较易离去,形成较稳定的碳负离子,进而发生碳负离子的一些反应。芳香族硝基化合物的硝基使其邻、对位电子云密度大大降低,使其邻、对位上取代基(例如卤原子)易被其他亲核试剂取代。

1. 与碱作用

在脂肪族硝基化合物中,含有 α 氢原子的伯或仲硝基化合物能逐渐溶解于氢氧化钠溶液而生成钠盐。

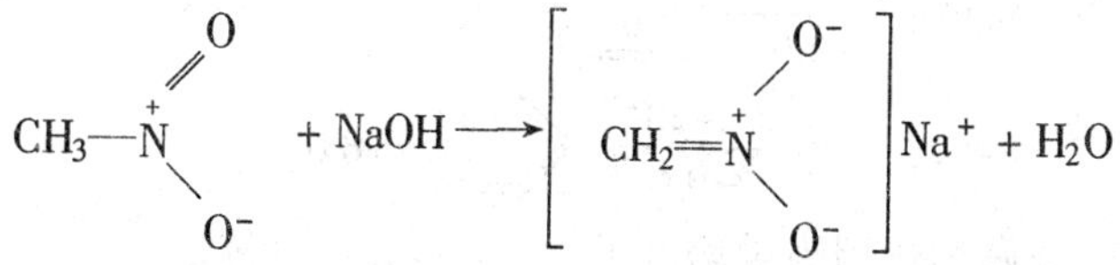

可以用下列共振结构式来说明这个负离子的稳定性。

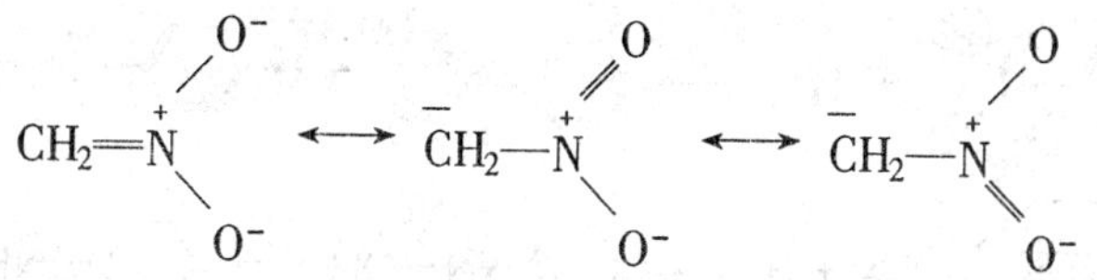

如果用适当的酸处理钠盐,盐先变为负离子的酸式,一般认为硝基化合物存在着硝基式和酸式之间的互变异构现象。酸式可以逐渐异构成为硝基式。达到平衡时,就成为主要含有硝基式的硝基化合物。

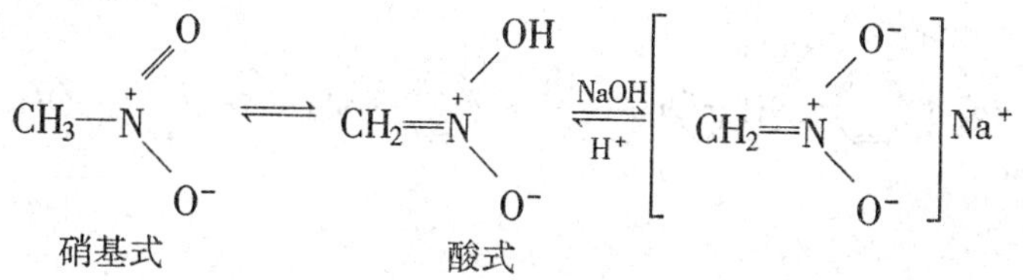

硝基式　　　　　　酸式

具有 α 氢原子的伯或仲硝基化合物存在上述互变异构现象,所以它们都呈现酸性。例如

$$CH_3NO_2 \qquad CH_3CH_2NO_2 \qquad \begin{array}{c} CH_3-CH-CH_3 \\ | \\ NO_2 \end{array}$$

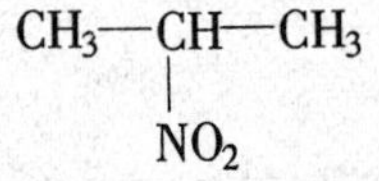

$$pK_a \qquad 10.2 \qquad\qquad 8.5 \qquad\qquad 7.8$$

叔硝基化合物没有这种氢原子,因此不能异构成为酸式,也就不能与碱作用。

2. 与羰基化合物缩合

与羟醛缩合及克莱森缩合等反应类似,活泼的 α - 氢可以与羰基化合物作用。例如

$$C_6H_5CHO + CH_3NO_2 \xrightarrow[\triangle]{OH^- \quad -H_2O} C_6H_5CH=CHNO_2$$

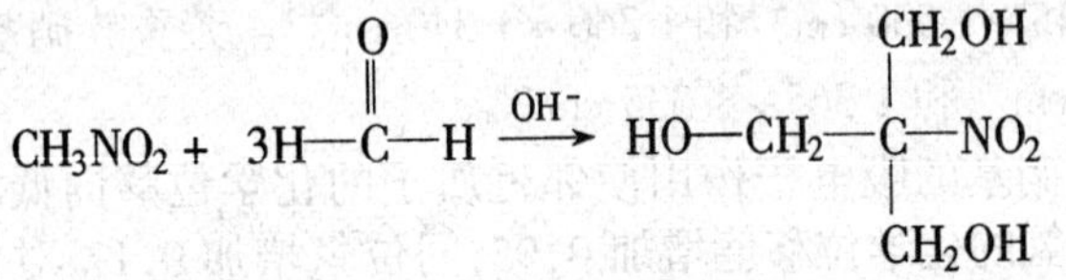

$$CH_3NO_2 + 3H-\overset{O}{\overset{\|}{C}}-H \xrightarrow{OH^-} HO-CH_2-\overset{CH_2OH}{\underset{CH_2OH}{\overset{|}{C}}}-NO_2$$

3. 还原反应

硝基化合物是氮的氧化态最高的有机含氮化合物,能被多种还原剂还原。硝基化合物被催化氢化或在强酸性系统中被金属(如 Fe、Zn、Sn)还原生成伯胺。

(1)在酸性介质中还原为苯胺

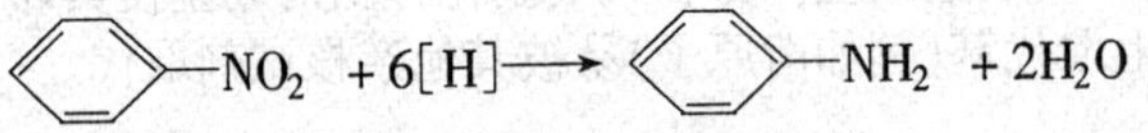

$$\text{〇}-NO_2 + 6[H] \longrightarrow \text{〇}-NH_2 + 2H_2O$$

还原剂常用金属(Fe、Zn、Sn 等)和盐酸,工业上常用催化加氢(H_2/Pt),中间产物是亚硝基苯及苯基羟胺,它们比硝基苯更容易还原,所以不易分离,还原过程可以表示为

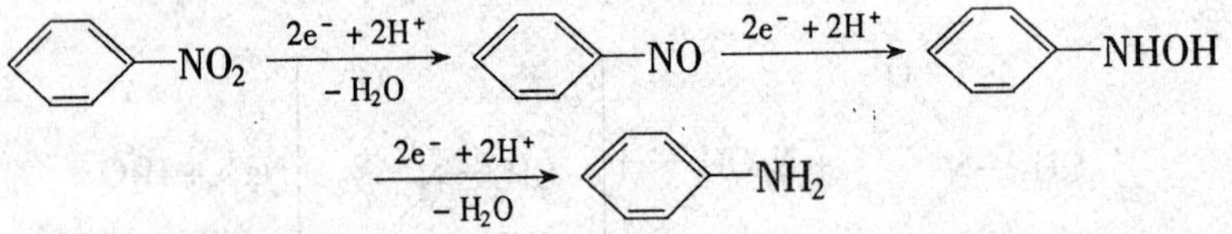

$$\text{〇}-NO_2 \xrightarrow[-H_2O]{2e^- + 2H^+} \text{〇}-NO \xrightarrow[-H_2O]{2e^- + 2H^+} \text{〇}-NHOH$$

$$\xrightarrow[-H_2O]{2e^- + 2H^+} \text{〇}-NH_2$$

反应机理如下,金属的作用为供给电子

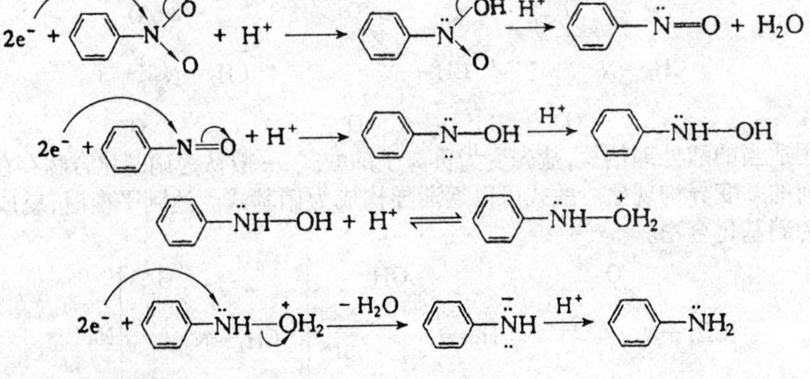

(2)在中性介质中生成苯基羟胺

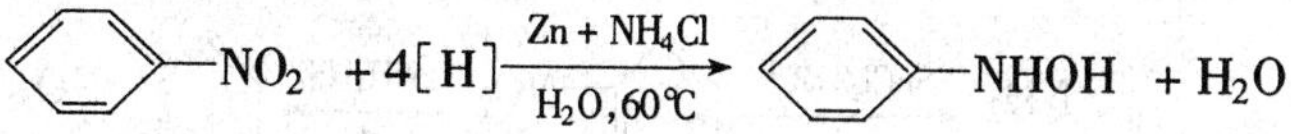

如果要制得亚硝基苯,则可以由苯基羟胺氧化而得。

(3)在碱性介质中发生双分子还原

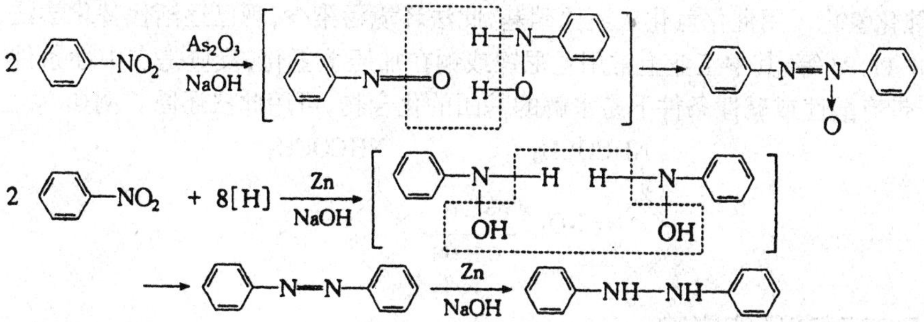

氢化偶氮苯进一步还原得苯胺;如在酸性介质中重排,则得联苯胺。

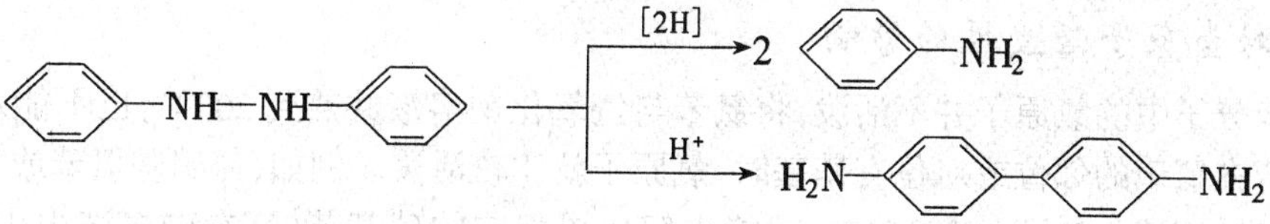

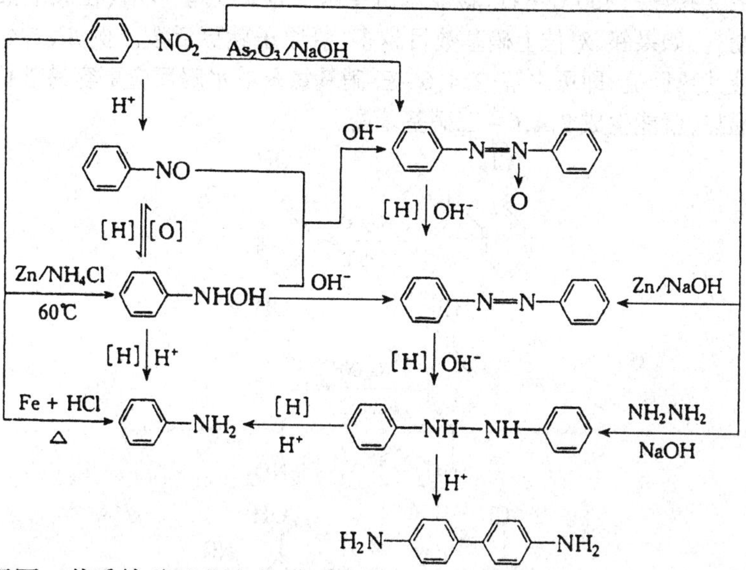

(4)选择还原。芳香族硝基化合物用碱金属的硫化物或多硫化物,例如,硫氢化铵、硫化铵或多硫化铵为还原剂还原,可以选择地还原其中的一个硝基成为氨基。例如

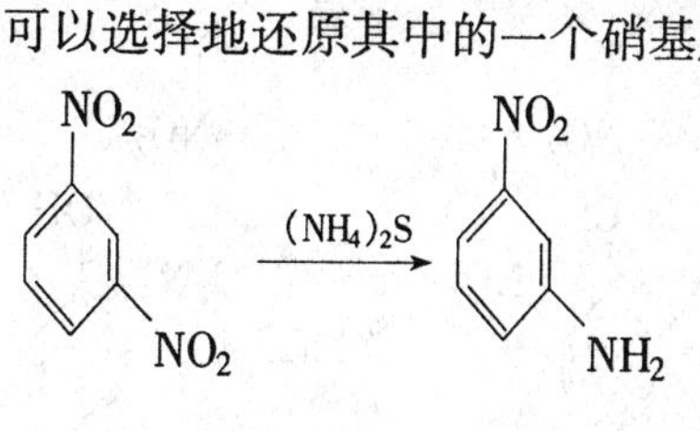

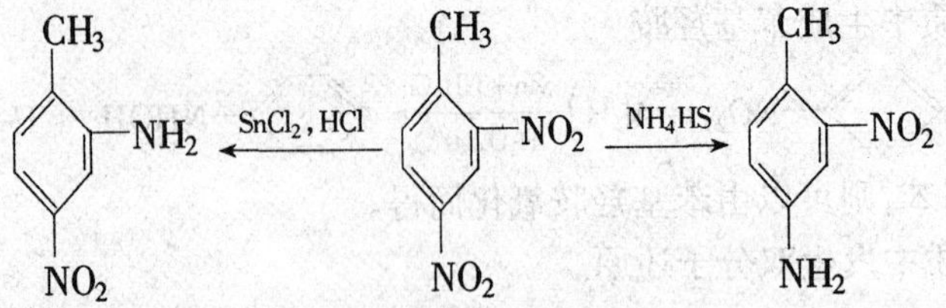

(5)催化氢化。用催化氢化法还原硝基,此法环境污染少,现已逐渐代替化学法,需用催化剂为 Ni、Pt、Pd 等,其中工业上常用兰尼镍或铜在加压下氢化,反应是在中性条件下进行。因此对于带有酸性或碱性条件下易水解的基团的化合物,可用此法还原。例如

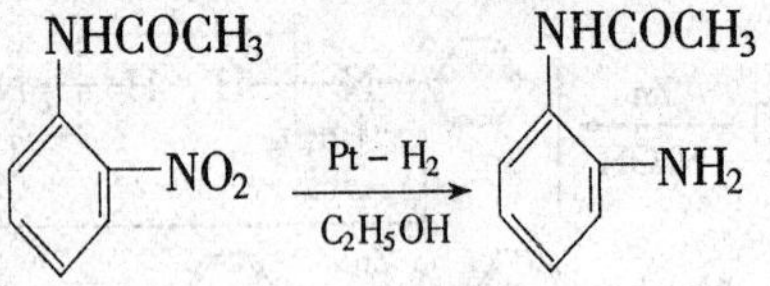

四、硝基对苯环的影响

1. 对卤原子活泼性的影响

　　氯苯分子中的氯原子并不活泼,将氯苯与氢氧化钠溶液共热到 200℃,也不能水解生成苯酚。若在氯苯的邻位或对位有硝基时,氯原子就比较活泼。例如,邻硝基氯苯或对硝基氯苯与碳酸钠溶液共热到 130℃左右,就能水解生成相应的硝基苯酚(在碱溶液中生成酚盐,酸化后得到酚)。如果邻、对位上硝基数目越多,氯原子就更活泼。例如,2,4 - 二硝基氯苯与碳酸钠溶液共热回流,即可水解;2,4,6 - 三硝基氯苯的水解反应更容易进行,在稀碳酸钠溶液中只要温热,就能生成 2,4,6 - 三硝基苯酚。

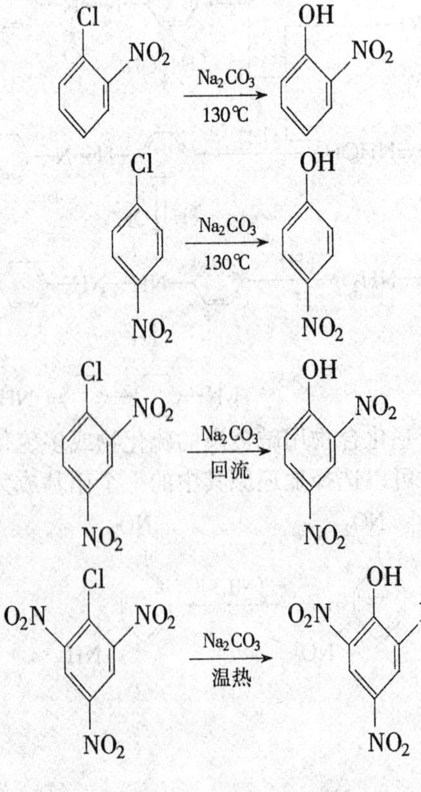

硝基氯苯的水解反应,实际上是分两步进行的芳香族亲核取代反应。第一步是亲核试剂加在苯环上生成碳负离子,这个碳负离子中间体叫做迈森海默络合物,和芳香族亲电取代反应的中间体 σ 络合物相似,它的负电荷也是分散在苯环的各碳原子上。

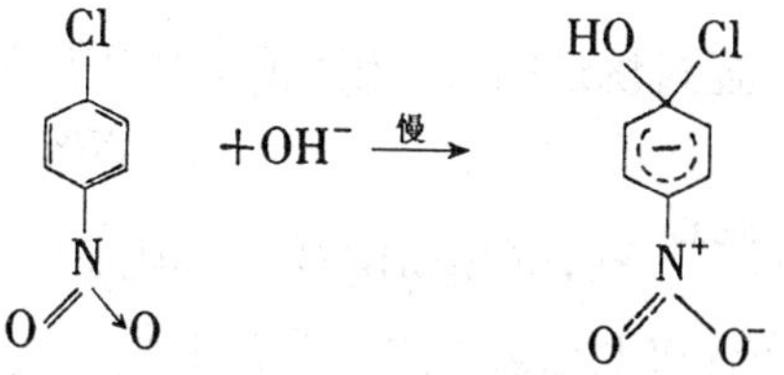

第二步是从中间体碳负离子中消去一个氯离子恢复苯环的结构。

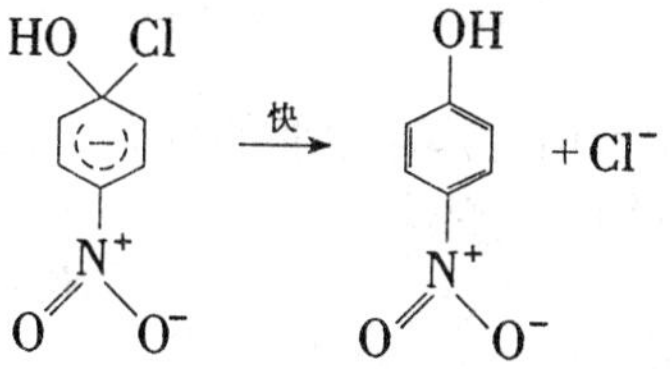

因此,这种芳香族亲核取代反应的反应历程又叫做加成－消除反应历程。在第一步中,与氯原子相连的碳原子上的电子云密度愈低,愈有利于亲核试剂进攻,即有利于整个水解反应的进行。由于硝基是一个强的间位定位基,通过诱导效应和共轭效应,使苯环上的电子云密度降低,尤其是它的邻位和对位降低得很多,因此,在邻硝基氯苯和对硝基氯苯分子中,与氯原子所连的碳原子上的电子云密度比氯苯分子中氯原子所连的碳原子上的电子云密度要低,所以亲核的水解反应较易进行。邻、对位上硝基愈多,则更易进行。以上这种有利于亲核试剂进攻的因素,也可以用生成的迈森海默络合物的稳定性来加以说明,邻、对位上硝基的存在,使这个中间体络合物特别稳定。这可以从这个络合物的共振结构式中表示出来。络合物的共振式中有较稳定的式(IV)存在。这个络合物愈稳定,也就是生成这个络合物的活化能也愈低,所以反应容易进行。

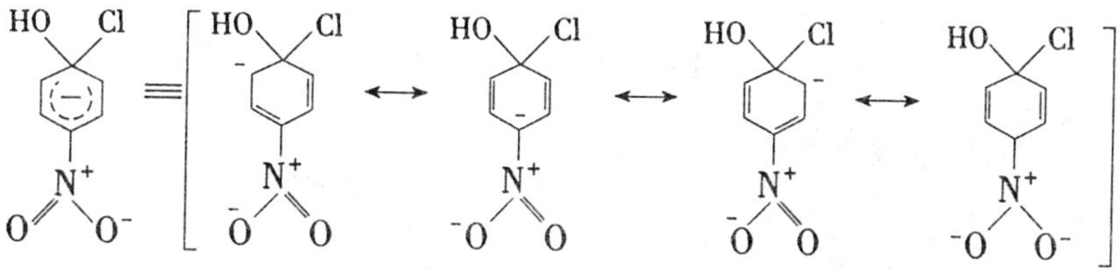

(I)　　　　(II)　　　　(III)　　　　(IV)

(最稳定的极限结构)

如果硝基在氯原子的间位,硝基所引起负电荷分散的作用相应减小,所以它对卤素活泼性的影响不显著。

2. 对酚类酸性的影响

苯酚的酸性比碳酸还弱,它呈弱酸性。当苯环上引入硝基时,能增强酚的酸性。例如,2,4－二硝基苯酚的酸性与甲酸相近,2,4,6－三硝基苯酚的酸性几乎与强无机酸相近。

硝基对酚羟基的影响和硝基与羟基在环上的相对位置有关。当硝基处在羟基的邻位或对位时,由于可以生成负电荷更分散因而也更稳定的硝基苯氧负离子,所以酸性增强。

五、硝基化合物的制备

1. 烷烃的硝化

脂肪族硝基化合物可以通过烷烃的直接硝化(气相硝化)制备。

$$CH_3CH_2CH_3 + HONO_2 \xrightarrow{400℃} CH_3CH_2CH_2NO_2 + CH_3\overset{\overset{\displaystyle NO_2}{|}}{C}HCH_3 + CH_3CH_2NO_2 + CH_3NO_2$$

产物为混合物,较难分离,在合成上意义不大。但在工业上将这些混合物不分离,作为混合溶剂使用。

2. 芳烃的硝化

芳香族硝基化合物的应用价值远远超过脂肪族硝基化合物。制备芳香族硝基化合物最简单、最便利的方法是用混酸作用于芳烃。

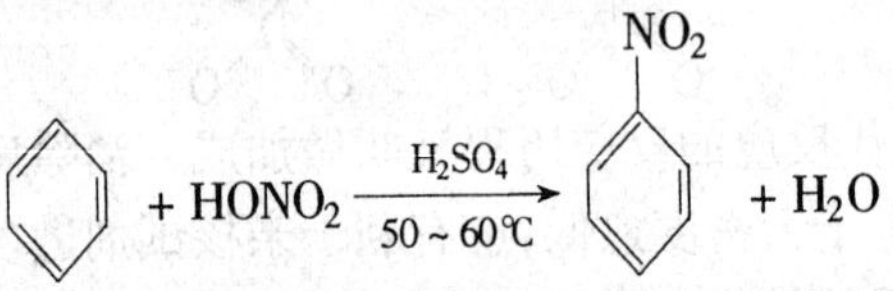

在更强烈的条件下还可以合成二硝基化合物和三硝基化合物。三硝基化合物是猛烈的炸药。

以芳香族硝基化合物为原料可以进一步合成其他芳香化合物,因此芳烃的硝化反应是很有意义的。

3. 亚硝酸盐的烃基化

脂肪族硝基化合物还可以通过无机亚硝酸盐与卤代烷进行亲核取代反应(S_N2)制备。亚硝酸负离子作为亲核试剂,可以是 O 原子进攻,也可以是 N 原子进攻。分别生成亚硝酸酯化合物的硝基化合物。

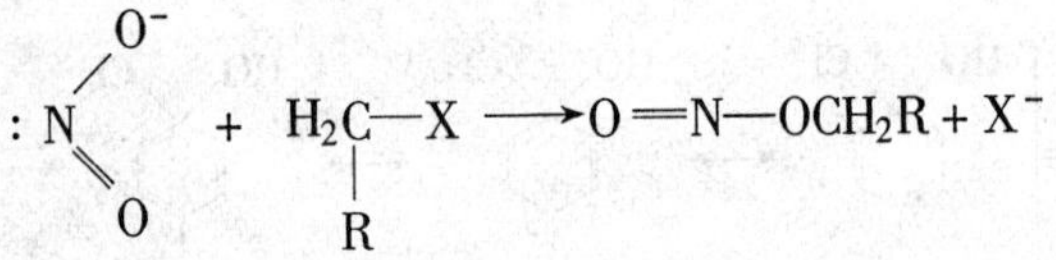

亚硝酸酯化合物

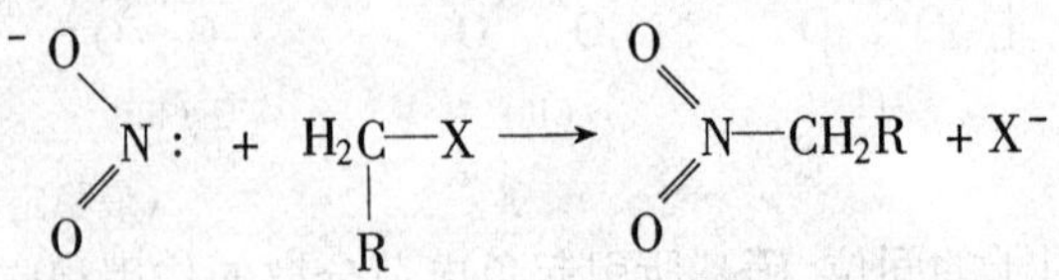

硝基化合物

例如

$$CH_3(CH_2)_6CH_2I + AgNO_2 \longrightarrow$$

$$CH_3(CH_2)_6CH_2NO_2 + CH_3(CH_2)_6CH_2ONO$$

$$\qquad\qquad 83\% \qquad\qquad\qquad 11\%$$

亚硝酸盐可以是亚硝酸的锂、钠、钾盐。卤代烷可用溴代烷或碘代烷。在二甲基亚砜溶液中进行反应可得 60% 以上的硝基化合物。为了防止亚硝酸化,用非质子性溶剂是必要的。反应中过量的亚硝酸盐化合物一般通过往反应体系中加尿素来除去。

硝基甲烷可以用等物质的量的氯乙酸钠和亚硝酸钠的水溶液共同加热制备。反应过程中首先生成硝基乙酸钠中间体,在蒸馏过程中失去二氧化碳而变成硝基甲烷。

$$ClCH_2COONa + NaNO_2 \longrightarrow O_2NCH_2COONa + NaCl$$

$$O_2NCH_2COONa + H_2O \longrightarrow CH_3NO_2 + NaHCO_3$$

10.2 胺

一、胺的分类和命名

氨分子中的氢原子被烃基取代后的衍生物,称为胺。氨分子中一个、两个或三个氢原子被烃基取代后的生成物,分别称为伯胺、仲胺或叔胺。

伯、仲、叔胺和伯、仲、叔醇的涵义是不同的。伯、仲、叔醇是指羟基与伯、仲、叔碳原子相连的醇而言,而伯、仲、叔胺是按氮原子所连的烃基的数目而定的。例如,叔丁醇和叔丁胺的分子中都具有叔丁基,但前者是叔醇而后者是伯胺。例如

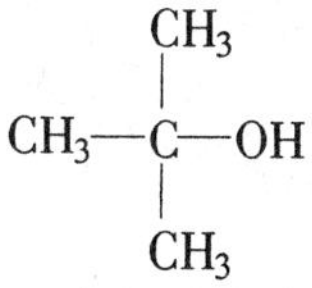

$$
\begin{array}{cc}
& CH_3 \\
& | \\
CH_3-C-OH & \\
& | \\
& CH_3 \\
\text{叔醇}
\end{array}
\qquad
\begin{array}{cc}
& CH_3 \\
& | \\
CH_3-C-NH_2 & \\
& | \\
& CH_3 \\
\text{伯胺}
\end{array}
$$

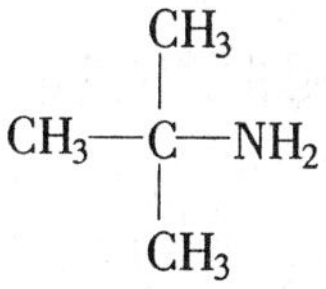

按照分子中氨基($—NH_2$)的数目,胺还分为一元胺、二元胺和多元胺;按照胺分子中烃基的种类不同,可以分为脂肪胺和芳香胺。

与无机铵类($H_4N^+X^-$、$H_4N^+OH^-$)相似,四个相同或不同的烃基与氮原子相连的化合物称为季铵化合物,其中 $R_4N^+X^-$ 称为季铵盐,$R_4N^+OH^-$ 称为季铵碱。

简单的胺以习惯命名法命名,它是在"胺"字之前加以烃基的名称来命名。如果是仲胺和叔胺,当烃基相同时,在前面用二或三表示基的数目;当烃基不同时,则按次序规则"较优"基团的名称放在后面。例如

伯胺	CH_3NH_2	
	甲胺	苯甲胺(苄胺)
仲胺	$(CH_3CH_2)_2NH$	
	二乙胺	N–甲基苯胺
叔胺	$(CH_3CH_2CH_2)_3N$	
	三丙胺	N,N–甲基苯胺

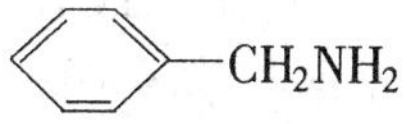

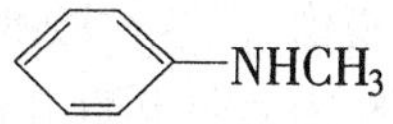

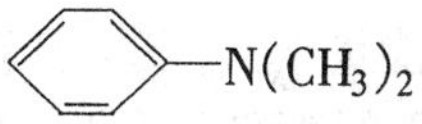

含有两个氨基的化合物称为二胺。例如

$$H_2N—CH_2—CH_2—NH_2$$

乙二胺 对苯二胺

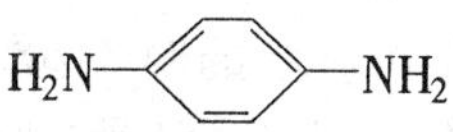

复杂的胺以系统命名法命名,是把胺看做是烃的氨基衍生物,即以烃作为母体,氨基作为取代基来命名。例如

$$CH_3-CH-CH_2-\overset{\underset{\displaystyle |}{CH_3}}{CH}-CH_2-CH_3$$
$$\underset{\displaystyle NH_2}{|}$$

2-甲基-4-氨基己烷

芳胺的命名与脂肪胺相似。当芳环上连有其他取代基时,则需说明取代基与氨基的相对位置,且应遵循多官能团化合物命名的规则。例如

O₂N—⟨ ⟩—NH—⟨ ⟩—NO₂

4,4′-二硝基二苯胺

命名胺与酸作用生成的盐或季铵类化合物时,用"铵"字代替"胺"字,并在前面加负离子的名称(如氯化、硫酸等)。例如

$$C_6H_5\overset{+}{N}H_3Cl^- \qquad (CH_3)_3\overset{+}{N}CH_2C_6H_5Br^- \qquad (CH_3)_3\overset{+}{N}CH_2CH_3OH^-$$

　　　氯化苯铵　　　　　　　溴化三甲苄铵　　　　　　　氢氧化三甲乙铵

三、胺的结构和物理性质

1. 胺的结构

氮原子有三个电子未充满的 2p 轨道,如用来成键,键角应当是 90°,但实际上,在许多化合物中,接近 109°,所以在这些化合物中,是用 sp³ 杂化轨道和其他原子成键的。氨具有棱锥形的结构,氮用 sp³ 杂化轨道与三个氢的 s 轨道重叠,形成三个 sp³ – sσ 键,成棱锥体,氮上尚有一对孤电子,占据另一个 sp³ 杂化轨道,处于棱锥体的顶端,类似第四个"基团",这样,氨的空间排布基本上近似碳的四面体结构,氮在四面体的中心。胺与氨的结构相似,在胺中,氮上的三个 sp³ 杂化轨道与氢的 s 轨道或别的基团的碳的杂化轨道重叠,亦具有棱锥形的结构。在芳香胺中,氮上的孤电子对的 sp³ 杂化轨道比氨中氮上的 sp³ 杂化轨道有更多的 p 轨道性质,和苯环 π 电子轨道重叠,形成氮和苯环在内的分子轨道,当这两种轨道接近平行时重叠最有效,共轭也最有效。在苯胺中,氮仍是棱锥形的结构,H—N—H 键角为 113.9°,H—N—H 平面与苯环平面交叉的角度为 39.4°。

在二级胺及三级胺中,如果氮上连接的三个基团不同,应该存在两个具有光活性的对映体,它们之间互为镜像,但这种胺的对映体却没有分离得到。在碳化合物中,对映体之间的互相转化能量很高,需要打开键并形成新键,一般情况下不易进行。而胺对映体之间的互相转化,就像一把雨伞在大风中由里向外翻转一样,通常只需要活化能 25 ~ 37.6 kJ·mol⁻¹,因为这种翻转需要能量很低,在室温就可以很快地互相转化。因此不能分离得到其中某一个对映体,就像碳碳单键可以很快自由旋转,不能分离得到它们的构象异构体一样。实际上,氮上的孤电子对不能起到四面体构型中的第四个"基团"的作用。个别的杂环的三级胺可以拆解成稳定的对映体。

在四级铵盐中,氮上的四个 sp³ 杂化轨道都用于成键,氮的转化不易发生,如果氮上的四个基团不同,应该具有光活性异构体,事实上也确实分离得到这种旋光相反的对映体。

2. 物质性质

(1)沸点和溶解度。室温下,除甲胺、二甲胺、三甲胺和乙胺为气体外,其他胺均为液体

或固体。低级胺的气味与氨相似,较高级的胺则有明显的鱼腥味,高级胺几乎没有气味。

除叔胺外,伯胺和仲胺都能形成分子间氢键,但氮的电负性小于氧,伯胺或仲胺分子间形成的 N—H⋯N 氢键也弱于醇分子中的 O—H⋯O 氢键,故胺的沸点比相对分子质量相近的非极性化合物高,比醇或羧酸的沸点低。叔胺由于不能形成分子间的氢键,其沸点比相对分子质量相近的伯或仲胺低。

伯、仲和叔胺都能与水分子通过氢键发生缔合,因此低级胺易溶于水。一元胺溶解度的分界线在六个碳左右。胺也可溶于醚、醇、苯等有机溶剂。一些胺的物理常数见表 10.1。

伯胺和仲胺与醇相似,能形成分子间氢键。因此,沸点比较高。但第三胺的 N 原子上没有氢,不能形成分子间氢键,沸点较低。一些胺的物理常数见表 10.1。

表 10.1 一些胺类化合物的物理常数

化　合　物	熔点/℃	沸点/℃	化　合　物	熔点/℃	沸点/℃
甲胺	−92	7.5	二甲胺	−96	7.5
三甲胺	−117	3	乙胺	−80	17
二乙胺	−39	55	三乙胺	−115	89
正丙胺	−83	49	二正丙胺	−63	110
三正丙胺	−93	157	异丙胺	−101	34
正丁胺	−50	78	异丁基胺	−85	68
仲丁胺	−104	63	叔丁胺	−67	46
环己胺	−18	134	苄胺	256(盐酸盐)	185
α−苯基乙胺	160(盐酸盐)	187	β−苯基乙胺	223(盐酸盐)	197
乙烯二胺	8	117	四亚甲基二胺	27	158
六亚甲基二胺	39	196	氢氧化四甲基铵	63	135(分解)
苯胺	−6	184	N−甲基苯胺	−57	196
N,N−二甲基苯胺	3	14	二苯胺	53	302
三苯胺	127	365	邻甲苯胺	−28	200
间甲苯胺	−30	203	对甲苯胺	44	200
邻甲氧基苯胺	5	225	间甲氧基苯胺		251
对甲氧基苯胺	57	244	邻氯苯胺	−2	209
间氯苯胺	−10	230	对氯苯胺	70	232
邻溴苯胺	32	229	间溴苯胺	19	251
对溴苯胺	66	分解	邻硝基苯胺	71	284
间硝基苯胺	114	307(分解)	对硝基苯胺	148	332
2,4−二硝基苯胺	180		2,4,6−三硝基苯胺	192	
邻苯二胺	104	252	间苯二胺	63	287
对苯二胺	142	267	对胺基苯甲酸	187	

三、胺的化学性质

胺具有孤对电子,故既能进攻质子显碱性,又可作为亲核试剂发生亲核取代反应。胺是氮的氧化态最低的含氮有机化合物,能被多种氧化剂氧化。芳香胺中 N 与芳环 p−π 共轭作用使芳环上电子云密度增大,容易发生亲电取代反应。

1. 碱性

和氨相似,所有的胺都是弱碱,其水溶液呈弱碱性。例如,氨和某些常见胺的 pK_b 值如下

	甲胺	二甲胺	三甲胺	氨	苯胺	对甲苯胺	对氯苯胺
pK_b	3.38	3.27	4.21	4.76	9.37	8.92	9.85

由此可以看出,脂肪胺的碱性通常比氨强。甲胺、二甲胺和三甲胺在水溶液中碱性强弱的次序是

$$(CH_3)_2NH > CH_3NH_2 > (CH_3)_3N > NH_3$$

氨分子中的氢原子被甲基取代后,由于甲基的供电子性使氮原子上的电子云密度增加,更容易与质子结合,因此甲胺的碱性($pK_b = 3.38$)比氨($pK_b = 4.76$)强;二甲胺有两个甲基,碱性($pK_b = 3.27$)又有增强。三甲胺有三个甲基,似乎碱性应更强,但实际上碱性($pK_b = 4.21$)却又下降。这是因为脂肪胺在水溶液中呈现碱性的强弱还与溶剂化效应有关,它取决于生成的铵正离子是否容易溶剂化。如果胺的氮上的氢原子愈多,溶剂化的程度愈大,铵正离子就愈稳定,胺的碱性就愈强。

从电子效应考虑,烷基愈多,碱性愈强;从溶剂化效应考虑,烷基愈多,碱性愈弱。因此胺的碱性强弱可能是电子效应、溶剂化效应和立体效应共同影响的结果。

芳胺的碱性比氨弱,例如,苯胺的 pK_b 值为 9.40,而氨为 4.76,这是由于苯胺分子中氮原子上的未共用电子对与苯环的 π 电子组成共轭体系,发生电子的离域,使氮原子上的电子云密度部分地移向苯环,从而降低了氮原子上的电子云密度,因此它与质子结合的能力相应地减弱,所以苯胺的碱性比氨弱得多。

苯胺的碱性虽弱,但仍可与强酸形成盐。

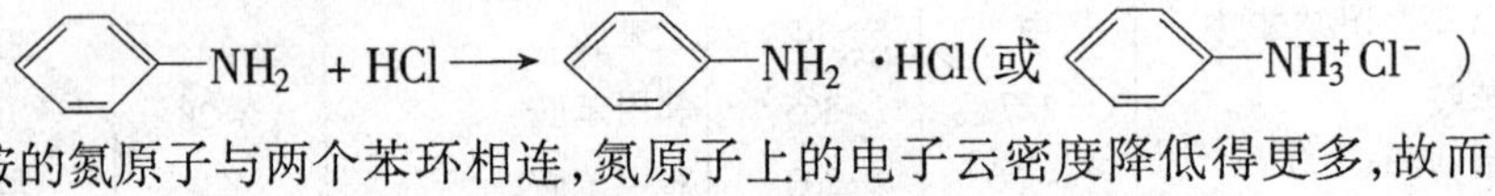

二苯胺的氮原子与两个苯环相连,氮原子上的电子云密度降低得更多,故而碱性更弱($pK_b = 13.21$),它虽可与强酸生成盐,而所生成的盐在水溶液中完全水解。三苯胺即使和强酸也不能生成盐。

2. 烃基化反应

烃基化试剂(如卤代烃)与胺反应,氨基上的氢原子被烃基取代

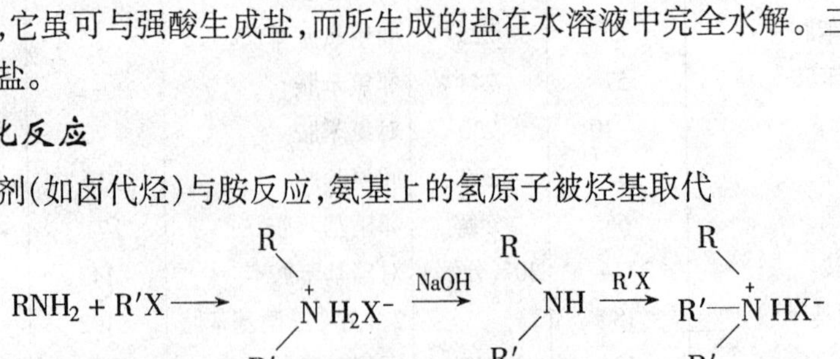

上述反应对氨基来说是亲电取代反应,而对卤代烃来说,则是亲核取代反应,也可以用醇或酚与胺反应,例如

$$\text{C}_6\text{H}_5-\text{NH}_2 + 2\text{CH}_3\text{OH} \xrightarrow[\text{或 Al}_2\text{O}_3,\triangle]{\text{H}_2\text{SO}_4,220℃} \text{C}_6\text{H}_5-\text{N(CH}_3)_2 + 2\text{H}_2\text{O}$$

$$\text{C}_6\text{H}_5-\text{NH}_2 + \text{C}_6\text{H}_5-\text{OH} \xrightarrow{\text{ZnCl}_2,\sim 260℃} \text{C}_6\text{H}_5-\text{NH}-\text{C}_6\text{H}_5 + \text{H}_2\text{O}$$

3. 酰基化

脂肪或芳香族伯胺和仲胺与酰氯、酸酐或羧酸等酰基化试剂反应,生成 N-取代或 N,N-二取代酰胺。叔胺氮上没有氢原子,故不发生此酰基化反应。例如

$$\text{C}_6\text{H}_5-\text{NH}_2 \xrightarrow[\text{或 CH}_3\text{COCl}]{\text{(CH}_3\text{CO)}_2\text{O}} \text{C}_6\text{H}_5-\overset{\quad\;\;\text{O}}{\underset{}{\text{NHCCH}_3}}$$

羧酸的酰化能力较弱,在反应过程中需要加热并不断除去反应中生成的水。例如,工业上制备乙酰苯胺即是由苯胺与乙酸加热制得。

在芳胺的氮原子上引入酰基,在有机合成上具有重要意义。一是引入暂时性的酰基起保护氨基或降低氨基对芳环的致活能力;二是引入永久性酰基。后者是合成许多药物时常用的反应。例如,扑热息痛(对羟基乙酰苯胺)的制备。

$$\text{Cl}-\text{C}_6\text{H}_4-\text{NO}_2 \xrightarrow[\text{②H}_2\text{O,H}^+]{\text{①NaOH,H}_2\text{O}} \text{HO}-\text{C}_6\text{H}_4-\text{NO}_2 \xrightarrow{\text{H}_2,\text{Ni}}$$

$$\text{HO}-\text{C}_6\text{H}_4-\text{NH}_2 \xrightarrow{\text{(CH}_3\text{CO)}_2\text{O}} \text{HO}-\text{C}_6\text{H}_4-\underset{\underset{\text{O}}{\|}}{\text{NHCCH}_3}$$

如用磺酰化试剂(如对甲苯磺酰氯),则生成相应的磺酰胺。叔胺也无此反应,而伯胺生成的磺酰胺可溶于碱中,因此可与仲胺分离。此反应常用于分离及鉴定胺类,称为兴斯堡(Hinsberg)试验法,反应过程为

$$\left.\begin{array}{l}\text{RNH}_2\\ \text{R}_2\text{NH}\end{array}\right\} \xrightarrow{\text{CH}_3-\text{C}_6\text{H}_4-\text{SO}_2\text{Cl}} \begin{array}{l}\text{CH}_3-\text{C}_6\text{H}_4-\text{SO}_2\text{NHR}\\ \text{CH}_3-\text{C}_6\text{H}_4-\text{SO}_2\text{NR}_2\end{array}\left.\right\} \xrightarrow{\text{NaOH}}$$

$$\begin{array}{l}\text{CH}_3-\text{C}_6\text{H}_4-\text{SO}_2\overset{-}{\text{N}}\text{RNa}^+\,(溶)\\ \text{CH}_3-\text{C}_6\text{H}_4-\text{SO}_2\text{NR}_2(不溶)\end{array}\left.\right\} \xrightarrow{过滤}\xrightarrow[\triangle]{\text{HCl}}\xrightarrow{\text{OH}^-} \begin{array}{l}\text{RNH}_2\\ \text{R}_2\text{NH}\end{array}$$

4. 与亚硝酸反应

亚硝酸($\text{NaNO}_2 + \text{HCl}$)与胺类的反应,伯、仲、叔胺各不相同。

(1)伯胺

$$\text{RN}\underset{}{\text{H}_2} + \text{O}=\text{N}-\text{OH} \longrightarrow \text{RN}_2^+\text{OH}^- + \text{H}_2\text{O}$$

$$\downarrow$$

$$\text{R}^+ + \text{OH}^- + \text{N}_2$$

脂肪族伯胺生成的重氮化合物很不稳定,很容易定量放氮,在分析测定中有用。分解生成的正碳离子可以进一步转变为卤代烃、醇或烯烃,产物复杂,无合成价值。芳香族伯胺生成的

重氮化合物较稳定,在有机合成中有重要应用。

(2)仲胺。脂肪族仲胺与亚硝酸作用生成 N – 亚硝胺,后者与稀酸共热,又可分解生成仲胺,因此可用于鉴定或提纯仲胺。

$$R_2N\underline{H + HO}—N=O \longrightarrow R_2N—N=O + H_2O$$

$$R_2N—N=O + HCl + H_2O \longrightarrow R_2\overset{+}{N}H_2Cl^- + HNO_2$$

$$\downarrow OH^-$$

$$R_2NH$$

芳香族仲胺与亚硝酸作用,也生成 N – 亚硝胺类,但在酸性条件下容易重排成对亚硝基化合物。

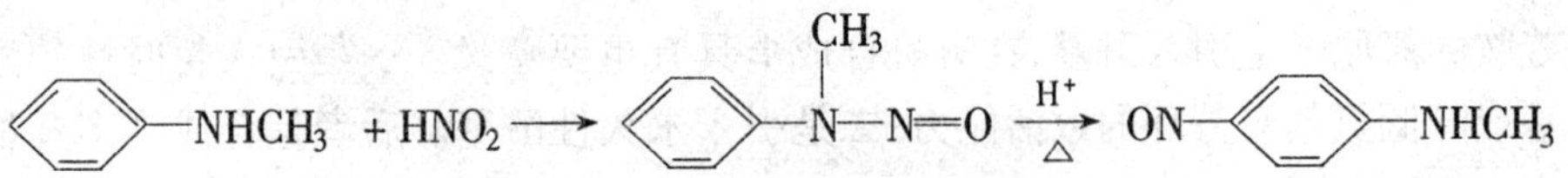

$$\text{⟨⟩}—NHCH_3 + HNO_2 \longrightarrow \text{⟨⟩}—\overset{CH_3}{\underset{}{N}}—N=O \xrightarrow[\triangle]{H^+} ON—\text{⟨⟩}—NHCH_3$$

N – 亚硝胺类化合物为黄色中性油状液体,有强烈的致癌作用。

(3)叔胺。脂肪族叔胺与亚硝酸作用生成不稳定的亚硝酸盐类,此盐用碱处理又重新得到游离的叔胺

$$R_3N + HNO_2 \longrightarrow R_3\overset{+}{N}H\overset{-}{N}O_2 \xrightarrow{OH^-} R_3N$$

芳香族叔胺则生成环上亚硝基取代的化合物。例如

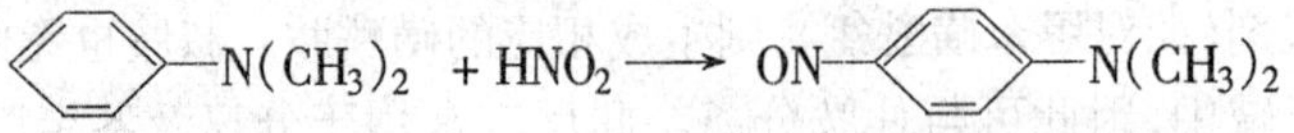

$$\text{⟨⟩}—N(CH_3)_2 + HNO_2 \longrightarrow ON—\text{⟨⟩}—N(CH_3)_2$$

$$\text{(绿色晶体,mp86℃)}$$

5. 芳环上的亲电取代反应

(1)卤代。芳胺与氯或溴容易发生卤化反应。例如,在苯胺的水溶液中滴加溴水,则立即生成 2,4,6 – 三溴苯胺白色沉淀。此反应定量完成,可用于苯胺的定性和定量分析。

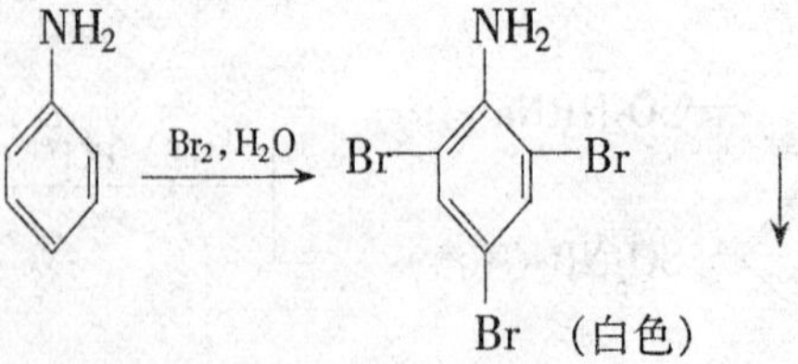

当苯环上连有某些其他基团时,亦可发生类似的反应。例如

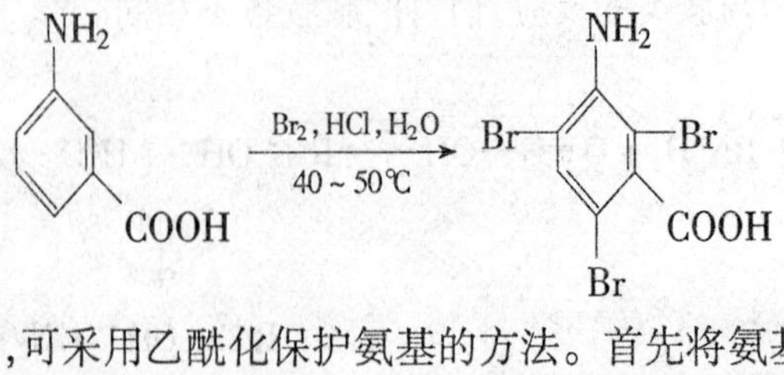

为了得到一取代物,可采用乙酰化保护氨基的方法。首先将氨基酰化转变成酰胺基,虽然酰胺基和氨基均为邻对位定位基,但前者对芳环的致活作用比后者较弱,且体积较大(空间效应较大),从而主要得到对位取代产物;然后再在碱性或酸性条件下将酰基水解掉。例

如

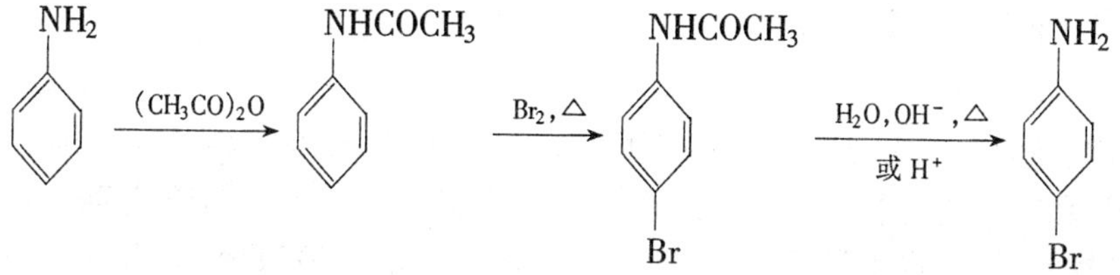

(2)硝化。因为硝酸是一较强的氧化剂,而胺又易被氧化,所以苯胺用硝酸硝化时,常伴随有氧化反应发生。为了避免这一副反应,可先将芳胺溶于浓硫酸中,使之成为硫酸氢盐,然后再硝化。因为—$\overset{+}{N}H_3$是一钝化芳环的间位定位基,从而防止了芳胺的氧化,但硝化产物主要是间位异构体。例如

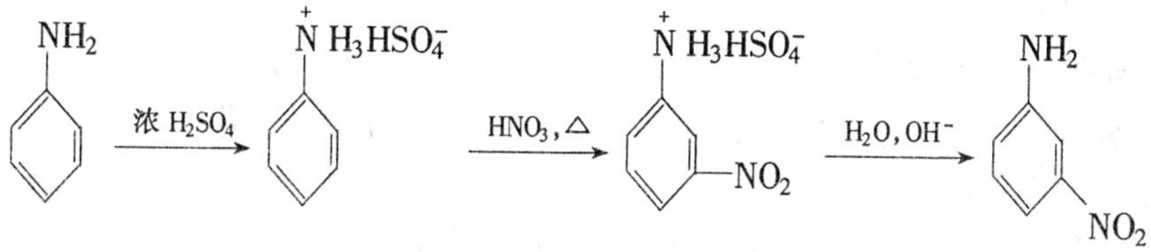

为了避免芳胺被氧化,还可采用乙酰化先将氨基保护起来,然后再依次硝化、水解。但得到的主要是对位异构体。若制备邻硝基化合物,则需将酰化后的芳胺先进行磺化,然后再依次硝化、水解。例如

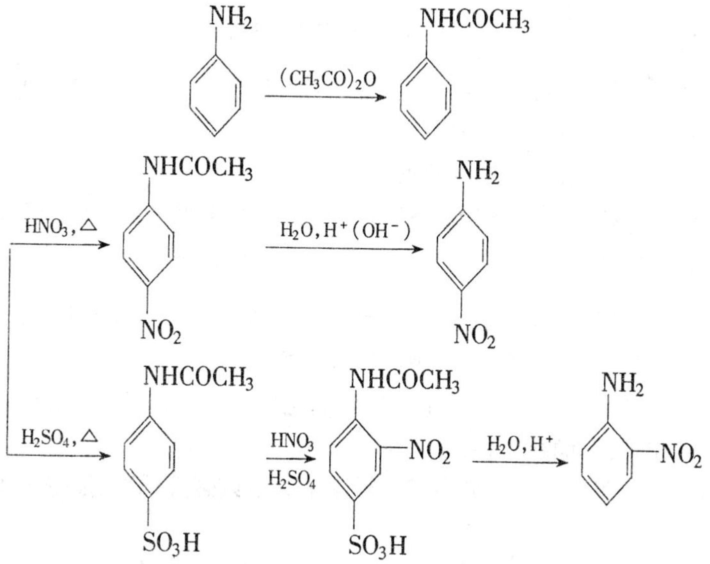

(3)磺化。苯胺与浓硫酸反应,先生成苯胺硫酸氢盐,后者在180～190℃烘焙,则得到对氨基苯磺酸。

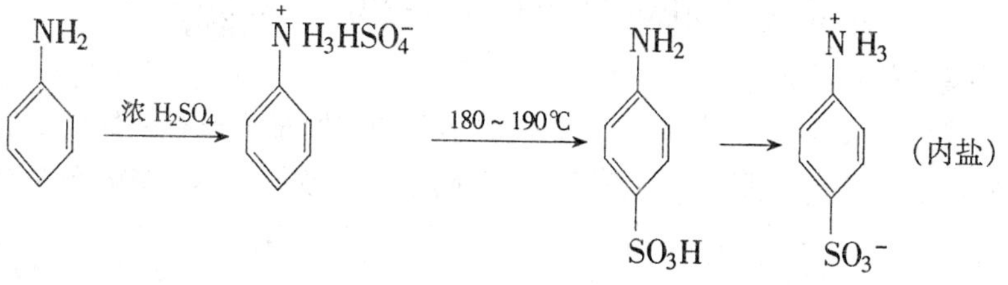

这是工业上生产对氨基苯磺酸的方法。在对氨基苯磺酸分子内,因同时含有碱性氨基和酸性磺基,故分子内能生成盐,叫内盐。

6. 胺的氧化

脂肪族胺类常温下比较稳定,芳香族胺类则较易氧化,尤其是芳香族的伯胺及仲胺对氧化特别敏感,暴露在空气中往往颜色变深,氧化过程很复杂,产物也难于分离。如选用温和的氧化条件控制反应,也可用于合成,如将苯胺溶于硫酸水溶液中,加入 $Na_2Cr_2O_7$ 进行氧化,则可制得苯醌。

$$\text{苯}-NH_2 \xrightarrow{Na_2Cr_2O_7 + H_2SO_4} O=\text{环}=O$$

苯环上含吸电子基的芳胺较为稳定,如对硝基苯胺、对氨基苯磺酸等。芳胺的盐也较难氧化,往往将芳胺成盐后贮存。

7. 季铵盐和霍夫曼消除反应

叔胺与卤代烷或具有活泼卤原子的芳卤化合物作用生成铵盐,称为季铵盐。季铵盐是氨彻底烃基化的产物。

$$R_3N + RX \longrightarrow [R_4N]^+ X^-$$

季铵盐的结构和性质与胺有很大的差别。季铵盐是白色的晶体,具有盐的性质,能溶于水而不溶于非极性有机溶剂;熔点高,常常在加热到熔点时即分解。季铵盐加热分解时,生成叔胺和卤代烷。

$$[R_4N]^+ X^- \xrightarrow{\triangle} R_3N + RX$$

伯、仲、叔胺的铵盐与强碱作用,可得到相应的游离胺,但季铵盐与强碱作用则得不到游离的胺,而是得到含有季铵碱的平衡混合物。

$$[R_4N]^+ X^- + KOH \Longrightarrow [R_4N]^+ OH^- + KX$$

这一反应如果在醇溶液进行,则由于碱金属的卤化物不溶于醇,能使反应进行到底;用湿的氧化银代替氢氧化钾,则由于生成的卤化银难溶于水,反应也能顺利进行。例如

$$2[(CH_3)_4N]^+ I^- + Ag_2O \xrightarrow{H_2O} 2[(CH_3)_4]^+ OH^- + 2AgI\downarrow$$

滤去碘化银沉淀,再减压蒸发滤液,即可得到结晶的季铵碱。

季铵碱是强碱,其碱性强度与氢氧化钠或氢氧化钾相当。它具有强碱的一般性质,如能吸收空气中的二氧化碳,易潮解,易溶于水等。

季铵碱受热发生分解反应。不含有 β – 氢原子的季铵碱分解时,发生 S_N2 反应。例如

$$(CH_3)_3\overset{+}{N}\!-\!CH_3 \quad {}^-OH \longrightarrow (CH_3)_3N + CH_3OH$$

有 β – 氢原子的季铵碱分解时,发生 E_2 反应生成烯烃和叔胺。例如

$$(CH_3)_3\overset{+}{N}CH_2CH_3OH^- \xrightarrow{\triangle} (CH_3)_3N + CH_2\!=\!CH_2 + H_2O$$

这种反应称为霍夫曼消除反应。

季铵碱的热分解反应中,产物烯烃主要是在不饱和碳原子上连有烷基最少的烯烃,称为 Hoffmann 规则。但是,当 β – 碳原子上有芳基时,则主要生成能与苯环共轭的烯烃。例如

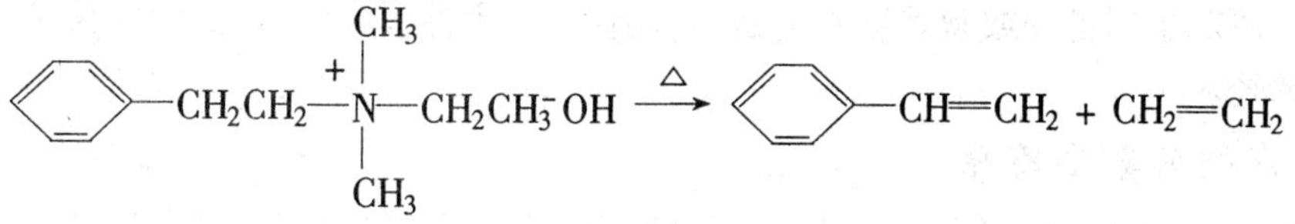

$$\underset{CH_3}{\overset{CH_3}{\underset{\big|}{\overset{\big|}{\text{C}_6\text{H}_5—\text{CH}_2\text{CH}_2—\overset{+}{\text{N}}—\text{CH}_2\text{CH}_3}}}} \text{OH} \xrightarrow{\triangle} \text{C}_6\text{H}_5—\text{CH}=\text{CH}_2 + \text{CH}_2=\text{CH}_2$$

94%   6%

四、胺的制法

1. 硝基化合物还原

在上节中已经提到,在酸性介质中,硝基可以还原为氨基,这是制备芳胺的工业化方法,常用催化加氢法。实验室里则常用 Sn、Zn 或 SnCl₂ 加浓盐酸还原硝基苯。如用 SnCl₂ + HCl 作还原剂,可以避免芳环上的醛基被还原,还可以使多硝基化合物部分还原。

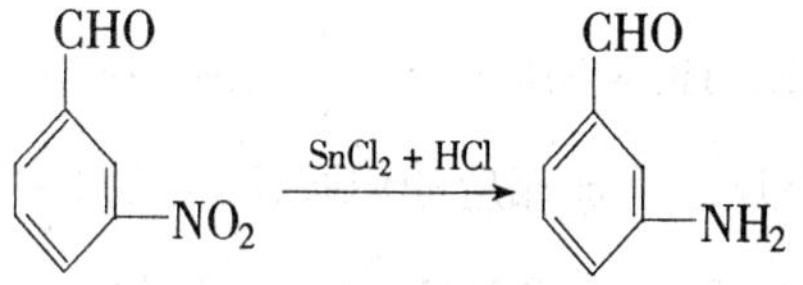

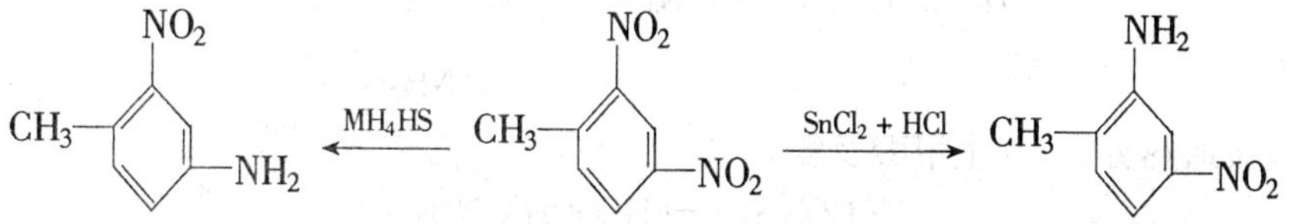

分子中若含有容易在酸性介质中被水解的基团(如对硝基乙酰苯胺),则宜用催化加氢法还原。

脂肪胺虽也可以由硝基化合物还原制得,但由于原料不易得到,通常都采用其他方法制得。

2. 卤代烃或醇的氨解

卤代烷与氨水溶液或氨乙醇溶液作用,可以生成伯胺的盐,再和氨形成平衡,得到伯胺

$$\text{RX} + \text{NH}_3 \longrightarrow \text{R}\overset{+}{\text{N}}\text{H}_3\text{X}^- \xrightarrow{\text{NH}_3} \text{RNH}_2 + \text{NH}_4\text{X}$$

继续和 RX 反应,则生成仲胺、叔胺及季铵盐的混合物。可以利用原料的不同配比及其他反应条件,使其中之一为主产物,如用过量的氨与卤代烷作用时,主产物是伯胺,也会有少量的仲、叔胺产生。

卤苯类的氨解要比卤代烷困难得多,只有当苯环上含有硝基等活化取代基时,反应较为容易。例如

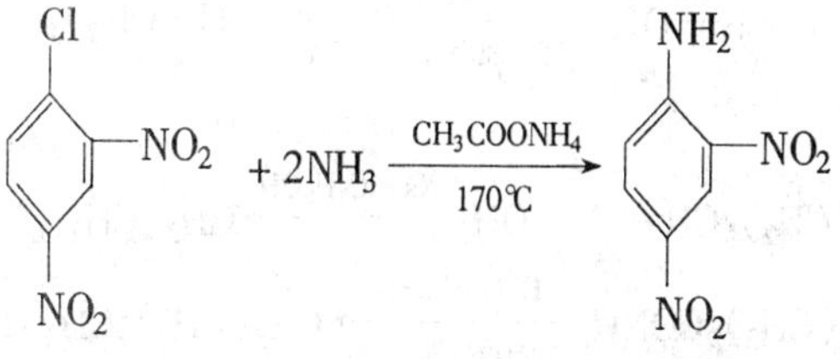

在工业生产中常用醇的氨解来制备脂肪族胺类,这是因为原料来源方便,生产过程中的腐蚀问题不大,所以对生产较为有利。例如

$$\text{C}_2\text{H}_5\text{OH} + \text{NH}_3 \xrightarrow[350℃, 50\text{ kPa}]{\text{Al}_2\text{O}_3} \text{C}_2\text{H}_5\text{NH}_2 + \text{H}_2\text{O}$$

这种方法对于制备仲或叔烷基胺类是不合适的,因为仲、叔卤代烷或醇容易发生消除反应而生成烯烃。

3. 醛或酮的氨化还原

醛或酮可以和氨或胺缩合成亚胺,再通过催化加氢或化学还原剂,很容易还原成相应的胺。

$$\underset{}{\diagdown}C{=}O + NH_3 \longrightarrow \left[\underset{\underset{NH_2}{|}}{\overset{\overset{OH}{|}}{\diagdown C \diagup}} \xrightarrow[-H_2O]{} \underset{}{\diagdown}C{=}NH \right] \xrightarrow[Ni]{H_2} \underset{}{\diagdown}CH{-}NH_2$$

很多脂肪族和芳香族醛酮都可以用此法来合成胺。例如

$$CH_3(CH_2)_5CHO + NH_3 \longrightarrow \xrightarrow[Ni]{H_2} CH_3(CH_2)_5CH_2NH_2$$

$$C_6H_5CHO + NH_3 \longrightarrow \xrightarrow[Ni]{H_2} C_6H_5CH_2NH_2$$

醛或酮用甲酸铵在高温下反应生成相应的伯胺,称为刘卡特(Leuckart)反应。例如

$$C_6H_5COCH_3 + HCOONH_4 \xrightarrow{185℃} C_6H_5\underset{\underset{NH_2}{|}}{CH}{-}CH_3$$

这里的甲酸铵遇热分解,产生甲酸及氨。

$$HCOONH_4 \xrightarrow{\triangle} HCOOH + NH_3$$

氨和羰基进行缩合反应,甲酸作为还原剂,将亚胺还原为胺。

用伯胺或仲胺与醛或酮一起加氢,可以得到仲胺或叔胺。

$$\bigcirc{=}O + CH_3NH_2 \xrightarrow[Ni]{H_2} \bigcirc{-}NHCH_3$$

4. 含 C—N 键化合物的还原

含 C—N 键的化合物包括腈($R{-}C{\equiv}N$)、肟($RCH{=}N{-}OH$)及酰胺($RCONH_2$)等,均可用催化加氢或化学试剂还原,如 $LiAlH_4$、$Na + C_2H_5OH$ 等。例如

$$C_6H_5CH_2CN \xrightarrow[120\sim130℃,13\ MPa]{H_2/Ni,液\ NH_3} C_6H_5CH_2CH_2NH_2$$

$$C_6H_5CN \xrightarrow{LiAlH_4} C_6H_5CH_2NH_2$$

$$\underset{CH_3}{\overset{CH_3(CH_2)_4}{\diagdown}}C{=}N{-}OH \xrightarrow[75\sim80℃,6.8\ MPa]{H_2/Ni} CH_3(CH_2)_4\underset{\underset{NH_2}{|}}{CH}{-}CH_3$$

$$CH_3(CH_2)_5CH{=}N{-}OH \xrightarrow{Na + C_2H_5OH} CH_3(CH_2)_6NH_2$$

$$CH_3(CH_2)_9CONH_2 \xrightarrow[250℃,30\ MPa]{H_2/Cu(CrO_2)_2} CH_3(CH_2)_9CH_2NH_2$$

这类方法一般收率都较好。

5. 由羧酸衍生物制备

(1)酰胺的霍夫曼降级反应。在酰胺的化学性质中提到,酰胺在次卤酸钠作用下失去羰

基,生成比原来的酰胺少一个碳原子的伯胺。

$$RCONH_2 + NaOBr \xrightarrow{NaOH} RNH_2 + NaBr + Na_2CO_3 + H_2O$$

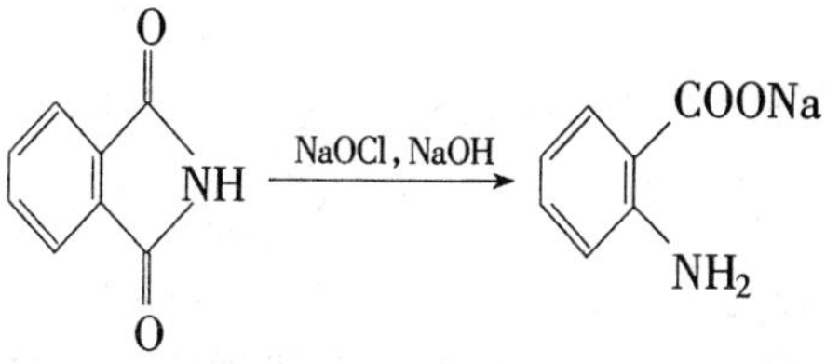

这是为数不多的缩短碳链的合成方法之一,在有机合成及研究有机化合物结构方面都有一定意义。

(2)柯蒂斯(Curtius)反应。与上述反应类似,由酰氯或酰肼通过叠氮化物来制备。

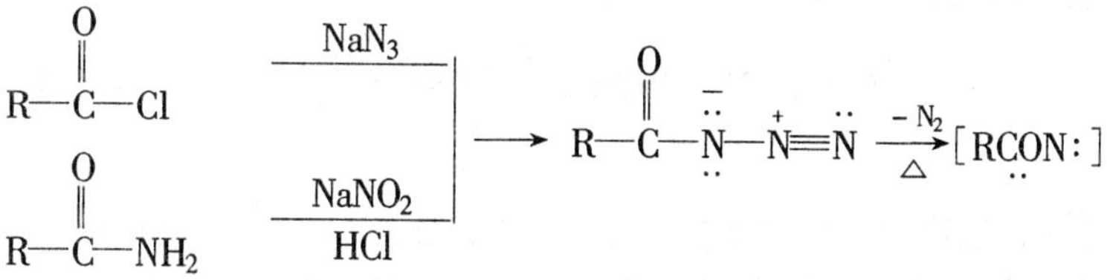

$$\xrightarrow{重排} R\text{—}N\text{=}C\text{=}O \xrightarrow{H_2O} RNH_2 + CO_2$$

异氰酸酯

(3)施密特(Schmidt)反应。与上述反应类似,叠氮化物可以直接由羧酸来制备。

$$RCOOH + HN_3 \xrightarrow{H_2SO_4} RCON_3 \longrightarrow R\text{—}N\text{=}C\text{=}O \xrightarrow{H_2O} RNH_2 + CO_2$$

6. 盖布瑞尔合成法

邻苯二甲酰亚胺分子中亚氨基上的氢原子受两个酰基的吸电子影响,有弱酸性($pK_a \approx 9$),可以与碱作用形成盐,后者与卤代烃等反应,生成 N - 烃基邻苯二甲酰亚胺,水解后得到伯胺,这是合成纯净伯胺的一种特殊制法,称为盖布瑞尔(Gabriel)合成法,反应式为

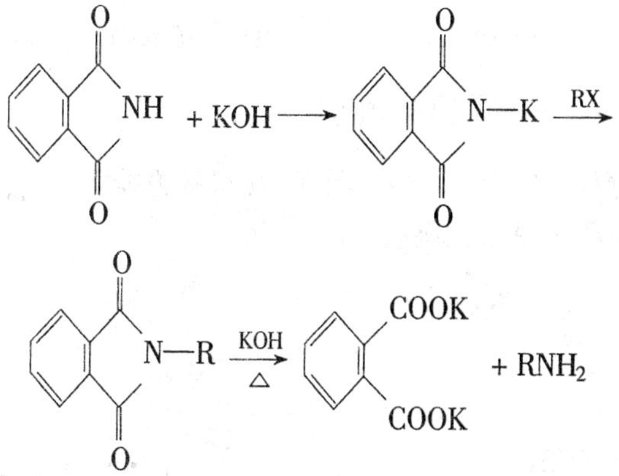

10.3　重氮及偶氮化合物

两个烃基分别连接在—N=N—基两端的化合物称为偶氮化合物,通式为 R—N=N—R′

（这里 R、R′代表脂肪和芳香烃基）。例如

$$CH_2=CHCH_2-N=N-CH_2CH_2CH_3$$

$$(CH_3)_2C-N=N-C(CH_3)_2$$
$$\quad\ |\qquad\qquad\qquad |$$
$$\quad CH\qquad\qquad\qquad CN$$

烯丙基偶氮丙烷　　　　　　　　　　　偶氮二异丁腈

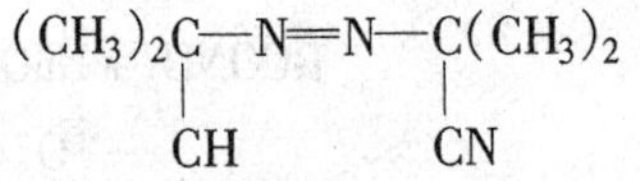

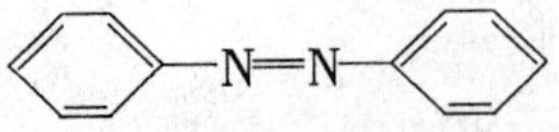

偶氮苯 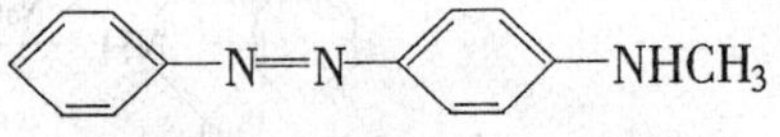　　　　　　　　　　　对甲氨基偶氮苯

R、R′均为脂肪族烃基的偶氮化合物，在光照或加热时容易分解，释放出氮气并产生自由基。故此类偶氮化合物是产生自由基的重要来源之一，可用作自由基引发剂。例如偶氮二异丁腈即是一种自由基聚合反应中常用的自由基引发剂，其特点是在较低温度或光照下便能分解产生自由基。

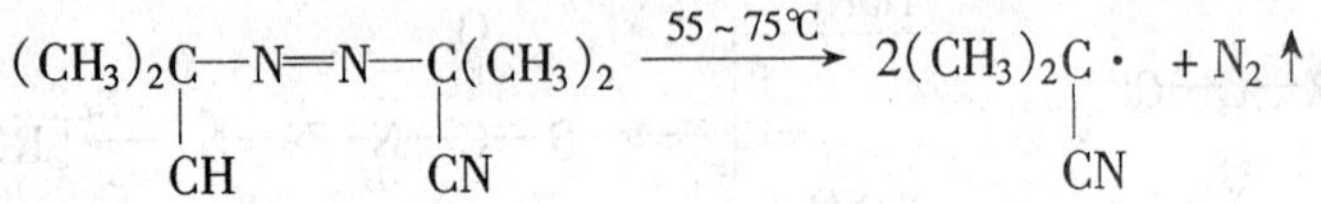

$$(CH_3)_2C-N=N-C(CH_3)_2 \xrightarrow{55\sim75℃} 2(CH_3)_2C\cdot + N_2\uparrow$$
$$\quad\ |\qquad\qquad\qquad |\qquad\qquad\qquad\qquad\qquad |$$
$$\quad CH\qquad\qquad\qquad CN\qquad\qquad\qquad\qquad\quad CN$$

R、R′均为芳基时，这样的化合物十分稳定，光照或加热都不能使其分解，从而也不能产生自由基。许多芳香族偶氮化合物的衍生物，是一类重要的合成染料。

如果—N=N—基中只有一个氮原子与烃基相连，而另一个氮原子连接的基团不是烃基，这样的化合物叫做重氮化合物。例如

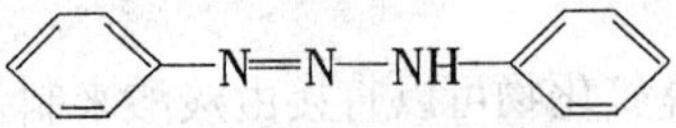

苯重氮氨基苯 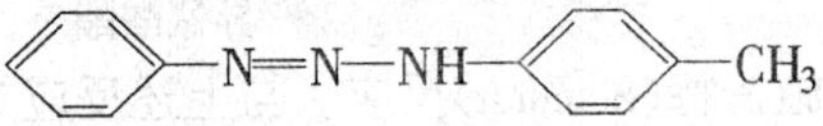　　　　　　　　　　　苯重氮氨基对甲苯

另一类更为重要的重氮化合物，叫做重氮盐。例如

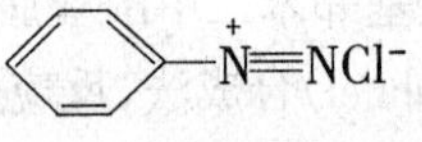

氯化重氮苯(苯重氮盐酸盐) 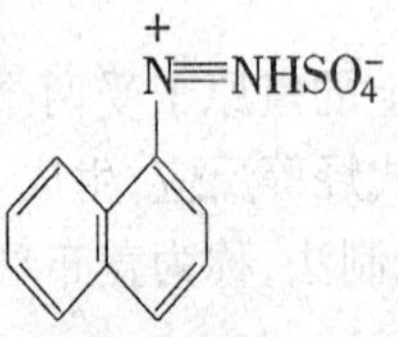　　α–萘基重氮硫酸盐 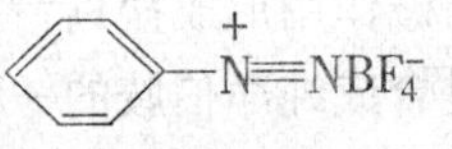　　　苯重氮氟硼酸盐

一、重氮盐的制备——重氮化反应

芳香族伯胺在低温（一般为 0～5℃）和强酸（通常为盐酸和硫酸）溶液中与亚硝酸钠作用，生成重氮盐的反应称为重氮化反应。例如

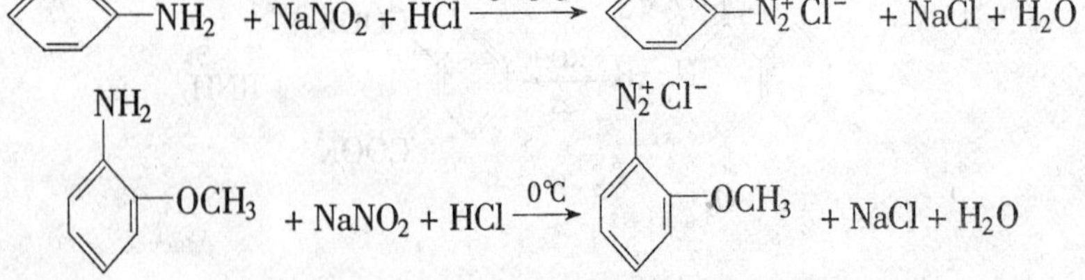

重氮盐具有盐的性质，绝大多数的重氮盐易溶于水，而不溶于有机溶剂，其水溶液能导电。芳香族重氮盐之所以不像脂肪族重氮盐那样——一旦生成后便立即分解，是由于在芳香族重氮盐的正离子中，C—N—N 键呈线型结构，其 π 轨道与芳环中的 π 轨道构成共轭体

系,从而使其得以稳定。例如苯重氮正离子的结构如图 10.1 所示。

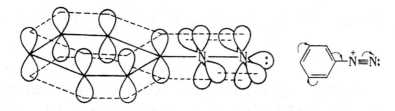

图 10.1　苯重氮正离子的轨道结构

干燥的盐酸或硫酸重氮盐,一般极不稳定,受热或震动时容易发生爆炸,而在低温的水溶液中则比较稳定。但许多重氮盐即使保持在 0℃ 的水溶液中也会缓慢地分解,温度升高,分解速率加快。因此重氮盐制备后通常保持在低温的水溶液中,而且应尽快使用。然而,氟硼酸重氮盐则相当稳定,其固体在室温下亦不分解,在水中的溶解度亦很小,因此可以制备出具有较高纯度的、干燥的氟硼酸重氮盐。

关于重氮化反应的机理,目前一般认为:首先是质子化的亚硝酸脱水生成亚硝酰正离子。亚硝酰正离子是一个弱的亲电试剂,它与芳伯胺的氨基作用生成 N - 亚硝基胺;N - 亚硝基胺经酮式 - 烯醇式互变异构成重氮酸,后者再经质子化、脱水,最后生成重氮盐。

$$H\overset{..}{O}{-}N{=}O \Longrightarrow H_2\overset{+}{O}{-}N{=}O \overset{-H_2O}{\Longrightarrow} [\overset{+}{N}{=}\overset{..}{O} \longleftrightarrow N{=}\overset{+}{O}]$$

亚硝酰正离子

$$Ar{-}\overset{..}{N}H_2 + \overset{+}{N}{=}O \Longrightarrow Ar{-}\overset{+}{N}H_2{-}N{=}O \overset{-H^+}{\Longrightarrow} Ar{-}NH{-}N{=}O \overset{互变异构}{\Longrightarrow}$$

N - 亚硝基胺

$$Ar{-}N{=}N{-}\overset{..}{O}H \overset{H^+}{\Longrightarrow} Ar{-}N{=}N{-}\overset{+}{O}H_2 \overset{-H_2O}{\Longrightarrow} [Ar{-}\overset{..}{N}{=}\overset{+}{N}: \longleftrightarrow Ar{-}\overset{+}{N}{\equiv}N:]$$

重氮酸　　　　　　　　　　　　　　　　　　　重氮盐

二、重氮盐的反应及其在合成中的应用

重氮盐的化学性质很活泼,能发生许多反应,一般可分为两类:失去氮的反应和保留氮的反应。

1. 失去氮的反应

重氮盐在一定条件下分解,重氮基被其他原子或基团取代,同时释放出氮气。

(1)重氮基被氢原子取代。重氮盐在次磷酸(H_3PO_2)或乙醇等还原剂作用下,则重氮基被氢原子取代。由于重氮基来自氨基,所以也常把该反应称为去氨基反应。例如

$$ArN_2^+ Cl^- + H_3PO_2 + H_2O \longrightarrow Ar{-}H + H_3PO_3 + N_2\uparrow + HCl$$

$$ArN_2^+ HSO_4^- + C_2H_5OH \overset{\triangle}{\longrightarrow} Ar{-}H + CH_3CHO + N_2\uparrow + H_2SO_4$$

在去氨基反应中,用乙醇作还原剂的产率一般在 50% ~ 60%;而用次磷酸还原,其效果则比前者好,产率可达 80% 左右。

此反应在有机合成中很重要。由于氨基是强的邻对位定位基,通过在芳环上引入氨基和去氨基的方法,可以合成用其他方法不易或不能得到的一些化合物。例如

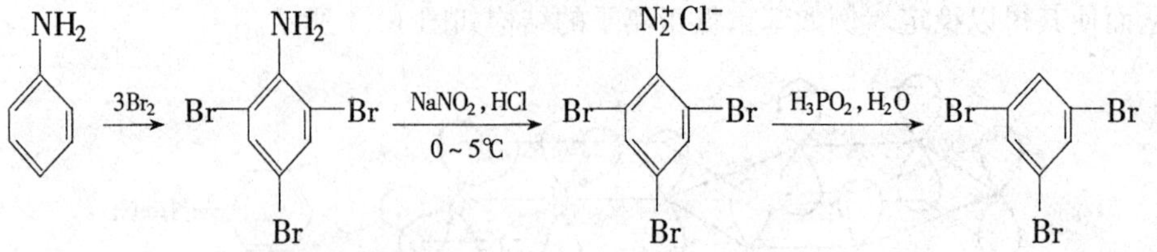

（苯胺）$\xrightarrow{3Br_2}$（2,4,6-三溴苯胺）$\xrightarrow[0\sim5℃]{NaNO_2,\,HCl}$（2,6-二溴-4-重氮苯氯化物）$\xrightarrow{H_3PO_2,\,H_2O}$（1,3,5-三溴苯）

1,3,5-三溴苯,用苯直接溴化的方法是无法制得的。又如,由异丙苯制备间硝基异丙苯,制备过程中,乙酰化是为了保护氨基。由于乙酰氨基的邻、对位定位能力大于异丙基,故硝化时,硝基进入乙酰氨基的邻位。

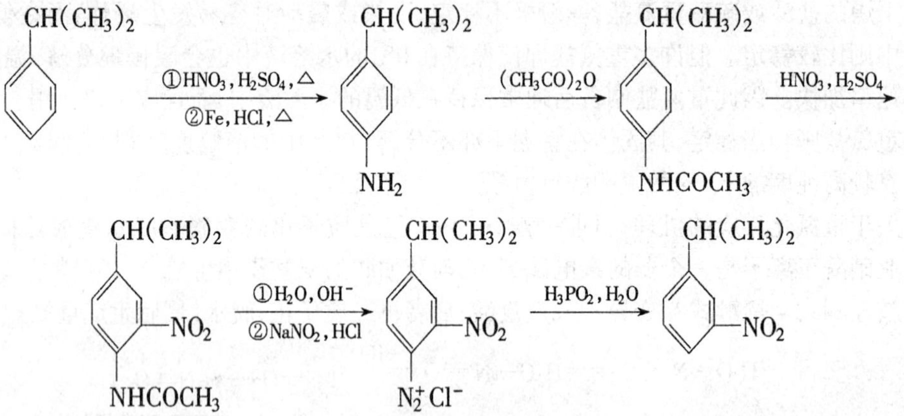

（异丙苯）$\xrightarrow[②Fe,\,HCl,\,\triangle]{①HNO_3,\,H_2SO_4,\,\triangle}$（对异丙基苯胺）$\xrightarrow{(CH_3CO)_2O}$（对异丙基乙酰苯胺）$\xrightarrow{HNO_3,\,H_2SO_4}$

（2-硝基-4-异丙基乙酰苯胺）$\xrightarrow[②NaNO_2,\,HCl]{①H_2O,\,OH^-}$（重氮盐）$\xrightarrow{H_3PO_2,\,H_2O}$（间硝基异丙苯）

（2）重氮基被羟基取代。加热芳香族重氮硫酸盐,即有氮气放出,同时生成酚,故又称重氮盐的水解反应。这是由氨基通过重氮盐制备酚的较好方法。例如

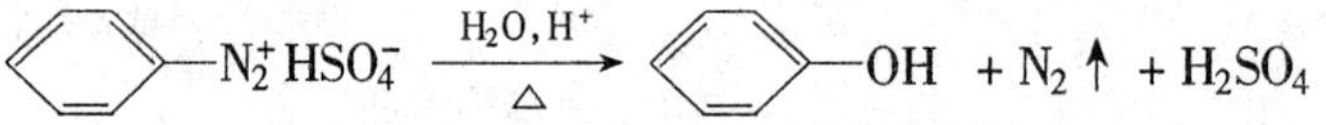

（苯基重氮硫酸氢盐 $N_2^+HSO_4^-$）$\xrightarrow[\triangle]{H_2O,\,H^+}$（苯酚 —OH）$+\ N_2\uparrow+\ H_2SO_4$

由重氮盐制备酚的产率一般为 50% ~ 60%,故此法主要用于制备无异构体的酚或用其他方法难以得到的酚。例如,由对二氯苯制备 2,5 – 二氯苯酚。

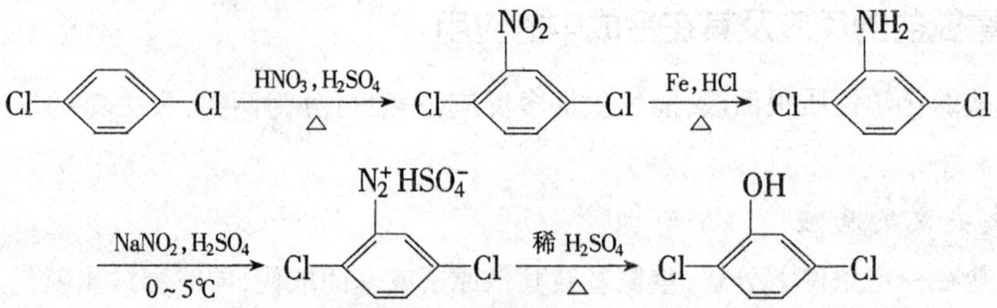

（对二氯苯）$\xrightarrow{\triangle}^{HNO_3,\,H_2SO_4}$（2,5-二氯硝基苯）$\xrightarrow[\triangle]{Fe,\,HCl}$（2,5-二氯苯胺 NH_2）

$\xrightarrow[0\sim5℃]{NaNO_2,\,H_2SO_4}$（2,5-二氯重氮盐 $N_2^+HSO_4^-$）$\xrightarrow[\triangle]{稀\ H_2SO_4}$（2,5-二氯苯酚 OH）

重氮盐的水解反应分两步进行。首先是重氮盐分解失去氮生成苯基正离子,这是决定反应速率的一步。苯基正离子一旦生成,立即与溶液中亲核的水分子反应生成酚。这类反应为芳环上的单分子亲核取代反应（S_N1）。例如

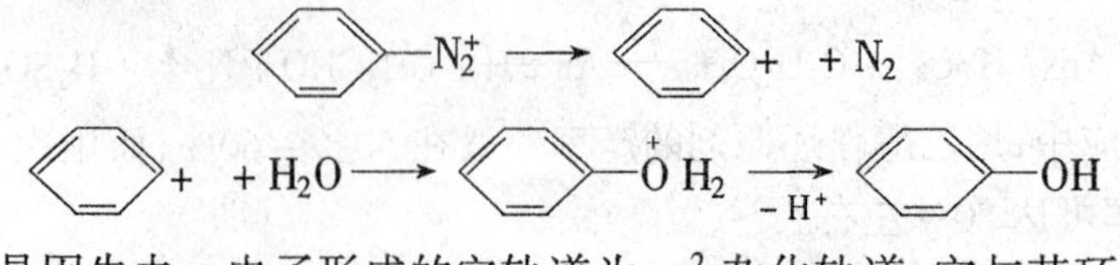

（苯基重氮正离子 —N_2^+）$\longrightarrow$（苯基正离子）$+\ N_2$

（苯基正离子）$+\ H_2O\longrightarrow$（苯基氧镓离子 $\overset{+}{O}H_2$）$\xrightarrow{-H^+}$（苯酚 —OH）

由于苯基正离子是因失去 σ 电子形成的空轨道为 sp^2 杂化轨道,它与苯环的 π 轨道不能共轭,故正电荷集中在一个碳原子上,能量较高,很活泼,如图 10.2 所示。

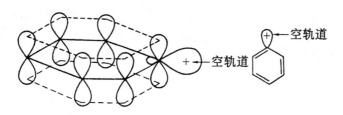

图 10.2　苯基正离子轨道图

虽然苯基正离子很不稳定,在通常情况下难以生成,但在重氮盐的正离子中含有有机化合物中最好的离去基团——分子氮,由于重氮盐的分解可以释放稳定的氮——这是一很强的热力学推动力,所以使得重氮盐的水解反应很容易进行。

在用重氮盐制备酚时,通常用芳香族重氮硫酸盐,在强酸性的热硫酸溶液中进行。这是因为:其一,若采用重氮盐酸盐在盐酸溶液中进行,则由于体系中的 Cl⁻ 作为亲核试剂也能与苯基正离子反应,生成副产物氯苯;其二,水解反应中已生成的酚易与尚未反应的重氮盐发生偶合反应,强酸性的硫酸溶液不仅可使偶合反应减少到最低程度,而且还可提高分解反应的温度,使水解进行得更加迅速、彻底。

(3)重氮基被卤素取代。在氯化亚铜的盐酸溶液作用下,芳香族重氮盐分解,放出氮气,同时重氮基被氯原子取代。如用重氮氢溴酸盐和溴化亚铜,则得到相应的溴化物。此反应称为 Sandmeyer 反应。例如

$$H_3C-\langle\ \rangle-NH_2 \xrightarrow[0℃]{NaNO_2,HCl} H_3C-\langle\ \rangle-N_2^+Cl^- \xrightarrow[HCl]{CuCl} H_3C-\langle\ \rangle-Cl$$
$$(70\% \sim 79\%)$$

$$\langle\ \rangle \xrightarrow[10℃]{NaNO_2,HBr} \langle\ \rangle \xrightarrow[HBr]{CuBr} \langle\ \rangle$$
$$(89\% \sim 95\%)$$

用铜粉代替氯化亚铜或溴化亚铜,加热重氮盐,也可得到相应的卤化物,此反应称为 Gattermann 反应。例如

$$\langle\ \rangle \xrightarrow{NaNO_2,HBr} \langle\ \rangle \xrightarrow{Cu 粉,\triangle} \langle\ \rangle$$

虽然该反应操作较 Sandmeyer 反应简单,但除个别反应外,产率一般不比 Sandmeyer 反应高,有的还要低一些。

芳环上直接碘化是困难的,但重氮基比较容易被 I⁻ 取代。加热重氮盐的碘化钾溶液,即可生成相应的碘代物,收率较好。例如

$$\langle\ \rangle \xrightarrow[0\sim7℃]{NaNO_2,HCl} \langle\ \rangle \xrightarrow[74\%\sim76\%]{KI,温热} \langle\ \rangle$$

　　将氟原子引入芳环的方法与上述诸反应不同。它需先将氟硼酸(或氟硼酸钠)加入到重氮盐溶液中,生成不溶解的氟硼酸盐沉淀,然后过滤、洗涤、干燥。将干燥的氟硼酸盐加热,即分解得到相应的氟代物。此反应称为 Schiemann 反应。例如

$$\underset{CH_3}{\overset{N_2^+Cl^-}{\bigodot}} \xrightarrow[\text{或 NaBF}_4]{\text{HBF}_4} \underset{CH_3}{\overset{N_2^+BF_4^-}{\bigodot}} \xrightarrow[\textcircled{2}\triangle]{\textcircled{1}\text{过滤,干燥}} \underset{CH_3}{\overset{F}{\bigodot}} + N_2 + BF_3$$

　　在有机合成中,利用重氮基被卤素取代的反应,可制备某些不易或不能用直接卤化法得到的卤代芳烃及其衍生物。

　　(4)重氮基被氰基取代。重氮盐与氰化亚铜的氰化钾水溶液作用,或在铜粉存在下,和氰化钾溶液作用,重氮基被氰基取代,前者属于 Sandmeyer 反应,后者属于 Gattermann 反应。例如

$$\underset{O_2N}{\overset{N_2^+HSO_4^-}{\bigodot}}_{Cl} \xrightarrow{\text{CuCN, KCN}} \underset{O_2N}{\overset{CN}{\bigodot}}_{Cl}$$

　　利用 Sandmeyer 反应所得到的产率,一般比 Gattermann 反应高。由于苯的直接氰化是不可能的,因此,由重氮盐引入氰基是非常重要的。腈基可以转变成羧基、氨甲基等,因此通过重氮盐可把芳环上的氨基转变成羧基、氨甲基等,这在有机合成中是很有意义的。例如,由甲苯合成对甲基苯甲酸。

$$\underset{}{\overset{CH_3}{\bigodot}} \xrightarrow[\textcircled{2}H_2, Ni]{\textcircled{1}HNO_3, H_2SO_4} \underset{NH_2}{\overset{CH_3}{\bigodot}} \xrightarrow[0\sim5℃]{\text{NaNO}_2, \text{HCl}} \underset{N_2^+Cl^-}{\overset{CH_3}{\bigodot}} \xrightarrow[\triangle]{\text{CuCN, KCN}} \underset{CN}{\overset{CH_3}{\bigodot}} \xrightarrow[\triangle]{H_2O, H^+} \underset{COOH}{\overset{CH_3}{\bigodot}}$$

上述失去氮的反应,一般也适用于萘及其衍生物。

2. 保留氮的反应

　　反应后重氮盐分子中重氮基的两个氮原子仍保留在产物的分子中。

　　(1)还原反应。重氮盐与二氯化锡和盐酸、亚硫酸氢钠、亚硫酸钠、二氧化硫等还原剂作用,被还原成芳基肼。例如

$$\bigodot-N_2^+Cl^- \xrightarrow{\text{SnCl}_2 + \text{HCl}} \bigodot-NH-NH_2$$
$$\text{苯肼}$$

苯肼是无色油状液体,沸点 242℃,不溶于水,有毒。苯肼具有碱性,因此在酸性溶液中还原时,得到苯肼的盐。它是常用的羰基试剂,也是合成药物和染料的原料。

　　由于二氯化锡能将硝基还原成偶氮基,因此,含有硝基的重氮盐,通常用亚硫酸钠还原使之成为肼的硝基衍生物。例如

$$O_2N-\bigodot-N_2^+HSO_4^- \xrightarrow[H_2O]{\text{Na}_2\text{SO}_3} O_2N-\bigodot-NH-NH_2$$

　　(2)偶合反应。在微酸性、中性或微碱性溶液中,重氮盐正离子作为亲电试剂可与连有

强供电子基的芳香族化合物,如酚,芳胺等发生亲电取代反应,生成偶氮化合物。例如

$$\text{C}_6\text{H}_5-\text{N}_2^+\text{Cl}^- + \text{C}_6\text{H}_5-\text{X} \longrightarrow \text{C}_6\text{H}_5-\text{N}=\text{N}-\text{C}_6\text{H}_4-\text{X} + \text{HCl}$$

$$X = -OH, -NH_2, -NHR, -NR_2$$

通常把这种反应称为偶合反应或偶联反应。参加偶合反应的重氮盐叫重氮组分,酚或芳胺等叫偶合组分。重氮组分中的重氮正离子是极限结构(Ⅰ)(Ⅱ)的共振杂化体

$$\text{Ar}-\overset{+}{\text{N}}\equiv\text{N}: \quad\longleftrightarrow\quad \text{Ar}-\overset{..}{\text{N}}=\overset{+}{\text{N}}:$$
$$(\text{Ⅰ})\qquad\qquad\qquad (\text{Ⅱ})$$

在偶合反应中,是极限结构(Ⅱ)作为亲电试剂,进攻芳环发生亲电取代反应

$$\text{Ar}-\overset{..}{\text{N}}=\overset{+}{\text{N}}: + \text{C}_6\text{H}_5-\text{X} \longrightarrow \text{Ar}-\text{N}=\text{N}-\underset{\text{H}}{\text{C}_6\text{H}_4}-\text{X}$$

$$\overset{-\text{H}^+}{\longrightarrow} \text{Ar}-\text{N}=\text{N}-\text{C}_6\text{H}_4-\text{X}$$

由图 10.1 可以看出,重氮正离子中氮原子上的正电荷可以离域到芳环上,因此它是一个很弱的亲电试剂。所以只有被强供电基高度致活的芳环,才能与其发生偶合。

由于电子效应和空间效应(亲电试剂 ArN_2^+ 的体积较大)的影响,反应主要发生在强供电基如—OH、—NH$_2$ 等的对位。当其对位已被其他取代基占据时,则发生在其邻位,但绝不发生在间位。例如

$$\text{C}_6\text{H}_5-\text{N}_2^+\text{Cl}^- + \text{HO}-\text{C}_6\text{H}_4-\text{CH}_3 \overset{\text{OH}^-}{\longrightarrow} \text{C}_6\text{H}_5-\text{N}=\text{N}-\text{C}_6\text{H}_3(\text{OH})(\text{CH}_3)$$

偶合反应不能在强酸性或强碱性介质中进行。因为在强酸性介质中,酚、芳胺都被质子化。例如

$$\text{C}_6\text{H}_5-\overset{..}{\text{O}}\text{H} \overset{\text{H}^+}{\rightleftharpoons} \text{C}_6\text{H}_5-\overset{+}{\text{O}}\text{H}_2$$

$$\text{C}_6\text{H}_5-\text{NR}_2 \overset{\text{H}^+}{\rightleftharpoons} \text{C}_6\text{H}_5-\overset{+}{\underset{\text{H}}{\text{N}}}\text{R}_2$$

在质子化的酚和芳胺中,$-\overset{+}{\text{O}}\text{H}_2$、$-\overset{+}{\text{N}}\text{HR}_2$ 等均是钝化芳环的吸电子基,从而使它不能与弱的亲电试剂反应。而在强碱性介质中,重氮盐正离子与 OH$^-$ 作用,可生成重氮酸或其盐。重氮酸或重氮酸盐已不是亲电试剂,故不能发生亲电取代——偶合反应。例如

$$[\text{Ar}-\overset{+}{\text{N}}\equiv\text{N}: \longleftrightarrow \text{Ar}-\overset{..}{\text{N}}=\overset{+}{\text{N}}:]\overset{\text{NaOH}}{\longrightarrow}\text{Ar}-\text{N}=\text{N}-\text{OH}\overset{\text{NaOH}}{\longrightarrow}\text{Ar}-\text{N}=\text{N}-\text{O}^-\text{Na}^+$$

重氮盐正离子,能偶合　　　　重氮酸,不能偶合　　　　重氮酸盐,不能偶合

因此,重氮盐与酚、芳胺等偶合时,反应介质的 pH 是一重要条件。

重氮盐与酚偶合,通常是在微碱性介质中进行。因为此时酚转变成芳氧负离子(Ar—O$^-$),而氧负离子基是比酚羟基(—OH)更强的邻、对位供电基,故芳氧负离子的芳环更容易与亲电试剂重氮正离子偶合。

　　重氮盐与芳胺的偶合,通常在微酸性介质中进行。在微酸性介质中,芳叔胺(如 $N,N-$ 二甲苯胺)与酚相似,重氮正离子直接与芳环中的碳原子偶合,生成 $N,N-$ 二取代偶氮化合物;而某些芳伯胺或芳仲胺则重氮正离子直接与芳胺分子中的氮原子作用,生成重氮氨基化合物。例如

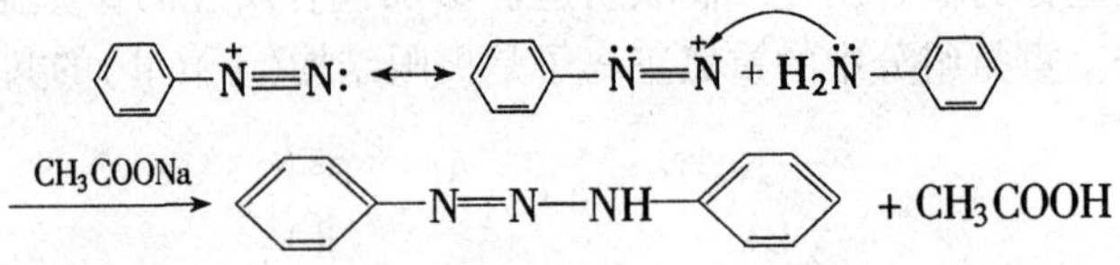

$$\text{[结构式]}$$

生成的苯重氮氨基苯在苯胺中与少量的苯胺盐酸盐一起加热,即发生重排生成对氨基偶氮苯。

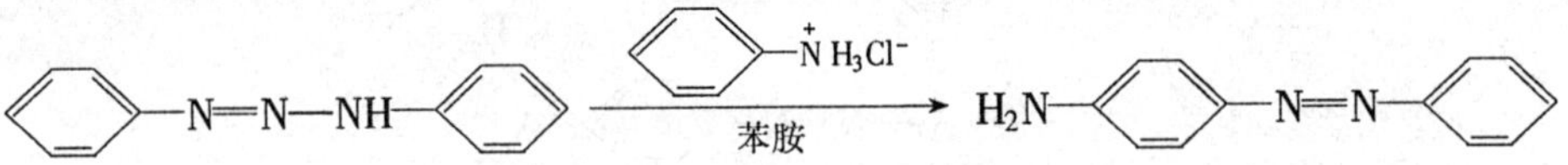

$$\text{[结构式]}$$

　　当重氮盐与萘酚或萘胺类化合物反应时,因羟基和氨基使所在苯环活化,偶合反应发生在同环。对于 $\alpha-$ 萘酚和 $\alpha-$ 萘胺,偶合时发生在 4 位;若 4 位被占据,则发生在 2 位。而 $\beta-$ 萘酚和 $\beta-$ 萘胺,偶合时发生在 1 位;若 1 位被占据,则不发生反应。

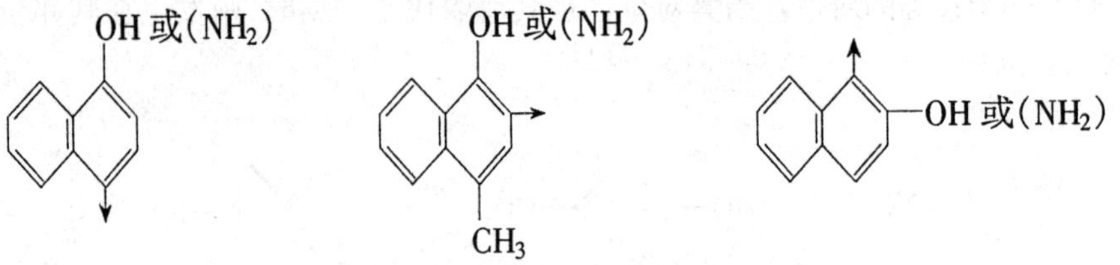

$$\text{[结构式]}$$

　　许多芳胺的重氮盐与酚类或芳胺偶合,通常得到具有颜色的产物,可用作染料。因为分子中含有偶氮基,故称为偶氮染料。据统计,世界偶氮染料的用量占所有合成染料的 60% 左右,所以偶合反应的最重要用途是合成偶氮染料。例如

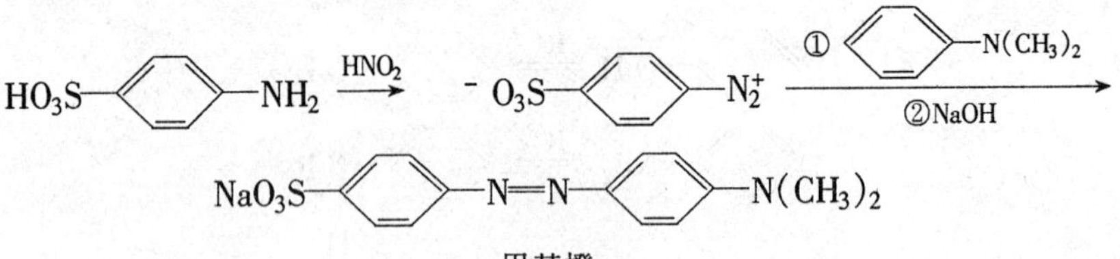

$$\text{[结构式]}$$

甲基橙

　　甲基橙由于颜色不稳定,且不坚牢,没有作为染料的价值。又因为它在酸碱溶液中结构发生变化,而显示不同颜色,故被用作酸碱指示剂。

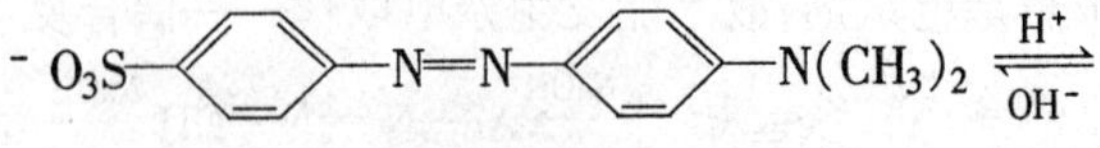

$$\text{[结构式]}$$

pH > 4.4,黄色

$$\text{[结构式]}$$

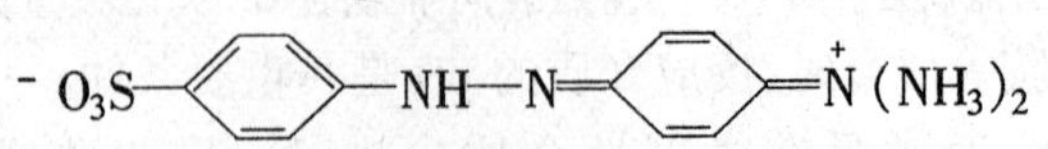

pH < 3.1,红色

10.4　腈、异腈和异氰酸酯

一、腈

腈可以看做是氢氰酸（ H—C≡N：）分子中的氢原子被烃基取代后的生成物。它们的通式是 RCN(或 ArCN)。氰基中的碳原子和氮原子都是 sp 杂化的,碳氮之间,除了 C_{sp}—$N_{sp}\sigma$ 键外,还有两个由 p 轨道交平面而成的 C_p—$N_p\pi$ 键。氮原子还有一对未共用电子在 sp 轨道上。腈的命名常按照腈分子中所含碳原子数目而称为某腈;或以烷烃为母体,氰基作为取代基,称为氰基某烷。例如

$$CH_3CN \qquad CH_3CH_2CN \qquad \text{⟨⟩}-CH_2CN$$

乙腈(或氰基甲烷)　　　　丙腈(或氰基乙烷)　　　苯基乙腈(或苄腈)

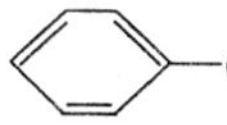

1. 腈的制法

腈可由卤烷与氰化钠(或氰化钾)作用制得[见 9.1.4(1)]。例如

$$CH_3CH_2CH_2CH_2Br + NaCN \xrightarrow{\text{乙醇}} CH_3CH_2CH_2CH_2CN + NaBr$$
正戊腈

$$C_6H_5CH_2Cl + NaCN \xrightarrow{\text{乙醇}} C_6H_5CH_2CN + NaCl$$
苯基乙腈(苄腈)

这个反应在有机合成上常被用来增长碳链。二元腈亦可由二卤烷与氰化钠(或氰化钾)作用制得。例如

$$ClCH_2CH_2CH_2CH_2Cl + 2NaCN \longrightarrow NCCH_2CH_2CH_2CH_2CN + 2NaCl$$
己二腈

酰胺或羧酸的铵盐与五氧化二磷共热时,则失水生成腈。

$$RCONH_2 \xrightarrow[\triangle]{P_2O_5} RCN + H_2O$$

2. 腈的性质

低级腈为无色液体,高级腈为固体。腈分子中的碳氮键有较大的极性,如乙腈的偶极矩

为 4.0D $\left(CH_3—C≡N： \right)$,它也具有较大的介电常数(38.8),乙腈不仅可以与水混溶,而且可以溶解许多无机盐类。它也可以溶于一般有机溶剂,如乙醚、氯仿、苯等,所以乙腈是个很好的有机溶剂。随着相对分子质量的增加,丙腈、丁腈在水中的溶解度迅速减低,乙腈以上的腈类就难溶于水。

腈在酸或碱催化下,在较高温度(约 100～200℃)和较长时间(数小时)加热下,水解生成羧酸。

$$RCN + 2H_2O \xrightarrow{100～200℃} RCOOH + NH_3$$

在酸催化下,得到的是羧酸和铵盐;在碱催化下,得到的是羧酸盐和氨。一般认为这个反应先生成酰胺,但这个中间体在此反应条件下不能分离得到。如果控制合适的反应条件,

例如,在浓硫酸(在室温下)、氢氧化钠溶液或含有 6%～12%过氧化氢的氢氧化钠溶液作用下,都可使腈的水解停留在酰胺阶段。

$$RCN + H_2O \longrightarrow R-\overset{\overset{\displaystyle O}{\|}}{C}-NH_2$$

腈加氢或还原而生成伯胺,这是伯胺的制备方法之一。

二、异腈

异腈又称胩,它的通式为 RNC。腈和异腈是同分异构体。在腈分子中,氰基的碳原子和烃基相连,而在异腈分子中,氮原子和烃基相连。异腈具有下列结构

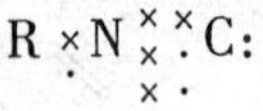

$$R \overset{\times}{\underset{\cdot}{\times}} N \overset{\times}{\underset{\cdot}{\times}} \overset{\times}{\underset{\cdot}{\cdot}} C : \qquad 或 \qquad R-\overset{+}{N} \equiv C^-$$

也可以用下列共振结构式来表示它的结构。

$$R-\overset{+}{N} \equiv C : \longleftrightarrow R-\overset{\cdot\cdot}{N}=C :$$

异腈的命名是按照烷基中所含碳原子的数目而称为某胩(或称异氰基某烷)。例如

CH₃NC　　　　　　　　　　C₂H₅NC

甲胩(或异氰基甲烷)　　　　　乙胩(或异氰基乙烷)

1.异腈的制法

异腈可由碘烷与氰化银在乙醇溶液中加热制得,主要产物是异腈,但其中也含有少量的腈。

$$RI + AgCN \longrightarrow RNC + AgI$$

伯胺与氯仿及氢氧化钾的醇溶液作用,也能生成异腈。

2.异腈的性质

异腈是具有毒性和恶臭的液体。它对碱相当稳定,但容易被稀酸水解而生成甲酸和比异腈少一个碳原子的伯胺。

$$RNC + 2H_2O \xrightarrow{H^+} RNH_2 + HCOOH$$

从这个反应证明异氰基中的氮原子是直接与烃基的碳原子相连的。

异腈还原或催化加氢,则生成仲胺。

$$RNC + 2H_2 \xrightarrow{Ni \text{ 或 } Pt} RNHCH_3$$

将异腈加热到 250～300℃,则发生异构化而转变成相应的腈。

$$RNC \xrightarrow{250～300℃} RCN$$

三、异氰酸酯

一般认为氰酸和异氰酸是互变异构体,在平衡时以生成异氰酸为主。

$$HO-C \equiv N \rightleftharpoons O=C=N-H$$

氰酸　　　　　　　　　　异氰酸

异氰酸酯结构为:R—N=C=O;而相当于氰酸的酯,迄今尚未发现。

异氰酸酯的命名与羧酸酯的命名相似,称为异氰酸某酯。例如

$$CH_2CH_2CH_2CH_2—N=C=O$$

异氰酸丁酯　　　　　　　　异氰酸苯酯

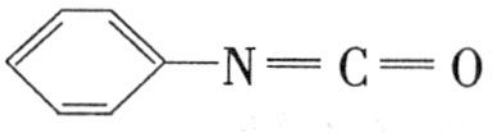

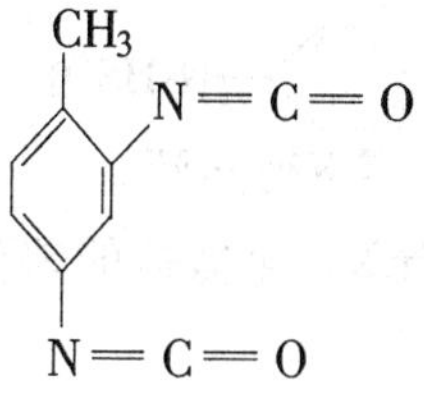

甲苯 – 2,4 – 二异氰酸酯
(2,4 – 二异氰酸甲苯酯)

在异氰酸酯中,以芳香族异氰酸酯较为重要。

光气与伯胺作用,先生成氨基甲酰氯,后者受热即分解而得异氰酸酯。

$$2RNH_2 + COCl_2 \longrightarrow RNHCOCl + RNH_2 \cdot HCl$$

$$RNHCOCl \xrightarrow{\triangle} R—N=C=O + HCl$$

例如

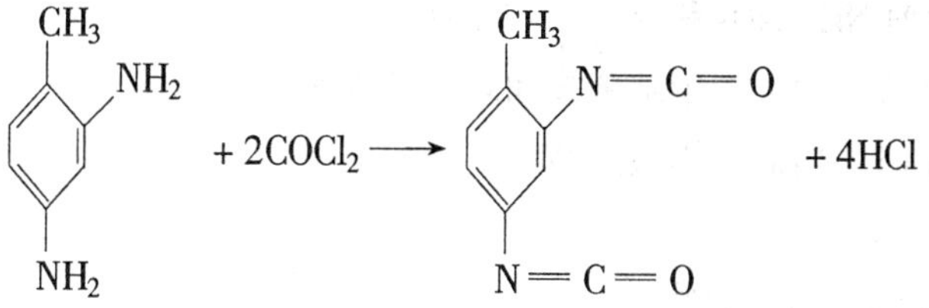

$$+ 2COCl_2 \longrightarrow$$

$$+ 4HCl$$

异氰酸酯是难闻的催泪性液体。异氰酸酯分子中有一个碳原子和两个双键相连,它的化学性质活泼,可与水、醇、胺等具有活泼氢的各类化合物发生反应。例如

$$R—N=C=O + H_2O \longrightarrow [R—NHCOOH] \longrightarrow RNH_2 + CO_2$$

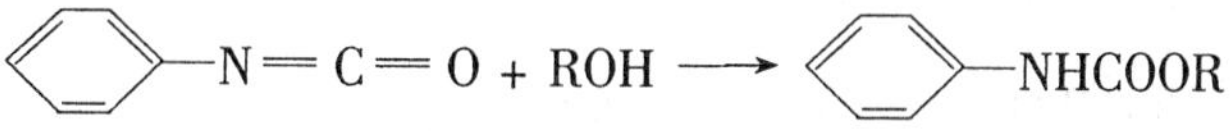

$—N=C=O + ROH \longrightarrow$ $—NHCOOR$

N – 苯基氨基甲酸酯

$$C_6H_5—N=C=O + CH_3NH_2 \longrightarrow C_6H_5NH—\overset{\overset{\displaystyle O}{\|}}{C}—NHCH_3$$

N – 甲基 – N' – 苯基脲

异氰酸苯酯生成的 N – 苯基氨基甲酸酯和 N,N' – 二取代脲都具有一定的熔点,可用来鉴定醇类、酚类和伯、仲胺。

习　　题

1. 命名下列化合物或写出其结构。

(1) 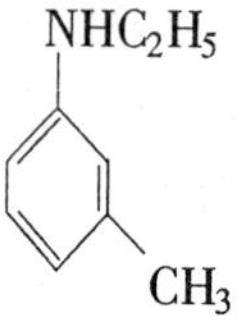 　　　　(2) $CH_2=CH—CN$　　　　(3)

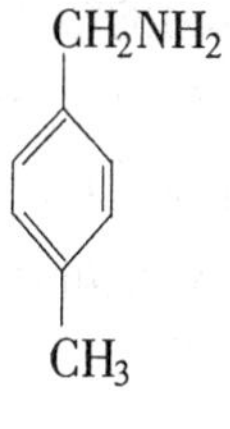

(4)溴化四正丁胺　　　　(5)对氨基 – N,N – 二甲苯胺

(6) 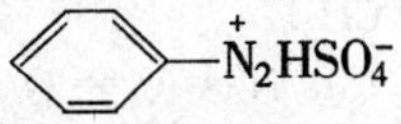 ⟨苯环⟩–$\overset{+}{N}_2HSO_4^-$

2. 回答下列问题。

(1)当苯基重氮盐的邻位或对位上连有硝基时,其偶合反应活性增强还是减弱? 为什么?

(2)苯胺能与硫酸形成铵盐, – NH_3^+ 是间位定位基。但苯胺与硫酸经长时间高温加热,并未得到间位产物,而得到了高产率的对氨基苯磺酸。试解释原因。

(3)由对氯甲苯合成对氯间氨基苯甲酸有下列三种可能的合成路线。

①先硝化,再还原,然后氧化。

②先硝化,再氧化,然后还原。

③先氧化,再硝化,然后还原。

其中哪一种合成路线最好? 为什么?

(4)比较下列各组化合物的碱性,试按碱性强弱排列之。

①CH_3CONH_2、CH_3NH_2、NH_2 和 ⟨苯环⟩–NH_2

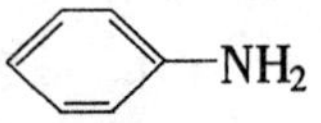

②对甲苯胺、苄胺、2,4 – 二硝基苯胺和对硝基苯胺

(5)芳胺重氮化时为何需要用过量酸?

3. 完成下列反应式。

(1)$CH_3NO_2 + HCHO(过量) \xrightarrow{OH^-} ($　　　$)$

(2) 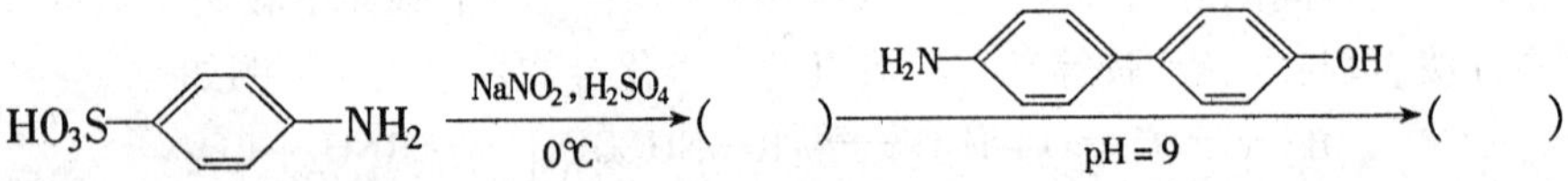 HO_3S–⟨苯环⟩–$NH_2 \xrightarrow[0℃]{NaNO_2, H_2SO_4} ($　　$) \xrightarrow[pH=9]{H_2N-⟨苯环-苯环⟩-OH} ($　　$)$

(3) ⟨含CH₃的吡咯烷, N-H⟩ $\xrightarrow[②湿 Ag_2O]{①过量 CH_3I} ? \xrightarrow{△} ? \xrightarrow[②湿 Ag_2O]{①CH_3I} ? \xrightarrow{△} ?$

(4) ⟨邻苯二甲酰亚胺 $N^- K^+$⟩ $\xrightarrow{BrCH(COOC_2H_5)_2} ? \xrightarrow[②⟨苯环⟩-CH_2Cl]{①C_2H_5ONa} ? \xrightarrow[②H^+]{①H_2O, OH^-} ? \xrightarrow{△} ?$

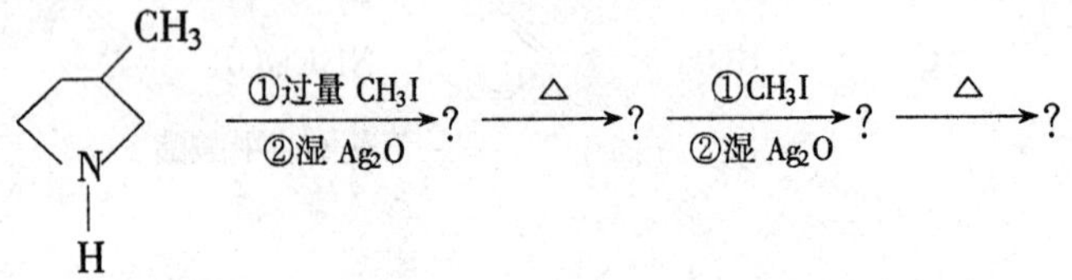

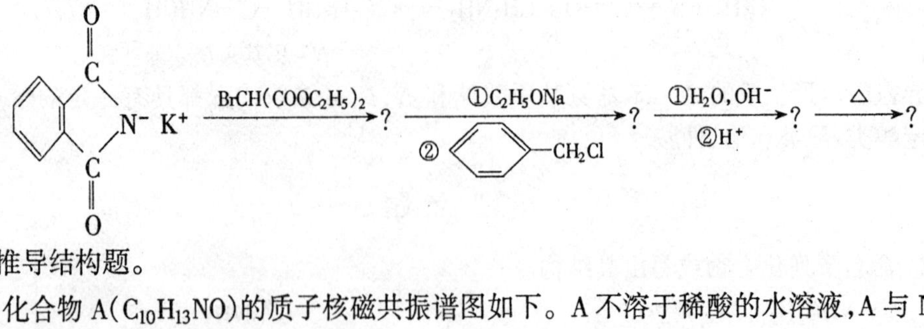

4. 推导结构题。

(1)化合物 A($C_{10}H_{13}NO$)的质子核磁共振谱图如下。A 不溶于稀酸的水溶液,A 与 NaOH 水溶液加热后酸化产生乙酸和一个铵盐。从这个铵盐可以得到游离胺 B($C_8H_{11}N$)。B 在高压下催化氢化产生 C($C_8H_{17}N$),C 与 2 mol CH_3I 反应,再与 Ag_2O 反应,然后加热产生三甲胺和 3 – 甲基环己烯。确定 A、B 和 C 的构造式。

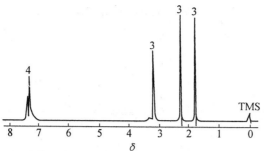

(2)化合物 A($C_7H_{15}N$)用碘甲烷处理时生成水溶性盐 B($C_8H_{18}IN$),而 B 同氧化银悬浮液共热时,生成 C($C_8H_{17}N$)。先用碘甲烷处理,随之同氧化银悬浮共热,C 生成三甲胺和 D(C_6H_{10}),D 获得 2 mol 氢生成 E(C_6H_{14})。该化合物的^{1}H NMR 谱显示了七重峰和双重峰(相对强度 1:6)。确定 A、B、C、D、E 化合物。

(3)某芳香族化合物分子式为 $C_6H_3NO_2ClBr$,试根据下列反应确定其结构

$$C_6H_3NO_2ClBr \xrightarrow{Fe + HCl} \xrightarrow[\text{低温}]{NaNO_2, HCl} \xrightarrow[\triangle]{C_2H_5OH}$$

(结构图:对位取代苯环,上为 Cl,下为 Br)

$$\xrightarrow[\triangle]{NaOH, H_2O} C_6H_3 \begin{matrix} NO_2 \\ Cl \\ OH \end{matrix}$$

(4)化合物(A)$C_9H_{17}N$,在铂催化下不吸收氢,(A)与 CH_3I 作用后,用润湿的 Ag_2O 处理并加热,得(B)$C_{10}H_{19}N$。(B)再用上述方法同样处理,得(C)$C_{11}H_{21}N$,(C)再如上处理得(D)C_9H_{14}。(D)不含甲基,紫外吸收显示不含共轭双键。(D)的 NMR 谱显示双键碳上有八个质子。试推断(A)的构造式,并用反应式推导反应过程。

5.合成题。

(1)从指定原料用其他必要试剂合成。

①$CH_2=CH-CH=CH_2 \longrightarrow H_2N(CH_2)_6NH_2$

②C_6H_6(苯)$\longrightarrow$ 间硝基苯酚

③C_6H_6(苯)$\longrightarrow C_6H_5-\underset{\underset{CH_3}{|}}{\overset{\overset{OH}{|}}{C}}-CH_2NH_2$

④(甲苯结构图)$\longrightarrow$(3,5-二溴甲苯结构图)

⑤(苯胺结构图)$\longrightarrow$(2,6-二溴苯甲酸结构图)

⑥(对甲基苯胺结构图)$\longrightarrow$(对苯二甲酸结构图)

(2)"心得安"具有抑制心脏收缩力,保护心脏及避免过度兴奋的作用,是一种治疗心血管病的药物,其构造式如下。试由 α-萘酚合成之(其他试剂任选)。

OCH$_2$CHCH$_2$NHCH(CH$_3$)$_2$ · HCl
　　|
　　OH

(3)茜素黄的分子式为 O$_2$N—〈苯环〉—N=N—〈苯环〉(COOH)(OH)，试由苯胺合成之(其他无机试剂任选)。

第十一章　杂环化合物

内容提要　本章主要介绍含有杂原子具有芳香性的环状化合物的结构、物理性质、化学性质及应用,系统学习五元杂环和六元杂环的命名、分类和结构特点等相关方面的知识。

学习要求

(1)掌握杂环化合物的分类和命名方法。

(2)熟悉杂环化合物的结构与芳香性的关系。

(3)了解五元、六元杂环化合物中的典型代表及其结构特点。

(4)重点掌握杂环化合物的结构与酸碱性的关系,并熟悉影响酸碱性的因素。

杂环化合物是由一种以上的原子所组成的环状化合物。杂环化合物的种类很多,是有机化合物中数目最多的一类。我们在前面学过的一些化合物如邻苯二甲酸酐、δ-戊内酰胺等也都是杂环化合物。但这些化合物的性质与相应的开链脂肪族化合物相似,本章不再详细讨论。

邻苯二甲酸酐　　　　δ-戊内酰胺

11.1　杂环化合物的分类和命名

一、杂环化合物的分类

杂环化合物的种类很多,根据是否具有芳香性分为非芳香性杂环与芳香性杂环化合物。

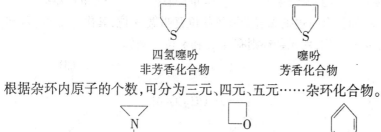

四氢噻吩　　　　　噻吩
非芳香化合物　　　芳香化合物

根据杂环内原子的个数,可分为三元、四元、五元……杂环化合物。

三元环　　　　四元环　　　　六元环

根据环的数目及其连接方式,可分为单杂环和稠杂环。

嘧啶　　　　　　　喹啉　　　　　　　嘌呤
（单杂环）　　　　（稠杂环）　　　　（稠杂环）

二、杂环化合物的命名

　　杂环化合物的命名方法有两种：一种是使用与杂环化合物的英文发音相近的汉字，在汉字左边加"口"旁作为杂环的标志；另一种方法是以相应于杂环的碳环命名，将杂环看做是碳环中碳原子被杂原子取代而成的产物，后一种已建议取消。

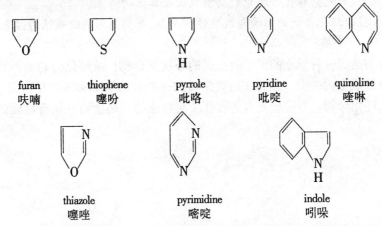

furan	thiophene	pyrrole	pyridine	quinoline
呋喃	噻吩	吡咯	吡啶	喹啉

thiazole　　　　　pyrimidine　　　　indole
噻唑　　　　　　　嘧啶　　　　　　吲哚

　　环上有取代基的杂环化合物，命名时以杂环为母体，将杂环上的原子编号。一般从杂原子开始，顺着环编号。当环上含有两个及两个以上相同的杂原子时，应使杂原子所在位次的数字最小。环上有不同的杂原子时，按 O、S、N 的次序编号。例如

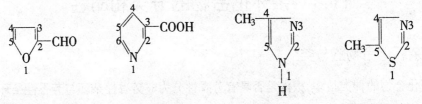

2–呋喃甲醛　　　3–吡啶甲酸　　　4–甲基咪唑　　　5–甲基噻唑

　　环上只有一个杂原子时，有时也把靠近杂原子的位置叫做 α 位，其次是 β 位，再其次是 γ 位；在五元环中只有 α 和 β 位，六元杂环则有 α、β 和 γ 位。例如

α,α'–二甲基呋喃　　　β–吲哚乙酸　　　γ–甲基吡啶
（2,5–二甲基呋喃）　　（3–吲哚乙酸）　　　（4–甲基吡啶）

含有两个或两个以上相同杂原子的单杂环衍生物,编号从连有取代基(或氢原子)的那个杂原子开始,顺序定位,使另一杂原子的位次保持最小。例如

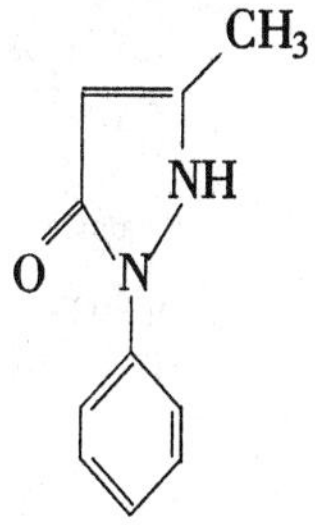

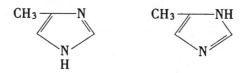

3 - 甲基 - 1 - 苯基 - 5 - 吡唑酮

(不命名为:5 - 甲基 - 2 - 苯基 - 3 - 吡唑酮)

如果化合物有互变异构体存在,应同时标出可能发生的另一异构体的不同位置。如—N═和—NH—同时存在,通常将—NH编得较小。

4(5) - 甲基咪唑

杂环化合物的系统命名法不常使用,表 11.1 列出了一些重要的杂环化合物的分类和名称。

表 11.1　一些杂环化合物的分类和名称

杂环分类		碳环母核	重 要 的 杂 环				
单杂环	五元杂环	 环戊二烯茂	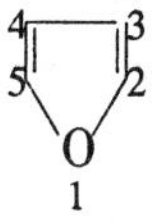 呋喃 furan 氧茂	 噻吩 thiophene 硫茂	 吡咯 pyrrole 氮茂	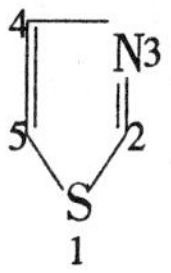 噻唑 thiazole 1,3-硫氮茂	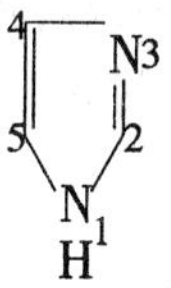 咪唑 imidazole 1,3-二氮茂
	六元杂环	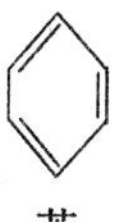 苯	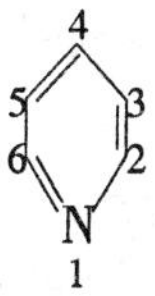 吡啶 pyridine 氮苯	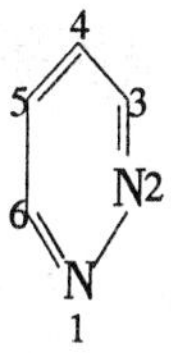 哒嗪 pyridazine 1,2-二氮苯	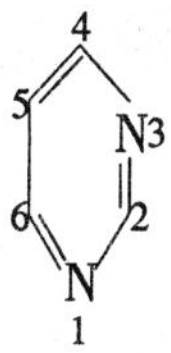 嘧啶 pyrimidine 1,3-二氮苯	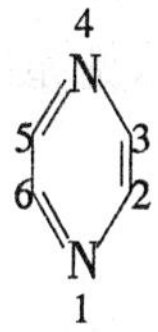 吡嗪 pyrazine 1,4-二氮苯	

稠	萘	喹啉 quinoline 1-氮萘	异喹啉 isoquinoline 2-氮萘
杂 环	茚	吲哚 indole 氮茚	苯并呋喃 benzofuran 氧茚	嘌呤 purine 1,3,7,9-四氮茚
		吖啶 acridine 氮蒽	

本书只讲述几个最典型的芳香杂环化合物。这几个简单杂环母体的衍生物广泛存在于自然界,对它们的结构和性质的研究是深入了解更复杂的杂环化合物的基础。

11.2 五元杂环化合物

一、重要五元杂环的结构

最常见和最重要的五元杂环化合物是呋喃、噻吩和吡咯。它们的结构式是

呋喃   噻吩   吡咯

和苯的 KeKüle 结构一样,这些结构式不能圆满地表达呋喃、噻吩和吡咯的真实结构。物理方法测定它们分子中键长的数值见图 11.1。

从上述键长的数据可以看出,碳原子和杂原子(O、S、N)之间的键,都比饱和化合物中相应键长(C—O 0.143 nm,C—N 0.147 nm,C—S 0.182 nm)为短,而 C(2)—C(3) 或 C(4)—C(5)

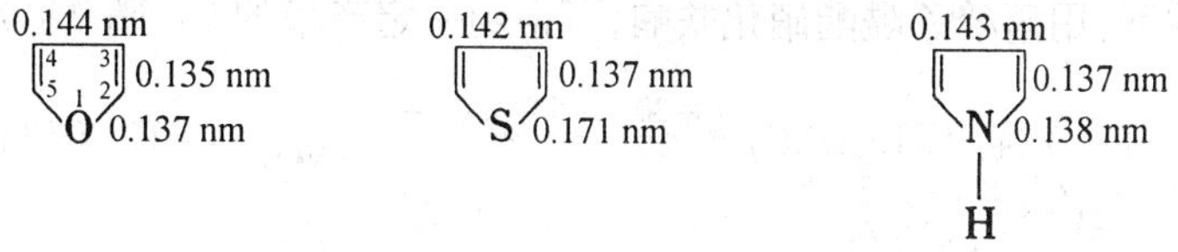

图 11.1 呋喃、噻吩、吡咯分子中的键长

的键长较乙烯的 C═C 键(0.134 nm)为长,C(3)—C(4)的键长则较乙烷的 C—C 键(0.154 nm)为短。说明这些杂环化合物的键长在一定程度上发生了平均化。另一方面,从键长数据也说明它们在一定程度上仍具有不饱和化合物的性质。通过物理方法确定,呋喃、噻吩和吡咯环上的五个原子都位于同一平面内。碳原子和杂原子均以 sp^2 杂化轨道与相邻的原子形成 σ 键,每个碳原子还有一个 p 电子在未杂化的 p 轨道上,杂原子还有两个 p 电子在未杂化的 p 轨道上。这五个 p 轨道垂直于环所在的平面,形成了一个五原子六电子的多电子共轭体系,符合 Hückel 规则,具有芳香性。呋喃、噻吩和吡咯的轨道结构能很好地解释它们的性质。

二、五元杂环的性质

1. 呋喃

呋喃是无色液体,沸点 32℃,具有类似氯仿的气味,难溶于水,易溶于乙醇、乙醚等有机溶剂。呋喃的蒸气遇到被盐酸浸渍过的松木片时呈深绿色。利用这一颜色反应能检验呋喃的存在。

呋喃具有芳香性,能像苯那样发生环上的亲电取代反应。

(1)卤化反应。在常温下,呋喃不能用氯气直接氯化。在 - 40℃的低温下用氯气直接氯化可得一定产率的 2 - 氯呋喃,但不可避免地生成一部分 2,5 - 二氯呋喃。

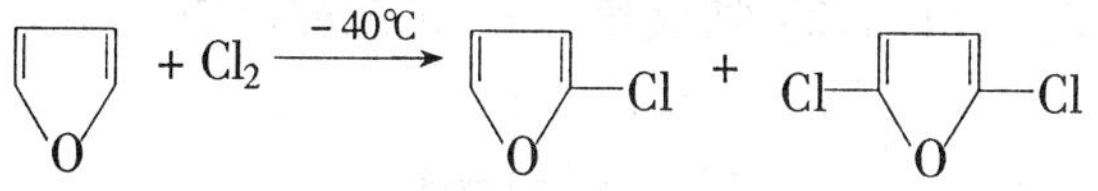

这表明呋喃发生亲电取代反应的活性很强。呋喃的溴化常在二氧六环的溶剂中进行。使用二氧六环为溶剂,一方面降低了反应物的浓度;另一方面可以吸收反应放出的热量,使反应不致过于剧烈而破坏呋喃环。

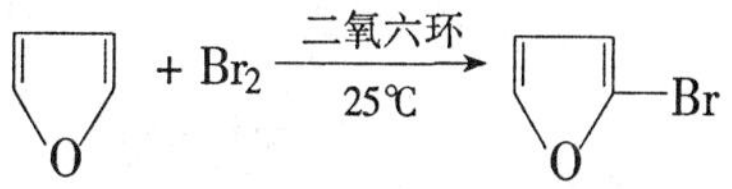

(2)硝化反应。呋喃在酸性条件下不稳定,不能用混酸或硝酸硝化。硝酸乙酰酯($CH_3\underset{\underset{O}{\|}}{C}ONO_2$)是比较温和的硝化试剂,可用来硝化活性较大的杂环化合物。硝酸乙酰酯是用乙酐和 100% 的硝酸在低温下反应制备的。

$$CH_3\underset{\underset{O}{\|}}{C}O\underset{\underset{O}{\|}}{C}CH_3 + HONO_2 \xrightarrow{<-5℃} CH_3\underset{\underset{O}{\|}}{C}ONO_2 + CH_3\overset{\overset{O}{\|}}{C}OH$$

在低温条件下,用硝酸乙酰酯硝化呋喃,可得到一定产率的 2 - 硝基呋喃。

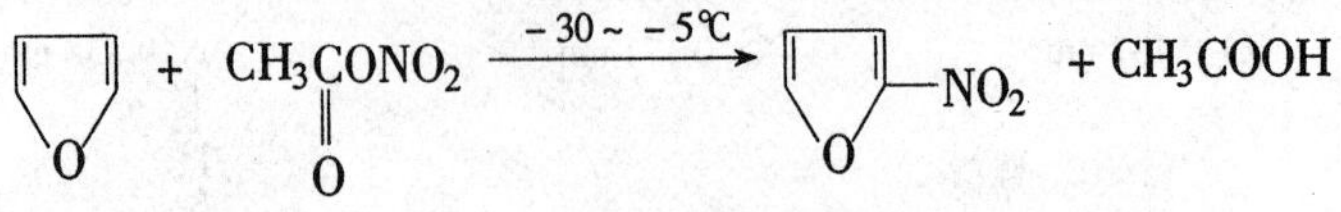

$$\text{呋喃} + CH_3CONO_2 \xrightarrow{-30 \sim -5℃} \text{呋喃} \text{—} NO_2 + CH_3COOH$$

35%

(3)磺化反应。硫酸是强酸,与呋喃作用不能得到磺化产物。磺化呋喃常用的磺化剂是吡啶和三氧化硫的配合物。反应可在二氯乙烷中进行,反应结果得到 α 位磺化的产物。

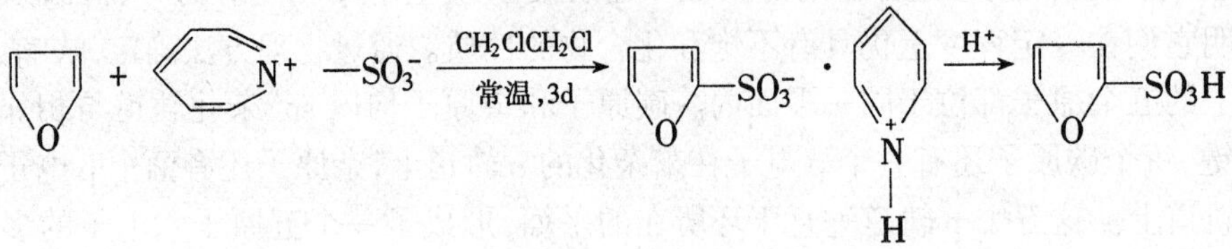

$$\text{呋喃} + \text{吡啶}N^+ \text{—} SO_3^- \xrightarrow[\text{常温,3d}]{CH_2ClCH_2Cl} \text{呋喃} \text{—} SO_3^- \cdot \text{吡啶} \xrightarrow{H^+} \text{呋喃} \text{—} SO_3H$$

(4)Friedel - Crafts 反应。呋喃 Friedel - Crafts 烷基化反应在有机合成上应用价值不大。

呋喃的 Friedel - Crafts 酰基化可以得到 2 - 乙酰基呋喃。乙酰基是吸电子基,它钝化亲电取代反应,从而降低了呋喃环进一步被乙酰基化。当用三氟化硼作催化剂,以乙酐为酰化剂时,得到产率较高的一元酰基化产物。

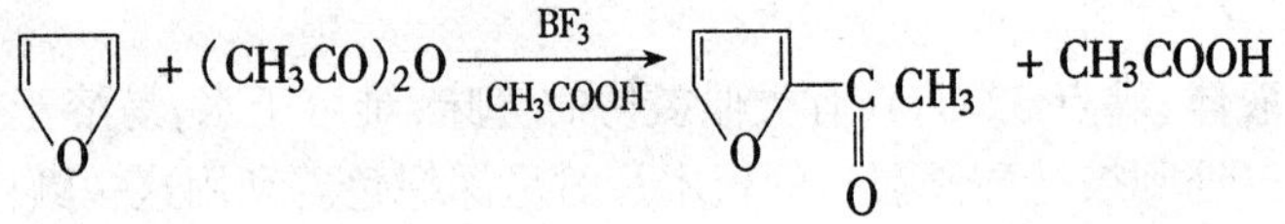

$$\text{呋喃} + (CH_3CO)_2O \xrightarrow[CH_3COOH]{BF_3} \text{呋喃} \text{—} \overset{O}{\underset{}{C}}CH_3 + CH_3COOH$$

呋喃的卤化、硝化、磺化和 Friedel - Crafts 反应都是亲电取代。反应首先发生在 α 位,如果 α 位已有取代基,则发生在 β 位,不管是 α 位还是 β 位,反应的活性都比苯高。

(5)加成反应。呋喃是符合 Huckel 规则的杂环化合物。由于呋喃的共轭能(67 kJ/mol)比苯的共轭能(146 kJ/mol)小得多,在许多情况下,呋喃具有共轭二烯的性质,例如,呋喃与溴在低温下反应能生成少量的 1,2 - 加成和 1,4 - 加成的产物。

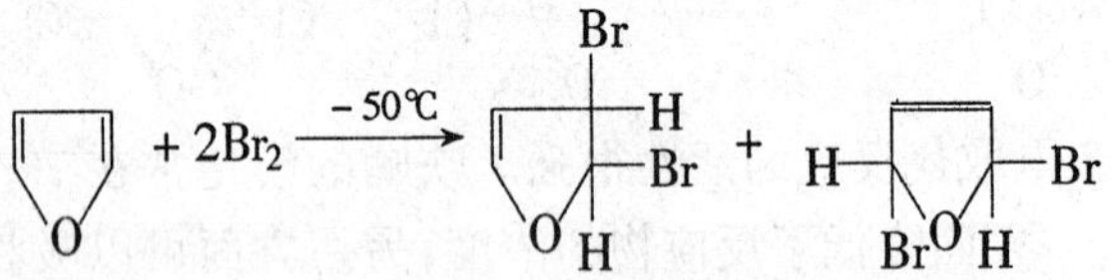

$$\text{呋喃} + 2Br_2 \xrightarrow{-50℃} \text{产物1} + \text{产物2}$$

呋喃与顺丁烯二酸酐发生 Diels - Alder 反应,产率很高。

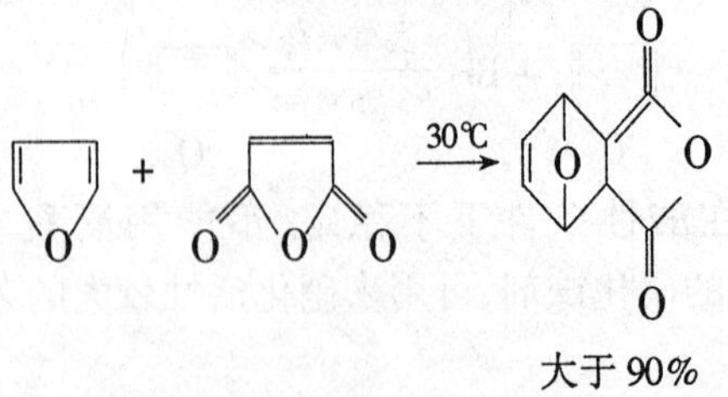

$$\text{呋喃} + \text{顺丁烯二酸酐} \xrightarrow{30℃} \text{产物}$$

大于 90%

呋喃可进行催化氢化反应,失去芳香性而生成饱和杂环化合物。

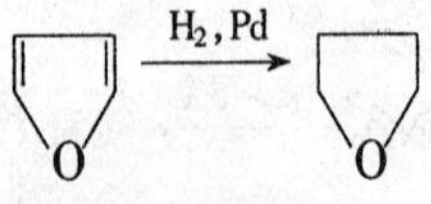

$$\text{呋喃} \xrightarrow{H_2, Pd} \text{四氢呋喃}$$

所得产物四氢呋喃是有机合成的重要溶剂。

2. 噻吩

噻吩是无色液体,沸点 84℃,不溶于水,溶于乙醇、乙醚、苯等有机溶剂。在浓硫酸作用下,噻吩与松木片作用显蓝色,这一反应可用来检验噻吩的存在。噻吩的许多物理性质和苯类似。噻吩具有芳香性,亲电取代反应比苯活泼,不具有二烯的性质。噻吩环比吡咯、呋喃环稳定,在酸性条件下不容易破裂。对热的稳定性也比吡咯、呋喃高,加热至 800℃仍不分解。对氧化剂的稳定性也较高。噻吩所发生的典型的亲电取代反应有下列几类。

(1)卤化反应

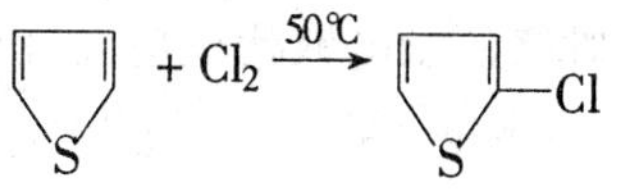

$$\text{噻吩} + Cl_2 \xrightarrow{50℃} \text{2-氯噻吩} \quad 36\%$$

$$\text{噻吩} + Br_2 \xrightarrow{CH_3COOH} \text{2-溴噻吩}$$

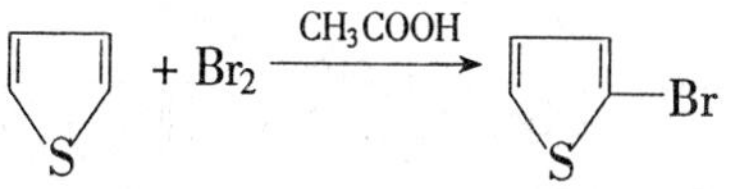

(2)硝化反应

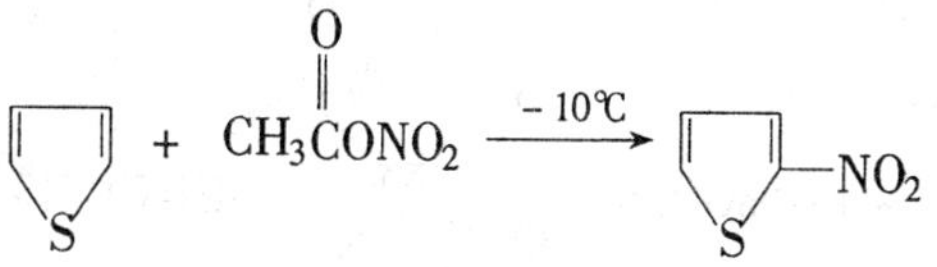

$$\text{噻吩} + CH_3CONO_2 \xrightarrow{-10℃} \text{2-硝基噻吩} \quad 60\%$$

(3)磺化反应

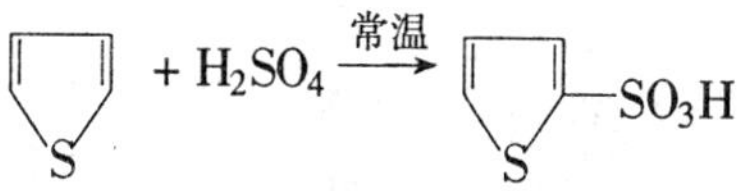

$$\text{噻吩} + H_2SO_4 \xrightarrow{常温} \text{2-噻吩磺酸} \quad 70\%$$

$$\text{噻吩} + \text{(吡啶)} + N-SO_3^- \longrightarrow \text{2-噻吩磺酸}$$

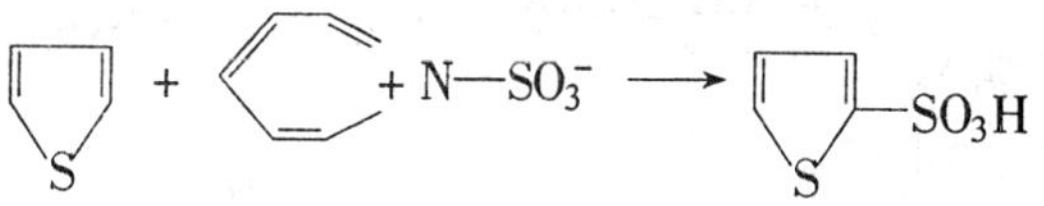

(4)Friedel – Crafts 反应

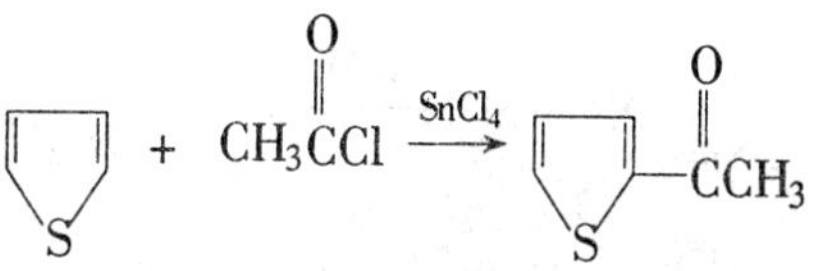

$$\text{噻吩} + CH_3CCl(=O) \xrightarrow{SnCl_4} \text{2-乙酰噻吩} \quad 75\%$$

从以上例子可以看出,亲电取代反应主要发生在 α 位。噻吩的氯化和溴化在室温下即可进行,且不用加催化剂。噻吩的硝化反应也要用温和的硝酸乙酰酯。用硝酸直接硝化反应太剧烈,甚至会发生爆炸。噻吩的磺化反应在室温下可以进行。利用这一反应,可以从粗苯中除去噻吩。

(5)加成反应。噻吩的催化加氢比较困难。镍在催化时容易中毒而失效,所以 Raney 镍不是噻吩催化加氢的良好催化剂。在二硫化钼的存在下,噻吩才能被还原成四氢噻吩。

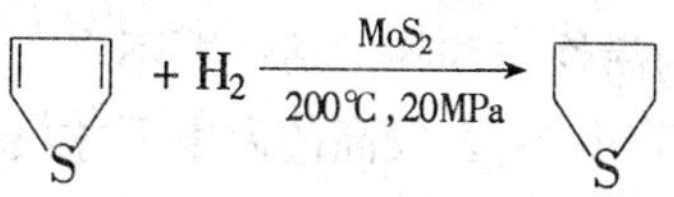

$$\text{噻吩} + H_2 \xrightarrow[200℃,20MPa]{MoS_2} \text{四氢噻吩}$$

噻吩可以被金属钠和醇还原,得到 2,3 – 二氢噻吩和 2,5 – 二氢噻吩。

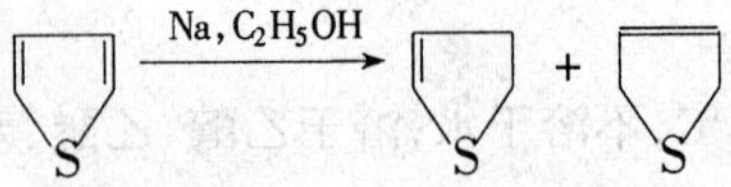

3. 吡咯

纯净的吡咯是无色油状液体,沸点 130℃,难溶于水,易溶于乙醇、乙醚和苯等有机溶剂。吡咯在空气中会被氧化,颜色逐渐变深并变成树脂状物质。吡咯的蒸气或其醇溶液能使浸过浓盐酸的松木片显红色,这个反应可以用来检验吡咯及其低级同系物的存在。

吡咯具有芳香性,在亲电取代反应中,其活性比苯高得多,与卤素反应常常只能得到四卤化吡咯,与酸反应容易聚合,因此,吡咯的亲电取代反应要在较低的温度下和使用温和的试剂。

(1)卤化反应

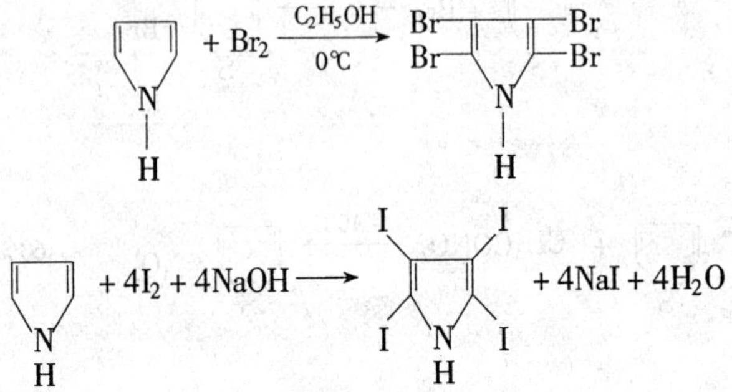

(2)硝化反应

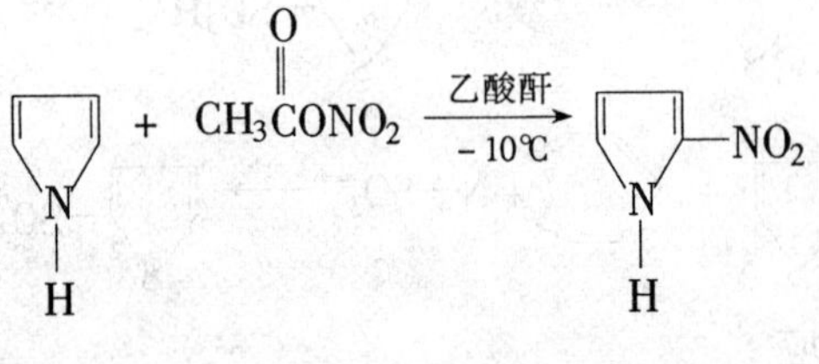

(3)磺化反应

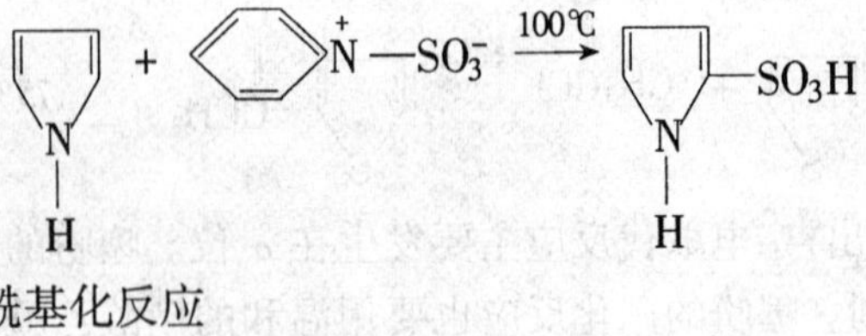

(4)Friedel - Crafts 酰基化反应

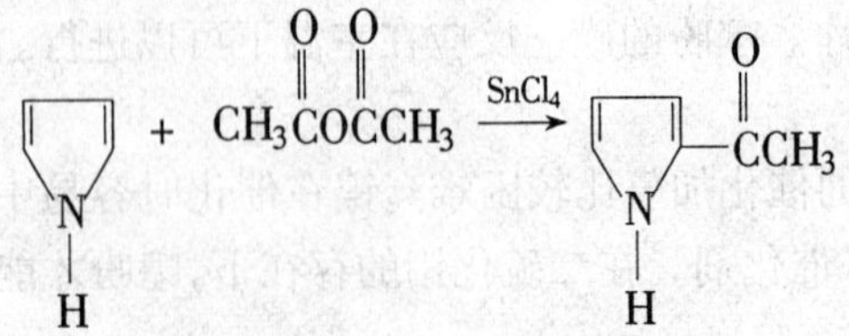

在以上几类反应中,吡咯的活性与呋喃的活性差不多。

吡咯的催化加氢比呋喃困难得多,在较高的温度下才发生加氢反应,生成四氢吡咯

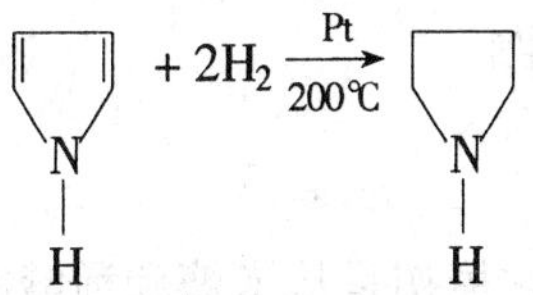

吡咯分子中有 —N̈— 基团,但由于孤对电子参与共轭,因此吡咯的碱性比四氢吡咯弱
$\quad\quad$ |
$\quad\quad$ H

得多。相反,吡咯氮原子上的氢有弱酸性,能与强碱反应生成盐。

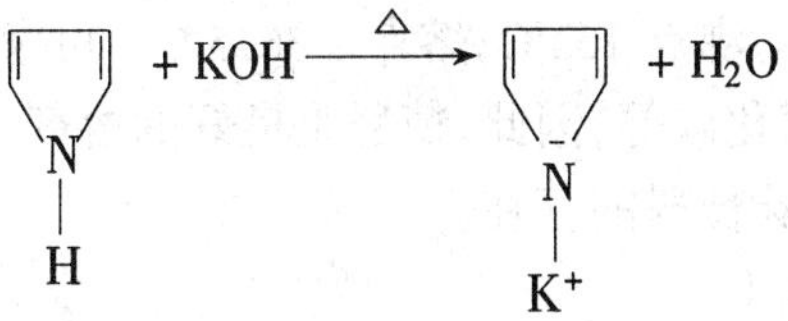

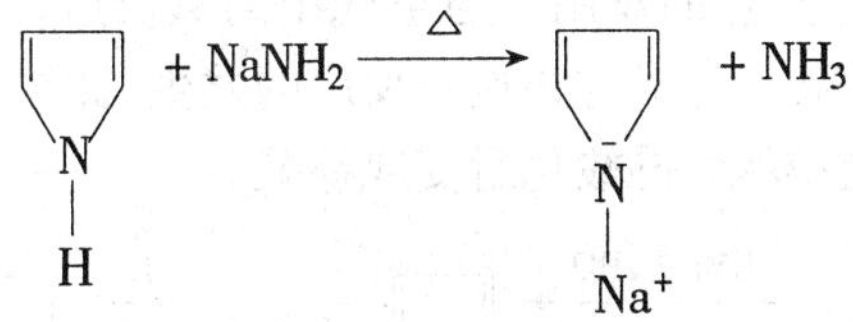

$\quad\quad$吡咯的衍生物在自然界中分布很广。叶绿素和血红素的
基本结构是由 4 个吡咯环的 α – 碳原子通过 4 个次甲基相连
而成的共轭体系。这个共轭体系含有 16 个原子,18 个电子,符
合 Hückel 规则,具有芳香性,一般称之为卟吩(Porphine)见图
11.1。卟吩在自然界中不存在,但可以人工合成。卟吩的衍生
物称为卟啉,广泛存在于植物和动物体中,如血红素和叶绿素
a 中含有卟吩环,见图 11.2。

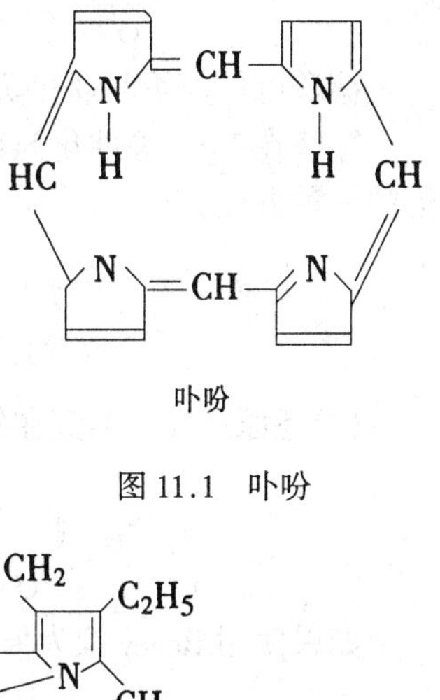

卟吩

图 11.1　卟吩

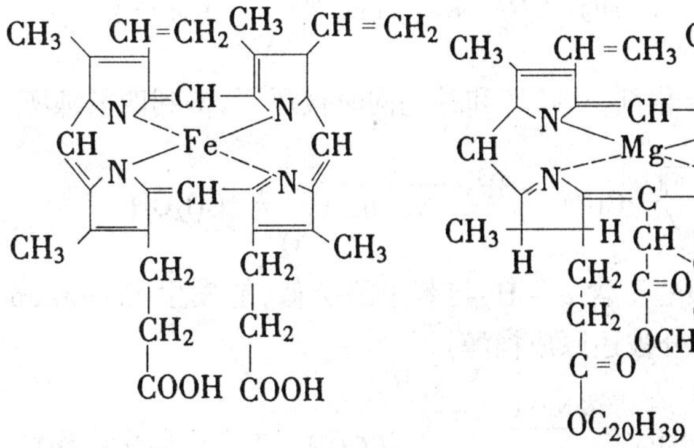

血红素　　　　　　　　叶绿素

图 11.2　血红素和叶绿素 a 的的结构

三、重要的五元杂环衍生物

1. 糠醛

糠醛是呋喃的衍生物。由于它最初是从米糠和稀酸共热得到的,所以叫糠醛,它的结构式是

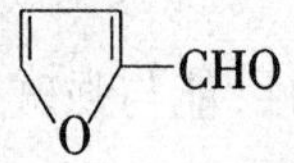

$$\text{（结构式：呋喃环—CHO）}$$

纯净的糠醛是无色液体,沸点 162℃,熔点 – 36.5℃。可溶于水,也能溶于许多有机溶剂如乙醇、乙醚、丙酮、苯、四氯化碳等,因此,糠醛是良好的溶剂。糠醛在醋酸存在下与苯胺作用显红色,用这一反应可检验糠醛的存在。

糠醛的主要化学性质如下:

(1)氧化反应。糠醛在光、热的作用下与空气中的氧反应,产物的颜色逐渐变黄、变棕,最终变成黑色,成分相当复杂。为了防止这些反应的发生,糠醛应当避光,在低温下保存。

糠醛在碱性高锰酸钾中氧化,再酸化后变成糠酸。

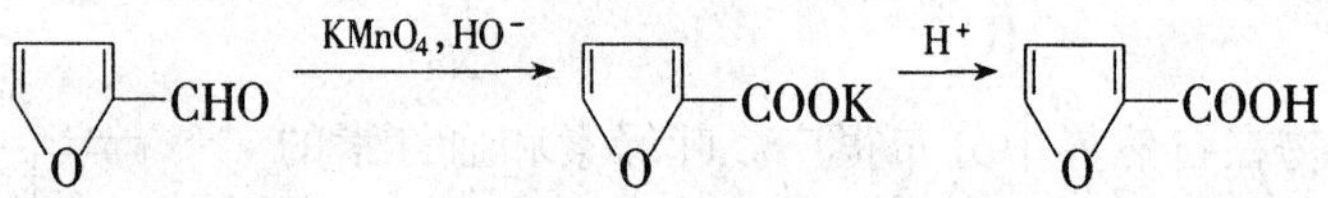

$$\text{呋喃—CHO} \xrightarrow{KMnO_4, HO^-} \text{呋喃—COOK} \xrightarrow{H^+} \text{呋喃—COOH}$$

糠酸可作为杀菌剂和防腐剂。

糠醛在 V_2O_5 等催化剂存在下,高温氧化成顺丁烯二酸酐,这是工业上制备顺丁烯二酸酐的一种方法。

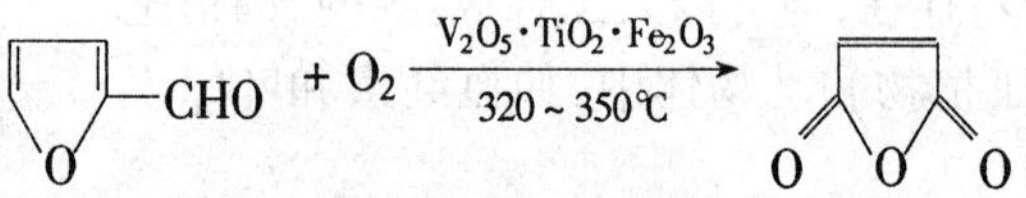

$$\text{呋喃—CHO} + O_2 \xrightarrow[320\sim350℃]{V_2O_5 \cdot TiO_2 \cdot Fe_2O_3} \text{（顺丁烯二酸酐结构式）}$$

(2)还原反应。糠醛在氧化铜、氧化铬存在下加氢,醛基被还原,呋喃环保留。

$$\text{呋喃—CHO} + H_2 \xrightarrow[200℃, 10MPa]{CuO, Cr_2O_3} \text{呋喃—CH_2OH}$$

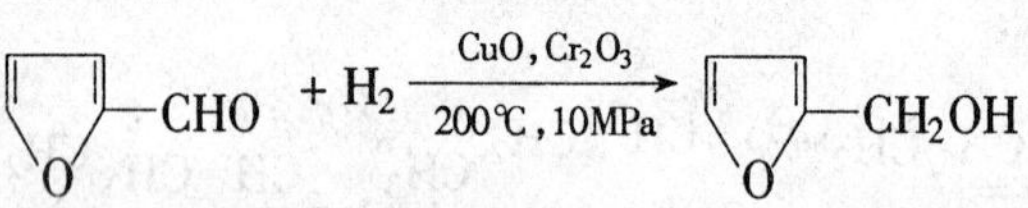

如果使用 Reney 镍为催化剂,呋喃环和醛基同时被还原,得到四氢糠醇。

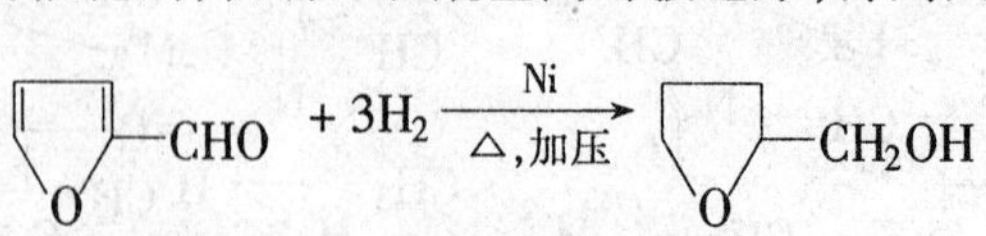

$$\text{呋喃—CHO} + 3H_2 \xrightarrow[\triangle, 加压]{Ni} \text{（四氢呋喃环）—CH_2OH}$$

(3)Cannizzaro 反应。糠醛不含 $\alpha – H$,与苯甲醛类似,能发生 Cannizzaro 反应,一部分糠醛被氧化成苯甲酸,另一部分被还原成糠醇。

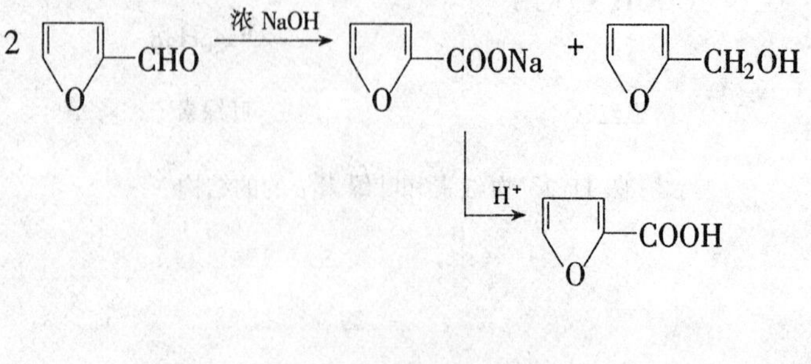

$$2\,\text{呋喃—CHO} \xrightarrow{浓\ NaOH} \text{呋喃—COONa} + \text{呋喃—CH_2OH}$$

$$\Bigg\downarrow H^+$$

$$\text{呋喃—COOH}$$

(4)Perkin 反应。糠醛也能发生 Perkin 反应,生成 α,β - 不饱和酸。

$$\text{（呋喃）-CHO} \xrightarrow[\text{②HCl,H}_2\text{O}]{\text{①(CH}_3\text{CO)}_2\text{O, CH}_3\text{COOK}} \text{（呋喃）-CH=CHCOOH}$$

2 – 呋喃丙烯酸

2 – 呋喃丙烯酸受热脱羧,生成 2 – 乙烯基呋喃

$$\text{（呋喃）-CH=CHCOOH} \xrightarrow{250℃} \text{（呋喃）-CH=CH}_2 + CO_2$$

2 – 乙烯基呋喃聚合得到高分子化合物。

(5)氧化脱羰基反应。糠醛在氧化锌、氧化铬的催化作用下氧化,经过高温脱羰基生成呋喃。这是呋喃的一种制备方法。

$$\text{（呋喃）-CHO} \xrightarrow[400℃]{ZnO, Cr_2O_3} \text{（呋喃）} + CO$$

糠醛比呋喃稳定,以它为原料可以制备许多呋喃的衍生物。糠醛价格低廉,既具有无 α – 氢的醛的性质,又有呋喃的性质,因此广泛用于有机合成上。例如以糠醛和苯酚缩合制备的苯酚糠醛树脂,可以作为绝缘性塑料用于电器的开关,其性质比苯酚甲醛树脂好。

很多农副产品如米糠、玉米心、花生皮、稻草、高粱杆、麸皮等中含有多缩戊糖。多缩戊糖在酸性条件下加压水解生成糠醛。

$$[C_5H_8O_4]_n + nH_2O \xrightarrow{H^+} \underset{OH}{CH_2} \ \underset{OH}{CH} \ \underset{OH}{CH} \ \underset{OH}{CH} \ CHO$$

$$\begin{array}{c} HO-CH-CHOH \\ | \qquad\qquad \\ H-CH \quad CH-CHO \\ | \\ OH \end{array} \xrightarrow[-3H_2O]{\triangle,H^+} \text{（呋喃）-CHO}$$

制备糠醛的步骤是首先将原料粉碎,用 5% 稀硫酸浸泡,搅拌后放入反应器内,通入水蒸气,保持蒸气压在 300～500 kPa,反应温度在 120℃ 左右。多缩戊糖的水解和环化脱水反应在同一反应器中进行,在反应过程中不断将生成的糠醛用水蒸气带出。蒸出液冷凝后下层得到粗糠醛,粗糠醛中含有甲醇、水及少量糠酸等杂质。加入 Na_2CO_3 中和后蒸馏得到糠醛。

2. 四氢呋喃

四氢呋喃为无色透明液体,沸点 66℃,密度 0.889 g/cm^3,偶极矩 1.70D。能与水、乙醇、酮、酯等多种有机溶剂混溶,是一种用途广泛的溶剂。许多反应,如 Grignard 反应,用氢化铝锂的还原反应等都使用四氢呋喃为溶剂。从结构上看,四氢呋喃是一种环醚,具有醚的性质,易被空气中的氧氧化生成过氧化物,因此在蒸馏时,要破坏生成的过氧化物以防发生爆炸。

四氢呋喃还是重要的有机合成原料,工业上可用来制备己二胺、己二酸、尼龙 – 66、丁内酯等重要的化工产品。例如

$$\text{[环氧结构]} \xrightarrow{\text{HCl}} ClCH_2CH_2CH_2CH_2Cl \xrightarrow{\text{NaCN}} CN(CH_2)_4CN$$

$$CN(CH_2)_4CN \xrightarrow[\triangle]{\text{H}_2\text{O,H}^+} HOOC(CH_2)_4COOH$$

$$CN(CH_2)_4CN \xrightarrow{\text{H}_2, \text{Ni}} H_2N(CH_2)6NH_2$$

$$\text{[呋喃结构]} \xrightarrow{\text{催化氧化}} \text{[内酯结构]}$$

11.3　六元杂环化合物

含有一个杂原子的六元杂环化合物中,含氧的称为吡喃,含硫的称为噻喃,含氮的称为吡啶。

α－吡喃　　　γ－吡喃　　　γ－噻喃　　　吡啶

其中吡啶具有芳香性,是六元杂环中最重要的化合物,本节重点介绍吡啶。

一、吡啶的结构

吡啶的结构式为

与苯的 KeKule 结构一样,吡啶的上述结构式不能完满的表达吡啶的结构。按照分子轨道理论,吡啶的 5 个碳原子和一个氮原子之间通过 sp^2 杂化轨道的重叠形成一个环。碳原子的另一个 sp^2 杂化轨道与氢的 s 轨道形成 σ 键。氮原子的另一个 sp^2 杂化轨道被孤对电子所占据。5 个碳原子和一个氮原子都还有一个未参与杂化的 p 轨道,每个原子的这个 p 轨道上还有一个电子。这 6 个 p 轨道互相平行形成 6 个 p 电子参与的环状共轭体系,符合 Hückel 规则,具有芳香性。吡啶的轨道结构如图 11.3 所示。

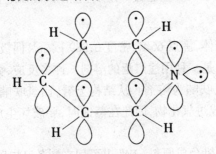

图 11.3　吡啶的轨道结构

二、吡啶的性质

吡啶是无色液体,有特殊的臭味,沸点115℃,熔点-42℃。吡啶既能与乙醇、乙醚、石油醚、苯等大多数有机溶剂混溶,又能与水形成氢键而混溶。有些无机盐如:氯化铜、硝酸银等也溶于吡啶,因此吡啶是良好的溶剂。

1. 碱性

吡啶是含氮的杂环化合物,氮原子上的孤对电子未参与共轭,因此吡啶的碱性($pK_b = 8.8$)比苯胺($pK_b = 9.3$)和吡咯($pK_b = 13.4$)的碱性强;另一方面,吡啶氮原子上的孤对电子在sp^2杂化轨道上,因此吡啶的碱性比脂肪胺($pK_b = 3 \sim 5$)弱。

吡啶能与强酸形成盐。例如

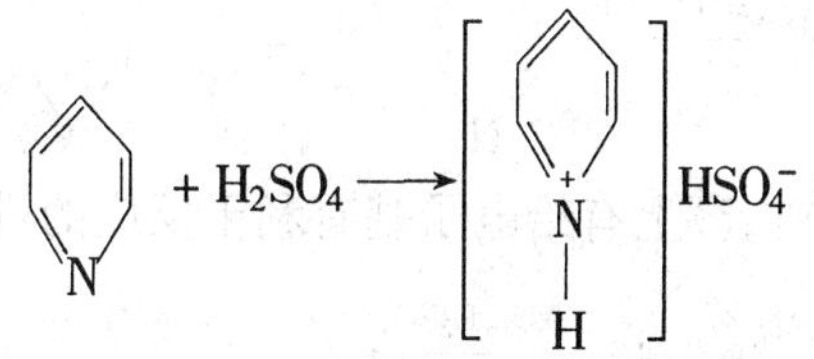

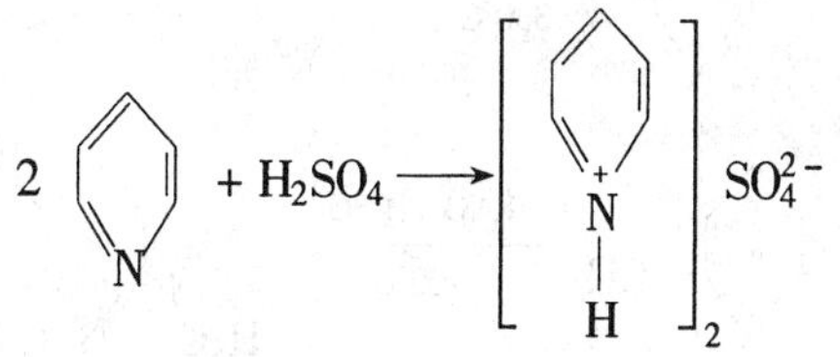

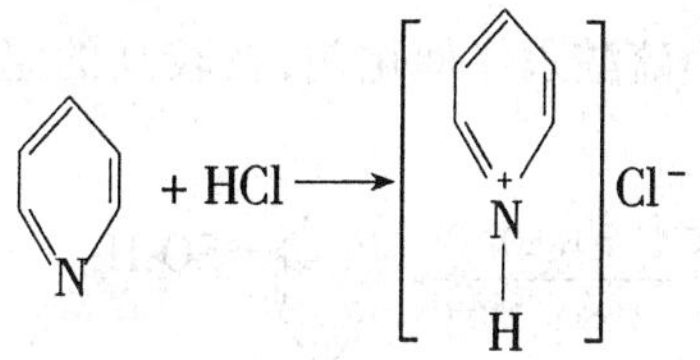

吡啶能与酸性氧化物形成配合物,例如

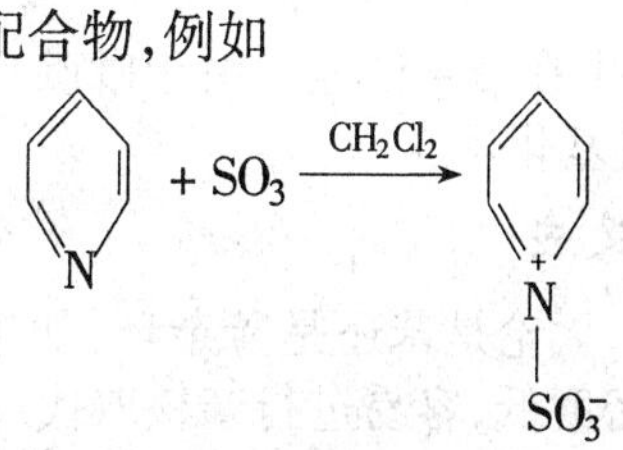

吡啶与三氧化硫生成的配合物可用作缓和的磺化剂,用来磺化呋喃、吡咯、噻吩等活性较高的化合物。

吡啶与脂肪胺一样,也能与卤烷、酰卤等反应生成季铵盐。例如

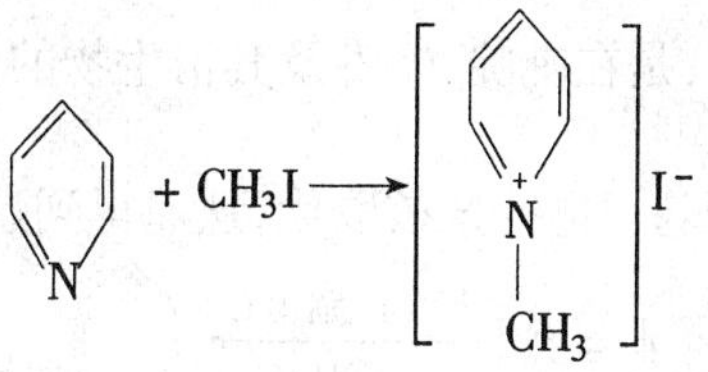

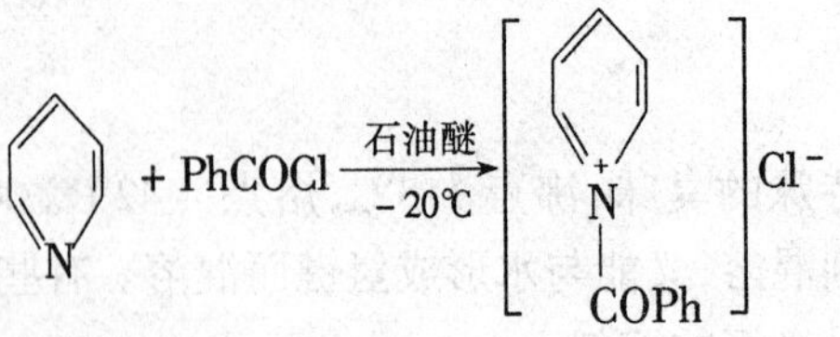

2. 吡啶环上的亲电取代反应

吡啶具有芳香性,能进行亲电取代反应。但是,吡啶环上的亲电取代反应较苯困难得多,这是由于氮的电负性大,降低了环上碳原子周围的电子云密度。只有在较高的温度、合适的条件下,才能发生卤化、硝化和磺化反应。

吡啶的卤化反应在气相中进行

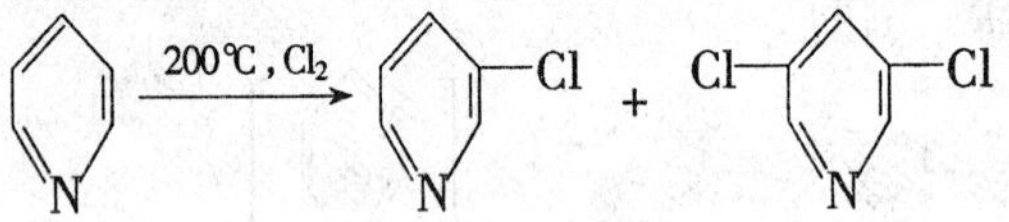

吡啶的硝化反应相当困难,环上有给电子基有利于反应的进行。

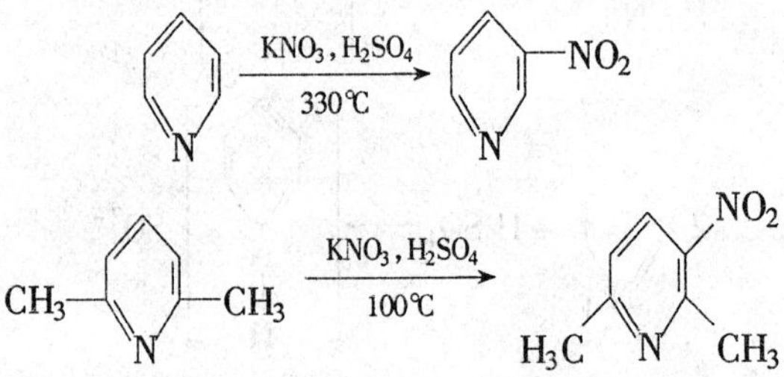

用发烟硫酸作为磺化剂,用硫酸汞作催化剂,在较高的温度下,可以从吡啶得到较高产率的 3 - 吡啶磺酸。

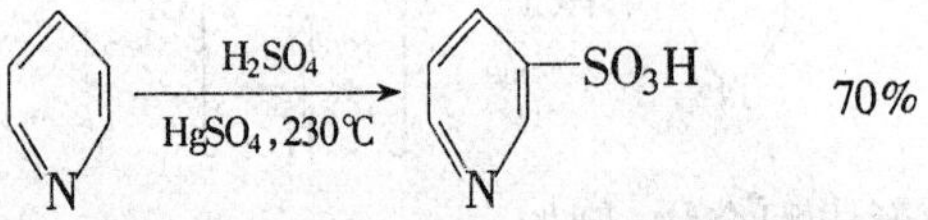

吡啶的亲电取代反应主要发生在 β - 位上。由于吡啶环上的电子云密度较低,吡啶不能进行 Friedel - Crafts 烷基化和酰基化反应。

3. 吡啶环上的亲核取代反应

对于有芳香性的环状化合物,无论是苯还是芳杂环,如果环上电子云密度高,容易进行亲电取代反应;如果环上电子云密度低,容易进行亲核取代反应。吡啶环上能进行亲核取代反应,这一点有些像硝基苯。吡啶与氨基钠的反应是一个典型的例子

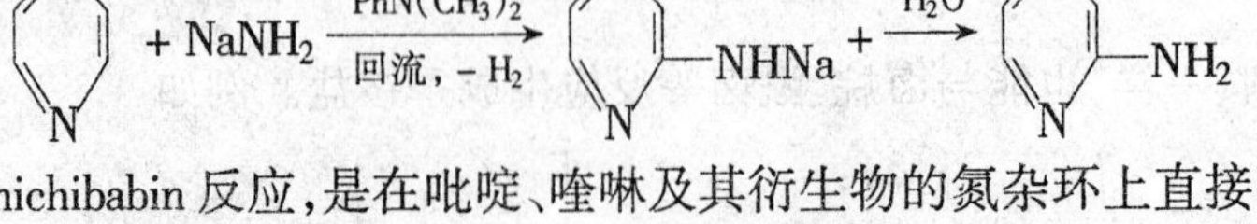

这个反应叫做 Chichibabin 反应,是在吡啶、喹啉及其衍生物的氮杂环上直接引入氨基的有效方法。

吡啶还可以与烷基锂和芳基锂进行亲核取代,从而得到烷基吡啶和芳基吡啶。

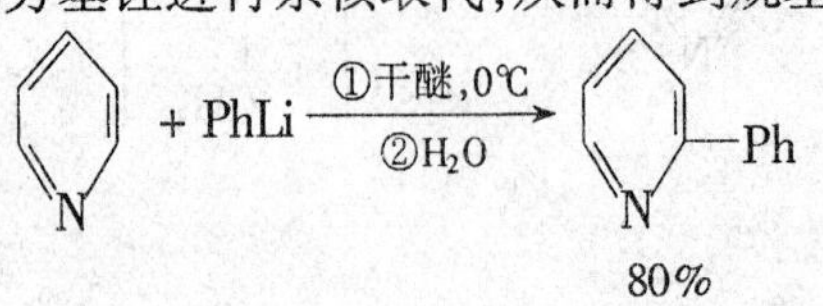

在上述亲核取代反应中,离去基团是吡啶环上的氢负离子,H^-是一个碱性很强的基团,不容易离去,所以要用很强的亲核试剂 NH_2^-、苯基负离子等才能发生亲核取代反应。如果吡啶环上有好的离去基团,亲核取代反应容易进行。例如 2 – 溴吡啶和 2 – 氯吡啶能与较弱的亲核试剂如 NH_3、HO^- 等反应。

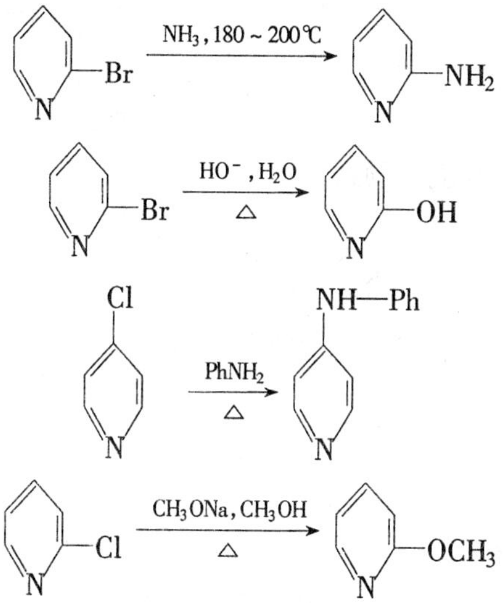

吡啶的亲核取代反应一般发生在 α 位和 γ 位上。如果 β 位上有好的离去基团,有时反应也能反应。

4. 吡啶的氧化反应

吡啶环上电子云密度低,所以不容易被氧化,如吡啶在硝酸、重铬酸钾、高锰酸钾的水溶液中是稳定的。吡啶的烷基取代物氧化时,总是侧链首先被氧化。

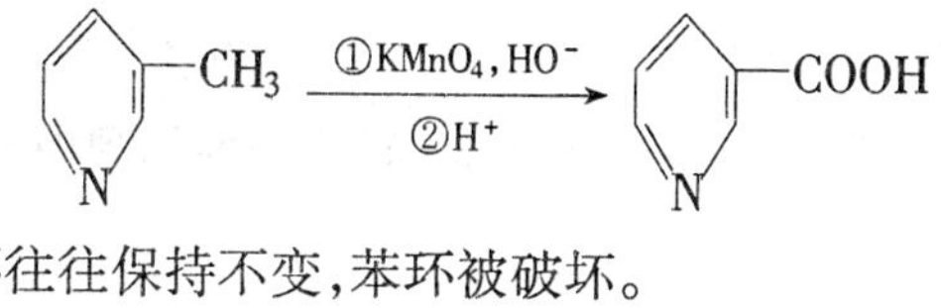

喹啉氧化时,吡啶环往往保持不变,苯环被破坏。

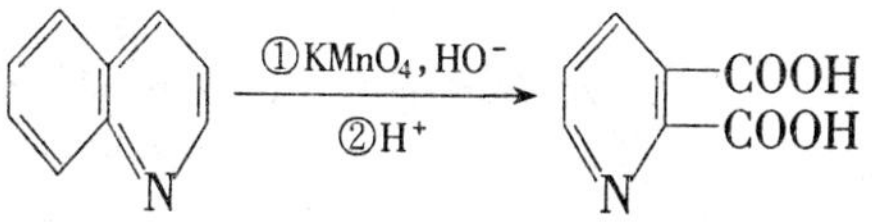

这些例子都说明吡啶环对氧化剂是比较稳定的。

吡啶与过氧化氢或过氧酸反应生成 N – 吡啶的氧化物(简称氧化吡啶)。在这个反应中氮原子提供孤电子对形成配价键。

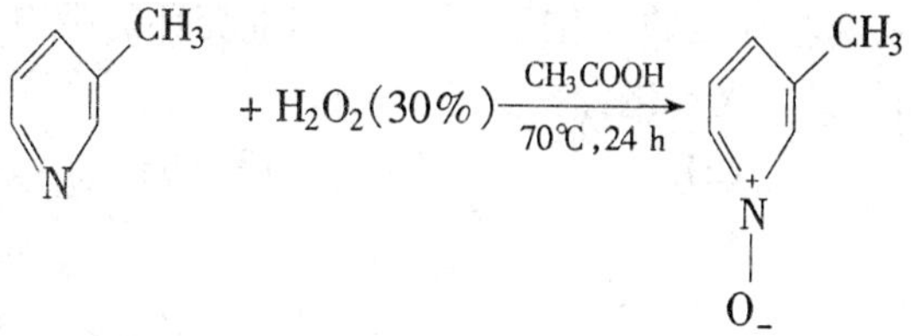

3 – 甲基吡啶　　　　　　　　　3 – 甲基氧化吡啶(75%)

氧化吡啶的亲电取代反应比吡啶容易进行。

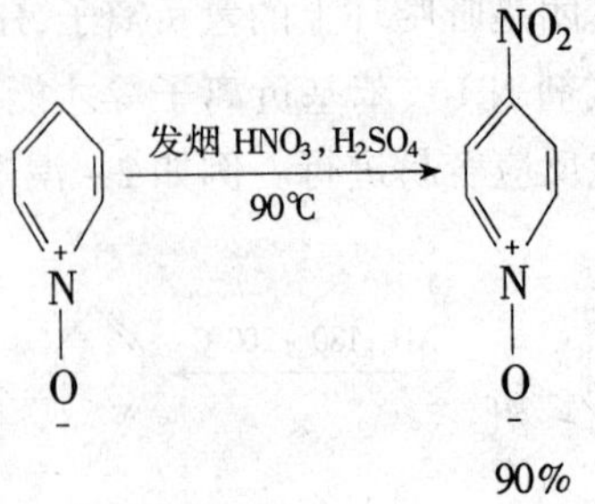

$$\text{（吡啶N-氧化物）} \xrightarrow[\text{90℃}]{\text{发烟 HNO}_3,\text{H}_2\text{SO}_4} \text{（4-硝基吡啶N-氧化物）} \quad 90\%$$

氧化吡啶也能进行亲核取代反应。例如

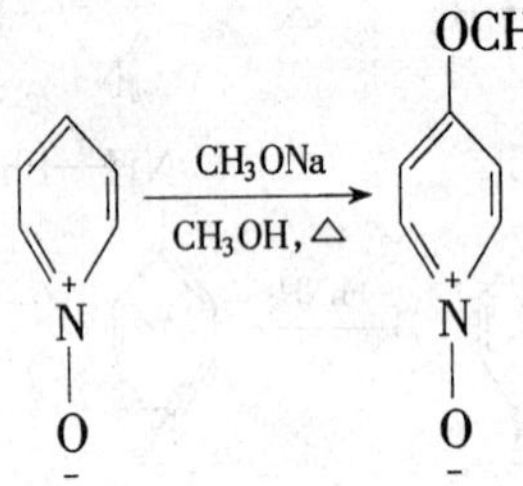

$$\text{（吡啶N-氧化物）} \xrightarrow[\text{CH}_3\text{OH},\triangle]{\text{CH}_3\text{ONa}} \text{（4-甲氧基吡啶N-氧化物）}$$

氧化吡啶用三氯化磷处理,可以得到吡啶。

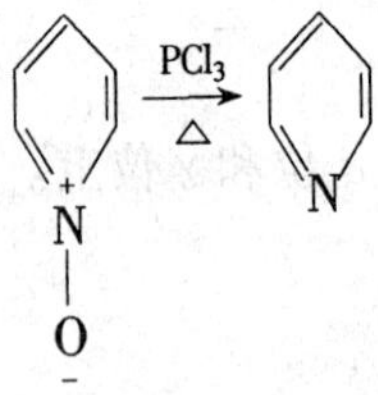

$$\text{（吡啶N-氧化物）} \xrightarrow[\triangle]{\text{PCl}_3} \text{（吡啶）}$$

氧化吡啶在有机合成上是良好的中间产物。利用其既较容易发生亲电取代反应,又较容易发生亲核取代反应,可以合成一些直接使用吡啶不能得到的取代产物。

5. 吡啶的还原反应

吡啶比苯容易还原。吡啶在常温、常压下,用铂作为催化剂加氢生成六氢吡啶。六氢吡啶又称为哌嗪。

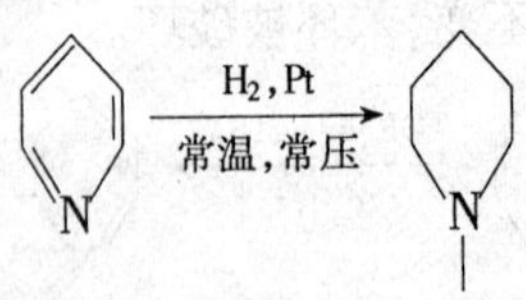

$$\text{（吡啶）} \xrightarrow[\text{常温,常压}]{\text{H}_2,\text{Pt}} \text{（六氢吡啶）}$$

六氢吡啶是环状的二级胺,碱性比吡啶强,可用作碱性催化剂、缚酸剂和溶剂。

6. 吡啶侧链的 α－H 反应

α－烷基吡啶和 γ－烷基吡啶的 α 位氢,由于受到吡啶环的吸电子诱导效应,显示出一定的酸性,在碱的作用下,能与羰基化合物反应。

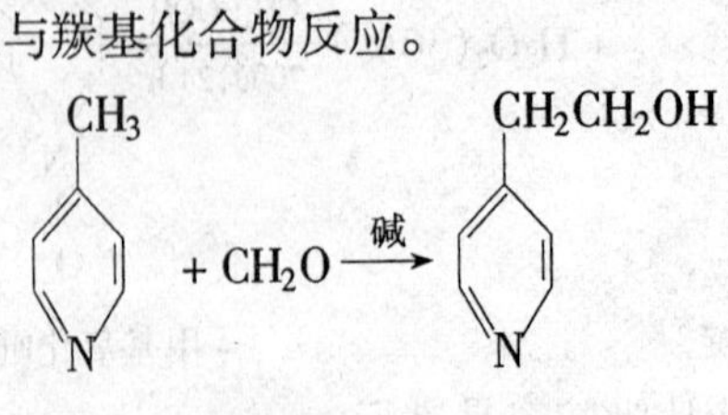

$$\text{（4-甲基吡啶）} + \text{CH}_2\text{O} \xrightarrow{\text{碱}} \text{（4-（2-羟乙基）吡啶）}$$

三、吡啶的重要衍生物

1. 甲基吡啶

甲基吡啶有 3 种异构体。

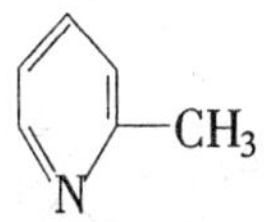

α – 甲基吡啶　　　β – 甲基吡啶　　　γ – 甲基吡啶

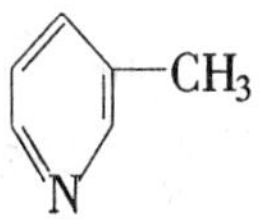

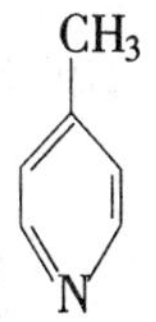

α – 和 γ – 甲基吡啶性质活泼，与活泼亚甲基化合物相似，例如，α – 甲基吡啶与甲醛缩合脱水后生成 α – 乙烯基吡啶。

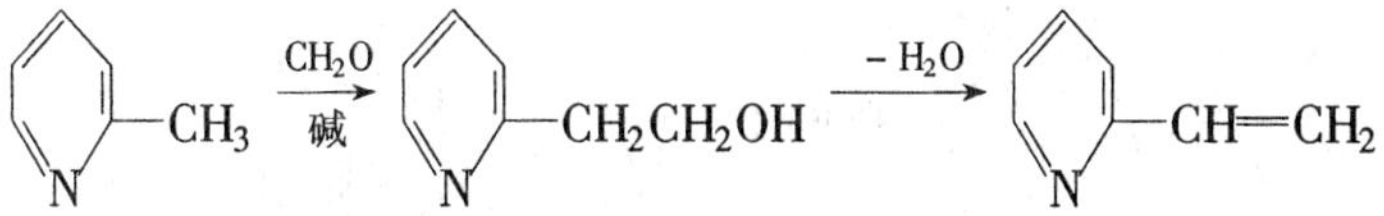

α – 乙烯基吡啶与丁二烯共聚生成的高分子树脂是制造轮胎的材料。α – 乙烯基吡啶与丙烯腈的共聚物，是一种易于染色的合成纤维。

β – 甲基吡啶氧化生成 β – 吡啶甲酸，又称烟酸。烟酸及其酰胺都是 B 族维生素，用于治疗糙皮病等。

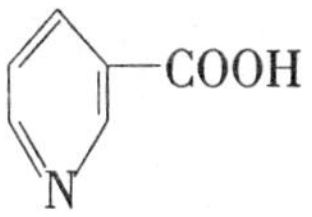

烟酸 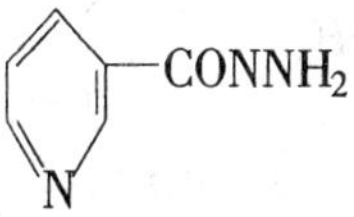　　　　　　　烟酰肼

γ – 甲基吡啶的氧化产物 γ – 吡啶甲酸，又称异烟酸。异烟酸与肼缩合生成异烟肼。异烟肼的医用商品名称叫雷米封，是治疗肺结核的有效药物。

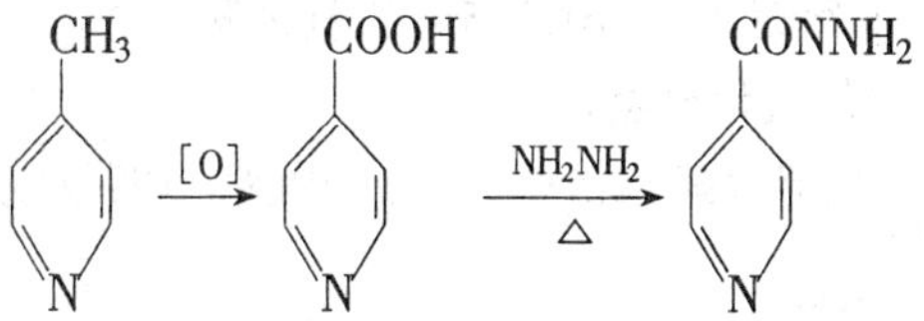

雷米封

2. 维生素 B_6

维生素 B_6 的结构式为

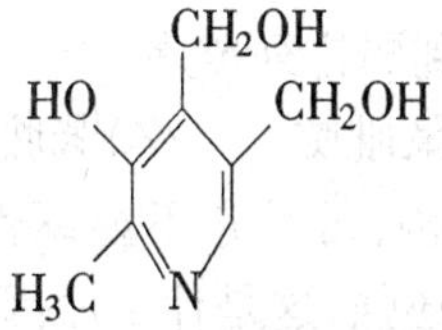

维生素 B_6

维生素 B_6 又称盐酸吡多素，白色晶体，无臭，味苦，遇光变色。易溶于水，水溶液显酸性，不溶于乙醚、氯仿等极性较小的有机溶剂。

维生素 B_6 在自然界中分布很广。酵母、肝脏、谷粒、蛋以及花生中都含有维生素 B_6。它是维持蛋白质正常代谢必要的维生素,也可以用于治疗妊娠期的恶心与呕吐,有时亦可用作治疗癞皮病的辅助药物。

习　　题

1. 给出下列化合物的名称。

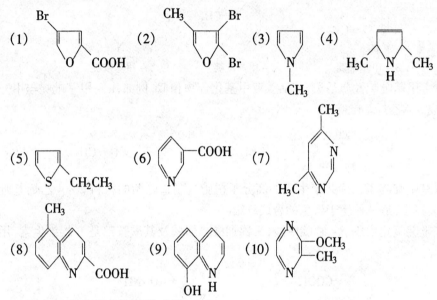

2. 写出下列各化合物的构造式。

(1)四氢呋喃　　　(2)α - 噻吩磺酸　　　(3)β - 吡啶甲酰胺

(4)碘化 N,N - 二甲基四氢吡咯　　　(5)溴化 N - 甲基吡啶

(6)α - 呋喃甲醇　　　(7)糠醛　　　(8)六氢吡啶

(9)2 - 甲基 - 5 - 乙烯基吡啶　　　(10)2,5 - 二氢噻吩

3. 用化学方法区别下列各组化合物。

(1)苯、噻吩、苯酚　　　(2)苯甲醛与糠醛　　　(3)吡咯与四氢吡咯

4. 纯化下列化合物。

(1)除去混在苯中的少量噻吩　　　(2)除去混在甲苯中的少量吡啶

(3)除去混在吡啶中的少量六氢吡啶

5. 将下列化合物按亲电取代反应相对活性由强到弱排列成序。

(1)呋喃　　(2)吡咯　　(3)噻吩　　(4)吡啶　　(5)苯

6. 将下列化合物按其碱性由强到弱排列成序。

(1)吡咯　　(2)吡啶　　(3)六氢吡啶　　(4)苯胺　　(5)苄胺　　(6)氨

7. 吡咯分子中的 N 有仲胺的结构,可是它不显碱性,N 上的 H 反而具有一定的酸性。而咪唑分子中 N 上 H 的酸性比吡咯还强,这是什么原因?

8. 完成下列反应。

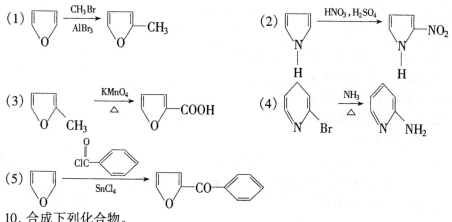

9. 下列反应哪些是正确的？哪些是错误的？若是错误的,请指出错在何处。

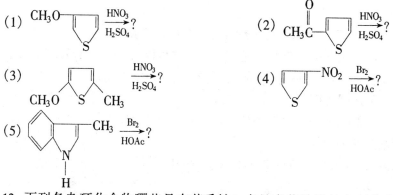

10. 合成下列化合物。

(1)由吡啶合成 2 – 羟基吡啶   (2)由呋喃合成 5 – 硝基糠酸

11. 写出下列反应的主要产物。

(1) CH₃O ─⟨S⟩ $\xrightarrow[H_2SO_4]{HNO_3}$?

(2) CH₃C(=O)─⟨S⟩ $\xrightarrow[H_2SO_4]{HNO_3}$?

(3) CH₃O─⟨S⟩─CH₃ $\xrightarrow[H_2SO_4]{HNO_3}$?

(4) ⟨S⟩─NO₂ $\xrightarrow[HOAc]{Br_2}$?

(5) (吲哚-3-甲基) $\xrightarrow[HOAc]{Br_2}$?

12. 下列各杂环化合物哪些具有芳香性？在具有芳香性的杂环化合物中,圈出参与 π 体系的未共用电子对。

第十二章　天然大分子

内容提要　本章主要介绍碳水化合物结构、性质和分类情况;重点介绍单糖结构特点和化学性质。此外,还介绍了氨基酸的结构、分类和命名、化学性质及其制备方法,以及蛋白质、核酸方面的知识。

学习要求

(1)了解碳水化合物及氨基酸的结构分类和命名。

(2)掌握糖类的结构特征及相关的表示方式。

(3)重点掌握氨基酸的理化性质和制备方法。

(4)熟练写出糖的开链结构式和环状结构式。

(5)重点掌握单糖的化学性质。

(6)熟悉单糖和二糖结构的化学确定方法。

(7)了解多肽的概念及多肽结构的测定和合成方法。

(8)了解蛋白质的性质和结构。

12.1　碳水化合物

碳水化合物又称糖类,是一类重要的天然有机化合物。这类化合物在自然界中是由水和二氧化碳通过叶绿素的光合作用产生的,它们的分子式可以写成 $C_m(H_2O)_n$ 的形式,所以常把它们称为碳水化合物。并非所有糖的分子式都符合 $C_m(H_2O)_n$ 的通式,例如,鼠李糖的分子式 $C_6H_{12}O_5$,也并不是所有符合 $C_m(H_2O)_n$ 的化合物都是糖,例如,乳酸的分子式可以写成 $C_3(H_2O)_3$,但乳酸不是糖,而是一种羟基酸。由此我们看出:糖是多羟基醛或酮,或是通过水解能生成多羟基醛或多羟基酮的化合物。

为了研究上的方便,根据其结构和性质,糖可以分为以下三大类:

1.单糖

单糖是不能再水解成更简单多羟基醛或酮的糖,重要的单糖有戊糖和己糖。核糖是戊糖,葡萄糖和果糖是己糖,一般为无色晶体,具甜味,能溶于水。

2.低聚糖

低聚糖是能水解成几个分子单糖的化合物。能分解成两分子单糖的低聚糖叫二糖,能水解成三分子单糖的低聚糖叫三糖等等。蔗糖和麦芽糖是二糖。低聚糖一般也是晶体,仍具甜味,易溶于水。

3.多糖

能水解成多个分子单糖的化合物是多糖。如淀粉是多糖,它水解后能生成几百个到几千个分子的单糖。纤维素也是多糖,它水解后能生成上万个分子的单糖,多糖大多是无定形固体,无甜味,难溶于水。

一、单糖

1. 单糖的命名和标记

单糖是多羟基醛或多羟基酮,根据分子中所含羰基是醛基还是酮基,可分为醛糖和酮糖。根据分子中所含碳原子的个数,可分别称为丙糖、丁糖、戊糖和己糖等,例如

$$
\begin{array}{ccc}
^1CHO & CH_2OH & CHO \\
| & | & | \\
^2CHOH & CO & CHOH \\
| & | & | \\
^3CHOH & CHOH & CHOH \\
| & | & | \\
^4CH_2OH & CHOH & CHOH \\
& | & | \\
& CH_2OH & CHOH \\
& & | \\
& & CH_2OH
\end{array}
$$

丁醛糖　　　　　　戊酮糖　　　　　　己醛糖

从单糖的分子结构看,分子中可能含有若干个手征性碳原子。因此,要确切命名某种结构的单糖,必须说明每个手征性碳原子的构型。

最简单的单糖是 2,3 – 二羟基丙醛(俗名甘油醛,$CH_2OH—CHOH—CHO$)和二羟基丙酮($CH_2OH—CO—CH_2OH$)。其中甘油醛含有一个手征性碳原子,因此它有一对对映体。它们的 Fischer 投影式和名称如下:

$$
\begin{array}{cc}
CHO & CHO \\
| & | \\
H—C—CH_2OH & HO—C—CH_2OH \\
| & | \\
OH & H
\end{array}
$$

$D – (+) – $甘油醛　　　　　　　$L – (-) – $甘油醛

碳原子数更多的单糖,也都有手征性碳原子。因此都有构型不同的立体异构体。手征性分子的立体异构体的数目与分子中手征性碳原子的数目有关。含有 n 个手征性碳原子的化合物的立体异构体总数,一般是 2^n 个。丁醛糖有两个手征性碳原子,因此有四种立体异构体。戊醛糖又多一个手征性碳原子,共有八种立体异构体。己醛糖则有 $2^4 = 16$ 种立体异构体。在确定这些立体异构体的相对构型是 D 型还是 L 型时,只要看糖分子中离羰基最远的手征性碳原子的构型,与 $D – $甘油醛构型一致的即为 D 型,与 $L – $甘油醛构型一致的即为 L 型,图 12.1 和图 12.2 分别列出了一些 $D – $型醛糖和 $D – $型酮糖的结构和名称。

单糖的立体构型也可用 R/S 法进行标记,按照 R/S 标记规则,对糖分子中的每个手征性碳逐个进行标记,才能把一个糖分子的构型表达完全。$D – (+) – $甘油醛的构型为 R 型,$L – (-) – $甘油醛的构型为 L 型。例如下面的 Fischer 投影式所表示的糖的命名应为 $(2R,3R,4R,5R) – 2,3,4,5,6 – $五羟基己醛。

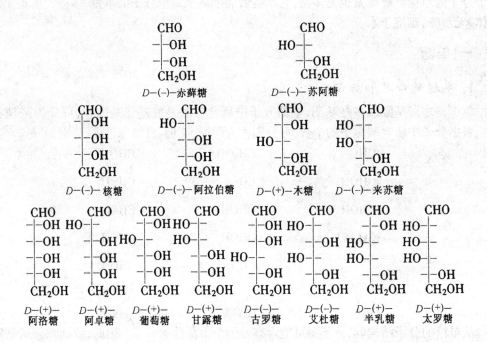

图 12.1　D-型醛糖

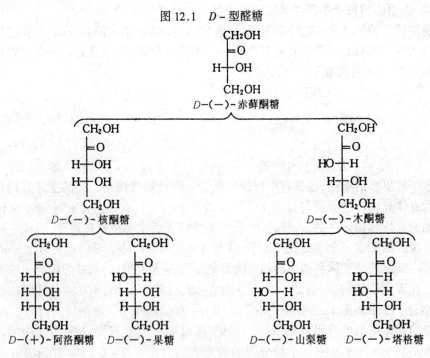

图 12.2　D-型酮糖

$$
\begin{array}{c}
\overset{1}{C}HO \\
\overset{2}{H-C-OH} \\
\overset{3}{H-C-OH} \\
\overset{4}{H-C-OH} \\
\overset{5}{H-C-OH} \\
\overset{6}{C}H_2OH
\end{array}
\qquad 或写成 \qquad
\begin{array}{c}
CHO \\
-OH \\
-OH \\
-OH \\
-OH \\
CH_2OH
\end{array}
$$

2. 葡萄糖的结构

葡萄糖是最重要的单糖之一,其性质与其结构有着密切的关系。现以它为例说明糖的结构。一系列实验表明,葡萄糖是直链多羟基醛。

(1)经分析证明,葡萄糖的分子式是 $C_6H_{12}O_6$。用钠汞齐还原,可以生成己六醇;用碘化氢进一步还原,则得到正己烷。这说明葡萄糖的碳链骨架是 C—C—C—C—C—C。

(2)葡萄糖可以与羟胺、苯肼等羰基试剂作用,说明它含有羰基。葡萄糖用溴水氧化后,生成的含有羧基的化合物,仍有六个碳原子(碳链未断裂),这说明葡萄糖的羰基是个醛基。

(3)葡萄糖与乙酸酐作用,可以生成五乙酰基衍生物,这说明它含有五个羟基。由于两个羟基在同一个碳上的结构是不稳定的,所以这五个羟基应是分别连在五个碳原子上的。

由此推知,葡萄糖是开链的五羟基己醛。

$$
\begin{array}{c}
CH_2-CH-CH-CH-CH-CHO \\
\;|\quad\;\;|\quad\;\;|\quad\;\;|\quad\;\;| \\
OH\quad OH\quad OH\quad OH\quad OH
\end{array}
$$

在这种直链式结构中,含有 4 个手征性碳原子,理论上应有 16 个立体异构体,其中的一个异构体是 $D-(+)-$葡萄糖,它的 Fishcher 投影式为

$$
\begin{array}{c}
CHO \\
H-\!\!-OH \\
HO-\!\!-H \\
H-\!\!-OH \\
H-\!\!-OH \\
CH_2OH
\end{array}
$$

$$D-(+)-葡萄糖$$

葡萄糖的开链式结构能说明它的许多化学性质。但还有一些化学性质,开链式结构不能很好地说明,例如,葡萄糖能与 Tollens 试剂和 Fehling 试剂反应,但不能与 $NaHSO_3$ 或 NH_3 加成;葡萄糖在碱作用下,用硫酸二甲酯甲基化,5 个羟基都被甲基化后,生成物应是五甲基己醛,但实际上这个生成物不具有醛的性质。将它在稀酸中水解,只有一个甲氧基容易水解掉,水解一个甲氧基后的生成物具有醛的性质;此外,葡萄糖是具有旋光性的化合物,它应该具有一定的比旋光度。但是用新配制的葡萄糖水溶液测定其比旋光度,所得数据是 + 112°,而若将溶液放置一些时候再测定,比旋光度数值下降,并且随着时间的延长,比旋光度不断下降,直至降到 + 52.7°才不再变化。以上这些用葡萄糖的开链式无法解释。经过研究发现葡萄糖分子中的醛基不是游离的,而是和分子中的羟基形成一个环状的半缩醛。W.N.Haworth首先提出用透视式表示这个环状半缩醛的结构,称为糖的 Haworth 氧环式结

构,如图 12.3 所示。

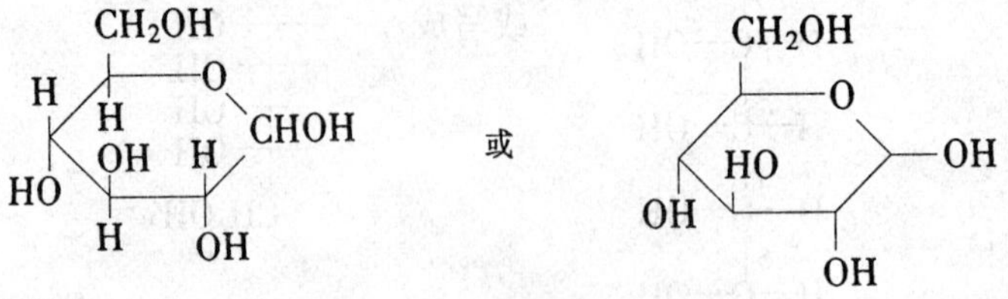

图 12.3　葡萄糖的环状结构

开链式和 Haworth 氧环式结构的转换步骤如图 12.4 所示。

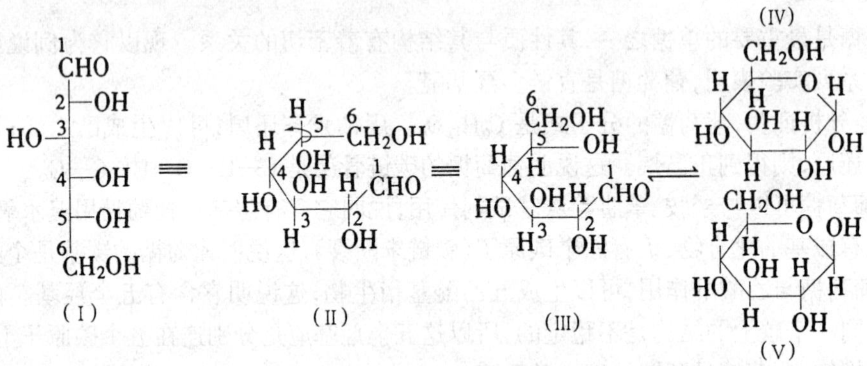

图 12.4　键式糖形成环式糖的示意图

（Ⅰ）是 D-葡萄糖的 Fischer 投影式,先将碳链放平,这时碳链上的氢原子和羟基分别处于碳链的上面或下面,然后将碳链折成六边形如图 12.4（Ⅱ）所示。C_5 上的羟基和 C_1 上的醛基要形成半缩醛,必须扭转到合适的位置,单键的旋转不影响构型,图 12.4（Ⅲ）、（Ⅱ）仅仅是构象不同。其中图 12.4（Ⅱ）中的 C_4—C_5 单键旋转 120°,即得到图 12.4（Ⅲ）。C_1 上的醛基和 C_5（δ 碳原子）上的羟基形成半缩醛后,C_1 变成了一个新的手征性碳原子,所以比直链的相应的糖多了两个构型异构体,其中图 12.4（Ⅳ）是 α-D-葡萄糖,图 12.4（Ⅴ）是 β-D-葡萄糖。α 型和 β 型异构体是非对映体,有时也称这两个异构体为异头物。

α-D-葡萄糖和 β-D-葡萄糖以及开链式的 D-葡萄糖在水溶液中互相转化,达到动态平衡时,α-D-葡萄糖约占 36%,β-D-葡萄糖约占 64%,开链式含量极少。由 α-D-葡萄糖转变成 β-D-葡萄糖以及由 β-D-葡萄糖转变成 α-D-葡萄糖,要经过一个开链式的过程。其过程如图 12.5 所示。

纯净的 α-D-葡萄糖的新配制的水溶液比旋光度为 +112°,由于这时不是平衡状态,α-D-葡萄糖分子必然有一部分变成 β-D-葡萄糖,由于 β-D-葡萄糖水溶液的比旋光度为 +18.7°,所以随着 α-D-葡萄糖和 β-D-葡萄糖达到动态平衡的过程,比旋光度逐渐下降,最终不再变化。这时平衡混合物的比旋光度为 +52.7°。同样道理,新配制的 β-D-葡萄糖的比旋光度是 +18.7°,放置一定时间后达到动态平衡,这时的比旋光度也是 +52.7°,这就解释了葡萄糖的变旋光现象。

葡萄糖的氧环式结构也能解释葡萄糖的其他性质。在氧环式结构中,尽管不含有羰基的结构,可是,当遇到 Tollens 试剂和 Fehling 试剂以及其他羰基试剂时,其中少量的开链式葡

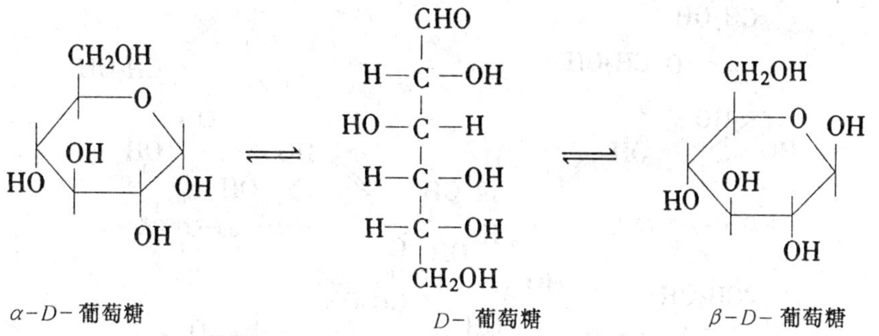

$$\alpha\text{-}D\text{-葡萄糖} \quad\rightleftharpoons\quad D\text{-葡萄糖} \quad\rightleftharpoons\quad \beta\text{-}D\text{-葡萄糖}$$

图 12.5　α、β 型葡萄糖互相转化

萄糖能与这些试剂反应。反应消耗了平衡混合物中的开链式糖,氧环式的糖又有一部分转变成开链式的糖,所以,葡萄糖能显示羰基的性质。

在葡萄糖的环状半缩醛结构中,一共有 5 个羟基,其中 4 个是醇羟基(C_2、C_3、C_4、C_5 上的羟基)。C_1 上的羟基比较特殊,它是 C_5 上的羟基和醛基形成半缩醛时形成的,这个羟基叫苷羟基。葡萄糖用硫酸二甲酯甲基化后,生成了 4 个羟基和一个苷羟基全部甲基化的衍生物——五甲基葡萄糖。4 个羟基生成的甲氧基,像醚一样,相当稳定,不容易水解。由苷羟基生成的甲氧基,像缩醛一样,很容易水解。葡萄糖用硫酸二甲酯甲基化后,不再具有醛基,所以不显示醛基的性质。而在酸性条件下,苷羟基形成的甲氧基容易水解,水解后形成半缩醛,这个半缩醛也和葡萄糖的环状结构一样,显示醛的性质。

多数葡萄糖分子形成 δ 氧环式结构,是六元环的半缩醛,具有吡喃的结构,这种骨架的糖叫吡喃糖。同理,具有五元环结构的糖是 γ - 氧环式结构,具有呋喃的骨架,因此叫做呋喃糖。

3. 果糖的结构

果糖是己酮糖,己酮糖分子内有 3 个手征性碳原子,因此有 8 个立体异构体。$D\text{-}(-)$ - 果糖是其中最重要的一个。和葡萄糖一样,果糖也具有开链式和氧环式结构。具有 δ - 氧环式结构的果糖称为 $D\text{-}(-)$ - 吡喃果糖,具有 γ - 氧环式结构的果糖称为 $D\text{-}(-)$ - 呋喃果糖。由于成环形成半缩醛时,羟基可以在环的一面或另一面,所以也可形成 α 和 β 两种吡喃果糖以及 α 和 β 两种呋喃果糖。这 3 种环状果糖和开链式的果糖在水溶液中处于动态平衡。图 12.6 表示了它们之间的相互转换。

4. 单糖的构象

吡喃糖环状半缩醛的六元环像环己烷那样也具有稳定的构象。X 光衍射证明 $\alpha\text{-}D$ - 吡喃葡萄糖和 $\beta\text{-}D$ - 葡萄糖具有椅式构象。构象分析表明 $\beta\text{-}D$ - 葡萄糖中所有较大的基团都占据平伏键。$\alpha\text{-}D$ - 吡喃葡萄糖中不可能所有的较大基团都占据平伏键,其中 C_1 上的羟基占据直立键。从以上分析可知,$\beta\text{-}D$ - 葡萄糖比 $\alpha\text{-}D$ - 葡萄糖更稳定些。因此,当 $\beta\text{-}D$ - 葡萄糖、$\alpha\text{-}D$ 葡萄糖以及开链的 D - 葡萄糖在水溶液中互相转化并最终达到平衡时,$\beta\text{-}D$ - 葡萄糖占有较大的百分比。图 12.7 是 $\alpha\text{-}D$ - 葡萄糖和 $\beta\text{-}D$ - 葡萄糖的优势构象。

5. 单糖的反应

(1)氧化反应。单糖能被很多氧化剂氧化。所用的氧化剂不同,被氧化后生成的产物也

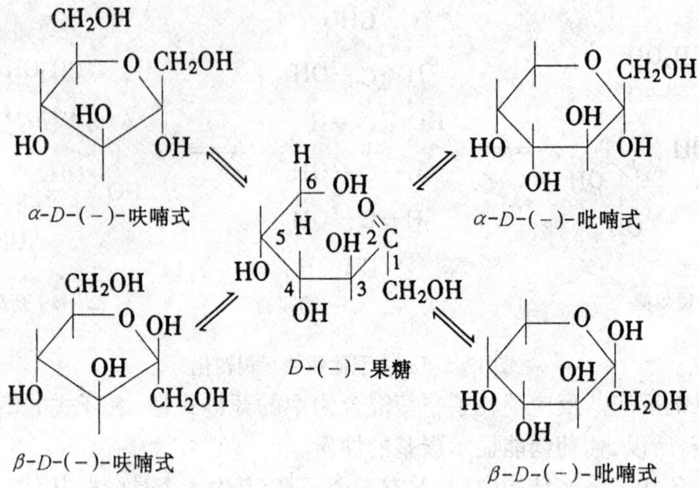

图 12.6　D-(-)-果糖

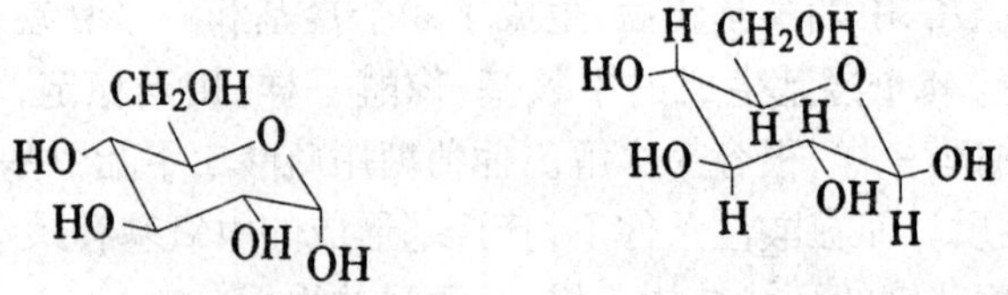

图 12.7　α-D-葡萄糖的优势构象(a)和β-D-葡萄糖的优势对象(b)

不同。

①与 Tollens 试剂和 Fehling 试剂反应。葡萄糖是醛糖,果糖是酮糖。Tollens 试剂和 Fehling 试剂能氧化醛和 α-羟基酮。所以,这两种氧化剂能氧化葡萄糖和果糖。用 Tollens 试剂氧化葡萄糖或果糖时,生成的银可以附着在经过处理的玻璃上形成银镜。这一反应不仅可以用于工业上在玻璃器皿上镀银,在实验室中也是定性鉴别糖的方法之一。在这一反应中,糖被氧化成复杂的混合物。

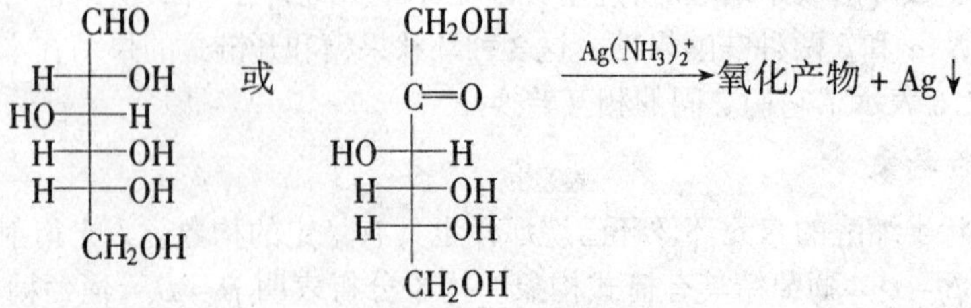

用 Fehling 试剂氧化单糖,产生砖红色沉淀,这也是醛糖和 α-羟基酮的典型性质,用这一反应也可以定性鉴别糖。

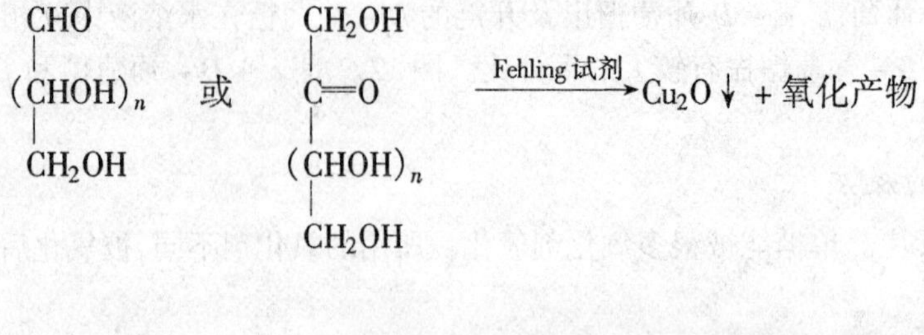

在碳水化合物中,能还原 Tollens 试剂和 Fehling 试剂的糖叫还原糖,不能还原 Tollens 试剂和 Fehling 试剂的糖叫非还原糖,具有半缩醛和半缩酮结构的糖都是还原糖,具有缩醛和缩酮结构的糖是非还原糖。换句话说,分子中有游离的苷羟基的糖是还原糖,分子中没有苷羟基的糖是非还原糖。

②溴水反应。溴水只能氧化醛糖,不能氧化酮糖。醛糖被溴水氧化后生成糖酸。例如,D–葡萄糖用溴水氧化后生成 D–葡萄糖酸。

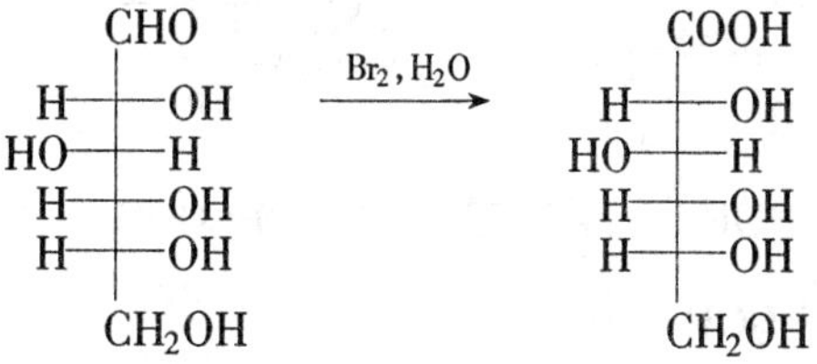

D–葡萄糖　　　　　　　　　　　D–葡萄糖酸

应用溴水能氧化醛糖,不能氧化酮糖的性质,可以定性鉴别醛糖和酮糖。更重要的是,醛糖氧化后生成糖酸,糖酸能转变成糖酸的钙盐,此钙盐用过氧化氢和铁盐处理,生成了少一个碳原子的同系列醛糖。

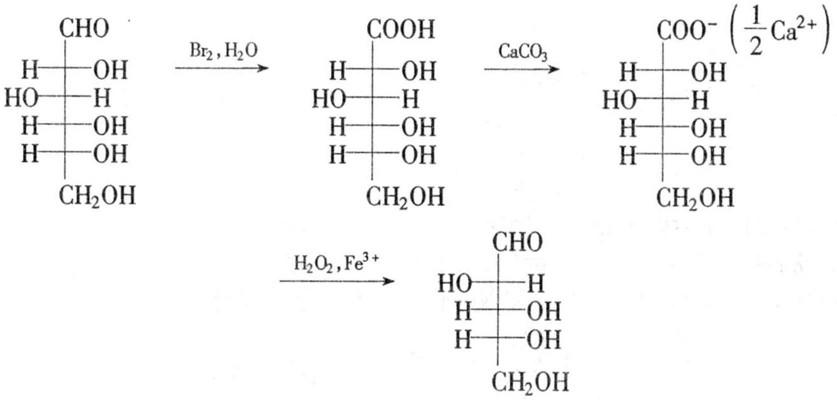

③与硝酸反应。硝酸的氧化性比溴水强。用稀硝酸氧化醛糖时,醛基和另一端的一个羟甲基(CH_2OH)都被氧化成羧基

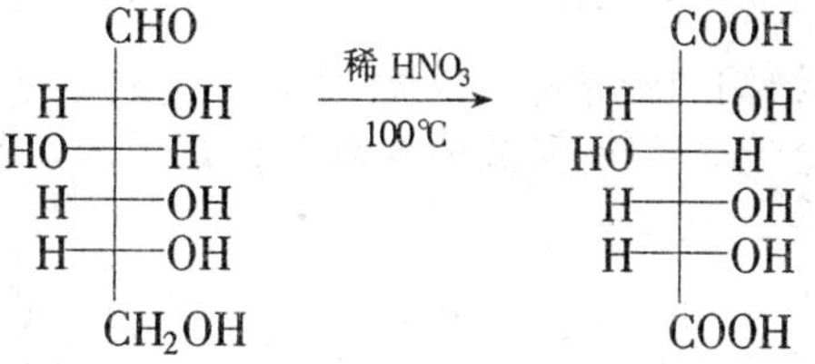

D–葡萄糖　　　　　　　　　　　D–葡萄糖二酸

用硝酸氧化酮糖时,酮糖分子中 C_1 和 C_2 之间发生断裂,生成少一个碳原子的糖二酸,例如

$$
\begin{array}{c}
\text{CH}_2\text{OH} \\
|\\
\text{C}=\text{O} \\
\text{HO}——\text{H} \\
\text{H}——\text{OH} \\
\text{H}——\text{OH} \\
|\\
\text{CH}_2\text{OH}
\end{array}
\quad\xrightarrow{\text{HNO}_3}\quad
\begin{array}{c}
\text{COOH} \\
\text{HO}——\text{H} \\
\text{H}——\text{OH} \\
\text{H}——\text{OH} \\
\text{COOH}
\end{array}
$$

④与高碘酸反应。单糖分子中有 α − 二醇、α − 羟基醛和 α − 羟基酮的结构,因此能被高碘酸氧化。氧化产物因糖的结构不同而不同,例如

$$
\begin{array}{c}
\text{CHO} \\
|\\
\text{CHOH} \\
|\\
\text{CH}_2\text{OH}
\end{array}
\quad + \ 2\text{HIO}_4 \longrightarrow \quad 2\text{HCOOH} + \text{HCHO}
$$

这个反应定量进行,每断裂一个碳碳键需要等摩尔的高碘酸。例如 1 mol 葡萄糖与 5 mol 高碘酸反应生成 5 mol 甲酸和 1 mol 甲醛。

$$
\begin{array}{c}
\text{CHO} \\
|\\
\text{CHOH} \\
|\\
\text{CHOH} \\
|\\
\text{CHOH} \\
|\\
\text{CHOH} \\
|\\
\text{CH}_2\text{OH}
\end{array}
\quad\xrightarrow{5\text{HIO}_4}\quad 5\text{HCOOH} + \text{HCHO}
$$

用高碘酸分解反应研究碳水化合物的结构,是应用较早的研究方法之一。

(2)单糖的还原。单糖分子中的羰基和醛酮分子中的羰基一样,可以被许多还原剂还原。常用的还原剂有 LiAlH_4、NaBH_4 和 Ni 剂,还原产物是多元醇。

$$
\begin{array}{c}
\text{CHO} \\
\text{H}——\text{OH} \\
\text{HO}——\text{H} \\
\text{H}——\text{OH} \\
\text{H}——\text{OH} \\
\text{CH}_2\text{OH}
\end{array}
\quad\xrightarrow{\text{NaBH}_4}\quad
\begin{array}{c}
\text{CH}_2\text{OH} \\
\text{H}——\text{OH} \\
\text{HO}——\text{H} \\
\text{H}——\text{OH} \\
\text{H}——\text{OH} \\
\text{CH}_2\text{OH}
\end{array}
$$

根据单糖还原产物的结构和旋光性等性质,也可以推断单糖的结构。

(3)成腙反应。单糖分子中有羰基,故能与羰基试剂反应。与羟氨反应生成肟,与苯肼反应生成腙。

$$
\begin{array}{c}
\text{CHO} \\
\text{H}——\text{OH} \\
\text{HO}——\text{H} \\
\text{H}——\text{OH} \\
\text{H}——\text{OH} \\
\text{CH}_2\text{OH}
\end{array}
\quad\xrightarrow{\text{⟨⟩—NHNH}_2}\quad
\begin{array}{c}
\text{CH}=\text{NN}—\text{⟨⟩} \\
\text{H}——\text{OH} \\
\text{HO}——\text{H} \\
\text{H}——\text{OH} \\
\text{H}——\text{OH} \\
\text{CH}_2\text{OH}
\end{array}
$$

反应生成的腙再与两分子苯肼反应生成两个苯腙基团相连的化合物,这个化合物叫脎。

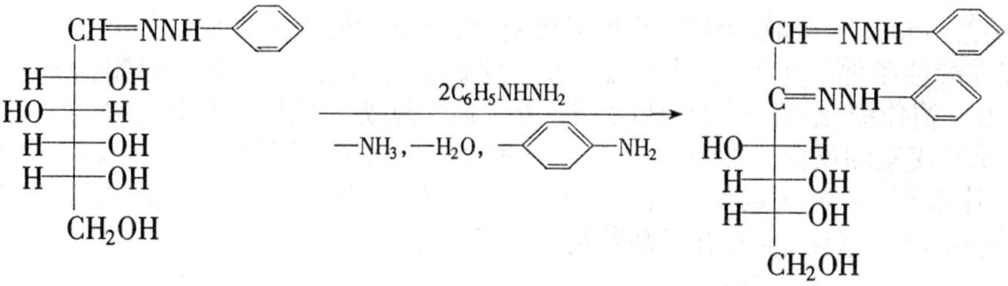

$$\text{（结构式）} \xrightarrow[\;-NH_3,\ -H_2O,\ \text{（苯胺）}\;]{2C_6H_5NHNH_2} \text{（产物结构式）}$$

酮糖与 3 mol 的苯肼反应，也生成糖脎。

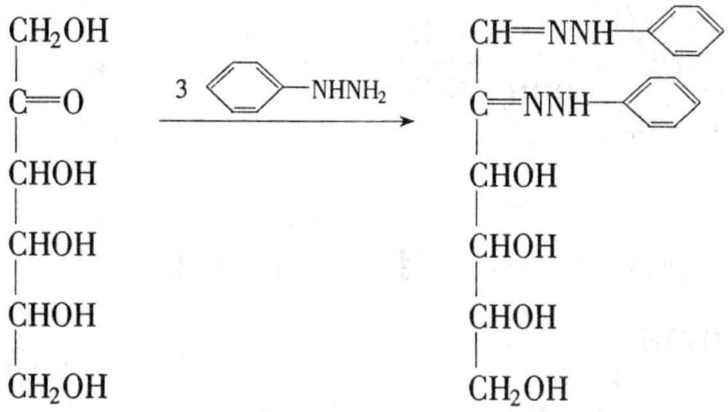

$$\text{（结构式）} \xrightarrow{3\ \text{（苯肼）}} \text{（产物结构式）}$$

糖脎是不溶于水的黄色晶体，不同的糖脎，晶形不同，熔点不同，因此可以根据生成脎的性质和熔点来鉴别糖和糖的结构。例如

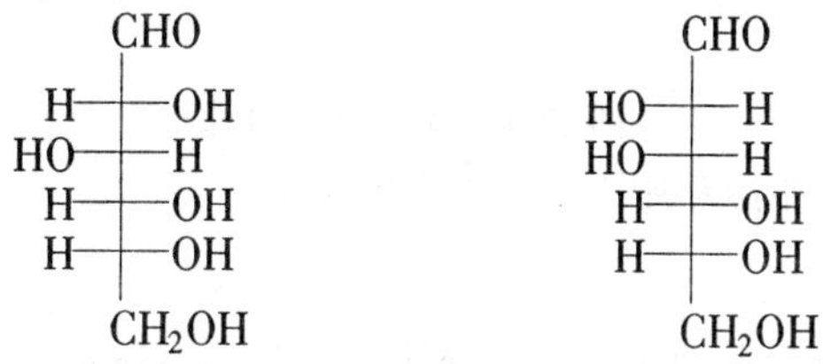

$D-(+)-$葡萄糖 　　　　　 $D-(+)-$甘露糖

$D-(+)-$葡萄糖和 $D-(+)-$甘露糖和苯肼反应都生成相同的脎，这个事实说明 $D-(+)-$葡萄糖和$D-(+)-$甘露糖分子的结构只有醛基 $\alpha-$位的构型不同，其余部分的构型完全相同。这样，搞清了 $D-(+)-$葡萄糖的构型和结构，也就搞清楚了 $D-(+)-$甘露糖的构型和结构。

（4）生成糖苷的反应。单糖的氧环式结构中，有一个羟基比较特殊，这个羟基就是半缩醛的羟基，这个羟基与醇在氯化氢的催化作用下生成缩醛，如图 12.8，很显然，只有苷羟基才能发生上述反应，生成缩醛。其他羟基在这种条件下，不与醇反应生成缩醛。

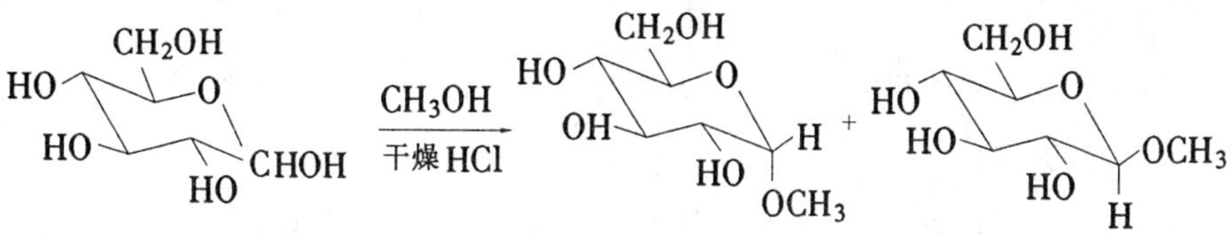

$$\text{（结构式）} \xrightarrow[\text{干燥 HCl}]{CH_3OH} \text{甲基}-\alpha-D-\text{吡喃葡萄糖苷} + \text{甲基}-\beta-D-\text{吡喃葡萄糖苷}$$

图 12.8　糖苷的生成

碳水化合物与具有羟基的化合物反应生成的缩醛叫苷。例如，由 $\alpha-D-$葡萄糖与甲醇生成的缩醛叫甲基$-\alpha-D-$葡萄糖苷，由$\beta-D-$葡萄糖与甲醇生成的缩醛叫甲基$-\beta-D-$葡萄糖苷。

苷在中性及碱性条件下是稳定的，没有变旋光现象，也不与 Tollens 试剂和 Fehling 试剂反应。在酸性条件下，苷和缩醛类似，很容易水解，水解后生成糖和醇，生成的糖有了苷羟基,于是通过开链式与环状半缩醛的相互转变,引起糖的变旋光现象。例如,甲基 $-\alpha-D-$ 葡萄糖苷在酸性条件下水解后,生成 $\alpha-D-$ 葡萄糖,生成的 $\alpha-D-$ 葡萄糖通过开链式转变成 $\beta-D-$ 葡萄糖,最终达到平衡时,$\beta-D-$ 葡萄糖所占比例仍然是 64%。

(5) 成醚成酯的反应。糖分子中的羟基和醇分子中的羟基有类似的反应,可以烷基化生成醚。用硫酸二甲酯在碱性条件下处理 $D-$ 葡萄糖,葡萄糖氧环式结构中所有的羟基,包括苷羟基都被甲基化,生成五甲基葡萄糖,见图 12.9。

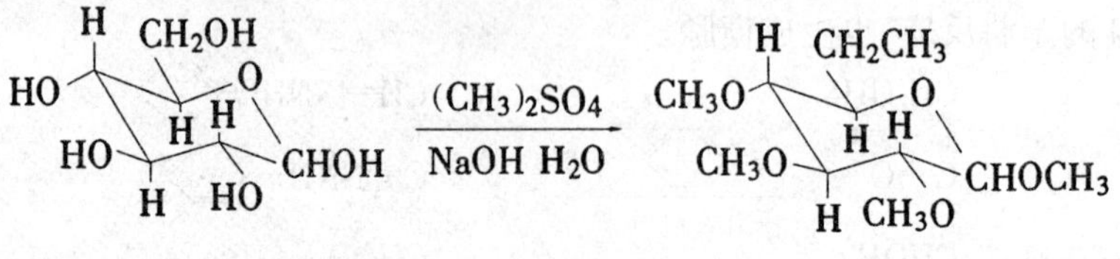

图 12.9　葡萄糖的甲基化

葡萄糖也能发生酯化反应,与乙酸酐作用生成五乙酸葡萄糖酯,见图 12.10。

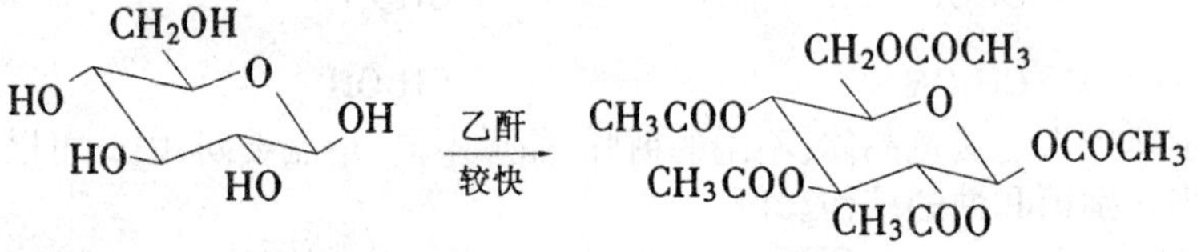

图 12.10　葡萄糖的酯化

葡萄糖的醚和酯在生命活动中有特殊的重要性。

6. 核糖

核糖是戊醛糖。有 $D-$ 异构体和 $L-$ 异构体。其中 $\beta-D-$ 核糖和 $\beta-D-2-$ 脱氧核糖与生命现象中的遗传有关系,是核酸的组成部分,广泛存在于生物体中。

$\beta-D-$ 核糖和 $\beta-D-2-$ 脱氧核糖也有氧环式和开链式的互变异构现象,见图12.11,通过这种互变异构和相应的 $\alpha-$ 型异构体互相转变达到平衡状态。

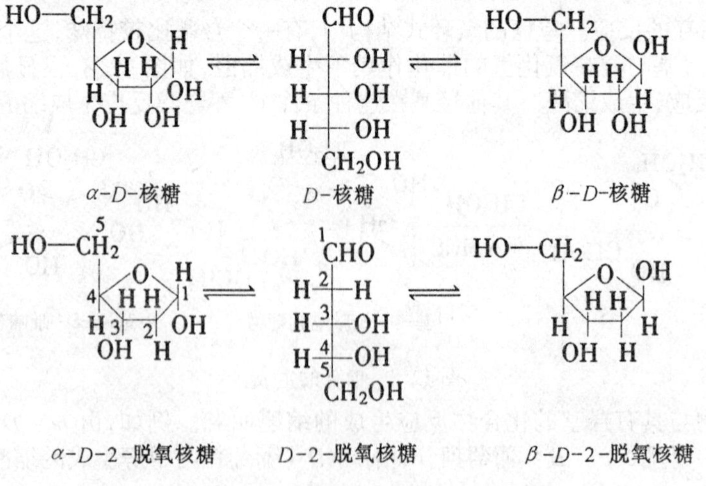

$\alpha-D-$核糖　　　　$D-$核糖　　　　$\beta-D-$核糖

$\alpha-D-2-$脱氧核糖　　$D-2-$脱氧核糖　　$\beta-D-2-$脱氧核糖

图 12.11　核糖的氧环式和开链式

二、二糖

二糖是由两个单糖单元脱去一分子水构成的,两个单糖是通过苷键互相连接的。由于单糖分子中有一个苷羟基和几个醇羟基,所以,根据两个单糖分子的结合方式的不同,二糖可以分为还原性二糖和非还原性二糖。

1. 还原性二糖

由一个单糖的苷羟基和另一个单糖的醇羟基失去一分子水形成的二糖,其分子中还有一个苷羟基,在水溶液中能转变成开链式结构,从而显示还原性和变旋光现象,能与 Tollens 试剂和 Fehling 试剂反应,能与苯肼生成脎,所以称为还原性二糖。重要的还原性二糖有麦芽糖和纤维二糖。

麦芽糖是由一个分子 D – 葡萄糖的 α – 苷羟基与另一分子 D – 葡萄糖 C_4 上的醇羟基脱水形成的醚键连接起来的,一般把这种形式的键叫 α – 1,4 – 苷键。图 12.12 是 β – (+) – 麦芽糖的结构,它有一个苷羟基,通过这个苷羟基,β – (+) – 麦芽糖和另一个 α – (+) – 麦芽糖处于动态平衡中。

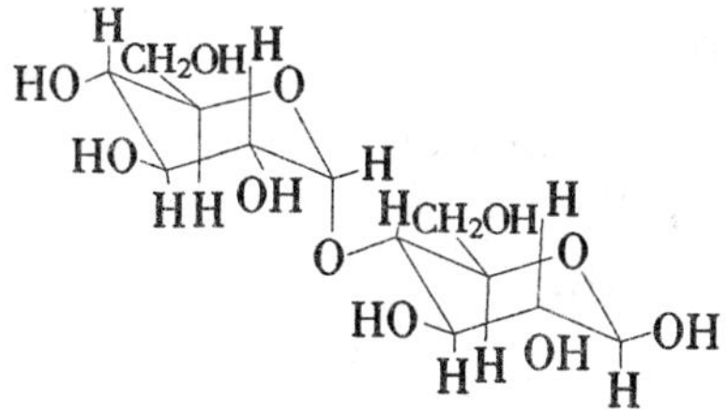

图 12.12　β – (+) – 麦芽糖 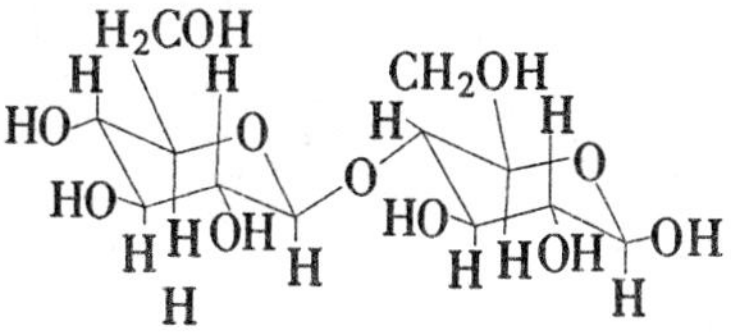　　　　　图 12.13　β – (+) – 纤维二糖

纤维二糖是由 D – 葡萄糖的 β – 苷羟基与另一分子 D – 葡萄糖 C_4 上的醇羟基脱水,通过 β – 1,4 – 苷键连接而成的,图 12.13 是 β – (+) – 纤维二糖的结构。

麦芽糖是 α – 葡萄糖苷。纤维二糖是 β 葡萄糖苷。它们都是还原糖,分子中都还有一个苷羟基,通过这个苷羟基环状结构与开链式结构互变,因此麦芽糖和纤维二糖具有一般单糖的性质。

2. 非还原性二糖

两个单糖分子通过苷羟基脱水形成的二糖是非还原性二糖。由于这样的二糖没有苷羟基,因此没有变旋光现象和还原性,也不与苯肼反应。蔗糖是最重要的非还原二糖,其结构如图 12.14所示。

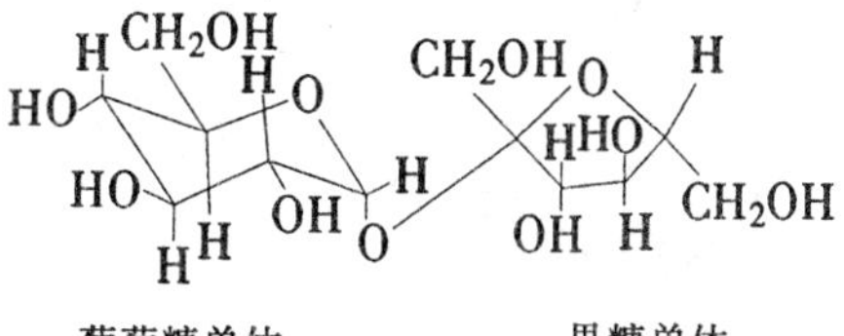

蔗糖是由 α – D – 葡萄糖的 C_1 上的苷羟基与 β – D – 果糖的 C_2 上苷羟基脱水形成的二糖。

蔗糖在自然界中分布很广,甘蔗、甜菜以及很多水果中都含有蔗糖。纯的蔗糖是无色晶体,易溶于水,蔗糖的甜味大于葡萄糖,但不如果糖。

葡萄糖单体　　　　　果糖单体

图 12.14　蔗糖的结构

三、多糖

多糖是天然高分子化合物,是由多个单糖分子的苷羟基和醇羟基脱水缩合的产物。它广泛存在于自然界中。一般不溶于水,没有甜味,没有还原性,下面介绍两种重要的多糖。

1. 淀粉

淀粉是绿色植物光合作用的产物。它主要存在于植物的种子和一些植物的块茎中。淀粉是人类的主要食物之一,是最常见和最重要的多糖之一。

普通淀粉的颗粒是由支链淀粉作为外层,直链淀粉作为内部组成的。其中支链淀粉约占 80%,直链淀粉约占 20%。这两种多糖在结构上的不同之处是直链淀粉没有支链,而支链淀粉有很多支链。直链淀粉的结构如图 12.15 所示。直链淀粉在空间盘旋形成螺旋,相对分子质量为 17 000 ~ 225 000,这相当于链内有 100 ~ 1 400 个葡萄糖单元。直链淀粉是 D – 葡萄糖以 α – 1,4 – 苷链相连而形成的。

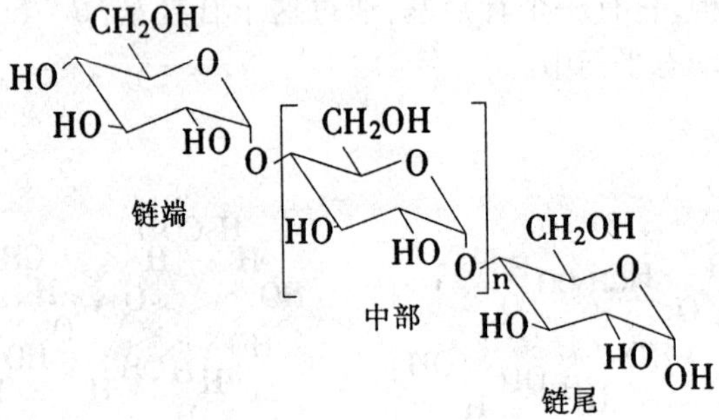

图 12.15　直链淀粉的结构

支链淀粉是普通淀粉颗粒的主要成分,它与直链淀粉一样也是由 D – 葡萄糖单元组成的。不同的是,它有很多支链,每一个支链含有不同数目的葡萄糖单元。每个支链内葡萄糖单元之间的结合是 α – 1,4 – 苷键,在分支点是 α – 1,6 – 甘糖。支链淀粉的相对分子质量为 200 000 ~ 1 000 000 或更高。支链淀粉的结构如图 12.16 所示。

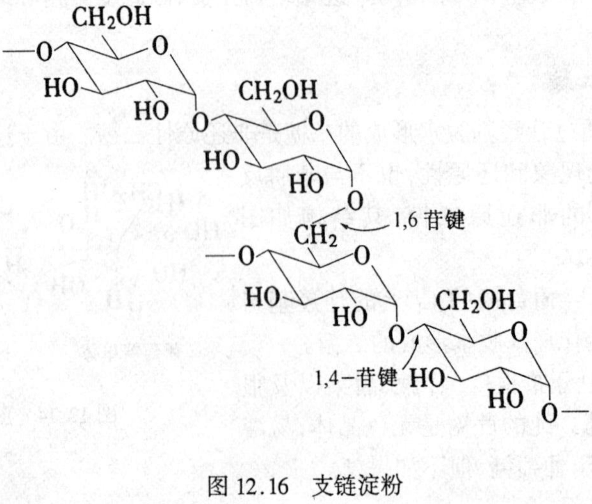

图 12.16　支链淀粉

淀粉是白色的无定形粉末,不溶于冷水。直链淀粉在热水中有一定的溶解度,支链淀粉不溶于热水。

2. 纤维素

纤维素是存在最广的碳水化合物。棉花中含有95%以上的纤维素。亚麻、木材、竹子、芦苇、稻草等植物也含有大量的纤维素。

纤维素彻底水解后的产物也是 D – 葡萄糖,但与淀粉不同的是,在纤维素中葡萄糖分子之间以 β – 1,4 – 苷键相连,分子中没有支链,纤维素的结构如图 12.17 所示。

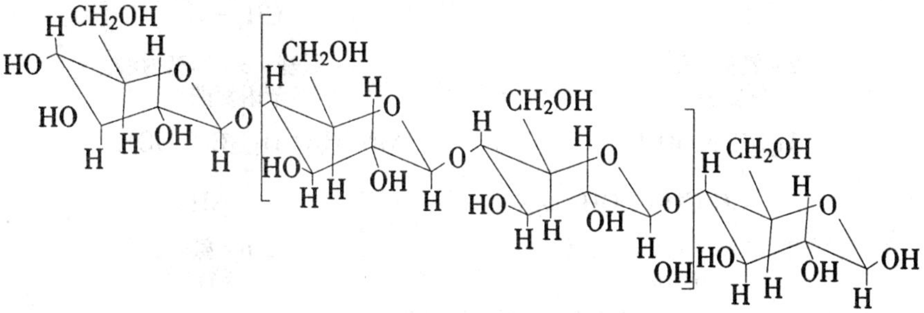

图 12.17　纤维素的结构式

纤维素不溶于水,也不溶于大部分有机溶剂。纤维素在碱中比较稳定,在高浓度的盐酸中能水解成低分子产物。

12.2　氨基酸、蛋白质和核酸

一、氨基酸

1. 氨基酸的结构、分类和命名

氨基酸是分子中既含有氨基($-NH_2$),又含有羧基的化合物。根据氨基和羧基在分子中的相对位置不同,氨基酸可分为 α – , β – , γ – , $\cdots$, ω – 氨基酸

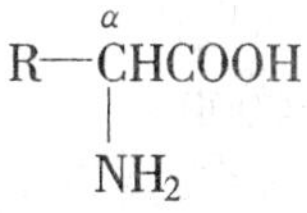

$$\overset{\alpha}{R-CHCOOH} \qquad \overset{\beta}{R}\overset{\alpha}{CHCH_2COOH} \qquad \overset{\omega}{CH_2}(CH_2)_n\overset{\alpha}{CH_2}COOH$$
$$\;\;\;|\qquad\qquad\qquad |\qquad\qquad\qquad\quad |$$
$$\;NH_2 \qquad\qquad\qquad NH_2 \qquad\qquad\qquad NH_2$$

α – 氨基酸　　　　　　β – 氨基酸　　　　　　　ω – 氨基酸

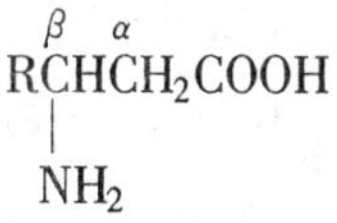

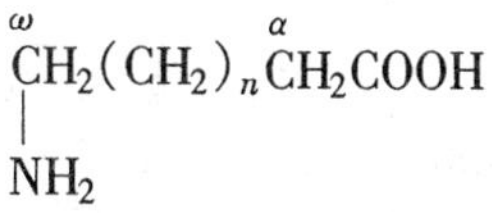

其中 α – 氨基酸最重要,它们是构成蛋白质的基础,其结构可用下面的 Fischer 投影式表示。

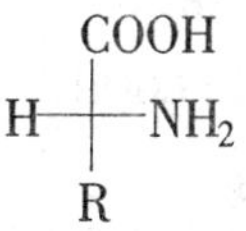

$$\begin{array}{cc} COOH & COOH \\ H-\!\!\!-NH_2 & H_2N-\!\!\!-H \\ R & R \end{array}$$

D – α – 氨基酸 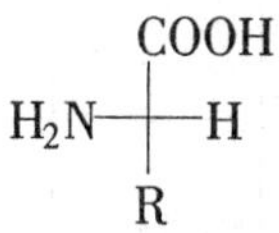　　　　　　　　　　L – α – 氨基酸

在涉及氨基酸和蛋白质的化学中,习惯上用 D,L 表示它们的构型。含两个或多个手征性碳原子的氨基酸的构型也取决于 α – 碳原子的构型。

氨基酸可用不同的方法分类。

按照分子中氨基和羧基的个数可分为中性氨基酸、酸性氨基酸和碱性氨基酸。分子中有一个氨基和一个羧基的是中性氨基酸,分子中羧基数目多于氨基数目的是酸性氨基酸,分子中氨基数目多于羧基数目的是碱性氨基酸。

按照分子的结构特点,氨基酸可分为脂肪族氨基酸、芳香族氨基酸及杂环氨基酸。

氨基酸可按系统命名法命名,即以氨基为取代基,按照羧酸的命名法命名。由蛋白质水解得到的氨基酸除了系统命名法外,还都有俗名,俗名比系统命名更常用。例如

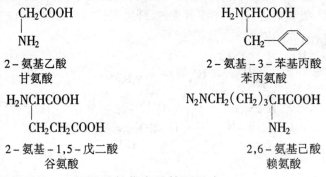

CH$_2$COOH
|
NH$_2$

2 - 氨基乙酸
甘氨酸

H$_2$NCHCOOH
|
CH$_2$—⟨苯环⟩

2 - 氨基 - 3 - 苯基丙酸
苯丙氨酸

H$_2$NCHCOOH
|
CH$_2$CH$_2$COOH

2 - 氨基 - 1,5 - 戊二酸
谷氨酸

N$_2$NCH$_2$(CH$_2$)$_3$CHCOOH
|
NH$_2$

2,6 - 氨基己酸
赖氨酸

由蛋白质水解得到的 α - 氨基酸的俗名及简写见表 12.1。

表 12.1　蛋白质水解得到的 α - 氨基酸

氨基酸	符号	字母代号	汉文代号	结　　构　　式	等电点
1. 甘氨酸	Gly	G	甘	H—NH—COOH　　　|　　　NH$_2$	5.97
2. 丙氨酸	Ala	A	丙	CH$_3$—CH—COOH　　　　|　　　　NH$_2$	6.00
3. 缬氨酸	Val	V	缬	CH$_3$＼　　　　CH—CH—COOH　CH$_3$／　　　|　　　　　　NH$_2$	5.96
4. 亮氨酸	Leu	L	亮	CH$_3$＼　　　　　CH—CH$_2$—CH—COOH　CH$_3$／　　　　　　|　　　　　　　　　NH$_2$	6.02
5. 异亮氨酸	Ile	I	异	CH$_3$—CH$_2$—CH—CH—COOH　　　　　　|　|　　　　　CH$_3$　NH$_2$	5.98
6. 苯丙氨酸	Phe	F	苯	⟨苯环⟩—CH$_2$—CH—COOH　　　　　　　|　　　　　　　　NH$_2$	5.48
7. 丝氨酸	Ser	S	丝	HO—CH$_2$—CH—COOH　　　　　　|　　　　　　NH$_2$	5.68
8. 苏氨酸	Thr	T	苏	HO—CH—CH—COOH　　　　|　|　　　　CH$_3$　NH$_2$	

9. 酪氨酸	Tyr	Y	酪	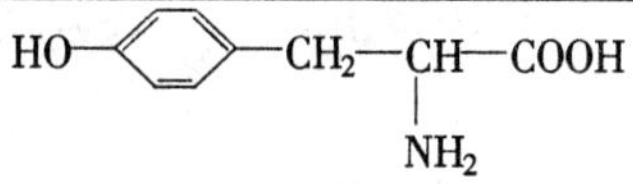 HO—⟨ ⟩—CH₂—CH—COOH (NH₂)	5.68
10. 半胱氨酸	Cys	C	半	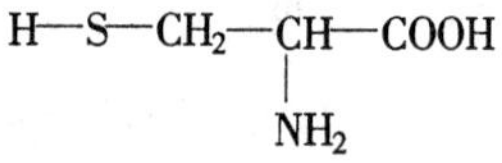 H—S—CH₂—CH—COOH (NH₂)	5.05
11. 蛋氨酸	Met	M	蛋	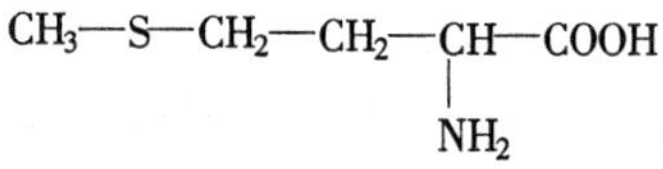 CH₃—S—CH₂—CH₂—CH—COOH (NH₂)	5.74
12. 色氨酸	Trp	W	色	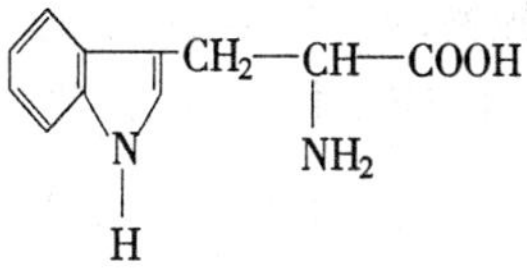 CH₂—CH—COOH (NH₂)	5.89
13. 赖氨酸	Lys	K	赖	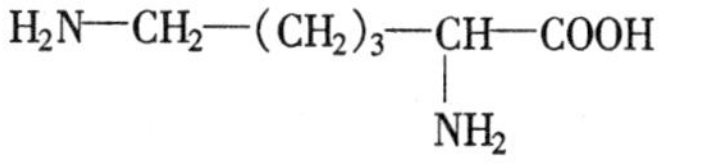 H₂N—CH₂—(CH₂)₃—CH—COOH (NH₂)	9.74
14. 精氨酸	Arg	R	精	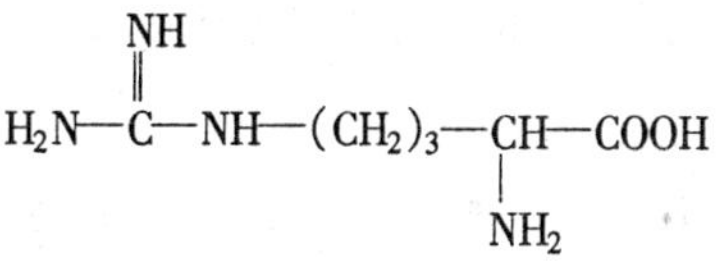 H₂N—C—NH—(CH₂)₃—CH—COOH (NH)(NH₂)	10.76
15. 组氨酸	His	H	组	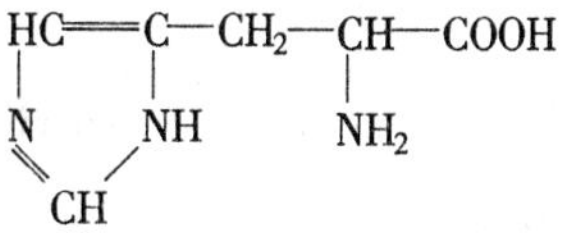 HC=C—CH₂—CH—COOH (N—NH)(NH₂)(CH)	7.59
16. 门冬氨酸	Asp	D	门	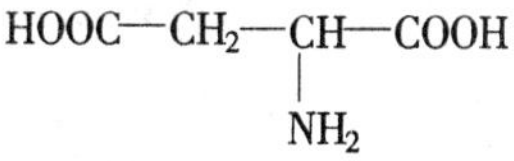 HOOC—CH₂—CH—COOH (NH₂)	2.77
17. 谷氨酸	Glu	E	谷	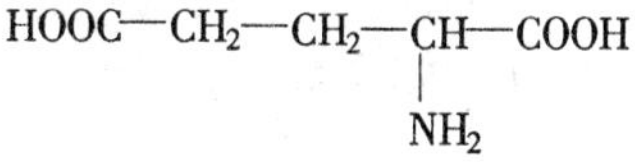 HOOC—CH₂—CH₂—CH—COOH (NH₂)	3.22
18. 门冬酰胺	Asn		门 – NH₂	NH₂—CO—CH₂—CH—COOH (NH₂)	
19. 谷氨酰胺	Gln	Q	谷 – NH₂	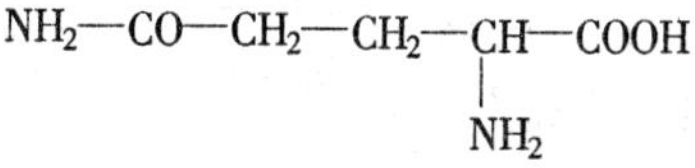 NH₂—CO—CH₂—CH₂—CH—COOH (NH₂)	5.65
20. 脯氨酸	Pro	P	脯	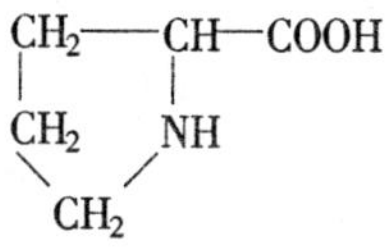 CH₂—CH—COOH (CH₂)(NH)(CH₂)	6.30

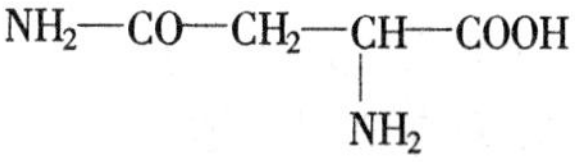

2. 氨基酸的性质

α - 氨基酸都是无色晶体,易溶于水,而难溶于无水乙醇、乙醚等有机溶剂,具有较高的熔点,在熔化时常常分解,除甘氨酸外,都具有旋光性。

氨基酸分子中含有氨基和羧基,故它们具有一般氨基和羧基的性质。此外,由于官能团的相互影响,氨基酸还具有一些特殊的性质。

(1)酸碱性——两性和等电点。虽然氨基酸写成 $NH_2CHCOOH$ 的形式,但实际上氨基

（R 在 CHCOOH 下方）

和羧基不以游离的形式存在,而是形成内盐。

$$NH_2—\underset{R}{CH}COOH \rightleftharpoons \overset{+}{N}H_3\underset{R}{CH}COO^-$$

这种内盐同时具有两种离子的性质,所以又叫两性离子或偶极离子。氨基酸之所以具有较高的熔点,不溶于非极性的有机溶剂,就是因为它们有着内盐的结构。这种两性离子,既可以和 H^+ 作用,又可以和 HO^- 作用,在溶液中形成一个平衡体系。

$$NH_2\underset{R}{CH}COO^- \underset{HO^-}{\overset{H^+}{\rightleftharpoons}} \overset{+}{N}H_3\underset{R}{CH}COO^- \underset{HO^-}{\overset{H^+}{\rightleftharpoons}} \overset{+}{N}H_3\underset{R}{CH}COOH$$

在上面的平衡中,究竟以哪种形式存在,取决于溶液的 pH 值。pH 减小,即酸性增强,平衡向右移动, $\overset{+}{N}H_3\underset{R}{CH}COOH$ 的浓度增大,在电场中,这个正离子向负极移动。pH 值增大,平衡向左移动, $H_2N\underset{R}{CH}COO^-$ 浓度增大,在电场中这个负离子向正极移动。当 pH 值达到某一确定的值时, $\overset{+}{H_3N}\underset{R}{CH}COOH$ 的浓度和 $H_2N\underset{R}{CH}COO^-$ 的浓度相等,这时在电场中不显示离子的移动。在这种情况下,相应的 pH 值叫做该氨基酸的等离点或等电点,以 pI 表示。由于羧基的离解度比氨基的大,所以中性氨基酸的等电点不是中性点。在等电点时偶极离子的浓度达到最大值。不同的氨基酸有不同的等电点。中性氨基酸的等电点为 6.2 ~ 6.8,碱性氨基酸的等电点为 7.6 ~ 10.7,酸性氨基酸的等电点为 2.8 ~ 3.2。pI 的计算值等于羧基和氨基的 pK 值的算术平均值。根据等电点的不同,不同氨基酸的混合物在外电场作用下,pH值大于其等电点时,氨基酸向正极移动,反之,向负极移动,经过一段时间后,不同的氨基酸彼此可以分离,这种分离方法叫电泳法。

(2)水合茚三酮反应。α – 氨基酸的水溶液遇水合茚三酮,能生成有颜色的产物,大多数氨基酸生成紫色物质,其反应为

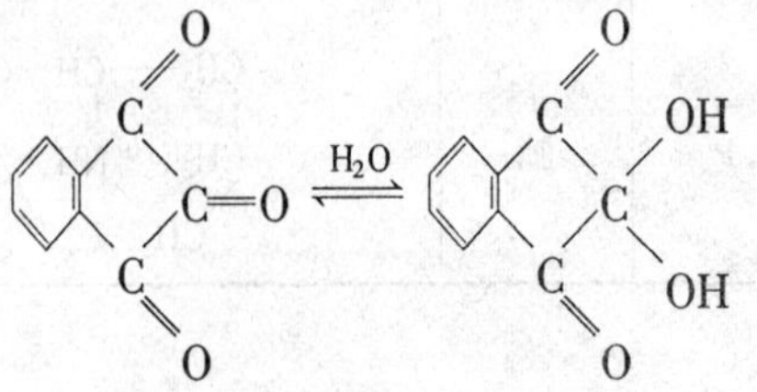

茚三酮

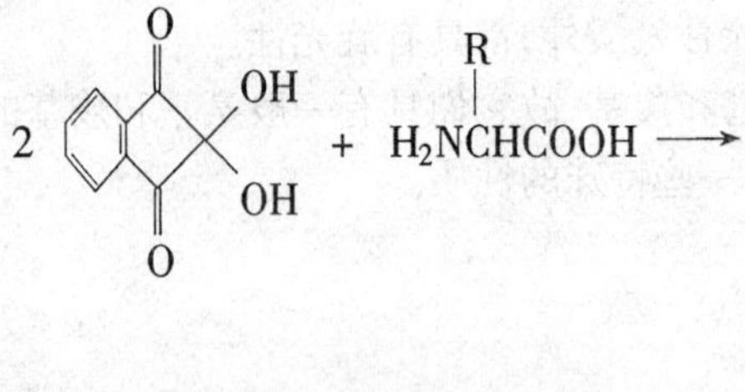

茚三酮水合物

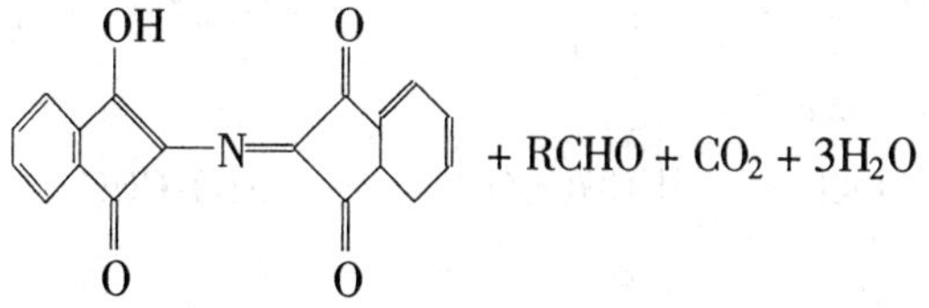

+ RCHO + CO$_2$ + 3H$_2$O

紫色物质

这个颜色反应常用于 α – 氨基酸的比色测定和色层分析的显色,是鉴别 α – 氨基酸最迅速、最简单的方法。

(3)受热后的消除反应。氨基酸因受热而发生的反应所得产物因氨基和羧基的相对位置不同而异,α – 氨基酸受热容易发生分子间脱水生成交酰胺

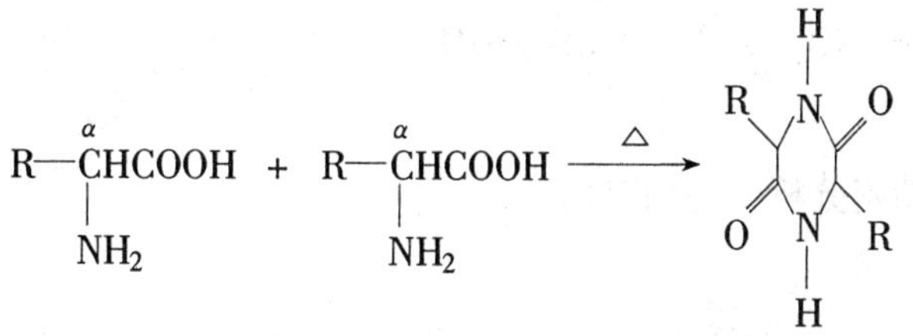

交酰胺

β – 氨基酸受热分子内脱去一分子氨生成 α – 、β – 不饱和酸。

$$CH_3CHCH_2COOH \xrightarrow{\triangle} CH_3CH=CHCOOH + NH_3$$
$$\underset{NH_2}{|}$$

γ – 或 δ – 氨基酸受热容易发生分子内脱水形成环状的内酰胺。

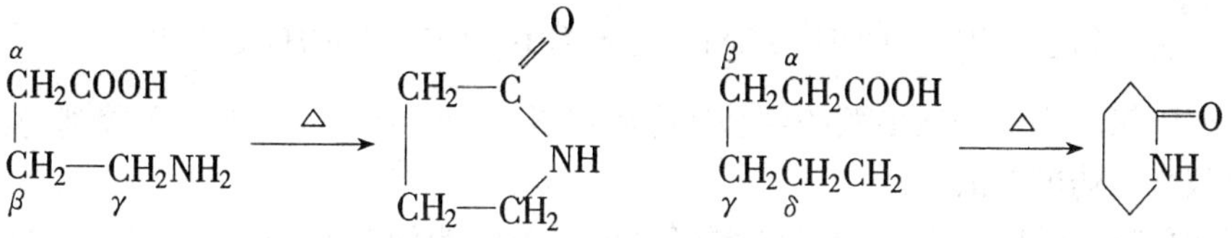

γ – 丁内酰胺　　　　　　　　　　　δ – 戊内酰胺

分子内氨基和羧基之间相隔更多的碳原子时,氨基酸受热发生分子间脱水生成多聚酰胺。

$$n\,NH_2CH_2CH_2CH_2CH_2CH_2COOH \xrightarrow{\triangle} H\!\left[\!NH_2CH_2CH_2CH_2CH_2CH_2\overset{O}{\overset{\|}{C}}\right]_{n}\!OH$$

尼龙 – 6

(4)酰基化和烃基化反应。氨基酸中的氨基可发生酰基化反应。

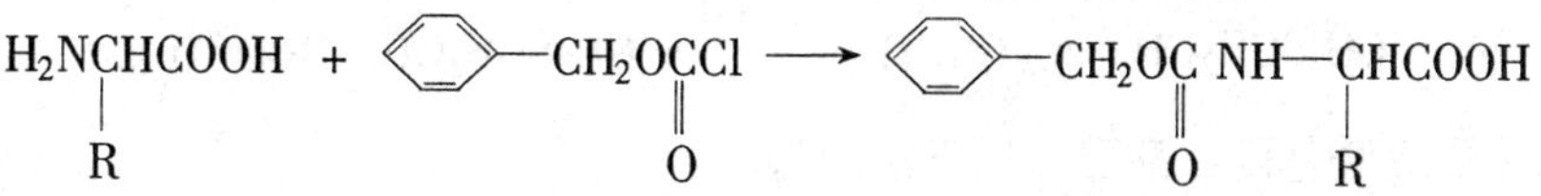

苄氧甲酰氯　　　　　　　　　　苄氧甲酰氨基酸

这一类反应可用来保护氨基。在上述反应中,苄氧甲酰氯很容易与氨基酸的氨基反应,生成苄氧甲酰基氨基酸。其中 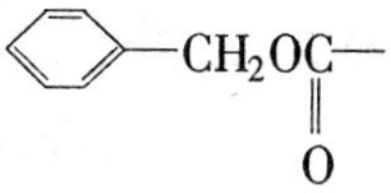 叫做苄氧甲酰基,在很多文献中,氨基被苄氧

甲酰基保护起来的氨基酸写为 $Z-\underset{\underset{R}{|}}{N}HCHCOOH$ 。Z 可以用催化氢化法除去。

叔丁氧酰氯也能使氨基酸酰基化。

$$(CH_3)_3COCCl + NH_2CHCOOH \longrightarrow (CH_3)_3COC\ NHCHCOOH$$
$$\overset{\parallel}{O} \qquad\qquad \overset{|}{R} \qquad\qquad\qquad \overset{\parallel}{O}\ \overset{|}{R}$$

叔丁氧酰氯 　　　　　　　　　　　　　　叔丁氧酰基氨基酸

不同的酰基化和去酰基化方法在人工合成多肽和蛋白质中得到广泛的应用。

氨基酸与卤代烃反应生成 N – 烃基氨基酸。一个特别有用的例子是 2,4 – 二硝基氟苯（DNFB,2,4 – Dinitrofluorobenzene）与氨基酸发生烃基化反应生成氨基酸的 2,4 – 二硝基苯的衍生物。

$$F\text{—}\langle\rangle\text{—}NO_2 + HN_2\text{—}CHCOOH \longrightarrow O_2N\text{—}\langle\rangle\text{—}NH\text{—}CHOOH$$
$$NO_2 \qquad\qquad\qquad \overset{|}{R} \qquad\qquad\qquad NO_2 \qquad \overset{|}{R}$$

这一反应在多肽的端基分析中特别有用。

3. 氨基酸的制备

(1)由蛋白质水解。蛋白质在酸、碱或酶的作用下水解,最后生成多种 α – 氨基酸的混合物。将混合物用各种分离手段(如色层分离法、离子交换法等等)进行分离,即可分别得到各种氨基酸。

(2)由卤代酸氨解。卤代酸与过量的氨作用,可以生成氨基酸。例如,羧酸在三溴化磷存在下与溴作用,可以生成 α – 溴代酸,再与过量的氨作用,即可生成 α – 氨基酸。

$$CH_3\text{—}\overset{\overset{Br}{|}}{C}H\text{—}COOH + 2NH_3 \xrightarrow[\text{室温}]{H_2O} CH_3\text{—}\overset{\overset{NH_2}{|}}{C}H\text{—}COOH + NH_4Br$$

氨基酸的氨基不像一般伯胺的氨基那样容易进一步烃基化。这是由于羧基的影响使其碱性比伯胺来得弱的缘故。

(3)由丙二酸酯制备。α – 氨基酸可以用丙二酸酯为原料来制备。先将丙二酸酯转化成 N – 乙酰胺基丙二酸酯或 N – 邻苯二甲酰亚胺基丙二酸酯,然后烷基化、水解,最后再脱羧,即可得到 α – 氨基酸。例如

$$\langle\text{—}\overset{CO}{\underset{CO}{}}N\text{—}CH(COOC_2H_5)_2 \xrightarrow[]{C_2H_5ONa} \xrightarrow[]{CH_3SCH_2CH_2Cl} \langle\text{—}\overset{CO}{\underset{CO}{}}N\text{—}CH(COOC_2H_5)_2 \xrightarrow[]{H_2O}$$
$$\qquad\qquad\qquad\qquad\qquad\qquad\qquad\qquad\qquad CH_2CH_2SCH_3$$

$$CH_3SCH_2CH_2\text{—}\overset{\overset{NH_2}{|}}{C}(COOH)_2 \xrightarrow[\triangle]{-CO_2} CH_3SCH_2CH_2\overset{\overset{NH_2}{|}}{C}HCOOH$$

N – 邻苯二甲酰亚胺基丙二酸酯可用下法制得。

$$CH_2(COOC_2H_5)_2 \xrightarrow[CCl_4]{Br_2} BrCH(COOC_2H_5)_2 \xrightarrow[]{\langle\text{—}\overset{CO}{\underset{CO}{}}NK} \langle\text{—}\overset{CO}{\underset{CO}{}}N\text{—}CH(COOC_2H_5)_2$$

由上述一些合成方法制得的氨基酸,都是外消旋体。需要其中某一种旋光体时,可以利用形成非对映体的方法,或利用酶的选择性反应来进行拆分。

二、蛋白质

1. 多肽

两个氨基酸分子失去 1 分子水,彼此用酰胺键结合形成的化合物叫二肽。例如

$$
\underset{\displaystyle}{H_2NCH_2\overset{\overset{\displaystyle O}{\|}}{C}-OH} + \underset{\overset{\displaystyle |}{CH_3}}{H-NHCHCOOH} \longrightarrow \underset{\overset{\displaystyle |}{CH_3}}{NH_2CH_2\overset{\overset{\displaystyle O}{\|}}{C}-NHCHCOOH}
$$

二肽

所形成的酰胺键 $-\overset{\overset{\displaystyle O}{\|}}{C}-NH-$ 又称为肽键。

由 3 分子氨基酸通过肽键形成的肽叫三肽,多个氨基酸形成的肽叫多肽。组成多肽的氨基酸可以是相同的,也可以是不同的。

$$
\underset{\overset{\displaystyle |}{CH_3}}{H_2N-CH}-\overset{\overset{\displaystyle O}{\|}}{C}-NHCH_2-\overset{\overset{\displaystyle O}{\|}}{C}-\underset{\overset{\displaystyle |}{CH_3}}{NHCHCOOH}
$$

丙氨酰甘氨酰丙氨酸(三肽)

多肽可以用一个链状的式子表示

$$
\underset{\underset{\displaystyle N\text{端}}{\overset{\displaystyle |}{R}}}{H_2N-CH}-\overset{\overset{\displaystyle O}{\|}}{C}\underset{\overset{\displaystyle |}{R}}{\left[NH-CH\right.}-\overset{\overset{\displaystyle O}{\|}}{C}\left.\right]_n \underset{\underset{\displaystyle C\text{端}}{\overset{\displaystyle |}{R}}}{NH-CHCOOH}
$$

多肽的两端是氨基或羧基。氨基的一端叫 N 端,羧基的一端叫 C 端。在书写时,通常把 N 端写在左边,把 C 端写在右边。

命名多肽时,以含有完整羧基的氨基酸为母体,其他的氨基酸的羧基形成肽键,同酰基一样称为某氨酰。在写多肽结构时,通常把 N 端写在左边,C 端写在右边。命名时由 N 端叫起,按顺序称为某氨酰某氨酸。为了书写简便,也常用简写来表示。例如

$$
\underset{\overset{\displaystyle |}{CH_3}}{NH_2CHCO}-\underset{\overset{\displaystyle |}{CH_2}}{NHCHCO}-NHCH_2COOH
$$

丙氨酰苯丙氨酰甘氨酸

Ala – Phe – Gly

(丙 – 苯丙 – 甘)

$$NH_2CHCO—NHCHCO—NHCHCO—NHCH_2COOH$$

$$CHCH_3 \qquad CH_3 \qquad CH_2$$

$$CH_3 \qquad\qquad\qquad CHCH_3$$

$$CH_3$$

缬氨酰丙氨酰亮氨酰甘氨酸

Val – Ala – Leu – Gly

(缬 – 丙 – 亮 – 甘)

2. 多肽结构的测定

测定多肽结构的一般程序是首先测定多肽的组成,然后确定肽链中氨基酸的排列顺序。

测定多肽的组成,一般是将多肽在酸性溶液中进行水解,再用色层分离法把各种氨基酸分开,然后进行分析。这样,就可以知道多肽是由哪几种氨基酸组成的,以及各种氨基酸的相对数目是多少。至于这些氨基酸在多肽分子中的排列次序,则是通过末端分析的方法,并配合部分水解,加以确定的。

用适当的化学方法,可以使多肽链末端的氨基酸断裂下来。经过分析,就可以知道多肽链的两端是哪两个氨基酸,这叫做末端分析。降解了的肽链还可以再反复进行末端分析。通过多步末端分析,就可以确定多肽链中氨基酸的连接次序。但是,对于很长的肽链来说,要完全靠末端分析的方法确定所有氨基酸的连接次序,是有困难的,所以一般还要结合使用部分水解的方法。即先将多肽部分水解成较短的肽链,然后对这些较小的多肽进行末端分析,最后推断出原多肽分子中各种氨基酸的排列次序。可以举一个简单的例子来说明:设某三肽完全水解后,可得到谷氨酸、半胱氨酸和甘氨酸,这三种氨基酸可以有六种排列次序

谷 – 半胱 – 甘　　　　半胱 – 甘 – 谷　　　　甘 – 谷 – 半胱

谷 – 甘 – 半胱　　　　半胱 – 谷 – 甘　　　　甘 – 半胱 – 谷

要推知该三肽是哪一种组合方式,可以把它部分水解。水解产物中有两种多肽。把它们分离后分别进行末端分析,知道它们是谷 – 半胱和半胱 – 甘。由此可知,半胱氨酸是在三肽链的中间,谷氨酸在 N 端,甘氨酸在 C 端,即该三肽的结构是:谷 – 半胱 – 甘。

$$HOOC—CH_2CH_2 \qquad\qquad CH_2SH$$

$$NH_2CHCO—NHCHCO—NHCH_2COOH$$

端基分析包括 N 端分析和 C 端分析。常用的 N 端氨基酸的分析可用 2,4 – 二硝基氟苯与多肽作用。反应结果,N 端游离氨基上的氢原子可以被取代。然后将这多肽衍生物在酸性溶液中完全水解。水解后的混合物中,2,4 – 二硝基苯基氨基酸很容易与其他氨基酸分离开来。然后对它进行鉴定,这就可以知道原来 N 端是什么氨基酸,缺点是整个多肽链都水解了。

$$O_2N—\underset{NO_2}{\bigcirc}—F + NH_2\underset{R}{CH}CO—NH\underset{R'}{CH}CO\cdots \longrightarrow$$

$$O_2N—\underset{NO_2}{\bigcirc}—NH\underset{R}{CH}CO—NH\underset{R'}{CH}CO\cdots \xrightarrow{H_2O,H^+}$$

$$O_2N-\underset{NO_2}{\underset{|}{\bigcirc}}-NHCHCOOH + NH_2\overset{R'}{\underset{|}{C}}HCOOH + \cdots$$

N 端氨基酸的分析还可以用异硫氰酸苯酯与多肽作用。结果,N 端氨基参加反应。将所得衍生物再与酸作用,N 端氨基酸就可断裂下来,然后对它加以鉴定。

$$C_6H_5N{=}C{=}S + NH_2\overset{R}{\underset{|}{C}}HCO{-}NH\overset{R'}{\underset{|}{C}}HCO\cdots \longrightarrow C_6H_5NH\overset{S}{\underset{\|}{C}}{-}NH\overset{R}{\underset{|}{C}}HCO{-}NH\overset{R'}{\underset{|}{C}}HCO\cdots$$

$$\xrightarrow{HCl} C_6H_5{-}N\underset{O{=}C}{}\overset{S}{\underset{\|}{C}}\underset{CH{-}R}{}NH \quad + \quad NH_2\overset{R'}{\underset{|}{C}}HCO\cdots$$

苯基乙内酰硫脲　　　　　　　（降解后的多肽）

分析 C 端氨基酸用肼解法,将多肽与肼在无水情况下加热,C 端氨基酸即从肽链上降解下来,其余部分变成肼的衍生物。肼的衍生物与苯甲醛缩合生成非水溶性物质,溶在水中的是 C 端氨基酸

$$H_2N{-}\underset{R_1}{\underset{|}{C}}HCO\underset{R_n}{\overbrace{NH{-}\underset{|}{C}H{-}CO}_n}NH\underset{R_{n+1}}{\underset{|}{C}}HCOOH + NH_2NH_2 \longrightarrow$$

$$NH_2{-}\underset{R_1}{\underset{|}{C}}H{-}CO\underset{R_{n-1}}{\overbrace{NH\underset{|}{C}HCO}_{n-1}}NH\underset{R_n}{\underset{|}{C}}HCONHNH_2 + NH_2\underset{R_{n+1}}{\underset{|}{C}}HCOOH$$

$$\xrightarrow{C_6H_5CHO} H_2N\underset{R_1}{\underset{|}{C}}HCO\overbrace{NH\underset{R_{n-1}}{\underset{|}{C}}HCO}_{n-1}NH\underset{R_n}{\underset{|}{C}}HCONHN{=}CHC_6H_5 + NH_2\underset{R_{n+1}}{\underset{|}{C}}HCOOH$$

不溶性物质

以上方法,实际上仅仅确定了多肽的氨基酸排列顺序,对于多肽结构的最终确定,是按照测定的氨基酸顺序合成这个多肽,合成的多肽应当具有与要测定结构的多肽完全相同的结构和性质。

3. 多肽的合成

理论上,一个氨基酸的羧基与另一个氨基酸的氨基脱去一分子水即生成肽,但实际上,按照一定的顺序合成一个多肽是很繁琐的工作。由于两种氨基酸都各有自己的氨基和羧基,如果将两种氨基酸进行反应,即使不发生交联反应,也应有 4 种二肽生成。

要合成一种与天然多肽相同的化合物,必须把各种有旋光性的氨基酸按一定的顺序连接成一定长度的肽链。在需要使一种氨基酸的羧基和另一种氨基酸的氨基相结合时,要防止同一种氨基酸分子之间相互结合。因此,在合成时,必须把某些氨基或羧基保护起来,以使反应能按所要求的方式进行。而所选用的保护基团,必须符合以下条件:在以后脱除该保护基的条件下,肽键不会发生断裂。

羧基常通过生成酯加以保护。因为酯比酰胺容易水解,用碱性水解的方法,就可以把保护基团除去。

$$\cdots CO\!\!-\!\!NH\overset{R}{\underset{|}{CH}}COOCH_3 \xrightarrow[OH^-]{H_2O\ \ H^+} \cdots CO\!\!-\!\!NH\overset{R}{\underset{|}{CH}}COOH$$

氨基可以通过与氯甲酸苄酯($C_6H_5CH_2OCOCl$)作用加以保护,因为氨基上的苄氧羰基很容易用催化氢解的方法除去。

$$C_6H_5CH_2OCO\!\!-\!\!NH\!\!-\!\!\overset{R}{\underset{|}{CH}}CO\!\!-\!\!NH\cdots \xrightarrow{H_2,Pd} C_6H_5CH_3 + CO_2 + NH_2\overset{R}{\underset{|}{CH}}CO\!\!-\!\!NH\cdots$$

例如,设计要合成甘氨酰丙氨酸(甘－丙),若直接用甘氨酸和丙氨酸脱水缩合,将得到四种二肽的混合物。

$$甘氨酸 + 丙氨酸 \xrightarrow{-H_2O} 甘－甘 + 丙－丙 + 甘－丙 + 丙－甘$$

如果采用下列反应,则可得到所要求的二肽。

$$C_6H_5CH_2OCOCl + NH_2CH_2COOH \longrightarrow C_6H_5CH_2OCO\!\!-\!\!NHCH_2COOH \xrightarrow{SOCl_2}$$

$$C_6H_5CH_2OCO\!\!-\!\!NHCH_2COCl \xrightarrow{\overset{CH_3}{\underset{|}{NH_2CHCOOH}}} C_6H_5CH_2OCO\!\!-\!\!NHCH_2CO\!\!-\!\!NH\overset{CH_3}{\underset{|}{CH}}COOH \xrightarrow{H_2,Pd}$$

$$NH_2CH_2CO\!\!-\!\!NH\overset{CH_3}{\underset{|}{CH}}COOH (甘－丙)$$

反复使用这样的方法,每次构成一个肽键,就可以把各种氨基酸按一定的次序一个个地连接起来。

多肽的合成是一项十分复杂的工作。因为在按上述方法构成肽键、保护和脱除保护的过程中,常会发生消旋化。而每一步反应的产率不可能 100%。所以反应后的分离、提纯随着肽链的增长,愈来愈困难。但是经过科学家们的努力,现已合成出了多种天然多肽,其中有的多肽甚至有上百个氨基酸单元。例如,牛胰腺核糖核酸酶的多肽链已可合成出来,它是由 124 个氨基酸单元所构成的。

4. 蛋白质的组成、分类和作用

蛋白质的化学组成元素是 C、H、O、N、S,有的还含有微量的 P、Fe 等元素。一般认为,相对分子质量大于 10 000 的多肽是蛋白质,但这种定义并不完全合理,还应当考虑它们的作用和结构。

蛋白质有不同的分类方法。按溶解性可分为两大类:溶于水、酸、碱或盐溶液的球形蛋白质和不溶于水的纤维蛋白质。

按组成分为简单蛋白和结合蛋白。简单蛋白完全水解后只得到 α－氨基酸。结合蛋白由简单蛋白和非蛋白物质结合而成,例如,糖蛋白由蛋白质与糖结合而成;脂蛋白由蛋白质与脂类结合而成;核蛋白由蛋白质与核酸结合而成;色蛋白由蛋白质与色素物质结合而成。

蛋白质是生命存在的物质基础之一,它在生物体内所起的作用是多种多样的,有很多功能还未被人类所认识,但总的说来,主要是两个方面,一方面起结构的作用,另一方面起调节作用,对于蛋白质的调节机理的研究还在不断深化之中。

5. 蛋白质的结构

蛋白质的结构是非常复杂的,不仅蛋白质多肽链中各种氨基酸都有一定的排列次序,并且整个蛋白质分子在空间上也有一定的排布顺序。蛋白质存在着四级结构。

(1)一级结构。即多肽链中氨基酸组成和氨基酸排列顺序。例如 1965 年我国首先人工合成的具有生理活性的牛胰岛素,它的一级结构可表示为

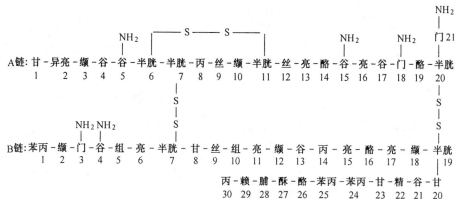

在一级结构中,肽键是主要连接键,多肽链是一级结构的主体。

(2)二级结构。指多肽链在空间的折叠方式。多肽链在空间的折叠方式不是任意的。由于氢键的存在,空间效应的影响,使多肽链在空间形成一定的排布形式。蛋白质的二级结构形式主要有:α – 螺旋,β – 折叠。其中氢键在维持二级结构中起着重要的作用。

α – 螺旋链的骨干结构为锯齿形肽链,链中的 ⟍C═O 和 ⟍NH 在同一平面内,但分布在锯齿链的两侧。链中多肽原子间的键长、键角都是一定的。

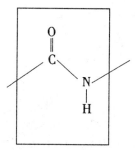

碳氮之间的键长(0.132 nm)比一般的 C—N 单键的键长(0.147 nm)短。羰基的 π 电子和氮原子的孤对电子发生一定程度的离域,因此碳与氮之间具有某种程度的双键性质。碳氮键不能自由旋转,但是与羰基碳和氮相连的其他基团可以旋转,因此,整个肽链可以绕成螺旋或锯齿形。其中大的基团伸向外面的空间。

在 α – 螺旋结构中氨基酸残基以 100° 的角度围绕螺旋轴心盘旋上升,邻近两个氨基酸残基之间的轴心距为 0.15 nm,每隔 3.6 个氨基酸残基螺旋上升一圈,螺旋沿中心轴每上升一圈相当于向上平移均 0.54 nm。相邻的螺圈之间形成链内氢键,氢键的取向几乎与中心轴平行,氢键是由肽键中氮原子上的氢和在它后面第四个氨基酸残基的羰基氧之间形成的。α – 螺旋体的结构允许所有的肽键都能参与链内氢键的形成,因此,α – 螺旋体的构象是稳定的构象(见图 12.18)。并不是所有的蛋白质中的肽链都形成 α – 螺旋,另一种构象是 β – 折叠结构,如图 12.19 所示。β – 折叠也是较稳定的构象。

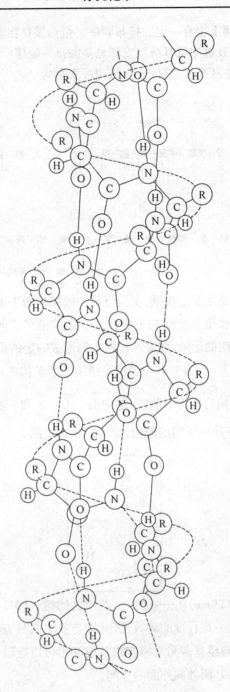

图 12.18　多肽链的 α-螺旋体构象

　　在 α-螺旋中,α-氨基酸中的残基由于肽链的盘旋而靠近了,当残基足够大时,空间阻碍有可能打乱规则的 α-螺旋结构而使肽链趋向伸直,邻近两条链或一条肽链内的两段之间,由于氢键而平行排列成片状的 β-折叠结构。

　　(3)三级结构。蛋白质在二级结构单元的基础上,由螺旋或折叠的肽链再按一定空间取向盘绕交联成一定的形状,称为三级结构。有些简单的蛋白质具有典型的三级结构,如肌红

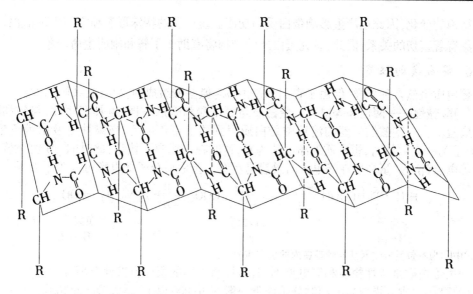

图 12.19　β-角蛋白的折叠结构

蛋白的三级结构,见图 12.20。

　　肌红蛋白由 153 个氨基酸组成肽链,大部分是 α-螺旋构象,但有 8 处中断。这 8 处非螺旋区域有 4 处是由于存在着脯氨酸,其他 4 处中断的原因尚不清楚。在肽链中除了与血红素联系的两个组氨酸外,疏水性较强的侧链全在分子内部,有排斥水和极性分子进入的作用。亲水性强的侧链全部露在外边,因此肌红蛋白是亲水的。

　　多肽链经卷曲折叠成三级结构,使分子表面形成了某些具有生物功能的特定区域,如酶的活性中心等等。

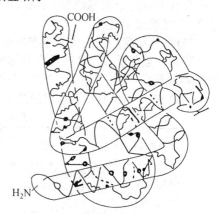

图 12.20　肌红蛋白的三级结构

　　(4)四级结构。许多蛋白质是由若干个简单的蛋白质分子或多肽链组成的。这些具有三级结构的简单蛋白质或多肽称为亚基,亚基间按一定方式缔合起来叫做蛋白质的四级结构。结合蛋白质的四级结构包括亚基与非蛋白部分的空间排布。例如,马血红蛋白的四级结构是由 4 个亚基构成的,每一个亚基由一条螺旋链和一个血红素构成,如图 12.21 所示。

　　蛋白质的结构复杂而精密,其功能和结构有密切的关系。蛋白质的一、二级结构是三、四级结构的基础。一、二级结构一旦破坏,就像普通的有机分子一样,失去它原有的性质。三、四级结构对环境条件敏感,热、酸、碱溶液等条件都会引起三、

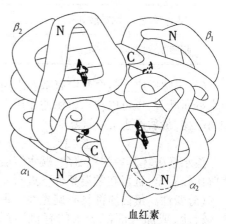

血红素

图 12.21　马血红蛋白的四级结

四级结构的变化,因此也严重影响蛋白质的功能。蛋白质的特殊形态和它们生理活性,与生命现象有着密切的关系,因此,研究蛋白质的结构将有助于了解和阐明生命现象。

6. 蛋白质的性质

蛋白质虽然多种多样,但由于它们都是由 α – 氨基酸组成的,故具有共同的性质。

(1)酸碱性——两性和等电点。蛋白质与氨基酸和多肽一样,也具有两性,与酸和碱都能生成盐。在一定酸性强度的溶液中蛋白质得到质子带正电荷;在碱性溶液中带负电荷。在 pH 值为一定数值时,蛋白质的净电荷为零,这时在电场中不移动,此时的 pH 值是该蛋白质的等电点(pI)。蛋白质在等电点时最容易沉淀。蛋白质分子的电离可以表示如下

$$H_3\overset{+}{N}—\boxed{P}—COOH \underset{+H^+}{\overset{-H^+}{\rightleftharpoons}} H_3\overset{+}{N}—\boxed{P}—COO^- \underset{+H^+}{\overset{-H^+}{\rightleftharpoons}} H_2N—\boxed{P}—COO^-$$

正离子	偶极离子	负离子
pH < pI	pH = pI	pH > pI

式中□为不包括链端氨基与羧基在内的蛋白质分子。

利用蛋白质是两性物质和等电点不同,可以将不同的蛋白质彼此分离开。

(2)胶体性质。蛋白质的相对分子质量一般在 10 000 以上,是大分子有机物。蛋白质分子内含有大量的亲水基团如—NH_2、—COOH、—OH 等,所以多数蛋白质能溶于水形成胶体溶液,不能透过半透膜。

(3)显色反应。蛋白质分子中含有酰胺键和不同的氨基酸残基,因此,能与不同的试剂产生特有的显色反应。这些反应有的可用于蛋白质的定性鉴定和定量分析,例如,双缩脲反应、Millon 反应、黄色反应等。有的可作为蛋白质是否完全水解的检定实验,例如双缩脲反应等。表 12.2 列出其中最重要的几个反应。

表 12.2 蛋白质的颜色反应

反应名称	试　　剂	颜　　色	反应有关基团	有此反应的蛋白质或氨基酸
双缩脲反应	氢氧化钠及少量稀硫酸铜溶液	紫色或粉红色	2 个以上的肽键	所有蛋白质皆有此反应
Millon 反应	Millon 试剂($HgNO_3$、$Hg(NO_3)_2$ 和 HNO_3 混合物)共热	红　色	酚　基	酪氨酸
黄色反应	浓硝酸和氨	黄色,橘色	苯　基	酪氨酸,苯丙氨酸
茚三酮反应	茚三酮	蓝　色	氨基及羧基	α – 氨基酸

(4)水解反应。蛋白质中氨基酸之间的肽键和一般的酰胺键一样,可以在酸或碱性条件下水解而断裂,也可以在水解酶的作用下水解。根据不同的条件,蛋白质水解可经过一系列中间产物,最后产生 α – 氨基酸。

蛋白质→多肽→小肽→二肽→α – 氨基酸

酸水解破坏其中的色氨酸,碱水解破坏其中的苏氨酸、半胱氨酸、丝氨酸和精氨酸。酶水解比较安全,且可在常温条件下进行。

(5)变性。蛋白质都具有旋光性。蛋白质水溶液受热或受紫外光照射,或在溶液中加入酸、碱、盐,或加入能溶于水的有机溶剂等等,蛋白质即凝聚而沉淀。这是因为蛋白质受热或受化学试剂的作用,复杂结构发生了变化。这种现象叫做蛋白质的变性。因结构和性质改变而沉淀出来的蛋白质叫做变性蛋白质。随着蛋白质的变性,它们的旋光性也会改变,

并且往往失去其生理活性。蛋白质的变性通常是不可逆的。但不同的蛋白质受外界条件的影响而引起的变性程度不同。也有一些蛋白质在除去某些变性条件之后,仍可再转变为原来的蛋白质。

三、核酸

核酸是生命的最基本的物质,也是生命中非常重要的生物大分子。是由戊糖($D-(-)-$核糖或 $D-(-)-2-$脱氧核糖)与杂环碱及磷酸形成的大分子化合物。

核酸和蛋白质以结合蛋白质的形式存在于细胞核内。

1.核苷酸和核苷

核酸在适当酶或弱碱的作用下水解成核苷酸,进一步水解成核苷和磷酸。在无机酸作用下完全水解成戊糖、杂环碱和磷酸

戊糖

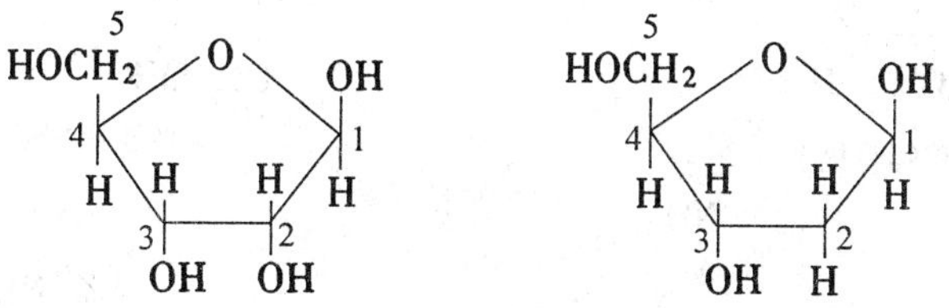

核糖　　　　　　　　　　　2-脱氧核糖

杂环碱

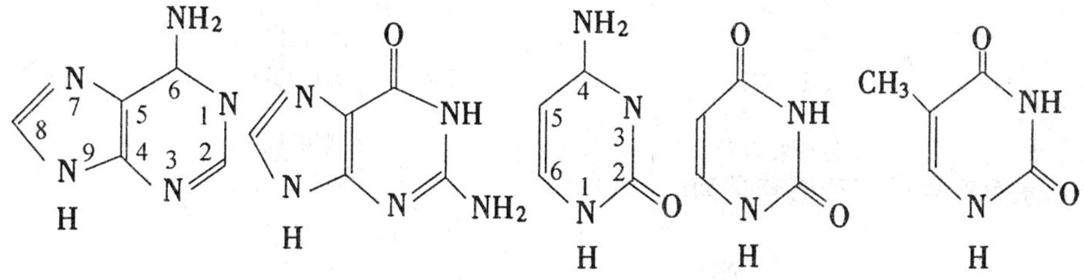

腺嘌呤　　　　鸟嘌呤　　　　胞嘧啶　　　　尿嘧啶　　　　胞腺嘧啶

各种各样的核酸就是由磷酸、戊糖、杂环碱按一定的排列次序和一定的空间排布形成的。

按水解后得到的戊糖不同,核酸分为两类:核糖核酸(RNA)是水解后得到核糖的核酸;脱氧核糖核酸(DNA)是水解得到脱氧核糖的核酸。RNA 与 DNA 在组分上的区别见表 12.3。

表 12.3　RNA 与 DNA 在组分上的区别

RNA	DNA
磷　酸	磷　酸
$D-$核糖	$D-2-$脱氧核糖
腺嘌呤	腺嘌呤
鸟嘌呤	鸟嘌呤
胞嘧啶	胞嘧啶
尿嘧啶	胸腺嘧啶

杂环碱与核糖或 2-脱氧核糖的 1 位以 $\beta-$甘键的形式结合形成苷。核苷也有两种,即核糖核苷和 2-脱氧核糖核苷为

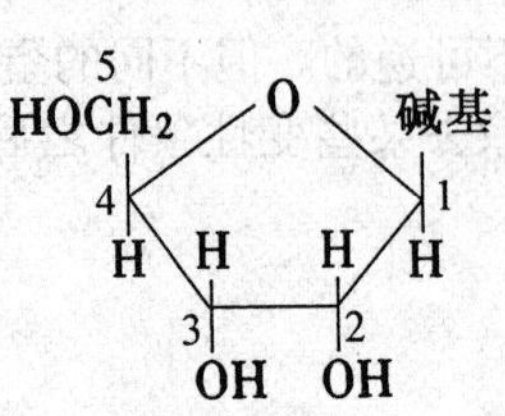

核糖核苷

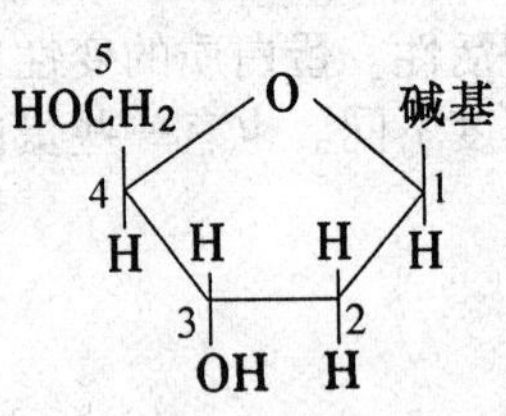

2-脱氧核糖核苷

RNA 水解产生的四种核苷是为

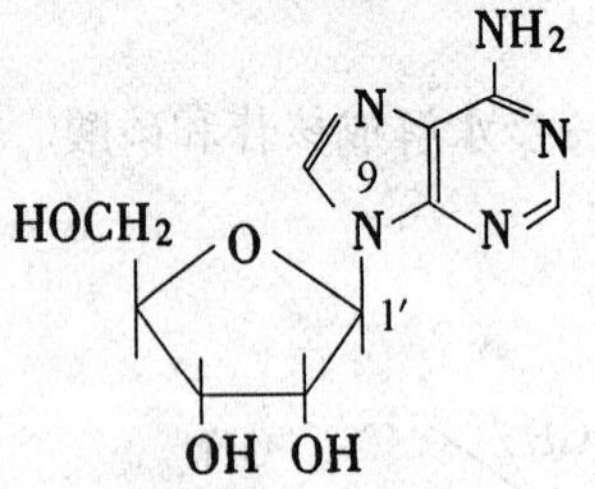

腺嘌呤核苷

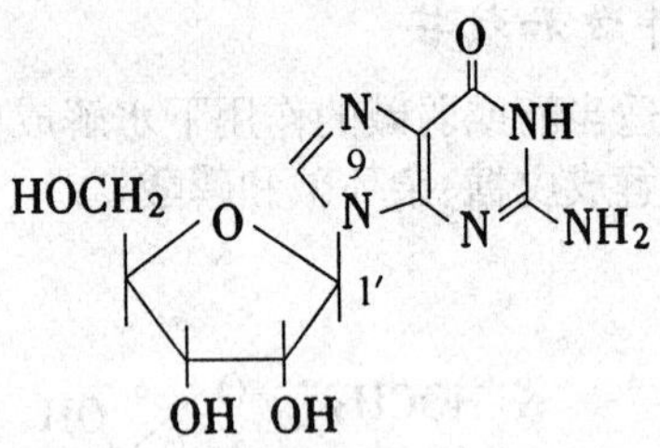

鸟嘌呤核苷

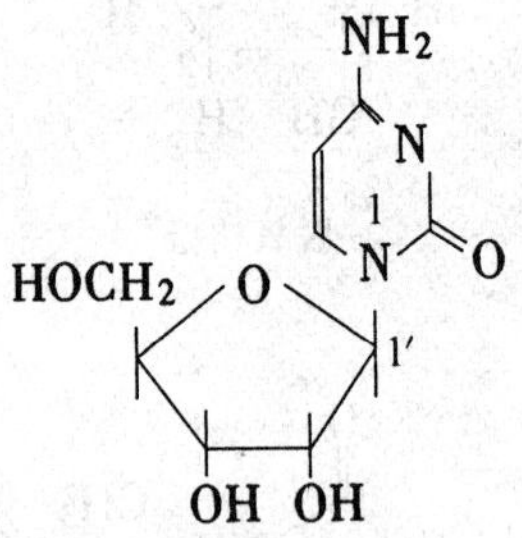

胞嘧啶核苷

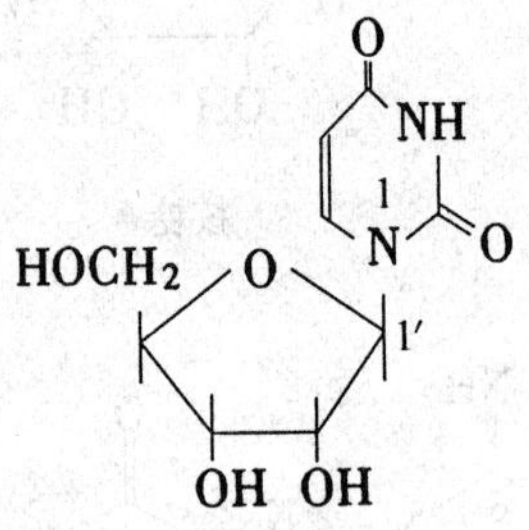

尿嘧啶核苷

DNA 水解产生的四种核苷是为

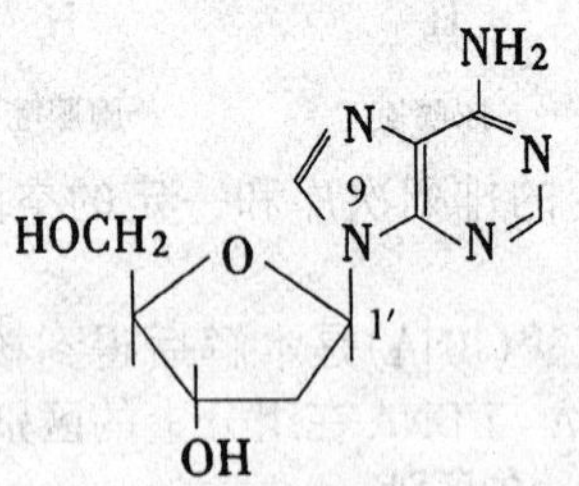

腺嘌呤脱氧核苷

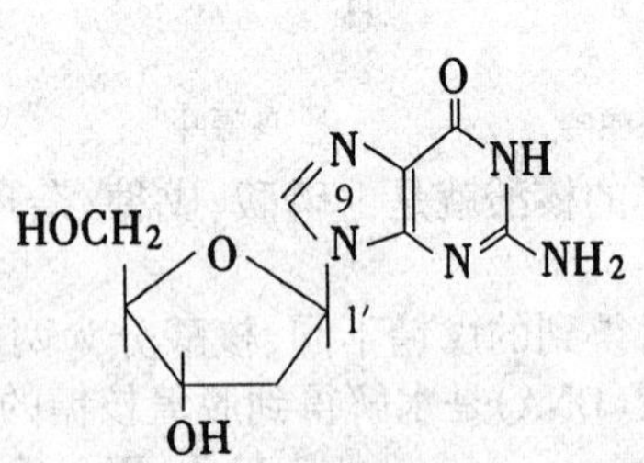

鸟嘌呤脱氧核苷

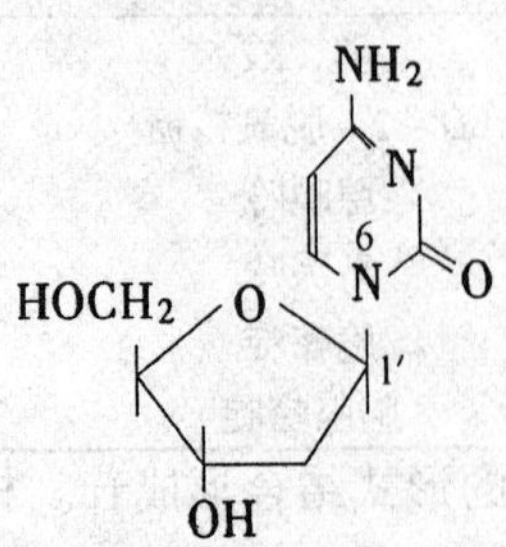

胞嘧啶脱氧核苷

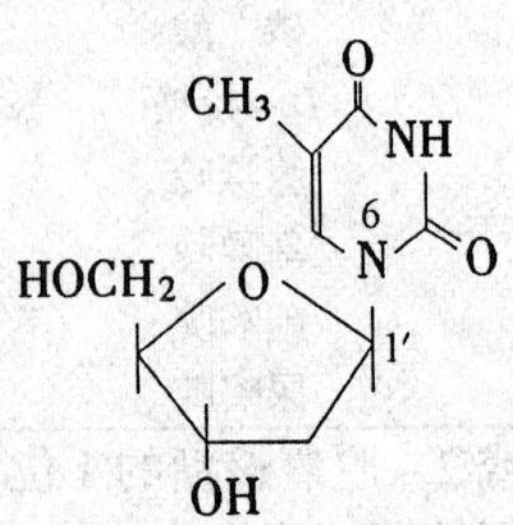

胸腺嘧啶脱氧核苷

核苷中糖的 5 位羟基与磷酸形成的酯叫核苷酸。核苷酸有 8 种,其中两种是

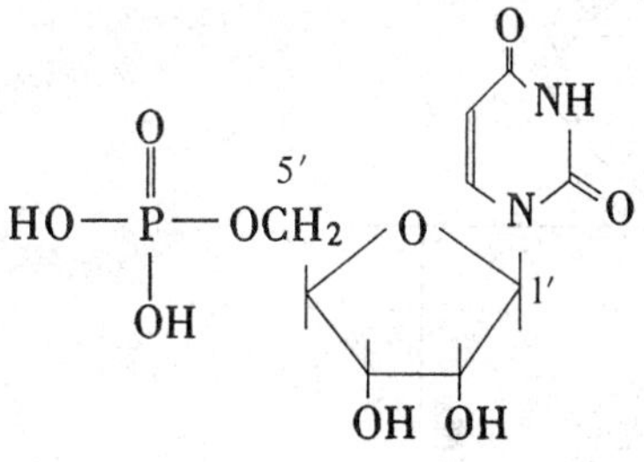

尿嘧啶核苷酸 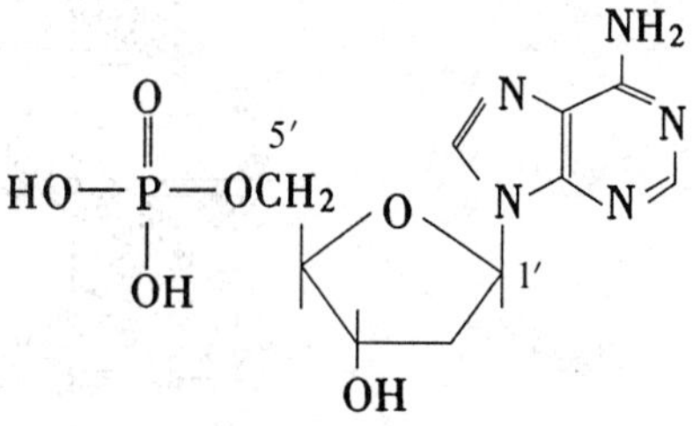　　　　　　　　　　腺嘌呤脱氧核苷酸

核苷酸在碱溶液中水解失去磷酸,生成核苷。

2. 核酸的结构

(1)一级结构。多个核苷酸之间通过核苷酸的核糖(或脱氧核糖)5′位上的磷酸与另一个核苷酸的核糖(或脱氧核糖)的 3′位上的羟基形成磷酸二酯键的高分子化合物叫核酸。它们的结构为

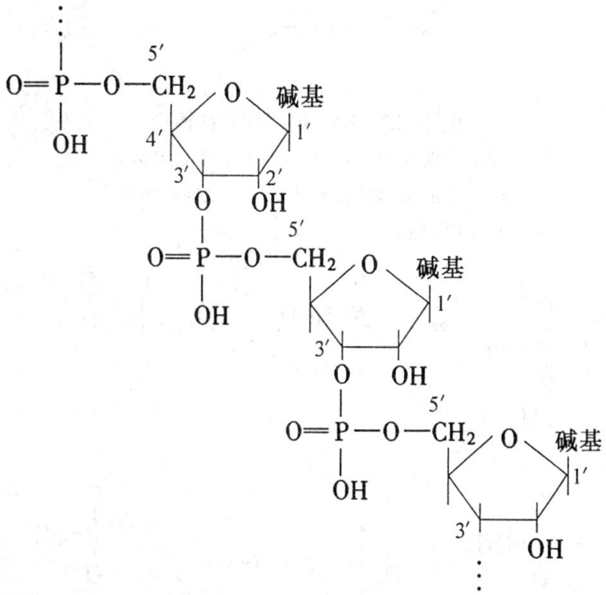

DNA 的结构中 2′碳上连有两个氢。

含不同碱基的核苷酸在核酸中的排布顺序是核酸的一级结构。

测定一级结构的核苷酸顺序的方法和步骤,其思路与测定蛋白质中氨基酸顺序的大致相同,但由于核酸相对分子质量大,测定顺序的难度要大得多。

(2)二级结构。DNA 的双螺旋二级结构,见图 12.22。这种双螺旋的二级结构中,两条DNA 链反向平行沿着一个轴向右盘旋。其中一条脱氧核糖核酸链上的碱基与另一条链上的碱基之间,通过氢键相互连接。嘌呤碱和嘧啶碱两两成对;腺嘌呤(A)与胸腺嘧啶(T)配对形成氢键;鸟嘌呤(G)与胞嘧啶(C)配对形成氢键,见图 12.23。

这种双螺旋的二级结构还可以进一步扭曲形成三级结构。由于 DNA 分子量非常大,其结构的确切情况很难精确获得。

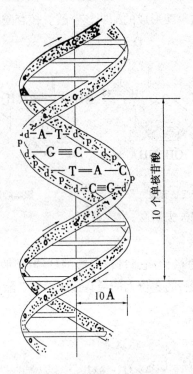

图 12.22　DNA 的双螺结构模型

(d 表示糖基;P 表示磷酸基;A,T 和 G,C 表示
碱基,其间虚线表示对应的碱基之间的氢键。

$1Å = 10^{-10}m$)

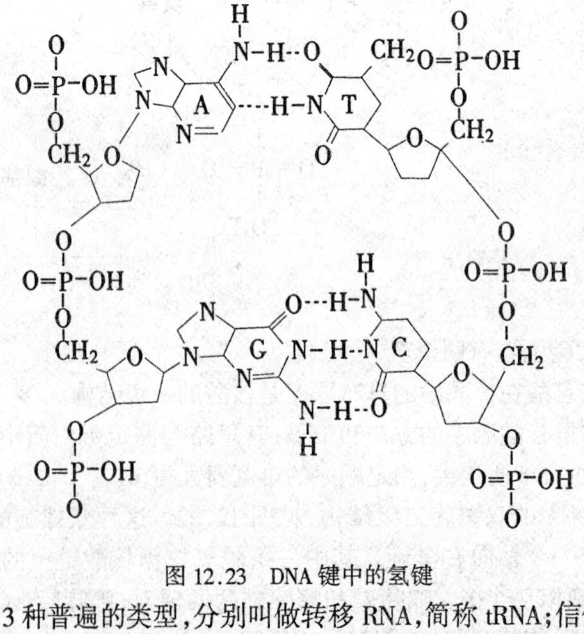

图 12.23　DNA 键中的氢键

　　RNA 实际上有 3 种普遍的类型,分别叫做转移 RNA,简称 tRNA;信使 RNA,简称 mRNA;核糖体 RNA,简称 rRNA。这些 RNA 虽然可以形成双股螺旋,但由于核糖 2 位上羟基的原因,使得 RNA 的结构不像 DNA 那样一层一层的碱基互相平行,使碱基配对出现。X 射线分

析证明。各种 RNA 分子结构差异较大。有的含有不完全的双股螺旋结构,有的仅仅是单链的螺旋盘绕结构。

3.核酸的功能

DNA 在有机体内控制着遗传,它的作用有两个方面:一方面,DNA 可以在细胞内合成和原来相同的 DNA,即新合成的 DNA 与原来细胞内的 DNA 中核苷酸种类和顺序完全相同,因此新的 DNA 与原来的 DNA 有相同的功能,并把这种功能再遗传给下一代;另一方面是作为模板将遗传信息转录成 mRNA。tRNA 和 rRNA 也是从 DNA 转录下来的。

mRNA 实际上是 DNA 的某个部分的副本,它才是合成蛋白质的模板。当不需要合成蛋白质时,这个模板即分解。tRNA 的作用是识别氨基酸和遗传密码,并将氨基酸转运到合成蛋白质的"工厂"核糖体,按照 mRNA 的密码顺序将氨基酸依次排列成肽链。rRNA 是核糖体的主要部分,是翻译工作的场所。新的蛋白质在核糖体上诞生。

以上仅是对核酸基本功能的简要概述。实际上,与生命有关的各种生物大分子的功能都非常复杂,需要我们不断地去探索。

习　题

1.解释下列名词。

(1)变旋光现象　　(2)糖脎　　(3)苷和苷羟基　　(4)还原糖和非还原糖

2.写出下列各化合物的立体异构体的投影式(开链式)。

(1)丁酮糖　　(2)丁醛糖　　(3)戊醛糖

3.解释下列现象。

(1)葡萄糖在酸性水溶液中有变旋光现象。

(2)糖苷既不与 Fehling 试剂作用,也不与 Tollen's 试剂作用,并且无变旋光现象。

4.用化学方法区别下列各组化合物。

(1)己六醇和 D – 葡萄糖　　　　(2)D – 葡萄糖和 D – 果糖

5.写出以下所示核糖的手征性碳,并写出它们与下列试剂反应所生成的产物。

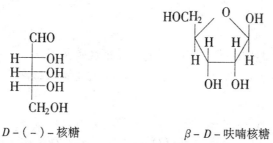

D – (–) – 核糖　　　　　　　　β – D – 呋喃核糖

(1)甲醇　　(2)苯肼　　(3)溴水　　(4)稀硝酸

6.为什么蔗糖是葡萄糖苷,同时又是果糖苷?

7.有两个具有旋光性的丁醛糖Ⅰ和Ⅱ与苯肼作用,生成相同的脎。用硝酸氧化,Ⅰ和Ⅱ都生成含有 4 个碳原子的二元酸,但前者有旋光性,后者无旋光性。试推测化合物Ⅰ和Ⅱ的结构式。

8. 写出分子式为 $C_4H_9O_2N$ 的氨基酸的同分异构体,并命名之。

9. 用 $R-S$ 标记法给出下列两个 α - 氨基酸的系统名称。

$$
\begin{array}{c}
COOH \\
H_2N \!-\!\!\!-\! H \\
H \!-\!\!\!-\! OH \\
CH_3
\end{array}
\qquad
\begin{array}{c}
COOH \\
H_2N \!-\!\!\!-\! H \\
HO \!-\!\!\!-\! H \\
CH_3
\end{array}
$$

10. 指出谷氨酸的主要存在形式。

(1)在强酸溶液中　　　(2)在强碱溶液中　　　(3)在等电点为 3.2 时

11. 酪氨酸的等电点应当是 pH > 7 还是 pH < 7? 把酪氨酸溶在适量水中,要使它达到等电点,应当加酸还是加碱?

12. 写出下列化合物在指定 pH 值时的结构式。

(1)缬氨酸在 pH = 8 时　　　　　(2)丝氨酸在 pH = 1 时

(3)赖氨酸在 pH = 10 时　　　　　(4)谷氨酸在 pH = 3 时

13. DNA 和 RNA 在结构上有什么主要的区别?

14. 完成下列反应式。

(1)$CH_3(CH_2)_3COOH \xrightarrow{\ ?\ } CH_3(CH_2)_2\underset{\underset{Cl}{|}}{C}HCOOH \xrightarrow{2NH_3} ?$

(2)$CH_3CH_2CHO \xrightarrow{\ ?\ } CH_3CH_2\underset{\underset{OH}{|}}{C}HCN \xrightarrow{\ ?\ } CH_3CH_2\underset{\underset{Cl}{|}}{C}HCN \xrightarrow{NH_3} ? \xrightarrow[H^+]{H_2O} ?$

(3)  苯–C(=O)–NHCH_2COOH $\xrightarrow{SOCl_2}$?

(4) 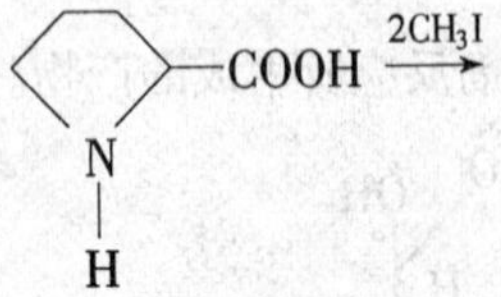 吡咯烷–COOH $\xrightarrow{2CH_3I}$

15. 写出下列多肽的构造式,并用"﹡"标出手征性碳原子。

(1)丙氨酰亮氨酸　　　(2)谷 – 半胱 – 甘　　　(3)脯氨酰丝氨酸

16. 如何分别用 邻苯二甲酰亚胺(NH)、$CH_2(COOC_2H_5)_2$、$CH_2\!\!-\!\!CH_2$(环氧乙烷)和 $CH_2\!=\!CHCHO$、CH_3SH 合

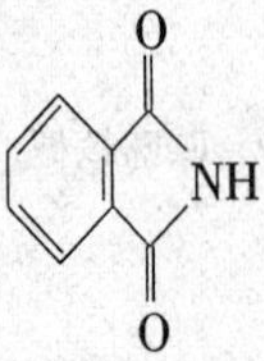

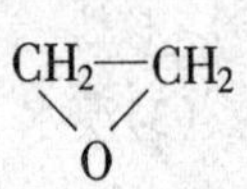

成蛋氨酸 $CH_3SCH_2CH_2\underset{\underset{NH_2}{|}}{C}HCOOH$。

17. 写出下列二、三肽的结构,并指出它们在 pH 值为 2、7 和 12 的水溶液中的主要离子

形式。

(1)甘 – 甘　　(2)赖 – 甘　　(3)丙 – 天冬 – 缬

18. D – 戊醛糖 A 氧化后生成具有旋光性的糖二酸 B。A 通过碳链缩短反应得到丁醛糖 C。C 氧化后生成没有旋光性的糖二酸 D。试推测 A、B、C、D 的结构。

19. 化合物 A($C_5H_{10}O_5$)与乙酐作用,给出四乙酸酯。A 用溴水氧化得到酸 $C_5H_{10}O_6$,A 用碘化氢还原给出异戊烷。写出 A 可能的结构式。(提示:碘化氢能还原羟基或羰基成为烃基)

20. 写出 β – D – 吡喃阿拉伯糖的两种椅式构象,并估计其中哪一种较稳定。

参 考 文 献

[1] 邢其毅,徐瑞秋,周政等编.基础有机化学.第2版.北京:高等教育出版社,1994.

[2] 徐寿昌主编.有机化学.第2版.北京:高等教育出版社,1993.

[3] 高鸿宾主编.有机化学.第3版.北京:高等教育出版社,1999.

[4] 袁履冰主编.有机化学.北京:高等教育出版社,1999.

[5] 荣国斌,苏克曼编著.大学有机化学基础.上海:华东理工大学出版社,北京:化学工业出版社,2000.

[6] 郭灿城主编.有机化学.北京:科学出版社,2001.

[7] 恽魁宏主编.有机化学.第2版.北京:高等教育出版社,1993.

[8] 王芹珠,杨增家编.有机化学.北京:清华大学出版社,2000.

[9] 蒋硕健,丁有骏,李明谦编.有机化学.第2版.北京:北京大学出版社,2001.

[10] 钱旭红,高建宝,焦家俊等编.有机化学.北京:化学工业出版社,1999.

[11] 潘祖仁主编.高分子化学.北京:化学工业出版社,1993.

[12] 吴指南主编.基本有机化工工艺学.北京:化学工业出版社,1990.

[13] 汪小兰.有机化学.北京:人民教育出版社,1979.

[14] 汪巩.有机化学.北京:高等教育出版社,1993.

[15] 蔡素德.有机化学.北京:中国建筑工业出版社,1989.